EDUCAÇÃO AMBIENTAL
PRINCÍPIOS E PRÁTICAS

Genebaldo Freire Dias

EDUCAÇÃO AMBIENTAL
PRINCÍPIOS E PRÁTICAS

Edição atualizada, revista e ampliada

© **Genebaldo Freire Dias, 1991**
10ª Edição, Editora Gaia, São Paulo 2022

Jefferson L. Alves – diretor editorial
Richard A. Alves – diretor geral
Flávio Samuel – gerente de produção
Jefferson Campos – assistente de produção
Juliana Tomasello e Nair Ferraz – assistentes editoriais
Ana Paula Ribeiro – revisão
Taís do Lago – diagramação
Sebastião Salgado – fotos de capa
Ana Dobón – capa

Na Editora Gaia, publicamos livros que refletem nossas ideias e valores: Desenvolvimento humano / Educação e Meio Ambiente / Esporte / Aventura / Fotografia / Gastronomia / Saúde / Alimentação e Literatura infantil.

Em respeito ao meio ambiente, as folhas deste livro foram produzidas com fibras obtidas de árvores de florestas plantadas, com origem certificada.

Dados Internacionais de Catalogação na Publicação (CIP)
(Câmara Brasileira do Livro, SP, Brasil)

Dias, Genebaldo Freire
   Educação ambiental : princícpios e práticas / Genebaldo Freire Dias. -- 10. ed. -- São Paulo : Gaia, 2022.

   Bibliografia.
   ISBN 978-65-86223-27-9

   1. Educação ambiental I. Título

22-111601   CDD-304.2

Índices para catálogo sistemático:
1. Educação ambiental 304.2
Cibele Maria Dias - Bibliotecária - CRB-8/9427

Obra atualizada conforme o
NOVO ACORDO ORTOGRÁFICO DA LÍNGUA PORTUGUESA

Editora Gaia Ltda.
Rua Pirapitingui, 111-A — Liberdade
CEP 01508-020 — São Paulo — SP
Tel.: (11) 3277-7999
e-mail: gaia@editoragaia.com.br

g globaleditora.com.br   f /editoragaia

/editoragaia   @editora_gaia

blog.grupoeditorialglobal.com.br

Direitos reservados.
Colabore com a produção cientítica e cultural.
Proibida a reprodução total ou parcial desta
obra sem a autorização do editor.

Nº de Catálogo: **1907**

"Os seres humanos nascem ignorantes,
mas são necessários anos de escolaridade para
torná-los estúpidos."

George Bernard Shaw, dramaturgo irlandês (1856-1950)

A Maurina Freire Dias
e
Argemiro Ferreira Dias

Agradecimentos

Ao Programa Internacional de Educação Ambiental da Unesco-Unep;

À Universidade Católica de Brasília, pela acolhida dos projetos, no Centro de Pesquisas;

Ao Centro Educacional La Salle e à Fundação Educacional do Distrito Federal, Brasília, pela experimentação das atividades;

Aos estudantes, regentes e funcionários(as) que participaram dos projetos;

Ao Centro de Informação Ambiental (CNIA) – do Ibama, Brasília;

Aos colegas do Ibama, em todo o Brasil, especialmente aos dos Núcleos de Educação Ambiental (NEAs).

Às seguintes pessoas especiais:

Amábile Aparecida Passos de Andrade, Anita Freire Sobral, Bem Hur Luttembark Batalha, Décio Batista Teixeira (Pe.), Elmo Monteiro da Silva Júnior, Elísio Márcio de Oliveira, Hideko Umaki, Jefferson L. Alves, José Maria G. de Almeida Júnior, José da Silva Quintas, Kasue Matsushima, Linda G. Reis, Maria José de Araújo Lima, Josefina Dias de Oliveira, Josefina Freire Pinto, Luís Alves, Maria Helena Carneiro, Maria José Gualda Oliveira, Marizete Freire, Martha Tresinari Bernardes Wallauer, Massaharu Taniguchi, Néli Gonçalves de Melo, Oneida Divina da Silva Freire, Paulo Nogueira Neto, Walda Antunes;

A todos os autores e as autoras que compõem a referência bibliográfica deste trabalho;

À Lúcia Massae Suguiura Dias, Yukamã e Nayara Suguiura Dias;

Aos antepassados.

Sumário

Apresentação 16

1. Elementos da história da Educação Ambiental (EA) 22

1.1 Introdução 23
1.2 Cronografia (40000 a.C. a 3500000000) 24
1.3 Histórico da EA 82
1.4 Política, EA e globalização 96
1.5 Análise sistêmica do contexto socioambiental 99
1.6 Evolução dos conceitos de EA 101

2. Os grandes eventos sobre EA 104

2.1 A Conferência de Belgrado 105

A Carta de Belgrado (trechos) 105
Comentários 107

2.2 A Primeira Conferência Intergovernamental
sobre EA (Tbilisi, 1977) 108

Declaração da Conferência Intergovernamental
de Tbilisi sobre EA 108
Recomendações da Conferência de Tbilisi 110
Finalidades da EA 112
Categorias de objetivos da EA 114
Princípios básicos da EA 115
Estratégias de desenvolvimento da EA 129

2.3 O Seminário sobre EA (San José, Costa Rica, 1979) 138
2.4 O Congresso Internacional sobre Educação
e Formação Ambiental (FA) (Moscou, 1987) 140

Observações importantes do Congresso de Moscou 141
Estratégia internacional para ações no campo
da EA e FA para os anos 1990 145
Princípios e características essenciais da EA e FA 147
Orientações, objetivos e ações para a Estratégia Internacional
em EA e FA 148

2.5 Os encontros brasileiros de EA 155

Encontro Nacional de Políticas e Metodologias para
a EA (MEC/Semam, 1991) 155
Encontros Técnicos de EA 158
Encontro Técnico de EA da Região Norte 158
Encontro Técnico de EA da Região Nordeste 161
Encontro Técnico de EA da Região Centro-Oeste 164
Encontro Técnico de EA da Região Sudeste 166
Encontro Técnico de EA da Região Sul 167
I Encontro Nacional dos Centros de EA 168
I Conferência Nacional de EA (CNEA, Brasília, 1997) 175

2.6 Uma Estratégia para o Futuro da Vida
(UICN, Pnuma, WWF, 1991) 187
2.7 Tratado de EA para Sociedades Sustentáveis
e Responsabilidade Global (1992) 188
2.8 A Conferência de Thessaloniki (Tessalônica, Grécia, 1998) 189

3. Política Nacional de EA (Lei 9.795/99) 194

4. Subsídios para a prática da EA 204

4.1 Da Conferência de Tbilisi 205

Em relação aos problemas do meio ambiente 205
Finalidades e características da EA 206
A incorporação da EA aos programas de Educação 207
Premissas da EA 210

4.2 Operacionalização das atividades de EA 211

A pedagogia adotada 211
A estratégia adotada 212
As técnicas para as atividades de EA 213

4.3 Dos conceitos a serem utilizados
em EA urbana (Unesco, 1990) 218

Sistemas de vida 218
Ciclos 219
Sistemas complexos 220
Crescimento populacional e capacidade de suporte 220
Desenvolvimento ambientalmente sustentável 220

Desenvolvimento socialmente sustentável 221

Conhecimento e incerteza 221

Características dos socioecossistemas urbanos 221

A análise da pegada ecológica 227

Os socioecossistemas urbanos como exemplo 229

A pegada ecológica de Taguatinga, DF – Um estudo de caso 234

5. Um grande desafio: dimensões humanas das alterações ambientais globais 238

5.1 Introdução 239

5.2 Mudanças na cobertura do solo 242

Terras cultivadas 242

Cobertura florestal 243

Campos e pastagens 243

Áreas úmidas 244

Ecossistemas urbanos (assentamentos) 244

5.3 Consequências ambientais das mudanças na cobertura da Terra 245

Emissão de gases 245

Mudanças hidrológicas 245

Forças humanas indutoras de mudanças ambientais 246

População 246

5.4 Mudança climática e você 248

5.5 Segunda advertência dos cientistas do mundo à humanidade 252

6. Sugestões de atividades de EA 254

6.1 Ecossistemas urbanos: descobrindo a natureza na cidade 256

A fauna urbana 257

A flora urbana 263

Fatores abióticos: fenômenos naturais na cidade 265

6.2 Conhecendo o metabolismo dos ecossistemas urbanos 272

Prédios *versus* casas: um dilema 272

Ambiente urbano *versus* ambiente rural 273

Serviços essenciais da cidade 274

A palavra do profissional 275

O supermercado e os materiais recicláveis 276

A frota de veículos e os custos 278

O preço da caloria 279

A maquete da escola ou do bairro 280

A população urbana 282

O lixo gerado na escola 285

O consumo de energia elétrica 287

Os palitos de fósforo 289

A energia solar e a ilha de calor 291

6.3 Pesquisando a qualidade ambiental nos ecossistemas urbanos .. 294

Visitando as farmácias 294

A poeira em suspensão na cidade 296

O cigarro como fator de degradação ambiental 298

Os carros e a poluição do ar 302

Os tipos e os impactos dos transportes 307

A construção de uma estrada 309

Os ruídos na cidade 310

A água que bebemos 313

Examinando águas poluídas 314

Investigando a poluição industrial 317

Usos inadequados do ambiente urbano 318

Indicadores naturais de qualidade ambiental 319

Como você gasta o seu tempo? 320

6.4 Buscando a melhoria da qualidade ambiental das cidades 321

Conhecendo um EIA/Rima 322

A contribuição individual 323

6.5 Sugestões adicionais de atividades de EA 323

7. EA não formal – Estudos de caso 332

7.1 EA nas empresas: exemplo de projeto/programa 333

Nome do programa 336

Descrição do empreendimento 336

Localização do empreendimento 336

Identificação do empreendedor e dos responsáveis pela implantação do PEA 337

Identificação do responsável técnico pela elaboração do PEA 337

Descrição do contexto 337

Proposta do PEATX 339

Justificativas 340

Objetivo geral e objetivos específicos 342

Descrição do público-alvo 343

Metodologia de execução 346

Cronograma físico de execução 358

Metas previstas 358

Indicadores físicos e meios de verificação 358

Recursos financeiros e humanos 358

Referências bibliográficas 358

Anexos 359

7.2 EA, cogestão e sustentabilidade no Parque Nacional de Brasília 360

Metodologia 365

Resultados 367

O PEA-PNB em 2000 373

7.3 O Programa de EA da Universidade Católica de Brasília (PEA-UCB) 374

O que é o PEA-UCB? 374

Objetivos do PEA-UCB 375

Justificativa para a execução 375

Como foi PEA-UCB 377

Organograma 379

7.4 Programa de EA do Prevfogo (Ibama) 380

8. Recomendações aos palestrantes e conferencistas 382

8.1 Recebendo o convite 383

Armadilhas comuns 384

8.2 Planejando a apresentação 385

Nomeando o tema 386

Pesquisando sobre o tema 387

Essencial: honestidade e precisão 388

Nomeando as técnicas de apresentação 390

O uso do tempo 391

Cuidando da sua imagem: traje e comportamento 393

8.3 Conhecendo o local da sua apresentação 394

Testando equipamentos 395

Amplificação de voz e uso do microfone 395

A iluminação 397

8.4 Antes de iniciar a apresentação 397

8.5 Ao iniciar a apresentação 398

8.6 Durante a apresentação 399

Mantenha a sua concentração, o seu foco. 399

O palestrante elegante não se exibe, não se promove. 400

8.7 Quando algo deu errado 400

8.8 Encerramento 401

8.9 Avaliando a sua apresentação 402

8.10 Quanto custa? 402

Referências Bibliográficas 403

Anexos – Subsídios às ações em EA 404

Anexo 1 Declaração Universal dos Direitos Humanos (ONU, 1948) ... 405

Anexo 2 Declaração da ONU sobre o Meio Ambiente Humano
(Estocolmo, 1972) 410

Anexo 3 Carta do Rio sobre Desenvolvimento e Meio Ambiente 414

Anexo 4 Alerta dos Cientistas do Mundo à Sociedade (1992) 417

Anexo 5 Legislação ambiental: instrumento de participação
comunitária 421

Introdução 421

A Política Nacional do Meio Ambiente (Lei nº 6.938/81) 421

A regulamentação da Lei nº 6.938/81, sobre a Política
Nacional do Meio Ambiente 423

A Constituição Brasileira de 1988 428

Lei nº 7.797/89 cria o Fundo Nacional de Meio Ambiente 431

Outros instrumentos legais específicos de ação popular 432

Lei dos Crimes Ambientais (Lei nº 9.605/98 e Decreto nº 3.179/99) ... 435

Lei nº 9.605, de 12 de fevereiro de 1998, publicada
no Diário Oficial da União em 31/02/98, seção 1, pág. 1. 451

Como formar uma Associação 452

Anexo 6 Documentos brasileiros importantes sobre EA 453

O Parecer 226/87 do Conselho Federal
de Educação (MEC) sobre EA 453
A Carta de Curitiba (1978) 458
Carta Brasileira para a EA (MEC, Rio-92) 460

Anexo 7 Listagem comentada de publicações técnicas
do Programa Internacional de EA da Unesco 462

Anexo 8 Listagem comentada dos principais artigos
do periódico *Contacto*, o Jornal da Unesco/Unep,
especializado em EA 467

Anexo 9 Informações e financiamentos 471

Fontes de informações sobre Meio Ambiente e EA 471
Prováveis fontes de patrocínio para projetos de EA 471

Anexo 10 Direitos autorais 473

Lei nº 9.610, de 19 de fevereiro de 1998
(resumo dos principais itens) 473

Anexo 11 Elementos para discussões 485

O que foi a Rio-92? 485
O que é Agenda 21? 485
O que é EA? Como se pratica? 486
Características da EA 486
Sintomas do desequilíbrio ambiental 486
Consequências do desflorestamento 488
Atividades humanas que estão destruindo as florestas 488
As florestas também são importantes porque 488
Consequências do aquecimento global e inversão de valores 488
Quanto temos de água no mundo? 490
Proteja a pureza da água e use-a racionalmente 490
Por que precisamos economizar energia elétrica? 491
Por que reciclar? 492
A cidade precisa ser reinventada 494
O que eu posso fazer? 494

Posfácio 496

Referências 498

Sobre o autor 509

Apresentação

Quando os poderosos donos de grandes complexos industriais projetavam uma nova unidade, uma das prioridades era encontrar um local às margens de um grande rio para despejar ali os seus rejeitos; os madeireiros procuravam florestas virgens para extrair o que interessava, deixando um rastro de destruição; as mineradoras escavavam as montanhas e envenenavam os rios sem qualquer cerimônia; para construir estradas as florestas eram rasgadas ao meio, suas nascentes aterradas e sua fauna esmagada; as chaminés despejavam dia e noite seus venenos na atmosfera sem qualquer preocupação; substâncias cancerígenas eram utilizadas na agricultura e na alimentação sem qualquer controle; a água impregnada de petróleo da lavagem dos porões dos navios eram despejadas nos oceanos com o lixo de bordo; a indústria automobilística pouco se importava com os venenos que expeliam pelos seus canos de descarga. Era assim. O ambiente era visto como uma grande lata de lixo que tudo suportava, sem qualquer efeito ou consequência. Um pesadelo.

Não havia leis ambientais, nem instituições que conseguissem enfrentar a índole destrutiva da espécie humana.

Inegavelmente isso mudou. Apesar de reconhecermos que em muitos lugares tais agressões e ignorâncias ainda ocorram, jamais podemos comparar a situação atual com o que tínhamos na década de 1960 quando se iniciou o movimento ambientalista no mundo, com a publicação do livro *Primavera silenciosa*, de Rachel Carson (1962). O mundo mudou. E para melhor.

Muito foi feito. Promovemos encontros internacionais, criamos consensos e leis ambientais. Organizamos instituições especializadas e levamos a temática às universidades, criando cursos e formando pessoal qualificado para planejar, executar e avaliar vários processos de gestão ambiental. Pesquisamos, inovamos e disponibilizamos tecnologias eficientes de redução e controle de impactos ambientais em vários ramos de atividades econômicas. Estabelecemos as unidades de conservação e promovemos o processo de Educação Ambiental (EA) em todos os níveis, da escola às empresas, das organizações comunitárias às organizações governamentais e não governamentais.

Vivemos agora em um mundo onde a consciência ecológica é crescente a cada nova geração. Conseguimos vencer a inércia do obscurantismo. Não são mais aceitas aquelas práticas predatórias do passado.

Cada setor das atividades humanas investe em ajustamentos aos novos tempos, identificando as suas falhas e nomeando alternativas de soluções. A economia de baixo carbono impulsionou a busca da eficiência energética, da excelência na responsabilidade no uso de recursos naturais e na criação de novas formas de obtenção de energia de fontes renováveis. Há muitos exemplos formidáveis desse amplo processo de regeneração e redirecionamento da nossa conduta, movidos por uma nova consciência.

O analfabetismo ambiental foi combatido em várias frentes, com o engajamento da mídia, dos setores político, econômico e religioso. A dimensão ambiental passou a ser um tema presente na vida das pessoas e das instituições.

Porém, a despeito dessa inegável evolução, reconhecemos que muitos problemas continuam aguardando solução, e muitos outros não podem ser resolvidos por meios meramente científicos e tecnológicos. A ganância de setores produtivos que se negam a se adaptar às regras ambientais e os cruéis e persistentes problemas sociais indicam que o nosso progresso material não foi acompanhado da nossa evolução espiritual.

Há muito ainda a ser feito e cada ser humano é chamado para integrá-lo. Nas últimas décadas a nossa geração conseguiu reparar erros inacreditáveis cometidos por nossos antepassados. Mas continuamos a cometer uns tantos outros que precisam ser corrigidos, muitos deles, certamente, por nossos descendentes. Tem sido assim e assim seguirá rumo a uma sociedade consciente da sua existencialidade.

Por enquanto, uma grande parcela da humanidade ainda mantém a incrível crença de que pode continuar fazendo o que faz sem arcar com consequências. O modelo baseado no absolutismo do lucro a qualquer custo, no crescimento contínuo de produção e consumo sem nenhuma preocupação com os seus resultados é fruto de uma cegueira coletiva ainda catalisada por ignorância e insensatez. Bilhões de pessoas vivem à margem das benesses das conquistas humanas, imersas em insatisfações crônicas e vulnerabilidades generalizadas – ecológica, social, econômica, sanitária, emocional, ética, moral e mais, enquanto outra parte exibe comportamentos e hábitos de consumo altamente desestabilizadores, formatando um processo destrutivo e autodestrutivo em que todos perdem, pois ameaçam a própria vida e arrastam outros seres que nada tem a ver com a sua loucura.

Uma grande parte da humanidade vive em uma sociedade que ninguém gostaria de ter criado: insensível, egoísta, ingrata e desconectada da natureza, dos valores da vida e da consciência. Tornaram-se o terror dos ecossistemas, a praga dos biomas, seres exclusivistas e exterminadores medonhos, seja de hábitats, florestas, nascentes, espécies ou de si mesmo. Estão como estão porque ainda são como são.

Enfim, para serem assim, obviamente *vivem uma grande falha de percepção.*

Vive-se uma distopia (baixa qualidade de vida, sofrimento e desesperança). Há um esgotamento paradigmático. Todas as narrativas falharam: a econômica, a política, a

Apresentação

religiosa, a educacional e mais. Todas falharam. Foram incapazes de entregar um ser humano melhor, dotado de sabedoria dos limites, de gratidão pela vida e do respeito às diferenças; um ser capaz de não ignorar as sinalizações de fenômenos que ameaçam a sua existência (mudança climática, por exemplo), e de ignorar as consequências das suas decisões.

Os desafios e cenários postos à humanidade exige que sejamos como nunca fomos. Que sejamos solidários, cooperativos, pacientes e que tenhamos reverência pela vida como nunca tivemos.

É tempo de regeneração. Há de se resgatar os seres humanos dessa condição de inconsciência.

A educação ainda continua sendo o caminho que pode nos afastar da rota de colisão com a barbárie. Contudo, esse processo precisa ser renovado. As bases conceituais, impregnadas por ideologias políticas falidas, apodrecidas pela vaidade e soberba acadêmica, e pela mercantilização, agora se mostram ineficientes.

Os cenários exigem processos que ampliem a percepção dos seres humanos e que consigam reconectá-los ao sentido da vida, à consciência da sua impermanência e transitoriedade. Eles precisam se tornar mais responsáveis e despertos quanto as suas decisões; serem resgatados dessa normose (adaptação alienada a um sistema enfermo) e desse patamar dos instintos, e serem elevados à razão, à intuição e à conexão com a sua consciência. Necessitam ter consciência da consciência.

A EA, por sua natureza multi, inter e transdisciplinar, por sua abordagem sistêmica e prospectiva, desde o seu surgimento oficial em 1977 (Conferência de Tbilisi), reúne em seu corpo conceitual os elementos que precisamos para orientar os trabalhos destinados à formação de pessoas conscientes, responsáveis e atuantes no enfrentamento dos desafios evolucionários nos quais estamos todos imersos.

Ali encontramos formas de promover a compreensão do mundo, suas interações e interdependências, relações e redes de pertencimentos; conhecer e refletir sobre as consequências das nossas decisões, hábitos e comportamentos; perceber a necessidade de proteção e restauração da qualidade ambiental, da qualidade da experiência humana e da harmonia entre os seres que cumprem suas jornadas na Terra.

Porém, como acontece em todo processo pioneiro, vários erros foram cometidos nas práticas da EA ao longo dessas últimas décadas. Dentre eles, o estacionamento nas atividades de gestão ambiental (coleta seletiva, reciclagem, economia de água, energia elétrica etc.) e uma excessiva preocupação com conteúdo de conhecimentos, negligenciando-se algo essencial: a abordagem sobre os valores humanos.

Este livro, concebido em 1990 e lançado formalmente na Rio-92, por reunir elementos históricos da evolução do processo de EA, seus principais documentos fundantes

Educação ambiental • princípios e práticas

e um conjunto de sugestões de práticas para a escola e fora dela, durante décadas vem sendo usado por estudantes, professores, pesquisadores e diversas outras pessoas.

Agora, passados tantos anos, e constatando a continuidade do seu uso por diversos setores, bem como a vigência de contextos tão diferentes daquela época, cremos ser necessário vários ajustes.

Dessa forma, nesta nova edição:

▶ A cronografia – narração segundo a ordem dos acontecimentos – foi atualizada e ampliada. São informações importantes para a compreensão dos cenários e desafios postos à humanidade; um resgate e registro de acontecimentos, acertos e desacertos que moldaram a nossa trajetória, cuja memória não pode se perder no tempo.

▶ Foram mantidos os anexos mais relevantes como fonte de pesquisa – inclusive pelo seu valor histórico –, excluídos aqueles já desatualizados ou que já são facilmente encontrados na internet e acrescentados novos já sintonizados com os cenários atuais.

▶ Uma das atividades mais comuns para quem trabalha com EA é a apresentação de palestras e/ou conferências. Um trabalho bem planejado e executado com precisão são as melhores credenciais para a credibilidade de um profissional. Nesta edição, incluímos um capítulo com orientações sobre planejamento, execução e avaliação dessa atividade. Sugerem-se procedimentos desde a aceitação do convite, estudo do objetivo, do contexto geral e do público-alvo do evento até recomendações sobre a elaboração do material, proteção e respeito à propriedade intelectual, técnicas de apresentação, cuidados e advertências (uso do tempo, ensaio, cuidados com a voz, conduta moral etc). Como subsídio para o conhecimento das questões legais ligadas a essa atividade e outras comuns no cotidiano da EA, acrescentamos, nos anexos, um resumo sobre a Lei dos Direitos Autorais.

▶ Agora as empresas precisam ter em seus processos programas e/ou projetos de EA, até mesmo por obrigação legal. Nesta edição acrescentamos sugestões, em formato de estudo de caso, para planejamento, execução e avaliação dessa atividade.

▶ Por sua contundência, gravidade e urgência, acrescentamos um resumo sobre *A Segunda Advertência dos Cientistas do Mundo à Sociedade* (assinada por 15.364 cientistas de 184 países, repetindo os alertas e apelos feitos em 1992 por 1.500 cientistas, e tornando-os mais enfáticos), e sobre o *VI Relatório do Painel Intergovernamental sobre Mudança Climática* (IPCC) da ONU, assinado por 234 cientistas de 195 países, no qual afirmam ser inequívoca a influência humana sobre o clima global.

Além dessas mudanças, foram feitas várias correções, adequações, atualizações e adições de pequenos textos ao longo do livro. Esperamos que assim esta obra possa continuar contribuindo por mais um tempo.

Genebaldo Freire Dias

A EA precisa ser uma forma de promover a sensibilidade da pessoa, de modo a ampliar a sua percepção, levá-la a reconhecer, ter gratidão e reverência pela vida. Com isso, permitir que possa identificar quais seus comportamentos, hábitos, atitudes e decisões que precisam de mudanças e, assim, buscar formas de viver mais harmonizadoras.

1 Elementos da história da Educação Ambiental (EA)

1.1 Introdução

O livro *Primavera silenciosa*, da bióloga Rachel Carson, publicado em 1962, reunia uma série de narrativas sobre as desgraças ambientais que estavam ocorrendo em várias partes do mundo, promovidas pelo modelo de "desenvolvimento" econômico então adotado, e alertava a comunidade internacional para o problema. Rios mortos, transformados em canais de lodo, o ar das cidades envenenado pela poluição generalizada, destruição das florestas, solos envenenados por biocidas, águas contaminadas e tantas outras mazelas compunham, enfim, um quadro de devastação sem precedentes na existência da espécie humana.

A partir da publicação do trabalho-denúncia de Rachel Carson, a temática ambiental passaria a fazer parte das inquietações políticas internacionais, e o movimento ambientalista mundial iria tomar um novo impulso, promovendo uma série de eventos que formariam a sua história.

Dentre tantos encontros promovidos, a Conferência de Estocolmo (Conferência das Nações Unidas sobre o Ambiente Humano), organizada pela ONU (1972), reuniria representantes de 113 países e se constituiria no marco histórico decisivo para a busca das soluções dos problemas ambientais. Naquele encontro, ficou decidido que seriam necessárias mudanças profundas nos modelos de desenvolvimento, nos hábitos e comportamentos dos indivíduos e da sociedade, e isso só poderia ser atingido por meio da educação.

Entretanto, reconheceu-se, na época, que a educação então vigente, pelas suas características de rigidez e distanciamento das realidades da sociedade, e até pela situação por que passava em todo o mundo, não seria capaz de promover as mudanças necessárias. Surgiria o rótulo *EA* como um "novo" processo educacional que deveria ser capaz de executar aquela tarefa.

Os especialistas da área ambiental estavam certos. Se dependesse das instituições da educação formal no mundo, a EA ou não existiria ou ainda estaria retida nas elucubrações de ordem epistemológica e filosófica, emaranhada pelas teorias divergentes, ao sabor das vaidades acadêmicas e dos interesses políticos.

Um desafio se colocou em Estocolmo: seria necessário um esforço internacional para definir as bases conceituais do que seria EA. Isso foi feito em encontros sub-regionais,

Educação ambiental • princípios e práticas

regionais, nacionais e internacionais sucessivos, gerando documentos que estabeleceriam seus objetivos, princípios, finalidades e recomendações (um resumo desse histórico é apresentado no artigo "Elementos de história da Educação Ambiental no Brasil e o seu papel atual numa sociedade em processo de globalização"; Dias, 1996).

De posse desses conhecimentos, as instituições governamentais de Educação no Brasil deveriam promover a EA, mas, diante do quadro político vigente desfavorável – vivíamos um regime ditatorial – e dos interesses econômicos dos países ricos, a EA foi vista como um processo de natureza revolucionária/subversiva e foi devidamente congelada.

Na verdade, o mesmo ocorreria em muitas outras partes do mundo, independentemente do seu regime político. Afinal, os interesses políticos e econômicos das nações mais ricas poderiam ser "afetados" por um tipo de educação que poderia proporcionar às pessoas uma nova visão de mundo. Tanto que foram os órgãos ambientais os reais promotores da EA no mundo, e não as instituições da área da educação, notadamente nos países pobres e em desenvolvimento, especialmente o Brasil.

Diante desse contexto, não seriam de admirar as dificuldades de quem se interessasse por EA em encontrar informações de qualquer natureza, livros, revistas especializadas ou oportunidades de capacitação nessa área. Passadas duas décadas, essas dificuldades ainda estão presentes e ainda se confunde EA com *Ecologia*.

A edição deste conjunto de informações sobre a EA é um reconhecimento dessa situação e busca oferecer aos envolvidos na gestão ambiental e aos interessados em EA a oportunidade de conhecer uma sequência de documentos históricos importantes que fundamentaram a EA no seu processo contínuo e permanente de aperfeiçoamento e evolução.

1.2 Cronografia (40000 a.C. a 3500000000)

Mesmo com toda a sua capacidade científica e tecnológica disponível, o ser humano ainda tem fortes limitações para previsões. Os prognósticos, em sua maioria, falham. O desenvolvimento de armas químicas e nucleares, o surgimento de ameaças globais à estabilidade dos sistemas que asseguram a vida na Terra e bilhões de pessoas excluídas das benesses alcançadas pela humanidade não foram previstos por ninguém.

Nessa escalada, a História revela momentos de lucidez e brilhantismo da espécie humana, ao lado de episódios desastrosos, bisonhos, inusitados, outros revestidos de uma estupidez absoluta.

A presente cronografia reúne uma sequência de ocorrências que contribuíram para moldar, de alguma forma, as nossas notícias, os nossos paradigmas, e estes, a realidade socioambiental vigente, e podem nos auxiliar na ampliação da nossa percepção sobre esses cenários e os seus desafios. Reúne ainda um conjunto de projeções, formuladas por diversas instituições.

Em Gênesis 1:26-30, "Disse Deus ao homem: Frutificai e multiplicai-vos, e enchei a terra, e sujeitai-a; e dominai sobre os peixes do mar, e sobre as aves dos céus, e sobre todo o animal que se move sobre a terra". Dá para acreditar que um Deus pregaria "isso"?

40000 a.C.

Marcado pela proliferação de ferramentas para a caça, cozinha e outras tarefas, acelera-se o desenvolvimento de tecnologia entre os 4 milhões de seres humanos que se distribuíam pela Ásia e África.

10000 a.C.

Desenvolvimento da agricultura, implantada primeiramente no "crescente fértil" ao leste do Mediterrâneo (norte da Turquia ao sul do Egito).

6000 a.C.

Os colonos da Mesopotâmia (Sumérios) iniciam uma nova forma de cultivar alimentos.

Cavam uma vala e desviam água do rio Eufrates, dando início à prática da irrigação.

4000 a.C.

As aldeias agrícolas, nos vales dos rios da Mesopotâmia, se tornam as primeiras cidades do mundo. Essas cidades possuem muralhas que formalmente as distinguem das áreas rurais.

2000 a.C.

A Terra era habitada por cerca de 27 milhões de seres humanos. Os impactos gerados por suas atividades não são capazes de provocar alterações ambientais extensas.

563-483 a.C.

Buda (Siddharta Gautama), líder espiritual indiano: "Tudo o que somos é o resultado do que pensamos".

469 a.C.

Nasce, no subúrbio de Alopeke, em Atenas – Grécia, Sócrates, um marco na história do pensamento humano. "Penso que não ter necessidade é coisa divina, e ter as menores necessidades possíveis é o que mais se aproxima do divino." O Pai da Democracia, por suas ideias, foi condenado à morte em 399 a.C.

400 a.C.

Platão observa: "Qualquer cidade, por menor que seja, divide-se de fato em duas, uma dos pobres, a outra dos ricos".

0

Chegada de Cristo. Éramos 100 milhões de seres humanos.

400

Santo Agostinho escreve *As confissões*.

550

Tomás de Aquino enriquece o conhecimento humano com suas observações.

1225

São Francisco de Assis (1181 ou 1182-1226): "Louvado sejas, meu Senhor, pela irmã lua e pelas estrelas (...) Louvado sejas, meu Senhor, pela irmã água (...) Louvado sejas, meu Senhor, pela irmã nossa, a mãe terra (...)".

1500

Em 22 de abril, os portugueses chegam ao litoral brasileiro – cerca de 1.100 homens em doze naus. Em 23 de abril, invadem o Brasil. São gentilmente recebidos pelos indígenas.

No dia 1º de maio, para realizar a segunda missa, faz-se uma gigantesca cruz de madeira e abre-se uma clareira – prenúncio da devastação das nossas florestas por meio da exploração predatória. Os indígenas são levados a participar do culto – prenúncio da sua aculturação pelos colonizadores europeus. A população indígena é de 4 milhões.

Em 2 de maio, Gaspar de Lemos volta a Portugal levando a carta de Pero Vaz de Caminha, que relatava a D. Manuel I, rei de Portugal, a exuberância da "nova" terra. Inaugurando o contrabando dos nossos recursos naturais, são levados exemplares da nossa flora, principalmente toras de pau-brasil, e da nossa fauna, especialmente papagaios.

1503

Fernão de Noronha inicia a comercialização do pau-brasil, no início um monopólio da coroa portuguesa. Em seguida, participam Inglaterra, França, Espanha e Holanda. Atualmente a pilhagem continua (Japão, Inglaterra e EUA, principalmente). Dos 200 mil quilômetros originais da Mata Atlântica, restam apenas 7%, que continuam ameaçados.

1531

Martim Afonso de Souza, durante uma expedição, manda queimar a vegetação de uma ilha inteira, acreditando que com isso possa evitar que o seu grupo contraia febre.

1542

A primeira Carta Régia do Brasil estabelece normas disciplinares para o corte de madeira e determina punições para os abusos que vêm sendo cometidos.

1543

Copérnico publica *Sobre a revolução dos orbes celestes*. Prova matematicamente que a Terra gira em torno do Sol, teoria heliocêntrica (acreditava-se que a Terra fosse o centro do universo).

1554

Os jesuítas fundam o colégio que deu origem a São Paulo. O local é escolhido dado ao número elevado de nascentes (todas seriam assoreadas, canalizadas e aterradas, no período "moderno").

1557

Publicado na Alemanha o livro de Hans Staden. Ele descreve sua viagem pelo Brasil e responsabiliza os índios brasileiros pela devastação da natureza, citando os manejos adotados – derrubada da mata, uso de fogo, práticas agrícolas, caça, pesca etc.

1632

Baruch Spinoza (1632-1677), filósofo racionalista, defende que Deus e a natureza são a mesma coisa. Por essa visão – um escândalo, na época –, é excomungado pela comunidade judaica de Amsterdã. Certamente, um dos pioneiros no trato da questão ecológica, já inaugurando os percalços que os defensores dessa causa sofreriam.

1633

Galileu é forçado pela Igreja Católica a abjurar a teoria heliocêntrica.

1667

Grassa, na Inglaterra, uma epidemia de peste bubônica que mata um terço da população. Enquanto a Universidade de Cambridge está fechada, Isaac Newton, 24 anos, desenvolve as suas ideias sobre a Gravitação Universal, as leis básicas da Mecânica, da Óptica e os métodos de cálculo integral e diferencial. Publica os *Principia*. O ser humano, após milênios de existência, inicia o seu período de percepção de que existem leis que regem o universo.

1777

Jean-Jacques Rousseau (1712-1778) é o pensador moderno que mais aborda as questões do meio ambiente no século XVIII. Fala da importância do convívio pacífico com a natureza como condição primeira da felicidade humana.

1794

Joseph Priestley identifica o oxigênio. O ser humano demorou milênios para isolar o elemento-chave das interligações dos sistemas vivos na Terra.

1822

José Bonifácio de Andrada e Silva (o Patriarca da Independência), ao tempo das lutas contra a repressão portuguesa nos movimentos de Independência do Brasil, como ministro do Reino e dos Negócios Estrangeiros e como político de impressionante visão, era também um naturalista. A ele se atribuem as primeiras observações, de cunho ecológico, feitas por um brasileiro, em nosso país.

1825

A população humana sobre a Terra chega ao seu primeiro bilhão de habitantes.

1827

Carta de Lei de Outubro, do império, delega poderes aos juízes de paz das províncias para a fiscalização das florestas.

1840

Um fungo infesta as plantações de batata, na Irlanda, e devasta os seus campos geneticamente uniformes. Cerca de 1 milhão de irlandeses morrem de fome.

1849

Henry Wallace Bates, inglês, percorre a Amazônia e recolhe 8 mil espécimes de plantas e animais. A coleção, levada para a Inglaterra, subsidia Charles Darwin em seus estudos, Bates foi o naturalista estrangeiro que permaneceu mais tempo nos trópicos, de 1849 a 1859 (Ribeiro, 1990, p. 172).

Henry David Thoreau publica seu ensaio *Desobediência civil*, pregando que todo homem tem o direito de desobedecer a uma lei se ela transgredir a outra superior, natural, moral e fundamental ao ser humano. Influencia Gandhi, Luther King e o movimento pacifista (*hippie*) dos anos 1960/1970.

1850

D. Pedro II edita a Lei 601, proibindo a exploração florestal em terras descobertas e dando poderes às províncias para sua aplicação. A lei é ignorada e verifica-se uma grande devastação de florestas (desmatamento pelo fogo) para a instalação de monocultura – café – para alimentar as exportações brasileiras.

O Reino Unido torna-se a primeira nação a ter uma população majoritariamente urbana. O exemplo é seguido por dezenas de países em industrialização, na Europa, seguidos pela América do Norte e Japão.

1859

Lançado o livro *A origem das espécies*, de Charles Darwin. Mostra como todas as coisas vivas são o produto do ambiente, trabalhado através do processo de seleção natural.

1863

Thomas Huxley, no seu ensaio *Evidence as to man's place in nature* (Evidências sobre o lugar do homem na Natureza), trata da interdependência entre os seres humanos e os demais seres vivos.

Eugênio Waming, botânico dinamarquês, desenvolve, em Lagoa Santa, Minas Gerais, estudos do ambiente de cerrado e publica-os em 1892. Seriam os trabalhos precursores para o primeiro livro de sua autoria sobre Ecologia (1895).

1864

George Perkin Marsh (1801-1882), diplomata americano, publica o livro *Man and nature: or physical geography as modified by human action* (O homem e a natureza: ou geografia física modificada pela ação do homem), considerado o primeiro exame detalhado da agressão humana à natureza. Marsh documenta como os recursos do planeta estão sendo deplecionados e prevê que tal exploração não continuaria sem exaurir inevitavelmente a generosidade da natureza; analisa as causas do declínio de civilizações antigas e prevê um destino semelhante para as civilizações modernas, se não houvesse mudanças.

1868

Alan Kardec (1804-1869), francês, decodificador da Doutrina Espírita: "A Terra produziria sempre o necessário, se com o necessário soubesse o homem contentar-se".

1869

O biólogo alemão, Ernst Haeckel (1834-1919), propôs o vocábulo "ecologia" para os estudos das relações entre espécies e o seu meio ambiente. Já em 1866 esse biólogo sugerira, em sua obra *Morfologia geral dos organismos*, a criação de uma nova disciplina para estudar tais relações.

1872

Inspirado no livro de Marsh (1864), foi criado nos Estados Unidos o primeiro parque nacional do mundo – Yellowstone National Park. No Brasil, a princesa Isabel autoriza a operação da primeira empresa privada especializada em corte de madeira. O ciclo econômico do pau-brasil encerra-se em 1875 com o abandono das matas exauridas.

1876

André Rebouças sugere a criação de parques nacionais na ilha de Bananal e em Sete Quedas.

1889

O escocês Patrick Geddes (1854-1933) argúi que "uma criança em contato com a realidade do seu ambiente não só aprenderia melhor, mas também desenvolveria atitudes criativas em relação ao mundo em sua volta" (*Insight into environmental education*, p. 3). Geddes é considerado o pai/fundador da EA.

1891

A Constituição Brasileira promulgada não tratava, nem mesmo superficialmente, de nenhuma questão ligada à preservação das nossas florestas – então sob forte pressão extrativista dos europeus –, e da nossa fauna.

1896

Criado o primeiro parque no Brasil: Parque Estadual da Cidade de São Paulo.

1900

Os seres humanos utilizam apenas vinte dos 92 elementos naturais da Tabela de Classificação Periódica dos Elementos Químicos (em 2000, utilizariam todos).

1903

Marie Curie e seu marido Pierre Curie dividem com Henri Becquerel o Prêmio Nobel de Física pela descoberta da radioatividade. Marie morre de leucemia anos depois. A radioatividade, em seus primeiros anos de uso, matou muitas pessoas de câncer. No Japão chegou-se a aplicar radiação na boca das pessoas para curar asma!

1905

Albert Einstein formula a Teoria da Relatividade, que viria revolucionar a Ciência.

1907

Gifford Pinchot talha a palavra "conservação", com enfoque utilitarista.

1908

O presidente dos Estados Unidos, Theodore Roosevelt, promove a Conferência de Governadores, quando a conservação passa a ser tema na política americana e é introduzida nas escolas daquele país.

1909

Carlos Chagas identifica o *Trypanosoma cruzi* (transmissor do mal de Chagas). Recebe 33 prêmios internacionais pelos seus trabalhos. A doença, dadas as precárias condições de moradia da maioria dos brasileiros, continua fazendo milhares de vítimas.

1914

Theodore Roosevelt publica o livro *Through the Brazilian wilderness* (Através da selva brasileira).

1920

O pau-brasil é considerado extinto. O então presidente do Brasil, Epitácio Pessoa, observa que, dos países dotados de ricas florestas, o Brasil é o único a não possuir um código florestal.

Nos Estados Unidos, só 20% das florestas primitivas continuavam intocadas. Os madeireiros tinham grande influência no Congresso e obtinham a madeira por invasão e fraude. Nesse período ocorre a maior devastação do patrimônio florestal daquele país.

1923

Henry Ford adota o conceito de produção em massa (linha de montagem) em suas fábricas de automóveis. O modelo T da Ford, que custava 600 dólares em 1912, passa a custar 265 dólares nesse ano. Com isso, passa a dominar o mercado de automóveis no mundo. A produção total da Ford passa de 4 milhões de veículos, em 1920, para 12 milhões em 1925. Iniciava-se o culto a um dos grandes símbolos de consumo, e de geração de problemas, da humanidade.

1930

C. C. Fagg e G. E. Hutchings lançam o livro *An introduction to regional surveying* (Uma introdução a estudos regionais), considerado o protótipo dos trabalhos de campo que contribuíram e influenciaram o desenvolvimento de estudos ambientais em escolas.

1934

O professor Felix Rawitscher introduz a pesquisa e o ensino de Ecologia no Brasil, e suas ideias representam os passos pioneiros do atual movimento ambientalista nacional.

O Decreto 23.793 transforma em lei o anteprojeto do Código Florestal de 1931. Em decorrência, é criada a primeira unidade de conservação do Brasil, o Parque Nacional do Itatiaia.

Realiza-se, no Museu Nacional, a 1a Conferência Brasileira de Proteção à Natureza.

1937

Pietro Ubaldi lança o seu livro *A grande síntese*, um caminho no qual a ciência encontra a espiritualidade.

1938

C. J. Cons e C. Fletcher publicam na Inglaterra *Actually in the school* (Realidade na escola), livro considerado crucial no desenvolvimento de estudos ambientais. Eles recomendam: "Tragam o bombeiro, o carteiro, o policial para a sala de aula e deixem as crianças aprenderem suas vidas" (p. 27).

1939

Em 10 de janeiro, por meio do Decreto 1.035/39, é criado o Parque Nacional do Iguaçu. Até os dias atuais, é o único Parque Nacional brasileiro realmente implantado. Os demais contam com crônicas deficiências de regularização fundiária e de recursos para a implantação e manutenção.

1945

A expressão *Environmental studies* (estudos ambientais) entra para o vocabulário dos profissionais do ensino na Grã-Bretanha.

Lançadas pelos Estados Unidos, explodem as bombas atômicas em Hiroshima e Nagasaki, no Japão. Termina a 2ª Guerra Mundial. O conflito deixa 47 milhões de mortos.

1947

Fundada na Suíça a União Internacional para a Conservação da Natureza (IUNC). Foi a organização conservacionista mais importante até a criação do Programa das Nações Unidas para o Meio Ambiente (Pnuma) em 1972.

1949

Aldo Leopoldo, biólogo de Iowa, EUA, escreve *The land ethic* (A ética da Terra), para o periódico *A Sand Couty Almanac*. Os trabalhos de Aldo Leopoldo são considerados a fonte mais importante do moderno biocentrismo ou ética holística. René Dubos considera-os os escritos sagrados do movimento conservacionista americano. É o patrono do movimento ambientalista. *The enslavement of Earth* (A escravidão da Terra) é um dos seus escritos mais citados.

1952

O ar densamente poluído de Londres – conhecido como *smog* (*smoke* + *fog*) – provoca a morte de 1600 pessoas e desencadeia o processo de conscientização a respeito da qualidade ambiental, na Inglaterra. Em 1956, o Parlamento aprova a Lei do Ar Puro.

1953

James Watson e Francis Crick decifram a estrutura do DNA.

1958

Criada a Fundação Brasileira para a Conservação da Natureza (FBCN).

1960

Surge o ambientalismo nos Estados Unidos. Ocorrem reformas no ensino de ciências. Produzem-se materiais de ensino, voltados à investigação, por parte do estudante, porém os objetivos são reducionistas e os instrumentos tendem a ser tubos de ensaio.

1961

O presidente Jânio Quadros aprova projeto e o envia à Câmara dos Deputados, declarando o pau-brasil a "árvore símbolo nacional", e o ipê a "flor símbolo nacional".

1962

Rachel Carson, jornalista, lança o livro *Silent spring* (Primavera silenciosa), que viria a se tornar um clássico na história do movimento ambientalista. Suas 44 edições sucessivas desencadeiam uma grande inquietação internacional sobre a perda da qualidade de vida.

1965

Albert Schweitzer (1875-1965) torna popular a ética ambiental. É agraciado com o Prêmio Nobel da Paz. O movimento, em reverência por tudo o que é vivo, difunde-se por todo o mundo.

Em março, a expressão *environmental education* (educação ambiental) é ouvida pela primeira vez na Grã-Bretanha. Na ocasião, aceita-se que a EA deva se tornar uma parte essencial da educação de todos os cidadãos e deixe de ser vista essencialmente como conservação ou ecologia aplicada, cujo veículo seria a biologia.

1966

Em dezembro, a Assembleia Geral da ONU estabelece o Pacto Internacional sobre os Direitos Humanos.

1968

Na Conferência sobre Educação realizada na College of Education, Leichester, Grã-Bretanha, recomenda-se fundar a Society for Environmental Education – SEE (Sociedade para a Educação Ambiental).

Em abril, um grupo de trinta especialistas de várias áreas (economistas, industriais, pedagogos, humanistas etc.), liderados pelo industrial Arillio Peccei, passa a se reunir em Roma, para discutir a crise atual e futura da humanidade. Assim se forma o Clube de Roma.

Em maio, na capital francesa, ocorrem manifestações estudantis que se espalham pelo mundo, em sinal de protesto pelas condições de vida. É uma crise da sociedade, uma explosão revolucionária. Segundo Daniel Cohn-Bendit, o que ocorre em maio é a ânsia de viver melhor. As manifestações são feitas pelo povo na Europa, África, Ásia e Américas (do Sul, Central e do Norte).

A delegação da Suécia na ONU chama a atenção da comunidade internacional para a crescente crise do ambiente humano, sendo a primeira observação oficial da necessidade de uma abordagem global para a busca de soluções contra o agravamento dos problemas ambientais.

1969

Em março, é fundada a SEE (Sociedade EA), segundo George Martin, "como uma contribuição para nossa cultura". Acentua o que os estudos ambientais podem fazer, usando o ambiente para a educação e a educação para o ambiente.

Na BBC de Londres, no *Reith Lectures*, apresentado por Sir Frank Fraser-Darling (enologista), o ambiente se tornou um tópico debatido em shows, pronunciado por estrelas famosas do mundo artístico. Nos Estados Unidos, Paul Ehrlich populariza o termo "ecologia" como a palavra-chave nos debates sobre o ambiente.

Lançado nos Estados Unidos o primeiro número do *Journal of EE* (Jornal da EA).

A ONU e a União Internacional pela Preservação da Natureza definem o termo "preservação" como "o uso racional do meio ambiente a fim de alcançar a mais elevada qualidade de vida para a humanidade". O termo fora usado, inicialmente, para designar os "guardiães" das leis promulgadas em 1720, para proteger o rio Tâmisa, Londres (*Dictionary of the History of Ideas*, I, p. 471).

Neil Armstrong (1930-2012) é o primeiro ser humano a tocar o solo lunar em 21 de julho.

1970

Inicia-se o uso da expressão *environmental education* (educação ambiental) nos Estados Unidos, a primeira nação a aprovar a Lei sobre EA (EE Act).

A expressão *environmental education* é introduzida na Grã-Bretanha.

Lançada a revista *Ecologist*, na Grã-Bretanha, que veio a ser um poderoso meio de contribuição e de fermentação de ideias na área ambiental.

A National Audubon Society publica *A place to live* (Um lugar para viver), um manual para professores e outro para alunos orientando para a exploração dos vestígios da natureza nas cidades. Viria a tornar-se um clássico em EA.

Iniciado no Pará o projeto Grande Carajás, com a construção de 900 km de ferrovia (Pará-Maranhão) e da Usina Hidrelétrica de Tucuruí, para exploração de 890 mil km^2 de região amazônica. Graves problemas ambientais decorreram daqueles empreendimentos mal planejados.

1971

Criada a Associação Gaúcha de Proteção ao Ambiente Natural (Agapan).

Os países desenvolvidos, por ocasião da XXVI Assembleia Geral das Nações Unidas, propõem que os recursos naturais do planeta sejam colocados sob a administração de um fundo mundial (World Trust).

Apoiada por muitos políticos e cientistas, sai na Grã-Bretanha a publicação *A blueprint for survival* (Um esquema para a sobrevivência), documento histórico que propõe medidas para se obter um ambiente ecologicamente saudável.

O prefixo "eco" é introduzido na língua inglesa para compor novas expressões (*ecofarming, ecohouse* etc.).

Sai, em maio, o primeiro exemplar do *Bulletin of Environmental Education* (BEE), na Grã-Bretanha. Seus artigos estimulam estudos ambientais, orientados à compreensão das relações da comunidade, dentro de um contexto urbano.

Surgem os *European Conservation Year*, programas que deram grande impulso à EA. Grande contribuição foi dada pelos geógrafos, originando a maioria das técnicas de ensino sobre o ambiente humano (jogo, simulações etc.).

1972

O Clube de Roma publica o relatório *The limits of growth* (Os limites do crescimento). Estabelece modelos globais baseados nas técnicas pioneiras de análise de sistemas, projetados para predizer como seria o futuro se não houvesse modificações ou ajustamentos nos modelos de desenvolvimento econômico adotados. O documento denuncia a busca incessante do crescimento da sociedade a qualquer custo e a meta de se tornar cada vez maior, mais rica e poderosa, sem levar em conta o custo final desse crescimento. Os modelos demonstram que o crescente consumo geral levaria a humanidade a um limite de crescimento, possivelmente a um colapso. Os políticos rejeitam as observações. Entretanto, o livro atinge, em parte, seu objetivo: alertar a humanidade para a necessidade de maior prudência nos seus estilos de desenvolvimento (ver Mesarovic e Pestel, 1975).

Cria-se o curso de pós-graduação em Ecologia na Universidade Federal do Rio Grande do Sul.

De 5 a 16 de junho, na Suécia, representantes de 113 países participam da Conferência de Estocolmo/Conferência da ONU sobre o Ambiente Humano. A conferência gera a Declaração sobre o Ambiente Humano (v. Anexos), atendendo à necessidade de estabelecer uma visão global e princípios comuns que serviriam de inspiração e orientação à humanidade, para preservação e melhoria do ambiente humano. Oferece orientação aos governos, estabelece o Plano de Ação Mundial e, em particular, recomenda que seja estabelecido um programa internacional de EA, visando educar o cidadão comum, para que este maneje e controle seu ambiente.

A recomendação nº 96 da Conferência reconhece o desenvolvimento da EA como o elemento crítico para o combate à crise ambiental do mundo.

Considerada um marco histórico e político internacional, decisivo para o surgimento de políticas de gerenciamento do ambiente, a Conferência de Estocolmo, além de chamar a atenção do mundo para os problemas ambientais, também gera controvérsias. Os representantes dos países em desenvolvimento acusam os países industrializados de querer limitar seus programas de desenvolvimento industrial, usando a desculpa da poluição, como um meio de inibir a capacidade de competição dos países pobres.

Para espanto do mundo, representantes do Brasil pedem poluição, dizendo que o país não se importaria em pagar o preço da degradação ambiental desde que o resultado fosse o aumento do PNB (Produto Nacional Bruto). Um cartaz anuncia: "Bem-vindos à poluição, estamos abertos para ela. O Brasil é um país que não tem restrições. Temos várias cidades que receberiam de braços abertos a sua poluição, porque o que nós queremos são empregos, são dólares para o nosso desenvolvimento".

É um escândalo internacional. Os negociadores políticos representantes do Brasil colocam o nosso país na contramão da História. Quando a preocupação com a degradação ambiental é o motivo da Conferência, o Brasil externa a abertura de suas portas à poluição, estimulando a vinda de multinacionais, submetendo-se a um estilo de desenvolvimento econômico predatório, gerador de mazelas socioambientais (*Limites do crescimento: O Clube de Roma*, Fundação Demócrito Rocha, p. 7).

Noel Mclnnis, pioneiro em EA nos EUA, anuncia que a raiz do nosso dilema ambiental está na forma como aprendemos a pensar o mundo: dividindo-o em pedaços.

Primeira avaliação de Impacto Ambiental feita no Brasil, para grandes empreendimentos. Financiada pelo Banco Mundial, a construção da Usina Hidrelétrica de Sobradinho, Bahia, é precedida de estudos dos impactos ambientais que seriam produzidos.

Sob a orientação do professor Vasconcelos Sobrinho, é iniciada, na Universidade Federal Rural de Pernambuco, uma campanha nacional para reintrodução do pau-brasil no nosso patrimônio ambiental. Considerada extinta em 1920, graças a essa iniciativa a espécie difunde-se, com farta distribuição de mudas por todo o país.

1973

Estabelecido nos EUA o World Directory of Environmental Education Programs (Registro mundial de programas em Educação Ambiental), editado por P. W. Quigo e publicado por R. R. Bowker, contendo entrada de setenta países e 660 programas listados com detalhes.

Em 30 de outubro, o Decreto 73.030, da Presidência da República, cria, no âmbito do Ministério do Interior, a Secretaria Especial do Meio Ambiente (Sema), primeiro organismo brasileiro, de ação nacional, orientado para a gestão integrada do ambiente. O professor Paulo Nogueira-Neto (1922-2019) é o titular da Sema, de 1974 a 1986, e deixa as bases das leis ambientais e estruturas que continuam, muitas delas até hoje. Estabelece o programa das estações ecológicas (pesquisas e preservação), a despeito de a Sema ter sido originariamente concebida como uma agência de controle de poluição. Iniciado com três funcionários e duas salas, o trabalho do professor Nogueira-Neto (1922-2019) à frente da Sema legou à sociedade a maior parte do que temos atualmente na área ambiental. A sua atuação o leva a integrar e a dirigir muitas delegações oficiais brasileiras em encontros internacionais. Recebe o Prêmio Paul Getty, a mais alta honra mundial no campo da conservação da natureza. Integra a Comissão Brundtland (Nosso Futuro Comum). É considerado o mentor do movimento ambientalista brasileiro.

1974

Realiza-se em Haia, na Holanda, o I Congresso Internacional de Ecologia.

É dado o primeiro alerta por organismos internacionais sobre a possibilidade da redução da camada de ozônio, causada pelo uso dos CFCs.

Realiza-se, na Finlândia (Jammi), com o apoio da Unesco, o Seminário sobre EA, um exercício acerca da natureza da EA, baseados nos princípios de EA, que já reconhecia seu caráter de uma educação integral permanente.

1975

Em resposta às recomendações da Conferência das Nações Unidas sobre o Ambiente Humano (Conferência de Estocolmo), a Unesco promove, em Belgrado, ex-Iugoslávia, um encontro internacional em EA (The Belgrado Workshop on Environmental Education), que congrega especialistas de 65 países e culmina com a formulação dos princípios e orientações para um programa internacional de EA (a EA deve ser contínua, multidisciplinar, integrada às diferenças regionais e voltada para os interesses nacionais). O encontro de Belgrado gera a *Carta de Belgrado*, um documento histórico na evolução do ambientalismo.

É lançado o International Environmental Education Programme (IEEP) – Programa Internacional de Educação Ambiental (PIEA). Ao mesmo tempo do encontro de Belgrado, ocorrem reuniões regionais na África, Ásia, Estados Árabes, Europa e América Latina, estabelecendo uma rede internacional de informações sobre a EA. Na ocasião, a Unesco empreende uma pesquisa para conhecer as necessidades e prioridades internacionais em EA, com a participação de 80% dos países membros da ONU.

1976

De 1º a 9 de março, em Chosica, Peru, realiza-se a Reunião Sub-Regional de EA para o Ensino Secundário. Enfatiza-se que a questão ambiental na América Latina está ligada às necessidades elementares de sobrevivência do ser humano e aos direitos humanos.

Resultado do convênio entre a Secretaria Especial do Meio Ambiente (Sema), a Fundação Educacional do Distrito Federal (FEDF) e a Fundação Universidade de Brasília (FUB), realiza-se o Curso de Extensão para Profissionais de Ensino do Fundamental – Ecologia, baseado na reformulação da proposta curricular de ciências físicas e biológicas, programa de saúde e o ambiente. O curso envolve 44 unidades educacionais e capacitação para 4 mil pessoas (professores, administradores etc.). Nos anos seguintes, desenvolve-se o Projeto de EA da Ceilândia (1977-1981), proposta pioneira no Brasil, centrada em currículo interdisciplinar e que tem por base os problemas e as necessidades da comunidade. A escassez de recurso e as divergências políticas impedem a continuação dessa importante proposta de EA.

Criados os cursos de pós-graduação em Ecologia nas universidades do Amazonas, Brasília, Campinas, INPA e São Carlos.

Firmado Protocolo de Intenções entre o MEC e o Minter com objetivo de incluir temas ecológicos (*sic*) nos currículos das escolas de 1º e 2º graus. A visão ainda se restringe à Ecologia descritiva (fauna e flora).

1977

Criada *The International Society for EE* (Sociedade Internacional para EA), destinada a desenvolver atividades de EA na *School of Nature Resources* (Escola de Recursos Naturais), Ohio, EUA.

Assinatura de um Protocolo de Intenções (mais um) entre o MEC e o Minter/ Sema, visando a implantação de uma ação integrada quanto ao ensino e à pesquisa em Ecologia (*sic*), com vistas ao atendimento nos aspectos pertinentes da política nacional do meio ambiente.

A Secretaria Especial do Meio Ambiente (Sema) constitui um grupo de trabalho para a elaboração de um documento sobre EA, com o objetivo de definir seu papel no contexto da realidade socioeconômico-educacional brasileira.

A disciplina Ciências Ambientais passa a ser obrigatória nos cursos de engenharia, nas universidades brasileiras.

Proposta para o ensino de 2º grau desenvolvida pelo Departamento de Ensino Médio do MEC/Cetesb, centrado em Ecologia.

Projeto de Ciências Ambientais para o 1º grau desenvolvido pelo MEC/Premem/ Centro de Treinamento de Professores de Ciências de São Paulo (convênio).

Criação de cursos voltados à área ambiental em várias universidades brasileiras.

Seminários, encontros e debates sobre a temática ambiental oferecidos pelos órgãos estaduais da área ambiental (Cetesb-São Paulo, Feema-Rio de Janeiro etc.) e instituições como FBCN, Sema etc.

De 14 a 26 de outubro, em Tbilisi (CEI, Geórgia), realiza-se a I Conferência Intergovernamental sobre Educação Ambiental, organizada pela Unesco, em colaboração com o Programa das Nações Unidas para o Meio Ambiente (Pnuma). É um prolongamento da Conferência das Nações Unidas sobre o Meio Ambiente Humano (Estocolmo, 1972). A Conferência de Tbilisi – como ficou consagrada – é o ponto culminante da primeira fase do Programa Internacional de Educação Ambiental, iniciado em 1975, pela Unesco/Pnuma (v. Belgrado, 1975) com atividades celebradas na África, Estados Árabes, Ásia, Europa e América Latina. A Conferência de Tbilisi constituiu-se em ponto de partida de um programa internacional de EA, contribuindo para precisar a natureza da EA, definindo seus objetivos e suas características, assim como as estratégias pertinentes no plano nacional e internacional. É considerado em nossos dias o evento decisivo para os rumos da EA em todo o mundo. Neste livro, é dedicado um capítulo completo às grandes orientações da Conferência de Tbilisi.

1978

A Secretaria de Educação do Rio Grande do Sul desenvolve o Projeto Natureza (1978-1985).

Nos cursos de Engenharia Sanitária inserem-se as matérias Saneamento Básico e Saneamento Ambiental.

1979

O Departamento de Ensino Médio do MEC e a Cetesb publicam o documento Ecologia – uma Proposta para o Ensino de 1º e 2º graus. Nota-se a tendência reducionista, que ignora os aspectos sociais, econômicos, políticos, culturais, éticos e outros, recomendados na Conferência de Tbilisi.

Em julho, realiza-se o evento *First All-USSR Conference on EE* (Primeira Conferência de todas as Nações da União Soviética sobre EA), promovido pelo Ministério da Educação na Universidade Estadual de Ivanovo, CEI.

De 29 de outubro a 7 de novembro, realiza-se o Encontro Regional de EA para a América Latina, em San José, Costa Rica, como parte de uma série de seminários regionais, em EA, promovidos pela Unesco para professores, planejadores educacionais e administradores.

1980

Em abril, o historiador americano Lynn White Jr. propõe ao papa que São Francisco seja reconhecido como o santo padroeiro da Ecologia. A sugestão foi acolhida. White Jr. descrevera o cristianismo como a forma mais antropocêntrica de religião que o ser humano já vira (*O homem e o mundo natural*, p. 28).

De 10 a 14 de novembro, realiza-se o Seminário Internacional sobre o Caráter Interdisciplinar da EA no Ensino de 1º e 2º graus, em Budapeste, Hungria, promovido pela Unesco e pela Organização Nacional de Proteção Ambiental e Conservação da Natureza.

De 8 a 12 de dezembro, realiza-se o Seminário Regional Europeu sobre EA para a Europa e América do Norte, em Essen, República Federal da Alemanha, promovido pela Unesco e pelo Centro de EA da Universidade de Essen, com a participação de vinte países. Conclui-se que seria necessária uma intensificação de intercâmbio de informações e experiências entre os países.

A Agência Americana de Proteção Ambiental (EPA) estima que 70 mil produtos químicos estejam sendo manufaturados só nos Estados Unidos, com cerca de mil novos produtos acrescentados a cada ano.

1981

De 25 a 31 de março, realiza-se o Seminário sobre a Energia e a EA na Europa, em Monte Carlo, Mônaco, promovido pelo Conselho Internacional de Associações de Ensino de Ciências (Icase), com a participação de dezessete países.

De 12 a 19 de maio, realiza-se o Seminário Regional sobre EA nos Estados Árabes, em Manama, Bahrein, promovido pela Unesco-Pnuma e pelo Ministério da Educação de Bahrein, com a participação de dez nações árabes.

Em 31 de agosto, o presidente João Figueiredo sanciona a Lei 6.938, que dispõe sobre a política nacional do meio ambiente, seus fins e mecanismos de formulação e aplicação. Constitui-se em importante instrumento de amadurecimento e consolidação da política ambiental no país.

Lançado o primeiro número da *The Environmentalist*, revista internacional inglesa destinada aos profissionais de EA.

Em dezembro, realiza-se a First Asian Conference on Environmental Education (Primeira Conferência Asiática sobre EA), em Nova Délhi, Índia.

Desencadeado pelo governo federal o "desenvolvimento" de Rondônia e áreas de Mato Grosso. Em dois anos foram destruídos dois milhões de hectares de florestas nativas e produzidos conflitos fundiários e sociais muito graves. O Banco Mundial foi acusado pela crítica internacional de ter financiado a maior catástrofe ambiental induzida dos nossos tempos.

1984

O Conselho Nacional do Meio Ambiente (Conama) apresenta resolução estabelecendo diretrizes para as ações de EA. A proposta é retirada de pauta e não mais retorna ao plenário, não sendo, por consequência, aprovada. Há uma nítida oposição à EA, nos moldes da Conferência de Tbilisi.

Em Versalhes, ocorre a I Conferência sobre o Meio Ambiente da Câmara de Comércio Internacional, com o objetivo de estabelecer formas de colocar em prática o conceito de "desenvolvimento sustentado".

Em 27 e 28 de agosto, a Sema apresenta proposta para área de EA aos órgãos ambientais dos estados, reunidos em Recife.

Em 3 de dezembro, em Bhopal, Índia, ocorre o mais grave acidente industrial do mundo, quando um gás venenoso – *methyl isocyanate* – vaza da fábrica da Union Carbide e mata mais de 2 mil pessoas, ferindo outras 200 mil. Tal acidente, segundo Petula (1988, p. 430), inicia o período moderno da política ambiental. O acidente de Bhopal é citado como um exemplo do que pode ocorrer quando reina na comunidade o analfabetismo ambiental.

1985

De 4 a 9 de março, com o tema Educação e a Questão Ambiental em Países em Desenvolvimento, realiza-se a Second Asian Conference on EE (Segunda Conferência Asiática sobre EA), em Nova Délhi, Índia, promovida pelo Departamento de Meio Ambiente do governo indiano e pela *Environmental Society* da Índia.

De 12 a 18 de agosto, realiza-se o *Seminário sobre EA para Professores de Ciências da América Central*, promovido pela Unesco-Unep.

Em outubro, visita o Brasil a Comissão Brundtland. Organiza audiências públicas, em São Paulo e em Brasília, inclusive no Congresso Nacional.

De 11 a 15 de novembro, dezesseis países asiáticos participam do Meeting on EE and Training in the Asia and Pacific Region (Encontro sobre EA e Treinamento na Ásia e Região do Pacífico), promovido pela Unesco-Unep, Bangkok, Tailândia.

Em Bogotá, ocorre o 1º Seminário sobre Universidade e Meio Ambiente na América Latina e Caribe, promovido pela Unesco-Unep.

Comemora-se o 10º aniversário do Programa Internacional de EA da Unesco-Unep. Os resultados apresentados são relevantes: execução de 31 projetos de pesquisa; 37

Educação ambiental • princípios e práticas

treinamentos nacionais; dez seminários internacionais e regionais; onze conferências e 66 missões técnicas para os 136 Estados-membros (85% dos membros da Unesco). Como resultado, mais de quarenta países introduziram a EA, oficialmente, nos seus planos educacionais, políticas e legislação (Unesco-Unep, 1985).

1986

Em 23 de janeiro, o Conselho Nacional do Meio Ambiente (Conama) prova a Resolução n. 001/86, que estabelece as responsabilidades, os critérios básicos e as diretrizes gerais para uso e implementação da Avaliação de Impacto Ambiental (AIA) como um dos instrumentos da Política Nacional do Meio Ambiente (v. Anexos).

Em 26 de abril, um experimento malconduzido, combinado com falhas de projeto, provoca a explosão do reator no 4 da usina de Chernobyl, localizada a 129 km de Kiev, capital da República da Ucrânia, na União Soviética. A explosão deixa escapar de 60% a 90% do combustível atômico, segundo o físico Vladimir Chernusenko (a versão oficial indica 3%), mata de 7 a 10 mil pessoas (contra 31 mortes da versão oficial) e afeta mais de 4 milhões de pessoas.

A explosão produz uma nuvem radioativa que se propaga pelas repúblicas soviéticas e atinge cinco países europeus. Os 38 mil moradores de Ripyat, localizada a 8 km da usina – hoje uma cidade deserta – só são retirados 36 horas depois do acidente. O médico norte-americano Robert Gale, responsável pelo enxerto de medula óssea nas vítimas, estima que entre 2 mil e 20 mil pessoas iriam morrer de câncer, nos próximos cinquenta anos, em consequência das radiações emitidas, sendo que um terço dessas mortes ocorreriam na Europa.

É o maior acidente da história da energia nuclear. Cinco anos depois, o então presidente Mikhail Gorbachev, num apelo, solicita ajuda internacional, acentuando: "a humanidade está apenas começando a compreender plenamente a natureza global dos problemas sociais, médicos e psicológicos criados pela catástrofe" ("Soviéticos lembram cinco anos do desastre Chernobyl", Correio Braziliense, p. 13).

Em agosto, realiza-se na Universidade de Brasília o I Seminário Nacional sobre Universidade e Meio Ambiente, com o objetivo de iniciar um processo de integração entre as ações do Sistema Nacional do Meio Ambiente e do Sistema Universitário. Como resultado dessa interação, surgem importantes resoluções do Conama, muitas das quais ainda estão em vigor.

Realizado o I Curso de Especialização em EA, na Universidade de Brasília, promovido pela Sema/FUB/ CNPq/Capes/Pnuma. O curso, repetido em 1987 e 1988, objetiva a formação de recursos humanos para a implantação de programas de EA no Brasil. Esse curso termina gerando uma *massa crítica* para o desenvolvimento da EA no Brasil. Um "descuido" dos governantes, logo corrigido com a sua extinção.

Em São Paulo, realiza-se o Seminário Internacional de Desenvolvimento Sustentado e Conservação de Regiões Estuarino-Lagunares. Lança-se o alerta sobre a necessidade urgente de proteção dos manguezais. Esses ecossistemas, os mais produtivos da Terra (berçário de peixes, moluscos, crustáceos etc.), vinham sendo destruídos por aterros (para fins imobiliários ou como depósito de lixo) na costa brasileira.

Minas Gerais acopla à sua imagem, a saga de destruição socioambiental causada por má gestão das mineradoras, referente à manutenção de suas barragens. Rompe-se a barragem de rejeitos da Mina de Fernandinho, em Itabirito, na região central de Minas Gerais, provocando sete mortes.

1987

Em 11 de março, o Plenário do Conselho Federal de Educação (MEC) aprova, por unanimidade, a conclusão da Câmara de Ensino, a respeito do Parecer n. 226/87, que considera necessária a inclusão da EA dentre os conteúdos a serem explorados nas propostas curriculares das escolas de 1º e 2º graus (propostas do conselheiro Arnaldo Niskier, relatadas pelo conselheiro Mauro C. Rodrigues). O conteúdo integral do referido parecer, dada a sua importância para a consolidação das bases conceituais da EA no Brasil, encontra-se nos Anexos deste livro.

Em abril, dá-se a divulgação do *Our Commom Future* (Nosso Futuro Comum), relatório da Comissão Mundial ou Comissão Brundtland, sobre meio ambiente e desenvolvimento (outubro de 1984 a abril de 1987), presidida por Gro Harlem Brundtland, primeira-ministra da Noruega.

Essa comissão é criada pela ONU como um organismo independente (1983), com o objetivo de reexaminar os principais problemas do ambiente e do desenvolvimento, em âmbito planetário, de formular propostas realistas para solucioná-los e de assegurar que o progresso humano seja sustentável através do desenvolvimento, sem comprometer os recursos ambientais para as futuras gerações.

O relatório trata de preocupações, desafios e esforços comuns como: busca do desenvolvimento sustentável, o papel da economia internacional, população, segurança alimentar, energia, indústria, desafio urbano e mudança institucional.

O Brasil é representado pelo professor Dr. Paulo Nogueira-Neto. O relatório foi considerado um dos documentos mais importantes da década e até os nossos dias constitui uma fonte de consulta obrigatória para quem lida com as questões ambientais – deveria sê-lo também para os economistas, políticos, industriais, planejadores, enfim, para os responsáveis pela tomada de decisões nos programas de desenvolvimento. No Brasil, o relatório foi traduzido e publicado pela Editora da Fundação Getúlio Vargas em 1988.

Em setembro, uma cápsula de césio-137 é retirada a marretadas do interior de um equipamento médico de radioterapia, em um ferro velho, na rua 57 de Goiânia, em

Goiás. Quatro pessoas morrem e dezenas são contaminadas pela radiação. A vida da cidade é inteiramente transtornada. Várias casas são demolidas e os materiais contaminados são encerrados em tambores e depositados no "lixão atômico", no município de Abadia, Goiás, onde permanece de forma deficitária. O acidente demonstra como o país está despreparado para lidar com o problema, e tem repercussões internacionais. É citado como um caso grave de analfabetismo ambiental.

A plenária do II Seminário Universidade e Meio Ambiente, realizado em Belém do Pará, indica um grupo de representantes das universidades para assessorar o órgão federal do meio ambiente – na época, a Sema – na programação dos seminários seguintes. O Grupo Executivo, como ficou conhecido, continua em ação e desenvolve um importante trabalho de integração Universidade–Questões Ambientais.

De 17 a 21 de agosto, realiza-se em Moscou, CEI, o Congresso Internacional da Unesco-Pnuma sobre Educação e Formação Ambientais. São analisadas as conquistas e dificuldades na área da EA, desde a Conferência em Tbilisi, e estabelecidos os elementos para uma estratégia internacional de ação, em matéria de educação e formação ambientais, para a década de 1990. Nesse congresso, conforme acertado em Tbilisi, cada país apresenta um relatório sobre os avanços da EA. O Brasil não apresenta o seu relatório oficial.

De 12 a 20 de outubro, ocorre a Sixteenth Annual Conference of the North American Association for Environmental Education (NAEE) – Décima Sexta Conferência Anual da Associação Norte-Americana para a Educação Ambiental –, em Quebec, Canadá, com a participação de 450 educadores ambientais de dez países. São apresentados 250 trabalhos em 150 sessões (em 1988 ocorreria a XVII Conferência em Orlando, Flórida, EUA).

Assinado o Protocolo de Montreal, segundo o qual as nações deveriam tomar várias providências para evitar a destruição da camada de ozônio, dentre as quais a redução progressiva até a supressão, no ano 2000, da fabricação e uso dos CFCs. Esse protocolo seria substancialmente emendado em 1990 e 1992, e transformado no maior sucesso empreendido na área ambiental, em termos de esforço internacional para resolver um problema ambiental global.

1988

Na Itália, associações ambientalistas internacionais divulgam um documento que aponta as pressões para o pagamento da dívida externa, contraída pelos países do Terceiro Mundo, como responsáveis por transformações drásticas na economia, na sociedade e no ambiente dos devedores.

A IUCN cataloga 4.500 espécies em extinção (plantas e animais).

Em 13 de julho, os 4,5 milhões de veículos automotores da cidade de São Paulo, responsáveis por 90% da poluição do ar, obrigam a Secretaria do Meio Ambiente e a

Cetesb a executar a Operação Alerta. Cerca de 200 mil veículos deixam de circular no centro da cidade, após campanha de coletivização e envolvimento da comunidade para enfrentar uma situação de alta degradação ambiental.

Em outubro, a Secretaria de Estado do Meio Ambiente de São Paulo e a Cetesb lançam o guia do professor do 1º e 2º graus (edição piloto), *Educação Ambiental*, corolário de um projeto de pesquisa (1983 e 1984) criado, desenvolvido e coordenado por Kazue Matsushima.

Em 5 de outubro é promulgada a Constituição da República Federativa do Brasil, contendo um capítulo sobre o meio ambiente e vários outros artigos afins. É considerada uma constituição de vanguarda em relação à questão ambiental. Pela sua importância, os textos referidos estão nos Anexos deste livro. Destaca-se a atuação do deputado federal Fábio Feldmann.

Em 22 de dezembro, é assassinado em Xapuri, Acre, o líder sindical Francisco Mendes Filho (Chico Mendes). Em 1987, fora homenageado com o Prêmio Global 500, que é outorgado pela Pnuma a ecologistas e ativistas nas questões ambientais. Esse reconhecimento internacional da sua luta pela preservação da selva contra o avanço destruidor dos exploradores faz a notícia do seu assassinato ser manchete em quase todo o mundo. As pressões internacionais sobre a política ambiental brasileira tornam--se intensas.

1989

Em 22 de fevereiro, a Lei 7.335 cria o Ibama, com a finalidade de formular, coordenar e executar a política nacional do meio ambiente. Compete-lhe preservação, conservação, fomento e controle dos recursos naturais renováveis em todo o território federal, proteção dos bancos genéticos da flora e fauna brasileiras e estímulo à EA, nas suas diferentes formas. O Ibama foi formado pela fusão da Sema, Sudepe, Sudhevea e IBDF.

Em março, por embriaguez do seu comandante, o petroleiro Exxon Valdez, da Exxon americana, colide com rochas geladas e deixa vazar 42 mil toneladas de óleo cru no mar do Alasca. O vazamento produz uma mancha de 250 km^2 que atinge cerca de 1.700 km de costa marítima e provoca a morte de 34 mil aves, 980 lontras e um número incalculável de peixes e outros animais aquáticos. A Exxon, além de gastar um bilhão de dólares na limpeza da área, com seus 11 mil homens, 1.400 barcos e 85 aviões, em seis meses, responde por 145 processos movidos contra ela.

Em junho, a Sociedade Brasileira de Zoologia relaciona as 250 espécies animais em extinção no Brasil (eram 60 espécies até 1973).

É realizado o programa Universidade Aberta, ensino à distância, pela Fundação Demócrito Rocha, em convênio com quinze universidades nordestinas e diversas outras instituições de pesquisa e difusão tecnológica. Dentre as atividades destaca-se

Educação ambiental • princípios e práticas

o curso de Ecologia que levava informações na forma de encartes, em treze jornais brasileiros e através de programas de rádio. Os fascículos de EA foram elaborados pelas professoras Maria José de Araújo Lima, da UFRPE, e Marília Lopes Brandão, da UFC.

Estudos de técnicos do Banco Mundial estimam em 12% a área devastada da Amazônia, mas, segundo o INPE (Instituto Nacional de Pesquisas Espaciais), a área devastada por queimadas e desmatamentos, até o final de 1988, seria de 9,3% (343.900 km²).

Em 14 de junho, realiza-se em Campo Grande (Mato Grosso do Sul) o I Congresso Internacional sobre a Conservação do Pantanal, com o objetivo de estabelecer propostas para a compatibilização entre desenvolvimento e preservação do pantanal. Participam oitocentos ambientalistas de vários países e representantes da WWF (Fundo Mundial para Vida Silvestre) e do Instituto Max Planck (Alemanha). O pantanal, com seus 140.000 km², estava então sob intensa depredação.

De 24 a 30 de junho, realiza-se a 3rd Internacional EE Conference for Secondary School (III Conferência Internacional sobre EA para Escolas de 2º grau), em Oak Park, Illinois, EUA, com o tema Tecnologia e Meio Ambiente.

Em 10 de julho, é criado o Fundo Nacional de Meio Ambiente (Lei 7.797/89), que viria a se tornar a principal fonte de financiamentos de projetos ambientais no Brasil.

De 10 a 14 de outubro, promovido pelo MEC (Secretaria de Ensino do 2º grau), com o apoio da Unesco, realiza-se em Petrolina, Pernambuco, o Seminário Internacional Relativo a um Projeto-piloto para a Incorporação da EA no Ensino Técnico-Agrícola da América Latina, com participantes de Brasil, Chile, Argentina, Colômbia, Honduras, Equador, Paraguai e México.

De 11 a 13 de dezembro, realiza-se o Primer Taller sobre Materiales para la Educación Ambiental (Primeiro Seminário sobre Materiais para Educação Ambiental), em Santiago, Chile, promovido pela Orealc/Unesco/Piea.

Realiza-se em Recife, Pernambuco, o I Encontro Nacional sobre Educação Ambiental no Ensino Formal, promovido pelo Ibama/UFPE, com a participação de representantes de vários órgãos estaduais de meio ambiente.

Representantes de 24 países formulam a Declaração de Haia, na qual se acentua que a cooperação internacional é indispensável para proteger o meio ambiente mundial.

1990

Em março, representantes de cinquenta países se reúnem em Vancouver para o Globe 90, promovido pelo governo canadense, para discutir a política de preservação ambiental.

Em junho, durante a reunião anual da SBPC, em Porto Alegre, é divulgado que a área destruída da Amazônia atinge 404.000 km² até 1989, segundo imagens do Landsat 8.

A organização das Nações Unidas declara 1990 o Ano Internacional do Meio Ambiente.

De 6 de agosto a 8 de dezembro, realiza-se em Cuiabá, Mato Grosso, o IV Curso de Especialização em Educação Ambiental, promovido pelo Pnuma/Ibama/CNPq/Capes, na Universidade Federal de Mato Grosso, com representantes de Brasil, Colômbia e Peru. O curso operacionalizou um exercício interdisciplinar de análise das questões ligadas à introdução da dimensão ambiental, no processo de desenvolvimento, sob uma visão crítica, referenciando o desenvolvimento autossustentável e a elevação da qualidade de vida.

De 19 a 23 de novembro, realiza-se em Florianópolis, Santa Catarina, o IV Seminário Nacional sobre Universidade e Meio Ambiente, com o objetivo de discutir os mecanismos de interface entre a universidade e a comunidade, diante da política ambiental brasileira.

Em novembro, ocorre em Limoges, França, a I Conferência Internacional de Direito Ambiental, com a participação de juristas de 43 países.

Em outubro, em Genebra, promovida pela Organização Mundial de Meteorologia, desenvolve-se a Conferência Mundial sobre o Clima. Discute-se a questão das alterações climáticas no mundo.

1991

A Portaria 678 do MEC (14/5/91) resolve que os sistemas de ensino, em todas as instâncias, níveis e modalidades, contemplem, nos seus respectivos currículos, entre outros, os temas/conteúdos referentes à EA.

No mês de junho é criada a Universidade Livre do Meio Ambiente (Curitiba). Em pouco tempo, viria a se consolidar, através da competência dos seus programas e projetos, como um importante centro de divulgação de conhecimentos, capacitação e aperfeiçoamento profissional na área ambiental. A EA e a gestão ambiental urbana têm sido temas constantes em suas promoções.

Em 20 de agosto, é lançado no Palácio do Planalto o Projeto de Informações sobre Educação Ambiental, Ibama-MEC. Trata-se de um encarte contendo as orientações básicas sobre EA – objetivos, recomendações etc. A despeito da sua limitação de alcance, em face das necessidades nacionais para a área, o documento produzido (encarte na revista *Nova Escola*) foi o primeiro pronunciamento formal do governo brasileiro, sob as recomendações de Tbilisi, para a EA.

Durante a guerra do Golfo Pérsico entre o Iraque e os aliados, sete milhões de barris de petróleo são jogados no mar, produzindo prejuízos e impactos ambientais incalculáveis à vida aquática, às aves e às comunidades do litoral atingido. Com o cessar-fogo, em 28 de fevereiro, são incendiados 590 poços de petróleo do Kwait, produzindo nuvens negras de fumaça que se alastraram por vários países da região.

Educação ambiental • princípios e práticas

O Centro de Desenvolvimento para EA (Cedam), ligado à Fundação Brasileira de Educação (Fubrae), publica, em Brasília, o documento EA – Situação e Perspectiva, que resume as ações em EA, em desenvolvimento no Brasil.

Em outubro, é publicada no Brasil "Uma Estratégia para o Futuro da Vida – Cuidando do Planeta Terra" (IUCN/Pnuma/WWF). O documento, distribuído em todos os países, tem por objetivo constituir-se em guia prático para políticas ambientais. Apresenta os princípios de vida sustentável e recomenda 121 ações necessárias para a sua aplicação.

A Portaria 2.421 do MEC (21/11/91) institui, em caráter permanente, um Grupo de Trabalho para a EA, com o objetivo de definir, com as Secretarias Nacionais de Educação, as metas e estratégias para a implantação da EA no Brasil, elaborar proposta de atuação do MEC, na área formal e não formal, e na Conferência da ONU para o Meio Ambiente e Desenvolvimento. Néli Gonçalves de Melo coordenou o Grupo de Trabalho.

1992

Realiza-se no Rio de Janeiro, de 3 a 14 de junho, a Conferência da ONU sobre o Meio Ambiente e Desenvolvimento (Unced), com a participação de 170 países, secretariada por Maurice Strong, o mesmo da Conferência de Estocolmo.

A Conferência Rio-92, como ficou conhecida, teve como objetivos:

▶ Examinar a situação ambiental do mundo e as mudanças ocorridas depois da Conferência de Estocolmo.

▶ Identificar estratégias regionais e globais para ações apropriadas referentes às principais questões ambientais.

▶ Recomendar medidas a serem tomadas, nacional e internacionalmente, referentes à proteção ambiental através de política de desenvolvimento sustentado.

▶ Promover o aperfeiçoamento da legislação ambiental internacional.

▶ Examinar estratégias de promoção do desenvolvimento sustentável e da eliminação da pobreza nos países em desenvolvimento, entre outros.

Nessa conferência, reconhece-se a insustentabilidade do modelo de "desenvolvimento" então vigente. O desenvolvimento sustentável é visto como o novo modelo a ser buscado. Nomeia-se a Agenda 21 como um Plano de Ação para a sustentabilidade humana. Reconhece-se a EA como o processo de promoção estratégico desse novo modelo de desenvolvimento.

A Rio-92 corrobora as premissas de Tbilisi e através da Agenda 21, Seção IV, Cap. 4, define as áreas de programas para a EA, reorientando a educação para o desenvolvimento sustentável. A conferência Rio-92, atualmente, é reconhecida como o encontro internacional mais importante desde que o ser humano se organizou em sociedades.

Durante a Rio-92, a assessoria do MEC promove no Ciac Rio das Pedras, Jacarepaguá, Rio de Janeiro, de 1 a 12 de junho, o Workshop sobre EA, com o objetivo de socializar os resultados das experiências em EA, integrar a cooperação do desenvolvimento em EA nacional e internacionalmente, e discutir metodologia e currículo para a EA. No encontro, foi formalizada a Carta Brasileira para a EA (v. Anexos).

O Ibama cria, no âmbito das Superintendências Estaduais, os Núcleos de Educação Ambiental (NEA), visando estimular o desencadeamento do processo de EA nos estados.

A *Union of Concerned Scientists* publica em Cambridge, Massachussetts, Estados Unidos, o documento *World Scientists' Warning* (Advertência dos Cientistas do Mundo). O documento – assinado por 1.600 cientistas, os mais renomados do mundo, incluindo a maioria dos ganhadores de Prêmio Nobel da área científica – declara a preocupação desses cientistas com os rumos do mundo, pelas alterações que os seres humanos estão impondo à Terra. Pede o fim do crescimento populacional e da pobreza. Prevê o estabelecimento de conflitos por causa dos recursos naturais crescentemente escassos.

A Unesco e a Câmara Internacional do Comércio, em cooperação com o Pnuma (Unep), realizam em Toronto, Canadá, o Congresso Mundial de Educação e Comunicação sobre o Meio Ambiente e Desenvolvimento (de 17 a 21 de outubro). É o primeiro evento internacional sobre EA depois da Rio-92 e objetiva estimular ações que possam melhorar a qualidade da educação e da comunicação relativas ao ambiente e desenvolvimento sustentável. Fomenta-se o estabelecimento de redes (*ecolink*) entre as pessoas que lidam com EA e de suporte tecnológico.

De 22 a 24 de novembro, prefeitos recém-eleitos de trezentos municípios brasileiros reúnem-se em Curitiba, a convite de Jaime Lerner, para um debate sobre uma nova política das cidades.

De 7 a 9 de dezembro, realiza-se em Foz do Iguaçu, promovido pela Assessoria de EA do MEC, o I Encontro Nacional dos Centros de EA, reunindo coordenadores dos Centros e integrantes das Secretarias de Educação dos estados e municípios. Tem como objetivo discutir propostas pedagógicas, treinamento, recursos instrucionais e projetos a serem implementados, e dar oportunidade para o intercâmbio de experiências.

O Pnuma publica o seu relatório *The world environmental* 1972-1992 (O meio ambiente mundial). Ao longo das suas 850 páginas é feita uma análise dos principais problemas ambientais e um exame da sua evolução nos últimos vinte anos. O diretor executivo do Pnuma, Mostafa Tolba, acentua: "Apesar de a biosfera estar sendo atacada, a apatia persiste... O que falta é vontade política".

Na edição de dezembro, o jornal Connect, da Unesco, especializado em EA, lança um apelo mundial para angariar fundos, visando à publicação de uma edição especial da Agenda 21 para crianças. Não deu certo.

1993

Atendendo a sugestões da Agenda 21, Capítulo 21, Capítulo 36 (Rio-92), que preconiza a implantação de Centros Nacionais ou Regionais de Excelência especializados em Meio Ambiente, o MEC formaliza a implantação de Centros de EA. A fundamentação e operacionalização daqueles centros estão reunidos nos Anexos deste livro.

Tendo como função básica a formação ambiental na região, mediante ações informativas e formativas, a Universidade de Rio Grande (Rio Grande do Sul) inaugura em 7/4/93 o Centro de Educação e Formação Ambiental Marinha. Outros Centros de EA funcionam em Porto Seguro (Bahia), Manaus (Amazonas), Foz do Iguaçu (Paraná), Fernando de Noronha (Pernambuco) e Aquidauana (Mato Grosso do Sul).

Em abril é assassinado em Vitória (Espírito Santo) o biólogo Paulo César Vinha. Ambientalista atuante, defendia a preservação da restinga contra a exploração depredadora das empresas que retiravam areia daquela área (patrimônio nacional definido na Constituição Brasileira de 1988).

A Portaria 773 do MEC (10/5/93) institui um Grupo de Trabalho, em caráter permanente, para EA, com o objetivo de coordenar, apoiar, acompanhar, avaliar e orientar as ações, metas e estratégias para a implementação da EA nos sistemas de ensino, em todos os níveis e modalidades. Ao grupo cabia ainda a proposição de ações integradas, visando, entre outras, à concretização das recomendações aprovadas na Rio-92.

O andamento dos programas ambientais no Brasil é prejudicado pela descontinuidade administrativa do governo. O Ibama, em menos de três anos de criação, teve oito presidentes. A má vontade política para a EA é patente: a instituição tem destinado apenas 0,03% do seu orçamento para o setor.

O deputado federal Fábio Feldmann apresenta à Câmara dos Deputados, em Brasília, o seu projeto para criar uma Política Nacional de Educação Ambiental.

1994

Por meio de Exposição de Motivos Interministerial 002, publicada no DOU de 22/12/94 (Ministérios do Meio Ambiente, Educação, Cultura e Ciência e Tecnologia), o presidente da República aprova em 21/12/94 o Programa Nacional de Educação Ambiental (Pronea). Tem como objetivo instrumentalizar politicamente o processo de EA, no Brasil.

Promovida pela ONU, realiza-se no Cairo, Egito, a Conferência sobre População e Desenvolvimento. Há a aceitação geral entre governos e seus órgãos de ajuda da importância de melhorar a vida de mulheres pobres (acesso à educação, principalmente), a fim de diminuir o crescimento populacional.

1995

Realiza-se em Berlim a Primeira Conferência das Partes para a Convenção sobre Mudanças Climáticas. Conclui-se que a abordagem escolhida – a de tornar a adesão voluntária – fracassa. A conferência resulta no *Mandato de Berlim*, que faz um chamamento às nações mais industrializadas a estabelecer objetivos mais específicos para a redução das suas emissões.

Em maio, por meio da Portaria 482, o MEC cria o curso de Técnico em Meio Ambiente e de Auxiliar Técnico em Meio Ambiente, como habilitações em nível de 2º grau.

Em outubro, o Ministério do Meio Ambiente, dos Recursos Hídricos e da Amazônia Legal – MMA (*sic*) cria o Grupo de Trabalho de EA (Portaria 353/96). Em dezembro, assina protocolo de intenções com o MEC. Desse compromisso surgiria a I Conferência Nacional de Educação Ambiental – Brasil 20 anos de Tbilisi.

Em dezembro, o Conselho Nacional de Meio Ambiente cria a Câmara Técnica Temporária de EA.

Realiza-se em Beijing, na China, a Conferência da ONU sobre a Situação da Mulher. São denunciados quadros graves, em muitos países, de discriminação.

1996

Reunindo 3 mil delegados de mais de 171 países, a Unesco promove, em Istambul, Turquia, a II Conferência das Nações Unidas sobre os Assentamentos Humanos – Habitat II (City Summit). A conferência propõe um exame das condições nas quais a maior parte da humanidade vive e reforça a emergência do manejo sustentável dos assentamentos humanos. Elege a Agenda 21 como a estratégia reconhecida para a promoção do desenvolvimento sustentável.

O estoque global de ogivas nucleares atinge o seu pico, com um poder explosivo de 18 bilhões de toneladas de dinamite (cerca de 3,6 toneladas para cada habitante).

Elaborados os novos Parâmetros Curriculares do MEC. O tema meio ambiente é tratado de modo transversal no currículo.

1997

A Coordenação de EA, do MEC, cria o Banco de Dados de Projetos e Atividades de EA e reúne mais de 1.200 experiências, implementadas no país.

Decreto presidencial cria, em 26 de fevereiro, a Comissão de Políticas de Desenvolvimento Sustentável e da Agenda 21 Nacional, encarregada de elaborar o documento básico da Agenda 21 brasileira.

Em junho, líderes dos oito países mais ricos, responsáveis por metade da emissão de gases causadores do efeito estufa, reúnem-se em Denver, Colorado, para formular um acordo.

O MEC promove a I Teleconferência Nacional de Educação Ambiental (26 de junho) e reúne um público estimado em 1 milhão de telespectadores, por meio da TV Escola e espalhados em 1.500 telepostos, em todo o país. Michele Sato, da UFMT, brilhantemente enfatiza: "Uma educação que não for ambiental não pode ser chamada de educação".

Em setembro, realiza-se nas Maldivas a XIII Sessão do Painel sobre Alterações Climáticas (IPCC). Reúne os principais cientistas, que trabalham em conjunto para avaliar os efeitos das ações humanas sobre os ecossistemas globais dados os graves danos causados ao ambiente global pelo efeito estufa.

Após promover fóruns em todo o país, realiza-se, em Brasília, de 7 a 10 de outubro, a 1ª Conferência Nacional de Educação Ambiental (CNEA), envolvendo a Rede Brasileira de Educação Ambiental e mobilizando educadores e autoridades de todo o país (2.868 participantes, quando se esperavam quinhentos). O encontro foi coordenado por Fani Mamede Carvalho. A conferência gera a Declaração de Brasília para a Educação Ambiental e torna-se um marco na evolução da EA no Brasil.

Após dois anos de preparação, o MEC divulga os novos Parâmetros Curriculares Nacionais (PCN). A dimensão ambiental é incorporada como tema transversal nos currículos do ensino fundamental. Retiram-se as algemas conteudistas e reducionistas da educação brasileira.

Em 11 de dezembro, realiza-se em Kyoto, Japão, a III Conferência das Partes para a Convenção das Mudanças Climáticas. As 38 nações industrializadas concordam em reduzir suas emissões de gases estufa a níveis abaixo dos níveis verificados em 1990 até 2012. Os Estados Unidos concordam em cortar 7%, a União Europeia, 8%, e o Japão, apenas 6%. No entanto, várias outras questões ficam sem solução. É o caso das negociações de "créditos de emissão" (cotas que os países têm para poluir o ar atmosférico). Fala-se sobre o comércio desses créditos, ou seja, quem polui pouco pode vender seus créditos para outro país. Os resultados desse encontro, como não poderia deixar de ser, foram decepcionantes.

Na Alemanha, uma lei que entrou em vigor em 1993, responsabilizando os produtores por todo o material de empacotamento que geram, termina resultando em um notável aumento das atividades de reciclagem, chegando a 86%.

Em Blumenau, Santa Catarina, o Programa Índice de Sustentabilidade de Blumenau – ISB (Sustentômetro) – é lançado pela Faema (Fundação Municipal do Meio Ambiente) –, como forma de avaliar a situação real do ambiente no município e como subsídio para tomada de decisão. Iniciativa pioneira no Brasil, o ISB é formado pela agregação de uma série de indicadores ambientais, visando avaliar anualmente a evolução do município em direção a uma sociedade sustentável. Foi criado para avaliar continuamente a qualidade ambiental do município, como resultante do processo produtivo, do uso do solo e das políticas públicas.

Rompe-se a Barragem Rio das Pedras, em Rio Acima, na região metropolitana de Belo Horizonte. A irresponsabilidade e a incompetência administrativa resultam em 82 km de destruição ao longo do rio das Velhas e centenas de famílias desalojadas.

1998

Em 12 de fevereiro, o presidente da República e o ministro do Meio Ambiente assinam a Lei dos Crimes Ambientais, no 9.605, publicada no Diário Oficial da União em 31/2/98, Seção 1, pág. 1. No seu Art. 79 especifica-se que se aplicam subsidiariamente a esta lei as disposições do Código Penal e do Código de Processo Penal e, no Art. 80, que o Poder Executivo regulamentará essa lei no prazo de noventa dias a contar de sua publicação. Essa lei sofreria todo tipo possível de boicote, na Câmara e no Senado, pelo lobby dos que ainda exploram os recursos naturais, sem responsabilidade, a exemplo de alguns madeireiros, pecuaristas, mineradores e outros tipos. Os noventa dias seriam transformados em cerca de 220 dias.

O economista indiano Amartya Sen ganha o Prêmio Nobel. Nos seus estudos sobre o desenvolvimento humano, acentua que as desigualdades entre ricos e pobres, mais do que qualquer outra coisa, põem em risco a segurança internacional. Para ele, garantir o desenvolvimento sustentável é tarefa urgente.

Mais de 2 mil cidades, em 64 países, trabalham nas iniciativas da Agenda 21 local, segundo a União Internacional de Autoridades Municipais (Iclei).

Realiza-se em Buenos Aires, Argentina, de 2 a 13 de novembro, a IV Conferência das Partes para a Convenção das Mudanças Climáticas. Os negociadores se encontram para avaliar os progressos de implantação da Convenção sobre o Clima, originária da Rio-92. Concluem um plano de ação, fixando prazos para a adoção de medidas sobre o comércio de emissões e sobre o desenvolvimento de mecanismos limpos. Os Estados Unidos finalmente assinam o protocolo, tornando-se a sexagésima nação a fazê-lo.

Relacionado ao fenômeno *El Niño*, esse ano é marcado pelas maiores inundações da história. Cerca de 54 países sofrem com as chuvas excessivas. A China é a mais atingida, com perdas de 36 bilhões de dólares. O rio Yangtsé afoga 2.500 chineses e deixa 56 milhões de desabrigados. Dois terços do país de Bangladesh ficam submersos e 21 milhões de pessoas perdem suas casas. O furacão Mitch, uma tempestade de potência recorde, com ventos de 270 km/h, despeja dois metros de chuva na América Central em uma semana, destruindo tudo o que encontra pela frente. Causa 11 mil mortes em Honduras e Nicarágua.

Cerca de 45 países são atingidos por secas severas, muitas das quais provocam incêndios florestais. Nos Estados Unidos, cem texanos morrem, devido a uma onda de calor. Na Índia, 3 mil pessoas morrem sob temperaturas recordes.

A ONU promove o "Ano do Oceano". Cerca de 1.600 cientistas marinhos de todo o mundo emitem uma declaração conjunta, intitulada *Troubled Waters* (Águas Turvas).

Observam que o ser humano ameaça a saúde dos oceanos, por meio do esgotamento do estoque pesqueiro, introdução de espécies alienígenas, poluição, crescimento da população costeira e alterações climáticas. Cerca de 25% das espécies de peixes oceânicos são superexploradas e estão à beira da exaustão. Em torno de 60% dos bancos de corais estão ameaçados. Está ameaçado o bem-estar de mais de 200 milhões de pessoas (comunidades costeiras), em todo o mundo, que dependem da pesca.

Em 15 de junho, químicos identificam a 18ª milionésima substância química sintética conhecida da ciência. A cada nove segundos de um dia útil é criada uma nova substância.

O Congresso dos Estados Unidos retira o financiamento ao Fundo de Populações das Nações Unidas, a fonte principal de assistência internacional ao planejamento familiar.

Enchente do rio Yangtsé, na China, causa prejuízos de 30 bilhões de dólares, desabriga 223 milhões de pessoas e mata 3.700. É resultado de um sinergismo formado por desflorestamento (a bacia perdeu 85% da sua cobertura vegetal), assoreamento e chuvas fortes.

Por todo o mundo, perdas econômicas devido a inundações, tempestades, secas e outros desastres climáticos naturais totalizam 72 bilhões de dólares.

A concentração de gás carbônico na atmosfera terrestre atinge valores recordes: 363 partes por milhão (ppm). Era de apenas 280 ppm, no início da era industrial.

1999

A Organização Mundial de Saúde anuncia ser o estresse a doença que mais mata pessoas em todo o mundo. O estresse torna-se epidemia global. É o sintoma mais claro da situação de desadaptação da espécie humana às pressões cotidianas impostas por um estilo de vida altamente competitivo e autofágico.

Realiza-se em Brasília, entre 24 e 25 de junho, na Câmara dos Deputados, o Seminário Internacional sobre Biodiversidade e Transgênicos. Os diversos painéis trataram de temas relacionados a biotecnologia e biossegurança, impactos das novas tecnologias (erosão genética, inclusive), aspectos políticos, jurídicos e ambientais dos transgênicos. Enfatiza-se que o problema não está apenas na utilização de novas tecnologias, mas no controle dessas tecnologias. Genes de diferentes organismos, inclusive de organismos pertencentes a reinos distintos, estão sendo inseridos em outros, rompendo as barreiras da incompatibilidade sexual e/ou de espécies diferentes. Não há uma avaliação sistêmica do que essa tecnologia possa acarretar para os ecossistemas e seus seres vivos.

Expulsos de suas terras e encurralados em reservas superpopulosas, índios kaiová buscam o suicídio coletivo, ingerindo cachaça com agrotóxicos, no município de Dourados, Mato Grosso. Três morrem e vários desaparecem.

A China proíbe a extração de madeira nas bacias do Alto Yangtsé e Huang Ho, reconhecendo que a capacidade de armazenamento de água das florestas intactas torna as árvores três vezes mais valiosas do que cortadas para a extração de madeira.

De modo "surpreendente", o Banco Mundial, o FMI e a Unctad (Conferência das Nações Unidas para o Comércio) mudam a linguagem. Anunciam que é hora de diminuir a distância entre os mais ricos e os mais pobres. Tal mudança é estimada pelas dramáticas revelações do Relatório "Informe do Desenvolvimento Mundial 1999/2000", do Banco Mundial. Há, no mundo, 1,5 bilhão de pessoas vivendo na miséria, ou seja, com uma renda inferior a um dólar por dia. Na América Latina e Caribe, 110 milhões de pessoas vivem dessa forma, cerca de 23,5% da população total. Cerca de 40 milhões de pessoas morrem de fome no mundo por ano.

Delegados das 150 multinacionais mais poderosas do mundo reúnem-se, em setembro, no Rio de Janeiro, para o Conselho de Negócios Mundiais para o Desenvolvimento Sustentável (WBCSD). O encontro objetiva a aplicação prática do conceito de desenvolvimento sustentável como estratégia de inserção das variáveis ambientais, nas empresas globais.

Em 21 de setembro, o Decreto 3.179 regulamenta a Lei dos Crimes Ambientais (Lei 9.605, de 12/2/98), estabelecendo um regime de multas, por infrações ambientais, que vão de R$ 50,00 a R$ 50.000.000,00, de acordo com a gravidade do dano ambiental causado. A regulamentação ocorre com um atraso de um ano e quatro meses e não desperta entusiasmo entre os ambientalistas.

Relatório do *Global Water Policy Project* anuncia que 27 países no mundo encontram-se em conflito por causa da água. Na África, Ásia e Oriente Médio há 34 países com estresse hídrico.

Em outubro, um estudo do Ipea (Instituto de Pesquisas Econômicas Aplicadas) conclui que há 43 milhões de indigentes no Brasil, correspondentes a 28% da população. Considera-se indigente o indivíduo que ganha menos de R$ 73,00 por mês, que consome uma quantidade de calorias abaixo do mínimo estabelecido pela OMS (Organização Mundial de Saúde). O estudo assinala que 50,2% da população brasileira é pobre (renda abaixo de R$ 149,00 por mês). Os estados campeões de pobreza são o Maranhão e a Bahia. Os 50% mais pobres detêm apenas 11% da renda nacional, enquanto os 20% mais ricos abocanham 63%. O Brasil tem a mais perversa distribuição de renda do planeta.

Em 10 de outubro, o presidente da República, Fernando Henrique Cardoso, entrega, no Palácio do Planalto, em Brasília, o Prêmio Nacional de Qualidade (PNQ), a mais alta premiação do meio empresarial-industrial brasileiro, à Cetrel – Empresa de Proteção Ambiental do Polo Petroquímico de Camaçari, na Bahia. Essa empresa notabiliza-se no contexto internacional por seus padrões elevados de ecoeficiência. Possui um Programa de EA de referência nacional, reconhecido por premiações sucessivas.

Em 29 de outubro, um furacão arrasa a Índia e mata 9.393 pessoas, na região de Bengala. Os corpos retirados da água, mesmo depois de vários dias, estão com a decomposição estagnada, transformados em múmias, devido à ação dos compostos de fosfato e amônia, despejados nos rios pela indústria.

Reunindo representantes de 155 países, realiza-se em Olinda, Pernambuco, de 15 a 26 de novembro, a III Conferência das Nações Unidas sobre Desertificação e Seca. A desertificação afeta cerca de 25% da superfície terrestre e ameaça a subsistência de 1 bilhão de pessoas. Os especialistas concordam que os maiores indutores de desertificação são as queimadas, a mineração irracional (dragas), o uso indiscriminado de agrotóxicos, a salinização das áreas de irrigação, a poluição, o manejo inadequado dos reservatórios naturais e o manejo inadequado do solo.

De 29 de novembro a 2 de dezembro, realiza-se em João Pessoa, Paraíba, o *Simpósio Internacional sobre Desenvolvimento Sustentável nas Regiões Semiáridas – World Semi-Arid 99* ou WSA 99. No Nordeste, a desertificação já se manifesta em mais de 55% do seu território. O Rio Grande do Norte tem 80% do seu território afetado pelo processo da desertificação; Pernambuco, 75%; Paraíba, 70%; Ceará, 59% e Sergipe, 31%. Diagnóstico do Ministério do Meio Ambiente indica que as perdas econômicas com a desertificação, no Brasil, chegam a 800 milhões de dólares anuais. Os custos de recuperação das áreas mais afetadas alcançam dois bilhões de dólares, para um período de vinte anos.

Dados do Centro de Controle de Intoxicações de Campinas, São Paulo indicam que aproximadamente 280 mil pessoas são contaminadas por agrotóxicos, anualmente, no país.

A energia eólica – energia dos ventos –, a forma de energia mais limpa que existe, torna-se uma realidade no mundo. A expansão é de 66% em relação ao ano anterior. A Alemanha, a Dinamarca, os Estados Unidos, a Índia e a Espanha estão na vanguarda da utilização comercial e industrial da energia eólica. No Ceará, cerca de 160 mil pessoas, que vivem no litoral, já são abastecidas por esse tipo de energia. As grandes empreiteiras, construtoras de hidrelétricas, fazem lobby contra essa forma de energia.

Nos Estados Unidos, a população presidiária chega a 1,7 milhão de pessoas. No Brasil são 160 mil detentos.

Segundo a OMS, o suicídio passa a ser problema mundial: China, 195 mil; Índia, 87 mil; Rússia, 52 mil; Estados Unidos, 31 mil; Japão, 20 mil; Alemanha, 12 mil; França, 11 mil.

A taxa média de suicídio era de 10 para cada 100 mil habitantes, em 1950, crescendo para 16, em 1995. Não há dados confiáveis no Brasil.

O Fundo Mundial para a Natureza (WWF) publica o seu estudo *Planeta Vivo*. É um dramático alerta para a degradação do planeta nos últimos trinta anos. Conclui que a qualidade ambiental da vida na Terra está minguando 1% a cada ano, desde

1970. O consumo de itens poluentes aumentou 30%. Entre 1970 e 1995, o mundo perdeu uma média de 45% dos exemplares de 102 espécies de vertebrados que vivem em água doce. O ambiente marinho sofreu uma redução de 35% em igual período. A degradação dos oceanos está acabando com os recifes de corais (ficam descoloridos, mortos). Os bichos que sofrem as maiores perseguições são os sapos (em ambiente terrestre e aquático). Acompanhando essas tendências, o bicho humano também é envolvido e perde qualidade de vida. A devastação das florestas continua. A China é a campeã mundial, seguida pelo Brasil. Cerca de 93% da Mata Atlântica, 50% dos Cerrados e 15% da Amazônia (três áreas equivalentes ao Distrito Federal, por ano) foram destruídos. O relatório revela que, a despeito dos inegáveis avanços na gestão ambiental, ainda estamos longe da responsabilidade socioambiental.

Em dezembro, o Banco Mundial (Bird) cancela repasses para programas ambientais porque o governo de Rondônia desviou 7,5 milhões de reais. Seringueiros, pequenos agricultores e índios iriam receber 82 milhões de reais para aplicar em projetos ambientais (viveiros de reflorestamento, fábrica de beneficiamento de castanha e outras atividades extrativistas autossustentáveis). Em 2000, o Bird iria repassar mais 40 milhões de dólares. Iria.

A revista *Cláudia* concede o prêmio Mulher do Ano à professora Maria Luzia de Mello Torres, coordenadora do Projeto da Bacia Hidrográfica do rio Cachoeira, da Universidade Estadual Santa Cruz, Ilhéus-Itabuna, Bahia. É o reconhecimento do trabalho de uma mulher à frente de um projeto que conseguiu implantar programas de EA e promover a Agenda 21, em todos os municípios que compõem a referida bacia, contribuindo, decisivamente, para a sua recuperação e sustentabilidade.

Depois da aids e da tuberculose, a malária é a moléstia infecciosa que mais mata no mundo. Entre 300 e 500 milhões de pessoas são contaminadas todo ano. Dessas, um milhão morre. Cerca de 80% dos doentes estão na África. Na América Latina, o recordista é o Brasil, com 40% dos 1,2 milhão de casos registrados. Registram-se também 207.840 casos de dengue e 4.686 de cólera, doenças dos subdesenvolvidos, sem saneamento e com muita corrupção. O Brasil, incluído entre os dez países mais ricos dos 192 existentes, mostra ao mundo, do alto do cinismo das suas elites, os indicadores da indiferença e da irresponsabilidade socioambiental.

A Peugeot implanta um *Poço de Carbono* em Mato Grosso. A ideia é sequestrar carbono atmosférico, por meio do crescimento de árvores (projeto de reflorestamento), como forma de resgatar as emissões de gás carbônico dos países mais desenvolvidos.

2000

Em 18 de janeiro, um vazamento em um duto da Refinaria de Duque de Caxias, da Petrobrás, despeja 1,3 milhão de litros de óleo na baía de Guanabara e atinge uma área de 50 km². Polui as famosas praias cariocas e impõe danos incalculáveis aos manguezais da região e aos que vivem deles. Calcula-se em vinte anos o período mínimo de recuperação.

Em 17 de julho, novo acidente. Dessa vez, rompe-se um duto da Refinaria Getúlio Vargas, em Araucária, região metropolitana de Curitiba, Paraná. Durante duas horas, são despejados 4 milhões de óleo cru nos rios Barigui e Iguaçu. Ameaça a captação de água para os municípios e impõe perdas ambientais incalculáveis. A Petrobras é multada em 150 milhões de reais. No Congresso, há desconfianças de sabotagem à Petrobras, visando à sua privatização.

Coincidindo com o retorno do crescimento da chegada de turistas internacionais ao Rio de Janeiro, 216 milhões de litros de esgoto diários, dos 700 mil habitantes da Barra da Tijuca, são despejados nas lagoas de Camorim, Tijuca, Jacarepaguá, Lagoinha e Marapendi, elevando os coliformes fecais até 2,4 milhões/litro (o limite é 2 mil/litro), sem nenhum tratamento. Somando-se a isso, no dia 6 de março, segunda-feira de Carnaval, são retiradas 130 toneladas de peixes mortos da Lagoa Rodrigo de Freitas. Um exemplo da falta de percepção dos dirigentes públicos brasileiros e da falta de capacidade de organização da sociedade para a questão do saneamento.

É inaugurada a usina eólio-elétrica de Palmas, Paraná. Cinco aerogeradores produzem 6,5 milhões de kW/h, anuais, suficientes para atender a cerca de 4 mil residências de padrão médio.

Acirra-se a polêmica em torno da transposição das águas do rio São Francisco. Especialistas afirmam que o Velho Chico já tem problemas demais (assoreamento, poluição química e orgânica, redução de vazão, desflorestamento das nascentes e margens, retirada desregulamentada de água para a irrigação e outros). Cunha-se a sentença: *retirar sangue de anêmico.*

O estilo de vida atual, com seus níveis constantes de estresse, causados por uma variada fonte de estressores (desemprego, violência, pressa, desigualdades sociais, ansiedades, angústias, sentimento de impotência – diante da corrupção, por exemplo), leva as pessoas a sofrerem de fobias. Segundo a OMS, 14% da população mundial sofre de fobias.

Em março, cerca de 14 mil educadores de trinta países reúnem-se em Nova Orleans, Estados Unidos, para o Congresso da Associação Americana de Supervisão e Currículo. Conclui-se que a educação do caráter será um desafio para o século XXI. Há a necessidade de uma nova linguagem, a da ética.

O Programa de Educação Ambiental do Parque Nacional de Brasília (Água Mineral) é considerado *benchmarking* (referência) por diversas empresas.

Em março, economistas brasileiros anunciam, a partir de dados do Banco Central, que o Brasil terá de destinar, neste ano, quase tudo o que arrecada com as exportações para o pagamento da dívida externa, ou seja, 50 bilhões de dólares (4 bilhões de dólares, por mês). Revela-se o mais poderoso instrumento de exploração e concentração de renda das nações ricas e indigenciação das nações pobres e em tentativa de desenvolvimento.

De 3 a 6 de abril, a Universidade Livre do Meio Ambiente de Curitiba promove a IV Ecocity, sequência das Conferências da Califórnia, USA (1990), Adelaide, Austrália (1992) e Yokk/Dakar, Senegal (1996) sobre a sustentabilidade das cidades. As conferências se tornaram um fórum de discussões, comparações e avaliações de estratégias e projetos ao redor do mundo em busca de boas práticas urbano-ambientais.

Thomas Skidmore, 69 anos, brasilianista americano, em entrevista à revista *Veja* (páginas amarelas de 19 de abril), afirma que o Brasil não tem cabeças tentando formular políticas alternativas. O que há é um vácuo intelectual. O país recorre a fórmulas estrangeiras, nem sempre boas. O sistema político distribui dinheiro para cima, para as classes média e alta. As universidades públicas são um subsídio dos pagadores de impostos para os ricos. O Brasil precisa vencer o conformismo e encarar o desafio de criar o seu próprio modelo.

Em 22 de abril, as comemorações dos 500 anos da chegada dos invasores portugueses ao Brasil naufragam em um grande fiasco. Os índios são humilhados e espancados, novamente; a Nau Capitânia, que custou 3,5 milhões de reais aos cofres públicos, não consegue concluir a curta viagem de Salvador a Santa Cruz de Cabrália, na Bahia; os portugueses riem muito. Às trapalhadas das comemorações juntaram-se 3 mil sem-terra, em manifestações diversas, oferecendo um vasto repertório de temas para manchetes mundiais de repúdio ao tratamento dado aos nativos e aos manifestantes. A Igreja Católica, na ocasião, aproveitou para pedir perdão aos indígenas.

A cada minuto, onze pessoas são infectadas pelo vírus da aids no mundo. Dessas, dez estão na África. Estima-se que 23 milhões de pessoas estejam infectadas na África subsaariana. A aids pode reduzir a força de trabalho africana pela metade. O presidente da Namíbia, Sam Nujoma, afirma que o vírus da aids foi criado pelos países que desenvolvem armas biológicas. Para os cientistas, a doença surgiu na África, em 1931.

Em maio e junho, a cidade de São Paulo vive a maior seca do século. Os reservatórios chegam a níveis críticos. A situação é agravada pela ocupação desordenada do solo e pelo desperdício (em torno de 40%); os seus habitantes vivem o drama do racionamento da água. Metade da população da cidade de São Paulo – 5,5 milhões de pessoas – mora em habitações irregulares. Entre esses moradores, pelo menos 2,8 milhões vivem sem infraestrutura urbana adequada. As áreas verdes desaparecem e as pragas tomam conta da cidade: duzentas baratas e dois ratos por habitante. As formigas comprometem a assepsia dos hospitais e os cupins destroem as construções. A cidade sofre três tipos de rodízio: de veículos automotores, de água e de prefeitos (!). A seca atinge também o Estado do Paraná. Em Curitiba, 2,3 milhões de pessoas são atingidas, incluindo as regiões de Pinhais e Piraquara. Recife e Belém também sofrem racionamento. No mesmo período, ocorrem inundações em Recife. Em Maragogi, Alagoas, decreta-se calamidade pública por causa das chuvas.

Educação ambiental • princípios e práticas

O Brasil produz 240 mil toneladas de lixo por dia, 75% depositado em lixões. Cerca de 15% dos plásticos são reciclados. Na reciclagem de alumínio, supera a Inglaterra, a Alemanha e o Japão: 95%. Não é o resultado de políticas ambientais, mas sim o reflexo do desemprego e da miséria – os catadores de lixo se multiplicam.

No dia 10 de maio, uma Comissão Mista do Congresso Nacional aprova o projeto de alteração do Código Florestal, apresentado pelo deputado Moacir Micheletto, do PMDB do Paraná, aumentando de 20% para 80% a área que pode ser devastada na Amazônia. A vegetação em topo de morros, margens de rios e nascentes deixa de ser protegida por lei. A proposta vergonhosa, tramada na bancada ruralista, ignora o anteprojeto do Conama, resultado de um debate nacional, envolvendo 850 instituições, em 25 audiências públicas. Causa comoção e revolta internacional. A forte pressão popular esmaga a proposta. Uma semana depois, a senadora Maria Alves, de Sergipe, apresenta um projeto para transformar os manguezais brasileiros em áreas de produção de camarão. Esse projeto é igualmente rechaçado.

Estudo feito pela Organização Pan-Americana de Saúde (OPAS) revela que 24 milhões de pessoas sofrem de algum tipo de depressão, na América Latina e no Caribe (é a quarta causa de internação no SUS, no Brasil). A crise econômica crônica, o desemprego, a miséria, a violência e a falta de perspectivas são os agentes indutores dessas manifestações.

Em 11 de maio, os indianos chegam à marca de um bilhão, representando um sexto dos habitantes do planeta. Em um território que não chega à metade do brasileiro, essa população exerce uma pressão insuportável sobre a economia, os serviços e os recursos naturais da região. No mundo, nascem 83 milhões de pessoas por ano, em torno de 230 mil por dia. A ONU estima que, em 2015, a Índia ultrapassará a China em número de habitantes. A questão demográfica, um grande caldeirão de polêmicas, permanece um dos maiores desafios da sociedade humana. No Brasil, são realizados 4 mil casamentos e nascem 6.600 bebês por dia. Dos 6 bilhões de seres humanos que habitam a Terra, 3,2 bilhões já se concentram em cidades (eram apenas 160 milhões, em 1900), e, desses, 2,4 bilhões se concentram nas áreas litorâneas.

A humanidade consome 67 milhões de barris de petróleo por dia. A frota mundial de veículos chega a 501 milhões de unidades. O automóvel, ao lado da sua utilidade, é um vilão das cidades grandes. Símbolo de *status*, esse meio de transporte expõe o corolário das desigualdades, do impacto ambiental e de comportamentos egocêntricos. Os acidentes de trânsito matam 885 mil pessoas por ano.

As grandes ONGs internacionais, descrentes das políticas ambientais e da falta de ética de legisladores, como o caso dos brasileiros, passam a adotar estratégias mais radicais. Destinam milhões de dólares para a compra de áreas para preservação. The Nature Conservancy, americana, com um bilhão de dólares em caixa, compra o Atol Palmyra, no Havaí, graças à contribuição de 1 milhão de sócios, empresas e fundações. Já é dona de mais de 24 milhões de hectares em 1.340 reservas espalhadas pelo

Elementos da história da Educação Ambiental (EA)

planeta. A Conservation International, com sede em Washington, é dona da Fazenda Rio Negro, no Pantanal. A TNC, outra ONG, compra duas fazendas de 60 mil hectares, também no Pantanal. Financia compras de áreas na caatinga cearense e na Mata Atlântica, no Paraná. Nos Estados Unidos, nas escolas secundárias, as crianças fazem campanhas para angariar fundos e comprar áreas de florestas tropicais, principalmente na Amazônia. O Brasil tem 420 reservas particulares do Patrimônio Ambiental.

No dia 25 de maio, reconhecendo as dramáticas injustiças sociais instaladas na sociedade humana, o papa João Paulo II, aos 80 anos, lança um apelo mundial aos países ricos para que perdoem as dívidas dos países pobres. Reconhece que o modelo de "desenvolvimento" vigente gera desigualdades brutais, miséria, fome, violência e guerras. Morrem de fome 40 milhões de pessoas por ano, 111 mil por dia, 4.600 por hora, 77 por minuto.

Em 25 de maio celebra-se o Dia Mundial da Alergia. Revela-se que um quinto da população brasileira (35 milhões de pessoas) sofre de alergia. Fungos, ácaros, poeira, grãos de pólen e uma infinidade de produtos químicos sobrecarregam o sistema imunológico humano. É um indicador significativo da crescente desadaptação humana às novas condições ambientais, precipitadas por ela mesma.

No dia 31 de maio, Dia Mundial sem Tabaco, anuncia-se que, no mundo, 3 milhões e 400 mil pessoas morrem anualmente por doenças causadas pelo tabagismo. No Brasil, morrem 100 mil por ano, e 34 milhões são fumantes. No Distrito Federal, anuncia-se que se arrecadam 27 milhões de reais por ano em impostos aplicados aos cigarros, mas gastam-se 46 milhões anuais para o tratamento de saúde das pessoas atacadas pelo vício. Em São Paulo, os gastos anuais com a saúde dos fumantes chegam a 103 milhões de reais.

Os indicadores de estresse do ser humano tornam-se cruéis. No dia 31 de maio, em Franca, São Paulo, no estacionamento da Receita Federal, o pai esquece o filho, de meses, dentro do carro, sob um calor de 35 °C. A criança morre asfixiada por vômito. O estresse causa lapsos de memória. É o segundo caso no Brasil.

Após quatorze anos da explosão do reator 4 de Chernobyl, Ucrânia (26/4/86), pesquisadores holandeses e ingleses concluíram que a queda das taxas de contaminação radioativa pode demorar cem vezes mais do que o previsto na época do acidente. O consumo de frutas e peixes, na região da ex-União Soviética, continuará desaconselhável pelos próximos cinquenta anos.

Relatório do Departamento de Saúde dos Estados Unidos denuncia que 10 milhões de crianças, a partir de 10 anos de idade, tomam antidepressivos e calmantes em suas escolas.

Em 3 de junho, reunidos em Berlim, Alemanha, quatorze chefes de Estado participam do Encontro da Cúpula dos Países Partidários da Terceira Via (Governo Progressista para o século XXI), composta pelo G-8, Brasil, Chile, Argentina e Portugal,

Educação ambiental • princípios e práticas

dentre outros. É divulgado um comunicado conjunto, denominado "O Consenso de Berlim", no qual propõem formas mais modernas de governar, mais cooperação para resolver problemas econômicos e sociais, causados pela globalização, a implantação de uma economia de mercado com responsabilidade social e decretam o fim do neoliberalismo. Prometem promover o respeito aos direitos humanos, ampliando o conceito para incluir o respeito ao emprego, à prosperidade e igualdade entre homens e mulheres. Esse surpreendente comunicado ocorre como uma tentativa de atenuação ou demagogia pura mesmo, em virtude dos preocupantes índices internacionais de desemprego, fome, violência e degradação ambiental.

A população indígena, no Brasil, é de 350 mil.

O ministro Valmir Campello, do Tribunal de Contas da União, revela que o governo FHC gastou 58% do orçamento do Brasil para pagar juros. Houve um aumento de 22% entre 1998 e 1999. Continuando essa tendência, em breve todo o orçamento poderá estar comprometido com o pagamento dos juros da "dívida". Tomam-se 16 bilhões de dólares emprestados ao Banco Mundial e ao Banco Interamericano de Desenvolvimento e pagam-se 27 bilhões! Apenas 1% do orçamento da União vai para o Ministério do Meio Ambiente.

Consolida-se, nos países ricos, a *taxação de resíduos gerados*. A ONG internacional GAP (Global Action Plan for the Earth) organiza e reúne 8 mil equipes de moradores de bairros na Europa e 3 mil nos Estados Unidos para discutir formas de reduzir resíduos, usar menos água e energia e adquirir produtos "verdes". A iniciativa é um sucesso, com resultados efetivos (redução de 42% na geração de resíduos, 16% no uso da água e 15% no uso de combustível).

A revista *Veja*, edição de 7 de junho, traz em sua capa uma família vestida com armaduras metálicas, com a manchete SOCORRO! Refere-se ao insustentável estado de violência no país. As capitais brasileiras são as campeãs mundiais de assassinato. Uma pessoa é morta a cada treze minutos. De cada cem crimes, só dois são desvendados. Há mais seguranças particulares em atividade do que policiais. A classe média está blindando carros, em consórcio, a mil reais por mês. A violência já é a segunda maior causa de mortes no Brasil. Entre jovens de 15 a 17 anos, representa 75%. Entre 1999 e 2000, 74 mil pessoas foram assassinadas no Brasil, mais do que os oito anos de guerra no Vietnã (morreram 57 mil soldados americanos). São os sintomas da insustentabilidade do modelo de desenvolvimento adotado, equivocado, gerador de concentração de renda e de exclusão social.

Os Estados do Pará e do Mato Grosso lideram os índices de devastação ambiental no Brasil.

Em 9 de junho, o Tribunal Regional Federal da 3ª Região, de São Paulo, cria a primeira vara da Justiça Federal do país especializada na questão ambiental, em Corumbá, Mato Grosso do Sul, no centro do Pantanal. Ali, os problemas ambientais foram agravados nos últimos vinte anos, com a introdução de pastagens artificiais, exploração predatória das florestas e a instalação crescente de complexos turísticos sem infraestrutura, contaminando as águas por esgoto e lixo. A mineração ilegal, a navegação irresponsável (óleo, desbarrancamento) e a pesca predatória (80 a 100 mil pescadores, na alta temporada) completam o espectro de pressão sobre a sustentabilidade do Pantanal.

A Organização Internacional do Trabalho divulga relatório, no dia 14 de junho, em Genebra, segundo o qual a miséria atinge 25% da humanidade. Cerca de 1,5 bilhão de homens e mulheres dispõem de menos de um dólar por dia para subsistir. Nos países em desenvolvimento, 30% dos adultos são analfabetos, 30% não têm acesso a água potável e 30% das crianças estão com o peso inferior à média normal. No mundo, existem 150 milhões de desempregados e 900 milhões de trabalhadores subempregados, sem nenhuma proteção social. O sistema gera indicadores da sua insustentabilidade.

Áustria, Bélgica, Dinamarca, Alemanha, Luxemburgo, Suécia e Suíça reciclam 85% do seu lixo orgânico.

Em 15 de junho, o governo da Alemanha decide eliminar, progressivamente, o emprego da energia nuclear no país. As suas dezenove usinas deverão estar fechadas até 2021. A Alemanha terá de buscar soluções para o armazenamento a longo prazo de seus resíduos nucleares, uma vez que o reprocessamento de rejeitos foi proibido. Mais uma vez, os ambientalistas estavam certos. Rotulados de "eco-histéricos", "ecochatos" e outras denominações, veem as suas assertivas confirmadas com o tempo.

A Nasa anuncia o aumento do buraco na camada de ozônio na região do Polo Norte.

Empresa japonesa oferece recompensa (dez mil dólares) para que seus funcionários tenham mais bebês. A população envelheceu rapidamente e as consequências econômicas são imprevisíveis (inicia-se pela quebra da previdência social e pela escassez de mão de obra). Fenômeno semelhante ocorre em vários países ricos da Europa, que se sentem ameaçados pela iminência de importar mão de obra.

A distribuição de recursos financeiros, de acordo com critérios ambientais, cresce. Os Estados de São Paulo, Paraná, Rio Grande do Sul, Minas Gerais e Roraima adotam o ICMS ecológico. Os recursos destinam-se aos municípios que abrigam Unidades de Conservação (áreas protegidas).

O Brasil chega aos 5.548 municípios. Mais de 1.300 foram criados nos últimos dez anos, e 1.584 gastam mais dinheiro com a manutenção da Câmara de Vereadores do que arrecadam com impostos. Reproduz-se o modelo da insustentabilidade.

Segundo o Relatório Brasileiro para Convenção da Biodiversidade, do Ministério do Meio Ambiente, a Fundação O Boticário é a segunda fonte brasileira de financiamento à pesquisa e proteção da biodiversidade, considerando-se o número de projetos financiados. Essa fundação foi criada em 1990 e já apoiou mais de seiscentos projetos conservacionistas em todo o Brasil.

Educação ambiental • princípios e práticas

A Igreja, notadamente a católica, em seus emaranhados filosóficos, perde a sintonia com a realidade e ainda não incorpora a dimensão ambiental em seu discurso. Perde-se uma excelente oportunidade de difundir o novo paradigma ambiental nas comunidades.

Em Londres, a Anistia Internacional, ONG de defesa dos direitos humanos, aponta violações em 144 países. Execuções sumárias, detenções ilegais e torturas continuam no repertório humano. O Brasil é citado por perseguir sindicalistas e militantes da reforma agrária.

Em sessão solene no Palácio do Planalto, o presidente da República faz o lançamento do documento *Base para a discussão da Agenda 21 Brasileira*. Por três anos, após um longo e complexo processo de elaboração participativa, vários especialistas brasileiros das áreas civil, empresarial e governamental reúnem-se para produzir as 1.276 páginas dos sete volumes que formam o documento base que subsidiará os debates setoriais em todo o país. É organizado nos temas: Redução das Desigualdades Sociais, Gestão dos Recursos Naturais, Ciência e Tecnologia para o Desenvolvimento Sustentável, Infraestrutura e Integração Regional, Agricultura Sustentável e Cidades Sustentáveis. A mídia brasileira, como vem se comportando desde a Rio-92, deu pouco destaque ao evento. Focaliza seus esforços para divulgar catástrofes.

Fazendeiros de Dakota do Norte, Estados Unidos, plantam soja, com nova tecnologia que permite o aumento da produção e a proteção do ambiente. Consiste em aumentar as bactérias que fixam nitrogênio nas raízes (rizóbios), dispensando o uso de fertilizantes nitrogenados. Detalhe: tecnologia desenvolvida pela Embrapa, Brasil.

A ONU elege o ano de 2000 para ser o Ano Internacional por uma Cultura de Paz. De 19 a 23 de junho, realiza-se em Brasília, promovido pela ONU e pela Universidade da Paz (Unipaz), o Fórum Global Paz no Planeta, reunindo pessoas de todas as partes do mundo. Tem como objetivo promover a disseminação de um conjunto de orientações e parâmetros para uma cultura de paz. Preconceito, concentração de riqueza, injustiça social e exploração abusiva do ambiente são considerados os maiores obstáculos para a paz.

A British Petroleum anuncia o investimento de 1 bilhão de dólares, em pesquisa e desenvolvimento de energia solar e eólica (ventos). Prepara-se para as limitações impostas por tratados globais, sobre o clima, que se aproxima, e que refreará o consumo de petróleo. Tem intenção de liderar, no mundo, essas novas tecnologias.

O Ministério do Meio Ambiente denuncia um contrato que dá à multinacional suíça Novartis o direito de exclusividade sobre a geração de produtos a partir de micro-organismos, fungos e plantas amazônicas, além do direito de transferência e uso dos materiais genéticos por ela selecionados. É a biopirataria oficializada, facilitada pela falta de legislação específica (tramita há mais de dois anos no Congresso).

Cresce a população carcerária no mundo. Nos Estados Unidos, são dois milhões. No Brasil, 160 mil presos(as).

A Coordenação Geral de Educação Ambiental do MEC (coordenada por Lucila Pinsard Vianna) promove, em Brasília, oficina de trabalho em EA, reunindo especialistas de várias partes do Brasil. Promove também teleconferência sobre Parâmetros Curriculares Nacionais em Ação de Meio Ambiente.

Há no mundo 500 milhões de hipertensos, 13 milhões no Brasil. Nos Estados Unidos, 43% das mulheres sofrem de frigidez. Sintomas claros da inadequação da forma de viver.

Existem no mundo 400 milhões de celulares, 12 milhões no Brasil. Os efeitos da radiação pelo uso dos celulares começam a aparecer, em meio a polêmicas e jogo de interesses: catarata (endurecimento e opacidade do cristalino), câncer no cérebro. Não há avaliação sistêmica dos riscos de uso desse instrumento.

A comunidade científica assombra-se com a capacidade de sobrevivência dos tardígrados (os ácaros são um exemplo). Estudados desde 1974, surgidos na Terra há mais de 500 milhões de anos, as suas setecentas espécies habitam todos os lugares, do gelo dos polos às crateras dos vulcões. Suportam um frio de 270 °C negativos e uma dose de raios X 250 vezes maior do que a letal para o ser humano. Sempre que são ameaçados, suas células param de trabalhar e suspendem as suas funções vitais, podendo permanecer assim por décadas e voltar à atividade como se nada tivesse acontecido (biólogo Reinhard Kristensen, Universidade de Copenhague, Dinamarca).

Cerca de 2 bilhões de pobres no mundo ainda utilizam lenha (biomassa) para cozinhar. Em quarenta dos países mais pobres do mundo, a madeira atende a mais de 70% das necessidades energéticas. Os 20% mais ricos da humanidade consomem 58% da energia mundial, enquanto os 20% mais pobres utilizam apenas 4% dessa energia. Os Estados Unidos, com apenas 5% da população mundial, utilizam 25% do suprimento energético global.

A Universidade Católica de Brasília (UCB) torna-se a primeira universidade brasileira a implantar um Programa de EA, de forma sistêmica, em sua estrutura, incluindo a incorporação da ecoeficiência e a capacitação de todos os seus funcionários, professores e estudantes.

Dos 600 mil km^2 de florestas derrubadas pelos produtores rurais, no chamado "arco do desflorestamento", na Amazônia, 165 km^2 foram abandonados em face da sua baixa produtividade agrícola, revela o Censo Agropecuário do IBGE. Devasta-se a floresta, exaure-se seu solo e abandona-se à erosão. Essa é a ética de "todos contra todos".

Em 19 de junho, 58 chineses morrem asfixiados dentro de um caminhão frigorífico, tentando entrar clandestinamente em Dover, Inglaterra. É uma realidade que se repete em todo o mundo. Pessoas famintas, miseráveis, sem nenhuma perspectiva na vida, arriscam tudo e migram, de qualquer forma, para países ricos. O muro que

Educação ambiental • princípios e práticas

separa os Estados Unidos do México em quatro anos matou quatro vezes mais pessoas do que o muro de Berlim em toda a sua existência (500 mortes). Os mexicanos enfrentam o muro, o deserto e as armas dos fazendeiros americanos que os caçam como animais selvagens. Marroquinos arriscam-se no estreito de Gibraltar rumo à Espanha; cubanos, rumo à Flórida. A tragédia, tanto do tráfico de gente quanto da fuga da fome, está exposta.

A água é um produto cada vez mais valorizado. Na Alemanha, cada mil litros de água tratada custam 2,36 dólares; na França, 1,35; na Inglaterra, 1,28; no Brasil, 0,77.

O papel recuperado representa 36% do total da oferta de fibras, para papel. Enquanto a reciclagem é um sucesso, o consumo global cresce em um ritmo tão rápido que suplanta os ganhos alcançados com a reciclagem (as fibras só podem ser recicladas, no máximo, seis vezes, antes de se tornarem muito fracas). A FAO estima um crescimento de 49% no consumo mundial de papel até o ano 2010.

Uma forte onda de calor eleva a temperatura a 50 °C, na Grécia e em Kosovo, mata pessoas e produz gigantescos incêndios florestais. Várias cidades são atingidas (10 de julho).

O município de Prado, Bahia, destaca-se por ações ambientais desenvolvidas na comunidade por meio da Associação Pradense de Proteção Ambiental e da Secretaria Municipal de Meio Ambiente. Tais iniciativas são reconhecidas pelo Ministério do Meio Ambiente, que contempla o município com um dos núcleos de EA e Difusão de Práticas Sustentáveis, previstos para 27 polos que serão destinados a cada unidade da federação. Será um espaço destinado para a realização de cursos, seminários, treinamentos e oficinas voltadas para o processo de construção do desenvolvimento sustentável. A administração caberá à Prefeitura Municipal de Prado e à Associação Pradense de Proteção Ambiental, tendo como parceiros o Clube da Melhor Idade Renascendo, a Associação de Artesãos, a Associação de Teatro e Cultura Local, a Associação Pradense de Interesses Sociais, o Instituto Baleia Jubarte e a Arca, ou seja, a comunidade civil organizada, sob a supervisão da Comissão Institucional da Agenda 21 local, buscando a sustentabilidade econômica e ambiental do núcleo, que cumprirá ainda o papel social de promover a capacitação e a formação de profissionais, estimulando a criação de emprego e renda por meio de micro e pequenos empreendimentos ecologicamente corretos. O lançamento foi prestigiado por José Sarney Filho, ministro do Meio Ambiente; Ênio Rocha, diretor nacional de EA do MMA; Celso Salatino Schenkel, coordenador de EA da Unesco no Brasil, e Lucila Pinsard Viana, coordenadora de EA do MEC.

Em novembro, a Coordenação de EA do MEC (COEA) promove em Brasília o Seminário Nacional de EA, reunindo as secretarias de Educação e instituições que trabalham com EA nas escolas. O objetivo é discutir as diretrizes políticas da EA, no MEC, e apresentar os Parâmetros em Ação de Meio Ambiente, ensino fundamental, um guia instrucional que sugere uma série de atividades, em que é discutida a questão ambiental, nos conteúdos, como um componente do currículo, de forma transversal, investindo em uma prática de ensino diferenciada, integrando as disciplinas entre si e a escola à realidade.

2001

Em 22 de junho de 2001, a barragem de rejeitos da mineradora Rio Verde, em São Sebastião das Águas Claras, Nova Lima (MG) se rompe. Toneladas de lama matam cinco pessoas, soterram áreas de Mata Atlântica e enlameiam 12 quilômetros do córrego Taquaras. Firma-se aqui a saga mineira dos coágulos das barragens de acomodar tais crimes.

2002

A ONU declara 2002 o *Ano do Ecoturismo*.

A Lei da Política Nacional de EA (9795/99) é regulamentada pelo Decreto 4.281, de 25 de janeiro de 2002.

2003

Cerca de 900 mil m³ de rejeitos industriais de licor negro – material orgânico constituído basicamente de lignina e sódio – são despejados na Bacia Hidrográfica do Paraíba do Sul, devido ao rompimento de uma barragem da Indústria Cataguases de Papel, em Cataguases, na Zona da Mata, em Minas Gerais. Causa mortandade de peixes, interrupção do abastecimento de água em vários municípios dos estados de Minas Gerais e Rio de Janeiro e prejuízos em propriedades rurais localizadas às margens do Ribeirão do Cágado.

A multa aplicada pelo Ibama – 50 milhões de reais – nunca é paga. Aliás, como acontece com 90% das sanções desse tipo, neutralizadas por infinitas possibilidades de recursos protelatórios apresentados pelos "especialistas" em encontrar brechas nas leis.

2005

Em 13 de novembro de 2005, em Campo Grande, Mato Grosso do Sul, o ambientalista Francisco Anselmo de Barros (Francelino, 65 anos) ateia fogo ao próprio corpo, em protesto contra a construção de usinas de álcool na bacia do pantanal.

A ONU declara o período 2005-2014 como a Década das Nações Unidas da Educação para o Desenvolvimento Sustentável.

O IBGE (Instituto Brasileiro de Geografia e Estatística) publica o ranking das cidades brasileiras mais arborizadas. Goiânia é a primeira classificada com 89,5% das suas ruas arborizadas, seguida por Campinas (SP) com 88,4% e Belo Horizonte (MG) com 83%.

Greenpeace: "Comprovado: existe vida estúpida na Terra".

2007

Em 10 de janeiro, rompe uma das barragens da mineradora Rio Pomba Cataguases, instalada no município de Miraí, em Minas Gerais. Cerca de 2 milhões de m³ de bauxita infernizam a cidade e mais quatro municípios: Muriaé, Patrocínio de Muriaé, na Zona da Mata mineira, Laje de Muriaé e Itaperuna, no Rio de Janeiro. Quatro mil pessoas desalojadas e a sensação de que aquelas cenas seriam repetidas, várias vezes, em outros locais.

2010

Na África, há 40 milhões de órfãos da aids. Zimbábue, África do Sul e Botsuana têm o seu crescimento econômico reduzido por causa da epidemia.

A *Revista Ecológico* (edição toda lua cheia, Belo Horizonte, Hiram Firmino) lança o Prêmio Hugo Werneck, a maior premiação ambiental do Brasil.

O Brasil institui a sua Política Nacional de Resíduos Sólidos (Lei 12.305/2010), com o objetivo de ordenar a gestão, compartilhando responsabilidades, definindo instrumentos e estabelecendo metas para a implantação de planos de gestão de resíduos sólidos, em cada município.

2011

O mercado de crédito de carbono atinge o seu pico histórico: 93 bilhões de euros.

A conceituada revista inglesa *The Economist*, editada em Londres desde 1843 – e hoje no mundo inteiro –, em sua edição de maio/junho (volume 399, número 8.735) estampa em sua capa a imagem da Terra com o termo "Bem-vindo ao Antropoceno" (*Welcome to Anthropocene*). Acentua que os humanos se tornam fatores de mudanças no planeta e a ciência os reconhece como uma força geológica e que é preciso que mudem sua forma de pensar sobre isso.

2012

De 13 a 22 de junho, 110 mil pessoas, delegações de 188 países, 100 chefes de Estado e quatro mil jornalistas vão na Rio+20, a maior conferência da ONU sobre o meio ambiente da história (Rio de Janeiro). Não são definidas as metas esperadas e os principais chefes de Estado não compareceram. O grande avanço – e que salvou o evento – é a participação popular.

De 13.900 artigos publicados entre 1991 e 2012 só 24 negam o aquecimento global. São evidências objetivas que incomodam as pessoas sempre que elas não correspondem às suas visões de mundo e aos seus próprios interesses.

2013

Segundo dados do Ministério da Saúde, o número de ataques de animais peçonhentos no Brasil sobe de 75 mil em 2003 para 162 mil (50% por escorpiões). O crescimento é atribuído a degradação do ambiente urbano e à destruição de hábitats.

Por desmatamento, a Amazônia perde mais 5.843 km^2 (aproximadamente à área do Distrito Federal). Entre 2010 e 2013, são descobertas 441 novas espécies de plantas e animais nesse bioma.

2014

A Cúpula do Clima da ONU reúne 130 líderes mundiais em Nova Iorque. Decide-se que para mitigar os impactos do aquecimento global é preciso reduzir em 50% o desmatamento global até 2020 e eliminá-lo até 2030.

O uso abusivo de pesticidas, as ondas eletromagnéticas emitidas pela rede de telefonia celular, a mudança climática, a monocultura e a poluição são apontadas como os fatores mais decisivos para o desaparecimento das abelhas, em todo o mundo. Elas são responsáveis pela polinização da maioria dos vegetais que alimentam a humanidade.

A Comissão de Meio Ambiente da Assembleia Legislativa do Estado de São Paulo aprova o Projeto de Lei 714/12 que proíbe a criação de animais em sistema de confinamento. Essa crueldade é praticada em larga escala, em todo o mundo, sem que o ser humano se dê conta das suas terríveis consequências.

2015

Segundo o discurso do FMI em 1999, neste ano a proporção de pessoas vivendo na pobreza extrema deve cair pela metade. Todas as crianças de países em desenvolvimento estão na escola.

São registrados mais de três mil casos de intoxicação por uso indevido de agrotóxicos, no Brasil, com 97 mortes, segundo o Sinitox (Fiocruz).

O Pnuma anuncia que as zonas urbanas do mundo produzem 10 bilhões de toneladas de lixo por ano, e cerca de três bilhões de habitantes ainda não tem locais adequados para descartar seus resíduos.

O Programa de EA Cultivando Água Boa, da Itaipu Binacional, Paraná, ganha o Prêmio Água para a Vida, da ONU, como melhor prática de gestão de recursos hídricos do planeta. Conduzido por Nelton Friedrich.

O papa Francisco apresenta nas 144 páginas da Carta Encíclica *Laudato Si'* sobre o cuidado da casa comum, um conjunto de reflexões sobre as nossas relações com a natureza ("Não haverá nova relação com a natureza, sem um ser humano novo", p. 75). Conclama a educação para uma aliança entre as pessoas e o meio ambiente. Examina a divinização do mercado, a globalização da indiferença, os comportamentos evasivos, a solidariedade intergeracional, os limites éticos, os desenraizamentos e mais

("Temos demasiados meios para escassos e raquíticos fins", p. 122). As religiões cristãs com suas liturgias e templos ungidos em luxo e ostentação, no entanto, continuam sendo o grande problema de Jesus.

Estudos diversos realizados por instituições de vários países concluem que a influência humana sobre os sistemas climáticos é clara. A despeito das evidências objetivas, alguns estudos financiados por setores econômicos envolvidos no agravamento da situação (petróleo, carvão, setor florestal, agropecuário e outros) tentam negá-los.

Chega a 250 milhões de pessoas o número de refugiados ambientais no mundo (pessoas expulsas de suas terras por condições ambientais desfavoráveis à vida, como escassez de água, inundações, morte de solo, e outros elementos desestabilizadores da sustentabilidade).

As imagens de milhares de pessoas fugindo dos horrores das guerras choca o mundo. Uma tragédia humanitária que se repete. Torna-se emblemática a imagem da criança síria de três anos (Ayslan Kurdi) que aparece morta em uma praia do Mediterrâneo (Turquia), após naufrágio. Sua família fugia da barbárie na Síria.

O ser humano continua encontrando grande dificuldade para conectar a política à ciência. A atmosfera terrestre continua sendo o depósito do lixo gasoso produzido pelas pessoas. Queimadas, incêndios florestais, pecuária predatória, consumo de combustíveis fósseis, desmatamento e superagricultura são os maiores emissores de gases que aquecem a atmosfera terrestre e tornam o clima extremado.

Na tarde de 5 de novembro de 2015 rompe-se a barragem de Fundão, da mineradora Samarco (Vale S.A. e BHB Billiton anglo-australiana), causando dezenove mortes e cobrindo de lama de rejeitos de mineração várias casas do distrito de Bento Rodrigues, a 35 km de Mariana, em Minas Gerais. É considerado o desastre industrial que causa o maior impacto ambiental da história brasileira e o maior do mundo envolvendo barragens de rejeitos de mineração. Cerca de 62 milhões de m³ de lama são despejados bruscamente na Bacia Hidrográfica do Rio Doce, afetando 230 municípios nos estados de Minas Gerais e Espírito Santo. A lama chega ao oceano Atlântico. Os danos socioambientais são incalculáveis e afetam a vida das pessoas e dos sistemas naturais por várias décadas, em alguns casos, séculos e, em outros, para sempre. Um misto de descaso, incompetência e irresponsabilidade, dentre outros valores negativos, resultam nessa tragédia de repercussão mundial, cujos sofrimentos poderiam ter sido evitados pelo simples cumprimento das leis ambientais vigentes no país.

Empresas do Pará fraudam planos de manejo da Amazônia para lavar a origem suja de madeiras. Superfaturam em 1.300% o número de ipês para facilitar o desmatamento. Descobre-se que a prática vinha desde 2006.

Cresce a pressão para que se agregue aos preços (combustíveis fósseis e pecuária, por exemplo) os custos das suas emissões de gases de efeito estufa.

A EPA (Agência de Proteção Ambiental), dos Estados Unidos, descobre a maior fraude da indústria automobilística. Constata que a Volkswagen adultera testes de emissão de poluentes de motores a diesel de 500 mil veículos vendidos nos Estados Unidos. Utiliza um *software* que controla as emissões apenas durante as vistorias. Um escândalo que abala as bases de confiança dos consumidores e causa indignação mundial.

Corroborando estimativas do IPCC (Painel Internacional sobre Mudança Climática), de que o aquecimento global aceleraria a reprodução de insetos em todo o mundo, o mosquito *Aedes aegypti* amplia a área internacional de sua ação e de sua competência como vetor de várias doenças ao mesmo tempo. Milhões de pessoas em dezenas de países sofrem e morrem com dengue, zika e chikungunya. O mesmo ocorre com a malária. Efeitos potencializados pela miséria, ignorância, analfabetismo ambiental e corrupção. A mídia, por interesses econômicos e políticos, não apresenta essa associação.

Pesquisa do Instituto Datafolha revela que 95% dos brasileiros acham que a mudança climática já está afetando o Brasil, que estão preocupados, mas o governo, não. Fato se repete em praticamente todo o mundo.

Pela primeira vez a nascente histórica e simbólica do rio São Francisco, na Serra da Canastra, em Minas Gerais, sofre queimada e seca. A imagem causa comoção nacional. E só.

O Brasil vive a maior crise hídrica da sua história. Reservatórios de grandes áreas urbanas, em vários estados, chegam a níveis críticos. Racionamento e escassez trazem transtornos às populações. Os prejuízos são incalculáveis. As hidrelétricas operam em níveis mínimos críticos e o Brasil aciona usinas termelétricas, altamente poluidoras e de alto custo. O preço da energia elétrica dispara. A questão não é a falta de chuva. Falta gestão competente e responsável.

No mesmo período da crise hídrica, o Acre registra cheias recordes em seus rios. Na capital, Rio Branco, o rio atinge a marca histórica de 18,34 metros.

Explode no Brasil o maior escândalo de corrupção da história da humanidade. Conluio entre empresários e políticos roubam bilhões de reais dos cofres públicos, prejudicando cruelmente os setores da saúde, da educação, da segurança, dos transportes e outros, deixando o país em situação de penúria. Tal erosão ética e moral mergulha a sociedade em uma profunda crise econômica, ambiental, social, impondo estados de insatisfação, decepção, revolta, estresse e conflitos generalizados.

2016

Em 3 de junho de 2016, volta ao mundo espiritual Muhammad Ali (Cassius Clay) boxeador americano, campeão olímpico e mundial, considerado o melhor de todos os tempos. Esse brilhante ser humano se recusou a ir para a guerra do Vietnã e com isso foram retirados todos os seus títulos. Autor de declarações de impacto, como: "Aquele que vê o mundo aos 50 anos da mesma forma que via aos 20 desperdiçou 30 anos da sua vida".

Um dentista americano (não vamos divulgar o seu nome), perfeito idiota da época, mata o leão Cecil, símbolo do Zimbábue, no Parque Nacional de Hwange, causando indignação mundial. E só.

Em 5 de agosto de 2016, ocorre no Rio de Janeiro a abertura de jogos olímpicos mais ecológica da história. Temática ambiental e apresentações impecáveis para três bilhões de pessoas pelo mundo. Expôs de forma criativa e inovadora os encantos da natureza e as tragédias que estamos impondo a ela e a nós. A poluição e a imundície por falta de saneamento (devido principalmente à corrupção) da cidade anfitriã é o exemplo das contradições e hipocrisias humanas.

Relatório do Banco Mundial registra o ranking de 200 países sobre saneamento. O Brasil se mostra na precária 112ª colocação.

Graças ao esforço conjunto de vários setores, o Brasil tira a baleia-jubarte da lista de espécies ameaçadas de extinção. As baleias cruzam, geram filhotes e se mostram aos visitantes extasiados no litoral baiano (Parque Nacional Marinho de Abrolhos).

Entra em operação a Hidrelétrica de Belo Monte, a terceira maior do mundo, construída nos municípios de Vitória do Xingu e Altamira (o maior município do país), no Pará, a 300 quilômetros de Belém. O empreendimento provoca críticas severas em âmbito internacional por apresentar um enorme passivo ambiental (danos causados à natureza e a obrigação de repará-los). Um enorme coágulo no rio Xingu.

Os programas de energia renovável e eficiência energética já contribuem significativamente para diminuição das emissões de gases de efeito estufa, em todo o mundo. Mas, ainda insuficientes para limitar o aquecimento da atmosfera em 2 °C. Continuamos despejando de 54 a 56 Gt/ano de gases de efeito estufa, quando deveríamos, no máximo, despejar 42 Gt/ano (segundo relatório do Pnuma, lançado às vésperas do acordo de Paris sobre o Clima).

Durante a realização do Fórum Econômico Mundial (Berna, Suíça), o Greenpeace divulga a listagem das piores empresas do ano, segundo critérios ambientais. O setor petrolífero, mais uma vez, no topo.

Pelo terceiro ano consecutivo, o Prêmio Hugo Werneck (*Revista Ecológico*, MG) não tem uma só indicação para concorrer na categoria Melhor Político. E pela primeira vez, na categoria Melhor Empresário.

2017

Cresce a adoção da economia circular (reaproveitamento dos recursos que já se encontram no processo produtivo; eliminação do conceito de lixo), em detrimento da economia linear (extrair-produzir-descartar).

A extração de gás de folhelho (*fracking*) mostra-se como a mais recente e perversa forma de exploração de recursos naturais, por causar destruição ambiental, afetando as florestas, as águas, o solo e a qualidade do ar.

A febre amarela avança na floresta e nas cidades. Atribui-se à devastação ambiental, acoplada a erosão moral (corrupção), ignorância e ineficiência gerencial.

A Política Nacional de Recursos Hídricos (Lei 9.433/1997) completa 20 anos. Não houve diálogos entre as partes.

Al Gore lança o novo documentário *Uma verdade mais inconveniente.*

As pessoas geram 65 milhões de toneladas de lixo eletrônico por ano. Toda essa traquitana aumenta a cada ano, a bordo do consumismo suicida.

A Portaria 483 (22.12.2017) do Governo Federal declara a onça-pintada (*Panthera onca*) símbolo nacional da conservação da biodiversidade. Continua em alto risco de extinção.

Segundo a ONU, o Brasil continua sendo o país que mais mata defensores do meio ambiente, no mundo.

Em um estudo do Ministério da Saúde, em cooperação com Repórter Brasil e a Public Eye (organização suíça), descobre-se que um em cada quatro municípios brasileiros distribui água com um coquetel de agrotóxicos aos seus habitantes. São detectados todos os 27 pesticidas testados. Destes, 16 são classificados pela Anvisa como altamente ou extremamente tóxicos, e 11 como pesticidas associados ao desenvolvimento de doenças crônicas como câncer, má-formação fetal, disfunções hormonais e reprodutivas. A água como agente da morte, gerenciada pela incompetência, ignorância, corrupção e insensibilidade.

Há 25 anos, a Union of Concerned Scientists lançava a *advertência* dos cientistas do mundo à sociedade (1992), assinada por 1.500 pesquisadores internacionais, muitos deles, ganhadores de Prêmio Nobel, alertando para a mutilação que a espécie humana estava imponto à Terra. Em 2022, *15 mil cientistas de 184 países* assinam a *segunda advertência*, revelando que a situação estava piorando de forma alarmante, nomeando a destruição das florestas, a extinção de espécies, a mudança climática, a perda de acesso à água potável e o excessivo crescimento populacional como as maiores ameaças (v. Anexos).

2018

São registrados recordes de calor em vários países. Estudos comprovam a indução de desequilíbrios biológicos em seres humanos e micróbios. Aumentam os períodos de secas e chuvas. As tempestades estão mais fortes. O mar invade várias áreas litorâneas. Cerca de 35 milhões de pessoas são afetadas por enchentes, 821 milhões ficam desnutridas por causa de secas, dois milhões têm que mudar de lugar e 1.600 morrem em ondas de calor, em vários lugares.

Após 60 anos de funcionamento irregular, o maior lixão a céu aberto da América Latina foi finalmente fechado, conhecido como o "lixão da estrutural", em Brasília. Localizado a apenas 15 km da Praça dos Três Poderes – centro político do país –, e ao lado do Parque Nacional de Brasília de onde se retira a água mais pura para abastecer a cidade, o lixão recebe 2,8 toneladas de resíduos, diariamente. Estima-se que 40 milhões de toneladas de detritos tenham sido despejados no local. Cerca de 2 mil catadores(as) disputam o lixo, em cenas degradantes que correm o mundo.

Aumenta o impacto do uso desmedido de agrotóxicos sobre a saúde da população rural. Pará, Bahia, Minas e Mato Grosso registram relatos de efeitos diretos sobre as pessoas (dor de cabeça, vômitos, amargor na boca; suspensão de aulas e atividades diversas). De 50 agrotóxicos (biocidas) utilizados no Brasil, 22 são proibidos na Europa. Movimentam mais de 30 bilhões de reais por ano.

Os chamados "Embaixadores da Justiça Climática" – crianças e jovens de vários países –, conseguem plantar cerca de 15 bilhões de árvores, em 130 países. A ação é coordenada pela ONG Plant for the planet, fundada pelo jovem alemão Felix Finkbeiner (20 anos).

Os chineses costumam retirar a letra "s" da palavra *crise*, ficando *crie*. A mudança climática desafia o mundo dos negócios a se preparar para atuar em um contexto absolutamente novo. Várias empresas desenvolvem modelos de avaliação de vulnerabilidades climáticas, antevendo seus impactos, avaliando riscos e oportunidades.

Orbitam na Terra cerca de 7,5 toneladas de detritos de satélites. Utilizados em operações de meteorologia, comunicação, pesquisa, espionagem etc., após se tornarem inoperantes, formam o lixo espacial. Alguns dos detritos, eventualmente, caem sobre o solo terrestre.

O Brasil se torna o maior consumidor de agrotóxicos do mundo. Um mercado poderoso que movimentou 10 bilhões de dólares em 2018. Danos à saúde pública e ao ambiente não são considerados.

Ocupando 22% do território brasileiro, o bioma Cerrado sofre intensa perda de seus recursos ambientais por práticas agrícolas descuidadas. Apenas 8% do bioma está em áreas protegidas. Com tais eventos, não há como cumprir os compromissos assumidos na COP-21, em Paris. O desmatamento continua sendo o maior indicador da ignorância humana.

A Embrapa afirma que o Brasil não precisa mais derrubar florestas para as atividades da agropecuária. Há de se consolidar um modelo de agricultura e pecuária que seja sustentável, que respeite o meio ambiente, para superar as barreiras que limitam a produção de alimentos, no país. O Brasil possui cerca de 60 milhões de hectares de pastagens degradadas e abandonadas que podem ser recuperadas. Tecnologia o Brasil tem.

O poder público e a Usiminas transformam a fisionomia de Ipatinga (MG), no Vale do Aço. Desde 1985 três milhões de mudas produzidas no viveiro da empresa foram plantadas na região.

Em agosto de 2018, uma jovem sueca de 15 anos começou a faltar às aulas às sextas-feiras para protestar em frente ao Parlamento do seu país, cobrando ações concretas sobre a questão climática global. Tal atitude motivou milhares de jovens em todo o mundo a fazer o mesmo. Surge no cenário mundial uma ativista que desperta a simpatia de alguns e o furor de outros. Ela faz discursos contundentes – autênticos puxões de orelha – aos governantes do mundo, em conferências internacionais como a Conferência do Clima da ONU e o Fórum Econômico Mundial. Do alto e da legitimidade da sua condição juvenil.

2019

Em 25 de janeiro de 2019 (sexta-feira, início da tarde), Minas Gerais e suas mineradoras mostram ao mundo que as lições não foram aprendidas. Rompe-se uma barragem de rejeitos de mineração da Vale S.A. em Brumadinho, a 65 km de Belo Horizonte, Minas Gerais. Uma onda gigantesca de lama, rejeitos e destroços desce violentamente (a 80 km/h) pelo vale do córrego do Feijão, destrói a área administrativa da Vale, centenas de casas, uma pousada e várias propriedades rurais. Causa a morte de 270 pessoas. A lama atinge o rio Paraopebas e chegou ao rio São Francisco. É considerada a maior tragédia da mineração mundial (vazamento de rejeitos). Os danos socioambientais são imensuráveis e resulta em calamidade pública e indignação nacional e internacional. Afinal, esse crime ambiental acontece a apenas três anos e dois meses da tragédia de Mariana-Samarco. "Como vocês permitiram, de novo? Não aprenderam?" são as manchetes estupefatas na mídia mundial e as frases mais citadas nas redes sociais.

Em 13 de março, a ONU lança o relatório Panorama Ambiental (Environmental Outlook), na 4ª Assembleia Geral do Pnuma, em Nairóbi, no Quênia. Com mais de 700 páginas e a participação de 250 cientistas de 70 países, o relatório reúne estudos realizados em cinco anos sobre a condição ambiental global. Os resultados são estarrecedores: a degradação ambiental é a causa de 25% das mortes, no mundo.

Entre as soluções apontadas pelo relatório do Pnuma está a redução da emissão de CO2 e do uso de pesticidas, recusadas pelos países mais ricos. Curiosamente, as ações para enfrentar a mudança climática custariam cerca de US$ 22 trilhões, mas os benefícios poderiam chegar a US$ 54 trilhões. Difícil compreender essa lógica, mesmo se observada pela ótica cega do lucro.

Em maio de 2019, jovens do mundo inteiro vão às ruas exigir que as autoridades definam políticas públicas para o enfrentamento da mudança climática e declarem, de imediato, o estado de emergência climática, o que é declarado por várias cidades do mundo. Nesse mesmo mês, a Organização Mundial da Saúde divulga que 90% da população mundial respira ar poluído e que sete milhões de pessoas morrem por ano, em decorrência da má qualidade do ar atmosférico, e 1,4 milhão por falta de acesso à água potável.

O ataque aos canudos de plástico, em todo o mundo, reflete bem as hipocrisias humanas. Representam 0,043% dos plásticos jogados nos oceanos. O foco é retirado dos demais plásticos – potes, sacolas, tampas, garrafas, sacos e mais – que engasgam e coagulam o metabolismo ecossistêmico terrestre.

Algo muito errado com a agricultura brasileira. Enquanto a Holanda consegue uma receita de U$ 114.000 por hectare, no Brasil a receita é de U$ 1.110 por hectare! Longe de agregar valor aos seus produtos. A maior parte das exportações brasileiras – carne, grãos – ainda continua sendo baseada na exploração devastadora dos recursos naturais: desperdício, técnicas primitivas, desmatamento e poluição. A chamada agricultura 4.0, AgTech, Smart Farming, Agricultura Digital ou Agricultura de Precisão, ainda se circunscreve a grupos restritos (uso de nanotecnologia, digitalização, robôs, drones, edição de DNA etc.).

Incubadoras tecnológicas (*startups*) de universidades brasileiras anunciam que com nanotecnologia a utilização de agrotóxicos cairá em 90%. Cerca de 300 delas oferecem soluções para a agricultura. Os 2.420 pesquisadores da Embrapa inovam em várias áreas que envolvem micro-organismos na produção rural.

Lançadas pela Solinftech a primeira fazenda do mundo com gerenciamento assistido por inteligência artificial. Anuncia-se que a nova Revolução Verde, além de buscar produtividade com qualidade, busca um salto de sustentabilidade (e que não seja apenas marketing, o tempo dirá).

A Holanda se torna referência mundial com o seu polo de inovação em produção de alimentos. Conta com 20 instituições de pesquisa, com cerca de oito mil cientistas. A Universidade de Wageningen é classificada como a melhor do mundo na área agrícola e florestal. Reúne 12 mil alunos de 100 países.

Em 23 de setembro, cerca de quatro milhões de jovens ocuparam as ruas, em 150 países (250 mil só em Nova Iorque) para protestar contra a negligência dos governos em relação às mudanças climáticas (o movimento conhecido como *Fridays for Future*, é iniciado em agosto pela adolescente sueca Greta Thunberg (16). O protagonismo dos jovens, descrentes dos adultos, se difunde no mundo). Greta fala na abertura da Cúpula do Clima da ONU, em Nova Iorque. Faz um discurso, contundente cobrando dos líderes mundiais ações de combate efetivas: *"Como ousam? Vocês roubaram os meus sonhos e minha infância com palavras vazias. Se vocês escolherem falhar, nós nunca perdoaremos vocês.", "Por mais de 30 anos a ciência tem sido muito clara. E como vocês ousam não olhar, vir aqui e dizer que estão fazendo o suficiente?".*

Durante a Cúpula do Clima da ONU, representantes de 66 países se comprometem a zerar as emissões de carbono na atmosfera até 2050 (uma meta estabelecida pelos cientistas para conter o aquecimento da Terra em 1,5 °C em relação à média do século XIX – já 1,0 °C acima, nesse período). A emergência climática se revela de forma objetiva.

Em 5 de novembro, a revista *BioScience* publica um alerta assinado por 11 mil cientistas de 92 países, anunciando emergência climática global.

Em 28 de novembro, com 429 votos a favor e 225 contra, o Parlamento Europeu, em Estrasburgo, declara emergência climática na União Europeia. O primeiro continente a decretar a medida. Destina-se a aumentar a pressão sobre os agentes públicos por medidas concretas para a proteção do clima.

Em 31 de dezembro, a China comunica à OMS um surto de uma "pneumonia de causas desconhecidas" que está matando as pessoas. Trata-se do novo SARS-CoV-2. O primeiro caso surge em 1º de dezembro em um mercado úmido (mercado de animais vivos), na província de Hubei, em Wuhan, a cidade mais populosa da região central da China, com cerca de 11 milhões de habitantes. O mundo não percebe que ali é gerada a epidemia mais devastadora da história humana.

Torna-se óbvio que daqui para frente as condições poderão se tornar cada vez piores e as necessidades cada vez maiores. Evidências objetivas de perda de qualidade de vida humana são registradas em todo o mundo. Pandemias de câncer, diabetes, depressão, fobias, suicídios (a OMS faz um alerta à humanidade: ocorrem 800 mil suicídios por ano, no mundo) e mais, são sintomas claros de desadaptação da nossa espécie. Algo fora de fase, distopias. Escolhas. Percebemos, claramente, os sintomas do desequilíbrio, mas demoramos demais para perceber os seus significados.

2020

Em outubro de 2019, irrompe logo no início do ano a maior onda de incêndios florestais da história da Austrália, causados por uma combinação de fatores (temperaturas elevadas, ventos fortes, longa estiagem, vegetação ressecada, somados à índole criminosa de pessoas que deliberadamente atearam fogo à vegetação). Os incêndios são maiores, mais rápidos, mais intensos e quentes e menos previsíveis. Suas chamas atingem 50 metros de altura. Estima-se que 63 mil km^2 são destruídos. Cerca de um bilhão de animais vertebrados são eliminados como coalas, cangurus e outros (80% répteis, 12% a 15% aves, 5% a 8% mamíferos). Dezenas de pessoas morrem e quatro mil são resgatadas para o mar após serem encurraladas no litoral. Cerca de 100 mil pessoas têm de deixar as suas residências. Imagens divulgadas pelas mídias retratam situações de pânico, desespero e destruição, jamais vistas em eventos dessa natureza. A fumaça chega a Argentina, Uruguai e Chile. Continuam negando o aquecimento global devido às mudanças climáticas.

Há dez anos, o Brasil instituía a sua Política Nacional de Resíduos Sólidos (Lei 12.305/2010), com o objetivo de ordenar a gestão, compartilhando responsabilidades, definindo instrumentos e estabelecendo metas para a implantação de planos de gestão de resíduos sólidos, em cada município. Ficou só no papel. Nem 10% dos municípios a cumpriu.

Em 21 de janeiro, o novo governo da Espanha declara emergência climática. Envia ao parlamento sua proposta de legislação climática. Meta igual à da União Europeia: emissões zero de carbono para 2050.

OMS revela que a obesidade é a segunda causa de morte, no mundo. Cerca de 2,3 bilhões de pessoas tem sobrepeso ou obesidade. O consumo de alimentos ultraprocessados (excesso de calorias, açúcar e sódio) e sedentarismo são a maior causa, dentre outras. Do outro lado, cerca de 25 mil pessoas ainda morrem de fome diariamente.

Somente em 11 de março, a OMS declara o surto do corona vírus uma pandemia.

A pandemia da Covid-19 escancara o comportamento egoístico da espécie humana quando milhares de pessoas morrem devido às suas péssimas condições de vida, ou então em hospitais por falta de medicamentos e equipamentos que deveriam ter sido adquiridos, caso os recursos não tivessem sido comidos pela corrupção. No fundo, uma Sindemia, ou seja, a sinergia entre a degradação social e econômica das pessoas e a doença, conforme conceito de Merril Singer (antropólogo, médico e professor americano, Universidade de Connecticut, EUA).

Aquela minúscula capa de proteína envolvendo uma simples fita de RNA – novo corona vírus –, justo a estrutura funcional mais simples que existe, e que nem um ser vivo é, impõe lições e mudanças que nenhum processo educativo jamais alcançou; proporcia uma oportunidade única: uma parada obrigatória para pensar, perceber, refletir e mudar. Também, uma advertência. Outras pandemias virão, e não há razões para acreditar que possam ser mais brandas. Tempo de rever princípios, objetivos e prioridades. Apartar o que é urgente do que é essencial, fundamental.

Em 7 de fevereiro, a OMM (Organização Mundial de Meteorologia) divulga que a Antártida registra a média de temperatura mais alta da sua história: 18,3 °C.

Governo brasileiro condena as subsidiárias de conglomerados do tabaco a arcar com os custos dos tratamentos oferecidos pelo SUS (51 bilhões de reais, por ano). No Brasil, morrem 159 mil pessoas por ano. No mundo, oito milhões. Uma tragédia humanitária evitável.

Imagens de famosas cidades do mundo – templos do consumismo –, com as suas avenidas e lojas vazias, traduzem um apelo ao despertar. Animais silvestres passeiam pelas ruas, observando humanos presos em suas gaiolas. Peixes e golfinhos retornam em águas límpidas sem a presença nefasta da espécie humana. O céu fica límpido e o ar mais puro. Tempo de rever todas as narrativas. Elas fracassaram. Tempo de não dar atenção apenas às consequências e mais atenção aos seus significados.

2021

As dezenove usinas nucleares da Alemanha encerram as suas atividades, deixando um legado de rejeitos radioativos que permanecerão, durante várias gerações, representando uma ameaça à segurança socioambiental.

Dados da pandemia (sindemia) da Covid-19 em 9 de julho (OMS): 4 milhões de mortes em todo o mundo (530 mil, no Brasil); economias destroçadas, falências generalizadas, desemprego, desequilíbrios psicoemocionais, agravamento das crises sociais globais, amplificadas por conflitos político-ideológicos que patrocinavam o apodrecimento dos cenários.

Obviamente, por continuarmos infligindo os mesmos erros aos ecossistemas (e a nós mesmos), não há chances de essa pandemia ser a última, ou a pior delas.

Em julho, Canadá e EUA registram centenas de mortes súbitas devido a uma onda de calor que eleva a temperatura a mais de 50 °C. Incêndios florestais, tráfego ferroviário limitado, estradas fechadas, falta de energia elétrica e ordens de evacuação são apenas uma amostra das consequências da mudança climática acoplada a outros fatores, muitos deles, ainda não percebidos. Os seus significados continuam a ser ignorados.

Em julho, chuvas recordes causam transbordamento de rios na Alemanha, Bélgica, Holanda, Luxemburgo e Suíça, causando centenas de mortes e milhares de desaparecidos. Cenários semelhantes ocorrem simultaneamente na China, Índia, Bangladesh e vários outros países asiáticos. As cenas de terror registradas nas cidades desmanchadas pela força das águas foram mixadas com as de incêndios históricos na Sibéria – a região mais fria da Terra –, no Oregon e na Califórnia (EUA), na Austrália e na Turquia, no mesmo dia. No Brasil, a região Sul registra temperaturas negativas recordes (–7 °C) com neve em várias cidades, enquanto outros 2.445 municípios registram a maior estiagem da história causando danos incalculáveis às lavouras e rebaixando os reservatórios das hidrelétricas a níveis críticos. Obviamente, não são eventos isolados. A despeito desses sinais claros de fenômenos climáticos extremos, nada muda nas narrativas políticas mundiais.

A espécie humana se comporta como se já tivesse se conformado com a tão prenunciada rota de colisão com a insustentabilidade? Ou seria assim mesmo ritos da evolução? Ou seja, erra, dói, aprende?

Em 9 de agosto o IPCC (Painel Internacional sobre Mudança Climática – ONU) – publica o seu sexto relatório para os formuladores de políticas públicas, afirmando ser inequívoco o impacto adverso da humanidade sobre o clima, aquecendo a atmosfera, os oceanos e o solo. Um alerta vermelho, um choque de realidade.

O relatório reforça que o Brasil abriga uma das áreas do mundo onde a mudança do clima tem provocado efeitos mais drásticos: o Semiárido (nordeste + norte de Minas Gerais). A região já enfrenta secas mais intensas e temperaturas mais altas que as habituais. Tais condições, somadas ao avanço do desmatamento, tendem a agravar o processo de desertificação ali em expansão, e que já representa uma área equivalente à da Inglaterra (equivalente às áreas somadas dos estados da Paraíba, Rio Grande do Norte e Sergipe).

Como contraponto desses altos e baixos, e até mesmo como marca das disparidades, o Brasil bate 10 recordes em geração de energia de fontes renováveis (eólica e solar), no Nordeste, segundo dados do Operador Nacional do Sistema Elétrico (ONS). Em

22 de julho, pela primeira vez a força dos ventos gerou energia capaz de abastecer 102% da região, por 24 horas.

2023

Deverá ser executado o Programa de Remoção de Resíduos Espaciais por meio de cooperação internacional. São milhares de fragmentos de satélites que sujam a órbita da Terra (em torno de 14 mil em 2019).

2025

Segundo previsão de 2000 feita pela ONU, a escassez de água atinge 2,8 bilhões de pessoas no mundo – 45% da população mundial. Índia, China e África são os mais atingidos.

Cinco bilhões de pessoas moram em cidades.

2040

O ar se tornará mais seco, os invernos mais frios e os verões mais quentes, em todo o globo terrestre.

Conforme projeção feita em 2019, nessa década a fonte solar se tornaria preponderante na matriz energética brasileira – 36% contra 35% da hidrelétrica.

2050

O preço do crédito de carbono, em 2018, era de 10 a 20 dólares/tonelada de CO_2. De acordo com as projeções dessa época, em 2050, esse preço no mercado internacional deveria se situar em torno dos 370 dólares/tonelada de CO_2.

A participação de fontes renováveis na matriz elétrica do Brasil deverá chegar a 85% segundo a ONS – Operador Nacional do Sistema Elétrico (anunciado em 2021).

As superbactérias se tornarão cada vez mais resistentes e se constituirão na principal causa de morte humana, além de afetar o neurodesenvolvimento infantil e a fertilidade feminina e masculina. Abundância de miasmas.

Prometida em 2019, a União Europeia deve chegar a zero a emissão líquida de carbono.

2100

Cerca de um terço de todas as espécies existentes em 2000 agora estão extintas. A concentração de CO_2 na atmosfera é de 560 ppm. Provoca aumento de 1 a 3,5 °C, causando efeitos climáticos violentos, tempestades devastadoras, derretimento das calotas polares e elevação do nível do mar. Como consequência, há grande redução na produção de alimentos. Áreas como a Amazônia e o sul da Europa são transformadas em desertos.

O nível do mar sobe de 5 a 95 cm. O efeito dessa migração da linha litorânea é dramático para as cidades costeiras. Os danos chegam a 970 bilhões de dólares (OCDE). Nos deltas populosos de Bangladesh, Egito, China e Nigéria, o desastre é incalculável.

A Terra abriga agora mais de dez bilhões de seres humanos. Segundo estimativa da Divisão de População do Departamento de Assuntos Sociais e Econômicos da ONU, feita em 2019, nesse ano 11,2 bilhões de seres humanos vivem na Terra. Sabe-se lá o que isso pode significar.

2200

Nenhum dos leitores que iniciou essa frase estará vivo, materialmente.

2300

O aquífero Guarani, localizado no Brasil (dentre outros países da América do Sul), do tamanho dos territórios da França, Espanha e Inglaterra, é o maior estoque de água potável do planeta. Essa previsão foi feita pela ONU, em 2000.

2400

Não há prognósticos conhecidos para o período que segue. A humanidade, no ano 2000, ainda se prendia a visões prospectivas de poucas décadas apenas.

22000

"Tudo o que conhecemos hoje, toda a nossa história física poderá estar simplesmente deletada do orbe terrestre. Talvez alguns resquícios de obras em metais, algumas bases de concreto e, no mais, pó. Muito pó. Do inimaginável Hotel Royal Mansur, em Marrakesh, ao aparentemente indefectível Opala 80 seis cilindros" (Dias, 2021, em *Percepção ambiental*, p. 135). Ave vida!

3500000000

O Sol começa a morrer (apagar). A sua pulsação faz com que o seu diâmetro cresça milhões de quilômetros e aumente o seu brilho em 40%. Com isso, envolve os planetas Mercúrio, Vênus e Terra. Devido às elevadas temperaturas, na Terra os oceanos se transformam em vastas planícies desertas. Os continentes tornam-se planos. A vida, como concebida no segundo milênio, terá desaparecido da face da Terra, cuja aparência será semelhante à da Lua, sem atmosfera. A espécie humana se tornou mais ética e sustentável, conseguiu evoluir espiritual, científica e tecnologicamente nos milênios passados, tornando-se apta a buscar novos hábitats pelo cosmo, sobrevivendo e continuando a sua escalada evolucionária.

1.3 Histórico da EA

Apenas um ano após o contundente ensaio de Thomas Huxley sobre a interdependência dos seres humanos com os demais seres vivos (*Evidências sobre o lugar do homem na natureza*, 1863), o diplomata George Perkin Marsh publicava o livro *O homem e a natureza: ou geografia física modificada pela ação do homem*, documentando como os recursos do planeta estavam sendo esgotados e prevendo que tais ações não continuariam sem exaurir a generosidade da natureza. Analisava as causas do declínio de civilizações antigas e previa um destino semelhante para as civilizações modernas, caso não houvesse mudanças.

A preocupação com o ambiente, entretanto, restringia-se ainda a um pequeno número de estudiosos e apreciadores da natureza – espiritualistas, naturalistas e outros.

Nesse período, o Brasil recebia a visita de ilustres naturalistas – Darwin, Bates (inglês que recolheu e levou 8 mil espécimes de plantas e animais da Amazônia), Warning (dinamarquês que conduziu os estudos do ambiente de cerrado, em Lagoa Santa, Minas Gerais) –, despertando a atenção dos estudiosos para a exuberância dos recursos naturais brasileiros, tão apregoada pelos colonizadores[1].

Havia, entretanto, na época, uma excessiva preocupação com aspectos meramente descritivos do mundo natural, destacando-se a botânica e a zoomorfologia. As inter-relações eram pouco abordadas e a noção do todo ficava circunscrita a análises filosóficas.

Percebendo essa lacuna, o biólogo Ernst Haeckel, em 1869, propôs o vocábulo "ecologia" para os estudos de tais relações entre as espécies e destas com o meio ambiente.

A passo dessas manifestações, o livro de Marsh suscitara um movimento em prol da preservação, materializando a criação do primeiro Parque Nacional do mundo – Yellowstone National Park, nos Estados Unidos (1872). Enquanto isso, no Brasil, a princesa Isabel autorizava a operação da primeira empresa privada de corte de madeira (o ciclo econômico do pau-brasil encerrar-se-ia em 1875, com o abandono das matas exauridas, e, em 1920, o pau-brasil seria considerado extinto).

Patrick Geddes, escocês, considerado o "pai da EA", já expressava a sua preocupação com os efeitos da revolução industrial, iniciada em 1779, na Inglaterra, pelo desencadeamento do processo de urbanização e suas consequências para o ambiente natural. O intenso crescimento econômico do pós-guerra acelerara a urbanização, e os sintomas da perda de qualidade ambiental começavam a aparecer em diversas partes do mundo.

---

[1] Nessa época, a participação de brasileiros era inexpressiva. Registra-se que José Bonifácio de Andrada e Silva era um naturalista, ao lado das suas atribuições de ministro do Reino e dos Negócios Estrangeiros. Atribuem-se a ele as primeiras informações de cunho ecológico feitas por um brasileiro em nosso país.

No Brasil, essa preocupação ainda não havia transposto o círculo restrito de poucos intelectuais que cuidavam do assunto – a exemplo de André Rebouças, que propusera a criação dos parques nacionais da ilha do Bananal e de Sete Quedas –, nem mesmo a então recém-promulgada Constituição Brasileira de 1891 referia-se ao tema, apesar da forte pressão extrativista dos europeus sobre nossos recursos naturais.

Entretanto, nesse mesmo ano, já se havia iniciado uma das práticas mais demagógicas utilizadas pelos políticos brasileiros, no que tange à gestão ambiental, comuns até hoje: anunciar a criação de unidades de conservação (parques nacionais, estações ecológicas, reservas biológicas etc.) sem efetivá-las posteriormente, ou seja, sem dar a estrutura para o seu funcionamento, deixando-as apenas "no papel". Assim, pelo Decreto 8.843 de 1891, criava-se a Reserva Florestal do Acre, com 2,8 milhões de hectares, cuja implantação não ocorreu até os nossos dias, passado mais de um século[2]. Era o prenúncio de como seria tratada a questão ambiental em nosso país.

No início de 1945, a expressão "estudos ambientais" começava a ser utilizada por profissionais de ensino na Grã-Bretanha e, quatro anos mais tarde, a temática ambiental passaria a ocupar o *County Sand Almanac*, nos Estados Unidos, com os artigos de Aldo Leopoldo sobre a ética da terra. O trabalho desse biólogo de Yowa é considerado a fonte mais importante do moderno biocentrismo ou ética holística, tornando-o patrono do movimento ambientalista.

A primeira grande catástrofe ambiental – sintoma da inadequação do estilo de vida do ser humano – viria a acontecer em 1952, quando o ar densamente poluído de Londres (*smog*) provocaria a morte de 1.600 pessoas, desencadeando o processo de sensibilização sobre a qualidade ambiental na Inglaterra e culminando com a aprovação da Lei do Ar Puro pelo Parlamento, em 1956. Esse fato desencadeou uma série de discussões em outros países, catalisando o surgimento do ambientalismo nos Estados Unidos a partir de 1960.

Ali ocorreriam reformas no ensino de ciências, em que a temática ambiental começaria a ser abordada, porém de forma reducionista. A promoção da percepção dos efeitos globais, resultantes da ação local das atividades humanas, ainda era incipiente e ficava reduzida a algumas advertências praticadas no meio acadêmico.

A década de 1960 começava, exibindo ao mundo as consequências do modelo de desenvolvimento econômico adotado pelos países ricos, traduzido em níveis crescentes de poluição atmosférica nos grandes centros urbanos – Los Angeles, Nova Iorque, Berlim, Chicago, Tóquio e Londres, principalmente –; em rios envenenados por despejos industriais – Tâmisa, Sena, Danúbio, Mississipi e outros –; em perda da cobertura vegetal da terra, ocasionando erosão, perda da fertilidade do solo, assoreamento dos rios, inundações e pressões crescentes sobre a biodiversidade. Os recursos hídricos,

---

[2] Essa prática ainda é comum. Estimam-se em apenas 5% as unidades de conservação criadas e efetivamente implantadas.

Educação ambiental • princípios e práticas

sustentáculo e derrocada de muitas civilizações, estavam sendo comprometidos a uma velocidade sem precedentes na história humana. A imprensa mundial registrava essa situação em manchetes dramáticas.

Descrevendo minuciosamente esse panorama e enfatizando o descuido e irresponsabilidade com que os setores produtivos espoliavam a natureza, sem nenhum tipo de preocupação com as consequências de suas atividades, a jornalista americana Rachel Carson lançava o seu livro *Primavera silenciosa* (formato de bolso, 1962, 44 edições), que viria a se tornar um clássico na história do movimento ambientalista mundial, desencadeando uma grande inquietação internacional e suscitando discussões nos diversos foros.

Tais inquietações chegariam à ONU, seis anos depois, quando a delegação da Suécia chamaria a atenção da comunidade internacional para a crescente crise do ambiente humano, constituindo a primeira observação oficial, naquele foro, sobre a necessidade de uma abordagem globalizante para a busca de soluções contra o agravamento dos problemas ambientais.

Enquanto os governos não conseguiam definir os caminhos do entendimento, a sociedade civil movimentava-se em todo o mundo. Em março de 1965, durante a Conferência em Educação na Universidade de Keele, Grã-Bretanha, surgia o termo *Environmental Education* (Educação Ambiental).

Na ocasião, foi aceito que a EA deveria se tornar uma parte essencial da educação de todos os cidadãos e seria vista como sendo essencialmente conservação ou ecologia aplicada (*sic*). Nesse mesmo ano, Albert Schwitzer ganharia o Prêmio Nobel da Paz, em reconhecimento ao seu trabalho de popularização da ética ambiental. Em 1969, seria fundada na Inglaterra a "Sociedade para a Educação Ambiental", e a BBC de Londres levaria ao ar o programa *Reith Lectures*, apresentado por Sir Frank Fraser Darling (ecologista), que promoveria debates sobre a questão ambiental, despertando o interesse de artistas, políticos e imprensa, em geral, para a necessidade premente de discussão e decisão sobre aquelas questões. Seria lançado também, nos Estados Unidos, o número 1 do *Jornal da Educação Ambiental*.

O Brasil, na "contramão" da tendência internacional de preocupação com o ambiente, mostrava ao mundo o Projeto Carajás e a Usina Hidrelétrica de Tucuruí, iniciativas de alto potencial de degradação ambiental. Nesse contexto desfavorável, criava-se a "Associação Gaúcha de Proteção ao Ambiente Natural" – Agapan –, precursora de movimentos ambientalistas em nosso país, quando ainda não tínhamos nem mesmo uma legislação ambiental, como a maioria das nações.

O Clube de Roma, criado em 1968 por um grupo de trinta especialistas de diversas áreas (economistas, pedagogos, humanistas, industriais e outros), liderado pelo industrial Arillio Peccei, e que tinha como objetivo promover a discussão da crise atual e futura da humanidade, publica em 1972 o seu relatório *Os limites do crescimento*. Estabelecia modelos globais, baseados nas técnicas pioneiras de análise de sistemas, projetados para predizer como seria o futuro, se não houvesse modificações ou ajustamentos nos modelos de desenvolvimento econômico adotados.

O documento denunciava a busca incessante do crescimento material da sociedade, a qualquer custo, e a meta de se tornar cada vez maior, mais rica e poderosa, sem levar em conta o custo final desse crescimento.

As análises do modelo indicaram que o crescente consumo geral levaria a humanidade a um limite de crescimento, possivelmente a um colapso. Estava iniciada a busca de modelos de análise ambiental global.

Como era de se esperar, a classe política rejeitaria as observações. Apesar disso, o relatório atingira o seu objetivo: alertar a humanidade sobre a questão. Hoje, é um clássico reverenciado na literatura da história do movimento ambientalista mundial.

O ano de 1972 testemunharia os eventos mais decisivos para a evolução da abordagem ambiental no mundo. Impulsionada pela repercussão internacional do Relatório do Clube de Roma, a Organização das Nações Unidas promoveria, de 5 a 16 de junho, na Suécia, a "Conferência da ONU sobre o Ambiente Humano", ou *Conferência de Estocolmo*, como ficaria consagrada, reunindo representantes de 113 países com o objetivo de estabelecer uma visão global e princípios comuns que servissem de inspiração e orientação à humanidade, para a preservação e melhoria do ambiente humano.

Considerada um marco histórico-político internacional, decisivo para o surgimento de políticas de gerenciamento ambiental, a Conferência gerou a "Declaração sobre o Ambiente Humano", estabeleceu um "Plano de Ação Mundial" e, em particular, recomendou que deveria ser estabelecido um Programa Internacional de Educação Ambiental. A Recomendação nº 96 da Conferência reconhecia o desenvolvimento da EA como o elemento crítico para o combate à crise ambiental.

A Conferência de Estocolmo, além de chamar a atenção do mundo para os problemas ambientais, também gerou controvérsias. Os representantes dos países em desenvolvimento acusaram os países industrializados de quererem limitar seus programas de desenvolvimento, usando as políticas ambientais de controle de poluição como um meio de inibir a sua capacidade de competição no mercado internacional. A delegação brasileira chegou a afirmar que o Brasil não se importaria em pagar o preço da degradação ambiental, desde que o resultado fosse o aumento do seu Produto Interno Bruto.

As consequências da Conferência de Estocolmo chegariam ao Brasil acompanhadas das pressões do Banco Mundial e de instituições ambientalistas, que já atuavam no país. Em 1973 a Presidência da República criaria, no âmbito do Ministério do Interior, a Secretaria Especial do Meio Ambiente – Sema –, primeiro organismo brasileiro de ação nacional, orientado para a gestão integrada do ambiente.

Como reflexo da "simpatia" do regime político vigente pela causa ambiental, a Sema iniciava-se com apenas três funcionários. Tinha tudo para não dar certo e reafirmar a expressão de que fora criada para "inglês ver" (traduza-se, Banco Mundial). Entretanto, a abnegação e persistência dos seus membros a tornaram, em pouco tempo, uma instituição reconhecida internacionalmente, a despeito das suas compreensíveis limitações. O professor Paulo Nogueira Neto seria o titular dessa secretaria, de 1973 a 1986, deixando como legado as bases das leis ambientais e estruturas que continuam, muitas delas, até o presente; estabeleceu o programa das Estações Ecológicas (pesquisa e preservação) e ainda conquistas significativas em normatizações. Em termos de EA, porém, a sua ação foi extremamente limitada pelos interesses políticos da época.

Em resposta às recomendações da Conferência de Estocolmo, a Unesco promoveria em Belgrado, ex-Iugoslávia (1975), o Encontro Internacional sobre Educação Ambiental, congregando especialistas de 65 países.

No encontro, foram formulados princípios e orientações para um programa internacional de EA, segundo os quais esta deveria ser contínua, multidisciplinar, integrada às diferenças regionais e voltada para os interesses nacionais. Ficaria acertada a realização de uma conferência intergovernamental, dentro de dois anos, com o objetivo de estabelecer as bases conceituais e metodológicas para o desenvolvimento da Educação Ambiental, em nível mundial.

Outrossim, a discussão sobre as terríveis disparidades entre os países do Norte e do Sul, à luz da crescente perda de qualidade de vida, gerou, nesse encontro, a Carta de Belgrado, na qual se expressava a necessidade do exercício de uma nova ética global que proporcionasse a erradicação da pobreza, da fome, do analfabetismo, da poluição e da dominação e exploração humana.

A carta, um dos documentos mais lúcidos produzidos sobre o tema, na época, preconizava que os recursos do mundo deveriam ser utilizados de um modo que beneficiasse toda a humanidade e proporcionasse a todos a possibilidade de aumento da qualidade de vida. Nesse período, já se configurava a matriz de graves desigualdades que iriam deflagrar um panorama de contrastes cruéis, décadas adiante.

No âmbito dos setores competentes da Educação no Brasil, não se vislumbrava, até então, a mais remota possibilidade de ações de apoio à EA, quer pelo desinteresse que o tema despertava entre os políticos dominantes, quer pela ausência de uma política educacional definida para o país, como reflexo do próprio momento que atravessava.

Percebendo essa situação e sabendo da urgência ditada pela perda de qualidade ambiental, amplamente discutida na comunidade internacional, os órgãos estaduais brasileiros de meio ambiente tomaram a iniciativa de promover a EA no Brasil. Começariam a surgir as parcerias entre as instituições de meio ambiente e as Secretarias de Educação dos Estados.

Ao mesmo tempo, disseminava-se no país o "ecologismo" – deformação de abordagem que circunscrevia a importância da EA à flora e à fauna, à apologia do "verde pelo verde", sem que as nossas mazelas socioeconômicas fossem consideradas nas análises – obliquamente incentivadas por instituições internacionais com sedes nos países ricos.

Por sua vez, o MEC e o Minter, como para reafirmar as suas inoperâncias, firmavam "Protocolos de Intenções", com o objetivo de formalizar trabalhos conjuntos, visando à "inclusão de temas ecológicos" (sic) nos currículos de Ensino Fundamental I e II. Tais "Protocolos de Intenções", "pérolas" refinadas da idiossincrasia tecnocrata vigente, nunca sairiam realmente das intenções e seriam prósperos em fazer a conexão entre o nada e coisa alguma.

Entrementes, por força da pressão dos órgãos ambientais, a disciplina "Ciências Ambientais" passaria a ser obrigatória nos cursos de Engenharia, e diversos cursos voltados à área ambiental seriam criados nas universidades brasileiras; porém, nas inúmeras.faculdades de Educação do país, o assunto era simplesmente ignorado, como continua a sê-lo em sua maioria.

Os órgãos ambientais dos Estados passariam a intensificar suas ações educativas, com destaque para a Companhia de Tecnologia de Saneamento Ambiental de São Paulo (Cetesb), a Fundação Estadual de Engenharia do Meio Ambiente do Rio de Janeiro (Feema), a Superintendência dos Recursos Hídricos e do Meio Ambiente do Estado do Paraná (Surhema), a Companhia Pernambucana de Controle da Poluição Ambiental e Administração de Recursos Hídricos (Cprh) e outros.

Ocorreria, em 1977, o evento mais importante para a evolução da EA no mundo. Havia uma grande confusão sobre o que seria realmente "EA". Defendiam-se conceitos e abordagens bem diferenciados em função das diversas visões, condicionadas aos interesses de cada país ou bloco de países. Os ricos não apoiavam abordagens que pudessem expor as mazelas ambientais socioeconômicas, políticas, ecológicas, culturais e éticas – produzidas pelos seus modelos de "desenvolvimento" econômico, praticados durante décadas e impostos a muitos países pobres.

A situação sinalizava para a necessidade de uma reunião internacional, na qual se resolvesse esse impasse, já previsto no "Encontro de Belgrado", em 1975.

Assim, realizar-se-ia de 14 a 26 de outubro de 1975, em Tbilisi, na Geórgia (ex-União Soviética), a Primeira Conferência Intergovernamental sobre Educação Ambiental, organizada pela Unesco, em colaboração com o Pnuma. Foi um prolongamento da Conferência das Nações Unidas sobre o Ambiente Humano (Estocolmo, 1972), cujas implicações haviam de precisar, em matéria de EA. A Conferência de Tbilisi – como ficou consagrada – foi o ponto culminante da Primeira Fase do Programa Internacional de Educação Ambiental, iniciado em 1975, em Belgrado.

Educação ambiental • princípios e práticas

A Conferência reuniu especialistas de todo o mundo para apreciar e discutir propostas elaboradas em vários encontros sub-regionais, promovidos em todos os países acreditados na ONU, e contribuiu para precisar a natureza da EA, definindo seus princípios, objetivos e características, formulando recomendações e estratégias pertinentes aos planos regional, nacional e internacional.

Lançou a conferência, ainda, um chamamento aos Estados-membros, para que incluíssem, em suas políticas de educação, medidas que visassem à incorporação dos conteúdos, diretrizes e atividades ambientais nos seus sistemas e convidou as autoridades de educação a intensificarem seus trabalhos de reflexão, pesquisa e inovação com respeito à EA.

Também solicitou a colaboração, mediante o intercâmbio de experiências, pesquisas, documentos e materiais, bem como a colocação dos serviços de formação à disposição dos docentes e dos especialistas de outros países. Exortou a comunidade internacional a ajudar a fortalecer essa colaboração, em uma esfera de atividades que simbolizasse a necessária solidariedade entre todos os povos.

Para o desenvolvimento da EA, foi recomendado que se considerassem todos os aspectos que compõem a questão ambiental, ou seja, os aspectos políticos, sociais, econômicos, científicos, tecnológicos, culturais, ecológicos e éticos; que a EA deveria ser o resultado de uma reorientação e articulação de diversas disciplinas e experiências educativas, que facilitassem a visão integrada do ambiente; que os indivíduos e a coletividade pudessem compreender a natureza complexa do ambiente e adquirir os conhecimentos, os valores, os comportamentos e as habilidades práticas para participar eficazmente da prevenção e solução dos problemas ambientais; que se mostrassem, com toda clareza, as interdependências econômicas, políticas e ecológicas do mundo moderno, no qual as decisões e os comportamentos dos diversos países poderiam produzir consequências de alcance internacional; que suscitasse uma vinculação mais estreita entre os processos educativos e a realidade, estruturando suas atividades em torno dos problemas concretos que se impõem à comunidade e enfocando-as através de uma perspectiva interdisciplinar e globalizadora; que fosse concebida como um processo contínuo, dirigido a todos os grupos de idade e categorias profissionais.

Assim, a EA teria como finalidade promover a compreensão da existência e da importância da interdependência econômica, política, social e ecológica da sociedade; proporcionar a todas as pessoas a possibilidade de adquirir conhecimentos, o sentido dos valores, o interesse ativo e as atitudes necessárias para proteger e melhorar a qualidade ambiental; induzir novas formas de conduta nos indivíduos, nos grupos sociais e na sociedade em seu conjunto, tornando-a apta a agir em busca de alternativas de soluções para os seus problemas ambientais, como forma de elevação da sua qualidade de vida.

Dessa forma, a EA acabara de estabelecer um conjunto de elementos que seriam capazes de compor um processo através do qual o ser humano pudesse perceber, de forma nítida, reflexiva e crítica, os mecanismos sociais, políticos e econômicos que estavam estabelecendo uma nova dinâmica global, preparando-os para o exercício pleno, responsável e consciente dos seus direitos de cidadão, por meio dos diversos canais de participação comunitária, em busca da melhoria de sua qualidade de vida e, em última análise, da qualidade da experiência humana.

Estavam lançadas as grandes linhas de orientação para o desenvolvimento da EA no mundo. Caberia a cada país, dentro das suas características e particularidades, especificar as linhas nacionais, regionais e locais, através dos seus sistemas educacionais e ambientais.

De forma surpreendente, porém, como se desconhecesse a existência da Conferência de Tbilisi, o MEC publicaria, no ano seguinte, o documento *Ecologia – uma proposta para o ensino de 1º e 2º graus*. Tal proposta representava um retrocesso grotesco, dada a abordagem reducionista apresentada, na qual a EA ficaria acondicionada nos pacotes das ciências biológicas, como queriam os países industrializados, sem que se considerassem os demais aspectos da questão ambiental (sociais, culturais, econômicos, éticos, políticos etc.), comprometendo o potencial analítico e reflexivo dos seus contextos – desde o local até o global –, bem como o seu potencial catalítico-indutor de ações.

O documento causaria um misto de insatisfação, frustração e escândalo nos meios ambientalistas e educacionais brasileiros, já envolvidos com a EA, uma vez que as premissas de Tbilisi continham os elementos considerados essenciais e adequados ao desenvolvimento contextualizado das atividades de EA, nos países considerados subdesenvolvidos ou em desenvolvimento, e estavam sendo oficialmente desconsideradas. Se apenas os aspectos biológicos/ecológicos estavam sendo enfatizados, a quem interessaria essa abordagem?

Em 31 de agosto de 1981, em pleno regime militar, o então presidente da República João Figueiredo sancionava a Lei 6.938, que dispunha sobre a Política Nacional do Meio Ambiente, seus fins e mecanismos de formação e aplicação. Constituiu-se num importante instrumento de amadurecimento, implantação e consolidação da política ambiental no Brasil. A partir daí, os esforços para o desenvolvimento da EA no país seriam impulsionados, e os boicotes passariam a ser mais notáveis.

A Coordenadoria de Comunicação Social e Educação Ambiental da Sema, em 1985, publicaria um documento ("Educação Ambiental", Brasília, junho de 1985) no qual reconhecia que, após quase dez anos de criação daquele órgão, a Educação Ambiental seria a área básica de atuação da Sema que menos teria se desenvolvido.

Acrescentava, ainda, que as diversas iniciativas de atividades de EA, desenvolvidas no âmbito dos órgãos estaduais e setoriais de meio ambiente, eram dispersas e heterogêneas, o que impedia uma avaliação de sua eficácia. Atribuía isso à ausência de conceituação (*sic*) e de políticas e diretrizes unificadoras dessas iniciativas. Considerando-se que as premissas de Tbilisi foram formuladas em 1977, o que então foi feito nesses oito anos

Educação ambiental • princípios e práticas

que se seguiram à Conferência? Atribuiu-se a ineficácia das iniciativas à ausência de conceituação e de políticas (de conceituação, não; de políticas, sim). Na verdade, nem a Sema nem o MEC, por razões diversas, conseguiram difundir sistematicamente as orientações básicas para o desenvolvimento da EA no Brasil, muito menos promover discussões e aprofundamentos epistemológicos e estabelecer as tais políticas. Foi um caso curioso de autofagia tecnocrata.

Esse mesmo documento reunia as propostas apresentadas pela Sema aos órgãos ambientais dos Estados, durante reunião realizada em Recife (de 27 de julho a 8 de agosto de 1984) e a histórica proposta de Resolução para o Conselho Nacional do Meio Ambiente (Conama), estabelecendo as diretrizes para a EA no país e definindo-a como "o processo de formação e informação social, orientado para o desenvolvimento da consciência crítica sobre a problemática ambiental; de habilidades necessárias à solução de problemas ambientais; de atitudes que levem à participação das comunidades na preservação do equilíbrio ambiental" (p. 8 e 9). Não seria de admirar que tal resolução fosse boicotada. Afinal, as premissas de consciência crítica e participação das comunidades não eram exatamente as mais desejadas para os interesses políticos da época. Assim, tão logo a proposta foi apresentada ao Conama, pediram-se "vistas" do processo, e a apreciação da proposta foi retirada de pauta, nunca mais voltando ao plenário.

Boicotes por um lado, tentativas de estabelecimento do processo de desenvolvimento da EA por outro: num esforço conjunto da Sema, Fundação Universidade de Brasília, CNPq, Capes e Pnuma, seria realizado, na Universidade de Brasília, o "1º Curso de Especialização em Educação Ambiental", com o objetivo de formar recursos humanos para a implantação de programas, no Brasil.

O curso seria oferecido também em 1987 e 1988, quando seria extinto, após fortes boicotes oriundos das mais diversas fontes, principalmente políticas, devidamente mascaradas por supostas dificuldades financeiras. Em parte, os objetivos dos cursos foram atingidos, uma vez que prepararam grupos de profissionais que exerceriam papéis importantes nos seus Estados de origem e que formaram a massa crítica da EA do país, com notável ação multiplicadora.

Transcorridos dez anos desde a Conferência de Thilisi, o que o país havia produzido em EA devia-se, em sua maior parte, à atuação dos órgãos ambientais e à iniciativa de alguns centros acadêmicos abnegados. O processo não fora estabelecido, e o que dependeu do MEC não foi executado. Perdido em incontáveis e sucessivas substituições dos seus titulares, embargados pela rotina de toneladas de papéis, em seus enfadonhos corredores, o MEC tinha mais ministros que anos de fundação. Faltava-lhe agilidade, percepção e fluidez, embalsamados pela intenção política de mantê-lo assim, como estratégia medonha e eficaz de perpetuação de acesso a privilégios, de evitar o processo educacional renovador e promotor de mudanças sociais, políticas e econômicas, absolutamente necessárias à nação e ao seu povo. Se não tínhamos uma política educacional para o Brasil, imaginem uma política para a EA!

Dessa forma, não seria novidade que a abordagem "ecológica" se espalhasse pelas escolas. Afinal, os professores não tinham recebido nenhuma informação sobre a natureza da EA, e esta era confundida com Ecologia.

Conforme ficara acordado em Tbilisi, realizar-se-ia, em Moscou (de 17 a 21 de agosto de 1987), o Congresso Internacional sobre Educação e Formação Ambiental, promovido pela Unesco, em colaboração com o Pnuma, com o objetivo de analisar as conquistas e dificuldades encontradas pelos países no desenvolvimento da EA e estabelecer os elementos para uma estratégia internacional de ação para a década de 1990.

Fora solicitado que cada país elaborasse um relatório, descrevendo os sucessos e insucessos obtidos no processo de implantação da EA. Esse documento, a cargo da Sema e do MEC, não foi apresentado em Moscou, pois não houve acordo entre as partes.

Com a aproximação do Congresso de Moscou e sem que se vislumbrasse a possibilidade de entendimento entre aquelas instituições, o Conselho Federal de Educação aprovaria o Parecer 226/87, que considerava necessária a inclusão da EA dentre os conteúdos a serem explorados nas propostas curriculares das escolas de ensino fundamental e médio. Seria o primeiro documento oficial do MEC a tratar do assunto sob a abordagem recomendada em Tbilisi. Mesmo reconhecendo a importância desse ato, a comunidade ambientalista não aceitaria as razões pelas quais o MEC demoraria uma década para reconhecer a Conferência de Tbilisi.

De qualquer forma, esse parecer não ajudou a demover o tácito propósito de nada levar a Moscou.

O vexame que o Brasil passara no Congresso de Moscou teria fortes repercussões internacionais e chegaria até o Banco Mundial e a outros organismos internacionais da área ambiental de alto potencial de pressão política.

A essa altura, o mundo convulsionava-se em crises sucessivas das mais diversas ordens: Chernobyl, Bophal, Three Miles Island, aumento do efeito estufa causando mudança climática, diminuição da camada de ozônio e frustrações de safras agrícolas, aceleração dos processos de desmatamento, queimadas, erosão e desertificação, crescimento populacional, diminuição do estoque pesqueiro mundial, poluição dos mares, do solo, do ar, surgimento e recrudescimento de pragas, surtos de doenças tropicais, perda de biodiversidade, aids e agravamento generalizado do quadro de pobreza internacional, acompanhados de atos terroristas, revoluções e fome.

Em termos ambientais globais, muito do que os especialistas preconizavam para acontecer a partir de 2020 já estava frequentando as manchetes da mídia em todo o mundo, impulsionado pelas exacerbações dos fenômenos meteorológicos. As instituições apressavam-se em assinaturas de acordos, como estratégia para a construção de regimes internacionais setoriais ("Protocolo de Montreal" sobre a proteção da

Educação ambiental • princípios e práticas

camada de ozônio, dando seguimento à Convenção de Viena – 1985 –, que viria a ser aperfeiçoado na Emenda de Londres, em 1990). O êxito dessas iniciativas, segundo Viola (1995), se daria devido à rápida formação de consenso na comunidade científica e à eficiência da comunicação extra-acadêmica, aliada à capacidade de pesquisa das corporações produtoras de CFC.

Em 1988, as associações ambientalistas europeias divulgavam, na Itália, um documento que apontava as pressões para o pagamento da dívida externa, contraída pelos países subdesenvolvidos, como responsáveis por transformações drásticas na economia, na sociedade e no ambiente dos devedores.

Na verdade, o sistema financeiro internacional havia devorado as perspectivas de desenvolvimento das nações endividadas e promovera um distanciamento cruel entre as classes sociais. Dessa forma, foram sendo estabelecidos ambientes socialmente insustentáveis, com uma contínua e crescente perda de estabilidade política e de qualidade de vida. Até então, essas constatações não estavam levando preocupações consistentes sobre as consequências de ações locais para a biosfera, como um todo, em grande parte das sociedades mais ricas. A ameaça dos sistemas que asseguravam a vida no planeta não extrapolava da *eco-histeria* para o cotidiano das pessoas, instaladas em suas confortáveis casas, bem equipadas e com farto sortimento e quantidade de alimentos à disposição, sempre renováveis.

Nesse mesmo ano, por força das articulações dos ambientalistas, a Constituição brasileira, então promulgada, trazia um capítulo sobre o ambiente e muitos artigos afins e, em especial, sobre o papel do Poder Público em "promover a EA em todos os níveis de ensino e a conscientização pública para a preservação do meio ambiente" (Capítulo VI, Artigo 255, parágrafo 1, item VI). Esse artigo e outros concernentes a aspectos específicos dos vários instrumentos de gestão ambiental eram constantemente modificados, durante o processo da constituinte. Muitas vezes uma vírgula ou troca de palavras comprometia a sua eficácia. Essas manobras eram executadas por dezenas de políticos, que queriam ver afastada da carta constitucional a consideração das questões referentes ao ambiente. Eram os fiéis representantes de grupos nacionais e transnacionais, acostumados a utilizar os recursos naturais sem nenhuma responsabilidade e que viam, nesses dispositivos constitucionais, a diminuição dos seus lucros.

Felizmente, alguns parlamentares, sensibilizados, liderados pelo deputado Federal Fábio Feldmann, conseguiram consolidar, na Constituição, um anseio claro da sociedade brasileira.

Em 1989, seguindo as recomendações nascidas e articuladas no Programa Nossa Natureza, criar-se-ia o Instituto Brasileiro do Meio Ambiente e dos Recursos Naturais Renováveis – Ibama – com a finalidade de formular, coordenar e executar a política nacional do meio ambiente. Competia-lhe a preservação, a conservação, o fomento e o controle dos recursos naturais renováveis, em todo o território federal, proteger bancos genéticos da flora e da fauna brasileiras e estimular a EA nas suas diferentes formas. Formou-se pela fusão de quatro órgãos que, direta ou indiretamente, estavam relacionados com a temática ambiental (Sema, IBDF, Sudepe e Sudhevea). Dessas instituições, apenas a Sema tinha recursos humanos capacitados em gestão ambiental, porém o seu quadro era muito reduzido, em termos proporcionais. O IBDF, reconhecido na época como "escritório dos madeireiros", sede de incríveis falcatruas, salvava-se pelos profissionais ligados à área de conservação. A Sudepe preocupava-se com os peixes e a Sudhevea, com a borracha.

Um dos grandes erros cometidos, após a criação do Ibama, foi o não investimento em capacitação e formação profissional de seus servidores, conforme recomendado pela Comissão Interministerial, criada para propor a sua estrutura. O outro seria em relação à EA e significou a quase inoperância desse órgão, em relação a essa área.

Na época, ficou entendido que a EA, pelas suas próprias características e pelas peculiaridades do Ibama, não poderia ficar restrita a uma "caixinha", circunscrita num espaço físico definido, limitado. Deveria constituir-se numa espécie de coordenadoria, dotada de alta permeabilidade e plasticidade, capaz de integrar todas as diretorias da instituição, assegurando a sua presença em todos os campos de atuação.

Por um mesquinho jogo de interesses políticos que forçava, dentre outras coisas, a criação de cargos comissionados, a estrutura do Ibama foi sendo fragmentada de diretoria para departamentos, destes para divisões e, nestas, as gerências, desfigurando a sua fluidez e formatando um organograma extremamente denso, propício ao estabelecimento do lento, antiquado, retrógrado e ineficiente reino da burocracia purulenta.

Dessa forma, a EA terminaria sendo colocada numa divisão, consolidando a falta de compromisso com as questões ambientais. O que esperar de uma divisão, sem autonomia, em relação ao gigantesco trabalho de resgate da institucionalização das ações de EA, em todo o país?

As iniciativas de ações em EA continuavam a ser esporádicas, sem a menor participação e apoio das instituições encarregadas da sua promoção. Um exemplo seria o curso de Ecologia, promovido pelo programa Universidade Aberta, mantido pela Fundação Demócrito Rocha, em convênio com quinze universidades nordestinas e diversas outras instituições de pesquisa e difusão tecnológica. O curso levava informações, na forma de encartes, em treze jornais brasileiros e através de programas de rádio.

Após um certo período, o programa foi suspenso por absoluta falta de apoio e interesse dos diversos setores do governo brasileiro, inclusive do Ibama e do MEC, o que não seria novidade. A despeito de o curso receber a denominação de "Ecologia", trazia uma abordagem holística, integradora e analisava as nossas mazelas ambientais sob diferentes aspectos, oferecendo às pessoas uma reflexão política, social, econômica, cultural, ecológica e ética das principais questões ambientais que nos afligiam e que continuam, até hoje, muitas delas agravadas e acompanhadas de outras novas.

Banido da Universidade de Brasília pelos políticos, o curso de Especialização em EA, promovido pela Pnuma, CNPq, Capes e Ibama (substituindo a Sema) encontraria abrigo na Universidade Federal de Mato Grosso, em Cuiabá. O curso seria oferecido quatro vezes, até esbarrar nos mesmos entraves de Brasília e ser extinto. Enquanto pôde, o curso operacionalizou um exercício interdisciplinar de análise das questões ligadas à introdução da dimensão ambiental, no processo de desenvolvimento, sob uma visão crítica, referenciando o desenvolvimento autossustentável e a elevação da qualidade de vida, sob uma ótica analítica local, regional, nacional e global. Formou especialistas que, hoje, detêm atuação importante nos diversos setores da gestão ambiental no Brasil.

Em 1991, passados quatorze anos da Conferência de Tbilisi, as premissas básicas da EA, corroboradas pela Conferência de Moscou, em 1987, ainda não tinham chegado à sociedade brasileira. O decantado Protocolo de Intenções entre os setores ambientais e educacionais não tinha ido além das celebrações festivas e de um amontoado de processos esquecidos nas gavetas da burocracia, alimentados pelas intermináveis trocas de chefias, secretários e ministros, ou seja, pela descontinuidade administrativa.

Diante de tal deficiência, um grupo de pessoas do MEC e do Ibama elaborou uma proposta de divulgação/informação das premissas básicas da EA, dirigida a professores de ensino fundamental, na forma de um encarte que seria veiculado pela revista *Nova Escola*, contendo ainda um questionário do tipo resposta-postagem paga. O documento seria criticado durante nove meses dentro do Ibama, sem que nenhuma linha fosse escrita nas folhas do processo como sugestão dos "especialistas" (exceto a sugestão do procurador-geral do Ibama, inclusive incorporada ao documento).

O então Presidente da República Fernando Collor de Melo, num dos seus raros momentos de lucidez, irritado com a lentidão do MEC e da sua Secretaria do Meio Ambiente, ordenara a imediata publicação do material. Assim, de um momento para outro, publicar-se-ia o documento, rotulado de *Projeto de Informações sobre Educação Ambiental*. Foram distribuídos 140 mil encartes em todo o país e, em pouco tempo, os questionários preenchidos começavam a chegar à divisão de EA, revelando dados impressionantes. Dentre estes, o de que 85% dos professores assinalavam que aquele era *o primeiro material que recebiam sobre o assunto*. A carência de informações básicas sobre EA era absoluta.

Após sucessivas e frustradas tentativas, o documento seria o primeiro produto conjunto MEC-Ibama. Entretanto, os seus autores sofreriam as consequências da iniciativa e seriam afastados de suas funções nos seus respectivos órgãos.

No final de 1989, o MEC criaria o Grupo de Trabalho para a EA, que seria coordenado pela professora Neli Aparecida de Melo. A partir daí, uma série de iniciativas teria lugar principalmente após a Conferência das Nações Unidas sobre o Desenvolvimento e o Meio Ambiente, realizada no Rio de Janeiro (Rio-92), com a participação de representantes de 170 países.

Elementos da história da Educação Ambiental (EA)

O Ibama criaria, no âmbito das suas Superintendências Estaduais, os NEAs – Núcleos de Educação Ambiental –, através dos quais, apesar dos parcos recursos, iniciaria uma série de eventos nos Estados. Em Curitiba, a Universidade Livre do Meio Ambiente firmava-se como polo difusor de divulgação de conhecimentos através dos seus diversos programas de capacitação em várias áreas da gestão ambiental, notadamente na área de ambientes urbanos e EA.

A Rio-92, em termos de EA, corroboraria as premissas de Tbilisi e Moscou, e acrescentaria a necessidade de concentração de esforços para a erradicação do analfabetismo ambiental e para as atividades de capacitação de recursos humanos para a área.

Visando à concretização das recomendações aprovadas nessa conferência, o MEC instituíra um Grupo de Trabalho em caráter permanente (Portaria 773 de 10/5/93), para também coordenar, apoiar, acompanhar, avaliar e orientar as ações, metas e estratégias para a implantação da EA nos sistemas de ensino, em todos os níveis e modalidades. Esse Grupo de Trabalho conseguiu promover em todas as regiões do país encontros com as Secretarias de Educação dos Estados e Municípios para planejamentos conjuntos, mas foi prejudicado pela deficiência de informações sobre o assunto, da parte dos participantes, na maioria dos encontros promovidos. A despeito dessas dificuldades, o grupo conseguiu realizar, em dois anos, o que o MEC não fora capaz, desde a Conferência de Tbilisi, em 1977.

No governo Fernando Henrique Cardoso, as atividades do Grupo de Trabalho foram drasticamente reduzidas. No Ibama, o andamento dos programas ambientais continuava sendo prejudicado pelas contínuas pressões e ameaças de desestabilização, via reformas estruturais da instituição, tentadas com frequência, acrescentado aos conhecidos cortes orçamentários que reduziram a sua capacidade de atuação à mera condição de sobrevivente. A instituição já sofrera os entraves da descontinuidade administrativa, causada pela troca constante de seus titulares (o Ibama, em menos de três anos de criação, teve *oito* presidentes) e agora sofria claras investidas para o seu desmonte, disfarçado em "descentralização".

A prática demagógica permaneceria incólume, imutável e previsível. Cada novo ministro anunciava a "prioridade" da EA, como instrumento valioso de gestão ambiental; entretanto destinava apenas 0,03% para a área (em 1999/2000, chegaria a 0,0%). O discurso e a prática nunca andaram tão afastados.

Diante de tantos desmandos, não seria de admirar a espantosa carência de especialistas em EA no Brasil, pela absoluta falta de oportunidades de capacitação (vários brasileiros foram fazer especialização fora do país, muitas vezes em locais cuja abordagem não nos interessaria, por serem reducionistas e atenderem a interesses dos países que ofereciam os cursos, em geral pertencentes ao grupo dos sete). Só no Sistema Nacional do Meio Ambiente – Sisnama – há uma reconhecida demanda mínima de 2 mil especialistas. No entanto, as oportunidades de capacitação continuam restritas a alguns cursos oferecidos por universidades – Santa Catarina, São Paulo, Rio Grande do Sul e Distrito Federal, principalmente –, mas sem fazerem parte de um esforço sistemático governamental.

Por outro lado, na maioria das dezenas de "encontros" sobre EA realizados no país, tem-se praticado uma visão das possibilidades, atreladas a teias complexas nas quais o professor não teria autoridade para circular. Deixa-se a impressão de algo inatingível que requer preparações elucubratórias, devaneios epistemológicos, dialógicos e outros, fora das possibilidades dos mortais, devidamente emoldurados em vaidosas eloquências de que nada se extrai. Algo assim ocorreu na última grande conferência sobre EA, promovida pela Unesco e que gerou a Declaração de Thessaloniki (Grécia, 1997). Repetições e apelos dramáticos.

Discute-se o "sexo dos anjos" e deixam-se de lado discussões absolutamente importantes para a contextualização e o ordenamento de metas e estratégias para a área.

Em 1994, o então Ministério da Educação e do Desporto (MEC) e o Ministério do Meio Ambiente, dos Recursos Hídricos e da Amazônia Legal (MMA), com a interveniência do Ministério da Ciência e Tecnologia (MCT) e o Ministério da Cultura (MinC), formularam o Programa Nacional de Educação Ambiental (Pronea), cujos esforços culminaram com a assinatura pela Presidência da República da *Política Nacional de Educação Ambiental* (Lei 9.795 de 27/4/99), regulamentada pelo Decreto 4.281 de 25 de janeiro de 2002.

A partir daí, tem-se os instrumentos necessários para impor um ritmo mais intenso ao desenvolvimento do processo de EA, no Brasil. As prospetivas são animadoras. A julgar pelas importantes decisões da Coordenação de Educação Ambiental do MEC, do Ministério do Meio Ambiente e do Ibama, adicionadas às iniciativas dos governos estaduais e municipais, das ONGs, empresas e universidades, a EA viverá, em pouco tempo, um período fértil, a despeito das dificuldades variadas.

1.4 Política, EA e globalização

Com o advento da revolução dos transportes e, por último, das informações – muito além do que preconizaram para a "aldeia global" –, as relações entre os seres humanos sofreram alterações profundas, dentro de um espaço de tempo histórico muito curto.

Essa velocidade de eventos, a bordo do processo multidimensional da globalização, produziu e precipitou uma das mais graves preocupações para os cientistas da área ecológico-ambiental, referente à capacidade de suporte da terra e à viabilidade biológica da espécie humana: o número crescente de indivíduos que passam a ocupar o mesmo nicho, dentro da biosfera, ou seja, cada vez mais pessoas adotam os mesmos padrões de consumo, em todo o mundo, exercendo pressões crescentes sobre uma

Elementos da história da Educação Ambiental (EA)

mesma categoria de recursos finitos ou cuja velocidade de regeneração não está sendo observada.

As teorias ecológicas ditam que o resultado das interações dessa natureza normalmente se traduz em aumento da competição, estresse, migração ou extinção. Mesmo sabendo da plasticidade que possui o ser humano pela sua natureza *eucultura*, e, consequentemente, pelo seu potencial de respostas, os seus requerimentos para a sobrevivência terminam sendo os mesmos da maior parte dos seres vivos.

Esse processo não poderia continuar sem que graves consequências começassem a eclodir, em maior ou menor grau, em todas as partes da terra onde os seres humanos habitam. A situação global presente aproxima o indivíduo humano do indivíduo de espécies sob estresse ecossistêmico.

Outra preocupação é a crescente perda de diversidade cultural, como efeito colateral da globalização, e que encontra explicação nas entranhas de suas próprias características – diluição dos limites entre o nacional e o internacional; passagem do nacional ao transnacional; encurtamento das distâncias; nova natureza da relação micromacrossocial e outras (Viola, 1995).

Este autor vai além da dimensão *econômica* para caracterizar o processo de globalização e apresenta onze dimensões. Uma delas, a *dimensão comunicacional-cultural*, estaria intrinsecamente relacionada com o desencadeamento desse processo: a disseminação de conteúdos, modos de vida e formas de lazer, originariamente americanos. A mídia mundial, americanizada, projeta a sua cultura para o mundo todo e desperta nas pessoas o desejo de "ter" aquilo e "ser" assim, sem que as suas condições econômicas, sociais, políticas, culturais e até ecológicas permitam.

Reúnem-se, aí, os elementos para a formação de estados de insatisfação, frustração, estresse e violência e a reprodução de uma característica da modernidade (que é a mesma característica de espécies sob estresse ecossistêmico): *todos contra todos*.

Essa forma de pensar e agir, que passou a orientar a conduta das pessoas na maioria dos países com alto poder de pressão de consumo sobre os recursos naturais, não tardaria a causar estresses cumulativos em todo o planeta. Os diversos processos de EA desenvolvidos em todo o mundo terminaram promovendo a sensibilização das pessoas a respeito da questão, mas continuariam incipientes quanto às reais possibilidades de configurar prospectivas menos sombrias.

Isso viria desencadear, segundo Porter e Brown (1991), a emergência dessa área de questões na política internacional, traduzida em esforços para a negociação de acordos multilaterais de cooperação para a proteção do ambiente natural e seus recursos, buscando constituir Regimes Ambientais Globais.

Como nenhuma outra área do conhecimento humano, as questões ambientais vieram suscitar nas sociedades, pelas consequências do metabolismo de suas atividades econômicas sobre os sistemas naturais, a discussão das "influências de vizinhança",

Educação ambiental • princípios e práticas

a avaliação suprafronteiriça das suas atitudes, decisões e procedimentos e a mudança de paradigmas – do paradigma *social* (uso infinito dos recursos; ambiente associal) para o novo paradigma do *desenvolvimento sustentável*.

Neste momento, a EA deverá desempenhar o importante e fundamental papel de promover e estimular a *aderência* das pessoas e da sociedade, como um todo, a esse novo paradigma. Aliás, este não seria o papel apenas da EA, mas da *Educação*, como um todo.

Segundo Kennedy (1993), as forças das mudanças que ocorrerão em breve no mundo serão tão complexas, profundas e interativas que exigirão a *reeducação da humanidade*. Essas observações já eram feitas por pensadores sociais – de Wells a Toynbee – ao acentuarem que a sociedade mundial estaria empenhada numa corrida entre a educação e a catástrofe. Este autor acrescenta que qualquer tentativa geral de preparar a sociedade mundial para o século XXI deverá considerar o papel da educação, o papel da mulher e a necessidade de liderança política.

Nessa relação, acrescentaria ainda a participação de diferentes atores como os organismos internacionais, as empresas, os sindicatos e as organizações não governamentais – ONGs. Estas últimas constituem uma forma de poder sem controle social, interlocutores privilegiados do Estado e, em última análise, uma forma de a sociedade demonstrar que a democracia caminha para a caducidade (devemos evoluir da democracia para a *meritocracia*). Essas novas relações entre os referidos atores estão sendo dinamizadas pelo vetor globalização, para configurações *transnacionais*.

Essa configuração nos permite testemunhar a regressão do Estado, a expansão do mercado e da terceirização, por meio de processos progressivos, em que as empresas estão indo mais rápido que os Estados, e se constrói, gradativamente, a *governabilidade global*.

A EA deverá ser capaz de catalisar o desencadeamento de ações que permitam preparar os indivíduos e a sociedade para o paradigma do desenvolvimento sustentável, modelo estrategicamente adequado para responder aos desafios dessa nova clivagem mundial.

Reconhecemos que estamos imersos numa era de imprevisibilidade, em meio a uma transição muito turbulenta, e precisamos estar preparados para o que vai ocorrer nos próximos anos. Reconhecemos que estamos diante de um sistema cada vez mais limitado para responder aos anseios das sociedades, e que vivenciamos as diversas crises humanas – ambientais, sociais, econômicas... – que são meros sintomas de uma crise mais profunda, cujas raízes se encontram na perda e aquisição de novos valores humanos e na carência de ética. Porém, reconhecemos também a plasticidade da natureza humana, que, na sua exuberância, permite ao ser humano encontrar respostas. Temos inscrita no nosso patrimônio genético a orientação para a sobrevivência, para a evolução. Nessa escalada de busca de redirecionamento da conduta humana, de *reeducação da sociedade humana*, em busca do resgate de valores e criação de outros, elege-se a ideia-força policêmica do *desenvolvimento humano sustentável* como transformadora dessa sociedade, que já produz no mundo corporativo uma nova clivagem de maior impacto do que as revoluções sangrentas e dramáticas da história humana, na Terra. Estamos passando do mundo euclidiano, cartesiano, para uma nova construção: a complexidade sistêmica.

Esse novo paradigma, operacionalizado em atividades de EA, deverá catalisar a formação de novos valores e promover a percepção do ser humano em várias direções, incluindo a percepção do custo da recuperação ambiental e dos seus valores estéticos, além dos de sobrevivência. Deverá utilizar as diversas vias de integração globalizadora, promovendo as possibilidades evolutivas da espécie.

1.5 Análise sistêmica do contexto socioambiental

Os modelos de "desenvolvimento" vigentes, impostos pelos sete países mais ricos por meio de diversos processos e instituições, como o Sistema Financeiro Internacional, o FMI, o Banco Mundial e outros, e das suas influências nos sistemas *políticos*, de *educação* e *informação*, em quase todo o mundo, legaram-nos uma situação socioambiental insustentável, como foi concluído na Rio-92.

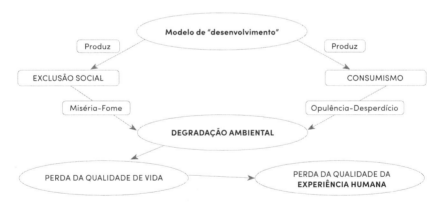

Figura 1

Tal MDE se fundamenta no *lucro*, a qualquer custo, e este está atrelado à lógica do *aumento da produção* (em que os recursos naturais são utilizados sem nenhum critério; em que o ambiente é visto como um grande supermercado gratuito, com reposição infinita de estoque; em que se privatiza o benefício e se despreza e socializa o custo).

Essa produção crescente precisa ser *consumida*. O consumo é estimulado pela mídia – especialista em criar "necessidades desnecessárias"–, tornando as pessoas amarguradas ao desejarem ardentemente algo que não podem comprar, sem perceber que viviam muito bem sem aquele objeto de consumo.

O binômio produção-consumo termina gerando uma *maior pressão sobre os recursos naturais* (consumo de matéria-prima, água, energia elétrica, combustíveis fósseis, desflorestamentos etc.), causando *mais degradação ambiental.*

Essa degradação reflete-se na perda da qualidade de vida, por condições inadequadas de moradia, poluição em todas as suas expressões, destruição de hábitats naturais e intervenções desastrosas nos mecanismos que sustentam a vida na Terra.

Muitas vezes, para recuperar o que se degradou, tomam-se empréstimos ao mesmo Sistema Financeiro Internacional que lucrou com a degradação desse ambiente e, agora, lucra novamente ao emprestar dinheiro a juros extorsivos, aumentando a nossa dívida externa, comprometendo as nossas finanças, o nosso orçamento interno e o nosso futuro. É óbvio que esse sistema é *não sustentável,* e os sintomas dessa insustentabilidade preenchem as manchetes da mídia, diariamente, traduzidos em graves e profundas crises socioambientais, econômicas e políticas, em todo o mundo. Observe o modelo sistêmico seguinte:

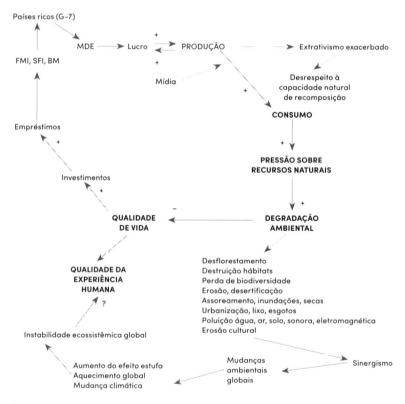

Figura 2

Para sair dessa situação, a promoção do *Desenvolvimento de Sociedades Saudáveis* salta da utopia para assumir o papel de estratégia para a sobrevivência da espécie humana, e a EA passa a representar um importante componente dessa estratégia, em busca de um novo paradigma, de um novo estilo de vida, tão bem expresso por Mikhail Gorbachev, por ocasião do Encontro Rio+5, realizado no Rio de Janeiro em julho de 1997: "O maior desafio, tanto da nossa época como do próximo século, é salvar o planeta da destruição. Isso vai exigir uma mudança nos próprios fundamentos da civilização moderna – o relacionamento dos seres humanos com a natureza".

A discussão dessa questão não é nova. Ela já se fazia presente no início do movimento ambientalista mundial e, mais intensamente, nos primeiros documentos da EA, conforme veremos a seguir.

1.6 Evolução dos conceitos de EA

A evolução dos conceitos de EA esteve diretamente relacionada à evolução do conceito de *meio ambiente* e ao modo como este era percebido. O conceito de meio ambiente, reduzido exclusivamente a seus aspectos naturais, não permitia apreciar as interdependências nem a contribuição das ciências sociais e outras à compreensão e melhoria do ambiente humano.

Para Stapp *et al.* (1969), a EA era definida como um processo que deveria objetivar a formação de cidadãos, cujos conhecimentos acerca do ambiente biofísico e seus problemas associados pudessem alertá-los e habilitá-los a resolver seus problemas.

A IUCN – Internacional Union for the Conservation of Nature (1970) – definiu EA como um processo de reconhecimento de valores e clarificação de conceitos, voltado para o desenvolvimento de habilidades e atitudes necessárias à compreensão e apreciação das inter-relações entre o homem, sua cultura e seu entorno biofísico.

Mellows (1972) apresentava a EA como um processo no qual deveria ocorrer um desenvolvimento progressivo de um senso de preocupação com o meio ambiente, baseado em um completo e sensível entendimento das relações do homem com o ambiente à sua volta.

Na Conferência de Tbilisi (1977), a EA foi definida como uma dimensão dada ao conteúdo e à prática da educação, voltada para a resolução de problemas concretos do meio ambiente, através de um enfoque interdisciplinar e de uma participação ativa e responsável de cada indivíduo e da coletividade.

O Conama – Conselho Nacional do Meio Ambiente (1996) – definiu a EA como um processo de formação e informação, orientado para o desenvolvimento da consciência crítica sobre as questões ambientais e de atividades que levem à participação das comunidades na preservação do equilíbrio ambiental.

Educação ambiental • princípios e práticas

Em 1988/1989, o Programa Nossa Natureza definiu a EA como o conjunto de ações educativas voltadas para a compreensão da dinâmica dos ecossistemas, considerados os efeitos da relação do homem com o meio, a determinação social e a evolução histórica dessa relação (*sic*).

Em 1989, em uma publicação Unep/Unesco, Meadows apresenta uma sequência de definições sobre EA, entre as quais destacamos:

▶ É a aprendizagem de como gerenciar e melhorar as relações entre a sociedade humana e o ambiente, de modo integrado e sustentável.

▶ A preparação de pessoas para sua vida, como membros da biosfera.

▶ Significa aprender a empregar novas tecnologias, aumentar a produtividade, evitar desastres ambientais, minorar os danos existentes, conhecer e utilizar novas oportunidades e tomar decisões acertadas.

▶ O aprendizado para compreender, apreciar, saber lidar e manter os sistemas ambientais na sua totalidade.

▶ Significa aprender a ver o quadro global que cerca um dado problema – sua história, seus valores, percepções, fatores econômicos e tecnológicos, e os processos naturais ou artificiais que o causam e que sugerem ações para saná-lo.

Nos subsídios técnicos, elaborados pela Comissão Interministerial para a preparação da Rio-92, a EA se caracterizava por incorporar a dimensão socioeconômica, política, cultural e histórica, não podendo basear-se em pautas rígidas e de aplicação universal, devendo considerar as condições e o estágio (*sic*) de cada país, região e comunidade, sob uma perspectiva holística. Assim sendo, a EA deve permitir a compreensão da natureza complexa do meio ambiente e interpretar a interdependência entre os diversos elementos que conformam o ambiente, com vistas a utilizar racionalmente os recursos do meio, na satisfação material e *espiritual* (CA) da sociedade, no presente e no futuro.

Para fazê-lo, a EA deve capacitar ao pleno exercício da cidadania, através da formação de uma base conceitual abrangente, técnica e culturalmente capaz de permitir a superação dos obstáculos à utilização sustentada do meio. O direito à informação e o acesso às tecnologias capazes de viabilizar o desenvolvimento sustentável constituem, assim, um dos pilares desse processo de formação de uma nova consciência em nível planetário, sem perder a ótica local, regional e nacional. O desafio da EA, nesse particular, é o de criar as bases para a compreensão holística da realidade.

O Tratado de EA para Sociedades Sustentáveis e Responsabilidade Global (1992) reconhece a EA como um processo de aprendizagem permanente, baseado no respeito a todas as formas de vida.

Em 1997, por ocasião da Conferência Internacional sobre Meio Ambiente e Sociedade: Educação e Conscientização Pública para a Sustentabilidade (Unesco, Tessalônica, Grécia), definiu-se, como um meio de trazer mudanças em comportamentos e estilos de vida, para disseminar conhecimentos e desenvolver habilidades na preparação do público, para suportar mudanças rumo à sustentabilidade oriundas de outros setores da sociedade.

Para Minini (2000), a EA é um processo que consiste em propiciar às pessoas uma compreensão crítica e global do ambiente, para elucidar valores e desenvolver atitudes que lhes permitam adotar uma posição consciente e participativa, a respeito das questões relacionadas com a conservação e adequada utilização dos recursos naturais, para a melhoria da qualidade de vida e a eliminação da pobreza extrema e do consumismo desenfreado.

Essas definições se completam. Acredito que a EA seja um processo por meio do qual as pessoas apreendam como funciona o ambiente, como dependemos dele, como o afetamos e como promovemos a sua sustentabilidade.

Qual a SUA definição de EA?

No fundo, o que a EA pretende é:

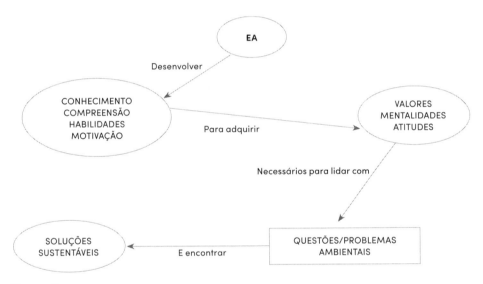

Figura 3

A EA precisa ser uma forma de promover a sensibilidade da pessoa, de modo a ampliar a sua percepção, levá-la a reconhecer, ter gratidão e reverência pela vida e, com isso, identificar quais seus comportamentos, hábitos, atitudes e decisões precisam mudar. E assim buscar formas mais harmonizadoras de viver.

2 Os grandes eventos sobre EA

Seguindo a recomendação 96 da Conferência de Estocolmo, que atribuiu grande importância estratégica à EA, dentro dos esforços de busca da melhoria da qualidade ambiental, foram realizados diversos encontros nacionais, regionais e internacionais, dentre os quais se destacam:

2.1 A Conferência de Belgrado

Realizou-se em Belgrado, ex-Iugoslávia, em 1975, promovido pela Unesco, o *Encontro de Belgrado*. Ali foram formulados os princípios e as orientações para o Programa Internacional de Educação Ambiental – PIEA (IEEP).

Ao final do encontro foi elaborada a *Carta de Belgrado*, que iria se constituir num dos documentos mais lúcidos sobre a questão ambiental na época.

A Carta de Belgrado (trechos)

Nossa geração tem testemunhado um crescimento econômico e um progresso tecnológico sem precedentes, os quais, ao tempo em que trouxeram benefícios para muitas pessoas, produziram também sérias consequências ambientais e sociais. As desigualdades entre pobres e ricos, nos países e entre países, estão crescendo, e há evidências de crescente deterioração do ambiente físico, numa escala mundial. Essas condições, embora primariamente causadas por um número relativamente pequeno de países, afetam toda a humanidade. (1)

A recente declaração das Nações Unidas para uma Nova Ordem Econômica Internacional atenta para um novo conceito de desenvolvimento – o que leva em conta a satisfação das necessidades e desejos de todos os cidadãos da Terra, do pluralismo de sociedades e do balanço e harmonia entre humanidade e meio ambiente. O que se busca é a erradicação das causas básicas da pobreza, da fome, do analfabetismo, da poluição, da exploração e dominação.

Não é mais aceitável lidar com esses problemas cruciais de uma forma fragmentada. (2)

É absolutamente vital que os cidadãos de todo o mundo insistam a favor de medidas que darão suporte ao tipo de crescimento econômico que não traga repercussões prejudiciais às pessoas; que não diminuam, de nenhuma maneira, as condições de vida e de qualidade do meio ambiente. É necessário encontrar meios de assegurar que nenhuma nação cresça ou se desenvolva à custa de outra nação, e que nenhum indivíduo aumente o seu consumo à custa da diminuição do consumo dos outros.

Os recursos do mundo deveriam ser utilizados de um modo que beneficiasse toda a humanidade e proporcionasse a todos a possibilidade de aumento de qualidade de vida. (3)

Nós necessitamos de uma nova ética global – uma ética que promova atitudes e comportamentos para os indivíduos e sociedades, que sejam consonantes com o lugar da humanidade dentro da biosfera; que reconheça e responda, com sensibilidade, às complexas e dinâmicas relações entre a humanidade e a natureza e entre os povos. Mudanças significativas devem ocorrer em todas as nações do mundo, para assegurar o tipo de desenvolvimento racional que será orientado por essa nova ideia global – mudanças que serão direcionadas para uma distribuição equitativa dos recursos da Terra, e atender mais às necessidades dos povos. (4)

Esse novo tipo de desenvolvimento também deverá requerer a redução máxima dos efeitos danosos ao meio ambiente, a reutilização de materiais e a concepção de tecnologias que permitam que tais objetivos sejam alcançados. Acima de tudo, deverá assegurar a paz através da coexistência e cooperação entre as nações com diferentes sistemas sociais.

Essas novas abordagens para o desenvolvimento e melhoria do meio ambiente exigem reordenações das prioridades regionais e nacionais. As políticas de maximização de crescimento econômico, que não consideram suas consequências na sociedade e nos recursos disponíveis para a melhoria da qualidade de vida, precisam ser questionadas.

Antes que essas mudanças sejam atingidas, milhões de indivíduos deverão ajustar as suas próprias prioridades e assumir uma ética global individualizada, refletindo, no seu comportamento, o compromisso para a melhoria da qualidade do meio ambiente e da vida de todas as pessoas. (5)

A reforma dos processos e sistemas educacionais é central para a constatação dessa nova ética de desenvolvimento e ordem econômica mundial.

Governantes e planejadores podem ordenar mudanças e novas abordagens de desenvolvimento que possam melhorar as condições do mundo, mas tudo isso não se constituirá em soluções de curto prazo se a juventude não receber um novo tipo de educação. Isso vai requerer um novo e produtivo relacionamento entre estudantes e professores, entre a escola e a comunidade, entre o sistema educacional e a sociedade. (6)

É dentro desse contexto que devem ser lançadas as fundações para um programa mundial de EA, que possa tornar possível o desenvolvimento de novos conhecimentos e habilidades, valores e atitudes, visando à melhoria da qualidade ambiental e, efetivamente, à elevação da qualidade de vida para as gerações presentes e futuras. (7)

Comentários

(1) Os sete países mais ricos (Grupo dos 7: EUA, Japão, Alemanha, Inglaterra, Canadá, França e Itália, sem ainda incluir a Rússia) eram responsáveis (e continuam sendo) pelo consumo de 80% dos recursos naturais da Terra e por 80% de toda a poluição despejada no planeta.

(2) A própria formação acadêmica fragmentada (estrutura dos departamentos nas universidades, por exemplo) contribuía para uma visão isolada dos fenômenos, destituída, portanto, da visão do *todo* (visão holística), perdendo-se, de forma perigosa, a noção das inter-relações.

(3) Falava-se aqui o que adiante seria tratado como *Desenvolvimento Sustentável.*

(4) Aldo Leopoldo, em 1949, já falava da necessidade de estabelecermos uma "Ética" nas nossas relações com a natureza. O seu trabalho viria a gerar a "Carta da Terra", durante a Rio-92.

(5) Aqui se faz um chamamento para as responsabilidades individuais, isto é, ao final do dia *você*, como indivíduo, deverá ter dado uma resposta, uma contribuição efetiva para esse novo estilo de vida. Trata-se de uma questão de *responsabilidade*, também. Atualmente, cita-se muito o termo *responsabilidade ambiental.*

(6) A Carta reconhece a inadequação do sistema educacional vigente que, pela sua natureza fragmentária, isolada da realidade, impede a visão holística, não permitindo, em consequência, compreender o impacto que uma sociedade gera sobre as demais e sobre o ambiente global.

(7) A sentença "gerações presentes e futuras" passaria a ser muito citada no meio ambientalista, dada a necessidade de criticar/combater o modelo de comportamento egoísta, então vigente (mudou?) quando as sociedades agiam como se fossem as últimas a viver ali, sem nenhuma preocupação com os seus descendentes.

2.2 A Primeira Conferência Intergovernamental sobre EA (Tbilisi, 1977)

A *Primeira Conferência Intergovernamental sobre Educação Ambiental* (Conferência de Tbilisi) foi realizada em Tbilisi, capital da Geórgia, CEI (ex-URSS), de 14 a 26 de outubro de 1977, organizada pela Unesco, em cooperação com o Pnuma, e constituiu-se num marco histórico para a evolução da EA.

Até o presente, a Conferência de Tbilisi é a referência internacional para o desenvolvimento de atividades de EA.

Neste livro, dentro do seu objetivo de subsidiar as pessoas envolvidas em EA, apresentamos um resumo das partes mais significativas do "livro azul", como ficou conhecida a publicação da Unesco *La Educación Ambiental: las Grandes Orientaciones de la Conferencia de Tbilisi* (1980), que, sem dúvida, ainda representa uma importante fonte de consultas para ações em EA.

Declaração da Conferência Intergovernamental de Tbilisi sobre EA

Segundo esse documento, nos últimos decênios, o homem, utilizando o poder de transformar o meio ambiente, modificou rapidamente o equilíbrio da natureza. Como resultado, as espécies ficaram frequentemente expostas a perigos que poderiam ser irreversíveis.

Como se proclamou na Declaração da Conferência das Nações Unidas sobre o Meio Ambiente Humano, celebrada em 1972 em Estocolmo, a defesa e a melhoria do meio ambiente para as gerações presentes e futuras constituem um objetivo urgente da humanidade. Para que se chegue a isso, deverão ser adotadas novas estratégias, incorporando-as ao desenvolvimento, o que representa, especialmente nos países em desenvolvimento, o requisito prévio de todo avanço nessa direção. A solidariedade e a equidade nas relações entre as nações devem constituir a base da nova ordem internacional e contribuir para a reunião, o mais cedo possível, de todos os recursos existentes.

Mediante a utilização dos avanços da ciência e da tecnologia, a educação deve desempenhar uma função capital com vistas a criar a consciência e a melhor compreensão dos problemas que afetam o meio ambiente. Essa educação há de fomentar a elaboração de comportamentos positivos de conduta com respeito ao meio ambiente e à utilização dos seus recursos pelas nações.

A EA deve dirigir-se a pessoas de todas as idades, a todos os níveis, na educação formal e não formal. Os meios de comunicação social têm a grande responsabilidade de pôr seus enormes recursos a serviço dessa missão educativa.

Os especialistas em questões sobre o meio ambiente, assim como aqueles cujas ações e decisões podem repercutir de maneira perceptível no meio ambiente, deverão receber ao longo de sua formação os conhecimentos necessários e adquirir plenamente o sentido de suas responsabilidades a esse respeito.

A EA, devidamente entendida, deveria constituir uma educação permanente, geral, que reaja às mudanças que se produzem em um mundo em rápida evolução. Essa educação deveria preparar o indivíduo, mediante a compreensão dos principais problemas do mundo contemporâneo, proporcionando-lhe conhecimentos técnicos e qualidades necessárias para desempenhar uma função produtiva, com vistas a melhorar a vida e proteger o meio ambiente, prestando a devida atenção aos valores éticos.

Ao adotar um enfoque global, sustentado em uma ampla base interdisciplinar, a EA cria uma perspectiva dentro da qual se reconhece a existência de uma profunda interdependência entre o meio natural e o meio artificial, demonstrando a continuidade dos vínculos dos atos do presente com as consequências do futuro, bem como a interdependência entre as comunidades nacionais e a solidariedade necessária entre os povos.

Orienta-se que a EA deveria dirigir-se à comunidade. Deveria interessar ao indivíduo em um processo ativo para resolver os problemas no contexto de realidades específicas e deveria fomentar a iniciativa, o sentido de responsabilidade e o empenho em edificar um futuro melhor.

Por sua própria natureza, a EA pode contribuir poderosamente para renovar o processo educativo.

Assim, para alcançar seus objetivos, a EA exige a realização de certas atividades específicas para preencher lacunas, que, apesar de notáveis tentativas efetuadas, seguem existindo no nosso sistema de ensino.

Em consequência, a Conferência reunida em Tbilisi:

a. Dirige um chamamento aos Estados-membros para que incluam em suas políticas de educação medidas que visem à incorporação de conteúdos, diretrizes e atividades ambientais a seus sistemas.

b. Convida as autoridades de educação a intensificar seus trabalhos de reflexão, pesquisa e inovação com respeito à EA.

c. Solicita aos Estados-membros a colaboração mediante o intercâmbio de experiências, pesquisas, documentação e materiais, e a colocação dos serviços de formação à disposição do pessoal docente e dos especialistas de outros países.

d. Solicita à comunidade internacional que ajude a fortalecer essa colaboração, em uma esfera de atividade que simbolize a necessária solidariedade de todos os povos, e que possa ser considerada como particularmente alentadora para promover a compreensão internacional e a causa da paz.

Educação ambiental • princípios e práticas

Recomendações da Conferência de Tbilisi

(Tbilisi, CEI, de 14 a 26 de outubro de 1977)

Recomendação nº 1

A Conferência, considerando os problemas que o meio ambiente impõe à sociedade contemporânea e levando em conta o papel que a educação pode e deve desempenhar para a compreensão de tais problemas, recomenda a adoção de alguns critérios que poderão contribuir na orientação dos esforços para o desenvolvimento ambiental, em âmbito regional, nacional e internacional:

a. Ainda que seja óbvio que os aspectos biológicos e físicos constituem a base natural do meio humano, as dimensões socioculturais e econômicas e os valores éticos definem, por sua parte, as orientações e os instrumentos com os quais o homem poderá compreender e utilizar melhor os recursos da natureza com o objetivo de satisfazer as suas necessidades.

b. A EA é o resultado de uma reorientação e articulação de diversas disciplinas e experiências educativas que facilitam a percepção integrada do meio ambiente, tornando possível uma ação mais racional e capaz de responder às necessidades sociais.

c. Um objetivo fundamental da EA é lograr que os indivíduos e a coletividade compreendam a natureza complexa do meio ambiente natural e do meio criado pelo homem, resultante da integração de seus aspectos biológicos, físicos, sociais, econômicos e culturais, e adquiram os conhecimentos, os valores, os comportamentos e as habilidades práticas para participar responsável e eficazmente da prevenção e solução dos problemas ambientais, e da gestão da questão da qualidade do meio ambiente.

d. O propósito fundamental da EA é também mostrar, com toda clareza, as interdependências econômicas, políticas e ecológicas do mundo moderno, no qual as decisões e comportamento dos diversos países podem ter consequências de alcance internacional. Nesse sentido, a EA deveria contribuir para o desenvolvimento de um espírito de responsabilidade e de solidariedade entre os países e as regiões, como fundamento de uma nova ordem internacional que garanta a conservação e a melhoria do meio ambiente.

e. Uma atenção particular deverá ser dada à compreensão das relações complexas entre o desenvolvimento socioeconômico e a melhoria do meio ambiente.

f. Com esse propósito, cabe à EA dar os conhecimentos necessários para interpretar os fenômenos complexos que configuram o meio ambiente; fomentar os valores

Os grandes eventos sobre EA

éticos, econômicos e estéticos que constituem a base de uma autodisciplina, que favoreçam o desenvolvimento de comportamentos compatíveis com a preservação e melhoria desse meio ambiente, assim como uma ampla gama de habilidades práticas necessárias à concepção e aplicação de soluções eficazes aos problemas ambientais.

g. Para a realização de tais funções, a EA deveria suscitar uma vinculação mais estreita entre os processos educativos e a realidade, estruturando suas atividades em torno dos problemas concretos que se impõem à comunidade; e enfocar a análise de tais problemas, através de uma perspectiva interdisciplinar e globalizadora, que permita uma compreensão adequada dos problemas ambientais.

h. A EA deve ser concebida como um processo contínuo e que propicie aos seus beneficiários – graças a uma renovação permanente de suas orientações, métodos e conteúdos – um saber sempre adaptado às condições variáveis do meio ambiente.

i. A EA deve dirigir-se a todos os grupos de idade e categorias profissionais:

> ▶ ao público em geral, não especializado, composto por jovens e adultos cujos comportamentos cotidianos têm uma influência decisiva na preservação e melhoria do meio ambiente;

> ▶ aos grupos sociais específicos cujas atividades profissionais incidem sobre a qualidade desse meio;

> ▶ aos técnicos e cientistas cujas pesquisas e práticas especializadas constituirão a base de conhecimentos sobre os quais deve sustentar-se uma educação, uma formação e uma gestão eficaz, relativa ao ambiente.

j. O desenvolvimento eficaz da EA exige o pleno aproveitamento de todos os meios públicos e privados que a sociedade dispõe para a educação da população: sistema de educação formal, diferentes modalidades de educação extraescolar e os meios de comunicação de massa.

k. A ação da EA deve vincular-se à legislação, às políticas, às medidas de controle e às decisões que o governo adote em relação ao meio ambiente.

Recomendação nº 2

Reconhecendo que a EA deveria contribuir para consolidar a paz, desenvolver a compreensão mútua entre os Estados e constituir um verdadeiro instrumento de solidariedade internacional e de eliminação de todas as formas de discriminação racial, política e econômica.

Observando que o conceito de meio ambiente abarca uma série de elementos naturais, criados pelo homem, e sociais, da existência humana, e que os elementos sociais constituem um conjunto de valores culturais, morais e individuais, assim como de relações interpessoais na esfera do trabalho e das atividades de tempo livre.

Considerando que todas as pessoas deveriam gozar do direito à EA, a Conferência de Tbilisi decidiu serem as seguintes as finalidades, os objetivos e os princípios básicos da EA:

Finalidades da EA

1. *Promover a compreensão da existência e da importância da interdependência econômica, social, política e ecológica.*

   Comentário do Autor: Não se pode compreender uma questão ambiental sem as suas dimensões políticas, econômicas e sociais. Analisar a questão ambiental apenas do ponto de vista "ecológico" seria praticar um *reducionismo* perigoso, no qual as nossas mazelas sociais (corrupção, incompetência gerencial, concentração de renda, injustiça social, desemprego, falta de moradias e de escolas para todos, menores abandonados, fome, miséria, violência e outras) não apareceriam. Essas mazelas, por sua vez, são criadas pelo *modelo de desenvolvimento econômico* adotado, que visa, apenas, à exploração imediata, contínua e progressiva dos recursos naturais (e das pessoas), cujo lucro do uso predatório vai para as mãos de uma pequena parcela da sociedade. Assim, privatizam-se os benefícios (lucros) e socializam-se (distribuem-se) os custos (todo o tipo de degradação ambiental). A *decisão política* está por trás de tudo. A EA deverá fomentar processos de participação comunitária que possam, efetivamente, interferir no processo político.

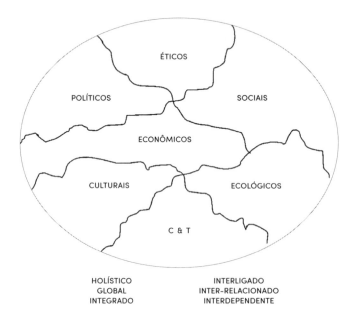

Figura 4

2. *Proporcionar a todas as pessoas a possibilidade de adquirir os conhecimentos, o sentido dos valores, o interesse ativo e as atitudes necessárias para protegerem e melhorarem o meio ambiente.*

CA: A EA deve chegar a todas as pessoas, onde elas estiverem – dentro e fora das escolas, nas associações comunitárias, religiosas, culturais, esportivas, profissionais etc. Ela deve ir aonde estão as pessoas reunidas. Os *conhecimentos* devem tratar das suas realidades sociais, econômicas, políticas, culturais e ecológicas. A EA deverá informar sobre a legislação ambiental, sobre os mecanismos de participação comunitária, a fim de que, organizados, possam fazer valer os seus direitos constitucionais de cidadãos, de ter um ambiente ecologicamente equilibrado e, consequentemente, uma boa qualidade de vida. A EA deverá promover o resgate e a criação de novos valores, compatíveis com o novo paradigma do desenvolvimento sustentável.

3. *Induzir novas formas de conduta, nos indivíduos e na sociedade, a respeito do meio ambiente.*

CA: Não se aceita mais a desculpa do "não sabia" para as absurdas agressões ao ambiente. A questão ambiental está globalizada, sendo uma de suas dimensões mais poderosas, em termos de potencial de mudanças (Viola, 1996).

Hoje, trata-se de uma questão de *responsabilidade individual e coletiva*. Ao final do dia, ao deitarmos, devemos ter feito alguma coisa em prol da melhoria e manutenção da qualidade ambiental. Devem estar, dentro das nossas decisões e atitudes daquele dia que acabou, atos verdadeiros de cooperação/contribuição à causa ambiental, ou seja, ao final de cada dia, devemos ter cumprido a nossa parcela de responsabilidade, independentemente da postura dos outros (que precisa ser modificada).

A frase "induzir novas formas de conduta" foi interpretada pelos "donos" do Brasil, como "coisa de subversivo". Afinal, essa abordagem de EA não interessou aos países ricos, uma vez que sentiram feridos os seus interesses, na América Latina principalmente, e logo trataram de boicotá-la. Em nosso país esse boicote foi executado pelo MEC, que passou a tratar a EA como "Ecologia", apenas, de forma deliberada, conforme se pode perceber pelos seus documentos de orientações da época.

Já tínhamos um currículo e um conteúdo programático absolutamente inócuo, inútil, medíocre e afastado da nossa realidade – como queriam os países ricos, para que a nossa Educação fosse a do *dominado* – e, agora, teríamos uma EA absolutamente alinhada a essa inutilidade.

Categorias de objetivos da EA

1. Consciência:... ajudar os indivíduos e grupos sociais a sensibilizarem-se e a adquirirem consciência do meio ambiente global e suas questões.
2. Conhecimento:... a adquirirem diversidade de experiências e compreensão fundamental sobre o meio ambiente e seus problemas.
3. Comportamento:... a comprometerem-se com uma série de valores, e a sentirem interesse pelo meio ambiente, e participarem da proteção e melhoria do meio ambiente.
4. Habilidades:... adquirirem as habilidades necessárias para identificar e resolver problemas ambientais.
5. Participação:... proporcionar a possibilidade de participarem ativamente das tarefas que têm por objetivo resolver os problemas ambientais.

CA: Esses objetivos estão interligados e pode-se começar por qualquer um, pois todos podem levar a todos. O Diagrama de Cooper integra esses elementos:

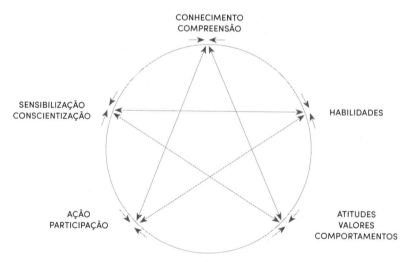

Figura 5

A ideia é que, por exemplo, se executamos uma dada atividade de EA, cujo objetivo seja oferecer conhecimentos, esse conhecimento adquirido possa levar o indivíduo ou grupo a desenvolver uma dada habilidade. A aquisição dessa habilidade pode sensibilizá-lo e levá-lo a participar de alguma iniciativa. Essa participação traz novos conhecimentos e desenvolve novas habilidades... Enfim, tudo leva a tudo, num sistema em que todos têm sucesso.

É bom enfatizar que os objetivos de um programa ou projeto de EA devem *sempre* estar em sintonia com as diferentes realidades sociais, econômicas, políticas, culturais e ecológicas de uma região ou localidade.

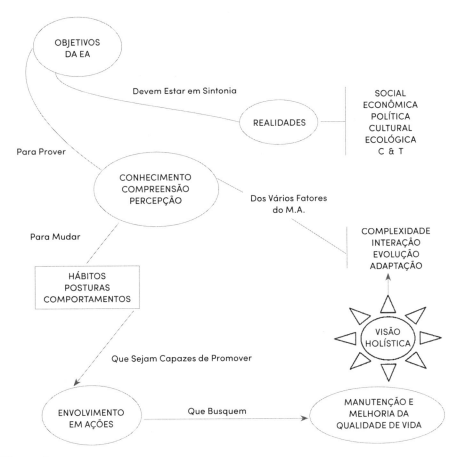

Figura 6

Princípios básicos da EA

1. *Considerar o meio ambiente em sua totalidade, isto é, em seus aspectos naturais e criados pelo homem (político, social, econômico, científico-tecnológico, histórico--cultural, moral e estético).*

CA: Até a "Conferência de Estocolmo", o ambiente era visto como formado pela fauna e pela flora, mais os aspectos abióticos (temperatura, pH, salinidade, radiação solar, solo etc.). A partir dali, essa concepção mudou. O ambiente passou a ser definido como formado pelos aspectos biótico + abióticos + a cultura do ser humano (sua tecnologia, artefatos, construções, artes, ciências, religiões, valores estéticos e morais, ética, política, economia etc.). Esse princípio colocava a EA numa abordagem *holística*, ou seja, uma abordagem integral, do todo, considerando todos os aspectos da vida. Para se compreender a complexidade da questão ambiental, seria necessário compreender a complexidade do próprio ambiente, das suas interdependências ecológicas, políticas, econômicas, sociais etc.

2. *Constituir um processo contínuo e permanente, através de todas as fases do ensino formal e não formal.*

CA: O ensino formal é o que ocorre dentro do sistema escolar; o não formal, obviamente, fora das escolas. A EA deve estar presente em todas as etapas, inclusive começando *em casa*, mesmo antes do pré-escolar. A EA deve chegar às empresas por meio de programas específicos. Na escola, molda-se uma nova mentalidade a respeito das relações ser humano/ambiente. Nas empresas, também; porém, acrescenta-se a possibilidade de interferir na tomada de decisões profissionais que possam interferir positiva ou negativamente na qualidade ambiental.

A incorporação da dimensão ambiental no ensino formal (programas) deve incluir uma revisão dos conteúdos programáticos. Segue-se a incorporação de conteúdos representativos da região (os PCNs são um excelente referencial), considerando as características, problemas e desafios regionais.

Essa fase é executada por uma equipe multidisciplinar (sem esquecer a importante participação dos professores de artes e de educação física, normalmente e injustamente relegados).

Busca-se, em seguida, o tratamento dos temas de forma transversal, ou seja, reunindo ações de diferentes disciplinas, em torno de um tema. É um caminho para o início de práticas interdisciplinares, adiante.

Definem-se os objetivos educacionais e inicia-se a produção de recursos instrucionais, que vão depender da natureza das ações previstas. O passo seguinte é capacitar a escola (não apenas os professores). A escola, em seguida, desenvolverá os seus projetos, em função das suas diferentes realidades. Aqui, muitas vezes, são desenvolvidos novos recursos instrucionais, mais aprofundados em relação às realidades locais.

Os professores devem ser incentivados a produzir o seu próprio material. Eles são os conhecedores mais efetivos da sua realidade (e não os escritores de livros didáticos, produzidos no eixo Rio-São Paulo). Aquele material mimeografado pode e deve evoluir para a publicação de suas coletâneas (por que não?).

Inclusão da Dimensão Ambiental nos Programas de Educação
Vertente: socioambiental, reconstrutivista

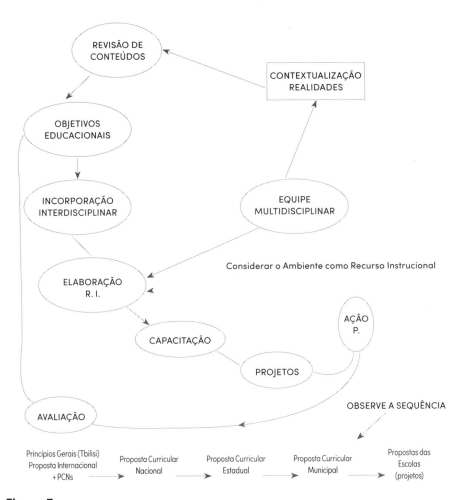

Figura 7

A EA não formal pressupõe um caminho diferente. Recomenda-se a elaboração do perfil ambiental da comunidade ou instituição para a qual será planejado, executado e avaliado um projeto ou programa de EA. O perfil ambiental, sob uma abordagem da ecologia humana, fornece subsídios importantes para um planejamento seguro, mais próximo das carências reais. Além dos aspectos sociais, econômicos, culturais e outros, deve traçar o mapa político local (quem é quem, quais as lideranças comunitárias expressivas) e sua teia de interações, influências e hierarquias. O perfil ambiental termina revelando as prioridades da comunidade, e estas a determinação dos objetivos. Nomeiam-se as estratégias e elabora-se o programa (formado por diversos projetos, se for o caso). Os métodos e as técnicas são nomeados em seguida, quando se elegem também os recursos instrucionais que serão necessários para o empreendimento das ações previstas.

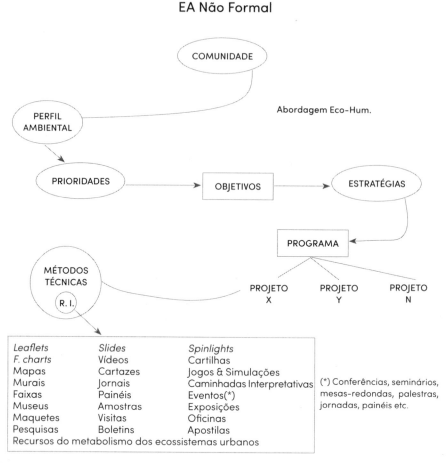

Figura 8

O chamado "triângulo da Ecologia Humana" observa que as condições sociais afetam o ambiente natural e vice-versa. A uma pessoa que passa fome, fica difícil falar "não mate essa capivara, pense na preservação dessa espécie!". As suas condições sociais adversas a empurram a isso (sem contar a variável cultural).

A pessoa que mora em um ambiente natural desfavorável (regiões áridas, por exemplo) é afetada em sua vida social (aqui, subentende-se socioambiental, incluindo os componentes econômicos e outros). Por sua vez, o modelo de "desenvolvimento" econômico (MDE) afeta a ambos.

Esses dois componentes formam a qualidade da experiência humana da pessoa ou do seu grupo social. Muitas vezes, há uma perda sensível dessa qualidade, mas, ocorrendo lentamente, é absorvida como natural e aí não se processa a percepção, o processo disparador de reações. O papel da EA é justamente estimular, promover a percepção para que as pessoas acordem, ajam e com isso busquem melhorar (ou manter) a sua qualidade de vida e, em consequência, a qualidade da sua experiência humana (que justifica, em última instância, a sua vida na Terra. Viver deve ser uma experiência boa. A Terra oferece todas as condições para que o seja. O ser humano, com sua teia de processos e valores, tem tornado isso inviável, em muitos casos).

EA & Ecologia Humana

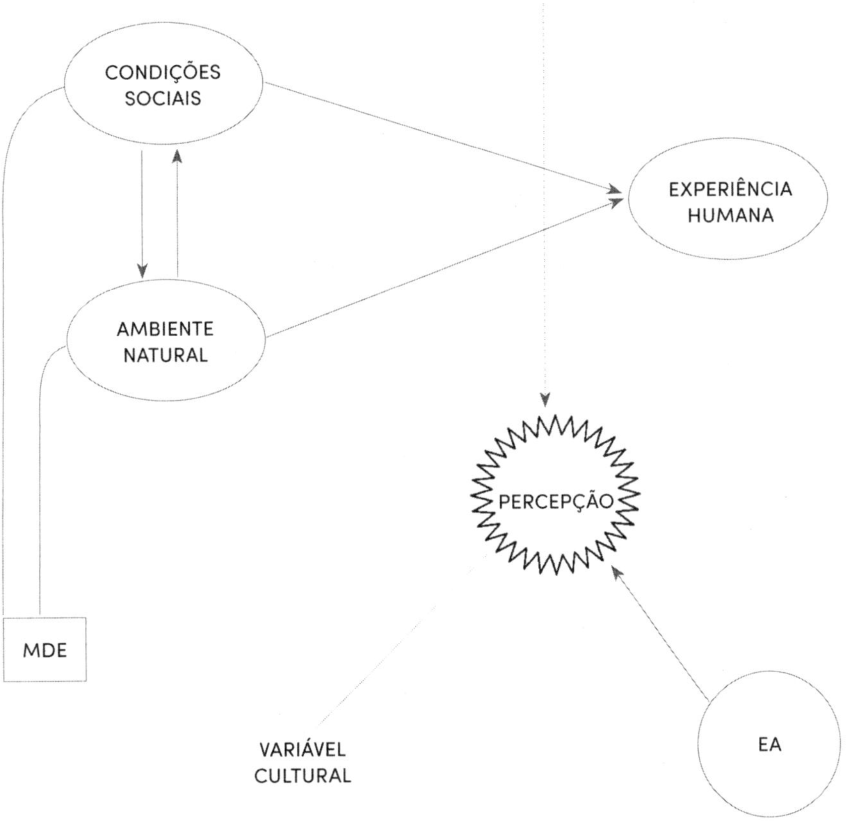

Figura 9

3. *Aplicar um enfoque interdisciplinar, aproveitando o conteúdo específico de cada disciplina, de modo que se adquira uma perspectiva global e equilibrada.*

CA: Pela própria natureza complexa do ambiente, dadas suas múltiplas interações de fundo ecológico, político, social, econômico, ético, cultural, científico e tecnológico, não se poderia tratar do assunto em uma única disciplina. Que professor teria essa fantástica capacidade? Que tipo de formação deveria receber? Impossível! Logo, a EA deve estar presente em *todas* as disciplinas. Se criássemos uma disciplina, esta logo fomentaria uma visão estreita da realidade. Os Parâmetros Curriculares Nacionais trazem uma importante contribuição para essa tarefa, por meio da transversalidade dos temas.

O enfoque interdisciplinar preconiza a ação conjunta das diversas disciplinas em torno de temas específicos. Assim, torna-se imperativa a cooperação/interação entre todas as disciplinas. Ultimamente, têm sido muito grandes as contribuições por parte das *artes*, dado o seu grande potencial de trabalhar com *sensibilização*, elemento essencial para comunicar-se efetivamente. Antes, a EA ficava restrita à área de Ciências ou Biologia, o que foi um erro. Precisamos praticar a EA de modo que ela possa oferecer uma perspectiva global da realidade e não uma perspectiva científica e biológica apenas. São importantes os aspectos sociais, históricos, geográficos, matemáticos, de línguas, da expressão corporal, da filosofia etc.

4. *Examinar as principais questões ambientais, do ponto de vista local, regional, nacional e internacional, de modo que os educandos se identifiquem com as condições ambientais de outras regiões geográficas.*

CA: Infelizmente, temos uma "indústria" de livros didáticos no Brasil, centralizados no eixo Rio-São Paulo, produzindo materiais para todo o Brasil. Como consequência, raramente os professores de uma dada região dispõem de materiais didáticos que se refiram, especificamente, à sua região. Assim, as características e os problemas ambientais locais (realidades locais) são desconsiderados/desconhecidos.

É muito comum, nas escolas do Brasil, o livro didático constituir-se no único recurso instrucional. Cria-se, aqui, um absurdo: o objetivo educacional passa a ser a utilização do livro, seguindo-se os objetivos do livro! (quando deveria ser o contrário: primeiro, em função das nossas realidades, definimos os nossos objetivos educacionais; depois, vamos elaborar os recursos instrucionais, inclusive livros, para que tais objetivos possam ser alcançados).

Há de se favorecer a produção local. Um bom exemplo são as *Lições Curitibanas*, um livro que reúne, de forma interdisciplinar, informações relevantes da sua realidade local, produzido por professores da rede municipal de educação do município de Curitiba, Paraná.

De nada adianta ficar falando de efeito estufa, camada de ozônio, matança das baleias, destruição da Amazônia, entre outros assuntos, se a realidade local não for considerada. Ali está a chance imediata de fazer valer os direitos de cidadania, em busca da melhoria da qualidade de vida. Ali, no seu local, o indivíduo ou o grupo poderá avaliar a competência de quem é responsável pelo gerenciamento dos recursos financeiros e ambientais. Ali, pode-se perceber se as decisões estão corretas, quem se omitiu e de que forma as coisas poderiam e/ou deveriam ter sido feitas, para assegurar um ambiente saudável às gerações presentes e futuras.

Primeiro, trabalhamos o nosso ambiente interior, as nossas posturas e decisões, depois o nosso entorno pessoal, nosso ambiente familiar, nosso ambiente escolar, nosso ambiente de trabalho. O entorno desses ambientes, o pátio da escola, o entorno imediato da escola, o bairro, a cidade, a região, o Estado, o país, o continente, o hemisfério, o planeta, o cosmo!...

5. *Concentrar-se nas condições ambientais atuais, tendo em conta também a perspectiva histórica.*

    CA: Como era o ambiente local? Ganhamos ou perdemos em qualidade? Que elementos contribuíram para a perda ou ganho dessa qualidade? O que deveria ter sido feito e não foi? Quem se omitiu e por quê?

    Todas essas e outras questões podem ser respondidas por meio de técnicas pedagógicas conhecidas, como, por exemplo, a "memória viva". Aqui, convida-se a(o) moradora(or) que vive há mais tempo no lugar para um encontro informal, em que, por seus depoimentos, possamos comparar/avaliar a qualidade do nosso ambiente. O que mudou? Como eram o clima, a fauna, a flora, os costumes? Como as pessoas se divertiam, como era a educação, a segurança, a saúde, o lazer... Enfim, como funcionava a minha cidade e em que aspectos ela melhorou ou piorou? O que pode ser feito para evitar novos erros, o que pode ser feito para melhorar o que deu certo?

    Como podemos ver, a perspectiva histórica é muito importante. Ela nos permite uma análise dos fatos do passado diante do presente, planejando o futuro.

6. *Insistir no valor e na necessidade da cooperação local, nacional e internacional, para prevenir e resolver os problemas ambientais.*

    CA: Uma das características do nosso Estado é a absoluta falta de capacidade de interarticulação entre os seus diversos setores. Esse é o fruto mais cruel de uma educação voltada para o indivíduo. A educação confundiu liberdade individual com egoísmo. Não se pensa nem se age em conjunto. Tudo é disputa. A cooperação deu lugar à competição, e, como decorrência, um não sabe o que o outro faz. Às vezes, fazem a mesma coisa, de formas diferentes. Não há intercâmbio e, consequentemente, não há soma de esforços, apenas divisão. Com isso, não é de se esperar nada longe da burocracia, lentidão e ineficácia

A EA deverá fomentar a ação cooperativa entre os indivíduos, os grupos sociais e entre as instituições. Os processos ecológicos, profundamente interdependentes, vieram mostrar ao ser humano que ele nunca está só, mas imerso numa gigantesca teia de interações. Fazemos parte do todo, não somos os donos do planeta, temos responsabilidades com as gerações vindouras e temos de pensar no todo.

7. *Considerar, de maneira explícita, os aspectos ambientais nos planos de desenvolvimento e de crescimento.*

CA: De nada adianta termos desenvolvimento econômico, sem termos desenvolvimento social. Também de nada adianta termos os dois, sem que tenhamos um ambiente saudável, ecologicamente equilibrado. Este é o novo paradigma: *desenvolvimento sustentável* – um modelo de desenvolvimento que permita à sociedade a distribuição dos seus benefícios econômicos/sociais, enquanto se assegura a qualidade ambiental para as gerações presentes e futuras. *Atualmente o objetivo central da EA é a promoção do desenvolvimento sustentável* (mais especificamente, de SOCIEDADES SUSTENTÁVEIS).

Os representantes de 180 países, reunidos na Rio-92, concluíram que o modelo de desenvolvimento econômico vigente é *não sustentável*, ou seja, ele é inviável econômica, social e ecologicamente.

Os sintomas mais extravagantes resultantes dessa loucura da raça humana são o desemprego, a violência, a miséria e a degradação ambiental em todo o mundo, até mesmo nos países ricos. Então, para que está servindo o dinheiro do mundo, se temos mendigos, tuberculosos, sem-tetos, menores abandonados, violência, drogas e miséria até mesmo nos países mais ricos?

Em nome de um progresso que nunca vem, em nome da criação de empregos que nunca bastam, solapamos a qualidade ambiental em todo o planeta, poluímos a água que bebemos, o ar que respiramos, a nossa comida, o nosso solo, devastamos florestas, aniquilamos povos indígenas, extinguimos espécies e hábitats, ameaçamos o futuro dos nossos descendentes... Para quê? Para termos *isso aí*?

É óbvio que buscamos um novo modelo, e este é o desenvolvimento sustentável que prevê sociedades sustentáveis.

O Que é Desenvolvimento Sustentável?

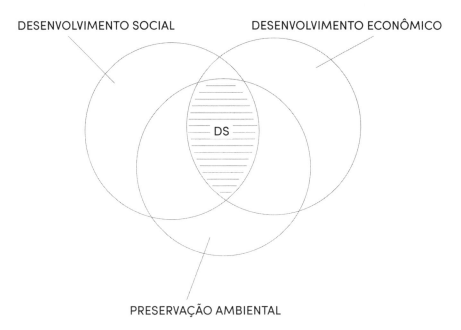

Figura 10

O DS é aquele que atende às necessidades do presente, sem comprometer a possibilidade de as gerações futuras atenderem a suas próprias necessidades.

Comissão Brundtland:
Nosso Futuro Comum, 1988.

Melhorar a qualidade de vida humana dentro dos limites da capacidade de suporte dos ecossistemas.

IUCN, Pnuma, WWF.

O DS Busca compatibilizar as necessidades de desenvolvimento das atividades econômicas e sociais com as necessidades de preservação ambiental.

Só se pode ter certeza da sustentabilidade física se as políticas de desenvolvimento considerarem a possibilidade de mudanças quanto ao acesso aos recursos e quanto à distribuição de custos e benefícios.

O elemento crítico para a implantação do desenvolvimento sustentável é a EA.

Você acredita no DS?

Acredita-se que o DS seja a forma mais viável de sairmos da rota da miséria, exclusão socioeconômica e degradação ambiental.

> **A MAIOR PARTE DA SOCIEDADE HUMANA VIVE COMO SE FOSSE A ÚLTIMA GERAÇÃO.**

Discute-se atualmente:

- ▶ O desenvolvimento de *sociedades* sustentáveis.
- ▶ O desenvolvimento *humano* sustentável.

Aqui emerge uma outra questão: nada se resolve sobre a temática ambiental, sem decisão política. Sabemos que, tanto no nosso país como lá fora, apesar da globalização da dimensão ambiental e da sua absoluta e profunda importância, já reconhecida nos foros internacionais, a classe política tem-se mostrado, em relação a essa temática (e a outras, também) a mais despreparada de todas, a mais tacanha, obsoleta, desonesta, egoísta e desacreditada.

Estamos no limiar de transformações profundas nas nossas organizações sociais, políticas e econômicas, empurrados pela dimensão ambiental. Esse modelo político já apodreceu. A democracia já deu a sua contribuição histórica (Sócrates vira-se no túmulo). Agora, apodrecida pela corrupção em todo o mundo, deverá desaparecer e dar lugar a um sistema mais interativo, mais participativo, em que as pessoas possam ser conduzidas aos cargos públicos *por mérito* (meritocracia), reconhecido pela comunidade e não por somas fantásticas de dinheiro doadas por grupos interessados em eleger um deputado tal, um governador x, um prefeito y, para durante o mandato poderem usufruir o dinheiro público.

No mundo, urge a substituição desse grupo de inescrupulosos que, enganando os eleitores e burlando as leis, apoderaram-se da política (e, em sequência, das comunicações e da economia) e transformaram o mundo no que é hoje. Há a necessidade do surgimento de novas lideranças, realmente comprometidas com o desenvolvimento de sociedades sustentáveis.

Costumamos dizer que a forma mais simples de verificar as intenções e a competência dos governantes é checar as condições de saneamento e proteção ambiental do município! É só ver de que forma a natureza está sendo tratada, e isso refletirá imediatamente a mentalidade de quem está à frente das decisões. Os romanos já diziam que se conhece o grau de consciência de uma comunidade pela forma como ela se relaciona com os seus recursos hídricos!

Os grandes eventos sobre EA

8. *Ajudar a descobrir os sintomas e as causas reais dos problemas ambientais.*

CA: Muitos dos livros didáticos rotulados de "EA" são, na verdade, livros de Ciências que abordam a questão da poluição, da camada de ozônio, do efeito estufa, entre outros, de uma forma muito generalizada, sem nenhuma contextualização. Tratam apenas dos *sintomas* dos problemas ambientais, sem maiores referências às *causas*, muito menos por quais razões essas causas existem, *quem* as executa e com quais *interesses*, que ações individuais e coletivas podem ser desenvolvidas para reverter a situação.

A EA deve favorecer os processos que permitam que os indivíduos e os grupos sociais ampliem a sua percepção e internalizem, conscientemente, a necessidade de mudanças.

A maior parte dos sintomas de degradação ambiental representa efeitos de tomadas de decisões políticas erradas, controversas e afastadas dos interesses comuns da comunidade. Normalmente favorecem um pequeno grupo de pessoas em detrimento da degradação do ambiente, que vai afetar a qualidade de vida de um grande número de pessoas. Essa é a norma em quase todo o mundo e que o novo paradigma do Desenvolvimento Sustentável busca corrigir.

A EA, como promotora do DS, deverá proporcionar os meios (conhecimentos, habilidades etc.) através dos quais as pessoas possam reagir e tomar decisões acertadas em prol da melhoria e manutenção da qualidade ambiental, patrimônio de todos.

9. *Destacar a complexidade dos problemas ambientais e, em consequência, a necessidade de desenvolver o senso crítico e as habilidades necessárias para resolver tais problemas.*

CA: "Desenvolvimento do senso crítico" foi o que menos se praticou em nossas escolas, nos últimos vinte anos. Temos o tipo de escola que prepara excluídos, dominados. O sistema é rígido, pouco dado ao diálogo, e os seus conteúdos não lidam com a realidade dos estudantes. Representa o interesse das classes dominantes, ávidas de manter o que está aí, um mundo de assalariados, sem-tetos, imersos num quadro de mobilidade social inexistente.

A educação não é neutra. É uma ação cultural. O processo educativo resulta numa relação de domínio ou de liberdade.

Tabela 2.1 – Caminhos da educação	
Domínio	Liberdade
Rígido	Flexível
Autoritário	Participativo
Avesso ao diálogo	Dialogal

Educação ambiental • princípios e práticas

Tabela 2.1 – Caminhos da educação	
Domínio	Liberdade
Representa o interesse das classes dominantes	Representa o interesse de todos
Produz professores empenhados em ter alunos dóceis e passivos	Quer alunos participativos, questionadores, criativos
Aulas formais, conteudistas (informativas), distantes da realidade	Conhecimentos da sua realidade suscita reflexões, análises, críticas e autocríticas. Trabalha com formação e informação
Objetiva MANTER a situação	Objetiva MUDAR a situação

Para despertar o senso crítico e formarmos cidadãs(ãos) atuantes, reflexiva(os), precisamos de uma escola comprometida com as mudanças sociais, uma escola cujos conteúdos programáticos revelem a sua realidade, uma escola flexível e aberta ao diálogo. Essa escola, de moldes mais plásticos, poderá formar pessoas com o caráter da mudança, do resgate dos valores que justificam a nossa experiência humana na Terra.

10. *Utilizar diversos ambientes educativos e uma ampla gama de métodos para comunicar e adquirir conhecimentos sobre o meio ambiente, acentuando devidamente as atividades práticas e as experiências pessoais.*

CA: Se se pretende promover um tipo de educação que envolva as pessoas com o seu ambiente (suas relações, pertinências etc.), não há como praticar essa EA através dos moldes tradicionais. *Recordem que foi exatamente esse tipo de escola imutável, petrificada, que produziu o mundo que aí está.*

As pessoas não se envolvem com a temática ambiental sentadas em suas cadeiras, fechadas em um "caixote de tijolo e cimento", regadas a quadro de giz ou a parafernália audiovisual. Elas precisam sentir o cheiro, o sabor, as cores, a temperatura, a umidade, os sons, os movimentos do metabolismo do seu lugar, da sua escola, do seu bairro, da sua cidade... Isso não se faz sentado em carteiras! Como diz Nana Minini – uma grande contribuidora para a EA no Brasil: "Precisamos sair da posição de *sentantes* e passarmos para *pensantes*". Ao que acrescentamos: precisamos ser *atuantes*.

Precisamos utilizar todos os recursos pedagógicos disponíveis, mas acentuar devidamente as atividades *práticas*, uma vez que a EA pressupõe *ação*!

A EA deve fugir do estádio meramente contemplativo para assumir uma postura de tomada de decisões, de *fazer acontecer* as coisas que precisamos modificar. A EA preconiza a ação baseada na identificação de problemas ambientais concretos da comunidade, quer seja iniciando pela sala de aula, pátio, prédio escolar, circunvizinhança, comunidade etc. No fundo, o que a EA persegue é o estabelecimento de um *novo estilo de vida*, que reconheça os nossos limites como espécie eucultural.

Isso só será possível com o estabelecimento de novos valores políticos e econômicos, sob a égide da ética e do respeito à vida. Essas transformações não se fazem apenas no campo da militância, mas, mais profundamente, por meio das ideias. As ideias movem o mundo.

Uma das falhas mais comuns, em projetos de EA, ocorre quando se tenta envolver pessoas em determinadas ações e elas não participam. Isso tem ocorrido, com frequência, porque se trabalhou apenas com *informação*, sem incluir atividades de sensibilização. Se a pessoa não é sensibilizada, ela não valoriza o que está sendo degradado ou ameaçado de degradação. Sem a valorização, não há envolvimento. O ser humano é movido por emoções. Caso elas não sejam estimuladas, a resposta não ocorre.

Os processos de sensibilização têm o potencial de preparar as pessoas para as mudanças (existem inúmeras técnicas, descritas até em manuais de técnicas de sensibilização) e buscam, no fundo, ampliar a percepção.

EA – Ação

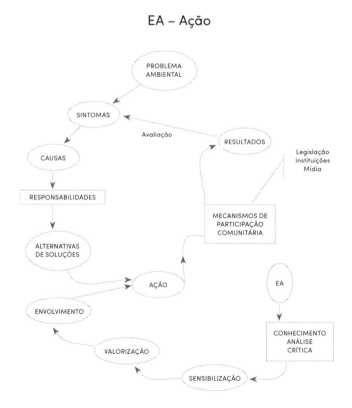

Figura 11

Recomendação nº 3

Considerando que é melhor abordar e tratar as questões relativas ao meio ambiente, em função da política global aplicada pelos governos para o desenvolvimento nacional e para as relações internacionais, na busca de uma nova ordem internacional.

Considerando que o meio ambiente diz respeito a todos os habitantes de todos os países, e que sua conservação e melhoria exigem a adesão e a participação ativa da população, a Conferência recomendou aos Estados-membros que integrem a EA em sua política geral e que adotem, no marco de suas estruturas nacionais, as medidas apropriadas, objetivando sobretudo:

a. Sensibilizar o público em relação aos problemas do meio ambiente e às grandes ações em curso, ou previstas.

b. Elaborar informações destinadas a permitir uma visão de conjunto dos grandes problemas, das possibilidades de tratamento, e da urgência respectiva das medidas adotadas ou que devam ser adotadas.

c. Dirigir-se ao meio familiar e às organizações que se ocupam com a educação pré-escolar com vistas a que os jovens, sobretudo antes da idade escolar obrigatória, recebam uma EA.

d. Confiar à escola um papel determinante no conjunto da EA e organizar, com esse fim, uma ação sistemática na educação primária e secundária.

e. Aumentar os cursos de ensino superior relativos ao meio ambiente.

f. Transformar progressivamente, mediante a EA, as atitudes e os comportamentos para fazer com que todos os membros da comunidade tenham consciência de suas responsabilidades, na concepção, elaboração e aplicação dos programas nacionais ou internacionais relativos ao meio ambiente.

g. Contribuir, desse modo, na busca de uma nova ética fundada no respeito à natureza, ao homem e à sua dignidade, ao futuro e na exigência de uma qualidade de vida acessível a todos, com um espírito geral de participação.

Recomendação nº 5

Considerando a necessidade de intensificar não somente os aspectos socioeconômicos descritos em forma apropriada, mas também os aspectos ecológicos do meio natural e humano.

Considerando que o meio ambiente é um sistema real. Considerando que o meio ambiente humano apresenta, como todos os demais ecossistemas, uma estrutura, um funcionamento e uma história própria.

Considerando que há de se abordar mais, nas causas da crise ecológica, a concepção ética errônea da relação entre a humanidade e a natureza, a Conferência recomendou que:

a. Promova-se o conhecimento profundo dos aspectos naturais do meio ambiente.

b. Desenvolva-se o enfoque sistêmico ao analisar e ordenar os ecossistemas naturais e os humanos.

c. Considere-se a dimensão temporal (passada, presente e futura) própria de cada meio ambiente.

Estratégias de desenvolvimento da EA

1. Estrutura orgânica

Recomendação nº 6

Segundo a Conferência, cada país deve intensificar ou estabelecer as estruturas orgânicas idôneas que permitam, entre outras:

a. Coordenar iniciativas em matéria de EA.

b. Atuar como órgão consultivo sobre EA no plano governamental.

c. Atuar como centro de informações e intercâmbio de dados para a formação em EA.

d. Fomentar a consciência e a aquisição de conhecimento ambiental no país, por diversos grupos sociais e profissionais.

e. Promover a colaboração entre as associações que se interessam em meio ambiente, por uma parte, e os setores da pesquisa científica e da educação, por outra parte.

f. Multiplicar as oportunidades de reunião entre os responsáveis políticos e administrativos dessas associações.

g. Proporcionar a infraestrutura e a orientação necessárias ao estabelecimento de comitês de ação com vistas à EA.

h. Estimular e facilitar a contribuição das organizações não governamentais.

Recomendação nº 7

Como a EA pode promover a conservação e a melhoria do meio ambiente, melhorando assim a qualidade de vida ao tempo em que preserva os sistemas ecológicos, a Conferência recomenda:

a. Que a EA tenha por finalidade criar uma consciência, comportamentos e valores com vistas a conservar a biosfera, melhorar a qualidade de vida em todas as partes e salvaguardar os valores éticos, assim como o patrimônio cultural e natural, compreendendo os sítios históricos, as obras de arte, os monumentos e lugares de interesse artístico e arqueológico, o meio natural e humano, incluindo sua fauna e flora, e os assentamentos humanos.

Educação ambiental • princípios e práticas

b. Que as autoridades competentes estabeleçam uma unidade especializada, encarregada de prestar serviços à EA, com as seguintes atribuições:

▶ formação de dirigentes no campo do meio ambiente;

▶ elaboração de programas de estudos escolares compatíveis com as necessidades do meio, em âmbito local, regional e mundial;

▶ preparação de livros e obras de referência científica necessários ao plano de melhoria dos estudos;

▶ determinação de métodos e meios pedagógicos para popularizar os planos de estudos e explicar os projetos ambientais.

A Conferência acrescentou que, ao estabelecer programas de EA, tenha-se em conta a influência positiva e enriquecedora dos valores éticos.

2. Setores da população aos quais está destinada a EA

Recomendação nº 8

A Conferência recomendou aos setores da população que levassem em consideração:

▶ a educação do público em geral. Esta deverá atingir todos os grupos de idade e todos os níveis da educação formal, assim como as diversas atividades de educação não formal destinada aos jovens e aos adultos. Nessa atividade, as organizações voluntárias podem desempenhar um papel importante;

▶ a educação de grupos profissionais ou sociais específicos. Esta dirige-se especialmente àqueles cujas atividades e influência tenham repercussões importantes no meio ambiental – engenheiros, arquitetos, administradores e planejadores industriais, sindicalistas, médicos, políticos e agricultores. Diversos níveis de educação formal e não formal deverão contribuir para essa formação;

▶ a formação de determinados grupos de profissionais e cientistas. Essa formação está destinada a quem se ocupa de problemas específicos do meio ambiente – biólogos, ecólogos, hidrólogos, toxicólogos, edafólogos, agrônomos, engenheiros, arquitetos, oceanógrafos, limnólogos, meteorologistas, sanitaristas etc. – e deve compreender um componente interdisciplinar.

Recomendação nº 11

A Conferência recomenda que se incitem os membros de profissões que exercem grande influência sobre o meio ambiente a aperfeiçoarem sua EA em:

▶ programas de formação complementar que permitam estabelecer relações mais apropriadas sobre uma base interdisciplinar;

Os grandes eventos sobre EA

▶ programas de pós-graduação destinados a um pessoal já especializado em certas disciplinas. Considera-se como método de formação eficaz o que consiste em adotar um enfoque pluridisciplinar centrado na solução dos problemas. Isso permitiria formar especialistas que, havendo adquirido essa formação, trabalhariam como integradores (integracionistas, para distingui-los dos generalistas e dos especialistas) em equipes multidisciplinares.

3. Conteúdos e métodos

Recomendação nº 12

Considerando que as distintas disciplinas que podem relacionar-se com as questões ambientais são ensinadas, com frequência, de maneira isolada e podem tender a descuidar ao interesse que apresentam os problemas ambientais, e prestar-lhes atenção insuficiente.

Que os enfoques independentes e pluridisciplinares deverão desempenhar um papel igualmente importante, segundo as situações, os grupos de educandos e as idades de cada grupo.

Que os métodos pedagógicos que devem se aplicar a cada um desses tipos de enfoque estão em estado embrionário.

Que a incorporação da EA aos planos de estudos ou programas de ensino existentes é, na maioria dos casos, lenta.

Que é necessário aperfeiçoar os critérios em que serão baseados o conteúdo dos planos de estudo e os programas de EA.

Que as situações socioeconômicas determinam diferentes aspectos educativos.

Que os panoramas e as situações históricas e culturais exigem também uma consideração especial.

Que determinados setores da comunidade, como os constituídos pelos habitantes das zonas rurais, os administradores, os trabalhadores da indústria e os líderes religiosos, precisam de programas de EA adaptados a cada caso.

Que são essenciais os enfoques multidisciplinares se se deseja incrementar a EA.

Que os enfoques multidisciplinares ou integrados somente se aplicam eficazmente quando se desenvolve simultaneamente o material pedagógico.

Que seria preferível que a EA abordasse de início a solução dos problemas, em função das oportunidades de ação.

Que é necessária a pesquisa dos diversos enfoques, aspectos e métodos considerados como ponto de partida das possibilidades de desenvolvimento dos planos de estudos e programas de EA.

Educação ambiental • princípios e práticas

Que será necessário criar as instituições dedicadas a esse tipo de pesquisa, e, quando já existentes, melhorar e prestar o apoio que requerem; a Conferência recomenda:

a. Que as autoridades competentes empreendam, prossigam e fortaleçam – segundo seja o caso – as medidas destinadas a incorporar os temas ambientais nas distintas disciplinas do sistema de educação formal.

b. Que se dê aos estabelecimentos de educação e de formação a flexibilidade suficiente para que seja possível incluir aspectos próprios da EA nos planos de estudo existentes e criar novos programas de EA de modo que possam fazer frente às necessidades de um enfoque e uma metodologia interdisciplinares.

c. Que no marco de cada sistema se estimulem e apoiem as disciplinas consideradas com o objetivo de determinar sua contribuição especial à EA e imprimir-lhe a devida prioridade.

d. Que as autoridades responsáveis apoiem o desenvolvimento dos planos de estudo em função de situações especiais, como são as que prevalecem nas zonas urbanas, nas zonas rurais e nas zonas de relevância histórica e cultural.

e. Que os programas de pesquisa e desenvolvimento se orientem de preferência à solução dos problemas e à ação.

Recomendação nº 13

Considerando que as universidades – na sua qualidade de centro de pesquisa, de ensino e de pessoal qualificado no país – devem dar, cada vez mais, ênfase à pesquisa sobre educação formal e não formal.

Considerando que a EA nas escolas superiores diferirá cada vez mais da educação tradicional, e se transmitirão aos estudantes os conhecimentos básicos essenciais para que suas futuras atividades profissionais redundem em benefícios para o meio ambiente, a Conferência recomenda:

a. Que se examine o potencial atual das universidades para o desenvolvimento de pesquisa.

b. Que se estimule a aplicação de um tratamento interdisciplinar ao problema fundamental da correlação entre o homem e a naturez.

c. Que se elaborem diversos meios auxiliares e manuais sobre os fundamentos teóricos da proteção ambiental.

Recomendação nº 14

A Conferência recomenda que os programas de formação técnica compreendam informações sobre as mudanças ambientais resultantes de cada atividade profissional. Dessa maneira, a formação técnica manifestará mais claramente as relações que existem entre as pessoas e seu meio social, físico e cultural, e despertará o desejo de melhorar o meio ambiente, influindo nos processos de tomada de decisão.

Recomendação nº 15

Considerando que o meio de trabalho constitui um entorno local que influi física, social e psicologicamente em quem está submetido a ele.

Considerando que o meio de trabalho constitui o meio natural de aprendizagem de grande parte da população adulta, e é portanto um excelente ponto de partida para a EA de adultos, recomenda que aprovem os objetivos seguintes como pautas de suas políticas de educação sobre o meio de trabalho:

▶ a possibilidade de que, nas escolas primárias e secundárias, os alunos adquiram conhecimentos gerais do meio de trabalho e de seus problemas;

▶ a formação profissional deveria incluir a educação relacionada com questões do meio de trabalho de cada profissão ou especialidade concreta, compreendendo as informações sobre as normas sanitárias aplicáveis ao nível admissível de contaminação do meio ambiente, de ruído, vibrações, radiações e outros fatores que afetam o homem.

Recomendação nº 16

Considerando a grande possibilidade que têm os consumidores de influir indiretamente, por meio do seu comportamento individual e/ou coletivo, nas repercussões de consumo sobre o meio ambiente.

Considerando que quem produz bens de consumo e faz publicidade é responsável pela repercussão direta e indireta do produto sobre o meio ambiente.

Reconhecendo a grande influência dos meios de comunicação social no comportamento do consumidor, recomenda:

a. Que incitem os meios de comunicação social para que tenham consciência de sua função educativa, na formação de atitudes do consumidor, com vista à não estimulação do consumo de bens que sejam prejudiciais ao meio ambiente.

b. Que as autoridades educacionais competentes fomentem a inclusão desses aspectos nos programas de educação formal e não formal.

4. Formação de pessoal

Recomendação nº 17

Considerando a necessidade de que todo o pessoal docente compreenda que é preciso conceder um lugar importante em seus cursos à temática ambiental, recomenda que se incorpore nos programas o estudo das ciências ambientais e da EA.

Recomendação nº 18

Considerando que a grande maioria dos atuais membros do corpo docente foi diplomada durante uma época em que a temática ambiental era descuidada, portanto, sem receber informações suficientes em matéria de questões ambientais e de metodologia de EA, recomenda:

a. Que se adotem as medidas necessárias com o objetivo de permitir uma formação de EA a todo o pessoal docente em exercício.

b. Que a aplicação e o desenvolvimento de tal formação, inclusive a formação prática em matéria de EA, se realizem em estreita cooperação com as organizações profissionais de pessoal docente, tanto no plano internacional como no nacional.

5. Material de ensino e aprendizagem

Recomendação nº 19

Considerando a maior eficácia da EA em consonância com a possibilidade de dispor da ajuda dos materiais didáticos adequados, recomenda:

a. Que se formulem princípios básicos para preparar modelos de manuais e de materiais de leitura para a sua utilização em todos os níveis dos sistemas de educação formal e não formal.

b. Que se utilizem, na maior medida possível, a documentação existente, e se aproveitem os resultados das pesquisas em educação, ao elaborar materiais de baixo custo.

c. Que os docentes e os educandos participem diretamente da preparação e adaptação dos materiais didáticos para a EA.

d. Que se informe aos docentes, em vias de conclusão dos cursos acadêmicos, do manejo da gama mais ampla possível de materiais didáticos em EA, fazendo-os cônscios dos materiais de baixo custo, e da possibilidade de efetuar adaptações e improvisações com respeito às circunstâncias locais.

6. Difusão da informação

Recomendação nº 20

Considerando que não existem dúvidas quanto à importância da difusão dos conhecimentos gerais e especializados relativos ao meio ambiente, e da tomada de consciência por parte do público de um enfoque adequado das complexas questões ambientais para o desenvolvimento econômico e a utilização racional dos recursos da terra em benefício dos diversos povos e de toda a humanidade.

Reconhecendo o papel importante que desempenham os governos em muitos países para conceber, aplicar e desenvolver programas de EA.

Reconhecendo a importância dos meios de comunicação social para a EA, recomenda aos governos:

a. Programas e estratégias relativos à informação sobre o meio ambiente:

▶ que prevejam a realização de uma campanha de informação dirigida à educação do público sobre problemas ambientais de interesse nacional e regional, tais como o tema da água doce;

▶ que apoiem as atividades de EA não formal aplicadas por instituições ou associações;

▶ que fomentem o estabelecimento de programas de EA formal e não formal, e que, ao fazê-lo, utilizem sempre que seja possível os organismos e organizações existentes (tanto públicos como privados);

▶ que desenvolvam o intercâmbio de materiais e de informações entre os organismos públicos e privados interessados em EA, dentro do setor da educação formal e não formal;

▶ que executem e desenvolvam programas de EA para todos os setores da população, incorporando, quando for o caso, as organizações não governamentais.

b. A informação ambiental através dos meios de comunicação de massa:

▶ fomentando a difusão, por meio da imprensa, dos conhecimentos sobre a proteção e melhoria do meio ambiente;

▶ organizando cursos de formação destinados aos profissionais da imprensa – diretores, produtores, editores etc. –, a fim de que possam tratar adequadamente os aspectos da EA;

▶ instituindo os mecanismos da planificação e coordenação dos programas de EA através dos meios de comunicação de massa de modo a atingir a população – rural e urbana – que está à margem do sistema educacional.

7. Pesquisa em EA

Recomendação nº 21

Considerando que as mudanças institucionais e educacionais necessárias à incorporação da EA aos sistemas nacionais de ensino não deveriam basear-se unicamente na experiência, mas também em pesquisas e avaliações que tenham por objetivo melhorar as decisões da política de educação, recomenda aos governos:

Educação ambiental • princípios e práticas

a. Que tracem políticas e estratégias nacionais que promovam os projetos de pesquisa necessários à EA e incorporem seus resultados ao processo geral de ensino por meio dos cursos adequados.

b. Que efetuem pesquisas sobre:

▶ as metas e os objetivos da EA;

▶ as estruturas epistemológicas e institucionais que influem nas necessidades ambientais;

▶ os conhecimentos e atitudes dos indivíduos, com o objetivo de precisar as condições pedagógicas mais eficazes, os tipos de ações que os docentes devem desenvolver e os processos de assimilação do conhecimento por parte dos educandos, bem como os obstáculos que se opõem às modificações dos conceitos, valores e atitudes das pessoas e que são inerentes ao comportamento ambiental.

c. Que pesquisem as condições em que poderiam fomentar o desenvolvimento da EA visando sobretudo:

▶ identificar os conteúdos que poderiam servir de base aos programas de EA destinados ao público do sistema formal e não formal de ensino, bem como aos especialistas;

▶ elaborar os métodos que permitam a melhor assimilação dos conceitos, valores e atitudes idôneas em relação à temática ambiental;

▶ determinar as inovações que deverão ser introduzidas no ensino do meio ambiente.

d. Que empreendam pesquisas destinadas ao desenvolvimento de métodos educacionais e programas de estudo, a fim de sensibilizar o grande público, dando particular atenção ao emprego dos meios de informação social, e à preparação de instrumentos de avaliação que possam medir a influência desses programas de estudo.

e. Que incluam nos cursos de formação inicial, e nos destinados ao pessoal docente em exercício, métodos de pesquisa que permitam projetar e elaborar os instrumentos com os quais se alcancem eficazmente os objetivos da EA.

f. Que empreendam pesquisas para a elaboração de métodos educacionais e materiais de baixo custo que facilitem a formação dos educadores, ou sua própria reinserção formativa.

g. Que tomem medidas para promover o intercâmbio de informações entre os organismos nacionais de pesquisa educacional, difundir amplamente os resultados de tais pesquisas e proceder à avaliação do sistema de ensino.

Os grandes eventos sobre EA

8. Cooperação regional e internacional

Recomendação nº 23

Tendo em conta os efeitos globais produzidos pela evolução passada, presente e futura de todas as nações do nosso planeta, vinculados estreitamente a um meio ambiente equilibrado e são, para todos os que vivem agora como para as gerações vindouras.

Tendo presentes o crescimento econômico e o progresso técnico sem precedentes, assim como as mudanças, as melhorias e os perigos para o meio ambiente.

Consciente de que somente a cooperação, a compreensão, a ajuda mútua, a boa vontade e as ações sistematicamente preparadas, planejadas e executadas permitirão resolver, em condições de paz, os problemas ambientais presentes e futuros, a Conferência estima que a EA ofereça à população mundial os conhecimentos necessários para utilizar a natureza e os recursos naturais, controlar a qualidade do meio ambiente de modo que este não somente não se deteriore, como possa ser melhorado acertadamente, assim como para adquirir os conhecimentos, as motivações, o interesse ativo e as atitudes que permitam dedicação para resolver individual e coletivamente os atuais problemas, e prevenir os que possam surgir, dado que nos dias atuais a humanidade dispõe dos meios e conhecimentos necessários para tanto.

Declarando que os documentos preparados para a Conferência de Tbilisi, além das sugestões e experiências apresentadas, constituem um marco geral, prático e útil para a EA, recomenda aos Estados-membros:

a. Que tomem todas as medidas necessárias para efetivar, da forma mais ampla possível, e de conformidade com as necessidades e possibilidades de cada país interessado, os resultados desta Conferência sobre EA, e que elaborem planos de ação e calendários para a realização das seguintes atividades:

▶ promover em todos os ramos da EA uma cooperação bilateral, regional e internacional baseada na pesquisa científica, em um amplo intercâmbio de informações e de experiências sobre a execução de programas em comum;

▶ facilitar a busca de soluções globais aos problemas ambientais que sejam de competência de cada país interessado, fixando os requisitos para pôr em marcha a EA (legislação, medidas financeiras, institucionais e de outra índole).

Recomendação nº 41

Considerando o importante papel que as organizações não governamentais e os organismos voluntários desempenham no campo da EA local, nacional, regional e internacionalmente.

Destacando a conveniência de ampliar as oportunidades de participação democrática na formulação e execução dos programas de EA.

Tendo presente que a eficácia da ação das organizações intergovernamentais depende em grande parte dos vínculos que mantenham com as organizações não governamentais e os organismos voluntários, recomenda aos Estados-membros que promovam e ajudem as organizações não governamentais e os organismos voluntários em âmbito local, sub-regional e nacional, e que aproveitem da melhor maneira possível suas capacidades e atividades; que fomentem e estimulem uma tomada de consciência das questões ambientais por parte de organismos como as organizações profissionais de pessoal docente e outras organizações não governamentais que se encarregam diretamente da infância e da juventude, para que participem da formulação e da execução de estratégias nacionais de educação.

Como vimos, feitos os devidos ajustes à nossa realidade, os documentos de Tbilisi constituem-se em importantes subsídios para o desenvolvimento da EA.

No Brasil, muitos criticaram os documentos de Tbilisi, mas, como costuma acontecer, não apresentaram suas sugestões. Na verdade, possuem bagagem e astúcia suficientes para – do alto da sua atmosfera acadêmica rarefeita, na qual os mais simples não podem respirar – reduzir a cinzas qualquer tentativa de produção nessa área. Foi assim com o Projeto de EA da Ceilândia, com o Projeto Universidade Aberta, e com os trabalhos da Cetesb, iniciativas pioneiras, de inegável relevância na evolução da EA no Brasil.

Esses *experts*, no entanto, por razões que não compreendemos, deixaram de apresentar seus trabalhos, sugestões e alternativas.

Felizmente, na atualidade, a EA se libertou dos "papas" e está presente em todos os setores da sociedade, de várias formas, modelos, processos, como realmente deveria ser a sua expressão.

2.3 O Seminário sobre EA (San José, Costa Rica, 1979)

Promovido pela Unesco, realizou-se em San José, Costa Rica (de 29 de outubro a 7 de novembro de 1979), o Seminário sobre Educação Ambiental para a América Latina, cujas discussões foram conduzidas à luz dos temas desenvolvidos por outros encontros internacionais, em particular o de Tbilisi (1977) e o de Bogotá (1976).

Desse encontro, destacamos as seguintes orientações[1]:

---

[1] Texto adaptado de *Workshop on Environmental Education for Latin America*, Unesco, 1979.

a. O conceito de meio ambiente deve abranger os aspectos sociais, culturais, bem como os físicos e biológicos. Os aspectos físicos e biológicos constituem a base natural do ambiente humano. E as dimensões sociocultural e econômica definem as linhas de ênfase e os instrumentos técnicos e conceituais que habilitam o homem a compreender e usar os recursos naturais para as suas necessidades.

b. Os problemas não são apenas aqueles que derivam da exploração irracional dos recursos naturais ou da poluição. Eles também derivam do subdesenvolvimento, tais como: condições inadequadas de moradia, péssimas condições sanitárias, desnutrição, produção e manejo inadequados. Inclui-se igualmente a questão da preservação do patrimônio histórico e cultural.

c. O pré-requisito para a conservação é o desenvolvimento, especialmente quando se confrontam as necessidades básicas das populações mais pobres do mundo. É necessário reconsiderar os modelos de crescimento e desenvolvimento.

d. O reconhecimento da incidência e das consequências dos problemas ambientais deve ser paralelo ao crescimento da conscientização da necessidade de solidariedade entre as nações. A melhoria da qualidade ambiental deverá servir para reduzir as disparidades existentes e criar relações internacionais baseadas na justiça e na igualdade. Os países da América Latina estão conscientes de que, dentro da atual ordem econômica, não será possível encontrar formas de desenvolvimento que sejam compatíveis com a preservação da qualidade ambiental.

e. A EA, como um objetivo fundamental, deverá dar ênfase às interdependências econômicas, políticas e ecológicas do mundo moderno e mostrar que decisões e comportamentos de diferentes países têm consequências internacionais. Nesse sentido, a EA deverá contribuir para o desenvolvimento de um espírito de responsabilidade e de solidariedade entre as regiões e entre as nações, como base para uma nova ordem internacional que garanta a conservação e a melhoria do meio ambiente.

f. A EA deve prover os conhecimentos necessários para a interpretação dos fenômenos complexos que moldam o meio ambiente e para a promoção dos valores éticos, econômicos e estéticos que constituem as bases da autodisciplina, fomentando o desenvolvimento de comportamentos compatíveis com a conservação e melhoria da qualidade ambiental.

g. A EA deve promover uma ligação mais estreita entre os processos educacionais e a realidade, estruturando suas atividades em torno dos problemas ambientais comunitários. Deve levar a uma análise desses problemas, sob uma perspectiva interdisciplinar e global.

h. A EA deve ser vista como um processo contínuo, com ajustes constantes por meio de frequentes reavaliações de suas orientações, conteúdos e métodos.

Educação ambiental • princípios e práticas

i. A EA deve ser dirigida a todos os grupos de idade e de atividades profissionais.

O Seminário da Costa Rica, como ficou conhecido, foi um dos mais profícuos em termos de estabelecimento de linhas filosóficas para o seu desenvolvimento na América Latina.

Nesse encontro, a EA foi caracterizada como o resultado de uma reestruturação e colaboração entre diferentes disciplinas e experiências educacionais, capazes de facilitar a percepção do todo de um dado ambiente e levar a ações mais racionais quando do atendimento das necessidades da sociedade.

Passadas duas décadas, a situação pouco mudou. Os "modelos de crescimento e desenvolvimento" continuaram na sua inexorável rota de colisão. Os discursos de 1979 foram repetidos durante a Rio-92 e repercutiram na Agenda 21. Pouco foi implantado do que foi planejado. Isso quer dizer que as estratégias falharam, que precisamos buscar novas formas de atuação.

Não se pode entender o mundo atual por meio do processo educativo vigente. Precisamos moldar um processo educacional diferente, voltado para a compreensão do todo, para a participação, ação, mudança e *reconstrução!* O ser humano precisa reeducar-se, perdido que está no emaranhado dos interesses econômicos e políticos que geraram um modelo baseado no lucro, no consumo crescente, na espoliação generalizada dos recursos naturais e na exploração das pessoas.

2.4 O Congresso Internacional sobre Educação e Formação Ambiental (FA) (Moscou, 1987)

Dez anos depois da Conferência de Tbilisi, trezentos especialistas de cem países e observadores da IUCN reuniram-se em Moscou, CEI (17 a 21 de agosto de 1987) para o Congresso Internacional em Educação e Formação Ambientais, promovido pela Unesco/Unep/IEEP, conhecido como o *Congresso de Moscou.*

O congresso objetivou a discussão das dificuldades encontradas e dos progressos alcançados pelas nações, no campo da EA, e a determinação de necessidades e prioridades em relação ao seu desenvolvimento, desde Tbilisi. Fez uma análise da situação ambiental global e não encontrou sinais de que a crise ambiental houvesse diminuído. Ao contrário, o abismo entre as nações aumentou e as mazelas dos modelos de desenvolvimento econômico adotados se espalharam pelo mundo, piorando as perspectivas para o futuro.

Concordou-se que a EA deveria, simultaneamente, preocupar-se com a promoção da conscientização, transmissão de informações, desenvolvimento de hábitos e habilidades, promoção de valores, estabelecimento de critérios e padrões, e orientações para a resolução de problemas e tomada de decisões. Portanto, deveria objetivar modificações comportamentais nos campos cognitivos e afetivos.

Observações importantes do Congresso de Moscou

1. *As recomendações de Tbilisi (1977) sobre os objetivos e os princípios orientadores para a EA devem ser consideradas os alicerces para o desenvolvimento da EA em todos os níveis, dentro e fora do sistema escolar.*

   CA: Contrariando os donos da educação do mundo que apostaram no fracasso de Tbilisi como proposta para a EA, dez anos depois os seus princípios foram corroborados. O caráter interdisciplinar, a abordagem globalizadora e a consideração das singularidades culturais locais deram a tônica da sua coerência. As bases da EA foram assentadas pela pressão da área ambiental. Se assim não fosse, ainda estaria retida nas intermináveis guerras interdepartamentais das grandes universidades do mundo, com debates via artigos em revistas especializadas, vaidosamente exibidos.

   Na Rio-92, a proposta de Tbilisi foi novamente corroborada.

2. *A maioria dos problemas ambientais tem suas raízes em fatores políticos, econômicos, sociais e culturais, que não podem ser previstos ou resolvidos por meios puramente tecnológicos. Devemos agir primeiramente sobre os valores, atitudes e comportamentos dos indivíduos e grupos, em relação ao seu meio ambiente.*

   CA: A ideia de que teríamos soluções tecnológicas para tudo permeou as decisões nas décadas de 1970 e 1980, até que as alterações globais produziram exacerbações climáticas, e seus efeitos passaram a ser mais visíveis e sensíveis... ao bolso. Safras inteiras perdidas, inundações e secas históricas, vendavais e comportamento atmosférico ininteligível abalaram até mesmo os especialistas que acreditavam estar testemunhando apenas fases de "ciclos históricos".

   É bem nítido que não poderemos resolver a maioria dos problemas ambientais, sem antes resolvermos os graves problemas socioeconômicos que a humanidade enfrenta.

3. *Em muitos países, o problema básico é a pobreza que, por sua natureza, leva à deterioração dos recursos naturais. O empobrecimento e o crescimento populacional são partes de um fenômeno complexo que só pode ser detido por meio de um rápido processo de desenvolvimento sustentável, compatível com a preservação do potencial produtivo dos ecossistemas naturais e antropogênicos.*

   CA: Não é que o problema básico seja a pobreza. Ela é apenas consequência da adoção de um modelo de "desenvolvimento" que produz exclusões, que produz concentração de riquezas. Outrossim, não apenas a pobreza leva à deterioração dos recursos naturais. Os altos padrões de consumo de energia e de outros recursos naturais das nações ricas produzem impactos negativos ainda maiores.

4. *É incumbência da EA e FA, como meio fundamental de integração e de mudança social e cultural, conceber objetivos e empregar novos métodos capazes de tornar os indivíduos mais conscientes, mais responsáveis e mais preparados para lidar com os desafios de preservação da qualidade do meio ambiente e da vida, num contexto de desenvolvimento sustentável para todos os povos.*

CA: Por curiosidade, busquem os objetivos educacionais vigentes. Vejam se seria possível tornar os indivíduos "mais conscientes" diante dos objetivos dessa "educação".

5. *Os objetivos da EA não podem ser definidos sem que se levem em conta as realidades sociais, econômicas e ecológicas de cada sociedade ou os objetivos determinados para o seu desenvolvimento; deve-se considerar que alguns objetivos da EA são comuns à comunidade internacional.*

CA: Por isso não há uma "receita" para se elaborar um Programa de EA para uma escola ou comunidade. Ele dependerá das suas peculiaridades, do seu contexto socioambiental-cultural e político. Dependerá das suas características estruturais e dinâmicas. A EA tem as suas grandes linhas de orientação (Tbilisi). A partir dali, traçam-se as prioridades nacionais, regionais e locais e desenham-se as suas estratégias, métodos e técnicas, e que recursos instrucionais deverão ser utilizados. O erro mais comum, praticado nas nossas escolas, é a adoção de livros didáticos que já vêm com os objetivos definidos no eixo Rio-São Paulo. Pratica-se o processo inverso. Deveríamos, primeiro, estabelecer os nossos objetivos em função das nossas realidades; somente após isso é que deveríamos elaborar o nosso material pedagógico-instrucional. Ocorre que ele já vem definido, ou seja, primeiro fazemos o material e depois adaptamos tais materiais aos nossos objetivos (nem sempre isso é possível).

Como resultado dessa distorção, é comum uma criança identificar um *esquilo* ou uma *girafa*, mas não identificar um *tamanduá*, uma *paca* (quando não chamam as nossas onças de "leopardo, tigre" etc.). Triste legado este dos nossos colonizadores, que precisamos modificar, para valorizar a nossa identidade cultural.

6. *A EA deve prover os meios de percepção e compreensão dos vários fatores que interagem no tempo e no espaço, para modelar o meio ambiente. Tais conhecimentos, sempre que possível, deverão ser adquiridos por meio da observação, estudo e experimentação de ambientes específicos.*

CA: Dentre os meios de percepção sugeridos, temos notado o grande potencial dos processos de *sensibilização*, para atingir tais objetivos. Os educadores ambientais precisam trabalhar integrados, e aqui a participação dos professores da área de artes é imprescindível. Elementos como *música* e *expressão corporal* têm demonstrado grande eficácia na tarefa de sensibilizar as pessoas.

Dentre os "ambientes específicos", salientamos a importância e a necessidade de se explorar devidamente o metabolismo do ecossistema urbano, como recurso instrucional. As pessoas devem entender como a cidade funciona, os seus gastos e impactos gerados para a sua manutenção, os seus serviços e a sua profunda dependência do ambiente rural.

Deve ser enfatizado que os socioecossistemas urbanos são os grandes geradores de demanda de recursos naturais no mundo, e que cada indivíduo tem um papel dentro desse metabolismo. Que os atos e decisões de consumo (água, energia elétrica, combustível, alimentos, serviços etc.) geram impactos, que podem ser minimizados por racionalização de uso (reutilização, reciclagem, redução, preciclagem, substituição, eliminação) ou aumentados (desperdício, opulência).

Os educadores ambientais devem estimular a mensuração de parâmetros ambientais, para acompanhamentos (monitoramento) e comparações de qualidade (avaliação da evolução). Temperatura, umidade relativa do ar, transparência do ar e da água, velocidade e direção dos ventos, presença de bioindicadores e outros deverão ser utilizados para tais atividades. Caminhadas interpretativas e analíticas, na circunjacência da escola, para o estabelecimento de diagnóstico de qualidade ambiental devem ser praticadas. Nessas atividades, uma vez identificados problemas ambientais, nomear alternativas de soluções e estratégias de ações para a viabilização de soluções sustentáveis.

A visita a unidades de conservação (reservas ecológicas, parques nacionais etc.) deve ser precedida por um planejamento criterioso, se não se deseja que os resultados sejam contrários aos esperados. Pessoas de vida sedentária, urbana, muitas vezes entram em pânico ao contato mais livre com o mundo natural! Esse contato, que deveria estabelecer laços mais íntimos com a natureza e sensibilizá-las à causa ambiental, termina produzindo um estado de medo e desejo de retorno imediato à segurança do seu quarto de apartamento e das "seguras" aventuras proporcionadas pelo seu videogame.

Deve-se tomar cuidado quando se emprega o ambiente como recurso educativo, para não limitar-se apenas a visitas a lugares privilegiados (como o caso das Unidades de Conservação). Devemos nos referir, conforme já citamos, ao nosso "ambiente interior" (nossas posturas, hábitos, decisões, incongruências...) e ao ambiente do nosso entorno (o ambiente escolar, do bairro, da cidade...).

Educação ambiental • princípios e práticas

7. *Os padrões de comportamento de preservação e melhoria do meio ambiente só serão alcançados se a maioria dos membros de uma dada sociedade absorver, de forma livre e consciente, os valores positivos do meio ambiente, capazes de estabelecer a autodisciplina.*

CA: Os nossos livros "didáticos" adotam a postura inversa. Observaram que o primeiro contato da criança com a temática ambiental é, na maioria das vezes, a *poluição*?! As desgraças causadas ao ambiente?!

Que tipo de reação terão essas crianças que não seja a constatada "síndrome da angústia ambiental", pela qual elas se afastam do tema, deliberadamente? – "Se vocês, adultos, não conseguem resolver essas desgraças, imagine eu...". Imagine a sensação de indignação e impotência que atinge uma criança, ao deparar-se diariamente com notícias de agressão ao ambiente. O que pensarão dos adultos? "Puxa, como são contraditórios!" Com isso, não queremos dizer que devamos negar uma realidade que a criança encontra em frente da sua casa (um esgoto a céu aberto, por exemplo), mas que ao mesmo tempo ela seja levada a conhecer os mecanismos de *fascinação* do ambiente, seus processos, seus mistérios e belezas, seus símbolos e caminhos, sua grandiosidade e pertinência. Isso cria *fascínio*, cria *amor* e a leva a *valorizar* o ambiente e a *envolver-se* em atividades, em sua defesa. Ela precisa conhecer como seria o ambiente sem a ação destruidora do ser humano, bem como conhecer bons exemplos de compatibilização.

8. *Por seus objetivos e funções, a EA é necessariamente uma forma de prática educacional sintonizada com a vida da sociedade. Ela só pode ser efetiva se todos os membros da sociedade, de acordo com as suas habilidades, participarem das múltiplas e complexas tarefas de melhoria das relações das pessoas com o seu meio ambiente. Isso só pode ser alcançado se as pessoas se conscientizarem do seu envolvimento e das suas responsabilidades.*

CA: Conforme observamos no item anterior, essa *participação nas múltiplas e complexas tarefas* só será possível se a pessoa estiver sensibilizada para, daí, decidir envolver-se. Temos dúvidas se apenas imagens de poluição e outras desgraças causadas ao ambiente tenham o poder de trazer as pessoas para a causa ambiental. Precisamos de uma militância serena, calma, reflexiva, inteligente, se bem que decidida e operante. A militância resultante da agressão é, na maioria das vezes, revoltada, nervosa, apaixonada e pouco lúcida, e os seus resultados são, naturalmente, decepcionantes.

9. *Por ser um processo que deve durar por toda a vida, a EA pode ajudar a tornar mais relevante a educação geral, por constituir-se numa excelente base na qual possam desenvolver-se novas maneiras de viver em harmonia com o meio ambiente – um novo estilo de vida.*

CA: A EA tem esse potencial, justamente por romper as barreiras da compartimentalização das disciplinas, dos currículos rígidos, pautados em uma disciplina absurda e engessada em conteúdos que servem para nada.

10. *A EA deve dirigir-se a todos os membros de uma comunidade, no que diz respeito às necessidades e interesses das diferentes faixas etárias e categorias sócio-ocupacionais, e se adaptar aos diversos contextos socioeconômicos e culturais, considerando as desigualdades regionais e nacionais.*

CA: De certa forma, isso já ocorre. No setor industrial, houve um grande avanço com a incorporação de gestão ambiental, certificações (ISO-1400, EMAS e outras). Muitas delas já possuem programas de EA (como, por exemplo, a Gerdau em Ouro Branco, MG, e a Itaipu Binacional, PR, uma referência nacional, ganhadora de vários prêmios).

Traduzimos o texto que segue, uma síntese do documento final do Congresso, intitulado *International Strategy for Action in the Field of Environmental Education and Training for the 1990s*, publicado pela Unesco/Unep/IEEP, em 1988.

Estratégia internacional para ações no campo da EA e FA para os anos 1990

Problemas ambientais e os objetivos de uma estratégia internacional para ações no campo da EA e FA.

Nos últimos anos houve uma conscientização gradual, em âmbito mundial e individual, do papel da educação em compreender, prevenir e resolver problemas ambientais. Sabemos agora que a maioria dos problemas ambientais tem suas raízes em fatores sociais, econômicos e culturais que não podem, portanto, ser previstos ou resolvidos por meios puramente tecnológicos; nós sabemos que devemos agir primeiramente sobre os valores, atitudes e comportamentos dos indivíduos e grupos, em relação ao seu meio ambiente.

A despeito da crescente conscientização em relação aos problemas ambientais, e dos inegáveis esforços de muitos países para desenvolver os meios técnicos e institucionais para lidar com eles, em geral, as ações desenvolvidas provaram ser insuficientes para neutralizar a deterioração da qualidade do meio ambiente.

Raramente a situação ambiental, internacionalmente, esteve tão alarmante. A crescente disparidade nos níveis de desenvolvimento e condições de vida entre as nações e, em muitos casos, dentro de um mesmo país piorou a perspectiva para o futuro, tornando os problemas ambientais contemporâneos especialmente diversos e complexos.

Em muitos países em desenvolvimento, o problema básico é a pobreza que, por sua natureza, leva à deterioração dos recursos naturais: alimentar-se e encontrar abrigo resultam na destruição do equilíbrio, do qual a preservação de ecossistemas depende, e até mesmo na destruição dos recursos naturais que asseguram sua sobrevivência.

Ao longo da década passada, em diversos países, o empobrecimento foi trazido por uma combinação de aumento populacional muito rápido e um desenvolvimento econômico indolente ou regressivo. Essa situação provocou o agravamento dos processos de desmatamento, erosão do solo e desertificação, ao tempo em que diminuiu a produção agrícola.

O empobrecimento e o crescimento populacional são partes de um fenômeno complexo que só pode ser detido por meio de um rápido processo de desenvolvimento sustentado, compatível com a preservação do potencial produtivo dos ecossistemas naturais e antropogênicos.

Muitos países em desenvolvimento têm lutado com problemas ambientais, tais como desertificação, crescimento desordenado de áreas urbanas e poluição industrial. Nesse contexto, o desmatamento representa um dos problemas mais graves, uma vez que produz consequências perigosas para a população humana e para a preservação da flora e da fauna. Tem sido responsável por um grande número de inundações, pela erosão de terras produtivas e pelo declínio do potencial hidroelétrico. Também tem resultado na destruição de espécies de plantas e animais, em alguns casos desestabilizando irreversivelmente os ecossistemas dos quais dependem a vida humana e a riqueza genética da biosfera. Cerca de 25 mil espécies de plantas e mais de mil espécies de animais estão ameaçadas de extinção.

As nações industrializadas também estão às voltas com problemas ambientais, fundamentalmente, ligados ao seu modelo de crescimento. Isso inclui a exaustão de certos recursos naturais e vários tipos de poluição.

A poluição industrial é ainda a maior ameaça à qualidade do meio ambiente. A chuva ácida, causada pela emissão de partículas sulfurosas para o ar, destruiu grande extensão de florestas na Europa. A diminuição da camada de ozônio pelos clorofluorcarbonos (CFCs), o aquecimento da Terra causado pelo efeito estufa, produzido pela descarga, na atmosfera, de grandes quantidades de gás carbônico (CO_2) e a crescente poluição podem representar ameaças sem precedentes para a qualidade de vida em nosso planeta.

O ambiente aquático continua sendo poluído por despejos industriais e esgotos domésticos.

Essa breve descrição dos problemas ambientais seria incompleta se nenhuma menção fosse feita aos acidentes industriais que trouxeram doenças, ferimentos e mortes (Seveso, Bopal, Chernobyl e Rhine). Todos esses acidentes tornaram mais evidentes as ameaças que certas indústrias significam para a vida humana e para a qualidade do meio ambiente, a menos que operem sob rigorosas condições de segurança.

Os grandes eventos sobre EA

Atualmente, apesar da melhoria das condições mundiais de saúde nos últimos dez anos – que é o primeiro indicador da qualidade do ambiente humano global –, as taxas de mortalidade aumentaram em alguns países em desenvolvimento, particularmente como resultado de doenças infecciosas e parasitárias geralmente ligadas à má nutrição.

Nas nações desenvolvidas, é deplorável a alta incidência de doenças relacionadas às condições de vida em áreas industriais urbanas: doenças cardiovasculares e respiratórias, câncer e distúrbios psicossociais.

Todos esses problemas resultaram, sem dúvida, da situação socioeconômica e dos padrões de comportamento inadequados. Assim, ao se pretender mudanças nesse sentido, deve-se agir sobre os sistemas de conhecimento e valores para que se tenha esperanças de encontrar soluções adequadas para os problemas ambientais.

É incumbência da educação e formação, como o meio fundamental de integração e de mudança social e cultural, conceber objetivos e empregar novos métodos capazes de tornar os indivíduos mais conscientes, mais responsáveis e mais preparados para lidar com os desafios de preservação da qualidade do meio ambiente e da vida, no contexto do desenvolvimento sustentado para todos os povos.

Princípios e características essenciais da EA e FA

As recomendações da Conferência de Tbilisi (1977) sobre os objetivos e os princípios orientadores da EA devem ser consideradas os alicerces para a EA em todos os níveis, dentro e fora do sistema escolar.

A EA é considerada um processo permanente pelo qual os indivíduos e a comunidade tomam consciência do seu meio ambiente e adquirem o conhecimento, os valores, as habilidades, as experiências e a determinação que os tornam aptos a agir – individual e coletivamente – e resolver problemas ambientais presentes e futuros.

Os objetivos da EA não podem ser definidos sem que se levem em conta as realidades econômica, social e ecológica de cada sociedade, ou os objetivos determinados para o seu desenvolvimento. Deve-se considerar que certos objetivos da EA são comuns à comunidade internacional.

A EA deve prover os meios de percepção e compreensão dos vários fatores que interagem no tempo e no espaço para modelar o meio ambiente. Quando possível, o conhecimento em questão deveria ser adquirido por meio da observação, do estudo e da experimentação de ambientes específicos. Deve também definir os valores e motivações que conduzam a padrões de comportamento de preservação e melhoria do meio ambiente.

Tal efeito só será possível se a maioria dos membros de uma dada sociedade absorver, de forma livre e consciente, os valores positivos do meio ambiente, capazes de estabelecer a autodisciplina.

Educação ambiental • princípios e práticas

O fator mais importante que contribui para a especificidade da EA é, sem dúvida, sua ênfase na resolução de problemas práticos que afetam o meio ambiente humano. Disso deriva uma outra característica fundamental da EA, a abordagem interdisciplinar, que considera a complexidade dos problemas ambientais e a multiplicidade dos fatores ligados a eles.

Pelos seus objetivos e funções, a EA é necessariamente uma forma de prática educacional sintonizada com a vida da sociedade. Ela só pode ser efetiva se todos os membros da sociedade participarem, de acordo com as suas habilidades, das complexas e múltiplas tarefas de melhoria das relações das pessoas com seu meio ambiente. Isto só pode ser alcançado se as pessoas se conscientizarem do seu envolvimento e das suas responsabilidades.

Por ser um processo que deve durar por toda a vida, a EA pode ajudar a tornar mais relevante a educação geral. Ela é mais do que apenas um aspecto particular do processo educacional, e deve ser considerada uma excelente base na qual se desenvolvem novas maneiras de viver em harmonia com o meio ambiente – um novo estilo de vida. Deve dirigir-se a todos os membros de uma comunidade, no que diz respeito às necessidades e interesses das diferentes faixas etárias e categorias sócio-ocupacionais, e se adaptar aos diversos contextos socioeconômicos e culturais, considerando as desigualdades regionais e nacionais.

A EA deve proporcionar aos cidadãos os conhecimentos científicos e tecnológicos e as qualidades morais necessárias que lhes permitam desempenhar um papel efetivo na preparação e no manejo de processos de desenvolvimento, que sejam compatíveis com a preservação do potencial produtivo, e dos valores estéticos do meio ambiente.

Orientações, objetivos e ações para a Estratégia Internacional em EA e FA

Acesso à informação

Durante o último decênio os órgãos internacionais, particularmente a Unesco e o Pnuma, fizeram esforços para favorecer o intercâmbio de informações e a difusão de ideias novas em matéria de EA. É crescente o número de países, grupos e pessoas interessadas nas atividades de desenvolvimento da EA que se converteram em demandantes e até produtores de informação. Disso resulta que o intercâmbio de informações e experiências constitua um imperativo da perspectiva de universalização da EA.

Assim, com o objetivo de fortalecer o sistema internacional de informações e intercâmbio de experiências do Programa Internacional de EA (IEEP/PIEA), determinaram-se as ações:

a. O estabelecimento de um serviço computadorizado (ICISEE – International Computerized Information Service for Environmental Education).

b. O fortalecimento de redes regionais de instituições de excelência e centros de documentação.

c. A publicação do jornal *Connect*[2].

Pesquisa e experimentação

Durante a última década muitos países iniciaram trabalhos no campo da educação, a fim de aperfeiçoar, a partir da análise das necessidades e problemas, inovações relativas ao conteúdo, métodos e estratégias de uma educação e formação que correspondam aos princípios e objetivos da EA.

Com essas pesquisas foi possível conceber novas maneiras de concentrar os conteúdos educativos, recorrendo a temas integradores ou a perspectivas sistemáticas, bem como procedimentos pedagógicos ativos que favorecem a participação, o compromisso social e a responsabilidade dos destinatários do processo de EA.

A despeito dos esforços dos países, ainda não foram elucidados, suficientemente, certos problemas – antigos ou novos –, de ordem conceitual e metodológica. Por essa razão, alguns especialistas se perguntam, levando em conta a resistência psicológica e corporativista que encontraram, se convém contemplar o conteúdo da EA desde uma perspectiva exclusivamente interdisciplinar, ou, devido ao seu alto custo, seguir preconizando estratégias pedagógicas como a utilização de equipes multidisciplinares de professores.

Outrossim, cabe perguntar se é válido executar, tanto internacional quanto regional e sub-regionalmente, certas atividades de educação e formação (seminários, encontros, cursos específicos etc.) cuja eficácia quantitativa e cujas repercussões institucionais parecem, às vezes, muito limitadas.

Na verdade, dessas iniciativas só participam, em geral, alguns professores ou administradores, aos quais se somam alguns planejadores que, ao retornarem aos seus órgãos de origem, não dispõem dos meios para suscitar a mobilização institucional, estrutural e financeira que seria necessária para influir de verdade na definição das políticas nacionais de educação, meio ambiente e desenvolvimento.

No relatório final da Conferência de Tbilisi, já encontrávamos recomendações de estratégia para a pesquisa e experimentação em EA. Acentuou-se que todas as

---

[2] Atualmente o jornal *Connect* tem uma tiragem de 13 mil exemplares, em seis idiomas, distribuídos gratuitamente. Tem sido o meio mais efetivo de divulgação de informações sobre EA, em âmbito internacional. Pode-se adquiri-lo escrevendo para: *Connect*, 7, Place de Fontenoy, 75700, Paris, France, especificando a língua – *Contacto*, se em espanhol; *Connexion*, se em francês; *Connect*, se em inglês – e o seu ramo de atividade. Ressaltamos ainda que o *Connect* é impresso em papel reciclado.

Educação ambiental • princípios e práticas

atividades nessa área exigiriam igualmente ações de pesquisa e experimentação sobre as orientações, o conteúdo, os métodos e os instrumentos necessários para a sua execução. Assim, foram estabelecidas as seguintes prioridades:

a. Pesquisa e experimentação relacionadas a conteúdos e métodos educacionais. Tais programas devem produzir um refinamento dos conceitos fundamentais de uma cultura ecológica, formular os padrões de uma ética ambiental e elaborar metodologias para a EA de todos os grupos sociais.

b. Pesquisa e experimentação relativas a outros aspectos complementares da EA. Devem ser dirigidas com a finalidade de identificar pontos de convergência e complementaridade com outras atividades educacionais, cujos conteúdos estejam relacionados a aspectos fundamentais do ambiente humano – em particular, à educação voltada à nutrição e saúde.

c. Pesquisa relacionada à abordagem pedagógica para a questão dos valores. A EA lida também com aspectos afetivos e axiológicos. Estes são essenciais quando se busca gerar padrões de comportamento permanentes, com vistas à preservação e melhoria da qualidade do ambiente humano.

d. Será necessário conduzir pesquisas e experimentos que lidem, no contexto educacional e à luz dos diferentes objetivos das populações, com questões relativas ao burilamento de atitudes e valores ligados ao ambiente e a seus problemas associados.

e. Pesquisas relacionadas a novas estratégias para a transmissão de mensagens, visando ao desenvolvimento de conscientização ambiental, educação e formação. Diante da limitação de recursos disponíveis para a EA, tornam-se indispensáveis as pesquisas e experiências destinadas a definir as estratégias mais eficazes para transmissão das mensagens educativas, novos enfoques para a formação de pessoal e utilização de novas tecnologias da informação e comunicação (teleprocessamento, vídeo etc.).

f. Pesquisas sobre avaliação comparada nos diferentes componentes do processo educacional.

Frequentemente descuidada, a avaliação em EA deverá ser pesquisada de modo a se estabelecer a real efetividade do processo, visando à execução dos ajustes necessários para a sua melhoria.

Os métodos de avaliação que utilizam a simulação dos problemas ambientais parecem ser os mais adequados.

Similarmente, também é essencial a pesquisa sobre as vantagens e desvantagens de diferentes estratégias, velhas ou novas, concebidas para a organização e transmissão das mensagens educativas.

Uma área adicional para pesquisa deveria abordar conhecimentos e atitudes relativos ao ambiente de certos grupos específicos de aprendizes, principalmente no que diz respeito ao treinamento de professores que emergem de um processo tradicional de ensino compartimentado.

Programas educacionais e materiais de ensino

No Congresso de Moscou (1987) chegou-se à concordância de que a EA deveria, simultaneamente, preocupar-se com a promoção da conscientização, transmissão de informações, desenvolvimento de hábitos e habilidades, promoção de valores, estabelecimento de critérios e padrões, e orientações para a resolução de problemas e tomada de decisões. Portanto, objetivar modificações comportamentais nos campos cognitivos e afetivos.

Isso necessita atividades de sala de aula e atividades de campo, com ações orientadas em projetos e em processos de participação que levem à autoconfiança, a atitudes positivas e ao comprometimento pessoal com a proteção ambiental implementados de modo interdisciplinar.

Essa exigência requer uma reorientação do conjunto do processo educativo (conteúdo, metodologia, organização institucional, formação de pessoal).

Com o objetivo de promover a EA por meio do desenvolvimento de currículo e de materiais didáticos, a Conferência de Moscou estabeleceu as seguintes prioridades de ação:

a. Intercâmbio de informações sobre desenvolvimento de currículo.

b. Desenvolvimento de um modelo curricular (protótipo).

c. Desenvolvimento de novos recursos instrucionais. Os materiais convencionais devem continuar sendo utilizados e desenvolvidos, mas há a necessidade de novos recursos capazes de organizar os conhecimentos, de modo que sejam mais representativos das questões do ambiente real. Nesse caso, os jogos e as simulações que tenham como tema o ambiente tornam-se importantes para acentuar o papel dos conhecimentos científicos junto às funções a serem desempenhadas pela tecnologia e o lugar dos valores sociais e éticos, na tomada de complexas decisões e preparação de medidas para a resolução de problemas ambientais.

d. Promoção de avaliação de currículos.

Treinamento de pessoal

O treinamento de pessoal docente é o fator principal no desenvolvimento da EA. A aplicação de programas de EA e o próprio uso adequado dos materiais de ensino só serão possíveis se os docentes tiverem acesso a treinamento, tanto em conteúdos quanto em métodos, nessa forma de educação.

Com o objetivo de promover treinamento aos docentes em serviço e aos docentes em processo de formação, encarregados da EA formal (escolar) e não formal (extraescolar), foram recomendadas as ações:

a. Promoção de treinamento para docentes em formação.

b. Promoção de treinamento para docentes em serviço.

Educação técnica e vocacional

Dentre os docentes para os quais o treinamento em EA é uma prioridade, destacam-se os ligados aos cursos profissionalizantes de nível médio (operários, fazendeiros etc.).

O trabalho desses profissionais geralmente produz um impacto ambiental considerável sobre os recursos naturais e, consequentemente, sobre a conservação do potencial produtivo dos ecossistemas naturais e antropogênicos.

Objetivando a incorporação da dimensão ambiental na educação técnica, a Conferência de Moscou indicou as seguintes ações prioritárias:

a. Desenvolvimento de programas e materiais para educação e formação.

b. Formação e desenvolvimento de conscientização (sensibilização) dos professores.

c. Atividade prioritária para os setores de serviço. O turismo é uma das atividades no setor de serviços que, dado o seu caráter internacional e a sua intensidade, apresenta o maior impacto sobre o ambiente. É, portanto, urgente a organização do setor de modo que se consiga assegurar o crescimento dessa indústria de forma compatível com a conservação dos recursos e das qualidades estéticas do ambiente. As suas orientações devem considerar o ambiente natural e cultural de uma dada área.

Educando e informando o público

A Conferência de Tbilisi deixou orientações para a estratégia da educação e informação para o público ao acentuar que há uma necessidade de programas de EA que promovam a sensibilização desse público em relação ao seu próprio ambiente, envolvendo-o na resolução dos problemas da sociedade.

Os meios de comunicação de massa desempenham um papel importante na promoção da EA, pois constituem o meio ideal para atingir a maior audiência possível.

Apesar dos resultados já atingidos por esse meio, alguns países ainda não alcançaram os objetivos de criação de uma massa de cultura genuína com respeito ao ambiente, ou seja, uma cultura que seja dividida por todos os setores da população e pela maioria das nações.

Para tornar mais efetiva a educação e a informação nessa área, a Conferência de Moscou instruiu as seguintes ações:

Os grandes eventos sobre EA

a. Elaboração de programas educativos relativos aos meios de comunicação, essenciais para desenvolver nos indivíduos uma maior capacidade para analisar e avaliar a natureza, os objetivos e propósitos das informações. Ao mesmo tempo será necessário melhorar a qualidade das mensagens que dependem, em grande parte, do conhecimento e do grau de sensibilização do comunicador, e promover a cooperação entre cientistas e comunicadores.

b. Utilização dos novos meios de comunicação e dos métodos pedagógicos ativos.

c. Criação de um banco de programas audiovisuais.

d. Desenvolvimento e uso de museus. Museus regionais, museus de história natural e ecomuseus desempenham um papel importante na integração sistemática de experiências e novos dados ambientais, na apresentação de materiais e na educação do público, bem como dos estudantes e professores. Seu papel educacional é enriquecido com a organização de exibições especiais, cursos e excursões, enfatizando as condições ambientais globais, regionais e locais.

Educação universitária geral

Em Tbilisi foi acentuado que a EA seria necessária para estudantes de todos os campos, não apenas das ciências técnicas e naturais, mas também sociais e artísticas, dadas as relações entre a natureza, a tecnologia e a sociedade, que determinam o desenvolvimento desta.

Em Moscou, buscando-se a incorporação mais efetiva da dimensão ambiental na educação universitária, foram estabelecidas as seguintes prioridades de ação:

a. Desenvolvimento de sensibilização para as autoridades acadêmicas.

b. Desenvolvimento de programas de estudo.

c. Treinamento de professores.

d. Cooperação institucional.

Treinamento de especialistas

Os programas de treinamento especializado, nas várias disciplinas ligadas ao ambiente, são considerados de alta prioridade na promoção da conscientização sobre os problemas ambientais ligados ao futuro da humanidade.

É necessário que no treinamento dos especialistas sejam enfatizadas as relações entre desenvolvimento e ambiente, de modo que lhes permitam entender o impacto das atividades humanas sobre o ambiente e contribuir efetivamente para a implementação de programas de desenvolvimento capazes de manter o equilíbrio ambiental.

Com o objetivo de promover o conceito de desenvolvimento sustentado – que permite a satisfação das necessidades atuais enquanto preserva a qualidade e o potencial produtivo do ambiente, garantindo a satisfação das necessidades das gerações futuras – foram estabelecidas as seguintes prioridades:

a. Treinamento para especialistas ambientais.

b. Treinamento para profissionais.

c. Treinamento por meio da pesquisa.

d. Desenvolvimento de programas de estudos específicos.

e. Utilização das unidades de conservação.

f. Fortalecimento da capacidade regional de treinamento.

Cooperação internacional e regional

Nessa área foram sugeridas as seguintes atividades prioritárias:

a. Troca de informações.

b. Promoção de pesquisa e experimentação.

c. Promoção de treinamento.

d. Programas de estudo.

e. Informações sobre legislação ambiental.

f. Ação regional com o marco do PIEA.

g. Mobilização de recursos técnicos e financeiros.

h. Coordenação e consultoria interinstitucional em âmbito internacional.

Congresso internacional sobre EA e treinamento

Considerando que o desenvolvimento da EA e FA são processos longos e que os problemas educacionais, ambientais e de desenvolvimento se modificariam na década de 1990, o Congresso de Moscou sugeriu a realização de outro congresso internacional sobre EA e FA em 1997, para avaliar os progressos alcançados e estabelecer, em função das necessidades, as prioridades e os meios para o plano de ação da EA e FA para a primeira década do século XXI.

Como vimos, o Congresso de Moscou, em última instância, corroborou as recomendações sobre os objetivos e princípios orientadores da EA, da Conferência de Tbilisi, considerando-as como alicerces para a prática e o desenvolvimento de EA em todos os níveis. Depois de Moscou, a Conferência de Tbilisi consagrou-se definitivamente como o marco mais importante da EA, deixando os seus críticos de plantão em uma situação difícil, pois previam alterações profundas em suas orientações, o que terminou não ocorrendo, felizmente.

Por outro lado, algumas afirmações do documento oficial do Congresso de Moscou demonstraram um lado tendencioso no tratamento dado aos problemas ambientais dos países pobres, e provocaram polêmicas.

Na verdade, não podemos aceitar que o problema básico das nossas mazelas ambientais seja a pobreza. Afinal, a pobreza é uma decorrência de um complexo sistema engrenado em modelos de desenvolvimento econômico, de recursos de distribuição desigual, acoplados a uma ordem internacional escravagista, originando dívidas sociais.

São esses os modelos que geram a degradação ambiental mundial. Ocorre, em sua maior parte, pela ação direta dos países ricos industrializados, conforme atestam as recentes publicações do Worldwatch Institute – O Estado do Mundo, 1999/2000, e da WWF.

2.5 Os encontros brasileiros de EA

Após o Congresso Internacional sobre Educação e Formação Ambiental (Moscou, 1987), seguiram-se no Brasil vários eventos importantes para a consolidação do processo, dentre os quais destacamos:

▶ Seminário Latino-Americano de EA (Argentina, 1988).

▶ Encontro Nacional de Políticas e Metodologias para a EA (MEC-SEMAM – Secretaria do Meio Ambiente da Presidência da República, 25 a 29 novembro de 1991). Esse encontro originaria os Encontros Técnicos de EA na Região Norte (13 e 14 de abril de 1992, Manaus, AM); Região Nordeste (28 e 29 de abril de 1992, Natal, RN); Região Sul (13 de maio de 1992, Brasília, DF); Região Sudeste (13 de maio de 1992, Brasília, DF); Região Centro-Oeste (13 de maio de 1992, Brasília, DF).

Nesses encontros foram especificados os programas dos centros de EA, a fundamentação, a concepção básica, objetivos, diretrizes, abrangência, operacionalização, acompanhamento e avaliação.

▶ I Encontro Nacional dos Centros de EA (7 a 9 de dezembro de 1992, Foz do Iguaçu, PR).

Dada a importância histórica desses eventos, intimamente ligados ao desenvolvimento evolutivo do processo de EA em nosso continente, assim como, para evitar a nova descoberta da pólvora, seus resumos executivos estão disponibilizados nos Anexos deste livro.

Encontro Nacional de Políticas e Metodologias para a EA (MEC/Semam, 1991)

Promovido pelo MEC (Assessoria GT-EA) e pela Semam (Secretaria do Meio Ambiente da Presidência da República), ocorreu em Brasília, no período de 25 a 29 de novembro de 1991, o Encontro Nacional de Políticas e Metodologias para a Educação Ambiental, cujos participantes sugeriram a adoção das seguintes propostas:

Quanto à capacitação de recursos humanos

a. Que sejam adotados os seguintes princípios norteadores para a EA:

> ▶ formação de opinião para a conservação da vida, em todas as suas dimensões, no planeta Terra;
>
> ▶ resgate da memória histórica, cultural, antropológica e geopolítica na perspectiva do exercício da cidadania e da participação na construção de uma sociedade justa e democrática.

b. Que seja definido como conservação o conjunto de medidas que pressupõem a manutenção da vida em todas as suas instâncias, ajustando-as a um manejo adequado que garanta a qualidade de vida da sociedade hoje e no futuro, na perspectiva de uma política de desenvolvimento sustentado e justo.

c. Que a EA seja contínua e direcionada para uma visão multi, inter e transdisciplinar.

d. Que a EA tenha compromisso com as gerações futuras.

e. Que a EA seja dirigida a todos os níveis e modalidades de ensino e aos demais segmentos da sociedade civil organizada.

f. Que se busque, através da EA, dar um perfil ao indivíduo de forma atuante, analítica, sensível, transformadora, consciente, interativa, crítica, participativa e criativa.

g. Que a formação seja realizada em campos de trabalho intra e interinstitucionais, organizadores e promotores de processos de formação, atualização e especialização de recursos humanos.

h. Que se adotem, como estratégia, cursos sistematizados e oficinas dinâmicas de trabalho que venham contribuir com a atualização dos diversos profissionais no trato das questões ambientais.

Quanto ao material didático

a. Que, em sua abordagem, sejam considerados os aspectos sociais, políticos, econômicos e culturais.

b. Que seja incentivada a produção de material alternativo.

c. Que seja produzido tanto para as escolas (educação formal) quanto para a comunidade (educação informal), adequado à faixa etária, ao grau de escolaridade e ao conteúdo a ser abordado.

d. Que sejam elaborados conteúdos programáticos curriculares, por professores em conjunto com técnicos de instituições governamentais e organizações não governamentais e de acordo com a realidade de cada região.

e. Que sua produção esteja a cargo de Estados e municípios.

f. Que, em relação aos aspectos institucionais para sua elaboração, haja um rompimento de resistência entre as instituições governamentais e as não governamentais, pois ambas buscam o mesmo objetivo.

g. Que haja garantias para edição do material produzido procurando impedir ingerências políticas.

h. Que seja incentivada a sua produção de caráter informativo e formativo.

i. Que haja dotação permanente de recursos do governo federal (MEC/Semam-PR) para a sua produção.

j. Que haja repasse de recursos da esfera federal para os Estados e municípios.

k. Que seja criada uma comissão executiva interinstitucional nos Estados com as funções de elaborar e/ou selecionar os materiais para publicação e acompanhar a aplicação de recursos.

l. Que seja levantado, sistematizado, avaliado, revisado e atualizado todo aquele já produzido, publicado ou não.

Quanto às formas de trabalho na comunidade e na escola

a. Que tenham como objetivos sensibilizar e conscientizar.

b. Que busquem uma mudança comportamental.

c. Que formem um cidadão mais atuante.

d. Que forneçam subsídios visando incluir as questões ambientais nos planos estaduais.

e. Que cumpram as diretrizes para a EA estabelecidas pela Unesco na Conferência de Tbilisi.

f. Que introduzam subsídios para conscientização e participação social das comunidades nas questões ambientais.

g. Que sensibilizem o professor, principal agente promotor da EA.

h. Que estimulem a participação de segmentos organizados da sociedade no alcance do direito da cidadania, com melhores condições de vida para a população.

i. Que despertem os setores empresariais e as entidades representativas da classe trabalhadora para a busca do ecodesenvolvimento.

j. Que sensibilizem a comunidade para a adoção de uma postura ética e solidária em relação ao meio ambiente (preservação, conservação e repercussão).

k. Que sejam criadas condições para que, no ensino formal, a EA seja um processo contínuo e permanente, através de ações interdisciplinares globalizantes e da instrumentalização dos professores.

l. Que seja promovida a integração entre a escola e a comunidade, objetivando a proteção ambiental em harmonia com o desenvolvimento sustentado.

m. Que os projetos atinjam as zonas urbana e rural e os diversos segmentos da sociedade.

n. Que seja valorizado o exercício pleno da cidadania em relação ao meio ambiente, objetivando assegurar o direito a uma melhoria na qualidade de vida dos cidadãos.

o. Que sejam engajadas as entidades públicas e privadas no processo.

Acreditamos que, uma vez atendidas as recomendações propostas, a EA venha a alcançar seus objetivos, e a comunidade possa obter uma melhoria na qualidade de vida.

Encontros Técnicos de EA

Promovidos pela Assessoria/GT de FA do MEC e Semam/Ibama, os encontros tiveram como objetivos:

a. Definir critérios para apoiar programas de EA na região.

b. Definir estratégias para implantação de programas de EA para a região;

c. Promover o intercâmbio das experiências em âmbito regional.

d. Participaram dos encontros técnicos das secretarias estaduais de educação órgãos de meio ambiente e das universidades federais.

Encontro Técnico de EA da Região Norte

Com base nas conclusões e recomendações do Encontro Nacional de Políticas e Metodologias para a Educação Ambiental, ocorrido em Brasília, no período de 25 a 29 de novembro de 1991, os participantes do Encontro Técnico de Educação Ambiental da Região Norte (Manaus, AM, 13 e 14 de abril de 1992) estabelecem prioridades, estratégias e recomendações para a sua operacionalização e os princípios gerais que devem nortear as referidas ações na região.

Princípios gerais da EA

a. Considerar as diretrizes para a EA estabelecidas pela Unesco, na Conferência de Tbilisi.

b. Buscar a mudança de atitudes e posturas que são incompatíveis com os princípios norteadores da EA.

c. Negar toda a forma de manifestação que atente contra a vida em todas as suas dimensões, propiciando o desenvolvimento da consciência individual e coletiva para valorização e conservação da vida na direção da superação de paradigmas científicos e sociais inviabilizadores do surgimento de um novo cidadão.

d. Resgatar a memória histórica, cultural e antropológica popular na perspectiva da cidadania e da participação na construção de uma sociedade nova e democrática.

e. Promover a EA contínua e direcionada para uma visão multi, inter e transdisciplinar.

f. Comprometer o processo da EA com as gerações atuais e futuras.

g. Definir os critérios de desenvolvimento mais compatíveis com os recursos naturais da região.

h. Adotar a definição de conservação como sendo o conjunto de medidas que pressupõem a manutenção da vida em todas as suas dimensões, ajustando-as a um manejo adequado que garanta a qualidade de vida da sociedade hoje e no futuro.

Prioridades e Estratégias para Operacionalização da EA

Quanto à capacitação de recursos humanos

Considerando-se a abrangência de um programa de capacitação de recursos humanos, estabeleceram-se como necessidades prementes:

a. Capacitar professores e técnicos de ensino fundamental, médio e superior prioritariamente os de ensino fundamental, para garantir a efetivação do processo.

b. Qualificar os tomadores de decisões (poder público e privado, e setores organizados da sociedade civil) como condição *sine qua non* para o desenvolvimento de qualquer proposta.

c. Capacitar instrutores para atuação em âmbito comunitário.

d. Formar agentes multiplicadores para atuação nas diversas esferas da sociedade.

e. Promover cursos sistematizados e oficinas de trabalho dinâmicas que venham contribuir com a atualização dos diversos profissionais no tocante às questões ambientais.

f. Promover cursos de pós-graduação *lato* e *strictu sensu*, para capacitar recursos comprometidos com a problemática ambiental, enquanto os currículos de graduação não refletirem essa preocupação.

Quanto ao material didático

a. Levantar, sistematizar, avaliar, revisar e atualizar todo o material já produzido, publicado ou não, considerando os aspectos sociais, econômicos e políticos da região, prioritariamente aqueles destinados à capacitação de recursos humanos.

b. Ampliar o acervo bibliográfico especializado para atender às demandas das escolas da região.

Educação ambiental • princípios e práticas

c. Incentivar o intercâmbio de publicações especializadas da região.

d. Produzir material, tanto para as escolas quanto para a comunidade, de modo a atender a faixa etária, grau de escolaridade e conteúdo a ser abordado.

e. Fomentar a elaboração de material por professores, técnicos de instituições governamentais e não governamentais sobre os conteúdos curriculares e de acordo com a realidade da região.

f. Prever dotação permanente de recursos do governo federal (MEC/ Semam-PR) aos Estados e municípios, para aquisição e produção de material de caráter formativo, informativo e alternativo.

Quanto às formas de trabalho na comunidade e na escola

a. Promover a reformulação dos currículos de ensino fundamental, médio e superior, incluindo a dimensão ambiental e perpassando todas as disciplinas curriculares.

b. Criar condições para que, no ensino formal, a EA seja um processo contínuo e permanente, através de ações interdisciplinares e globalizantes.

c. Sensibilizar o professor como agente promotor do processo de mudança.

d. Incentivar a realização de encontros e seminários locais para a discussão de ações pertinentes à EA, garantindo a participação dos municípios integrantes dos diferentes Estados da região.

e. Promover a integração entre a escola e a comunidade, objetivando a proteção ambiental em harmonia com o desenvolvimento sustentável.

f. Fornecer subsídios para inclusão das questões ambientais nos planos estaduais.

g. Ouvir a comunidade quanto aos seus anseios para nortear os trabalhos de EA.

h. Introduzir subsídios para a conscientização e participação da sociedade nas questões ambientais.

i. Comprometer os setores empresariais e as entidades representativas da classe trabalhadora para a busca do desenvolvimento sustentável.

j. Sensibilizar a comunidade para a adoção de uma postura ética e solidária em relação ao meio ambiente (preservação, conservação e recuperação).

k. Atingir, através dos projetos, os diversos segmentos da sociedade nos contextos local e regional.

l. Engajar no processo as entidades públicas, privadas e representativas de classes.

Recomendações

a. Criar uma comissão interinstitucional nos Estados com a função de gerenciamento do Programa de EA.

b. Criar uma comissão de EA na Região Norte, com representação das unidades federativas, visando à articulação entre seus Estados.

Os grandes eventos sobre EA

c. Instituir um fórum nacional, através do MEC/Semam/Ibama, com representação regional permanente, objetivando acompanhar a implementação da política nacional, estadual e municipal de EA.

d. Priorizar os recursos do Programa de Educação Ambiental (MEC/Semam-PR/ Ibama), para trabalhos interinstitucionais que envolvam as instituições de ensino superior, Secretarias de Estado da Educação e órgãos ambientais.

e. Incentivar as pesquisas para a produção de conhecimentos sobre a realidade ambiental e social da região, como suporte às ações de EA.

f. Apoiar a implementação do Centro de Educação Ambiental da Amazônia, como integrante do Programa Nacional de Centros de Educação Ambiental do Ministério da Educação.

g. Promover a instalação de um banco de dados de entidades, especialistas e experiências na área ambiental da região, para promover a divulgação e intercâmbio de ações.

h. Garantir a edição do material didático produzido, procurando impedir ingerências políticas.

i. Divulgar amplamente os acordos e convênios celebrados e os editais para apresentação de projetos com vista a financiamentos.

j. Apoiar projetos que visem tornar conhecidos os patrimônios históricos e culturais nacionais e internacionais.

k. Estimular a participação dos segmentos organizados da sociedade no alcance do direito e melhoria da qualidade de vida.

l. Dispender esforços no sentido de viabilizar a contratação de recursos humanos especializados para a região.

m. Comprometer os meios de comunicação social para divulgação sistemática das experiências desenvolvidas.

n. Considerar, no Fundo Nacional de Desenvolvimento da Educação (FNDE), uma linha de financiamento para estímulo e promoção de atividades vinculadas à EA.

Encontro Técnico de EA da Região Nordeste

Os participantes do Encontro Técnico de Educação Ambiental da Região Nordeste (Natal, RN, 28 e 29 de abril de 1992), reunidos em sessão plenária no dia 29 de abril, aprovaram este documento que consolida conclusões do referido encontro.

Bases filosóficas e diretrizes

Os participantes do Encontro Técnico de Educação Ambiental adotaram como metodologia de trabalho uma ampla discussão sobre os questionamentos em EA, atendo-se a uma reflexão de seu conceito e apontando a especificidade para a Região

Nordeste. Durante as discussões enfatizaram a necessidade da compreensão do que representa a filosofia e a prática do desenvolvimento sustentado para eliminar e erradicar as condições de miséria quase absoluta em que está submetida uma parcela significativa da população nordestina, e que esta preocupação permeia toda a filosofia e a prática do Programa de EA.

Para tanto é necessário que o Programa de EA para o Nordeste brasileiro seja contemplado como um produto ecossociológico, no qual o homem possa se apropriar de conceitos universais, possibilitando a compreensão do ambiente como patrimônio social e cultural responsável pela integração da interdependência natureza/sociedade.

Dessa forma adotam-se os seguintes princípios norteadores:

a. Considerar o homem como produto biossocial agente de sua história.

b. Priorizar a incorporação do comportamento político capaz de elevar à compreensão da questão ambiental sob a ótica cultural, social, política e econômica.

c. Tratar os conceitos científicos como verdade, porém passíveis de interpretações contextuais e de adoções metodológicas.

A partir do estabelecimento das bases filosóficas e do reconhecimento da necessidade de se adotar um corpo conceitual, o Programa de EA para a Região Nordeste deverá adotar como base, para um trabalho eficiente e eficaz, as seguintes diretrizes:

a. Promover a articulação entre universidade, Secretarias de Educação e órgãos de meio ambiente estaduais e municipais, capitaneada pela Secretaria Executiva do Ministério da Educação, pela Secretaria do Meio Ambiente da Presidência da República e pelo Instituto Brasileiro de Meio Ambiente e Recursos Naturais Renováveis através de ações coordenadas.

b. Estimular estudos e pesquisas sobre organização curricular visando incorporar os princípios e a prática da EA no ensino fundamental e médio.

c. Assegurar que as universidades incorporem seu papel de participante ativo nos processos de reorganização curricular nos ensinos médio e fundamental à real demanda do momento vivenciado pela sociedade.

d. Promover e adotar um programa de capacitação de recursos humanos (agentes transformadores), visando à qualificação dos educadores e técnicos em meio ambiente, dentro da nova visão e princípios da EA, com vistas à construção de uma sociedade competente, humana e mais justa.

e. Criar um programa de produção de material educativo instrucional que contemple os princípios da EA, sem descuidar do conteúdo científico e da contextualização dos fatos e fenômenos, realçando o potencial e a vivência cultural da região.

Os grandes eventos sobre EA

f. Desencadear um processo de avaliação permanente para acompanhar e incorporar os avanços do Programa de EA em cada Estado.

g. Criar e/ou absorver núcleos já existentes, como pontos que sirvam de base para experimentar as propostas curriculares e o uso do material educativo-institucional produzido.

Proposição de critérios para apoiar programas de EA

a. Os programas/projetos deverão ser consoantes com a Política Nacional de Meio Ambiente.

b. Os programas/projetos deverão ser relevantes para a EA, com coerência interna e comprovadamente viáveis dentro das condições previstas (pessoal, tempo, custo).

c. Devem ser priorizados os programas/projetos de capacitação de docentes e técnicos.

d. Devem ser priorizados os programas/projetos interinstitucionais.

e. Devem ser vistos com reserva os programas/projetos de instituições que anteriormente utilizaram mal recursos públicos e internacionais (isso implica avaliação de resultados e não apenas avaliação técnico-financeira).

f. Devem ser priorizados programas/projetos que objetivem equipar as instituições públicas para a realização de trabalhos de EA.

g. Devem ser contemplados de forma equitativa os programas/projetos das diferentes regiões brasileiras.

Proposições de estratégias para implantação de programas de EA

Além das estratégias contidas no item Conclusões e Recomendações do Documento Final do Encontro Nacional de Políticas e Metodologias para a EA, outras devem ser acrescidas e consideradas:

a. Definir especificamente as competências das instituições na EA formal e não formal.

b. Promover a divulgação sistemática de informações sobre disponibilidade de recursos e intercâmbios para a realização de programas/projetos em EA e as formas de acesso a eles.

c. Garantir que os órgãos coordenadores do programa de EA assegurem recursos financeiros para viabilizar os projetos que compõem o Programa.

d. Promover e incentivar o intercâmbio de recursos técnicos e materiais entre as diversas instituições que atuam na área de EA.

e. Utilizar a rede nacional de televisão no horário nobre para a exibição de vídeos de curta duração que promovam a conscientização e a informação de questões ambientais.

Educação ambiental • princípios e práticas

f. Reproduzir vídeos como Globo Ecologia, Globo Rural, Globo Repórter e distribuí-los para as escolas.

g. Introduzir maior número de aulas práticas nas disciplinas dos ensinos fundamental, médio e superior, incentivando as atividades-aulas interdisciplinares.

h. Sensibilizar a escola para promover o envolvimento dos diversos segmentos da comunidade no processo de EA.

i. Garantir a atividade de pesquisa como geradora do conhecimento ambiental.

j. Promover a reciclagem dos professores, especialmente do ensino superior, por serem os responsáveis pela formação dos demais professores, de técnicos e de especialistas.

k. Capacitar recursos humanos envolvidos nos ensinos médio e fundamental e no movimento ambientalista, a fim de trabalhar e apresentar soluções para a problemática ambiental, dentro de uma visão multi e transdisciplinar, e que contribuam também para a organização de equipes qualificadas capazes de oferecer assessoria às comunidades na questão ambiental.

l. Promover uma melhor utilização da extensão universitária na educação formal e não formal com relação à preocupação ambiental.

m. Usar o exemplo como o maior instrumento de EA, isto é, praticar o que se prega (prédios escolares bem concebidos, com infraestrutura básica adequada, comportamento de professores e de técnicos em educação coerente com os seus discursos etc.).

n. Criar mecanismos que assegurem às comunidades informações que contribuam para solucionar e/ou minimizar seus problemas em relação ao meio ambiente.

o. Criar mecanismos para reforçar o elo de comunicação entre a sociedade e os órgãos que atuam na questão ambiental.

Os participantes do Encontro entendem que a Região Nordeste guarda uma diversidade significativa em termos ecossociológicos. Sugerem que os critérios e estratégias aqui apresentados sejam avaliados para a incorporação pelos próprios Estados em seus programas de EA e que a compatibilização entre esses programas resulte no Programa Regional de Educação Ambiental, sendo realizado em uma oficina interestadual de trabalho.

Encontro Técnico de EA da Região Centro-Oeste

Conclusões e recomendações

O documento resultante do Encontro Nacional de Políticas e Metodologias para a Educação Ambiental, ocorrido em 1991, apresentou princípios e diretrizes para a

Os grandes eventos sobre EA

capacitação de recursos humanos, produção de material didático, formas de trabalho na comunidade e na escola, bem como quanto à comunicação social no processo de EA.

O grupo de trabalho do Centro-Oeste optou por apresentar os critérios e estratégias para implantação dos projetos em âmbito global, sem seguir as especificações do encontro anterior.

O grupo do Encontro Nacional concluiu que os critérios e estratégias de implantação devam ser nacionais, sempre buscando garantir os méritos e funções dos projetos e a transparência dos processos decisórios.

Assim sendo, inferiu que:

a. É necessário que fique explícito, em todos os documentos-sínteses, que a EA deve contemplar a problemática dentro de uma visão holística e assumir o seu caráter interdisciplinar e a sua finalidade de atender ao desenvolvimento ecologicamente sustentado.

b. Dentre os principais critérios gerais para o fomento da EA no país deve-se:

> ▶ formular e divulgar as políticas e os recursos para a EA, criando mecanismos de avaliação e controle dos projetos;

> ▶ englobar, em todos os níveis das instâncias de fomento nacional, regional, estadual e/ou municipal, os diversos órgãos integrantes da formulação das políticas de EA no processo de seleção dos projetos;

> ▶ conjugar os esforços interinstitucionais para obtenção e aplicação dos recursos financeiros, materiais e humanos para projetos de EA;

> ▶ selecionar as instituições públicas ou privadas em função da sua capacidade de diversificação no atendimento das necessidades;

> ▶ na aprovação dos projetos, observar para que não se restrinjam a diagnosticar a situação da comunidade, mas que avancem na direção de proposições e busca de resultados com base na transformação dessa comunidade, que superem o seu caráter eminentemente informativo e naturalístico, no sentido de promover a cultura de novos modelos de desenvolvimento que preservem o meio ambiente;

> ▶ na aprovação desses projetos, prever mecanismos de avaliação com acompanhamento sistemático;

> ▶ estimular projetos de EA tanto em âmbito formal quanto informal, não apenas informativos, mas, especialmente, os de caráter formativo de novos hábitos, atitudes e comportamentos;

> ▶ assegurar e estimular ações voltadas para a proteção do cerrado, dada a sua exclusão na Constituição de 1988, pelo fato de ser a vegetação natural que

ocupa a maior área de nosso território e por constituir a mais recente área agrícola do país.

Dentre as principais estratégias para o desenvolvimento da EA, deve-se:

a. Capacitar recursos humanos em EA: docentes em formação e em serviço, e especialistas em educação.

b. Apoiar estudos, pesquisas e projetos de EA.

c. Divulgar amplamente as ações educativas.

d. Promover a articulação entre órgãos governamentais e não governamentais.

e. Garantir a interdisciplinaridade na abordagem das questões ambientais e na visão do meio ambiente em sua totalidade.

f. Incentivar a produção e divulgação de material instrucional.

g. Atender às grandes diretrizes de Conferência de Tbilisi.

h. Estimular a participação dos atores produtivos nos projetos de EA.

Encontro Técnico de EA da Região Sudeste

Conclusões e recomendações

Os participantes do Encontro Técnico de EA da Região Sudeste, reunidos em sessão plenária no dia 13 de maio de 1992, em Brasília, DF, aprovaram este documento que consolida conclusões do referido encontro.

Critérios para apoiar programas de EA

a. Existência de programas e/ou projetos de EA nas secretarias de Estado de educação e órgãos de meio ambiente.

b. Adoção de uma metodologia multidisciplinar (diretriz).

c. Identificação da área a ser atendida, esclarecendo:

> ▶ se é experiência-piloto;
> ▶ se já representa implantação;
> ▶ se o investimento prioriza áreas já sensibilizadas, resgatando experiências já realizadas;
> ▶ se a introdução se dará em áreas ainda não trabalhadas e com criatividade na área ambiental.

d. Que seja contemplada a perspectiva de o projeto ter uma ação autônoma a partir de sua implantação.

e. Quantificação do número de docentes a ser atendido direta e indiretamente.

Os grandes eventos sobre EA

f. Compromisso de implantar processos de capacitação no sentido de constituir agentes multiplicadores.

g. Integração com instituições governamentais e não governamentais.

h. Abertura de espaço para absorção de estagiários em diversos níveis.

Estratégias para implantação de programas de EA

a. Garantir repasse dos recursos financeiros alocados diretamente nos órgãos envolvidos de acordo com o cronograma de execução, representando fator fundamental para viabilização de programas de EA.

b. Constituir processos de avaliação sistemática do programa e/ou projeto.

c. Contratar consultores especializados, caso haja necessidade.

d. Buscar patrocínio junto a organismos, empresas e entidades nacionais e internacionais.

e. Inserir o programa e/ou projeto na comunidade através da integração da equipe técnica com segmentos representativos; possibilitar a flexibilização para redirecionar os objetivos do projeto/programa quando justificados.

f. Atender às conclusões e recomendações dos grupos de trabalho organizados durante o encontro em questão.

Encontro Técnico de EA da Região Sul

Conclusões e recomendações

Os participantes do Encontro Técnico de EA da Região Sul, reunidos em sessão plenária no dia 13 de maio de 1992, em Brasília, DF, aprovaram este documento que consolida conclusões do referido encontro.

Estratégias para implantação de programas de EA

a. Que seja criado um grupo de trabalho de EA interinstitucional e interdisciplinar nas secretarias de educação dos Estados, através de exigência do MEC, já que a EA no Brasil está prevista na Constituição Federal de 1988, em seu Artigo 225, Capítulo VI – Do Meio Ambiente.

b. Que o grupo de trabalho de EA da Secretaria de Educação fique diretamente ligado ao gabinete do secretário.

c. Que sejam destinados recursos próprios para os projetos de EA.

d. Que o grupo de trabalho de EA da Secretaria de Educação tenha como providência primeira a adequação curricular para inserção da EA interdisciplinarmente.

Educação ambiental • princípios e práticas

e. Que seja realizada a capacitação dos professores para trabalharem com a EA. Essa capacitação poderá ser à distância através de encarte de jornal, abrangendo, dessa forma, um número maior de professores e de interessados da comunidade.

f. Que a EA formal seja coordenada pela Secretaria Estadual de Educação e a não formal pelas instituições competentes.

Critérios para apoiar programas de EA

a. Que toda secretaria de educação que possua sob sua coordenação um grupo de EA interinstitucional e interdisciplinar destine dotação orçamentária própria para desenvolver projetos e/ou programas na área.

b. Que sejam aprovados pelo MEC somente os planos globais das secretarias de educação que tenham completado projetos e/ou programas na área de EA.

c. Que haja uma ação conjunta das secretarias de Estado da Região Sul na área de EA.

I Encontro Nacional dos Centros de EA

A Conferência do Rio, ou Rio-92, como ficou conhecida a Conferência das Nações Unidas sobre o Meio Ambiente e Desenvolvimento (Unced ou Earth Summit), veio contrariar os que gostam de tornar as coisas mais complicadas. Através do Capítulo 4, Seção IV da Agenda 21, a Rio-92 corroborou as recomendações de Tbilisi para a EA.

Ficou patente a necessidade do enfoque interdisciplinar e da priorização das seguintes áreas de programas:

a. Reorientar a educação para o desenvolvimento sustentável.

b. Aumentar os esforços para proporcionar informações sobre o meio ambiente, que possam promover a conscientização popular.

c. Promover treinamento.

Mas a Agenda 21, um programa de ação de oitocentas páginas, não restringe a EA à Seção IV. A EA está presente em quase todos os 39 capítulos do documento, prevendo ações até o século XXI.

A Rio-92 também endossou as recomendações da Conferência sobre Educação para Todos, realizada na Tailândia (1990), que incluiu o tratamento da questão *do analfabetismo ambiental.*

Esse tipo de analfabetismo foi classificado como o mais cruel, pernicioso e letal para a perda contínua e progressiva da qualidade de vida no planeta.

No Capítulo 36 da Agenda 21 sugere-se a implantação de Centros Nacionais ou Regionais de Excelência especializados em Meio Ambiente.

Nesse sentido, de 7 a 9 de dezembro de 1992, em Foz do Iguaçu, PR, o MEC (Assessoria de EA) reuniu coordenadores pedagógicos, técnicos dos Centros de EA e dos departamentos do MEC nos Estados, técnicos das secretarias de educação (estaduais e municipais) e das universidades (federais e municipais), para discutir as propostas pedagógicas, metodologias para capacitação e para as atividades a serem desenvolvidas nos Centros.

Recomendações do Encontro

Quanto ao Programa de Centros de EA

a. A implantação e implementação dos Centros de EA devem pressupor a formação de recursos humanos para a realização do trabalho interdisciplinar, condição *sine qua non* do tratamento da questão ambiental.

b. As propostas de trabalho dos Centros de EA necessitam assentar-se em uma base comum e sólida das concepções nacionais e internacionais, diversificando-se de acordo com as diferentes realidades em que estejam inseridas.

c. As propostas de trabalho devem permitir ao indivíduo conhecer a sua realidade, o seu entorno, e buscar alternativas nas pesquisas básicas, não só para solucionar problemas, como também para preveni-los.

d. A cooperação interinstitucional é necessária para garantir o pleno desenvolvimento do processo, desde a geração do conhecimento de metodologias até a incorporação dos resultados advindos da implantação das propostas pelo sistema de ensino e pela sociedade em geral.

e. A abrangência do programa precisa ser definida e delimitada para concentrar esforços e evitar a pulverização de recursos.

f. O MEC deve articular um subprograma de Capacitação de Recursos Humanos para a qualificação, em termos de especialização, daqueles que vão gerenciar as ações dos Centros de EA, elegendo pontos estratégicos para sua localização, entre os locais em que os Centros estão instalados, com a preocupação da formação e fortalecimento de uma rede de EA.

g. O MEC deverá acompanhar, avaliar e orientar efetivamente o trabalho dos Centros de EA que forem apoiados e reconhecidos por ele.

h. O MEC deverá captar recursos para repasse aos Centros de EA.

i. O MEC deverá avaliar tecnicamente os projetos para capacitação de recursos apresentados pelos Centros de EA.

j. As prefeituras municipais, os governos de Estado, universidades e outras entidades, que mantêm convênios para a criação e/ou atendimento dos Centros de EA, deverão cumprir à risca os termos dos referidos convênios.

Educação ambiental • princípios e práticas

k. Os Centros de EA deverão elaborar um regimento interno que lhes dê autonomia e continuidade pedagógica e administrativa.

l. O MEC deve promover mecanismos para trocas de informações entre os Centros através de reuniões periódicas, boletins e outros meios.

m. Os Centros de EA deverão formar uma rede para troca de experiências, informação e capacitação de recursos humanos na área de Ciências e EA.

n. O MEC deverá buscar instituições que promovam a reciclagem e treinamento de recursos humanos dos Centros de EA.

o. Todo Centro de EA, para realização de seu programa de trabalho, deve contar com o auxílio do MEC na aquisição dos recursos didáticos prioritários.

p. Os Centros de EA deverão elaborar programas que atendam o ensino formal e não formal, através de projetos de extensão voltados para as necessidades e interesses das unidades.

q. Os Centros de EA deverão buscar alternativas de prestação de serviços para a comunidade de forma a garantir recursos financeiros complementares para o desenvolvimento de suas atividades.

r. O MEC deverá centralizar e tornar disponíveis a todos os Centros de EA os programas de trabalhos de cada Centro, relatórios e vivências.

s. O MEC centralizará uma rede de Centros de EA, da qual deverão fazer parte outros Centros de EA, quer de instituições públicas ou privadas.

t. Crie um grupo de apoio ao MEC, representativo dos Centros de EA.

u. Capacite imediatamente os coordenadores dos Centros.

v. Promova, no mínimo, uma reunião semestral com coordenadores dos Centros.

w. Que o MEC se articule com agências internacionais técnicas e de financiamento para viabilizar cooperação técnica financeira aos Ceam's.

x. O MEC, como coordenador dos Centros, deve estimular e facilitar o intercâmbio dos Centros com as universidades e outras instituições de ensino, pesquisa e afins.

y. Crie um banco de dados para fornecer e armazenar informações que subsidiem as ações do Ceam.

Proposta para Implantação de Centros de EA

Em decorrência do Encontro de Foz do Iguaçu, a coordenação do Projeto de Centro de EA do MEC apresentou as diretrizes para os centros.

Fundamentação

A compreensão da problemática ambiental passa pela análise do processo de crescimento econômico e educacional, sendo este último mediador entre os setores do contexto social.

É no meio ambiente que se materializam as relações que os homens mantêm entre si, com vistas ao atendimento de suas necessidades. A satisfação das necessidades e aspirações humanas constitui, portanto, o cerne do desenvolvimento sustentável. Por esse motivo, o crescimento econômico simplesmente não atende por si só aos anseios e objetivos do desenvolvimento sustentável.

O desenvolvimento sustentável supõe uma transformação progressiva da economia e da sociedade. Por meio dele, as necessidades atuais serão atendidas sem comprometer as possibilidades de atendimento das necessidades das gerações futuras.

Sob esse aspecto, a educação deve, em sua globalidade e em seu objetivo, buscar desenvolvimento de conhecimentos teóricos e práticos para que o indivíduo seja capaz de atuar conscientemente sobre a realidade que o cerca.

A questão ambiental fundamenta-se nos direitos humanos, no exercício da cidadania e em uma política de economia sustentada que deve atender a dimensões biológicas, históricas, psicossociais, econômicas, políticas e axiológicas, consideradas dentro de uma perspectiva evolucionária. Conhecimento, tecnologia e ações sociais de nada adiantarão se não estiverem apoiados em uma autêntica transformação de valores, atividades e atitudes do homem de hoje. Essa transformação pressupõe uma EA para todas as pessoas, de todas as idades, por vias escolares e não escolares.

Caberá à EA despertar no cidadão uma consciência crítica sobre o ambiente, considerado um bem comum, direito natural e essencial à vida.

A essência da educação está no desenvolvimento do conteúdo e da práxis, passando por uma relação dialética do ambiente e sua problemática.

Somente através de um processo educativo preocupado com as questões ambientais, com o desenvolvimento sustentado, com o ecodesenvolvimento, com a preservação e conservação de nosso patrimônio cultural, genético, ambiental e antropológico é que poderão surgir soluções para reverter o atual quadro de uso inadequado dos recursos naturais.

A EA está inserida na Política da Educação Nacional.

É nesse contexto que se insere a criação dos Centros de EA. Estes devem ser catalisadores e difusores do saber popular e científico, devem buscar a formação de recursos humanos para enfrentar desafios, refletir sobre as questões ambientais e sobretudo discutir soluções para atuação do homem sobre o patrimônio natural evitando o "processo a qualquer custo".

O Centro deverá promover a disseminação do conhecimento e de informação sobre as questões ambientais, contribuindo assim para a formação de uma consciência crítica regional e nacional.

Concepção básica

O Centro de EA deverá caracterizar-se como foco irradiador na busca de alternativas para desencadear e apoiar o processo de EA no ensino formal e informal.

O Centro de EA deve ser o catalisador de experiências viáveis e das possibilidades de melhoria de vida na comunidade.

O Centro de EA deve ser o polo gestor e gerador de conhecimento, de experimentação pedagógica, de disseminação e divulgação do conhecimento e do fazer pedagógico conjugado com a práxis do cotidiano.

Nesse espaço, deverá se buscar centralizar a discussão sobre a questão ambiental como um processo de formação e informação social, orientada para o desenvolvimento da consciência crítica e reflexiva do homem.

A função educativa, no Centro, deverá ter como referencial o conteúdo do sistema de ensino formal complementado pelo saber não formal de maneira integrada e sistemática.

A mediação do processo de aprendizagem, no Centro, deverá ter no professor o agente fundamental capaz de orientar e motivar a participação de todos.

A administração desse processo deverá ter como suportes o Estado e a sociedade civil, em suas diferentes formas de organização.

O Centro, para cumprir a função educativa de disseminador e divulgador de ideias e conhecimentos, realizador de extensão e promotor de pesquisa, deverá ter uma estrutura administrativa que atenda às necessidades da população e peculiaridades locais.

Para a organização e funcionamento do Centro será necessária a formulação de diretrizes operacionais segundo as especificidades locais e regionais, tornando-o capaz de ser agente multiplicador dessa abordagem multidisciplinar e global da questão ambiental.

Para o funcionamento, o Centro deverá estabelecer sua programação de acordo com os interesses da clientela proveniente do sistema de ensino e da comunidade.

Objetivos

Objetivo geral

Promover a EA como uma das formas de melhoria da qualidade de vida.

Objetivos específicos

a. Promover uma ação convergente centro/comunidade/sistema de ensino, como oportunidade de um trabalho de autodesenvolvimento, na busca de soluções de problemas da comunidade.

b. Promover estudos e debates sobre a problemática ambiental sob a perspectiva multi, inter e transdisciplinar, visando ao desenvolvimento eficiente e eficaz de programas e projetos de EA.

c. Implementar ações de EA, servindo de apoio ao sistema de ensino, na busca de alternativas para a sua efetivação às atividades escolares.

d. Incorporar os meios de comunicação de massa na implementação de ações educativas, que facilitem a divulgação das informações dirigidas à comunidade.

e. Estimular estudos e pesquisas que viabilizem soluções para as questões ambientais.

f. Apoiar iniciativas e experiências locais e regionais, incluindo a produção de material instrucional, de modo a servir de subsídios ao processo educativo e à práxis em desenvolvimento pelo Centro.

g. Capacitar recursos humanos (professores, especialistas, técnicos, funcionários e outros) de órgãos governamentais ou não, através de cursos, seminários, oficinas de trabalho etc.

h. Estimular e apoiar a criação de núcleos de EA em sua área de abrangência, multiplicando suas ações em âmbito local, de forma organizada e integrada.

Diretrizes

a. Adoção de propostas pedagógicas ou não, que formulem uma interpretação global das relações do homem em seu contexto socioeconômico, político e cultural com o meio.

b. Reflexão crítica sobre a temática ambiental, que passe pelo processo educativo, pelo processo de integração e interface com a comunidade, criando condições de provocar as mudanças na sociedade.

c. Desenvolvimento de estudos para estabelecer relação de integração entre o saber formal e o saber informal.

d. Apoio à implantação e/ou implementação de ações existentes na comunidade, considerando as diferenças regionais e locais e que atendam às necessidades da população e às diretrizes da Política Ambiental para aquele meio.

e. Participação dos responsáveis pelo processo educativo na questão ambiental com abordagem multi, inter e transdisciplinar, visando obter orientações para o desenvolvimento do currículo de modo a promover as mudanças necessárias.

f. Desenvolvimento de metodologias alternativas de capacitação de recursos humanos para desencadear as ações do Centro.

g. Divulgação de informações sobre as questões ambientais através dos meios de comunicação para contribuir com a formação de uma consciência regional e nacional.

Abrangência

A questão ambiental envolve todos os setores da sociedade.

O Ministério da Educação e do Desporto, órgão formulador e coordenador da Política Educacional, tem um importante papel a desempenhar através de proposições corretas que visem orientar e subsidiar o sistema de ensino na EA.

As áreas prioritárias que serão beneficiadas com a criação dos Centros de EA terão o apoio técnico e financeiro do MEC, que atuará conjuntamente com as secretarias de educação (Estado e município) e universidade.

São os seguintes os projetos-piloto de Centros de EA do Ministério da Educação e do Desporto:

a. Porto Seguro-BA = Prefeitura Municipal de Porto Seguro.

b. Manaus-AM = Universidade do Amazonas.

c. Rio Grande-RS = Fundação Universidade do Rio Grande.

d. Aquidauana-MS = Prefeitura Municipal de Aquidauana.

e. Foz do Iguaçu-PR = Itaipu Binacional.

f. Fernando de Noronha-PE = Distrito Estadual de Fernando de Noronha.

Operacionalização

O Ministério da Educação e do Desporto deve promover esforços no sentido de viabilizar a implementação dos Centros de EA implantados, assegurando sua sustentação política.

Ao Ministério da Educação e do Desporto caberá orientar e prestar cooperação técnica às secretarias estaduais/municipais de educação para o desenvolvimento das ações dos Centros de EA.

O Ministério da Educação e do Desporto recomendará aos Estados e municípios o desenvolvimento de ações de apoio ao Centro de EA.

As delegacias do Ministério da Educação e do Desporto e secretarias de educação devem ser envolvidas em todas as fases do processo de implantação e implementação dos Centros, pois terão a responsabilidade de orientar, acompanhar o desempenho e supervisionar a devida alocação de recursos em consonância com os reais objetivos dos convênios.

No Centro de EA, o processo educacional consistirá na articulação entre a educação formal e a não formal.

Devem ser realizadas atividades envolvendo as associações da comunidade e clubes de ciências locais, de forma a socializar e democratizar as informações disponíveis a partir das experiências vivenciadas no meio.

A educação não formal também pode ser desenvolvida através dos meios de comunicação de massa, com a família e com a comunidade em geral.

A articulação centro/comunidade/sistema de ensino exigirá a montagem de uma estrutura de funcionamento que atenda ao calendário escolar oficial e a demanda da comunidade.

O Centro de EA deverá articular-se a uma instituição pública ou privada, legalmente estabelecida e de reconhecida competência técnica.

A localização dar-se-á em função de critérios de escolha de local disponível e de condições para a criação do Centro.

A infraestrutura administrativa do Centro deve ser constituída de equipe multidisciplinar.

Para a manutenção do funcionamento do Centro é necessária a captação de recursos financeiros que assegurem a sua continuidade.

A operacionalização efetiva inicia-se com a apresentação de projetos, que devem seguir critérios da sistemática do MEC.

A operacionalização do Centro de EA será disciplinada por instrumento de cooperação técnica (convênio, acordo, contrato etc.).

Acompanhamento e avaliação

É indispensável elaborar uma proposta de avaliação que estabeleça as linhas gerais de acompanhamento das ações de EA programadas pelo Centro.

Essa proposta deverá ser desenvolvida pelo Ministério da Educação e do Desporto, com a participação das secretarias estaduais e municipais de educação, universidades e de outras entidades que estão envolvidas.

A finalidade dessa proposta é de orientação e de ajuste dos objetivos propostos.

A avaliação de desempenho dos Centros de EA deverá ser feita através de:

a. Relatórios de resultados.

b. Visitas de monitoramento.

c. Manifestações da comunidade.

I Conferência Nacional de EA (CNEA, Brasília, 1997)

A Comissão de Redação do I CNEA reuniu-se em Brasília, nos dias 11 e 12 de novembro de 1997, redigiu e aprovou a *Declaração de Brasília para a Educação Ambiental*, contando com subsídios gerados por grupos de trabalhos durante a conferência.

No documento, procede-se a um minucioso diagnóstico da situação da EA no Brasil e emitem-se recomendações, visando à melhoria do seu processo de desenvolvimento.

O documento termina repetindo muitas das recomendações formuladas na Conferência de Tbilisi (1977), mas consegue expressar o espectro de dificuldades encontradas por quem está envolvido com o processo.

Por ser um documento muito extenso, reproduz-se aqui um resumo do mesmo.

Declaração de Brasília para a EA

Tema 1 – EA e as vertentes do desenvolvimento sustentável

- ▶ EA e a Agenda 21
- ▶ EA Não Formal

Problemáticas

▶ A existência de diferentes conceitos de desenvolvimento sustentável, decorrentes de interesses e posturas dos diversos agentes sociais, políticos e econômicos dificulta a informação e a compreensão correta desse modelo de desenvolvimento por parte do governo e da sociedade civil, gerando conflitos e antagonismos.

▶ O modelo de desenvolvimento adotado dá prioridade às questões econômicas, assumindo com muita dificuldade a sustentabilidade socioambiental, o que reflete na falta de orientação da sociedade na tomada de decisões para a melhoria da qualidade de vida.

▶ O sistema produtivo é marcado por um modelo econômico agroexportador que não viabiliza o desenvolvimento de práticas sustentáveis e acaba estimulando práticas consumistas em contradição com a preservação e/ou conservação de recursos naturais.

▶ O setor acadêmico deve se comprometer, institucionalmente, quanto ao seu papel de gerar conhecimentos que permitam dirimir dúvidas sobre as diferentes concepções de EA; fundamentar as práticas de educação; criar metodologias e material didático e realizar pesquisas sobre tecnologias alternativas para o desenvolvimento sustentável.

▶ O descumprimento, por parte do governo, do processo de divulgação da Agenda 21 e de incentivos para a elaboração de Agendas 21 locais, bem como falta de participação das universidades nesse processo.

▶ A necessidade de estabelecer, na prática, uma política de EA para o país com adequação às realidades regionais, estaduais e municipais, passando pela necessária articulação e integração do governo federal, Estados e municípios, organização não governamental e outras instituições associadas às políticas de desenvolvimento sustentável.

▶ Da necessidade de incentivar práticas de EA que privilegiem uma contextualização socioeconômica e cultural da realidade, extrapolando a dicotomia entre desenvolvimento/preservação e buscando uma abordagem menos pontual e fragmentada.

▶ A falta de articulação entre as ações dos diversos setores do poder público, associada à falta de integração regional e da sociedade civil, e à ausência da interinstitucionalidade e interdisciplinaridade, bem como a insuficiência de recursos humanos capacitados e financeiros, tem relegado a EA a um segundo plano. Portanto, não se vislumbra, a curto prazo, um planejamento estratégico que contemple o verdadeiro papel da EA, como ferramenta extremamente útil na implantação, implementação e avaliação de desenvolvimento sustentável.

Recomendações

▶ Construir um conceito de desenvolvimento sustentável a fim de assegurar à sociedade a compreensão objetiva, os caminhos e os meios concretos e efetivos para a EA. Discussões deverão ser feitas de forma ampla em nível local e regional de modo a permitir a participação da sociedade civil nos subsídios às decisões políticas e econômicas.

▶ Motivar uma profunda discussão em relação à ética, incluindo-a nas questões econômicas, políticas, sociais, de gênero, consumo, exclusão social, trabalho, que possibilite um posicionamento da sociedade brasileira diante dos desafios do desenvolvimento sustentável.

▶ Considerar a EA como prioridade nas políticas públicas e privadas, mediando conflitos decorrentes dos vários setores (econômicos, sociais, políticos, culturais e ambientais), a fim de alocar recursos de toda ordem e contribuir para a adoção de instrumentos de gestão ambiental e demais problemas de cunho social.

▶ Apoiar projetos de pesquisas básicas e aplicadas dedicadas a questões como reaproveitamento de resíduos, tecnologias limpas, presença dos valores histórico--socioculturais das comunidades tradicionais.

▶ Apoiar as ações de capacitação de recursos humanos para implementação do desenvolvimento sustentável, por meio da EA, bem como para projetos e programas que visem mobilizar a sociedade para a construção da cidadania e para uma participação consciente.

▶ Implantar centros especializados nos Estados, com vistas à capacitação de pessoal, criação de meios de divulgação e produção de conhecimento, criação e disponibilização de bancos de dados.

▶ Incentivar o financiamento por parte do governo e das instituições privadas para desenvolver pesquisas ambientais destinadas aos programas estaduais e municipais de EA, tornando os processos burocráticos ágeis e eficientes. Promover o desenvolvimento de pesquisas de meios alternativos de produção menos impactantes para o meio ambiente, difundindo-os e divulgando-os aos pequenos produtores através de programas de extensão e fomento.

Tema 2 – EA formal: papel e desafios

▶ Metodologias
▶ Capacitação

Problemáticas

▶ O modelo de educação vigente nas escolas e universidades responde a posturas derivadas do paradigma positivista e da pedagogia tecnicista, que postulam um sistema de ensino fragmentado em disciplinas, o que constitui um empecilho para a implementação de modelos de EA integrados e interdisciplinares.

▶ As políticas públicas de educação do país não atendem ao contexto sociopolítico--econômico no qual está inserida a escola, o que acarreta a má qualidade no processo de ensino e aprendizagem e a desvalorização do magistério.

▶ A falta de pesquisa na área de EA inviabiliza a produção de metodologias didático-pedagógicas para fundamentar a EA formal e resgatar os valores culturais étnicos e históricos das diversas regiões, incluindo a perspectiva de gênero.

▶ A deficiência e a falta de capacitação dos professores na área e a carência de estímulos, salariais e profissionais.

▶ A ausência de uma política nacional eficaz e sustentada que promova a capacitação sistemática dos responsáveis pela EA formal.

▶ A EA nos níveis fundamental e médio apresenta-se geralmente através de atividades extraescolares, tendo dificuldades para uma real inserção no currículo e nos planos anuais de educação.

▶ A falta de material didático adequado para orientar o trabalho de EA nas escolas, sendo que os materiais disponíveis em geral estão distantes da realidade em que são utilizados e apresentam caráter apenas informativo e principalmente ecológico, não incluindo os temas sociais, econômicos e culturais, reforçando as visões reducionistas da questão ambiental.

▶ Falta de uma articulação entre Ministério da Educação e do Desporto (MEC), Delegacias Estaduais de Ensino – Demecs – e Secretarias de Educação (Seducs) e escolas, e destes com outras instituições governamentais e não governamentais, retratando o isolamento das ações de EA.

▶ A LDB (Lei de Diretrizes Básicas) é uma lei que trata do assunto e não contempla a EA em contrassenso com a legitimação de um Programa Nacional de Educação Ambiental (Pronea) de uma política de EA, dos pressupostos dos Parâmetros Curriculares Nacionais – PCN – e do Plano Decenal.

▶ A falta de recursos financeiros no orçamento do MEC, através do Fundo Nacional de Desenvolvimento da Educação (FNDE), para financiar projetos, pesquisas, capacitação, implementação de experiências-piloto, produção e publicação de material didático em EA formal.

▶ A ausência de uma visão integrada que contemple a formação ambiental dos discentes e a inclusão das questões éticas e epistemológicas necessárias para um processo de construção de conhecimento em EA.

As propostas curriculares nos três níveis de ensino são excessivamente carregadas de conteúdos, sem uma análise mais aprofundada de quais seriam os conhecimentos especificamente significativos, o que dificulta a atualização dos temas contemporâneos e a inserção da dimensão ambiental na educação.

A falta de compreensão por parte da classe política de que a EA não é uma disciplina a mais no currículo e que deve, por excelência, permear todas as ações do conhecimento, devendo, dessa forma, ser trabalhada em caráter interdisciplinar.

A ausência de conceitos e práticas da EA nos diversos níveis e modalidades de ensino reforça as lacunas na fundamentação teórica dos pressupostos que a sustentam.

A falta de registro, sistematização, análises e avaliação das experiências em EA formal e a ausência de intercâmbio dessas práticas.

Recomendações

Propiciar a estruturação de novos currículos nos três níveis de ensino que contemplem a temática ambiental de forma interdisciplinar, incorporem a perspectiva dos diversos saberes e valorizem as diferentes perspectivas e pontos de vista, procurando a elaboração de novas perspectivas criativas e participativas para a solução dos problemas ambientais.

Incentivar e financiar a criação de cursos de pós-graduação em nível de especialização, mestrado e doutorado, que possibilitem a capacitação de recursos humanos e a produção de conhecimentos e metodologias em EA formal.

O Ministério da Educação e do Desporto/Coordenadoria de Educação Ambiental deve continuar, aprofundar e estender os cursos de capacitação de multiplicadores em EA formal, ampliando a produção de subsídios teóricos e metodológicos para a implementação dos temas transversais dos Parâmetros Curriculares Nacionais, através de atividades interdisciplinares com financiamento de projetos-piloto de EA no ensino fundamental.

Criar um programa interinstitucional de formação continuada entre o Ministério do Meio Ambiente/Instituto Brasileiro do Meio Ambiente e dos Recursos Naturais Renováveis – MMA/Ibama – e Ministério da Educação e do Desporto para técnicos e educadores que elaboram e executam projetos de EA, utilizando-se de mecanismos presenciais e a distância.

Garantir que os cursos de magistério e licenciaturas incorporem de forma urgente a dimensão ambiental da educação, para evitar o custo de capacitação permanente de recursos humanos.

Estimular e apoiar a criação de centros de excelência de EA estaduais e/ou regionais.

▶ Envolver as instituições de ensino superior, dando aporte técnico-científico em programas de capacitação de recursos humanos em EA para municípios e estados.

▶ Fortalecer e incentivar a promoção e a implementação de encontros regionais de EA formal, visando à elaboração de projetos integrados buscando a aproximação entre as instituições governamentais e organizações não governamentais e movimentos sociais que trabalhem com EA.

▶ Criar fóruns estaduais e regionais de EA que integrem representantes do ensino formal, secretarias de educação, delegacias estaduais de ensino, escolas, órgãos estaduais de meio ambiente, Instituto Brasileiro do Meio Ambiente e dos Recursos Naturais Renováveis e organizações não governamentais estaduais e municipais que possam elaborar as políticas de EA para os estados e municípios.

▶ Possibilitar o intercâmbio de experiências municipais, estaduais, regionais e nacionais a fim de enriquecer o processo de EA no país e permitir a multiplicação das experiências bem-sucedidas.

▶ Os Ministérios assinantes do Programa Nacional de EA – Pronea (MMA, MEC, MinC e MCT) – devem assumir verdadeiramente a sua implementação prática e priorizar seu papel de incentivador e financiador do desenvolvimento de pesquisas, cursos de capacitação, materiais educativos e a inserção dos temas ambientais nos currículos de todos os níveis de ensino e de todas as carreiras.

▶ Incentivar e financiar a produção de material didático e a consolidação de fundamentações teóricas para basear o processo de inserção da EA nos currículos em todos os níveis de ensino.

▶ Fomentar a articulação entre a EA formal e não formal.

▶ Garantir a distribuição de livros, revistas, vídeos, boletins às escolas e instituições ambientalistas.

▶ Fomentar o acesso às informações, através de bancos de informações, redes, internet, publicações periódicas, boletins, programas de rádio, vídeos, que alimentem os projetos de EA formal.

Tema 3 – EA no processo de gestão ambiental

▶ EA e o setor produtivo

▶ EA, participação popular e cidadania

Problemáticas

▶ A urgência de elaboração de planos diretores e programas de EA nos municípios, Estados e regiões que acompanhem a implementação de políticas urbanas, agrícolas, dos recursos hídricos, minerais, florestais etc.

▶ A falta de propostas de desenvolvimento autossustentável diferenciadas e específicas para as populações tradicionais (sociedades indígenas, comunidades extrativistas, pescadores, agricultores etc.) com enfoque na gestão ambiental de recursos, repasse de tecnologias adequadas aos ecossistemas específicos e respeito às diversidades culturais.

▶ A desarticulação e ausência de parcerias interinstitucionais entre as organizações governamentais e não governamentais refletem o baixo grau de integração entre as instituições públicas e a sociedade civil. Verifica-se o desconhecimento dos instrumentos de gestão ambiental, a má utilização dos recursos orçamentários e a fragilidade das políticas públicas. Essa desarticulação entre organizações não governamentais e organizações governamentais, causada pela excessiva centralização do poder e do negligenciamento dos conhecimentos populares, tem ocasionado problemas na implementação de gestão ambiental nos Estados.

▶ A necessidade de envolver a sociedade civil organizada na elaboração, execução e avaliação de processos de gestão ambiental de recursos naturais, proporcionando apoio aos esforços das organizações não governamentais envolvidas.

▶ A omissão na gestão ambiental no Brasil, devido ao fato de os órgãos públicos, privados e sociedade em geral estarem pouco sensibilizados, refletindo a falta de compatibilidade nas ações administrativas entre os diversos níveis, o que cria conflitos no processo de gestão ambiental.

▶ A carência de programas de EA comunitários que orientem a população em especial para a preservação de mananciais hídricos, destino do lixo, aplicação de zoneamento ambiental com base na gestão ambiental dos ecossistemas.

▶ A falta de uma gestão participativa, quanto aos financiamentos internacionais e nacionais, que os direcione para a gestão ambiental tendo como componente obrigatório a EA.

▶ A falta de capacitação dos responsáveis pelo estabelecimento de programas de gestão ambiental, tanto no nível público como no privado, e, ainda, a falta de metodologias adequadas, ou o desconhecimento delas.

▶ O uso irracional dos ecossistemas e recursos marinhos e costeiros, conduzindo à necessidade de implantação de projetos industriais e de turismo levando-se em conta a capacidade de suporte e o impacto desses projetos nas comunidades costeiras.

▶ A EA e a gestão ambiental são tratadas em grande parte pelo setor produtivo como despesa e não como investimento, pela falta de programas de EA nas empresas, o que leva a confundir a EA com "marketing ambiental".

▶ As esferas municipais não se encontram profundamente envolvidas com os processos de gerenciamento ambiental, o que dificulta uma maior participação da sociedade, impedindo o exercício pleno da cidadania. Constata-se também um distanciamento entre os programas de gestão definidos centralmente e as realidades locais onde se aplicam.

▶ As determinações oriundas do governo federal, relativas às Unidades de Conservação, desconhecem as necessidades estaduais e municipais e ignoram as comunidades que nelas habitam. Em função desse e de outros fatores, identifica-se a necessidade de criação de Câmaras Técnicas de EA dentro dos Conselhos dos Estados e Municípios (Conemas e Comdemas).

▶ O desconhecimento dos instrumentos de gestão ambiental e a fragilidade na elaboração e execução das políticas públicas, fatores que têm ocasionado sérios danos à gestão ambiental e ao exercício da cidadania, somados à desarticulação na gestão do Sistema Nacional do Meio Ambiente.

Recomendações

▶ Estabelecer políticas públicas comprometidas com as novas posturas éticas, buscando a melhoria da qualidade de vida.

▶ Aprofundar as linhas da política florestal do país, no intuito de adequá-las aos pressupostos do desenvolvimento sustentável.

▶ Criar conselhos paritários, entre governo e sociedade civil, para elaboração e acompanhamento da execução e avaliação de políticas de EA.

▶ Considerar as técnicas tradicionais e o saber popular na elaboração dos programas de desenvolvimento, promovendo mecanismos que assegurem a participação da população detentora desse conhecimento.

▶ Implementar processo de gestão ambiental participativa para implementar o modelo de desenvolvimento sustentável e a melhoria da qualidade de vida.

▶ Estabelecer parcerias com o setor produtivo, acadêmico, governamental e sociedade civil organizada, para implementação de programas de EA paralelos aos mecanismos de gestão ambiental.

▶ Fortalecer, através de ampla participação da comunidade, a organização dos Comitês de Bacias Hidrográficas, para o manejo integrado dos recursos hídricos, com fóruns de discussão e implementação de ações em EA.

▶ Criar e/ou fortalecer conselhos municipais de meio ambiente com caráter deliberativo e tripartite.

▶ Vincular a liberação de recursos financeiros, internos e/ou externos aos empreendimentos municipais, exigindo uma ação de EA como contrapartida.

▶ Vincular a concessão de empréstimos públicos e/ou isenções fiscais de qualquer ordem a uma auditoria ambiental que comprove efetivos investimentos na área e garanta aportes financeiros e técnicos aos níveis locais, gerando uma maior autonomia da questão ambiental.

▶ Criar linhas específicas de créditos para EA e reforço para as que já existem.

▶ Capacitar os municípios e as comunidades para o desenvolvimento de processos de gestão, aproveitando as experiências não formais existentes nas comunidades de base rurais e urbanas.

▶ Estabelecer programas de capacitação em EA nas diversas instituições, organizações não governamentais nos três níveis de governo.

▶ Promover o desenvolvimento de pesquisas sobre metodologias, materiais educativos e outros instrumentos para a prática da educação no processo de gestão ambiental.

▶ Incentivar as empresas que apresentam desempenhos ambientais corretos e ações de EA junto às comunidades vizinhas.

▶ Repassar incentivos dos governos federais e estaduais para as universidades e organizações não governamentais, destinados à pesquisa e divulgação de tecnologias alternativas de saneamento ambiental.

▶ Incentivar a produção e venda de produtos ecologicamente corretos.

▶ Garantir a participação da sociedade no processo de criação e gestão das Unidades de Conservação.

▶ Promover a integração e participação da comunidade na gestão das Unidades de Conservação, como aprendizado e exercício da cidadania.

▶ Reverter os recursos financeiros da aplicação de penalidades das leis ambientais para financiar os processos de gestão e de EA.

▶ Fortalecer a Rede Brasileira e as Redes Regionais de EA para que contribuam na socialização dos processos de gestão.

▶ Instituir e/ou fortalecer fóruns estaduais de EA com participação dos diversos segmentos sociais para definir políticas regionais e planos estaduais e municipais, promovendo o intercâmbio de experiências em EA.

▶ Incentivar os municípios a criarem na sua estrutura a secretaria municipal de meio ambiente ou um órgão afim, para cuidar da gestão ambiental.

▶ Sensibilizar e informar as comunidades sobre a importância da participação nas audiências públicas do Estudo de Impacto Ambiental/Relatório de Impacto Ambiental – EIA/Rima – como exercício de seus direitos de cidadão.

▶ Promover, por parte do Ministério do Meio Ambiente e do Ministério da Educação e Desporto, encontros nacionais de municípios para discutir a gestão ambiental e a implementação do processo de EA.

▶ Incentivar as formas de divulgação das leis municipais, estaduais e federais, popularizando a avaliação dos impactos ambientais.

Tema 4 – EA e as políticas públicas

▶ Programa Nacional de EA – Pronea
▶ Políticas urbanas, recursos hídricos, agricultura, ciência e tecnologia

Problemáticas

▶ Da tendência, por parte do governo, de planejar as políticas públicas de forma setorizada, sem a integração entre o poder público e a sociedade e, ainda, a ausência de estratégias que garantam a continuidade dos programas iniciados.

▶ A desconsideração das Agendas 21 na criação dos planos diretores municipais.

▶ A formulação de políticas públicas, de maneira vertical e centralizada, não priorizando a EA.

▶ A desconsideração pelas políticas urbanas das particularidades regionais e estaduais, gerando altos índices de desemprego e êxodo rural.

▶ A legislação que trata dos recursos energéticos, de saneamento básico e de controle da poluição não contempla a utilização dos impostos para beneficiar programas sociais.

Recomendações

▶ Estabelecer linhas políticas de EA contemplando o levantamento e diagnóstico que deverão preceder a definição das políticas públicas e que estas se baseiem na realidade, assegurando a participação popular na sua elaboração e no seu planejamento. Esse processo exige uma maior articulação interna do poder público, em seus níveis.

▶ Fortalecer os Conselhos Municipais e Estaduais de Meio Ambiente e o Conselho Nacional de Meio Ambiente, como garantia de uma efetiva transparência nos processos de definição de políticas públicas ambientais.

▶ Destinar uma parcela dos recursos de projetos de desenvolvimento regional, municipal, para programas de EA junto às comunidades beneficiadas.

▶ Ampliar os mecanismos de interlocução entre o poder público e a sociedade civil, cuja função deve ser interagir e articular as políticas ambientais. Instituir e implementar o Pronea.

▶ Destinar recursos financeiros para a implementação do Pronea por parte do Ministério do Meio Ambiente – Ministério da Educação e Desporto.

▶ Atender ao que foi disposto na Lei 9.276 de 9/5/96, que institui o Plano Plurianual do governo, para o quadriênio 1996/1999: "Promoção da EA através da divulgação e uso de conhecimentos sobre tecnologias e gestão sustentável dos recursos naturais".

▶ Implementar política ambiental urbana que considere as particularidades regionais e estaduais, tendo a EA como facilitadora do processo.

▶ Implementar política agrícola que contemple a agricultura familiar, valorize o homem do campo, promova a EA, evite o êxodo rural e desenvolva projetos alternativos para as populações de baixa renda.

Os grandes eventos sobre EA

▶ Promover a sensibilização de servidores públicos, quanto aos aspectos ambientais nas suas respectivas instituições.

▶ Promover a descentralização de competências acompanhada da necessária descentralização de recursos humanos e financeiros.

▶ Estabelecer parcerias com empresas e instituições do setor produtivo, para desenvolver, através da EA, uma nova postura ética diante do desafio da questão ambiental.

Tema 5 – EA, ética e formação da cidadania: Educação, comunicação e informação da sociedade

▶ Os meios de comunicação
▶ Os processos de informação e organização da sociedade

Problemáticas

▶ A inexistência de uma política específica de comunicação voltada para a divulgação das questões ambientais, incluindo os aspectos nacionais.

▶ A monopolização dos meios de comunicação no Brasil leva a uma dificuldade de divulgação da temática ambiental e das reais causas da degradação ambiental.

▶ A escassez de eventos voltados para EA com envolvimento dos diversos setores sociais.

▶ A falta de comprometimento em relação à qualidade da informação, e a existência de propagandas de fatos ambientais sensacionalistas, em detrimento do processo educativo, que poderia informar e sensibilizar a população.

▶ O despreparo dos profissionais da comunicação nas questões ambientais, e muito mais em relação à EA, leva à transmissão de conceitos ambientais equivocados, de teor principalmente naturalista, priorizando problemáticas globais, o que induz a população a pensar a realidade ambiental a partir de temas distanciados de seu próprio cotidiano.

▶ A ausência de mecanismos que convertam conhecimentos e avaliações sobre o meio ambiente em informações confiáveis e adequadas a serem utilizadas em EA.

▶ O consumismo desenfreado incentivado pelos meios de comunicação, através de propaganda de produtos supérfluos e poluentes, estimulando a agressividade social e a violência, prescindindo dos valores éticos, como solidariedade e cooperação.

▶ A insuficiência de recursos institucionais que permitam viabilizar ações de divulgação de informações ambientais de caráter educativo.

▶ A impossibilidade, pelo alto custo, especialmente na televisão, de veicular informações e programas de EA.

Recomendações

▶ Promover a democratização dos meios de comunicação de massa, com a participação da sociedade civil, abrir espaços para divulgação de experiências de EA formal e não formal, valorizando o homem, o meio ambiente e os valores éticos fundamentais para a construção de uma sociedade solidária e sustentável.

▶ Promover sistematicamente seminários, encontros, congressos, reuniões nos níveis municipal, estadual e federal, com ampla participação das comunidades, a fim de estabelecer as relações entre EA e cidadania.

▶ Garantir a todos os segmentos da população o acesso aos meios de comunicação de massa, em horários nobres, para divulgação das questões ambientais.

▶ Incentivar a divulgação dos conhecimentos das populações tradicionais junto aos diferentes segmentos da sociedade.

▶ Motivar a mídia a assumir seu papel de formadora de opinião social veiculando informações corretas e dirigidas à formação do cidadão, estimulando um maior comprometimento com a questão ambiental.

▶ Criar conselhos municipais, estaduais e nacionais de controle social dos meios de comunicação e das informações veiculadas por eles.

▶ Adequar a linguagem utilizada nos meios de comunicação, decodificando a linguagem científica, para alcançar um entendimento amplo.

▶ Realizar seminários e cursos específicos de EA para os profissionais de comunicação, a fim de prepará-los e atualizá-los em relação ao seu importante papel na sociedade como formadores de opinião na área ambiental.

▶ Incentivar a produção e veiculação da Agenda 21 de maneira compreensível para o cidadão comum, buscando a sua participação na elaboração da Agenda 21 local.

▶ Criar e garantir espaços, mecanismos e métodos de comunicação para realizar programas visando à divulgação de atividades/projetos de EA e veiculando os resultados alcançados.

▶ Elaborar, planejar e executar programas educativos ambientais para adultos e crianças, visando à sua sensibilização, comprometimento e participação nas decisões políticas, econômicas e educativas.

▶ Condicionar a liberação de recursos destinados aos projetos ambientais à adoção de subprojetos de comunicação, para envolvimento da comunidade.

▶ Incluir nos cursos de comunicação das universidades o trabalho com as questões ambientais e com a EA.

▶ Promover a divulgação da legislação ambiental através da mídia, inclusive sobre a obrigatoriedade de licenças especiais para a retirada de produtos da fauna e da flora para fins de pesquisa.

▶ Fortalecer um sistema de comunicação interestadual em EA.

2.6 Uma Estratégia para o Futuro da Vida (UICN, Pnuma, WWF, 1991)

Em 1991, a União Internacional para a Conservação da Natureza, (UICN), o Programa das Nações Unidas para o Meio Ambiente (Pnuma) e o Fundo Mundial para a Natureza (WWF) lançam, em mais de sessenta países, a nova *Estratégia para o Futuro da Vida* (a anterior foi em 1980), por meio da publicação *Cuidando do planeta Terra*.

O objetivo é ajudar a melhorar as condições de vida no planeta através da definição de duas exigências fundamentais: primeira, é necessário assegurar um amplo e profundo compromisso com uma nova (*sic*) ética sustentável e traduzir na prática os seus princípios; segunda, integrar conservação e desenvolvimento – a conservação para limitar as nossas atitudes à capacidade da Terra, e o desenvolvimento para permitir que as pessoas possam levar vidas longas, saudáveis e plenas, em todos os lugares.

Os princípios são os seguintes:

- ▶ Respeitar e cuidar da comunidade dos seres vivos.
- ▶ Melhorar a qualidade da vida humana.
- ▶ Conservar a vitalidade e a diversidade do planeta Terra.
- ▶ Minimizar o esgotamento de recursos naturais não renováveis.
- ▶ Permanecer nos limites da capacidade de suporte do planeta Terra.
- ▶ Modificar atitudes e práticas pessoais.
- ▶ Permitir que as comunidades cuidem de seu próprio meio ambiente.
- ▶ Gerar uma estrutura nacional para a integração de desenvolvimento e conservação.
- ▶ Constituir uma aliança global.

CA: Não existe uma "nova" ética. Ética é ética. Não existe nova, nem velha, existe a ética. Normalmente confundida com moral, a ética é a consciência da pessoa, ela é intrínseca ao ser humano, é interior e não varia com o tempo nem com o lugar. Qualquer que seja a pessoa, ela tem intuição, tem sentimentos interiores que avisam quando está errada, a consciência. A moral, por sua vez, está ligada aos valores, ou seja, varia com o tempo e com o lugar (uma mulher, com cabelos curtos hoje, poderia ser imoral na década de 1920 ou, então, seria imoral em alguns países, onde a cultura não permite que a mulher corte seus cabelos).

Os princípios anteriormente apresentados, no fundo, refletem a necessidade e o dever de nos preocuparmos com os nossos semelhantes e com as outras formas de vida. São princípios éticos, em sua essência.

Quando se fala em conservar a vitalidade e a diversidade da Terra, refere-se à necessidade de conservação dos sistemas de sustentação da vida (processos ecológicos),

Educação ambiental • princípios e práticas

de conservar a biodiversidade (não apenas as espécies de plantas, animais e outros organismos, mas também o patrimônio genético de cada espécie e a variedade de ecossistemas) e de assegurar o uso sustentável dos recursos renováveis (é sustentável quando se mantém dentro dos limites da sua capacidade de renovação).

Cuidando do planeta Terra é um documento lúcido, minucioso e bem estruturado. Sugere uma sequência de atividades realmente estratégicas, que fogem da abordagem meramente conservadora, para incluir os aspectos políticos, sociais, econômicos, ecológicos, culturais e éticos da dimensão ambiental. Dos esforços somados da UICN, Pnuma e WWF não se poderia esperar algo diferente.

2.7 Tratado de EA para Sociedades Sustentáveis e Responsabilidade Global (1992)

Esse documento foi elaborado por um Grupo de Trabalho das ONGs, composto por representantes de diversos países – El Salvador, Venezuela, Suíça, Tunísia, Quênia, Canadá, Estados Unidos, Dinamarca, Alemanha, Jamaica e Brasil – e apresentado em 7 de junho de 1992, por ocasião da Rio-92.

O documento praticamente repete as recomendações de Tbilisi e algumas observações do documento *Cuidando do planeta Terra – uma estratégia para o futuro da vida*, formulado pela UICN, Pnuma e WWF, em 1991. Apresentamos aqui um resumo dos princípios:

1. A Educação é um direito de todos; somos todos aprendizes e educadores.

2. A EA deve ter como base o pensamento crítico e inovador, promovendo a transformação e a construção da sociedade.

3. A EA tem o propósito de formar cidadãos com consciência local e planetária, que respeitem a autodeterminação dos povos e a soberania das nações.

4. A EA não é neutra, mas ideológica. É um ato político, baseado em valores, para a transformação social.

5. A EA deve envolver uma perspectiva holística, enfocando a relação entre o ser humano, a natureza e o universo, de forma interdisciplinar.

6. A EA deve estimular a solidariedade, a igualdade e o respeito aos direitos humanos, valendo-se de estratégias democráticas e interação entre as culturas.

7. A EA deve tratar as questões globais críticas, suas causas e inter-relações em uma perspectiva sistêmica, em seu contexto social e histórico.

8. A EA deve recuperar, reconhecer, respeitar, refletir e utilizar a história indígena e a cultura local.

9. A EA deve estimular as comunidades para que retomem a condução dos seus próprios destinos.

10. A EA valoriza as diferentes formas de conhecimento.

11. A EA deve ser planejada para capacitar as pessoas a trabalharem conflitos de maneira justa e humana.

12. A EA deve promover a cooperação e o diálogo entre indivíduos e instituições.

13. A EA requer a democratização dos meios de comunicação e seu comprometimento com os interesses de todos os setores da sociedade.

14. A EA deve ajudar a desenvolver uma consciência ética sobre todas as formas de vida com as quais compartilhamos este planeta...

2.8 A Conferência de Thessaloniki (Tessalônica, Grécia, 1998)

O documento final dessa conferência (Declaração de Tessalônica) pode ser encontrado na publicação do Ibama-Unesco-SMASP "Educação para um futuro sustentável", uma visão transdisciplinar para ações compartilhadas (Ibama, Diretoria de Incentivo à Pesquisa e Divulgação, Programa de EA e Divulgação Científica. Pode também ser encontrado no site de EA do MEC (www.mec.gov.br) e do Ministério do Meio Ambiente (www.mma.gov.br).

O texto que segue é uma tradução do autor do *draft* original em inglês da Conferência de Thessaloniki (Unesco-EPD-97/CONF.401/CLD.2, 12 de dezembro 1997).

1. Com o objetivo de reconhecer o papel crítico da educação e da consciência pública para o alcance da sustentabilidade; de considerar a importante contribuição da EA e de fornecer elementos para o desenvolvimento do programa de trabalho da Comissão de Desenvolvimento Sustentável da ONU, a Unesco promoveu em Thessaloniki, na Grécia (de 8 a 12 de dezembro de 1998), a *Conferência Internacional sobre Meio Ambiente e Sociedade: Educação e Consciência Pública para a Sustentabilidade* (Internacional Conference on Environment and Society: Education and Public Awareness for Sustainability) e unanimemente adotou a seguinte declaração.

Observou-se que:

2. Ainda são válidas e não foram totalmente exploradas as recomendações e os planos de ação da Conferência de Belgrado sobre EA (1975), da Conferência Intergovernamental de EA de Tbilisi (1977), a Conferência sobre Educação

Ambiental e Treinamento de Moscou (1978), e o Congresso Mundial sobre Educação e Comunicação sobre o Meio Ambiente e o Desenvolvimento de Toronto (1992).

3. A comunidade internacional reconhece que, passados cinco anos da Conferência Rio-92, houve um desenvolvimento insuficiente da EA.

4. A Conferência de Thessaloniki foi beneficiada pelos numerosos encontros internacionais, regionais e nacionais, realizados durante 1997, na Índia, Tailândia, Canadá, México, Cuba, Brasil, Grécia e na região do Mediterrâneo, entre outras.

5. A visão de educação e consciência pública tem sido mais desenvolvida, enriquecida e reforçada pelas conferências da ONU: sobre Desenvolvimento e Meio Ambiente (Rio-92); Direitos Humanos (Viena, 1993); População e Desenvolvimento (Cairo, 1994); Desenvolvimento Social (Copenhague, 1995); Mulher (Beijing, 1995); e Assentamentos Humanos (Istambul, 1996) bem como a 16ª sessão especial da Assembleia Geral da ONU (1997). Os planos de ação dessas conferências, bem como o programa de trabalho da Comissão para o Desenvolvimento Sustentável da ONU, adotado em 1996, devem ser implementados pelos governos nacionais, sociedade civil (incluindo ONGs, jovens, empresas e a comunidade educacional), a ONU e outras organizações internacionais.

Reafirma-se que:

6. No sentido de atingir a sustentabilidade, requer-se um enorme esforço de coordenação e integração em um número de setores cruciais e rápidas e radicais mudanças de comportamentos e estilos de vida, inclusive mudanças nos padrões de produção e consumo. Para isso, a educação e a consciência pública apropriada devem ser reconhecidas como um dos pilares da sustentabilidade, junto com a legislação, a tecnologia e a economia.

7. A pobreza torna o acesso à educação e a outros serviços sociais mais difícil e leva ao crescimento populacional e à degradação ambiental. A redução da pobreza, portanto, é um objetivo essencial e indispensável para a sustentabilidade.

8. É necessário um processo de aprendizagem coletiva, parceria e diálogo contínuos entre governos, autoridades locais, comunidade acadêmica, consumidores, ONGs, mídia e outros atores para aumentar a conscientização, para buscar alternativas e mudança nos comportamentos e estilos de vida, incluindo padrões de produção e consumo, visando à sustentabilidade.

9. A educação é um meio indispensável para proporcionar a todas as mulheres e homens, em todo o mundo, a capacidade de serem donos de suas próprias vidas, de exercitarem a sua escolha pessoal e a sua responsabilidade, aprenderem através

Os grandes eventos sobre EA

da vida, sem fronteiras, sejam elas geográficas, políticas, culturais, religiosas, linguísticas ou de gênero.

10. A reorientação da educação, como um todo, visando à sustentabilidade, envolve todos os níveis de educação formal, não formal e informal em todas as nações. O conceito de sustentabilidade inclui não somente o meio ambiente, mas também a pobreza, a população, a saúde, a segurança alimentar, a democracia, os direitos humanos e a paz. A sustentabilidade é, em última análise, um imperativo moral e ético no qual a diversidade cultural e o conhecimento tradicional precisam ser respeitados.

11. A EA, desenvolvida dentro das recomendações de Tbilisi, dirigindo-se às questões globais incluídas na Agenda 21 e nas grandes conferências da ONU, tem sido considerada também como educação para a sustentabilidade. Isso permite que ela possa ser referida, também, como educação para o ambiente e a sustentabilidade.

12. Todas as áreas, inclusive as de humanas e de ciências sociais, necessitam focalizar questões relacionadas com o ambiente e o desenvolvimento sustentável. Isso requer uma abordagem holística e interdisciplinar, que junte diferentes disciplinas e instituições, enquanto mantém suas identidades.

13. Enquanto o conteúdo básico e a estrutura de ação para o ambiente e a sustentabilidade forem amplos, a tradução desses parâmetros, em ação para a educação, precisará levar em conta o contexto particular nacional, regional e local. A reorientação como um todo, pedida no Capítulo 36 da Agenda 21, não pode ser atingida pela comunidade educacional sozinha.

Recomenda-se que:

14. Governos e líderes de todo o mundo honrem os compromissos já feitos, durante a série de conferências da ONU, e deem à educação os meios necessários para que ela possa cumprir seu papel de alcançar um futuro sustentável.

15. Sejam elaborados planos de ações para a educação formal, para o ambiente e sustentabilidade nos níveis nacional e local, com objetivos concretos e estratégias para a educação formal e não formal. A educação deve ser parte integrante das iniciativas das Agendas 21 locais.

16. Os conselhos nacionais para o desenvolvimento sustentável e outros grupos relevantes devem dar à educação a consciência pública e à capacitação um papel central para as ações, inclusive melhor coordenação entre os ministérios relevantes e outras entidades importantes.

17. Os governos e as instituições financeiras internacionais, nacionais e regionais, bem como o setor produtivo, devem ser estimulados a mobilizar recursos adicionais e aumentar os investimentos em educação e consciência pública. O estabelecimento

Educação ambiental • princípios e práticas

de um fundo especial para a educação para o desenvolvimento sustentável deve ser considerado como um meio específico para aumentar o apoio e promover a sua evidência.

18. Todos os atores reinvistam uma parte de suas economias para o fortalecimento da EA, informação, consciência pública e programas de capacitação.

19. A comunidade científica desempenhe um papel importante, assegurando que os conteúdos da educação e dos programas de consciência pública sejam baseados em informações acuradas e atualizadas.

20. A mídia seja sensibilizada e convidada a mobilizar seus recursos e conhecimentos para difundir as mensagens-chaves, ajudando a traduzir a complexidade das questões ambientais de uma forma compreensível para o público. Todo o potencial dos novos sistemas de informação deverá ser utilizado para esse propósito.

21. As escolas devem ser estimuladas e apoiadas a ajustar seus currículos visando atender às necessidades para um futuro sustentável.

22. Deve ser dado apoio financeiro e institucional às ONGs, para que elas promovam mais mobilização popular sobre as questões do ambiente e da sustentabilidade, dentro das comunidades e em níveis nacional, regional e internacional.

23. Todos os atores governamentais, grupos importantes, a comunidade educacional, o sistema das Nações Unidas e outras organizações internacionais, as instituições financeiras, entre outras, contribuam para a implementação do Capítulo 36 da Agenda 21 e, em particular, para o programa de trabalho sobre educação, consciência pública e capacitação da Comissão das Nações Unidas para o Desenvolvimento Sustentável.

24. Deve ser dada ênfase especial para o fortalecimento e eventual reorientação dos programas de capacitação de professores, identificando e partilhando práticas inovadoras. Deve ser dado apoio à pesquisa em metodologias de ensino interdisciplinar e avaliar-se o impacto de programas educacionais relevantes.

25. O sistema das Nações Unidas, incluindo Unesco e Unep, em cooperação com ONGs internacionais, grupos importantes e outros atores, continua a dar prioridade para a educação, consciência pública e capacitação para a sustentabilidade, em particular nos níveis nacional e local.

26. Seja estabelecido o Prêmio Internacional Thessaloniki, sob os auspícios da Unesco, para ser dado, a cada dois anos, a projetos educacionais para o ambiente e a sustentabilidade exemplares.

27. Seja realizada uma Conferência Internacional em 2007, dez anos depois, para avaliar a implementação e o progresso do processo educacional sugerido.

CA: Nessa Conferência, o Brasil apresentou o documento "Declaração de Brasília para a Educação Ambiental", consolidado após encontros regionais em todo o país, culminando com a I Conferência Nacional de Educação Ambiental – CNIA –, coordenada pelo Ministério do Meio Ambiente com parcerias do MEC, Minc, MCT, Ibama, Codevasf, DNOCS, GDF, UnB, Unesco e Pnuma, e com a coparticipação do IV Fórum de Educação Ambiental/Rede Brasileira de Educação Ambiental, que realizou 21 reuniões preparatórias para a Conferência Nacional.

É importante salientar que o Pronea foi aprovado por decreto presidencial, em 21/12/94, através de exposição interministerial de motivos 002, publicada no DOU de 22/12/94. Seria, adiante, o gerador da Lei de Política Nacional de EA.

O texto final de Tessalônica termina repetindo o que já havia sido dito em encontros de EA anteriores. Reconhece-se a tendência pendular em direção aos devastadores. Muito se falou, pouco se fez. O processo de EA, em contexto global, atingiu relativo sucesso, porém com uma força ainda insuficiente para desviar a humanidade de uma rota de colisão com a escassez, o desequilíbrio dos sistemas naturais de sustentação da vida.

Pelas recomendações dessa conferência, conclui-se que, passados vinte anos de Tbilisi, os interesses econômicos continuam dando as cartas no jogo da vida. A educação continua não sendo a prioridade dos governos e da sociedade em que ele atua. Vive-se, na realidade, uma crise de percepção, principalmente nos países ricos, onde se vive como se não partilhasse a mesma biosfera e se dependesse dos mesmos arranjos físicos e biológicos para a sua sustentabilidade evolucionária.

Ficou acertado que em dez anos será feito novo encontro. Quantos "encontros" dessa natureza precisaremos ter mais? De quantas décadas e de quantas "cartas", declarações e recomendações repetitivas precisaremos? Reconhece-se que o atual modelo de "desenvolvimento" é política, social, econômica, ecológica, ética e espiritualmente insustentável.

Essa conferência terminou formulando um apelo dramático às nações – seus governantes e seu povo, suas empresas e seu mercado, sua produção e seu consumo – para que reajam e busquem uma forma de vida menos cretina, danosa e vazia.

A promoção da EA, ou de qualquer outro nome que lhe seja dado, assume o caráter de instrumento/processo fundamental *para a promoção das profundas mudanças que precisamos experimentar. Essa é uma tarefa de todos.*

3 Política Nacional de EA (Lei 9.795/99)

O Brasil é o único país da América Latina que tem uma política nacional específica para a EA. Sem dúvida, foi uma grande conquista política e essa não se deu sem sacrifícios de centenas de ambientalistas anônimos, funcionários(as), do Ibama, do Ministério do Meio Ambiente, ongueiros(as), em sua luta diária, nos corredores do Congresso, fazendo lobby, convencendo parlamentares, demovendo resistências, conquistando cumplicidades.

Os ambientalistas puros são altruístas, movidos pelo impulso de sobrevivência da espécie, pelo prazer de fazer o bem e de legar às gerações presentes e vindouras um mundo melhor, mais justo, mais equilibrado econômica, social e ecologicamente. Esses ambientalistas, tão frequentemente rotulados de "ecologistas de plantão", "eco-chatos" e outras denominações, são, na verdade, a primeira leva de pessoas envolvidas na questão, pois, mais cedo ou mais tarde, *todos* serão ambientalistas.

Reproduzimos a seguir a Lei da Política Nacional de EA[1], incluída neste capítulo do livro como instrumento de especialização sobre os processos de EA, como forma de difundir os nossos direitos e deveres.

LEI 9.795, DE 27 DE ABRIL DE 1999

Dispõe sobre a educação ambiental, institui a Política Nacional de EA e dá outras providências.

O PRESIDENTE DA REPÚBLICA

Faço saber que o Congresso Nacional decreta e eu sanciono a seguinte Lei:

CAPÍTULO I

DA EA

Art. 1º   Entendem-se por EA os processos por meio dos quais o indivíduo e a coletividade constroem valores sociais, conhecimentos, habilidades, atitudes e

---

[1] A Lei da Política Nacional de EA foi regulamentada pelo Decreto 4.281, de 25 de janeiro de 2002. (N.A.).

Educação ambiental • princípios e práticas

competências voltadas para a conservação do meio ambiente, bem de uso comum do povo, essencial à sadia qualidade de vida e sua sustentabilidade.

Art. 2º A educação ambiental é um componente essencial e permanente da educação nacional, devendo estar presente, de forma articulada, em todos os níveis e modalidades do processo educativo, em caráter formal e não formal.

Art. 3º Como parte do processo educativo mais amplo, todos têm direito à educação ambiental, incumbindo:

I – ao Poder Público, nos termos dos artigos 205 e 225 da Constituição Federal, definir políticas públicas que incorporem a dimensão ambiental, promover a educação ambiental em todos os níveis de ensino e o engajamento da sociedade na conservação, recuperação e melhoria do meio ambiente;

II – às instituições educativas promover a educação ambiental de maneira integrada aos programas educacionais que desenvolvem;

III – promover ações de educação ambiental integradas aos programas de conservação, recuperação e melhoria do meio ambiente;

IV – aos meios de comunicação de massa colaborar de maneira ativa e permanente na disseminação de informações e práticas educativas sobre meio ambiente e incorporar a dimensão ambiental em sua programação;

V – às empresas, entidades de classe, instituições públicas e privadas promover programas destinados à capacitação dos trabalhadores, visando à melhoria e ao controle efetivo sobre o ambiente de trabalho, bem como sobre as repercussões do processo produtivo no meio ambiente;

VI – à sociedade como um todo manter atenção permanente à formação de valores, atitudes e habilidades que propiciem a atuação individual e coletiva voltada para a prevenção, a identificação e a solução de problemas ambientais.

Art. 4º São princípios básicos da EA:

I – o enfoque humanista, holístico, democrático e participativo;

II – a concepção do meio ambiente em sua totalidade, considerando a interdependência entre o meio natural, o socioeconômico e o cultural, sob o enfoque da sustentabilidade;

III – o pluralismo de ideias e concepções pedagógicas, na perspectiva da inter, multi e transdisciplinaridade;

IV – a vinculação entre a ética, a educação, o trabalho e as práticas sociais;

V – a garantia de continuidade e permanência do processo educativo;

VI – a permanente avaliação crítica do processo educativo;

Política Nacional de EA (Lei 9.795/99)

VII – a abordagem articulada das questões ambientais locais, regionais, nacionais e globais;

VIII – o reconhecimento e o respeito à pluralidade e à diversidade individual e cultural.

Art. 5º São objetivos fundamentais da EA:

I – o desenvolvimento de uma compreensão integrada do meio ambiente em suas múltiplas e complexas relações, envolvendo aspectos ecológicos, psicológicos, legais, políticos, sociais, econômicos, científicos, culturais e éticos;

II – a garantia de democratização das informações ambientais;

III – o estímulo e o fortalecimento de uma consciência crítica sobre a problemática ambiental e social;

IV – o incentivo à participação individual e coletiva, permanente e responsável, na preservação do equilíbrio do meio ambiente, entendendo-se a defesa da qualidade ambiental como um valor inseparável do exercício da cidadania;

V – o estímulo à cooperação entre as diversas regiões do País, em níveis micro e macrorregionais, com vistas à construção de uma sociedade ambientalmente equilibrada, fundada nos princípios da liberdade, igualdade, solidariedade, democracia, justiça social, responsabilidade e sustentabilidade;

VI – o fomento e o fortalecimento da integração com a ciência e a tecnologia;

VII – o fortalecimento da cidadania, autodeterminação dos povos e solidariedade como fundamentos para o futuro da humanidade.

CAPÍTULO II

DA POLÍTICA NACIONAL DE EA

Seção I

Disposições Gerais

Art. 6º É instituída a Política Nacional de EA.

Art. 7º A Política Nacional de EA envolve, em sua esfera de ação, além dos órgãos e entidades integrantes do Sistema Nacional de Meio Ambiente – Sisnama –, instituições educacionais públicas e privadas dos sistemas de ensino, os órgãos públicos da União, dos Estados, do Distrito Federal e dos Municípios e organizações não governamentais com atuação em educação ambiental.

Art. 8º As atividades vinculadas à Política Nacional de EA devem ser desenvolvidas na educação em geral e na educação escolar, por meio das seguintes linhas de atuação inter-relacionadas:

I – capacitação de recursos humanos;

II – desenvolvimento de estudos, pesquisas e experimentações;

III – produção e divulgação de material educativo;

IV – acompanhamento e avaliação.

§ 1º Nas atividades vinculadas à Política Nacional de EA serão respeitados os princípios e objetivos fixados por esta Lei.

§ 2º A capacitação de recursos humanos voltar-se-á para:

I – a incorporação da dimensão ambiental na formação, especialização e atualização dos educadores de todos os níveis e modalidades de ensino;

II – a incorporação da dimensão ambiental na formação, especialização e atualização dos profissionais de todas as áreas;

III – a preparação de profissionais orientados para as atividades de gestão ambiental;

IV – a formação, especialização e atualização de profissionais na área de meio ambiente;

V – o atendimento da demanda dos diversos segmentos da sociedade no que diz respeito à problemática ambiental.

§ 3º As ações de estudos, pesquisas e experimentações voltar-se-ão para:

I – o desenvolvimento de instrumentos e metodologias, visando à incorporação da dimensão ambiental, de forma interdisciplinar, nos diferentes níveis e modalidades de ensino;

II – a difusão de conhecimentos, tecnologias e informações sobre a questão ambiental;

III – o desenvolvimento de instrumentos e metodologias, visando à participação dos interessados na formulação e execução de pesquisas relacionadas à problemática ambiental;

IV – a busca de alternativas curriculares e metodológicas de capacitação na área ambiental;

V – o apoio a iniciativas e experiências locais e regionais, incluindo a produção de material educativo;

VI – a montagem de uma rede de banco de dados e imagens, para apoio às ações enumeradas nos incisos I a V.

Seção II

Da EA no Ensino Formal

Art. 9º Entende-se por EA na educação escolar a desenvolvida no âmbito dos currículos das instituições de ensino públicas e privadas, englobando:

I – educação básica:

    a. educação infantil;
    b. ensino fundamental e
    c. ensino médio;

II – educação superior;

III – educação especial;

IV – educação profissional;

V – educação de jovens e adultos.

Art. 10º A EA será desenvolvida como uma prática educativa integrada, contínua e permanente em todos os níveis e modalidades do ensino formal.

§ 1º A EA não deve ser implantada como disciplina específica no currículo de ensino.

§ 2º Nos cursos de pós-graduação, extensão e nas áreas voltadas ao aspecto metodológico da EA, quando se fizer necessário, é facultada a criação de disciplina específica.

§ 3º Nos cursos de formação e especialização técnico-profissional, em todos os níveis, deve ser incorporado conteúdo que trate da ética ambiental das atividades profissionais a serem desenvolvidas.

Art. 11º A dimensão ambiental deve constar dos currículos de formação de professores, em todos os níveis e em todas as disciplinas.

Parágrafo único. Os professores em atividade devem receber formação complementar em suas áreas de atuação, com o propósito de atender adequadamente ao cumprimento dos princípios e objetivos da Política Nacional de EA.

Art. 12º A autorização e supervisão do funcionamento de instituições de ensino e de seus cursos, nas redes pública e privada, observarão o cumprimento do disposto nos arts. 10 e 11 desta Lei.

Seção III

Da EA Não Formal

Art. 13º Entendem-se por EA não formal as ações e práticas educativas voltadas à sensibilização da coletividade sobre as questões ambientais e à sua organização e participação na defesa da qualidade do meio ambiente.

Parágrafo único. O Poder Público, em níveis federal, estadual e municipal, incentivará:

I – a difusão, por intermédio dos meios de comunicação de massa, em espaços nobres, de programas e campanhas educativas e de informações acerca de temas relacionados ao meio ambiente;

II – a ampla participação da escola, da universidade e de organizações não governamentais na formulação e execução de programas e atividades vinculadas à EA não formal;

III – a participação de empresas públicas e privadas no desenvolvimento de programas de EA em parceria com a escola, a universidade e as organizações não governamentais;

IV – a sensibilização da sociedade para a importância das unidades de conservação;

V – a sensibilização ambiental das populações tradicionais ligadas às unidades de conservação;

VI – a sensibilização ambiental dos agricultores;

VII – o ecoturismo.

Art. 13º-A[2] Fica instituída a Campanha Junho Verde, a ser celebrada anualmente como parte das atividades da educação ambiental não formal.

§ 1º O objetivo da Campanha Junho Verde é desenvolver o entendimento da população acerca da importância da conservação dos ecossistemas naturais e de todos os seres vivos e do controle da poluição e da degradação dos recursos naturais, para as presentes e futuras gerações.

§ 2º A Campanha Junho Verde será promovida pelo poder público federal, estadual, distrital e municipal em parceria com escolas, universidades, empresas públicas e privadas, igrejas, comércio, entidades da

---

[2] O Art. 13º-A foi Incluído pela Lei nº 14.393, de 2022.

Política Nacional de EA (Lei 9.795/99)

sociedade civil, comunidades tradicionais e populações indígenas, e incluirá ações direcionadas para:

I – divulgação de informações acerca do estado de conservação das florestas e biomas brasileiros e dos meios de participação ativa da sociedade para a sua salvaguarda;

II – fomento à conservação e ao uso de espaços públicos urbanos por meio de atividades culturais e de educação ambiental;

III – conservação da biodiversidade brasileira e plantio e uso de espécies vegetais nativas em áreas urbanas e rurais;

IV – sensibilização acerca da redução de padrões de consumo, da reutilização de materiais, da separação de resíduos sólidos na origem e da reciclagem;

V – divulgação da legislação ambiental brasileira e dos princípios ecológicos que a regem;

VI – debate sobre transição ecológica das cadeias produtivas, economia de baixo carbono e carbono neutro;

VII – inovação ambiental por meio de projetos educacionais relacionados ao potencial da biodiversidade do País;

VIII – preservação da cultura dos povos tradicionais e indígenas que habitam biomas brasileiros, inseridos no contexto da proteção da biodiversidade do País;

IX – debate sobre as mudanças climáticas e seus impactos nas cidades e no meio rural, com a participação dos Poderes Legislativos estaduais, distrital e municipais;

X – estímulo à formação da consciência ecológica cidadã a respeito de temas ambientais candentes, em uma perspectiva transdisciplinar e social transformadora, pautada pela ética intergeracional;

XI – debate, em todos os níveis e modalidades do processo educativo, sobre ecologia, conservação ambiental e cadeias produtivas;

XII – fomento à conscientização ambiental em áreas turísticas, com estímulo ao turismo sustentável;

XIII – divulgação e disponibilização de estudos científicos e de soluções tecnológicas adequadas às políticas públicas de proteção do meio ambiente;

XIV – promoção de ações socioeducativas destinadas a diferentes públicos nas unidades de conservação da natureza em que a visitação pública é permitida;

XV – debate, divulgação, sensibilização e práticas educativas atinentes às relações entre a degradação ambiental e o surgimento de endemias,

Educação ambiental • princípios e práticas

epidemias e pandemias, bem como à necessidade de conservação adequada do meio ambiente para a prevenção delas; e

XVI – conscientização relativa a uso racional da água, escassez hídrica, acesso a água potável e tecnologias disponíveis para melhoria da eficiência hídrica.

§ 3º Na Campanha Junho Verde, será observado o conceito de Ecologia Integral, que inclui dimensões humanas e sociais dos desafios ambientais.

CAPÍTULO III

DA EXECUÇÃO DA POLÍTICA NACIONAL DE EA

Art. 14º A coordenação da Política Nacional de EA ficará a cargo de um órgão gestor, na forma definida pela regulamentação desta Lei.

Art. 15º São atribuições do órgão gestor:

I – definição de diretrizes para implementação em âmbito nacional;

II – articulação, coordenação e supervisão de planos, programas e projetos na área de educação ambiental, em âmbito nacional;

III – participação na negociação de financiamentos a planos, programas e projetos na área de educação ambiental.

Art. 16º Os Estados, o Distrito Federal e os Municípios, na esfera de sua competência e nas áreas de sua jurisdição, definirão diretrizes, normas e critérios para a educação ambiental, respeitados os princípios e objetivos da Política Nacional de EA.

Art. 17º A eleição de planos e programas, para fins de alocação de recursos públicos, vinculados à Política Nacional de EA, deve ser realizada levando-se em conta os seguintes critérios:

I – conformidade com os princípios, objetivos e diretrizes da Política Nacional de EA;

II – prioridade dos órgãos integrantes do Sisnama e do Sistema Nacional de Educação;

III – economicidade, medida pela relação entre a magnitude dos recursos a alocar e o retorno social propiciado pelo plano ou programa proposto.

Política Nacional de EA (Lei 9.795/99)

Parágrafo único. Na eleição a que se refere o *caput* deste artigo, devem ser contemplados, de forma equitativa, os planos, programas e projetos das diferentes regiões do País.

Art. 18º (VETADO)

Art. 19º Os programas de assistência técnica e financeira relativos a meio ambiente e educação, em níveis federal, estadual e municipal, devem alocar recursos às ações de EA.

CAPÍTULO IV

DISPOSIÇÕES FINAIS

Art. 20º O Poder Executivo regulamentará esta Lei no prazo de noventa dias de sua publicação, ouvidos o Conselho Nacional de Meio Ambiente e o Conselho Nacional de Educação.

Art. 21º Esta Lei entra em vigor na data de sua publicação.

Brasília, 27 de abril de 1999; 178º da Independência e 111º da República

Fernando Henrique Cardoso
Paulo Renato Souza
José Sarney Filho

CA: Vale salientar que o artigo que previa a destinação de 20% dos valores das multas para a EA foi vetado. As justificativas de que havia sobreposição de competências não convenceram os ambientalistas.

4 Subsídios para a prática da EA

4.1 Da Conferência de Tbilisi

A despeito do tempo transcorrido da Conferência de Tbilisi (1977), e da realização de vários outros encontros internacionais sobre EA, muitas das suas orientações continuam sendo válidas, consolidando o evento como o de maior importância para o desenvolvimento e afirmação da EA, conforme vimos em capítulo anterior.

Em 1980, a Unesco publicou um documento intitulado *La Educación Ambiental*, contendo observações importantes da Conferência de Tbilisi em relação a vários aspectos. Pela sua relevância e pelas proposições deste livro – subsidiar as pessoas envolvidas em EA –, achamos conveniente citar alguns tópicos, que traduzimos[1]:

Em relação aos problemas do meio ambiente

a. A fome, as grandes disparidades entre as populações humanas quanto à qualidade da sua existência, a deterioração dos ecossistemas e das paisagens, a desertificação, a escassez crescente dos recursos naturais, as múltiplas causas de contaminação e a degradação da qualidade de vida têm justificado amplamente o alarma surgido nos últimos trinta anos.

b. A miséria agrava a vulnerabilidade dos países.

c. Nos países em desenvolvimento, as estratégias de crescimento econômico buscam um aumento máximo dos benefícios e baseiam-se em planejamentos fragmentados que a curto prazo não garantem a conservação dos ecossistemas.

d. A satisfação das diversas necessidades humanas, associada a um consumo excessivo de recursos e um rápido crescimento demográfico, tem exercido uma pressão crescente sobre o meio ambiente, quer seja diretamente, pelo excesso de exploração das riquezas naturais, ou indiretamente, ao produzir quantidades excessivas de detritos em relação à capacidade de absorção e depuração do meio ambiente.

e. De modo frequente, tem-se confundido o crescimento com o desenvolvimento.

f. [...] promover um desenvolvimento que respeite a capacidade de assimilação e de regeneração da biosfera.

---

[1] *La Educación Ambiental*, Unesco, 1980, p. 13-63.

Finalidades e características da EA

a. A educação abordava temas sobre a natureza com um tratamento fragmentado, muito frequentemente abstrato e desligado da realidade do entorno que se pretendia ensinar; ademais, descuidava-se da necessidade de criar e valorizar os comportamentos de responsabilidade com respeito à mesma.

b. Os aspectos biológicos e físicos constituem a base natural do meio ambiente. As dimensões socioculturais e econômicas definem as orientações e os instrumentos conceituais e técnicos com os quais o homem poderá compreender e utilizar melhor os recursos da natureza, para satisfazer as suas necessidades.

c. As finalidades da EA devem adaptar-se à realidade sociocultural, econômica e ecológica de cada sociedade e de cada região, e particularmente aos objetivos do seu desenvolvimento.

d. Um dos principais objetivos da EA consiste em permitir que o ser humano compreenda a natureza complexa do meio ambiente, resultante das interações dos seus aspectos biológicos, físicos, sociais e culturais. Ela deveria facilitar os meios de interpretação da interdependência desses diversos elementos, no espaço e no tempo, a fim de promover uma utilização mais reflexiva e prudente dos recursos naturais para satisfazer as necessidades da humanidade.

e. A EA deve favorecer em todos os âmbitos uma participação responsável e eficaz da população na concepção e aplicação das decisões que põem em jogo a qualidade do meio natural, social e cultural.

f. A EA deve difundir informações sobre as modalidades de desenvolvimento que não repercutem negativamente no meio ambiente.

g. A EA deve mostrar com toda clareza as interdependências econômicas, políticas e ecológicas do mundo moderno, em que decisões e comportamentos de todos os países podem ter consequências de alcance internacional.

h. São características da EA:

- ▶ o enfoque educativo interdisciplinar e orientado para a resolução de problemas;
- ▶ a integração com a comunidade;
- ▶ ser permanente e orientada para o futuro.

i. Que a EA não seja uma nova disciplina. Há de ser a contribuição de diversas disciplinas e experimentos educativos ao conhecimento e à compreensão do meio ambiente, assim como à resolução dos seus problemas e à sua gestão. Sem o enfoque interdisciplinar não será possível estudar as inter-relações, nem abrir o mundo da educação à comunidade, incitando seus membros à ação.

Subsídios para a prática da EA

j. A EA deve afastar-se da pedagogia exclusivamente informativa.

k. A característica mais importante da EA é que ela aponta para a resolução de problemas concretos. Que os indivíduos, de qualquer grupo ou nível, percebam claramente os problemas que afetam o bem-estar individual ou coletivo, elucidem suas causas e determinem os meios para resolvê-los.

l. A EA não poderá desenvolver-se plenamente se não incitar os indivíduos a descobrirem as opções que determinaram as decisões.

m. A EA deverá procurar estabelecer uma complementaridade estruturada de conhecimentos teóricos, práticos e de comportamento.

n. Enquanto os alunos se mantiverem à margem da ação social, as relações entre a escola e a comunidade somente poderão ser superficiais.

o. Constitui um modo de transformar e renovar a educação o desenvolvimento de uma EA orientada para a busca de soluções para os problemas concretos, que os analise sob um marco interdisciplinar e que suscite uma participação ativa da comunidade para resolvê-los.

p. A EA [...] constitui o modo mais adequado para promover uma educação mais ajustada à realidade, às necessidades, aos problemas e aspirações dos indivíduos e das sociedades no mundo atual.

A incorporação da EA aos programas de Educação

a. Não há um modelo universal para a integração da EA nos processos de educação. É necessário definir os enfoques, as modalidades e a progressão dessa integração em função das condições, das finalidades e das estruturas educacionais e socioeconômicas de cada país.

b. Os novos métodos para a EA dão prioridade a problemas concretos, *à utilização do meio ambiente imediato como recurso pedagógico*, à colaboração entre o pessoal docente de diferentes disciplinas e à necessidade de que a escola esteja aberta à comunidade (grifo do autor: será o método preponderante na realização dos experimentos em capítulo específico).

c. A via mais recomendada parece ser a revisão e reestruturação do conjunto de conteúdos das diversas disciplinas.

d. A maioria dos programas de educação vigente carece de uma visão global e tende a acentuar a especialização e a fomentar uma percepção demasiadamente estreita da realidade.

e. A ação educativa não consegue sair do marco escolar para interessar-se pela comunidade e fazer com que os alunos participem das suas atividades.

f. A aplicação de um enfoque integrado aos problemas ambientais obrigará a reorganização de um ensino atualmente compartimentado pelos sistemas de

207

cursos, escolas, departamentos, faculdades de modo a evitar que as barreiras institucionais ou psicológicas se oponham ao diálogo em diversas disciplinas.

g. Métodos em ação interdisciplinar:

> ▶ estudar um dado problema a partir de uma disciplina, que passaria a ser a disciplina piloto, apoiada nas demais;
>
> ▶ coanimação: professores atuam em uma mesma sala, por exemplo, ou um especialista convidado faz apresentações. Isso provoca a ruptura do fluxo de sentido único entre o professor e o aluno e facilita a troca de pontos de vista, diversificando os modos de conceber os problemas;
>
> ▶ alunos e professores deverão, uma tarde por semana, explorar o meio ambiente, cada um intervindo segundo sua especialidade;
>
> ▶ técnica pedagógica de projeto: buscam-se diferentes soluções possíveis para um dado problema, com a intervenção dos professores das diferentes disciplinas, e de especialistas externos, junto a grupos de alunos que conduzem o projeto.

h. A apresentação de temas ambientais no ensino primário deveria se fazer com ênfase em uma perspectiva de educação geral dentro do marco, por exemplo, das atividades de iniciação e junto com as atividades dedicadas à língua materna, à matemática ou à expressão corporal e artística. [...] O estudo do meio ambiente deve recorrer aos sentidos das crianças (percepção do espaço, das formas, das distâncias e das cores[2]), e fazer parte das visitas e dos jogos. O estudo do entorno imediato do aluno (casa, escola, caminho entre ambos) reveste-se de muita importância.

i. No segundo grau deve-se recorrer a uma pedagogia que fomente a intervenção direta do aluno.

j. Os alunos devem estudar temas como transportes, segurança, crescimento populacional, higiene, alimentação etc.; tudo isso pode resultar em exercícios de simulação que são bons instrumentos de formação.

k. Na universidade, a EA deverá proporcionar um conhecimento a fundo do funcionamento[3] dos ecossistemas, assim como dos fatores socioeconômicos que regem as relações entre o homem e o meio ambiente no contexto do desenvolvimento.

l. A EA adota essencialmente uma pedagogia da ação e pela ação.

---

[2] Não esquecer de incluir a percepção dos cheiros, odores, dos sabores e das alterações do corpo: temperatura, pressão, umidade etc.

[3] Incluir a *estrutura*.

m. A EA não formal[4] deverá inspirar, a todos os membros de uma comunidade, atitudes próprias à participação e à colaboração coletivas e suscitar responsabilidades em matéria de administração, proteção e ordenamento[5] do meio ambiente.

n. A EA deve contribuir para formar cidadãos capazes de julgar a qualidade dos serviços públicos (saúde, segurança, moradia, educação, lazer) [...], que sejam dotados de espírito crítico e, ao mesmo tempo, estejam dispostos a apoiar as medidas ambientais que respondam de maneira autêntica às suas necessidades e ao seu desejo de melhorar a qualidade do meio e da sua própria existência.

o. Essa educação deve incitar os cidadãos a refletir sobre a qualidade dos produtos que são oferecidos e a avaliar seus efeitos sobre suas vidas[6].

p. [...] Aproveitar os diversos recursos educacionais que a comunidade oferece (parques, museus, trilhas etc.).

q. A EA não formal deve dirigir-se aos diversos profissionais que por várias razões poderão contribuir para resolver e prever problemas ambientais: engenheiros, arquitetos, paisagistas, administradores etc.

r. A estratégia fundamental para desenvolver a EA não formal consiste em integrar essa educação à gama cada vez maior dos programas já existentes. Será necessário um inventário completo das instituições e dos programas que estas oferecem, com o objetivo de definir funções e estimulá-las para que incluam a EA em suas atividades[7].

s. Os técnicos que se ocupam diretamente com os problemas ambientais deveriam participar ativamente, junto com os educadores, da concepção e aplicação dos programas de EA.

t. Utilizar o próprio meio ambiente como recurso educativo. [...] As saídas e visitas dos alunos são indispensáveis em EA. [...] Não se deve limitar exclusivamente a certos elementos privilegiados, como parques, reservas etc.[8]

---

[4] Ou extraescolar.

[5] A falta de participação da comunidade nesse aspecto tem sido o ponto fraco dentro dos mecanismos de gestão ambiental no que se refere ao mecanismo ambiental, quando das audiências públicas para discussão dos estudos de impacto ambiental (EIA) e seu respectivo Relatório de Impacto Ambiental (Rima), de algum empreendimento, público ou privado, que represente risco à qualidade de vida. Dessa forma, a EA extraescolar, no Brasil, *precisa* superar-se e consolidar-se de forma premente, porquanto as formas de participação comunitária estabelecidas com muita luta, nas nossas leis, não estão sendo acionadas.

[6] Cabe acentuar a importância da divulgação, análise e uso do nosso Código do Consumidor.

[7] Incluem-se as associações comunitárias, desportivas, turísticas, religiosas, culturais, ambientalistas, ecológicas, cívicas, sindicatos etc.

[8] Essa observação é muito importante para vencermos as barreiras impostas, ainda, pelo movimento conservacionista – já falido há décadas –, que insiste em condicionar tais incursões a regiões naturais protegidas ou "congeladas", como os museus mais tradicionais etc.

Educação ambiental • princípios e práticas

u. A EA exige que os docentes recebam formação e aprendam a utilizar novos conteúdos e novos enfoques pedagógicos.

v. É necessário empreender pesquisas intensivas sobre a preparação e o aperfeiçoamento de métodos e materiais pouco onerosos para a EA[9].

Premissas da EA

Das observações, conceitos, estratégias e objetivos sociais discutidos nas conferências e encontros, emergiram algumas premissas para a EA, assim resumidas[10].

a. A evolução social e a evolução cultural são mais rápidas do que a evolução biológica. Portanto, a evolução biológica não pode acompanhar os desequilíbrios ambientais produzidos pela evolução sociocultural.

b. Na verdade, o nosso equipamento biológico não dispõe de plasticidade para mudanças rápidas. Segundo Dubos (1981), a constituição genética a nós transmitida pelas características físicas do nosso berço evolucionário não mudou de modo significativo nos últimos 50 mil anos. Nossos requisitos fisiológicos, estruturas anatômicas e *drives* psicológicos ainda são governados pelo equipamento genético adquirido durante a Idade da Pedra[11]. Temos, no nosso corpo, estruturas vestigiais que no presente servem para nada, como o apêndice, por exemplo. Portanto, não podemos contar com adaptações biológicas para suportarmos as possíveis alterações ambientais produzidas pela ação do homem.

c. Os problemas ambientais sempre são complexos e requerem a intervenção de especialistas de várias disciplinas para as suas soluções, numa abordagem interdisciplinar.

d. Os problemas ambientais devem ser vistos primeiramente no seu contexto local de maneira que o indivíduo possa perceber a sua importância e, em seguida, no contexto global.

e. Fica difícil falar em preservar as baleias quando o indivíduo tem, em casa, crianças com diarreia porque bebem água contaminada. Daí a importância do enfoque do ambiente total, que considera todos os seus aspectos, conforme já vimos.

f. A população humana, mais do que qualquer outra, tem causado danos ao ambiente e, portanto, deve ser responsável por ações corretivas e preventivas.

---

[9] No Centro de Pesquisas das Faculdades Integradas da Católica de Brasília, na Fundação Educacional do Distrito Federal e no Centro Educacional la Salle, por um período de mais de cinco anos, desenvolvemos, testamos e aperfeiçoamos métodos e materiais alternativos para a EA, conforme apresentaremos no capítulo referente às atividades.

[10] As premissas a seguir apresentadas, pontos importantes para reflexão, fizeram parte do documento 8 da série de Educação Ambiental da Unesco/Unep/IGEP, 1986.

[11] *Namorando a Terra*, p. 60.

g. Voltamos aqui à necessidade premente do estabelecimento de uma ética ambiental global, sonhada por Aldo Leopoldo, preconizada pelo Encontro de Bruxelas, corroborada pela Unesco/Unep e ignorada pela sociedade tecnocrata e plutocrata.

h. O bem-estar e a sobrevivência da humanidade dependem do valor que as pessoas atribuam: ao respeito e consideração pelos outros, particularmente aos menos favorecidos; ao cuidado e proteção dos recursos da humanidade [sic]; à promoção de ações que beneficiem a humanidade como um todo e melhorem a qualidade ambiental.

i. Os recursos não são da humanidade, são dos seres vivos da Terra. O antropocentrismo, esse *bias* poderoso, precisa sofrer uma redução de intensidade. Não vai ser fácil, pois muito dele já ascendeu para egocentrismo, devidamente alimentado por certos princípios religiosos.

j. O comportamento das pessoas em relação ao seu ambiente natural e artificial é a expressão clara de valores e atitudes, compreensão e habilidades.

k. Uma relação harmônica e ética do homem com o seu ambiente, tendo a conservação e melhoria das condições ambientais como tema, pode ser desenvolvida desde a infância até a fase adulta através da educação formal e informal[12].

4.2 Operacionalização das atividades de EA

A pedagogia adotada

Um programa de EA, para ser efetivo, deve promover, simultaneamente, o desenvolvimento de conhecimento, de atitudes e de habilidades necessárias à preservação e melhoria da qualidade ambiental.

Acreditamos que somente fomentando a participação comunitária, de forma articulada e consciente, um programa de EA atingiria seus objetivos. Para tanto, ele deve prover os conhecimentos necessários à compreensão do seu ambiente, de modo a suscitar uma consciência social que possa gerar atitudes capazes de afetar comportamentos.

A forma pedagógica de operacionalizar os programas, por sua vez, precisa de amálgama certo de vários processos que vão ocorrer simultaneamente. A pedagogia liberal, que defende a predominância dos interesses e liberdades individuais na sociedade, vem dando lugar a uma tendência pedagógica progressiva, crítica e

---

[12] Essa premissa é fundamental para afastar o "ataque às criancinhas", como diria a colega Oneida Freire, referindo-se a algumas propostas de EA que envolviam apenas as crianças que estavam na escola, alijando as demais e o público adulto dos programas, mesmo sabendo que no Brasil a maioria das pessoas não vai à escola.

Educação ambiental • princípios e práticas

libertadora, preconizada por Paulo Freire. Acreditamos ser esta a mais adequada às nossas necessidades. Precisamos, urgentemente, passar da condição de azêmolas para dinâmicos insubmissos.

A estratégia adotada

Neste livro, fizemos questão de tratar, unicamente, dos temas ligados aos ambientes urbanos, por acreditar que ali está a maioria dos brasileiros, sendo onde pode surgir uma fermentação mais ousada para as transformações que nós precisamos iniciar.

Objetivamos promover o entendimento das relações do citadino com a cidade, enfatizando como ele afeta e é afetado pelo ecossistema urbano, indo além do estudo dos sintomas ambientais, explorando as raízes da causa da degradação ambiental.

Buscamos, também, o desenvolvimento de habilidades que o torne apto a se envolver na solução dos problemas ambientais da sua cidade.

Sob essa abordagem, utilizamos, como laboratório, o metabolismo urbano e seus recursos naturais e físicos, iniciando pela escola, expandindo-se pela circunvizinhança e sucessivamente até a cidade, a região, o país, o continente e o planeta. Adotamos a estratégia da resolução de problemas para as atividades desenvolvidas.

A escolha dessa estratégia se justifica porque ela é capaz de:

▶ ajudar os alunos na compreensão do metabolismo urbano e levá-los a ações que possam influenciar nesse metabolismo;

▶ estimular a formação de uma mentalidade que os leve a se envolver na identificação e resolução dos problemas da sua comunidade (permite a redução dos sentimentos de frustração – a síndrome da angústia ambiental –, despersonalização e anonimato frequentemente experimentados pela população urbana);

▶ ajudar os alunos a desenvolver atividades que busquem soluções dos problemas ambientais, atuais e projetados, da sua cidade.

As atividades de EA

As atividades de EA devem ser o centro do programa porquanto permitem, aos alunos, oportunidades de desenvolver uma sensibilização a respeito dos seus problemas ambientais e buscar formas alternativas de soluções, conduzindo pesquisas no ambiente urbano, relacionando fatores psicossociais e históricos com fatores políticos, éticos e estéticos.

Com essa estratégia, vamos identificar e definir problemas ambientais, coletar e organizar informações, gerar soluções alternativas, desenvolver e gerar um plano de ação.

As atividades foram elaboradas e desenvolvidas de modo a serem integradas nos cursos tradicionais. O papel do professor deverá ser o de facilitador da exploração do metabolismo urbano, dos processos que ocorrem dentro do ambiente urbano, que afetam e são afetados pelos alunos.

As técnicas para as atividades de EA

A aprendizagem será mais significativa se a atividade estiver adaptada concretamente às situações da vida real da cidade, ou do meio, do aluno e do professor.

Quando lidamos com experiências diretas, a aprendizagem é mais eficaz, pois é conhecido que aprendemos através dos nossos sentidos (83% através da visão; 11% através da audição; 3,5% através da olfação; 1,5% através do tato; e 1% através da gustação) e que retemos apenas 10% do que lemos, 20% do que ouvimos, 30% do que vemos, 50% do que vemos e executamos, 70% do que ouvimos e logo discutimos e 90% do que ouvimos e logo realizamos (Piletti, 1991).

Edgar Dale, autor do *cone de experiências* (Figura 12), enfatiza que o ensino puramente teórico (simbólico-abstrato) deve ser evitado. O imediatamente vivencial permite uma aprendizagem mais efetiva.

Figura 12 O cone de experiências, de Edgar Dale. (Adaptado de Piletti, 1991.)

Os objetivos, as metas da EA e os enfoques de ensino constituem um todo. Nesse entrelaçamento de componentes, o final desejado é um compromisso de ação orientado por comportamentos adequados em busca de melhoria e elevação da qualidade de vida, e em consequência da qualidade da experiência humana.

Educação ambiental • princípios e práticas

A Figura 13 representa a integração desses fatores. As estratégias são apenas recomendadas. Cabe ao professor, conhecendo as realidades de sua escola, adotar, mesclar, adaptar etc.

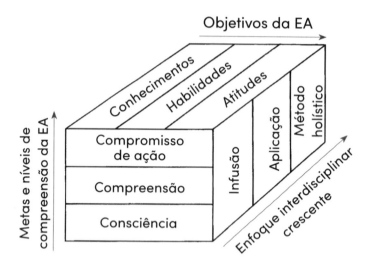

Figura 13 Como os objetivos, enfoques de ensino e metas da EA constituem um todo. (Adaptado de Unesco-Pnuma/PIEA, 1987.)

Na Tabela 4.1, temos um resumo das estratégias mais utilizadas.

\multicolumn{3}{c}{Tabela 4.1 – Estratégias de ensino para a prática da EA}
Estratégia definida	Ocasião para uso	Vantagens/desvantagens
Discussão em classe: Esta atividade envolve toda a classe e cada estudante contribui informalmente (grande grupo).	É utilizada para permitir que os estudantes exponham suas opiniões oralmente a respeito de um dado problema.	A discussão em classe ajuda o estudante a compreender as questões. Encoraja-o a desenvolver as habilidades de expressão oral e autoconfiança ao falar em público. Dificuldades em iniciar o processo de discussão.
Discussão em grupo: Envolve toda a classe com professor atuando como supervisor (pequenos grupos).	Quando assuntos polêmicos estão sendo tratados.	Pode resultar no desenvolvimento de relações mais positivas entre alunos e professores. Permite que alguns alunos evitem o envolvimento.

Subsídios para a prática da EA

Tabela 4.1 – Estratégias de ensino para a prática da EA		
Estratégia definida	Ocasião para uso	Vantagens/desvantagens
Brainstorming (ou mutirão de ideias): Atividades que envolvem pequenos grupos (5-10 estudantes) aos quais se pede para apresentar soluções possíveis para um dado problema, sem se preocupar com análises críticas. Todas as sugestões são anotadas. O tempo limite é de 10-15 minutos.	Deve ser usado como um recurso para encorajar e estimular ideias voltadas à solução de um dado problema. O tempo deve ser utilizado para produzir as ideias e não para avaliá-las (elaboração de conceitos).	Estímulo à criatividade, liberdade. Dificuldades em evitar avaliações ou julgamentos prematuros das sugestões, e em obter ideias originais.
Trabalho de grupo: Envolve a participação de grupos de 4-8 membros, que se tornam responsáveis pela execução de uma tarefa.	É adequado quando se necessita executar várias tarefas ao mesmo tempo. A classe, com vários grupos, pode abordar os diferentes aspectos de um mesmo problema ou focalizar problemas diferentes.	Permite que os alunos se responsabilizem por uma tarefa por longos períodos (2 a 5 semanas) e exercitem a capacidade de organização. É uma fonte de geração de projetos. As atividades precisam ser monitoradas de modo que o trabalho não envolva apenas alguns membros do grupo.
Debate: Requer a participação de dois grupos (3-4 membros), para apresentar ideias e argumentos de pontos de vista opostos aos demais colegas de classe (que podem formar um grupo de avaliação).	Estratégia útil quando assuntos controvertidos estão sendo discutidos, e existem propostas diferentes de soluções. O tópico escolhido para debate deve ser de interesse vital para todos.	Permite o desenvolvimento das habilidades de falar em público e ordenar a apresentação de fatos e ideias. Requer muito tempo de preparação.

Educação ambiental • princípios e práticas

Tabela 4.1 – Estratégias de ensino para a prática da EA

Estratégia definida	Ocasião para uso	Vantagens/desvantagens
Questionário: Desenvolvimento de um conjunto de questões ordenadas a ser submetido a um dado público. As respostas, analisadas, dão uma variedade de indicativos.	É usado para obter informações e/ou efetuar amostragem de opinião das pessoas em relação a uma dada questão. Pode ajudar a definir a extensão de um problema.	Aplicado de forma adequada, o questionário produz excelentes dados, dos quais podem ser extraídas conclusões ou indicações para atividades. É necessário muito tempo e experiência para produzir um conjunto ordenado de questões que cubram as informações que estão sendo procuradas.
Reflexão: Pode ser considerada o oposto do mutirão de ideias (brainstorming), porém, também destinada à produção de sugestão de ideias. É dado tempo aos estudantes para que sentem em algum lugar e pensem acerca de um problema específico.	Usada para encorajar o desenvolvimento de ideias em resposta a um problema. O tempo de reflexão recomendado é de 10 a 15 minutos.	Envolvimento de todos. Não pode ser avaliado diretamente. Requer grande experiência prática em um largo conjunto de informações.
Imitação da mídia: Esta estratégia estimula os estudantes (individualmente ou em grupo) a produzir sua própria versão dos jornais, dos programas de rádio e TV, e filmes.	Através desta estratégia, os estudantes podem obter informações de sua escolha e levá-las a outros grupos. A depender das circunstâncias e do assunto a ser abordado, os produtos podem ser distribuídos na escola, aos pais e à comunidade.	Pode ser uma forma efetiva de aprendizagem e ação social. Para ser efetivo, o que é produzido deve ser razoavelmente comparável em qualidade à mídia existente, se for para uma circulação maior.
Projetos: Os alunos, sob supervisão, planejam, executam, avaliam e redirecionam um projeto sob um tema específico.	Realização de tarefas com objetivos a serem alcançados a longo prazo, com maior envolvimento da comunidade.	As pessoas concebem e executam o próprio trabalho, o professor apenas sugere. Às vezes, o professor, mesmo vendo as falhas, deve permitir que eles mesmos as verifiquem.

Tabela 4.1 – Estratégias de ensino para a prática da EA

Estratégia definida	Ocasião para uso	Vantagens/desvantagens
Solução de problemas: Esta estratégia está ligada a muitas outras; considera que ensinar é apresentar problemas e aprender é resolvê-los.	Busca de soluções para problemas identificados.	O estudante treina/exercita a sua capacidade de resolver problemas apresentados, em um contexto real. O orientador deve conhecer a fundo a questão abordada.
Jogos de simulação (*role playing*): Os participantes operacionalizam, através de jogos, as diversas situações de um dado tema, sempre ligados a sua realidade. Existem centenas de jogos recomendados.	Identificação, análise e discussão das consequências de um dado problema da comunidade ou mesmo de aspectos positivos relevantes.	Facilita o envolvimento do aluno com sua realidade, pois conhece as consequências dos resultados obtidos. Dificuldades na apresentação de alternativas de soluções factíveis.
Exploração do ambiente local (*environmental trial*): Prevê a utilização/ exploração dos recursos locais próximos para estudos, observações etc.	Compreensão do metabolismo local, ou seja, da interação complexa dos processos ambientais à sua volta.	Agradabilidade na execução; grande participação das pessoas envolvidas; vivência em situações concretas. Requer planejamento minucioso.

Fonte: Unesco/Unep/IEEP, 86/WS/55, p. 126-7.

O componente não formal

A EA dita não formal é demasiadamente importante e complexa para ser tratada em apenas um item deste livro.

A despeito de orientarmos o nosso trabalho para ações catalíticas da escola nas questões comunitárias, **contemplando** aspectos da EA não formal, não temos a pretensão de discorrer sobre ela.

De qualquer forma, tem nos preocupado bastante o modo como estão sendo desenvolvidas certas atividades de EA não formal em nosso país. As estratégias que adotam o uso intensivo de cartilhas, cartazes, *folders* e outros recursos do gênero têm sido protagonistas de desperdício de recursos financeiros, frequentemente públicos, e de fracassos lamentáveis.

Educação ambiental • princípios e práticas

A fonte de erros tem sido a mesma: planeja-se sem o conhecimento devido do perfil ambiental das comunidades a serem envolvidas e do seu respectivo metabolismo.

No perfil ambiental, identificamos as suas características sistêmicas de manutenção da vida e de seus valores, e no metabolismo analisamos o desenvolvimento dos processos, seus movimentos e tendências. Somente após conhecermos os detalhes desses mecanismos podemos iniciar o planejamento para um dado público, com maiores chances de sucesso.

Sem conhecer os objetivos, problemas, prioridades e valores de uma dada comunidade torna-se praticamente impossível planejar sem cometer gafes.

Para certas comunidades orientais um colar de pérolas, antes de ser um presente, seria uma ofensa à jovem que o recebesse – ela precisaria do colar para se tornar mais atraente. Mais afastados da realidade desse exemplo, podemos dizer que um programa de EA não formal tornará a relação custo/benefício estupidamente desequilibrada se for planejado sem levar em conta as fases de estudos e captação de subsídios para a sua posterior elaboração, ou seja, podemos gastar muito e conseguir nada, ou quase nada. Com eficiência no planejamento e na execução pode-se reverter o quadro.

Fora dessa perspectiva, não sabemos como alguma coisa poderia apresentar resultados positivos (benefícios) para uma dada comunidade, através de processos de EA informal que não sejam superficiais e exíguos.

4.3 Dos conceitos a serem utilizados em EA urbana (Unesco, 1990)

A despeito da grande variabilidade das características ambientais de uma dada região para outra, os conceitos básicos a serem considerados nos processos de EA são os mesmos em qualquer lugar.

A esse respeito, o Programa das Nações Unidas para o Meio Ambiente, como uma contribuição para o Programa Internacional de EA, Unesco/Unep, publicou em 1990 *Basic Concepts of Environmental Education* (Conceitos básicos de Educação Ambiental). Dada a sua importância, apresentamos, a seguir, uma condensação dos principais tópicos que poderão ser encontrados na publicação *Donella Meadows' Harvesting One Hundredfold: Key Concepts and Case Studies in Environmental Education*[13].

Sistemas de vida

Há três níveis ou sistemas distintos de existência – físico, biológico e social – que obedecem às suas próprias leis. São eles:

---

[13] Esse material pode ser conseguido gratuitamente, escrevendo-se para a Unep (P.O. Box 30552; Nairobi, Kenya), ou para *Connect* (7, Place de Fontenoy, 75352, Paris, France).

a. o planeta físico, sua atmosfera, hidrosfera (águas) e litosfera (rochas e solos), que seguem as leis da física e da química;

b. a biosfera, com todas as espécies de vida, que obedecem às leis da física, química, biologia e ecologia;

c. a tecnosfera e a sociosfera, o mundo das máquinas e construções criadas pelo homem, governos e economias, artes, religiões e culturas, que seguem leis da física, da química, da biologia, da ecologia e também das leis criadas pelo homem.

Um exemplo de uma lei física seguida por todos os níveis de existência é a lei da entropia – a Segunda Lei da Termodinâmica –, segundo a qual todas as máquinas se desgastam. Um exemplo de lei biológica aplicável a todas as formas de vida é que a composição química e organização de qualquer indivíduo são determinadas pelo código genético encerrado em longas moléculas de DNA dentro de cada célula.

As leis geradas pelo homem, que regulam sociedades e economias, são muito variáveis de acordo com as circunstâncias e com o tempo. Uma vez que os fenômenos ambientais obedecem às mesmas leis físicas, eles se comportam, em sua maioria, da mesma forma, em qualquer lugar, embora sua complexidade possa levar a enormes variações locais.

Similaridades e diferenças, leis físicas comuns e grande variedade de manifestação dessas leis caracterizam o planeta Terra.

A EA enfatiza as regularidades, enquanto mantém respeito pelos diferentes ecossistemas e culturas humanas da Terra. O dever de reconhecer as similaridades globais, enquanto se interage efetivamente com as especificidades locais, é resumido no seguinte lema da EA: "Pense globalmente, aja localmente" (*Think globally, act locally*).

Ciclos

A matéria não pode ser criada nem destruída, só transformada. A matéria do planeta permanece no planeta, sob contínua transformação, movida pela energia da Terra e do Sol. Materialmente, a Terra é aproximadamente um sistema fechado. Energeticamente, contudo, é um sistema aberto.

O material necessário para a vida – água, oxigênio, carbono, nitrogênio etc. – passa através de ciclos biogeoquímicos que mantêm a sua pureza e a sua disponibilidade para os seres vivos. O ser humano está apenas começando a planejar uma economia industrial complexa, moderna e de alta produtividade que segue a necessidade de reciclagem do planeta.

Os ciclos biogeoquímicos combinados formam um complexo mecanismo de controle que mantém as condições essenciais à autossustentação dos seres vivos. Esses

Educação ambiental • princípios e práticas

mecanismos de controle são mediados pela vida em si, ou seja, os organismos vivos, através das suas funções, atuam de certa forma na manutenção daquelas condições.

Nos ecossistemas, os organismos e o ambiente interagem promovendo trocas de materiais e energia através das cadeias alimentares e ciclos biogeoquímicos. Os ciclos biogeoquímicos lubrificam os mecanismos da natureza.

Sistemas complexos

Todas as coisas estão conectadas com outras. O mundo é organizado em sistemas que são formados por três componentes: elementos, interconexões e funções. Os sistemas são mais do que a soma de suas partes. São dominados pelas suas inter-relações e seus propósitos, e organizados segundo uma hierarquia.

Os sistemas naturais são harmônicos, estáveis e resilientes[14]. A resiliência normalmente cresce com a diversidade.

Crescimento populacional e capacidade de suporte

As populações tendem a crescer exponencialmente quando as condições são favoráveis. Cada população tem o seu potencial para crescer exponencialmente, explosivamente.

O número de organismos que podem ser sustentados por dados recursos naturais é limitado pela sua taxa de produção – capacidade de suporte (*carrying capacity*).

A capacidade de suporte para a vida humana e para a sociedade é complexa, dinâmica e varia de acordo com a forma segundo a qual o ser humano maneja os seus recursos ambientais. Ela é definida pelo seu fator mais limitante (como uma corrente cuja resistência fosse determinada pelo seu elo mais fraco), e pode ser melhorada ou degradada pelas atividades humanas. A sua restauração é mais difícil do que a sua conservação.

Fatores limitantes para a humanidade: água, alimentos, moral e ética.

Desenvolvimento ambientalmente sustentável

O desenvolvimento econômico e o bem-estar do ser humano dependem dos recursos da Terra. O desenvolvimento sustentável é simplesmente impossível se for permitido que a degradação ambiental continue.

Os recursos da Terra são suficientes para atender às necessidades de todos os seres vivos do planeta se forem manejados de forma eficiente e sustentada. Tanto a opulência quanto a pobreza podem causar problemas ao meio ambiente.

---

[14] *Resiliência* significa "plasticidade", "facilidade de recuperação".

O desenvolvimento econômico e o cuidado com o meio ambiente são compatíveis, interdependentes e necessários. A alta produtividade, a tecnologia moderna e o desenvolvimento econômico podem e devem coexistir com um meio ambiente saudável.

Desenvolvimento socialmente sustentável

A chave para o desenvolvimento é a participação, a organização, a educação e o fortalecimento das pessoas. O desenvolvimento sustentado não é centrado na produção, é centrado nas pessoas. Deve ser apropriado não só aos recursos e ao meio ambiente, mas também à cultura, história e sistemas sociais do local onde ele ocorre. Deve ser equitativo, agradável.

Nenhum sistema social pode ser mantido por um longo período quando a distribuição dos benefícios e dos custos – ou das coisas boas e ruins de um dado sistema – é extremamente injusta, especialmente quando parte da população está submetida a um debilitante e crônico estado de pobreza.

Conhecimento e incerteza

Nós não entendemos completamente como o mundo funciona. Tomamos decisões sob sérias incertezas. Quando os resultados podem ser devastadores e irreversíveis, os riscos devem ser avaliados cuidadosamente.

Em situações de incerteza, os procedimentos adequados são a avaliação cuidadosa e a experimentação, seguidas por um constante acompanhamento dos resultados e pela boa vontade em mudar estratégias.

Características dos socioecossistemas urbanos

Os ecossistemas urbanos, segundo Odum (1985), diferem muito dos ecossistemas heterotróficos naturais, uma vez que apresentam um metabolismo muitas vezes mais intenso por unidade de área, e exigem, com isso, um influxo maior de energia, acompanhado de mais entradas de materiais e saída de resíduos.

Odum considera as cidades parasitas do ambiente rural, porque produzem pouco ou nenhum alimento, poluem o ar e reciclam pouca ou nenhuma água e materiais inorgânicos. Funcionam simbioticamente quando produzem e exportam mercadorias, serviços, dinheiro e cultura para o meio ambiente rural, em troca do que recebem deste.

Esse ponto de vista é compartilhado por Boyden *et al.* (1981), que acentua ser a cidade, do ponto de vista ecológico, uma espécie de animal gigantesco, imóvel, que o tempo todo consome oxigênio, combustíveis, água e alimentos, e excreta despejos orgânicos e gases poluentes para a atmosfera; não sobreviveria por mais de um ou dois dias sem entradas dos recursos naturais dos quais depende.

Na opinião de Darling & Dasmann (1972), os ecossistemas urbanos apresentam características comuns de ecossistemas mais complexos; entretanto, ultrapassam-nos em abrangência. Têm vários níveis de consumidores, porém o mamífero dominante da área, o homem, não se alimenta de plantas ou animais que vivem nela.

Assim, se considerarmos as relações de alimentação do homem na cidade, descobriremos que o sistema urbano ao qual pertence não se limita a fronteiras geográficas definidas. Os alimentos consumidos na cidade, que é o final da cadeia alimentar, representam a produtividade de solos e outros recursos naturais de outras áreas; a água utilizada não é aquela que cai sobre a cidade, mas a que é trazida de longe; o lixo produzido não circula de volta para o solo que produziu o alimento, mas sim através de novas cadeias; e até mesmo parcelas da população humana das cidades terão sua mobilidade geográfica em função das estações do ano.

Dessa forma, os ecossistemas urbanos, na verdade, afetam e são afetados pela biosfera como um todo, e o seu funcionamento interdepende não apenas de ecossistemas locais, mas da biosfera inteira.

As ilusões de autossuficiência dos citadinos são desfeitas quando algo interrompe o fluxo energético – material de uma cidade: a falta de energia elétrica, por exemplo –, produzindo transtornos. Fatores climáticos que atuam longe dos centros urbanos, como longas estiagens ou chuvas intensas, muitas vezes determinam mudanças profundas no cotidiano das pessoas, na cidade.

A estabilidade de sistemas naturais, de um modo geral, aumenta com o crescimento da sua complexidade. Entretanto, na opinião de Dasmann (1972), os sistemas urbanos parecem ter a tendência oposta, o que os torna mais frágeis e passíveis de dirupção. Na verdade, o ambiente urbano, uma das maiores criações do homem e o lugar onde vive a maioria das pessoas do mundo atual, está, de vários modos, tornando-se menos adequado para a vida humana. Blair (1974) corrobora isso ao afirmar que as sociedades urbanizadas estão desajustadas em relação à dinâmica dos ambientes naturais. O preço de morar em uma cidade é um estado constante de ansiedade. As pessoas ficam expostas a mazelas biológicas e psicossociais como violência, perda de identidade, tensão, alta competitividade, frustração e conflitos de toda ordem (entre liberdade e autoridade, entre aspirações espirituais e materiais, entre competição e cooperação, entre o "eu" e o "nós").

Para Darlin & Dasmann (1972), as cidades tendem a ocupar o mesmo nicho global dentro da biosfera, a explorar os mesmos recursos, da mesma maneira. Dessa forma, fomenta-se uma competição cada vez mais intensa, gerando pressões ambientais cada vez mais fortes, que vão, por sua vez, comprometer a qualidade de vida dos citadinos.

As cidades são os locais onde o homem produz o seu maior impacto sobre a natureza. A sua construção altera de modo drástico os ambientes naturais onde são erguidas, criando um novo ambiente, com demandas únicas, em que cada habitante, em média, consome diariamente 200 L de água, 1,8 kg de alimentos, 8,6 kg de combustível fóssil e produz cerca de 450 L de águas servidas (sujas), 1,8 kg de lixo e 0,9 kg de poluentes do ar (Unesco/Unep, 1983).

Na verdade, as relações do ser humano com o seu ambiente natural se tornaram bem mais complexas depois da criação dos aglomerados urbanos – o que ocorreu nas últimas duzentas gerações das 2.500 do *Homo sapiens* –, e do vertiginoso crescimento da complexidade e intensidade do metabolismo desses novos ecossistemas (Figura 14).

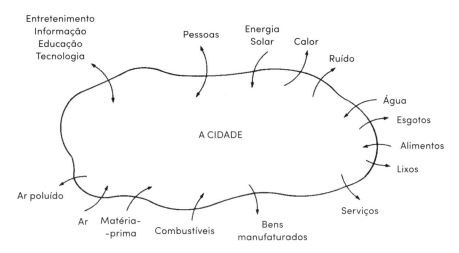

Figura 14 O metabolismo dos ecossistemas urbanos. (Adaptado de Unesco/Unep, 1983.)

É nesse tipo de ecossistema que atualmente vive a maioria dos quase seis bilhões de habitantes da Terra.

Por conta de um modelo de desenvolvimento econômico patentemente nocivo à vida do país, as migrações área rural-área urbana deverão ser acentuadas, gerando mais inchaços nos centros urbanos.

Atualmente, 75% da população brasileira já se concentra nas cidades[15].

Os sistemas humanos têm se tornado uma fonte de aumento da instabilidade na biosfera. Algumas dessas razões se tornam visíveis quando estabelecemos uma comparação entre os sistemas humanos e os sistemas naturais.

---

[15] Esse assunto foi sistematicamente analisado, discutido e avaliado no nosso livro *Populações marginais em ecossistemas urbanos*, 1989, publicado pelo Ibama, e à disposição do leitor, gratuitamente, na Diretoria de Pesquisas, Departamento de Divulgação Científica daquele Instituto.

Educação ambiental • princípios e práticas

Por meio dessa comparação, observamos que prevalecem as preocupações e interesses tecnológicos, o que nos leva a duas considerações sobre a nossa participação no equilíbrio ecossistêmico global:

a. A nossa capacidade tecnológica é limitada pelos recursos materiais da Terra.

b. A Terra é limitada em sua habilidade de acomodar a tecnologia humana sem maiores alterações nos sistemas naturais que sustentam a vida.

Tabela 4.2 – Ecossistemas	
Naturais	Humanos
Energia	
São sustentados por uma fonte ilimitada de energia: radiação solar.	Atualmente sustentados por uma fonte finita de energia: combustíveis fósseis.
Não acumulam energia em excesso.	O consumo excessivo de combustíveis fósseis libera muito calor para a biosfera e altera a temperatura. A energia nuclear e a concentração artificial da energia solar produzem efeito similar.
Nas cadeias alimentares, cerca de dez calorias de um organismo são necessárias para produzir uma caloria de outro (10:1).	Nas cadeias alimentares são necessárias cem calorias de combustível fóssil para produzir dez calorias de alimentos que produzem uma caloria no homem (100:1).
Evolução	
A evolução biológica adapta todos os organismos e o seu sistema de suporte aos processos que sustentam a vida.	A evolução cultural atualmente subordina os organismos e os sistemas de suporte da Terra aos processos que sustentam a tecnologia.
População	
Mantém os níveis de população de cada espécie dentro dos limites estabelecidos pelos controles e balanços naturais, incluindo fatores como alimento, abrigo, doenças e presença de inimigos naturais.	Permite que as populações cresçam tão rapidamente quanto pode aumentar a disponibilidade de alimentos e abrigo, e elimina inimigos naturais e doenças via biocidas e medicamentos.
Comunidade	
Apresenta uma grande diversidade de espécies que vive nos limites do local dos recursos naturais.	Tende a ser mais regularmente dispersa no ecossistema.

Subsídios para a prática da EA

Tabela 4.2 – Ecossistemas	
Naturais	Humanos
Comunidade	
Tende a excluir a maioria das espécies e é sustentada por recursos provenientes de áreas além das áreas locais.	Tende a se concentrar em locais determinados pela proximidade de grandes corpos d'água ou pela conveniência da rede de serviços. Em certos países 95% da população habita 5% da área.
Interação	
As comunidades são organizadas em torno das interações de funções biológicas e processos. A maioria dos organismos interage com uma grande variedade de outros organismos.	As comunidades são organizadas, de modo crescente, em torno de interações de funções e processos tecnológicos.
Equilíbrio	
São imediatamente governados por processos comuns, naturais, de controle e equilíbrio, incluindo a disponibilidade de luz, alimentos, água, oxigênio, hábitat e a presença ou ausência de inimigos naturais e doenças.	São imediatamente governados por um conjunto de competições de controle cultural e equilíbrio, inclusive de ideologia, costumes, religião, leis, políticas e economias. Esse acordo considera um pouco, ou não considera, os requerimentos para a sustentação da vida, que não seja humana.

Fonte: Unesco/Unep/IEEP, 18, 1986.

A seguir, listamos características dos socioecossistemas urbanos (Dias, 2000), encontrados durante a determinação da *pegada ecológica* de três cidades do Distrito Federal.

1. É global (ecosfera). Interage com todo o planeta.
2. O sol é substituído por combustível fóssil, para desenvolver a maior parte das atividades.
3. O animal predominante é o ser humano (iniciador das alterações ambientais globais). Possui requerimentos culturais, além dos requerimentos biológicos. Os indivíduos e os grupos da espécie predominante são fortemente territoriais.
4. Apresenta alta produtividade social, exporta para outros ecossistemas (informação, tecnologia, serviços etc.).
5. Abriga grande diversidade de atividades por área e alta frequência de interações.
6. Entrada de matéria/energia além do necessário; é heterotrófico. Continua a crescer, mesmo quando a sua capacidade de suporte já foi atingida.

7. Uso excessivo de recursos naturais por unidade de área (megametabolismo), com um prodigioso "apetite" por energia.

8. A organização espacial e o seu megametabolismo mudam com o tempo, com a cultura e com a economia.

9. É parasita dos ecossistemas circunjacentes e globais. Opera efetivamente fora de suas fronteiras.

10. Exporta a maior parte dos seus impactos negativos para os demais ecossistemas.

11. Não têm produtores suficientes em suas próprias áreas, para dar suporte a sua população; seus componentes autotróficos não atendem a suas demandas.

12. O fluxo de energia é uma função do fluxo inverso de dinheiro.

13. Maximiza as funções econômicas (sociais e ecológicas não o são, simultaneamente).

14. Um grupo restrito de indivíduos tem acesso a suas "benesses".

15. Quando em expansão, generalistas encontram mais nichos disponíveis; quando a expansão diminui, as melhores oportunidades são quase que restritas aos especialistas.

16. É mais quente do que as áreas circunjacentes (ilha de calor).

17. A sua economia é basicamente linear.

18. Tende a ocupar o mesmo nicho global, gerando situações de competição intraespecífica, cada vez mais intensas; apresenta padrões de consumo de natureza *fractal*.

19. Não é um sistema homogêneo, no qual as partes funcionam de forma idêntica e previsível.

20. Nas suas atividades de transformação, há um crescente acúmulo de carbono.

21. Os seres humanos buscam incessantemente/crescentemente esse ecossistema. A migração responde por problemas graves (aumento da pressão sobre os recursos naturais, sobre os serviços e equipamentos urbanos, sobre o desemprego, a violência e o estresse, além de alterar profundamente a sua estrutura e a sua dinâmica).

22. Do seu megametabolismo sobram detritos que interrompem os ciclos biogeoquímicos, ou seja, interrompem a "lubrificação" dos ecossistemas.

23. A espécie dominante, através da tecnologia, aumenta o fotoperíodo desses ambientes e reduz as suas horas de sono, dedicando mais tempo às atividades.

24. Há uma intensa concentração de atividades que emitem radiações eletromagnéticas, tornando esses ambientes áreas imersas e entranhadas por radiações dessa natureza.

25. É gerador de ruídos. Os seus habitantes são submetidos a ruídos de fundo que predominam na maior parte do seu fotoperíodo.

26. Oferece infinitos nichos para roedores e insetos (e algumas aves, como o pardal).

27. Integra os ambientes que apresentam as maiores pegadas ecológicas no planeta.

28. A produção de alimentos e o transporte consomem a maior parte da energia que entra no socioecossistema.

29. É redutor da produtividade biológica (fitomassa inclusive) e da biodiversidade.

30. É composto por inúmeros subsistemas em complexidade crescente.

31. Como a sucessão está sempre no início, é um ecossistema imaturo, de baixa resistência, frágil e vulnerável, sujeito a rupturas e desestabilizações.

32. Abriga tecnologias no seu metabolismo que lhe permitem explorar recursos de outros ecossistemas, próximos e/ou distantes.

33. A sua organização espacial muda com o tempo, em função das suas dinâmicas culturais, sociais, ecológicas e políticas.

A análise da pegada ecológica

A Terra tem uma superfície de 51 bilhões de hectares, dos quais 13,1 formam o ecúmeno (terras não cobertas por gelo ou água). Deste total, apenas 8,9 bilhões de hectares são terras ecologicamente produtivas. Dos 4,2 bilhões de hectares restantes, 1,5 são desertos e 1,2, semiáridos. Os outros 1,5 bilhão de hectares são ocupados por pastagens não utilizadas e 0,2 ocupados por áreas construídas e estradas.

Aparentemente, os humanos poderiam dispor de 8,9 bilhões de hectares para desenvolver as suas atividades, mas, desse total, subtraem-se 1,5 das áreas sob proteção ambiental, destinadas à preservação, engajadas em promover uma variedade de serviços de suporte à vida (reserva de biodiversidade, regulação do clima, estocagem de carbono e outros). Portanto, restam somente 7,4 bilhões de hectares de terras ecologicamente produtivas, disponíveis para o uso humano (observar que, aqui, não se consideram os requerimentos para outras espécies!).

Essas terras ecoprodutivas disponíveis por habitante do globo vêm diminuindo de forma abrupta, desde o século passado e, mais intensamente, nas últimas décadas. Atualmente, cada habitante da Terra dispõe apenas de 1,5 ha (15.000 m^2, ou uma área de 100 m x 150 m), dos quais apenas 0,24 ha são aráveis.

Tabela 4.3 – Involução da disponibilidade de terras ecoprodutivas *per capita*			
Tipo de terra	1900	1950	1995
Terras ecoprodutivas disponíveis *per capita* (mundo) (ha)	5,6	3,0	1,5
Terras apropriadas *per capita* (*) (ha)	1	2	3-5 (*)

(*) países ricos

Fonte: adaptado de Wackernagel e Rees, 1996, p. 14.

A humanidade está enfrentando um desafio sem precedentes: concorda-se que os ecossistemas da Terra não podem sustentar os níveis atuais das atividades econômicas e o consumo de materiais. As atividades econômicas globais estão crescendo 4% ao ano – medido em Produto Global Bruto, cresceu de 3,8 trilhões de dólares, em 1950, para 19,3 trilhões de dólares, em 1993. Isso quer dizer que, a cada dezoito anos, o PGB dobra! (Worldwatch Institute, 1994). A população mundial, que era de 2,5 bilhões, em 1950, atinge 6 bilhões na virada do milênio, e o consumo *per capita* de energia supera esse crescimento. Tudo leva a uma rota de colisão.

Essa corrida pelo consumo não se deu sem produzir desigualdades profundas. Enquanto 20% da população mundial goza de bem-estar material sem precedentes, consumindo até sessenta vezes mais do que os 20% mais pobres, amplia-se o fosso entre ricos e pobres e instala-se a insustentabilidade social, política, econômica e ecológica.

O corolário dessa crise encontra-se nas cidades. Aqui, as pessoas facilmente esquecem os elos com a natureza. Os alimentos são comprados em supermercados – que estão sempre abastecidos, consumidos, e os seus resíduos são despejados nas lixeiras, que funcionam como "sumidouros mágicos" dos detritos. Os dejetos "somem" nos vasos sanitários, levados por água quase sempre disponível e abundante. Os metabólitos do megaconsumo humano são convenientemente escondidos dos olhos das suas populações, à exceção daqueles miseráveis que vivem dessas sobras, autênticos detritívoros humanos.

Uma vez que a maioria dos humanos, agora, vive em cidades e consome produtos importados de diferentes e longínquos ecossistemas, tende a perceber a natureza meramente como uma coleção de comodidades ou lugar para recreação, mais do que a fonte verdadeira da sua vida.

A despeito dos esforços envidados para tornar os cidadãos do mundo mais sensibilizados para as questões ambientais, os diversos índices de avaliação ambiental permanecem convergindo para um ponto: as mudanças ainda são tímidas e insuficientes para provocar uma mudança de rota e livrar a espécie humana da desadaptação. Os instrumentos então produzidos para promover tais mudanças – como a EA, a Legislação Ambiental, a Avaliação de Impacto Ambiental e o Licenciamento Ambiental, as Unidades de Conservação, as certificações e outros mecanismos de Gestão Ambiental – mostraram resultados pálidos.

A busca de novos instrumentos e o aperfeiçoamento dos atuais continuam. Dentre esses esforços, destaca-se um modelo de análise que permite estabelecer, de forma clara e simples, as relações de dependência entre o ser humano, suas atividades e os recursos naturais necessários para a sua manutenção: trata-se da Análise de Pegada Ecológica (*Ecological Footprint Analysis*), desenvolvida por Wackernagel e Rees (1996), cuja discussão vem causando uma grande turbulência na área acadêmica. A verdade é que o modelo desses autores, economistas e engenheiros, é contundentemente simples, objetivo e bem fundamentado (não livre de controvérsias, obviamente).

Mas o que é mesmo a *análise da pegada ecológica*? É um instrumento que permite estimar *os requerimentos de recursos naturais necessários para sustentar uma dada população, ou seja, quanto de área produtiva natural é necessário para sustentar o consumo de recursos e assimilação de resíduos de uma dada população humana.*

Os socioecossistemas urbanos como exemplo

Os autores utilizam a *cidade* para exemplificar o seu modelo. Tomam como ponto de partida a seguinte reflexão: imagine-se uma cidade envolta em um hemisfério de vidro ou plástico, uma espécie de bolha, que permite a entrada da radiação solar, mas impede a entrada ou saída de qualquer material (como o projeto "Biosfera II" no Arizona, Estados Unidos). A saúde e a integridade desse sistema humano, assim contido, dependeria inteiramente do que tivesse sido "capturado" no hemisfério, inicialmente. É óbvio que tal cidade teria as suas funções interrompidas em pouco tempo, e os seus habitantes estariam em perigo. A população e a economia contidas na bolha teriam desconectadas as suas ligações com os seus recursos vitais, levando-os à fome e à sufocação ao mesmo tempo! Em outras palavras, o ecossistema contido na bolha imaginária, uma espécie de terrário, teria *capacidade de suporte* insuficiente para atender `a carga ecológica imposta pela população ali contida.

Agora, para completar a analogia, imagine-se que, ao redor desse hemisfério, exista uma paisagem composta por pastagens, campos agrícolas, florestas e demais constituintes de terras ecologicamente produtivas, representadas em proporção à sua abundância na Terra, além de combustíveis fósseis suficientes para manter os níveis correntes de consumo com a atual tecnologia. A partir desse ponto, imagine-se que essa bolha seja elástica e possa se expandir. A questão que se configura é a seguinte: que tamanho o hemisfério deve ter, de modo a que os recursos nele existentes sejam suficientes para sustentar, indefinida e exclusivamente, aquela população ali contida? Em outras palavras, qual seria o total de área de ecossistemas terrestres necessário para manter continuamente todas as atividades sociais e econômicas daquela população?

Deve-se levar em conta que tais áreas são necessárias para produzir recursos, para assimilar resíduos e para desempenhar diversas funções de suporte da vida, ainda desconhecidas. Considere-se também, por questão de simplificação do modelo, não se incluírem as áreas necessárias para a manutenção de outras espécies. Dessa forma, é possível calcular quanto de área produtiva e água seria necessário para manter uma dada população. Por definição, a área total de ecossistemas, que é essencial para a existência contínua de uma cidade, é sua *pegada ecológica* sobre a Terra.

Educação ambiental • princípios e práticas

As estimativas dos autores sugerem que as áreas das cidades atuais estão com ordens de magnitudes maiores do que as áreas fisicamente ocupadas por elas, porquanto sobrevivem de recursos e serviços apropriados dos fluxos naturais ou adquiridos por meio do comércio de todas as partes do mundo. Portanto, a pegada ecológica também representa a apropriação da capacidade de suporte da população total. Logo, a pegada ecológica termina demonstrando a dependência contínua da humanidade em relação aos recursos da natureza, ao revelar quanto de área da Terra é necessário para manter uma certa população, com um certo estilo de vida, indefinidamente.

A atual pegada ecológica de um cidadão americano típico é de 4-5 ha e representa cerca de três vezes mais a área que lhe cabe na divisão global. Na verdade, se todos os habitantes da Terra vivessem como a média dos(as) americanos(as), seriam necessários *mais três planetas* para sustentar a vida humana. Se a população mundial continuar a crescer e chegar aos 10 bilhões de habitantes, em 2040, como previsto, cada ser humano terá apenas 0,9 ha de terra ecoprodutiva (assumindo que não haja mais degradação do solo!). Viver sob tais condições pode significar a absoluta inviabilidade ou desmonte da forma atual de organização e estrutura da sociedade humana.

Um mundo sobre o qual cada um impõe a sua pegada ecológica não é sustentável, se os seus limites físicos, químicos e biológicos são ultrapassados. A pegada ecológica da humanidade, como um todo, *deve ser menor* do que a porção da superfície do planeta ecologicamente produtiva.

A noção de que o atual estilo de vida dos países industrializados não pode ser estendido a todos os humanos da Terra, de modo seguro, incomoda muitas pessoas. Entretanto, ignorar essa possibilidade e promover cegamente o "desenvolvimento", nos moldes vigentes, significa instalar a ecocatástrofe e o caos geopolítico. Os autores (*op. cit.*) asseguram que somente uma pegada ecológica menor poderá prover alguma resistência ecológica, para se enfrentarem as alterações ambientais globais.

A economia tradicional vê a Terra como uma área expansível, em todas as direções, sem impedimentos sérios para o crescimento econômico. Em contraste, a economia ecológica reconhece o mundo como uma esfera finita (todos os recursos vêm da Terra e retornam a ela, na forma degradada). O único recurso externo é a radiação solar que proporciona energia aos ciclos materiais e às teias da vida. A atividade econômica, portanto, é condicionada à capacidade regenerativa da ecosfera.

Esses princípios estão sendo ignorados e, como consequência, muitas pessoas dos países ricos já vivem à custa da redução da área disponível global de outras e à custa do declínio ecológico global.

Para exemplificar, considere-se o caso da Grã-Bretanha, tomando-se como parâmetro apenas o consumo de madeira. Para sustentar a sua demanda, são necessários 6,4 milhões de hectares de áreas florestadas, espalhadas pelo mundo, fornecendo produtos constantemente. Adicione-se o desflorestamento de 67.000 ha por ano para provimento dessa madeira (75% vindos de países em desenvolvimento). Para sustentar esse consumo, a Grã-Bretanha explora uma área *três vezes* superior à sua própria área florestal, ou seja, em algum lugar do planeta alguém vai ter a sua área de florestas reduzida, para atender aos britânicos.

Essa situação é generalizada (ver tabela seguinte). Dados de Wackernagel e Rees (*op. cit.*) demonstram que o Japão tem uma pegada ecológica *oito* vezes maior que o seu próprio território; a Alemanha e a Holanda, *quinze* vezes e algumas megacidades, como Londres, *120* vezes. Essa relação de parasitismo entre as economias "avançadas" e o resto do mundo, revelada pela análise da pegada ecológica, é uma consequência previsível da Lei da Entropia, ou seja, além de um certo ponto, o crescimento contínuo de uma economia só pode ser atingido à custa do aumento da desordem (entropia) da ecosfera, manifestada através do aumento da degradação ambiental generalizada (Schneider e Kay, 1992).

Tabela 4.4 – Pegadas ecológicas e déficit ecológico de diversos países	
Países com pegada ecológica = 2-3 ha	**Déficit ecológico nacional %**
Japão	730
Coreia	950
Países com pegada ecológica = 3-4 ha	**Déficit ecológico nacional %**
Áustria	250
Bélgica	1.400
Grã-Bretanha	760
Dinamarca	80
França	280
Alemanha	780
Holanda	1.900
Suíça	580
Austrália	+ 760 (*)
Países com pegada ecológica = 4-5 ha	**Déficit ecológico nacional %**
Canadá	+ 250 (*)
Estados Unidos	80

(*) Canadá e Austrália estão entre as poucas nações desenvolvidas cujo consumo pode ser mantido por suas próprias áreas (não há déficit ecológico).

Fonte: adaptado de Wackernagel e Rees, 1996, p. 97.

Depreende-se que esses países (à exceção do Canadá e da Austrália) apropriam-se das áreas de outros países, para satisfazer as suas demandas de consumo e, com isso, aumentam ainda mais as suas pegadas ecológicas. Curiosamente, essas nações e outras,

Educação ambiental • princípios e práticas

industrializadas, são comumente consideradas exemplo de sucesso econômico! Suas balanças comerciais, sempre medidas em termos monetários (em que o capital natural não é considerado), são positivas, e as suas populações são as mais prósperas da Terra. No entanto, a análise das suas pegadas ecológicas demonstra que tais nações estão impondo massivos déficits ecológicos ao resto do mundo, colocando em evidência as iniquidades sociais e a insustentabilidade da produção. Esses exemplos ilustram que o "sucesso" econômico pode ser enganoso e, certamente, nem sempre compatível com a integridade ecológica.

O resultado dessas relações é que 1,1 bilhão de habitantes ricos da Terra consomem 3/4 dos recursos naturais, enquanto os 4,8 bilhões restantes (80% da população) sobrevivem com 1/4 apenas. A pegada ecológica desse 1,1 bilhão de pessoas dos países ricos, considerando apenas o seu consumo de madeira, alimentos e combustíveis fósseis, já excede a capacidade de suporte global em 30%. Daí decorre que a análise da pegada ecológica clarifica a dimensão ética do dilema da sustentabilidade e impõe uma falta de confiança na estratégia do crescimento, como a solução para a pobreza.

A questão torna-se, então, a seguinte: a família humana tem moral e vontade política de negociar um contrato social global, para tornar mais equitativo o acesso aos bens e serviços ecológicos a todas as pessoas do mundo?

Se a mensagem da análise da pegada ecológica for verdadeira, então o *desenvolvimento sustentável* é mais do que uma reforma, ele vai requerer a transformação da sociedade. Para aqueles que acham que essa visão é economicamente impraticável e politicamente irreal, Wackernagel e Rees (*op. cit.*) adiantam que a continuação dessa visão causará destruição ecológica e rupturas morais. Acrescentam que o que determina a realidade de uma política são as circunstâncias, e, com o declínio ecológico global, as circunstâncias relevantes mudaram. O presente desafio, então, é aumentar o grau de sensibilização global sobre essa realidade, a um ponto em que o consenso político possa produzir as iniciativas políticas necessárias. Outra alternativa é permanecer no curso atual, até que o declínio ecológico sofra uma aceleração a tal ponto que remova qualquer dúvida de que se enfrenta uma crise global (mas, então, seria tarde demais para se organizarem medidas efetivas e coordenadas globalmente). Felizmente, o cenário pode estar mudando: as pessoas estão começando a compreender a crise ecológica – sem ecosfera, sem economia, sem sociedade (sem planeta, sem lucro).

Esses conceitos não estão livres de controvérsia. Para Hardin (1991), a capacidade de suporte é a base fundamental para cálculos demográficos, porém Kirchner *et al.* (1985) corroboram a opinião de outros economistas e planejadores convencionais, que rejeitam o conceito quando aplicado ao ser humano, uma vez que, segundo afirmam, os fatores de produção são infinitamente substituíveis por outros!

Dale (1986) observa que, sob essa ótica, a capacidade de suporte da Terra é infinitamente expansível (e, portanto, irrelevante!). Essas afirmações são refutadas por Rees (1990), ao afirmar que, a despeito do crescimento da sofisticação tecnológica, o ser humano ainda permanece num estado de dependência obrigatória dos serviços dos ecossistemas, com a condição agravante de o crescente aumento da população humana e de seu consumo ocorrerem num total de área produtiva e estoque do capital natural fixo ou em declínio. Redefine a capacidade de suporte, não como a população máxima que uma dada área é capaz de sustentar, mas a *carga* máxima que pode ser imposta ao ambiente, uma função não somente da população, mas do consumo *per capita* que, ironicamente, cresce mais rapidamente do que a tecnologia. Em muitos casos, essa carga ultrapassa, em muitas vezes, os seus limites, a exemplo da Holanda, que, para sustentá-la, necessita de uma área de *quinze* vezes o tamanho do seu território. Toda essa pressão sobre os recursos naturais, em sua maior parte absoluta, é gerada para sustentar os megametabolismos urbanos, principalmente das cidades dos países industrializados.

As opiniões contra a pegada ecológica são variadas e geram discussões acaloradas na comunidade acadêmica. Alguns cientistas acham-na muito pretensiosa e não aceitam que as relações entre o ser humano e a natureza sejam reduzidas a uma questão de hectares. Acrescentam que ainda não se conhece exatamente como simples organismos funcionam (de amebas a baleias), muito menos as suas interações. Ocorre que os cientistas trabalham com modelos que são, no fundo, uma grande simplificação da realidade, em que não se pode provar a verdade, mas apenas o que está errado. Wackernagel e Rees (*op. cit.*) defendem a sua abordagem, acrescentando que a pegada ecológica, como os outros modelos, não representa todas as possibilidades de interação; contudo, ele estima a área mínima necessária para prover a energia e os materiais básicos para a manutenção de uma dada economia. Outrossim, como não é possível estabelecer 100% do metabolismo de uma dada economia, a estimativa do saque humano à natureza é sempre subestimada.

A lógica predominante do comércio/economia atuais mina a sustentabilidade. Contestam a crença de que se se pretende construir uma economia global de cinco a dez vezes o tamanho da atual, então deve-se aumentar de cinco a dez vezes a eficiência de uso dos recursos (relatório Brundtland). Acham essa premissa falsa, uma vez que muitas inovações tecnológicas não reduzem o consumo, apenas aceleram o uso dos recursos naturais. Citam como exemplo o aumento da produtividade na agricultura, que ocorre às expensas de mais energia, materiais e água por unidade produzida (ou seja, à custa de uma pegada ecológica maior). Por outro lado, o discurso de geração de energia mais barata produz outro impasse: pode estimular mais ainda o consumo pela expansão das atividades humanas, aumentando a pressão sobre o capital natural até que se configure um novo e mais severo fator limitante, a assimilação de resíduos.

A verdade é que qualquer população local que se torne habilitada a importar capacidade de suporte tende a ver sua economia invariavelmente se expandir; porém, isso não representa ganho líquido de capacidade de suporte, porquanto esta importação é acompanhada por uma redução da capacidade de suporte da região exportadora, e, no final, todos saem perdendo.

A pegada ecológica de Taguatinga, DF – Um estudo de caso

Como foi visto, o conceito de pegada ecológica é baseado na ideia de que, para cada item de material ou energia consumida, uma certa quantidade de terra e uma ou mais categorias de ecossistema são requeridas para prover o consumo e absorver os resíduos resultantes do metabolismo desse consumo.

Os autores do modelo da pegada ecológica sugerem que sejam considerados os principais itens de consumo, aqueles que formam a maior parte da pressão sobre os recursos naturais. Dessa forma, foram obtidos, para a região de Taguatinga, DF (incluindo Ceilândia e Samambaia), os resultados expressados na tabela seguinte.

Tabela 4.5 – A pegada ecológica da área de estudo	
Item	Pegada ecológica (ha/pessoa)
População	0,010

Combustíveis fósseis
    Gasolina
    GLP
	
	0,470
	0,110

Resíduos sólidos	0,090
Energia elétrica	0,380
Água	0,020
Madeira	0,017
Papel	0,040

Alimentos
    Carne bovina
    Outros
	
	0,510
	0,510

	$\sum_t = \mathbf{2,24}$

O valor da pegada ecológica da região de estudo (2,24 ha/pessoa) terminou sendo menor do que a pegada ecológica do Brasil (3,1 ha/pessoa), calculada por Wackernagel *et al.* (1998); porém, isso precisa ser interpretado à luz do *déficit ecológico*.

A pegada de 2,24 pessoa/ha significa que aquela população requer 1.654.414,7 ha de áreas naturais para suprir as suas demandas por combustível, alimentos e outros e absorver os seus detritos (2,24 x população). Ocorre que a área local é de apenas 13.637 ha, restando um déficit de 1.640.777,7 ha, que se constituem na área de que essa população se apropria, fora de suas fronteiras, para atender às suas demandas. Nesse ponto é que aparece a diferença. Enquanto o Brasil apresenta superávit ecológico (3,6 ha/pessoa), a área estudada tem déficit ecológico (-2,12 ha/pessoa). Esse déficit é determinado extraindo-se da pegada ecológica o valor dado pela relação hectares disponíveis/população local, ou seja, 13.637 / 738.578 = 0,02 - 2,24 = -2,22.

A magnitude desses requerimentos fica mais clara quando se compara a área apropriada (1.640.777,7 ha) com a área do Distrito Federal (582.210 ha). Seriam necessários 2,8 Distritos Federais, só para atender a essa apropriação.

Considerando apenas a área de estudo, conclui-se que o seu metabolismo requer uma área *120 vezes* maior (1.640.777,7 ÷ 13.637 = 120). Um dado econômico que corrobora essa forte dependência de outros ecossistemas é a própria balança de negócios no Distrito Federal. Em 1998, foram apurados 4 milhões de dólares em exportações e gastos 251 milhões de dólares em importação.

Levando-se em conta tratar-se de uma área urbana, localizada fora do grande eixo tradicional de consumo, sustentado nos países ricos, esse número, ao mesmo tempo que surpreende, preocupa. *O seu déficit ecológico se iguala ao de países ricos.* São indicadores substanciais da *dispersão de estilos de vida mais dispendiosos e degradadores*, que terminam gerando demandas de capacidade ecológica superiores às que as suas áreas naturais podem suprir, contribuindo para aumentar o déficit global. Um sintoma dessa tendência é que a pegada ecológica da área de estudo representa 50% da pegada ecológica de países ricos, como o Japão e a Itália, e os seus indicadores sinalizam para um crescimento contínuo.

De acordo com Wackernagel *et al.* (*op. cit.*), são poucos os países que se mantêm graças aos seus próprios recursos naturais e, em termos mais específicos, são raras as cidades desses países que atendem à média mundial. As maiores 29 cidades da Europa se apropriam de áreas de 565 a 1.130 vezes as suas próprias áreas.

Educação ambiental • princípios e práticas

Tabela 4.6 – Pegada ecológica, disponibilidade de área ecoprodutiva e déficit ecológico de diversos países			
Local	PE (ha/p)	TED (ha/p)	DE (ha/p)
Argentina	3,9	4,6	0,7
Austrália	9,0	14,0	5,0
Áustria	4,1	3,1	-1,0
Bélgica	5,0	1,2	-3,8
Brasil	**3,1**	**6,7**	**3,6**
Canadá	7,7	9,6	1,9
Chile	2,5	3,2	0,7
China	1,2	0,8	-0,4
Colômbia	2,0	4,1	2,1
Dinamarca	5,9	5,2	-0,7
Alemanha	5,3	1,9	-3,4
Grécia	4,1	1,5	-2,6
Hong Kong	5,1	0,0	-5,1
Índia	0,8	0,5	-0,3
Israel	3,4	0,3	-3,1
Itália	4,2	1,3	-2,9
Japão	4,3	0,9	-3,4
Coreia	3,4	0,5	-2,9
México	2,6	1,4	-1,2
Holanda	5,3	1,7	-3,6
Peru	1,6	7,7	6,1
Portugal	3,8	2,9	-0,9
Espanha	3,8	2,2	-1,6
Suíça	5,0	1,8	-3,2
Reino Unido	5,2	1,7	-3,5

Subsídios para a prática da EA

Tabela 4.6 – Pegada ecológica, disponibilidade de área ecoprodutiva e déficit ecológico de diversos países			
Local	PE (ha/p)	TED (ha/p)	DE (ha/p)
Estados Unidos	10,3	6,7	–3,6
Venezuela	3,8	2,7	–1,1
Área de estudo (*)	**2,2**	**0,02**	**–2,2**

(*) Taguatinga, Ceilândia e Samambaia – Distrito Federal.

PE = pegada ecológica, TED = terras ecoprodutivas disponíveis, DE = déficit ecológico.

Fonte: adaptado de Wackernagel *et al. Ecological footprint of nations*, 1998, p. 2-3.

A análise da pegada ecológica expõe o drama da insustentabilidade e salienta a necessidade de ajustes e redirecionamentos urgentes nas formas de relacionamento dos seres humanos com o ambiente, no seu estilo de vida e nas múltiplas dimensões de predação dos socioecossistemas urbanos, agora hábitat da maioria dos seres humanos.

Observação importante: O estudo completo sobre a pegada ecológica da região de Taguatinga, DF, está em Dias (2000), *Pegada ecológica e sustentabilidade humana*. Aqui foi apresentada uma parte do estudo, para fins didáticos.

5 Um grande desafio: dimensões humanas das alterações ambientais globais

O objetivo deste texto é demonstrar como as questões ambientais são complexas e desafiadoras, requerendo novos referenciais teóricos e experimentais, para que se possa compreender as suas reais dimensões e inter-relações. Há ainda muitas incertezas, contradições e especulações. Na verdade, estamos apenas começando a exploração cognitiva e emocional dessa área.

5.1 Introdução

O nome "Cassandra" é normalmente interpretado de forma pejorativa – profetisa da ruína ou da morte –, mas a Cassandra da mitologia grega, filha do rei Príamo de Troia, estava certa nas suas advertências. A tragédia é que os troianos não lhe deram ouvidos e aceitaram aquele enorme cavalo de madeira como presente. Algumas horas depois, a cidade seria arruinada!

Foi dessa forma que Paul Ehrlich e John Honldren iniciaram a apresentação da The Cassandra Conference, realizada no Texas, em 1988, reunindo especialistas de todo o mundo, para discutir *sobre recursos naturais e as dificuldades humanas*, focalizando temas como clima e alimentos, agricultura industrializada e recursos naturais, disponibilidade energética, chuva ácida, resíduos tóxicos, modelagem econômico-ecológica e uma revisitação a *The limits to growth* – documento apresentado, em 1972, pelo Clube de Roma, que estabelecia modelos globais baseados nas técnicas, então pioneiras de análise de sistemas, projetados para predizer como seria o futuro, se não houvesse os ajustamentos devidos nos modelos de desenvolvimento econômico, adotados na época (e que, sabemos, continuam).

Esse encontro, organizado por Ehrlich e Holdren, produziu documentos considerados polêmicos, mas que, agregados a outros, principalmente os oriundos da Rio-92 e seus periféricos (ver o alerta dos cientistas no Anexo 4), ofereceram uma análise lúcida e sensível sobre a condição e as consequências da interação ser humano/ambiente.

Entretanto, numa busca histórica, mesmo que superficial e rápida, vamos encontrar essas preocupações nas palavras de Rachel Carson, no seu clássico *Primavera silenciosa* (1962); nas palavras de Aldo Leopoldo, em *A ética da Terra* ("County Sand Almanac", 1949); nas palavras de George Perkins Marsh (1864), em *Homem e natureza: ou a Terra modificada pelo homem*; nas palavras dos expoentes pensadores da grécia clássica e na serenidade da sabedoria asiática e suas culturas milenares.

A despeito de tantas "Cassandras", a imprudência continua. Continuamos "abrindo os nossos portões", sob os mais diversos argumentos e discursos, para abrigarmos "presentes" em seus fascinantes envólucros. As atividades humanas já afetaram 75% da superfície da Terra, prejudicando 3,2 bilhões de pessoas (IPBES, 2018).

Os modelos de desenvolvimento, adotados pelos países ricos do mundo e impostos a alguns dos 77 países considerados, convenientemente, "em desenvolvimento", continuam produzindo, em função dos altos requerimentos, energético-material para a manutenção do seu colossal metabolismo, alterações profundas na biosfera, cujas consequências ainda arranhamos a superfície da sua compreensão e domínio.

Dentre as modificações globais que estamos experimentando, uma especial atenção tem sido dada à correlação *crescimento populacional humano* versus *mudanças globais induzidas pelas práticas de uso da terra e pelas modificações causadas em sua cobertura*. Tais estudos, de caráter eminentemente interdisciplinar, buscam o estabelecimento de causalidades e a sua sistematização analítica. Segundo Vitousek (1994), há um consenso de que as mudanças no uso da terra são agora e permanecerão, por muito tempo, *o mais importante dos diversos componentes interatuantes de mudança global que estão afetando os sistemas ecológicos*. Apesar da sua importância, porém, é relativamente difícil quantificar as mudanças de uso da terra como um fenômeno global, como se faz com o gás carbônico, por exemplo. Tais mudanças ocorrem de forma heterogênea, hectare por hectare ao redor da Terra, e a sua significação resulta, primariamente, da soma de muitas mudanças locais em muitas áreas diferentes.

Mesmo assim, reconhecendo tais dificuldades, mas reconhecendo a necessidade de respostas, alguns estudos sobre o tema têm sido realizados, dentre os quais se destacam os de Meyer e Turner II (1991, 1992), ao estabelecerem categorias de mudanças, classes de impacto e forças motrizes de natureza social; de Bilsborrow e Okoth-Ogendo (1992), sobre as modificações impostas pelo uso da terra, em países em desenvolvimento, demonstrando as maneiras pelas quais o crescimento populacional influencia nas mudanças de uso da terra, e como isso está relacionado com a degradação ambiental; de Henderson-Sellers (1984), sobre os possíveis impactos climáticos das transformações da cobertura vegetal por desmatamento em florestas tropicais; de Houghton *et al.* (1987), sobre o fluxo de carbono de ecossistemas terrestres para a atmosfera, devido a mudanças no uso da terra; de Newell e Marcus (1987), sobre o gás carbônico e as pessoas; de Penner (1992), sobre a influência das atividades humanas e das mudanças de uso da terra para a química atmosférica e para a qualidade do ar atmosférico; de Rayner (1992), sobre o desenvolvimento de um *wiring diagram* para as mudanças advindas das alterações de uso e de cobertura da terra; de Rockwell (1992), sobre a cultura e as mudanças culturais como forças indutoras nas mudanças globais de uso e cobertura da terra; de Rogers (1992), sobre o impacto dessas mudanças na hidrologia e na qualidade da água; de Young *et al.* (1991), reunindo uma avaliação dos dados e de relações gerais, oriundos de relatórios de Grupos de Trabalho; de diversas instituições nacionais e internacionais, como do Committee on Global Change, Land-Use Change Working Group of the Social Science Research Council, Global Change Institute of the Office of Interdisciplinary Earth Studies, International Geosphere-Biosphere Programme and the International Social Science Council e outros, divididos entre Washington e Londres; de Miller (1994), analisando as interações e colaboração entre ciências sociais e naturais para o estudo das mudanças globais, enfatizando a premência de estudos sob bases interdisciplinares, envolvendo o comportamento humano.

Outros elementos que oferecem subsídios para análises foram apresentados por Galloway (1994), ao estudar as consequências do crescimento populacional e de suas atividades sobre a deposição do nitrogênio oxidado; por Dayle e Ehrlich (1995), sobre a influência da equidade socioeconômica sobre a sustentabilidade da Terra e de Ramel (1992), ao expor elementos descritivos comportamentais da espécie humana como ser biológico e cultural.

Os resultados desses esforços devem formar uma base para o desenvolvimento de um modelo global de uso do solo, de modo que possa oferecer padrões e prospectivas de transformação.

De qualquer maneira, trata-se de um tema de absoluta e reconhecida importância, mas de que se tem, ainda, uma produção limitada de trabalhos científicos. Outrossim, produz-se sobre esteios ainda não completamente configurados. Muitos elementos integradores de análises estão sob discussão acadêmica.

Ocorre que urgem as respostas, uma vez que os fenômenos naturais não costumam dar prazos dentro dos quais o ser humano se deleite em suas sofisticadas elucubrações epistemológicas, devidamente alimentadas por vaidades acadêmicas e insensibilidade política.

As alterações que a biosfera vem sofrendo são notáveis, a despeito de se conseguir provar o seu grau de correlação ou não com as atividades humanas. De qualquer forma, nos índices de perda da biodiversidade, degradação do solo, mudanças hidrológicas, atmosféricas e climáticas, o ser humano também testemunha e experimenta a perda da sua diversidade cultural.

Todas essas perdas terminam, de forma sinérgica, significando perda de qualidade de vida e, por consequência, perda de qualidade da experiência humana, aquela que pode justificar, em última instância, a nossa aventura na Terra.

5.2 Mudanças na cobertura do solo

Meyer e Turner II consideram que as pesquisas contemporâneas de natureza interdisciplinar sobre as mudanças globais, induzidas pelas atividades humanas, deverão ocorrer em dois campos:

I. Metabolismo industrial que investiga o fluxo de matéria e energia, através das cadeias de extração, produção, consumo e disposição da moderna sociedade industrial;

II. Alterações da superfície da Terra e sua cobertura bótica. Esses elementos produzem mudanças globais, quer sistêmicas (afetando o sistema fluido, globalmente – atmosfera, clima, nível do mar etc.), quer cumulativas (afetando um mosaico de lugares – degradação do solo, perda da biodiversidade, mudanças hidrológicas etc.).

Os autores sugerem que as mudanças de uso/cobertura do solo terminam formando uma categoria híbrida para estudos, uma vez que o *uso do solo* denota o emprego humano da terra, largamente estudada por cientistas sociais, e a *cobertura da terra* descreve as características físicas e bióticas da superfície da Terra, amplamente estudada pelas ciências naturais.

Conectando (I) e (II), segundo esses autores, configuram-se as atividades humanas que alteram diretamente o ambiente físico e que refletem objetivos humanos, moldados por forças sociais.

Para facilitar a análise, vamos seguir a estrutura de abordagem/apresentação dada pelos autores referidos, enquanto adicionamos observações/opiniões de outros autores, formalizadas em outros estudos afins.

As mudanças na cobertura da terra ocorrem de duas formas: *conversão* de uma categoria de cobertura para outra, e *modificação*, que ocorre dentro da mesma categoria. A conversão é a categoria mais bem documentada e mais fácil de monitorar. Há, entretanto, um aparente descontentamento com a qualidade dos dados que são oferecidos pelas diversas instituições da área de agricultura e alimentos, o que torna a avaliação do tema, em escala global, bastante difícil. A seguir, as mudanças mais contundentes.

Terras cultivadas

Estima-se que houve um crescimento de 466% em terras cultivadas no mundo, de 1700 a 1980, sendo que Ásia, América Latina e América do Norte excederam a média mundial. Das atividades humanas causadoras de conversões, a irrigação foi a que mais cresceu, em termos percentuais (2.400%). Bilsborrow e Okoth-Ogendo

(1992), ao analisarem as tendências na agricultura e uso do solo, já corroboravam tais assertivas. Segundo a FAO (2020), as terras cultiváveis já cobrem 12% da superfície terrestre. O curioso é, apesar de a espécie humana ter aumentado sua oferta de alimentos, a fome do mundo aumentou! Há alimentos para todos, mas estes não são distribuídos, apodrecem nos grandes armazéns. Morre mais gente por excesso de comida (obesidade e seus problemas correlatos) do que por falta.

Cobertura florestal

A área ocupada atualmente por florestas, segundo a FAO, é de apenas 21%. As estimativas das mudanças de uso dessas terras são discutíveis, com problemas de dados, definições e métodos. Os objetivos de intervenção nessas áreas variam ao redor do mundo, porém a forma que mais se difunde é o desflorestamento para cultivo, associada a fronteiras de colonização. Outras formas são constituídas por extração de madeira e pastagens.

Segundo Raven (1994), a África, a América Latina e a Ásia dispõem de 12 milhões de km^2 dessa fitofisionomia, onde se opera um desflorestamento anual em torno de 75.000 km^2. O autor analisa as consequências dessa distribuição e sugere uma correlação direta com o crescimento populacional daquelas áreas, com a pobreza e a ignorância dos princípios ecológicos. Entretanto, não se analisam, por exemplo, de forma conveniente, as causas dessa pobreza/ignorância, o que iria remeter aos modelos de desenvolvimento econômico, impostos pelos países ricos aos pobres e em desenvolvimento, como suporte do seu estilo de vida altamente dispendioso e até mesmo não sustentável (não seria um outro tipo de "ignorância ecológica?!). Esses estudos também são impregnados dessa visão neomalthusiana nefasta, reducionista, em que não se adicionam ingredientes políticos, econômicos, sociais e culturais para a consubstanciação das afirmações.

Talvez realmente estejamos testemunhando os exasperados sintomas de uma grande premência de estudos interdisciplinares, defendidos por Miller (*op. cit.*), segundo os quais a investigação científica das alterações globais só seriam adequadas se fossem incluídos os fatores sociais e os padrões de comportamento humano que podem resultar naqueles efeitos.

Campos e pastagens

As áreas cobertas por essa fitofisionomia não têm sofrido grandes alterações, nos últimos 160 anos, conforme relatórios da FAO. Os fatores que aumentam e diminuem essas áreas têm sido mantidos em equilíbrio por esse período. O principal processo de mudança ocorre através da conversão dessas áreas por desflorestamento ou para a produção de grão. A desertificação tem sido identificada como o resultado da excessiva

Educação ambiental • princípios e práticas

pressão das atividades humanas, associadas aos campos e pastagens, segundo Meyer e Turner II (*op. cit.*).

A Conferência das Nações Unidas sobre Desertificação, em 1987, em seu relatório indicava que 6% das terras do planeta constituíam-se de "desertos feitos pelo homem" e aproximadamente um quarto da superfície terrestre estava ameaçada por processos de desertificação. Os números atuais nos remetem a 40% e afeta 2,6 bilhões de pessoas.

Outrossim, as afirmações de que os desertos são produtos do ser humano encontram forte oposição de alguns especialistas da área, notadamente Mortimore (1989), que cita os exemplos do Saara como evolução natural; entretanto, reconhece o potencial destruidor do superpastejo.

No cerrado, o superpastejo altera a composição florística e pode levar à eliminação das espécies mais palatáveis e ao concomitante aumento das não palatáveis, pela diminuição ou ausência de competição interespecífica. Filgueiras e Wechsler (1992) acentuam que a dispersão de sementes de invasoras pelos animais, nas pastagens naturais, altera a sua capacidade de suporte, constituindo-se num relevante fator de modificação/degradação das pastagens nativas e, consequentemente, da sua sustentabilidade.

Áreas úmidas

As mudanças impostas a essas áreas ocorrem, em sua maioria, por drenagem. Meyer e Turner II estimaram em 85% e 95% as conversões dessas áreas para fins agrícolas, ficando o restante com as atividades de expansão agrícola-industrial. Os autores acreditam que as conversões estejam ocorrendo com maior velocidade nos países desenvolvidos, mas, a julgar pela velocidade de destruição das áreas úmidas no Brasil, essa posição merece ser revista.

Ecossistemas urbanos (assentamentos)

Essa categoria de uso da terra inclui áreas destinadas à habitação humana, transporte e indústria e, como tipo de cobertura, inclui áreas altamente alteradas, cobertas por prédios, pavimentações etc. A estimativa da área mundial ocupada por essa categoria não é precisa. Ao considerar-se apenas as áreas restritamente ocupadas e radicalmente modificadas, chega-se a 2,5% da superfície mundial, mas, considerando-se outros elementos de representação dos assentamentos humanos, chega-se a 6%. Entretanto, vale salientar que as influências dos ecossistemas urbanos se espalham por toda a biosfera, uma vez que, para alimentar o seu colossal metabolismo socioambiental, requeriram-se áreas muitas vezes superiores à sua própria área, ou seja, a *pegada ecológica* é indutora de déficit ecológico.

Dessa forma, a expansão urbana, ocorrida nas duas últimas gerações, é responsável pela criação das áreas mais profundamente alteradas da biosfera, estabelecendo ali intensos metabolismos de alta carência energética e material para o seu funcionamento (Dias, 1994). Na verdade, foi a partir da formação dos aglomerados urbanos que as relações ser humano-natureza se tornaram mais complexas.

5.3 Consequências ambientais das mudanças na cobertura da Terra

Não deixa de ser constrangedor quando admitimos que ainda não dispomos de equipamento teórico e instrumental adequado para lidarmos, apropriadamente, com a complexa temática ambiental. Estamos ainda arranhando a superfície da nossa compreensão sobre as múltiplas, complexas, instigantes e fascinantes inter-relações ambientais, que se revelam a cada pesquisa.

Emissão de gases

A maior parte da "contribuição" do ser humano para o aumento dos gases na atmosfera ocorre por meio dos processos do metabolismo industrial, mas as alterações na superfície da Terra têm contribuído, de forma significativa, para tanto (vários dos gases causadores do efeito estufa, implicados nas mudanças climáticas globais, são liberados por esse processo: gás carbônico, desflorestamento e queima de combustível fóssil; metano, das culturas de arroz e da agropecuária; óxido de nitrogênio, queima de biomassa, utilização de fertilizantes etc.). *As mudanças no uso e na cobertura do solo respondem por 70% das emissões impostas pelas atividades humanas.*

As consequências dessas últimas emissões foram estudadas por Galloway (1994), reconhecendo que o aumento de deposição tem o potencial de fertilizar ecossistemas marinhos e aquáticos, resultando no "sequestro" de carbono. O aumento do nitrogênio, além de acidificar os ecossistemas, faz crescer a emissão dos óxidos de nitrogênio, carbono e enxofre e diminui o consumo de metano nos solos das florestas. Muitos dos efeitos que tais alterações são capazes de desencadear são desconhecidos.

Mudanças hidrológicas

Os impactos são produzidos na qualidade da água e em sua disponibilidade. As cidades poluem os rios, e os mares são poluídos pelo metabolismo das cidades e pela aplicação de biocidas e fertilizantes, utilizados na agricultura. A irrigação é a responsável pela maior retirada do ciclo da água (75%) Os seus efeitos secundários incluem depleção dos rios e corpos-d'água (o Mar de Aral é um exemplo clássico).

As interferências no ciclo da água, por diversas atividades humanas, já foram exaustivamente estudadas. A citação de alguns trabalhos não ocorreria sem omissões, dada a quantidade e a qualidade dos estudos gerados nesse tema. Apenas citaremos o estudo recente de Ulh e Kauffman (1990), no qual se afirma que modelos de simulação sugerem que, se toda a Amazônia fosse convertida em pastagens, haveria um aumento de temperatura, acompanhado de uma diminuição da precipitação pluviométrica e de alterações nos padrões de circulação da atmosfera sobre toda a região.

Forças humanas indutoras de mudanças ambientais

Reconhece-se que as mudanças causadas na cobertura da terra são causadas pelos usos que os humanos lhes destinam (Skole, 1994) e esses usos, por sua vez, são governados por forças indutoras humanas, assentadas em bases sociais. Essa era a interação questionada por Miller (1994), em seu trabalho sobre a necessidade de interação e colaboração em *Mudanças globais através das ciências sociais*, na qual sugere um diagrama conceitual de conexões entre as maiores questões relacionadas com o tema a serem endereçadas ao "Programa das Dimensões Humanas das Mudanças Ambientais Globais".

Um outro aspecto discutido por aqueles autores refere-se ao fato de que, a longo prazo, é evidente uma associação entre as alterações induzidas pelo uso da terra, em sua cobertura, com o crescimento populacional, mas a mesma relação pode ser encontrada com o crescimento tecnológico, a opulência e mudanças na política econômica! Como se pode notar, há ainda um longo caminho a ser percorrido, até que os primeiros modelos de análise possam ser aplicados, de modo a gerarem resultados confiáveis, capazes de subsidiar decisões e produzir mudanças. Mas este é o caminho...

População

O papel dado à população pelos diferentes autores reflete menos conflitos de evidências do que de interpretação da mesma evidência. Os estudos de caso com populações regionais têm sugerido cautela nas associações "população-transformação". Isso, porém, não solapa o papel da população como importante força indutora de mudanças ambientais, mas acentua seu significado no contexto da organização tecnológica e sociocultural.

Quando esses estudos foram conduzidos regionalmente e em áreas que exibiam condições socioambientais similares, foram encontradas correlações fortes. Muitos estudos comparativos ofereceram evidências estatísticas que sustentavam correlações diretas entre crescimento populacional e desflorestamento. Bilsborrow e Okhoto-Ogendo (*op. cit.*) citam diversos estudos que comprovaram tais correlações (Brasil, Haiti e Bolívia); entretanto, caracterizam-nas como "casuais". Um estudo mais acurado foi desenvolvido na Guatemala, e a correlação direta foi estabelecida. No nosso estudo sobre a região de Taguatinga, Ceilândia e Samambaia, em 1996-1999 (Dias, 1999), essa correlação foi muito clara, inclusive com outros vetores sociais, como a violência, o desemprego, o aumento da emissão de gases estufa e outros.

Os autores acreditam que essa correlação será diminuída com a redistribuição de terras e diminuição do crescimento populacional. Acrescentam uma dura crítica ao governo brasileiro pela sua omissão no "Sexto Encontro Ministerial sobre o Ambiente na América Latina e Caribe" (Brasília, março de 1989), por não fazer constar na "Carta de Brasília" uma palavra sequer sobre crescimento populacional, apesar de tê-lo considerado "of the highest priority", citam. Aqui, cria-se um impasse: os países ricos criticam os países pobres e em desenvolvimento pelo crescimento populacional desregrado, enquanto são criticados por exibirem padrões de produção e consumo insustentáveis.

Um outro estudo relevante, buscando a compreensão dessas inter-relações, foi conduzido por Myers (1995). Esse autor enfatiza, falando sobre biodiversidade, que existem muitos elos que fazem o quadro muito mais complexo do que uma simples equação população/biodiversidade. Acrescenta que o crescimento populacional não é o único fator que está produzindo as mazelas ambientais conhecidas, não sendo mais que uma variável dentre as demais. São também importantes os tipos de tecnologia, o suprimento de energia, os sistemas econômicos, as relações comerciais, as persuasões políticas, as estratégias políticas e um conjunto de outros fatores que podem reduzir ou agravar o impacto do crescimento populacional (é óbvio que os padrões de produção e consumo estão por trás disso tudo, via "modelo de desenvolvimento"). Esse crescimento passa a ser significativo, em termos de produção de pressão ambiental, quando ele excede a capacidade de oferta de recursos naturais de um país aos seus habitantes ou quando excede a capacidade dos seus planejadores de desenvolvimento.

A verdade é que tem gente demais no mundo! Os problemas que conhecemos hoje serão apenas pequenas demonstrações do que pode acontecer com a nossa qualidade de vida, se os rumos da escalada humana não sofrerem redirecionamentos.

Não se encontra muita convergência nesse tema, como ocorre com muitos outros na área ambiental, própria da sua natureza polifacetada.

Como toda área nova de estudos, testemunhamos um momento da evolução do conhecimento humano, repleto de contradições, interesses e busca de instrumentos teóricos, metodológicos e epistemológicos, que nos conduzam à compreensão dos processos que asseguram a vida na Terra.

Os desafios para a criação de modelos sustentáveis de vida humana, mais equânimes na justiça e nas benesses, não poderão ser vencidos por cientistas pensando em separado, produzindo sem vinculações, como o que o conhecimento acadêmico

Educação ambiental • princípios e práticas

fragmentado gerou nos últimos cinquenta anos. A interdisciplinaridade e a transdisciplinaridade, longe de uma utopia, surgem como uma grande meta, uma exigência natural para a sobrevivência da espécie humana, se ela quiser continuar a sua escalada. Acreditamos que, por meio da adoção de uma ética global, do resgate e da criação de novos valores humanos, possamos criar as condições essenciais para que isso aconteça. Os humanos precisam falar a mesma linguagem da cooperação e somar esforços, saberes e conquistas. Pode ser um sonho, mas as possibilidades existem.

5.4 Mudança climática e você

Em agosto de 2021, em plena pandemia da Covid-19, mais um elemento complicador veio se juntar as diversas dificuldades da espécie humana. O *IPCC – Painel Intergovernamental sobre Mudança Climática* – da ONU publicou, para os formadores de políticas públicas, o resumo do seu VI Relatório sobre as bases físicas das ciências da mudança do clima. Trazia a atual situação do clima global, os possíveis climas futuros e as informações para avaliação de risco e adaptação regional.

Isso ocorreu no mesmo mês em que as manifestações de extremos climáticos ocuparam a mídia mundial. Secas, incêndios florestais e ondas históricas de calor no Canadá, Estados Unidos, Itália, Grécia, França, Espanha e Sibéria, contracenavam com inundações catastróficas na Alemanha, Bélgica, Holanda, Índia e China. No Brasil, seca histórica nas regiões Nordeste e Sudeste, frio e neve no Sul.

Tais fenômenos extremos não são eventos isolados. E já havia estimados há muito tempo. Essa preocupação já ocupava o mundo científico moderno, desde 1979, quando ocorreu a I Conferência Mundial sobre o Clima, promovido pela OMM – Organização Mundial de Meteorologia, seguida da 1ª Conferência Climatológica Mundial (Toronto, Canadá, 1988) quando se chegou ao consenso sobre a necessidade de neutralizar os gases de efeito estufa. Na ocasião, foi criado o IPCC em conjunto com a OMM e o Pnuma (Programa das Nações Unidas para o Meio Ambiente) com a função de avaliar as informações científicas existentes sobre a mudança do clima, avaliar os impactos ambientais e socioeconômicos dessa mudança e formular estratégias de resposta (adaptação e mitigação).

A partir daí as conferências e os relatórios do IPCC se sucederiam: 1990, 1996, 2001, 2007, 2013/2014, 2021 e segue. Já em 2007 o Brasil criava a sua Política Nacional sobre Mudança do Clima (Lei 12.187/2009).

Em 2021, 234 autores de 195 países, auxiliados por 750 revisores especializados, se debruçaram durante seis anos sobre 14 mil artigos científicos referenciados e entregaram o *VI Relatório* que muito resumidamente diz:

▶ É inequívoco: a influência humana aqueceu a atmosfera, os oceanos, a biosfera e a criosfera (calotas polares, geleiras, *permafrost*, cobertura de neve e gelo).

▶ A presente concentração de CO_2 na atmosfera (410 ppm) é a maior em dois milhões de anos. O solo e os oceanos agora só conseguem absorver apenas 50% dessas emissões oriundas das atividades humanas.

▶ As últimas quatro décadas têm sido sucessivamente mais quentes.

▶ A área congelada do Ártico atingiu agora o nível mais baixo desde que foram iniciadas as observações científicas sobre o clima (1850).

▶ A mudança climática induzida pela humanidade já causou extremos climáticos em todas as regiões do globo (secas intensas e prolongadas, ondas de calor, chuvas pesadas e ciclones tropicais).

▶ Continuando o aquecimento global, há intensificação nas mudanças do ciclo global da água (grande variabilidade das precipitações, severidade nos eventos de baixa e alta umidade).

▶ A temperatura global subiu 1,09 °C. Destes, 1,07 °C foram induzidos pelos seres humanos. Quanto mais avançamos para além de 1,5 °C mais estabelecemos riscos imprevisíveis no mundo.

▶ Continuando o aumento da concentração de CO_2 na atmosfera, os oceanos se tornarão menos efetivos na sua absorção (na redução do CO_2).

▶ Muitas mudanças são irreversíveis por séculos, ou milênios, especialmente mudanças nos mantos de gelos e nos oceanos.

▶ Não podem ser descartadas mudanças abruptas na circulação oceânica, colapso nos mantos de gelo, aquecimento maior do que o avaliado e mais eventos extremos.

▶ Limitar o aquecimento induzido pela humanidade requer limitar a emissão acumulativa de CO_2 e de outros gases de efeito estufa.

▶ Cada tonelada de CO_2 aumenta o aquecimento global.

▶ A concentração do CO_2 na atmosfera é a maior em dois milhões de anos.

▶ As mudanças climáticas estão mais rápidas, mais generalizadas, mais intensas, mais frequentes; muitas são irreversíveis; não há dúvida que o fator humano é determinante.

▶ Precisamos nos preparar para os impactos.

A despeito de um ex-presidente do Banco Mundial, Nicholas Stern, e não um ecologista, ter apresentado um estudo encomendado pelo governo inglês, em 2006 (*Relatório Stern*, disponível na internet), em que afirma que a mudança climática era a maior falha de mercado da história e que a economia mundial sentiria um baque histórico, acompanhado de sérios problemas sociais, muitos relatórios do IPCC tiveram passagem rápida pela mídia e logo caíram na indiferença.

A partir do *VI Relatório*, divulgado em 2021, espera-se que os rumos sejam mudados, mesmo porque não há outra alternativa que possa evitar os sofrimentos projetados.

Em 2021 aconteceram eventos climáticos extremos somente esperados para ocorrer na década de 2030 ou 2040. O *VI Relatório*, o mais enfático de todos eles, deveria causar um choque de realidade, pois coloca a humanidade em estado de emergência.

Um apelo dramático para o surgimento de novos modelos baseados em uma nova percepção de mundo. Uma aposentadoria compulsória para as narrativas políticas ultrapassadas, para as doutrinas econômicas obsoletas e para a educação alienante e alienada, principalmente.

Para sairmos dessa rota de desequilíbrio deveríamos reduzir em 7% as emissões anuais dos gases de efeito estufa (gás carbônico e metano, principalmente). Para se ter uma ideia desse desafio, durante o *lockdown* (confinamento) da Covid-19, com quase tudo parado, tivemos uma redução de 6,7%. Precisaríamos ficar daquela forma por trinta anos para conseguirmos a redução necessária. Uma missão complicada. Essa é a realidade.

Podemos resumir assim essa grande encrenca:

O que estamos fazendo que causa a aceleração da mudança do clima:

- ▶ Modelos econômicos baseados no crescimento contínuo.
- ▶ Aumento do consumo global, desperdícios, opulência.
- ▶ Exploração dos recursos naturais além da capacidade natural de regeneração.
- ▶ Uso de combustíveis fósseis.
- ▶ Destruição de florestas, incêndios florestais e queimadas.
- ▶ Práticas agropecuárias obsoletas e degradadoras.
- ▶ Crescimento contínuo da população humana.

Tudo isso *aumenta a emissão de* CO_2 para a atmosfera e, com isso, as consequências físicas dessa maluquice são:

Aumento do aquecimento global que *acelera a mudança climática* que causa *eventos climáticos extremos*:

- ▶ Secas.
- ▶ Chuvas pesadas, inundações.
- ▶ Ondas de calor e de frio.
- ▶ Ciclones tropicais.

Tais eventos climáticos extremos, cada vez mais frequentes e intensos, produzem:

- ▶ Aumento dos riscos.

- ▶ Aumento da vulnerabilidade social.
- ▶ Diminuição da segurança:
  - ▶ Alimentar.
  - ▶ Climática.
  - ▶ Energética.
  - ▶ Ecológica.
  - ▶ Econômica.
  - ▶ Política.
  - ▶ Outras.

Isso leva ao agravamento de situações econômicas e sociais já em dificuldades. Desemprego, quadros pandêmicos de desequilíbrios emocionais diversos, violência e mais, ou seja, perda da qualidade de vida e da qualidade da experiência humana. Para complicar, ainda temos:

- ▶ Educação alienada e alienante.
- ▶ Corrosão dos valores humanos (normose, competição crescente, materialismo, insensibilidade, egoísmo, ganância, erosão moral, deterioração da ética, corrupção crônica, ausência de empatia e mais).

Diante desse contexto é inacreditável que os países que mais emitem gases de efeito estufa sejam exatamente aqueles que resistem ao cumprimento do Acordo de Paris que estabelece protocolos internacionais para a redução das emissões. China, Estados Unidos e Rússia, por exemplo.

Como vimos, a mudança climática amplifica os problemas já existentes. Obviamente *precisaremos ser como nunca fomos* e *agir como nunca agimos*: seres cooperativos, solidários, responsáveis e conectados à consciência. Tudo o que precisamos para essa guinada nós já temos. É só perceber. Tarefa de cada ser humano se continuaremos a nossa escalada evolucionária terrestre. Uma grande oportunidade para darmos saltos em nossa evolução espiritual.

A EA precisa ser uma forma de promover a sensibilidade do ser humano, de modo a ampliar a sua percepção, levá-lo a reconhecer, ter gratidão e reverência pela vida e, com isso, identificar quais comportamentos, hábitos, atitudes e decisões exigem uma mudança. Assim as pessoas devem buscar formas mais harmonizadoras de viver.[1]

---

[1] Para aprofundamento no tema deste item sugerimos o livro *Mudança climática e você – cenários, desafios, governança, oportunidades, cinismos e maluquices* (Dias, Editora Gaia, SP, 267 p., 2014).

Educação ambiental • princípios e práticas

5.5 Segunda advertência dos cientistas do mundo à humanidade[2]

(World Scientists' Warning to humanity: a second notice, 2017)

A segunda advertência foi assinada por 15.364 cientistas de 184 países, e repetiu os alertas e apelos feitos em 1992 por 1.500 cientistas. Dessa vez, foram ainda mais enfáticos. Engrossaram o discurso. Destacamos:

▶ Exceto pela estabilização da camada de ozônio estratosférico, desde 1992 a humanidade fracassou em fazer progresso suficiente para resolver os problemas ambientais anunciados. A maioria deles está piorando de forma alarmante.

▶ É potencialmente catastrófica a trajetória atual das mudanças climáticas, exacerbadas pelo aumento dos gases de efeito estufa emitidos pela queima de combustíveis fósseis, pelo desmatamento e pela agropecuária.

▶ Estamos desencadeando eventos de extinção em massa e ameaçando o nosso futuro ao não refrearmos o nosso consumismo.

▶ Chamam a atenção sobre a gravidade do aumento da população humana:

▶ Continuamos não percebendo que o rápido e contínuo crescimento da população humana é o principal propulsor de muitas ameaças ecológicas e sociais.

▶ Citam a consequência de outros desleixos:

▶ Ao fracassar em limitar adequadamente o crescimento populacional, em reavaliar o conceito de uma economia baseada em crescimento contínuo, em reduzir as emissões de gases de efeito estufa, em incentivar o desenvolvimento e uso de energias de fontes renováveis, em eliminar a perda de fauna e restaurar e proteger os hábitats, a humanidade não está tomando as medidas urgentes e necessárias para resguardar a biosfera.

▶ E apelam para necessidade de pressão popular:

▶ As pessoas devem insistir para que seus governos tomem medidas imediatas, como um imperativo moral em relação às gerações atuais e futuras da vida humana e de outras espécies.

▶ Transições em direção à sustentabilidade podem ocorrer de diversas maneiras, mas requerem pressão da sociedade civil e argumentação baseada em evidências. Requerem também liderança política e uma sólida compreensão de instrumentos políticos, dos mercados e de outros fatores.

Conclamam a todos para rever seus comportamentos:

---

[2] O texto completo da segunda advertência dos cientistas do mundo à humanidade está disponível no formato online, em inglês e espanhol. O texto acima, traduzido, é apenas um resumo do documento. A versão completa do estudo está disponível em: https://academic.oup.com/bioscience/article/67/12/1026/4605229?login=false#99993814. Acesso em: 4 de abr. 2022.

> ▶ É hora de reexaminar e mudar nossos comportamentos individuais, incluindo a limitação de nossa própria reprodução e a redução do nosso consumo de combustíveis fósseis, de carne e de outros recursos naturais.
>
> ▶ Aprendemos muito desde 1992, mas a evolução nas políticas ambientais, no comportamento humano e nas desigualdades globais ainda está longe de ser suficiente.
>
> ▶ E enfatizam a importância da EA.
>
> ▶ É fundamental promover a educação natural e ao ar livre para crianças[3], bem como o engajamento geral da sociedade na apreciação da natureza.

Em seguida, sugerem alguns passos que a humanidade precisa dar para uma transição rumo à sustentabilidade:

> ▶ Reduzir o desperdício de alimentos e promover transições na dieta.
>
> ▶ Cessar a destruição de florestas e outros hábitats nativos.
>
> ▶ Priorizar a criação e manutenção de reservas conectadas.
>
> ▶ Restaurar comunidades nativas de plantas em larga escala.
>
> ▶ Reparar a perda de fauna.
>
> ▶ Garantir que mulheres e homens tenham acesso à educação e a serviços de planejamento familiar voluntário.
>
> ▶ Estimar um tamanho de população humana cientificamente defensável e sustentável a longo prazo, reunindo nações e líderes para apoiar esse objetivo vital.
>
> ▶ Adotar tecnologias ecológicas e eliminar subsídios para a produção de energia a base de combustíveis fósseis.
>
> ▶ Revisar as bases conceituais da economia, reduzir a desigualdade econômica e garantir que os preços, a tributação e os sistemas de incentivo considerem os custos reais impostos ao meio ambiente.

E culminam:

Logo será tarde demais para mudar o curso de nossa trajetória de fracasso. O tempo está se esgotando.

Essa última assertiva, tempos atrás, seria rotulada de "ecocatastrofista". Na atualidade, diante do que a mídia despeja diariamente em nossas salas, pode receber o rótulo de *realista*.

Para chegar aonde chegamos, obviamente a nossa espécie vive uma tremenda falha de percepção, como já vimos. Para desobstruir as vias da percepção e remover os coágulos das ilusões, precisaremos evoluir muito, notadamente no aspecto espiritual. Isso começa no nível individual. Não depende de governos, de mercado nem de leis.

---

[3] Obviamente, o processo de EA não deve ser restringido às crianças!

6 Sugestões de atividades de EA

A partir da década de 1960, o equipamento para experimentação científica das escolas públicas brasileiras começou a escassear, para culminar com a sua quase total ausência na década de 1980.

Disciplinas eminentemente práticas – como física, química, biologia, ciências, artes etc. – passaram a existir nas escolas nas formas exclusivamente teóricas, sem o exercício da experimentação, reflexão e da análise.

Os conteúdos programáticos e a absurda descontinuidade administrativa – o MEC teve mais ministros do que anos de fundação – terminaram consolidando o estudo para o nada, a preparação do estudante para um mundo que não existe mais. Estacionamos nos programas impostos pelos países ricos, nos quais formamos cidadãos conformados com a sua realidade social e econômica, autênticos cordeiros a serviço da sua majestade, o consumismo.

A EA, por ser interdisciplinar; por lidar com a realidade; por adotar uma abordagem que considera todos os aspectos que compõem a questão ambiental – socioculturais, políticos, científico-tecnológicos, éticos, ecológicos etc.; por achar que a escola não pode ser um amontoado de gente trabalhando com outro amontoado de papel; por ser catalisadora de uma educação para a cidadania consciente, pode e deve ser o agente otimizador de novos processos educativos que conduzam as pessoas por caminhos onde se vislumbre a possibilidade de mudança e melhoria do seu ambiente total e da qualidade da sua experiência humana.

Nada como o caminho experimental para talharmos as mudanças. Acreditamos muito na capacidade do professor brasileiro; aliás, graças a ele, e exclusivamente, a educação no Brasil não está pior, ou não se inviabilizou.

As atividades de EA que vamos propor levam em conta a realidade das nossas escolas, quanto à pouca ou nenhuma disponibilidade de recursos para atividades experimentais.

Foram concebidas de modo a estimular a prática da interdisciplinaridade através das diversas estratégias que objetivam a busca de solução para os problemas ambientais concretos da comunidade. Algumas atividades podem ser executadas a curto prazo, porém acentuam-se aquelas que exigem mais elaboração e engajamento dos alunos no seu desenvolvimento. Todos os experimentos selecionados são exequíveis pelos alunos, em casa ou na escola. Envolvem preparações simples com materiais

Educação ambiental • princípios e práticas

facilmente encontrados. A profundidade e extensão de cada atividade ficará a cargo do professor, bem como as adaptações necessárias para a adequação à realidade da sua escola, e a sua avaliação.

A maior parte das atividades aqui propostas foge do tratamento comum encontrado nos livros de experimentação, nos quais atividades ligadas às ciências físicas e biológicas são simplesmente rotuladas de EA.

Adotamos a utilização dos componentes do metabolismo dos ecossistemas urbanos como recursos formacionais, uma abordagem de vanguarda e em plena ascensão de uso em programas de EA em todo o mundo.

Essa abordagem tem caráter holístico, prospectivo e acentua a importância da percepção das relações de interdependência dos sistemas de sustentação da vida, sob uma ótica do Ambiente Total e da manutenção e elevação da qualidade da Experiência Humana (Boyden *et al.*, 1981), à luz dos princípios e recomendações das Conferências Intergovernamentais sobre EA (Unesco/Unep/IEEP, Tbilisi, 1977; Moscou, 1987; Rio-92 e Thessaloniki, 1998) adotadas pelos Estados-membros da Organização das Nações Unidas.

A forma de apresentação também foge dos moldes comuns de livros dedicados a atividades. Em vez dos tradicionais "objetivos, materiais, procedimentos, discussão" etc., optamos por uma descrição, como se estivéssemos lado a lado, em uma conversa informal.

Todas as atividades sugeridas foram testadas, avaliadas, replanejadas e testadas novamente. São fruto de décadas de experimentação no Centro Educacional La Salle, escolas da Fundação Educacional do Distrito Federal, no Centro de Pesquisas da Universidade Católica de Brasília, entre 1985 e 2000, e aplicadas em oficinas de formação de educadores ambientais em vários estados brasileiros.

Gostaríamos de destacar que as atividades a serem apresentadas constituem um colar de sugestões. O professor, de posse do conhecimento das suas carências e prioridades, saberá, como ninguém, o que é adequado, o que é inexequível e o que é relevante para os seus alunos.

6.1 Ecossistemas urbanos: descobrindo a natureza na cidade

Os ecossistemas urbanos, como o seu intenso metabolismo do cotidiano, muitas vezes terminam consolidando imagens e conceitos normalmente ligados à sua esterilidade: as cidades são florestas de concreto que produzem gases fétidos. Na verdade, onde hoje existe a cidade, existiam florestas, riachos, campos, animais silvestres etc. Ocorre que os mecanismos da vida são tão complexamente perfeitos em sua plasticidade adaptativa que, mesmo com toda a devastação/alteração produzida pelo homem ao erguer suas cidades, sempre encontramos interessantes sinais vestigiais do seu passado, em suas ruas, becos, prédios e casas.

O planeta é pródigo em vida e ela se difunde rapidamente como se quisesse recompor algumas rupturas imprudentemente provocadas pela pressa do homem.

Nessas atividades que vamos sugerir, buscamos identificar esses vestígios, encontrar formas de preservá-los e até mesmo, quando for o caso, de melhorá-los.

Essa abordagem não é nova – como diria Jacques Bergier, "só é novo o esquecido"[1] –, e já fora sugerida por Cons e Fletcher desde 1938, operacionalizada pela Audubon (National Audubon Society, de Nova Iorque) em 1970 no seu manual para professores (*A place to live*), e corroborada pelo Congresso de Moscou em 1987. O que fizemos foi acoplar as atividades em um modelo de utilização do conceito de metabolismo de ecossistemas urbanos, à luz das definições consagradas da EA.

A fauna urbana

Existe? Existe. E não é só a fauna introduzida – como animais domésticos etc. –, mas aquela que encontrou formas de sobreviver na cidade, ou seja, localizou o seu nicho e se instalou, com um certo sucesso reprodutivo.

Certa vez, solicitamos aos nossos alunos que fizessem uma lista dos animais encontrados na cidade. Levaram uma semana completando a lista. O trabalho era em grupo – quatro alunos – e cada um ia acrescentando os bichos à medida que ia se lembrando (em outra turma fizemos diferente: um grande cartaz em que todos acrescentavam os animais lembrados. Tinham de ter o cuidado de não inscrever animais já inscritos). A estratégia pode ser a mais variada e que melhor se adapte à realidade da turma.

Ao final, fomos surpreendidos com a diversidade fantástica de animais que podem ser encontrados nas cidades.

Embargados pela rotina, não percebemos essas coisas. Bem ali, na cozinha de nossas casas, acima das nossas cabeças, nos contemplam milhões de anos de evolução em uma aparentemente simples teia de aranha; em um voo frenético de uma mosca, em uma silenciosa colônia de fungos no bolor do pão...[2] Apenas em cada um

---

[1]   *O despertar dos mágicos*, p. 27.

[2]   Os fungos não são do reino animal. Pertencem ao reino *fungi* (fungos).

desses seres já encontramos tantas oportunidades para exercitarmos a imaginação, o gênio observador e inventivo dos nossos alunos, tão ávidos de atividades experimentais e tão cansados de aulas teóricas com os seus recursos bidimensionais.

Uma curiosidade: na maioria das vezes, os alunos demoram muito para incluir o ser humano nas suas listas, quando não o omitem completamente. Esse pode ser o reflexo de uma educação que enfatiza a soberania humana sobre a natureza – frequentemente de cunho cultural-religioso, com raízes na doutrina judaico-cristã, nitidamente antropocentrista, que o apresenta como feito à semelhança de Deus, sendo os demais animais apenas figurantes[3] –, e em consequência o afasta das categorias dos seres vivos, como se não estivessem interligados indissoluvelmente pelo cordão umbilical da Terra.

Em uma pesquisa realizada no Jardim Zoológico de Brasília (1989), conduzida por alunos da Universidade Católica, sob a nossa coordenação, pudemos corroborar aquela hipótese. Produzimos uma grande inquietação entre os visitantes, ao colocarmos um homem em uma das jaulas ainda existentes, na ocasião, no Zoo (já foram desativadas). As reações foram as mais diversas, e hilariantes, às vezes: "Ô, meu, não tem o que fazer na vida, não?"; "Sai daí, ô cara"; "Isso deve ser coisa do Sílvio Santos". Os que entendiam o espírito da coisa acentuavam: "O homem tem mais é que ficar aí mesmo, tá destruindo tudo"; "Esse bicho aí é o mais perigoso" e assim por diante.

Entretanto, duas constatações importantes foram feitas: um número não significativo da amostra identificou o homem como um animal; em nenhum momento algum visitante observado identificou-se com o animal enjaulado como sendo da mesma espécie, ou seja, sempre se referiam a "aquele bicho", "esse bicho homem" etc.; nunca *nós*, sempre eles (o termo "homem", repete-se, denunciando a questão do gênero).

A atividade de listar a fauna urbana pode gerar muitas outras. Ao enfatizar que todos aqueles animais coexistem no ecossistema urbano, cada um com as suas características comportamentais e biológicas, buscando formas de sobreviver à predação, à competição, alguns em relações simbióticas, mutualísticas, outros em sociedades, colônias, mas todos em busca da vida, pode-se afunilar certas situações e fechar o círculo de interesse – sem perder a noção e a importância do todo (holística) –, em alguns casos, e estudar detalhadamente os hábitos e funções de um dado animal – uma lagartixa ou um pardal, por exemplo –, procurando conhecer sobre a sua reprodução, hábitos alimentares, período de vida, estratégias de defesa e ataque, adaptações desenvolvidas, enfim, procurando compreender as suas formas de interação com a complexa teia da

---

[3] Esse aspecto é amplamente discutido na obra A *guide on environmental values education*, Unesco/Unep/IEEP, EES-13, EES-13, 1985.

vida dos ecossistemas urbanos (talvez, com isso, provocar reflexões sobre os nossos próprios comportamentos, tanto em relação aos outros animais quanto em relação às nossas atitudes para com os demais seres humanos)[4].

Segundo Rachel Carson, em seu livro *The sense of wonder*, o homem precisa vivenciar experiências positivas com o mundo natural, de modo a desenvolver um amor por ele. Uma vez conhecendo mais, compreendemos mais e podemos passar à apreciação. Aqui, estaremos a um passo para a "referência por tudo vivo", tão preconizada pela EA, e muito próximos dos direitos da natureza traduzidos por uma ética ambiental.

Nesse sentido, Nash (1989) acentua que o significado mais profundo da ética ambiental é que a natureza tem seu valor intrínseco e possui, no mínimo, o direito de existir[5].

Essa atividade frequentemente traz à tona a questão dos medos e temores humanos. Normalmente apoiados em falácias, os medos têm origem em episódios da infância. Isso explica, por exemplo, o pavor que algumas pessoas têm ao se deparar com uma simples lagartixa caseira, mesmo sabendo ser inofensiva (entre os orientais é costume dizer que as casas que têm lagartixas são abençoadas pela natureza, pois elas agem como autênticas defensoras do lar, predando pernilongos, moscas etc.).

Outra discussão que normalmente é gerada refere-se à falsa moral quando acenamos contra a matança das baleias ou qualquer outro animal, e confinamos frangos e bois para serem abatidos. Os seus cadáveres chegam às nossas mesas e são consumidos sem grandes dilemas ou constrangimentos. Na verdade, são exemplos notáveis da ação dos filtros culturais que atuam na nossa percepção.

Segundo o modelo dos filtros (Figura 15) de Rapoport (1977), a cultura e as características individuais atuam como filtros na percepção do mundo real, de modo que situações iguais podem ser percebidas diferentemente pelos indivíduos.

E quanto aos animais que representam ameaça de vida para o homem, como os peçonhentos, os que causam nojo, como as baratas?

---

[4] Ver a esse respeito Carthy, *Comportamento animal*, Coleção Temas de Biologia, EPU/Edusp, 80 p. Essa obra o introduzirá no fascinante mundo do comportamento dos animais, permitindo a compreensão de muitas atitudes desses seres incríveis que habitam conosco o agitado ambiente urbano.

[5] *The rights of nature*, p. 9.

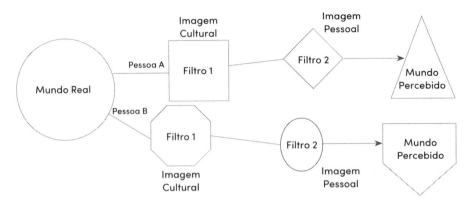

Figura 15 O modelo dos filtros. (Adaptado de Rapoport, 1977.)

Se somos animais, pertencemos a uma teia, somos devorados (afinal de contas, lutamos contra doenças, competimos por alimentos, por acasalamento, abrigo, território, posição social etc. e somos decompostos, como todos os outros) e devoramos (com o discreto charme do tempero, do cozimento, dos pratos e toalhas enfeitados); se somos ameaçados, temos de nos defender. Aliás, é assim que agem os animais. Porém, predar por predar é reduzir-nos à condição do matador inconsequente, primitivo, destituído da ética, da moral, e da capacidade de contemplação estética da qual os seres humanos são fascinantemente dotados.

Outro aspecto dessa atividade seria a abordagem das inter-relações entre os seres urbanos, focalizando mais de perto alguns dos seus componentes. Seria recomendável, por exemplo, que se tentasse preparar um estudo de campo – em uma praça, por exemplo – para determinar o número e a variedade de pássaros que vivem na área (evitando as espécies migratórias, se possível), os insetos e pequenos animais (sem precisar contá-los), as plantas encontradas, lagos etc., e com isso buscar a montagem de uma teia alimentar para a comunidade.

Os fatores podem ser representados por pedaços de cartolina sobre uma superfície e as conexões feitas com linhas coloridas fixadas por alfinetes. Esse estudo permitiria praticamente uma infinidade de extrapolações.

O estudo de alguns animais de hábitos sociais, notadamente insetos, tem envolvido os alunos em entusiasmadas atividades de observação nas cidades. Os cupins, as formigas e as abelhas são notavelmente adequados para tal propósito, tanto pela facilidade relativa de encontrá-los, quanto pelas interessantes características comportamentais que exibem.

Nesse sentido, o livro *O comportamento social dos animais*, de J. M. Deag, apresenta-se como leitura fundamental para a compreensão e apreciação dos diversos

Sugestões de atividades de EA

recursos adotados pelos animais para garantir a sua sobrevivência. O livro trata de assuntos como comportamento social e seleção natural, agrupamentos animais, organização social, comunicação entre os indivíduos, dinâmica das interações e desenvolvimento social. Fascinante, em muitos pontos surpreendente, esse tema é um detentor natural de atividades ricas em estímulos e recursos.

Ao observarmos um cupinzeiro, podemos ver que não precisamos de muita coisa para empreendermos uma viagem pelo mundo deslumbrante da natureza. Os cupins, insetos sociais que abundam em várias regiões do Brasil, são fecundos em potencial para estudos. Tais colônias podem abrigar até dez gêneros diferentes, compartilhando as mesmas vias de comunicação do cupinzeiro. Observar o trabalho dos soldados, das operárias, tem deliciado as horas de muitas pessoas em todo o mundo, que se admiram com as formas de organização, com as estratégias de defesa, ataque, reprodução, construção de abrigos, armazenagem de alimentos, comunicação etc., desenvolvidas por esses diminutos seres, aparentemente desorganizados e regidos por acasos, que habitam conosco os ecossistemas urbanos.

Outras atividades interessantes podem ser desenvolvidas nos zoológicos (se sua cidade não os tiver, servem até mesmo viveiros e gaiolas).

Os zoos têm sido cada vez mais utilizados como recurso educacional para atividades de EA, uma vez que conseguem reunir em uma área restrita animais das mais variadas regiões da Terra.

A despeito da grande discussão atual em torno dos objetivos e dificuldades dos zoos (objetivo: reprodução de animais ameaçados de extinção; preservação *ex-situ* para reintrodução *in-situ*; indivíduos para intercâmbio (deveria ter menos *táxons*); dificuldades: alto grau de consanguinidade; condições inadequadas de acomodação dos espécimes), encontramos, ali, situações que permitem a realização de atividades de estudos da fauna, e nos questionarmos por que razão tivemos que criar zoológicos?

Recomendamos a preparação dos trabalhos por grandes grupos (classe), ou seja, anfíbios, répteis, aves e mamíferos (alguns zoos incluem peixes). A visita ao zoo deve ser precedida de um planejamento simples, no qual se estabeleça o objetivo de observação dos hábitats, da distribuição geográfica, dos hábitos de alimentação, reprodução, delimitação de território e das adaptações.

É sempre muito oportuno conhecer as instalações de apoio dos zoos, como a cozinha (para conhecer as dietas dos animais e entender por que não se deve alimentá-los com pipocas, amendoins etc., pelos transtornos que isso causa, como cáries, lombrigas, diarreias e outros inconvenientes), a veterinária (para conhecer os vários problemas de saúde causados pelos visitantes aos animais do zoo) e os serviços de manutenção (os tratadores dos viveiros). Em uma conversa informal com essas pessoas, os nossos

Educação ambiental • princípios e práticas

alunos poderão perceber os atributos indispensáveis para a execução, com sucesso, das importantes tarefas de manutenção de um zoo: paciência e dedicação[6].

Os animais domésticos também são outros componentes da fauna urbana que se ajustam adequadamente a estudos pelos alunos. Os gatos, os cachorros, as aves e os peixes são especialmente recomendados. Destes, o gato certamente trará grandes surpresas. Os estudos poderão mudar a opinião de muitas pessoas sobre seus hábitos e despertar a admiração, o carinho e o respeito por esse animal, hiperdotado de tantas habilidades naturais, quase sempre subestimado por nós. Os notáveis recursos de sobrevivência dos gatos, moldados ao longo dos seus 50 milhões de anos de escalada evolucionária, ao serem apreciados, poderão servir de referência para a apreciação de outros seres vivos. Recomendamos o capítulo sobre gatos no livro *Percepção ambiental* (Dias, 2021).

Nesses estudos, devem ser acentuadas as possíveis inter-relações do animal com seu ambiente urbano e como o ser humano participa dessas relações, além das informações dos hábitos de alimentação, reprodução etc.

O conhecimento do tempo máximo de vida de cada animal é, também, um detalhe importante, porquanto, com frequência, somos surpreendidos. Eis alguns exemplos: papagaio, 130 anos; tartaruga, 300 anos; gato, 20 anos; formiga, 10 anos; coruja, 100 anos.

Não poderíamos encerrar as sugestões deste item sem falarmos de dois personagens famosos da fauna urbana: os pardais e os pombos. São especialmente recomendados estudos sobre animais superabundantes em qualquer meio, uma vez que, ao se investigar os motivos desse sucesso reprodutivo, estaremos lidando com fatores limitantes, pressupostos indispensáveis para a compreensão dos mecanismos de regulação encontrados no ambiente, aos quais todos estamos expostos, de uma forma ou outra, em maior ou menor intensidade.

A atividade da listagem da fauna urbana, como vimos, pode nos conduzir por caminhos ricos de indagações, buscas e surpresas – aliás, como deve ser a vida. Outrossim, leva-nos a um arremate lógico e simples: se na cidade temos tantos animais, imaginem nos sistemas naturais preservados.

Finalmente, essa atividade pode contribuir para a formação de hábitos menos destrutivos nos nossos alunos – por exemplo, substituir os comportamentos primitivos de matar o que se encontra por outros mais civilizados de tentar observar e compreender o que vive no mesmo planeta.

---

[6] A Pró-Reitoria de Extensão da Universidade Federal de Minas Gerais realizou uma pesquisa (1985-1986) no Jardim Zoológico de Belo Horizonte, com o objetivo de fornecer subsídios para a elaboração de um programa de EA. Os trabalhos foram consolidados no documento *Que bicho que deu*, coordenado por Mônica A. A. Meyer. Em zoos brasileiros, deve-se destacar o notável trabalho de EA que se executa em Sorocaba-SP.

A flora urbana

As primeiras plantas terrestres existem há 450 milhões de anos. Os peixes, há 400 milhões de anos; os répteis, há 200 milhões de anos; os primeiros mamíferos, há 50 milhões de anos; o *Homo sapiens*, há 2 milhões de anos (Silk, 1988). Nós, humanos, somos "calouros" no planeta Terra em comparação aos demais seres vivos. Aquela simples samambaia no canto da sala é um fóssil vivo. Conseguiu se manter por 300 milhões de anos, 150 vezes a nossa ínfima escalada evolucionária. As samambaias existiram antes das montanhas que conhecemos (250 milhões de anos), e até mesmo dos dinossauros (150 milhões de anos). As 250 mil espécies de plantas que se estima existirem no planeta (Pnuma, 1991, p. 21) continuam, em sua maioria, desconhecidas do homem.

Muitas pessoas desconhecem as incríveis adaptações que esses seres desenvolveram, ao longo dos 450 milhões de anos, para superar as dificuldades de sobrevivência – variações ambientais, doenças, predação, competição – e chegar aos nossos dias.

É interessante conhecer alguns mecanismos exibidos pelas plantas, para melhor percebermos o seu mundo. O livro de Janzen (1977), *Ecologia vegetal nos trópicos*, da coleção Temas de Biologia, apresenta subsídios importantes para a sua compreensão. Esses seres evoluem em sincronia com os insetos, ou seja, ocorre coevolução inseto-planta, um se ajustando ao outro o tempo todo. Edwards e Wratten (1981) tratam desse surpreendente assunto no livro *Ecologia das interações entre insetos e plantas*.

Esses notáveis seres vivos, aparentemente passivos, estão em nossa volta compartilhando as agruras e benesses dos sistemas urbanos.

Essa atividade tem o propósito de despertar para essa realidade e introduzir os alunos, pela observação e análise, nos labirintos interligados das relações planta-sistema e urbano-homem.

Fotografias de um mesmo local registrados em diferentes épocas do ano ajudam a demonstrar como tanta coisa muda à nossa volta e muitas vezes nem notamos. Os sistemas vivos estão executando continuamente ajustamentos às mudanças. Nada está parado – afinal estamos em um planeta em movimento, em um sistema solar em movimento, em uma galáxia em movimento. Tudo muda o tempo todo. Os próprios seres do ambiente nos informam disso, além dos fatores ecológicos, como vento, temperatura, radiação, umidade etc.

Uma vez que essas transformações ocorrem simultaneamente, pelo menos a maioria, sugerimos que fixemos um referencial para acompanhamento ao longo do tempo, da seguinte forma: escolhe-se uma árvore (ou várias) na escola, ou na circunvizinhança, e observa-se o seu comportamento ao longo do ano, ou seja, quando floriu, quando perdeu as folhas, quando produziu sementes, quando atraiu mais insetos e pássaros, enfim, o que for possível observar, notar, acompanhar.

Esses dados devem se transformar em uma espécie de dossiê da árvore escolhida, e tornados públicos – da escola e/ou da comunidade.

Nos livros anteriormente citados encontramos muitas explicações para os fenômenos que vamos registrar. A atividade pode virar um pequeno projeto; aliás, já o é na forma concebida quando temos de estabelecer a previsão de ações e os seus objetivos. Mas tudo é muito simples. Não se gasta muito para envolver a turma nessa atividade. Isso foi feito várias vezes, na forma de pequenos projetos, no Centro Educacional La Salle, e em escolas públicas do Distrito Federal. Os resultados foram surpreendentes, tanto do ponto de vista do envolvimento dos alunos, quanto pela geração de novas atividades a partir desta.

Deve-se aproveitar a oportunidade com os alunos para enfatizar: as interdependências dos sistemas (as árvores produzem flores justamente no período em que há maior número de indivíduos polinizadores disponíveis no ambiente, por exemplo); a importância da arborização dentro dos ecossistemas urbanos e da sua preservação e melhoria; as adaptações exibidas pelas plantas; a sua natureza ecossistêmica e como indivíduo que interage, possui um patrimônio genético, uma história adaptativa e evolutiva.

Um exemplo da força da vida, no mundo urbano em que vivemos, pode ser representada por aquela frágil planta que consegue sobreviver em um lugar inesperado e produzir flores apesar de tudo (algo semelhante à flor do lótus no lodo? Nem tanto).

Em momento algum citamos a necessidade de identificação científica das plantas. Lidamos com os seus nomes populares mesmo. O que mais se quer é despertar o interesse dos alunos, e não afugentá-los com as dificuldades. Em fases posteriores, quando os alunos já incorporaram a importância desses seres, de um modo natural, buscarão mais detalhes a respeito dos assuntos com os quais encontraram maior identificação. Muitas vezes afastamos da temática ambiental futuros músicos, engenheiros, artífices, pedreiros, agricultores por iniciarmos com linguagem mais específica ou com o tema poluição. Isso vale para muitas outras situações.

Para complementar a atividade da listagem, recomendamos o seguinte: ponha uma cartolina ou papel-jornal na parede da sala e peça que os alunos listem a importância das árvores para os sistemas urbanos. Aqui, deve ser considerada a vegetação dentro das cidades que:

a. Permite contato com a natureza e escape do estresse urbano.

b. Proporciona sombra e minimiza o calor liberado pelas superfícies pavimentadas e construções.

c. Absorve os ruídos e ajuda a remover a poeira do ar.

d. Está sujeita às agruras do estresse do ecossistema urbano.

Outras complementações de atividades:

1. A identificação dos fatores que podem influenciar na escolha das espécies a serem plantadas na cidade, levando-se em conta as necessidades e características de cada cidade. Exemplo: em Brasília, devem-se plantar árvores que produzam grandes quantidades de vapor-d'água, dada a baixa umidade relativa do ar na região. Considera-se, ainda, a adequação da planta ao ambiente para o qual será destinada quanto ao seu tamanho, padrão de crescimento, sistema de raízes, valor estético, condições do solo, luz, espaço e calor.

2. Fazer uma caminhada com os alunos para mapear as árvores próximas e dentro da escola, observando os espécimes sadios, os que precisam ser removidos (mortos) e os que estão doentes ou sofreram qualquer tipo de dano; informar às autoridades competentes, através de documento dos alunos e da escola, das necessidades identificadas e solicitar a presença de técnicos para uma conversa informal com os alunos a respeito do seu trabalho, acentuando as dificuldades, as conquistas etc.

3. Não aguardem o Dia da Árvore para plantar árvores. Organizem um comitê para o plantio de árvores na escola e na circunvizinhança e grupos para a sua manutenção. Envolvam, convidem, tragam indivíduos da comunidade para a tarefa. Adotem uma estratégia que possa garantir os cuidados com as mudas. Façam tudo antes do demagógico Dia da Árvore.

4. Procurem, junto às autoridades locais, informações sobre o índice de áreas verdes por habitante da sua cidade – a Organização Mundial da Saúde (OMS) recomenda um índice de, no mínimo, doze metros de área verde por habitante, e quarenta hectares de vegetação para cada 150 mil habitantes nas cidades – e verifiquem se esse índice é adequado. Se for, busquem formas de mantê-lo e até, eventualmente, melhorá-lo. Se não, o trabalho será dirigido para a identificação das causas, para a análise e busca de alternativas de soluções. Um documento simples deverá ser encaminhado às autoridades e aos órgãos de comunicação social da sua cidade.

Fatores abióticos: fenômenos naturais na cidade

Segundo Subrahmanyam (1985), desde que nascemos estamos continuamente expostos à atmosfera que nos cerca. Suas propriedades físicas, como temperatura, vento, umidade, pressão, nebulosidade etc., determinam a saúde, a atividade e a eficiência de cada ser vivo.

A qualidade da comida que comemos, o tipo de roupa que usamos e o tipo de abrigo em que vivemos são todos governados por fatores ambientais, em particular os

Educação ambiental • princípios e práticas

de elementos meteorológicos, suas magnitudes e variações (lembrem-se: meteorologia não é apenas a previsão do tempo).

De fato, estamos imersos em um fino manto de gases e vapores que se convulsionam continuamente em camadas que se expandem e se contraem, sobem e descem, ora em cadenciadas interpenetrações, ora em violentas trocas.

Às vezes, não nos apercebemos desse invólucro natural que está em constante contato com a nossa pele. Rotulamos esse manto de atmosfera.

A correria da vida na cidade, em geral, termina produzindo um estado quase letárgico na percepção do indivíduo, embargado pelas luzes, pelo vídeo, pelas paredes e pelas preocupações, ansiedades e medos. As crianças, principalmente as que nasceram nas cidades, exibem com mais clareza a ideia de que as cidades são autossuficientes e que ali se pode encontrar de tudo, o tempo todo.

Essa atividade se propõe a ativar a percepção do aluno para as ocorrências dos seguintes fenômenos naturais.

O amanhecer e o entardecer

A estratégia de relatos curtos é interessante para esse item. Pede-se aos alunos para observar o nascer e o pôr do sol.

Com o braço direito esticado à sua frente, coloca-se o dedo mínimo em posição perpendicular ao braço, de modo que o mesmo fique na linha do horizonte em que o Sol vai nascer ou se esconder. Marcar o tempo gasto para o Sol ficar posicionado acima da linha do horizonte. Os alunos ficam surpresos ao notar que em quatro minutos, em média, o Sol aparece ou se esconde, quando está próximo da linha do horizonte.

Fazer o aluno acordar mais cedo do que de costume para observar o amanhecer frequentemente termina envolvendo os familiares, o que é muito bom. Deve-se acentuar que o multicolorido, no nascente e no poente, é uma função variável da formação atmosférica local. Cada dia é algo novo. A cada época do ano, novas cores, tempos diferentes.

Aproveitar para enfatizar a importância do Sol para os sistemas vivos da Terra.

O céu à noite

Observar o céu em uma cidade não é nada fácil. As construções que obstruem a panorâmica e as luzes da cidade reduzem, em muito, a qualidade de um contato mais puro com a abóbada celeste. Porém, sempre se encontra uma forma.

Peçam a seus alunos que observem a abóbada ou organizem um encontro – os pais podem ir – para observá-la. Escolham um dia sem lua visível e sem nebulosidade. Após acostumarmos a visão, os detalhes vão aparecendo. Aprendam juntos a identificar Vênus (o mais visível, conhecido como estrela-d'alva), Júpiter, Marte, a Cruzeiro do Sul, a Via-Láctea sem necessidade de um tratado de astronomia. Atualmente, há vários aplicativos (gratuitos) que facilitam, e muito, a identificação dos planetas, estrelas, constelações e outros.

O que se pretende mesmo é propiciar momentos de descobertas, reflexões, de admiração do mistério e da certeza de que não sabemos tanto assim.

Aproveitem para reforçar que cada estrela no céu é um sol como o nosso, muitas delas bem maiores, e que algumas podem ter planetas em sua volta, e, naqueles planetas, há possibilidade de vida. Acentuem que os estudos recentes mostram a nossa solidão no espaço – pelo menos no sistema solar – e que, apesar do grande número de planetas existentes, estamos mesmo muito bem aconchegados na nossa velha Terra, protegidos da radiação do espaço cósmico pela camada de ozônio, das temperaturas muito baixas, pela ação do Sol, e das temperaturas muito altas pela ação da atmosfera. Temos a proteção, os alimentos e a beleza que precisamos para viver bem e felizes, só nos falta acomodar alguns dos nossos comportamentos que expõem a qualidade de vida a perigos.

A Lua

Você recorda quantos dias transcorrem de uma lua cheia para outra? Os povos da floresta costumam fazer da lua cheia uma referência de tempo, entre outras coisas. "Nós, na cidade, não temos tempo para observar a Lua, contemplar a sua imagem de prata erguida na vastidão do céu. Temos tempo, então, para quê?" Algo assim, ou muito parecido, ouvimos de um índio raizeiro em um encontro no Jardim Botânico de Brasília, em junho de 1991.

É muito importante a nossa identificação com as coisas do nosso planeta, que conheçamos todos os seus domínios, cantos, detalhes, composição, características, enfim, que conheçamos melhor a nossa casa.

Peçam aos seus alunos um estudo sobre a Lua, principalmente sobre o seu comportamento – tempo de duração da lua cheia, nova, crescente etc. – e, juntos, tentem montar um sistema que demonstre a rotação da Terra e a posição da Lua (usem materiais simples, bolinhas de borracha ou plástico, pedaços de arame etc.). Analisem as influências nas marés. Escutem as lendas sobre a Lua (a de São Jorge e o dragão; as de assombração, como o lobisomem etc.).

Tentem mostrar o efeito da atmosfera em aumentar o tamanho da Lua no nascente e no poente e não se esqueçam de reforçar que seu brilho é o reflexo da luz do Sol e que, aos 2 milhões de anos de idade, a espécie humana chegou à Lua em 1969.

Essas atividades simples, dirigidas, pontuais, devem ser conectadas com a visão do todo. Os alunos, assim, começam a vislumbrar que somos regidos por leis naturais, que pertencemos a um todo maior, complexo e brilhantemente sincronizado.

A *chuva e o orvalho*

A importância da água não é discutível. Desde que formamos nossa consciência, sabemos disso. Tomamos contato com ela ainda no útero, e nos nossos nove meses de vida intrauterina ficamos confortavelmente flutuando naquele líquido transparente, de temperatura amena, morna, aguardando o momento de enfrentarmos o contato com a atmosfera.

As primeiras leis da humanidade, fixadas por escrito, foram códigos que regulavam o uso da água – 4000 a.C., obra dos sumérios –, e muitas civilizações fracassaram por não saber lidar adequadamente com esse recurso indispensável à vida humana.

Segundo Liebmann (1979), os maias, em Tical, localizada em plena mata tropical, tiveram que abandonar a cidade (Pirâmide do Sol) porque não conseguiram armazenar devidamente a água e produziram erosões crescentes; na península de Yukatán, no México (Uxmal), era comum o culto do Chac, o deus da chuva: por causa da crescente carência de água, erguiam-se templos grandiosos, na esperança de que ele salvasse os maias das ameaças da seca.

O ser humano levou muito tempo para começar a se preocupar efetivamente com a manutenção da qualidade da água. Na época pré-cristã, até o fim da Idade Média, o número de habitantes do globo era diminuto. Segundo Liebmann (1979), só por volta de 1700 a população da Terra chegaria a 700 milhões de pessoas.

Com os nossos atuais 7,3 bilhões de habitantes, justificar-se-ia uma preocupação maior com a nossa água. Porém, não é isso que encontramos. A população mundial cresceu, os recursos hídricos são os mesmos. Algo, muito breve, ficará fora da fase.

A água que conhecemos é um mineral com, pelo menos, 3,9 bilhões de anos de existência. Estamos, em poucas gerações, comprometendo a qualidade desse recurso valioso, até mesmo dos lençóis aquáticos subterrâneos. Aquilo que os indígenas tanto afirmavam – a água é sagrada, e tudo o que vive é sagrado – começa a fazer mais sentido para essa civilização informatizada.

As atividades que serão aqui propostas buscam resgatar a imagem da natureza provendo água na forma de chuva.

Nas cidades, de lugares mais elevados, podemos, muitas vezes, observar o fenômeno das chuvas localizadas.

Aliado ao bucolismo que esses fenômenos produzem, à exceção dos catastróficos, os alunos podem fazer observações simples como o tempo de duração da chuva, a inclinação do fluxo da água, o tamanho das gotas e a quantidade de chuva.

Pode-se medir a quantidade de chuva que cai em um dado local com um pluviômetro. Constrói-se um conforme a figura a seguir.

O funil capta a água que é depositada no copo ou em outro recipiente qualquer. *Cada unidade* de h *será igual a 1 mm³ de chuva*. Assim, se ao final das 24 horas, temos água na quinta marca (h), então tivemos 5 mm³ de chuva naquele dia. 1 mm de chuva equivale a 1 L de água que se precipita em 1 m². Considera-se fraca uma chuva de 4,2 a 8,3 mm; moderada de 8,4 a 18,5 mm; forte de 18,6 a 55,2 mm; e muito forte acima de 55,3 mm. Atualmente, com a mudança climática, já se registram chuvas de 300 a 700 mm (que causam danos incalculáveis, porém, previsíveis e evitáveis).

Tomem o cuidado de captar a chuva ao ar livre, longe de árvores, telhados etc. Uma vez determinado o volume de chuva diário, ele é registrado. Repete-se o procedimento durante várias semanas para depois estabelecerem-se comparações.

Se na sua região há serviço de meteorologia disponível, busque dados para subsidiar as suas comparações. O mais importante é o engajamento do grupo no projeto.

Atividades de longo prazo como essas terminam consolidando grupos mais interessados na busca do conhecimento científico, na compreensão das inter-relações que regem nossas vidas.

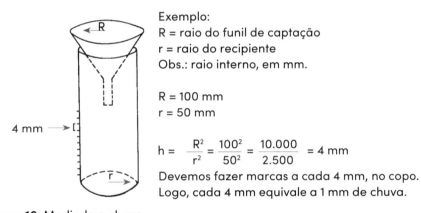

Figura 16 Medindo a chuva.

A observação da ocorrência do orvalho deve ser feita simultaneamente ao desenvolvimento do projeto anterior. Uma planta em um vaso, em casa, colocada do lado de fora, é uma forma simples de execução.

Solicitem que sejam feitas anotações dos dias em que houve maior ocorrência do orvalho, quando não houve etc. Pode-se, eventualmente, coletar o volume de água formado na superfície de uma dada folha (e será sempre essa) durante uma semana, recolhendo-o cuidadosamente com uma colher de chá, ou sugando-o pacientemente com uma pequena seringa. Os volumes são medidos utilizando-se da escala da mesma seringa. O objetivo é correlacionar os dados do orvalho com outros como chuva (precipitação pluviométrica), variações de temperatura e de umidade relativa do ar,

Educação ambiental • princípios e práticas

e anexá-los às reações das plantas aos diversos componentes ambientais. Aqui mais uma vez as inter-relações são transparentes.

O arco-íris

Quando vislumbramos um arco-íris, somos tomados por um êxtase lúdico, instantâneo. A sua grandeza não nos assusta, ao contrário de outras manifestações naturais. Suave e silenciosamente emoldurado nas gotículas de vapor-d'água da atmosfera, o seu grande arco multicolorido causa exclamações de agrado, satisfação e admiração. Não há limites de idade para essa contemplação, o arco-íris parece ser uma unanimidade. Entretanto, para muitos, continua sem explicação clara o que é de fato o arco-íris.

A proposta dessa atividade muito simples é, por analogia, falarmos sobre percepção.

Com um pedaço de vidro ou uma garrafa incolor, transparente, ou mesmo um copo com água, produzam o fenômeno da decomposição da luz solar (pode ser no pátio da escola, no corredor, enfim, onde a luz solar permitir o experimento).

Demonstrem meticulosamente a semelhança com o arco-íris. Conectem o fenômeno às chuvas e à importância do ciclo da água para a manutenção dos sistemas vivos na Terra. Acentuem o espectro eletromagnético da luz visível, observando que os nossos olhos só captam aquelas cores.

Sempre temos utilizado o fenômeno da percepção da luz (visão), para abordarmos a questão das capacidades dos nossos mecanismos de leitura das informações ambientais: se todas as cores do universo fossem representadas por um traço e fossem colocadas lado a lado, na superfície de uma trena de 150 cm de comprimento, as cores que os nossos olhos conseguiriam captar caberiam em apenas 1 cm. Ou seja, as cores que estivessem entre o 75º e o 76º cm, por exemplo. Assim, tudo o que existisse antes do 75º cm (infravermelho) e depois do 76º cm (ultravioleta) nós não perceberíamos.

A faixa de luz visível é estreita (entre 0,4 e 0,7 mm), e a sua percepção varia de uma espécie para outra. O que nós enxergamos não é necessariamente o que um gavião ou um touro enxergam.

Assim como temos limites para a luz, temos também para os sons (trataremos disso adiante) e para os odores. O nosso processador central, o cérebro, traduz os estímulos que ali chegam e temos a sensação da dor, do som, do odor etc.

Os ventos e os redemoinhos

Os ventos são elementos importantes na renovação do ar, na dispersão de sementes, na dissipação de calor, na polinização etc. São também agentes de problemas quando adquirem muita velocidade, quando removem umidade do ar, quando são salinos e quando, em redemoinhos, elevam para o ar atmosférico toneladas de partículas de poeira, de fuligem, grãos de pólen, esporos de fungos e toda sorte de material granulado disponível no ambiente urbano, adensando o aerossol (material particulado em suspensão, MPS, ou simplesmente poeira atmosférica).

Os redemoinhos, por sua vez, são tão mais causadores de transtorno quanto menos vegetação tivermos em dado lugar.

Os ventos, junto com a radiação solar, formam um par de elementos sempre a ser considerado no planejamento das edificações. Muitas vezes encontramos, em nosso ambiente urbano, construções malplanejadas que terminam se constituindo um problema para seus ocupantes.

Nessa atividade, nossos alunos, após construírem uma biruta, irão determinar, ao longo de um mês (ou a critério do professor/turma/grupo), as direções preferenciais dos ventos no bairro ou na escola (ou em casa, por que não?). Em seguida, devem observar na sua cidade/bairro se as construções favorecem a sua melhor acolhida.

O relâmpago e o trovão

Devemos insistir em elucidar os processos naturais que ocorrem em nosso mundo. O relâmpago (e os raios) e o trovão povoaram muitas lendas, crendices, mitos e medos.

Na verdade, essas manifestações naturais que envolvem valores fantásticos de energia têm, ao longo dos tempos, produzido vítimas – aqui nos referimos aos raios –, justificando muitas vezes os receios. Nesse ponto, seria interessante mostrar um para-raios aos alunos (nas igrejas normalmente encontramos um), e acentuar a necessidade de especificações técnicas corretas para a sua construção (do contrário serão meros adornos desajeitados).

Os para-raios são um exemplo de solução encontrada para uma ameaça da natureza que durante milênios infernizou a vida das pessoas. O gênio inventivo de Benjamin Franklin nos legou o para-raios em 1752.

Por analogia, podemos conduzir os alunos a identificar, em nosso ambiente, problemas que ainda esperam soluções tecnológicas, e soluções encontradas via tecnologia, para outros tantos. De fato, o que buscamos com isso é demonstrar que à medida que avançamos em nossa produção científica e, em consequência, em nossas respostas tecnológicas, podemos nos aproximar, cada vez mais, de formas de compatibilização entre a satisfação das nossas necessidades, com preservação do patrimônio ambiental, dentro de um contexto de possibilidades culturais, éticas e socioeconômicas. Essa última afirmação é importante para afastar a falácia de que a solução dos problemas ambientais pode estar apenas na tecnologia – visão simplista, reducionista, que o Primeiro Mundo, de modo bisonho, tenta nos inculcar.

Uma atividade simples, porém com resultados agradáveis, consiste em calcular a distância aproximada entre a sua sala de aula e o local onde ocorreu um dado relâmpago.

Em um dia em que esteja ocorrendo o fenômeno, marquem o tempo (segundos) transcorrido entre o relâmpago (luz) e a percepção do som do trovão. Como a velocidade da luz (300.000 km/s) é bem maior do que a velocidade do som no ar (cerca de 340 m/s, a 25 °C e 1 atm), a impressão da luz chega antes, e só alguns segundos depois ouvimos o som. Uma vez determinado o tempo transcorrido, digamos cinco segundos, utilizamos a fórmula $d = v \times t$, onde d é a distância, v é a velocidade e t é o tempo. Teríamos, então, $d = 340$ m/s $\times$ 5 s e d =1.700 m. Ou seja, de um modo bem aproximado, o fenômeno estaria ocorrendo a 1.700 m (ou 1,7 km) da nossa sala. Coisas desse tipo, simples, objetivas e concretas fascinam os alunos e eles estão precisando disso agora, mais do que em qualquer outro momento da nossa história.

6.2 Conhecendo o metabolismo dos ecossistemas urbanos

As atividades propostas nesta parte procuram produzir situações que permitam aos alunos compreender os complexos mecanismos que acionam o sistema urbano, suas necessidades e limites.

Prédios *versus* casas: um dilema

Inicialmente, vamos observar um agrupamento de prédios residenciais e outro agrupamento de casas. O que vamos fazer é estabelecer comparações entre as duas formas de habitação urbana, em relação a vários aspectos.

O tempo de execução dessa tarefa deverá ser longo, e a participação dos professores de matemática será fundamental.

Escolham um prédio próximo da escola. Calculem a área de ocupação desse prédio, ou seja, a área do térreo e suas dependências. Em seguida, escolham algumas casas, também próximas da escola, cujas áreas de ocupação urbana somadas sejam aproximadamente iguais à área do prédio, no térreo.

O passo seguinte será estimar, por meio de consultas aos moradores das casas, o número de carros, o consumo mensal de combustível, luz elétrica, gás, água e outros componentes que julgarem necessário e possível determinar. Consultem os órgãos de serviços públicos de sua cidade para obter informações sobre a taxa média diária de produção de lixo por residência ou por pessoa, o consumo diário de água por pessoa, produção de águas servidas etc. Caso não disponham desses dados, deverão desenvolver uma forma de determiná-los, o que já é uma outra atividade paralela, cheia de desafios, porém muito fecunda em aceitar soluções as mais variadas possíveis.

Para estimar o consumo e a produção de resíduos dos moradores do prédio, recomendamos a pesquisa em apenas um dos andares. Os resultados obtidos deverão ser multiplicados pelo número de andares que o prédio tiver. A essa altura, é claro que os alunos já estarão comentando que o prédio terá, obviamente, todos os valores maiores do que a casa. Mas é isso mesmo o que queremos.

Uma vez determinados os valores para casas e prédio, procederemos às comparações. Sugerimos que grupos de alunos se especializem, ou seja, que um grupo determine o consumo X dos prédios, outro, o consumo Y das casas, e assim por diante. No final, juntamos tudo. Quem consome mais? Quem produz mais lixo? Quem polui mais? A forma de comparação (se cartazes, listagem em folhas, mural, lousa, comunicação oral ou painel) fica a critério dos caros colegas.

Na apresentação para discussão, devemos enfatizar sempre quantas vezes os prédios superam as casas em cada um dos itens observados. As surpresas se sucederão.

Há uma tendência entre planejadores urbanos do mundo inteiro em aceitar o prédio com quatro andares como o ideal sob vários aspectos, dentre eles a segurança, a identidade, o estabelecimento de afetividade entre os moradores, a redução da pressão ambiental produzida no ecossistema urbano. De fato, os prédios residenciais, na maneira como eles são encravados nos sistemas urbanos, ocupando áreas verdes, acrescentando centenas de famílias a uma área ocupada por algumas famílias, têm representado um transtorno à administração pública, superando prognósticos e antecipando marcas que seriam atingidas décadas depois.

Os prédios, de um modo amplo, têm significado, ao lado da solução de moradia, o aumento vertiginoso de pressão sobre os serviços urbanos e os recursos naturais: mais pessoas, mais consumo de água e alimentos, mais água nos esgotos, mais lixo, mais veículos, mais consumo de combustíveis e mais poluição (atmosférica, sonora).

Vamos nos deparar com um dilema: casas ou prédios? Os prédios aumentam violentamente a pressão ambiental. As casas, por sua vez, para que se pudesse atender à demanda por moradia, deveriam espalhar-se por áreas maiores. Então?

O segredo está em compatibilizarmos o que temos com o que precisamos. Cada cidade é um caso. Vamos compreender qual será o nosso. Esta atividade, fatalmente, sugerirá a seguinte.

Ambiente urbano *versus* ambiente rural

A proposta é muito simples. Um grupo de alunos deve ficar encarregado de listar as vantagens de se morar nas cidades e as desvantagens de se morar no meio rural. O outro grupo (ou outros) se encarregará da outra face, ou seja, das vantagens de se morar no meio rural e das desvantagens de se morar nas cidades. Recomendamos que, dentre os aspectos a serem considerados para comparações, sejam incluídos no mínimo:

Educação ambiental • princípios e práticas

a. Qualidade do ar, da água.

b. Níveis de ruído;

c. População, densidade, mobilidade.

d. Interações.

e. Serviços.

f. Lazer, cultura, educação.

g. Saúde, segurança, bem-estar.

h. Áreas disponíveis.

i. Contato com a natureza.

j. Identidade, laços afetivos.

k. Tradições, confiança, família.

l. Compromissos, envolvimento.

m. Ansiedade, medo, estresse, sossego.

n. Valores individuais.

As listas, colocadas em cartazes, deverão ser apresentadas ao grande grupo, no qual as discussões deverão ocorrer.

Quanto às conclusões, preparem-se para surpresas.

Pode-se, também, adotar a estratégia do júri simulado, em que alguns defendem o ambiente urbano e outros o ambiente rural, com os jurados (sete pessoas) decidindo quem tem razão.

É uma excitante prática de democracia, na qual os participantes têm oportunidade de expressar suas opiniões a respeito de vários assuntos.

Serviços essenciais da cidade

Nesta atividade, devemos levar os alunos à elaboração de uma listagem dos serviços urbanos de responsabilidade do governo, objetivando o conhecimento das suas operações e a discussão das alternativas para a melhoria daqueles serviços. Devem-se incluir:

a. Coleta, tratamento e disposição de lixo; coleta seletiva e reciclagem.

b. Eletricidade (produção, distribuição, manutenção).

c. Água (barramento, tratamento, distribuição, manutenção e monitoramento da qualidade, e captação e tratamento dos esgotos).

d. Telefone (organização do sistema, manutenção).

e. Serviços médicos de urgência.

f. Sistema judicial, prisões.

g. Bibliotecas públicas, museus, auditórios.

h. Proteção policial.

i. Proteção contra o fogo.

j. Proteção contra calamidades (Defesa Civil).

k. Proteção ambiental (licenciamento de obras, controle e monitoramento da qualidade do ambiente – ar, água, intensidade de ruído etc.).

l. Transporte.

m. Escolas, creches, orfanatos, lar para idosos.

n. Controle e regulamentação do trânsito.

o. Meteorologia.

p. Viação e obras (planejamento municipal).

q. Agências de emprego.

r. Atendimento aos pobres.

s. Comunicação.

t. Lazer, esportes, cultura.

u. ...

A listagem termina executando um diagnóstico do estado de aptidão e competência da cidade, ou seja, se o serviço X não existe, terá de existir, e, se existe e não está bom, tem de melhorar.

Nas deficiências identificadas, estabelecer prioridades. Encaminhar seus estudos, com observações, discussões e conclusões para as autoridades do setor competente e para os meios de comunicação social.

A palavra do profissional

A atividade anterior estaria associada, em parte, a esta. A ideia é convidar profissionais, das mais diversas áreas, para um encontro informal com os alunos, no qual falariam sobre seu trabalho.

Bombeiros, eletricistas, enfermeiros, sapateiros, técnicos em meio ambiente, dentistas, policiais etc. O contato com a realidade da sua comunidade, conhecimento do modo de operar, dificuldades, características, riscos, compensações e demais aspectos inerentes a cada tipo de atividade humana ajuda os alunos na sua elaboração mental da complexa e intrincada teia de atribuições, responsabilidades e interesses, dentro do metabolismo do ecossistema urbano.

No transcorrer do encontro, deve-se propiciar a abordagem da temática ambiental no contexto de atuação de cada área técnica. É interessante ir descobrindo como as tarefas do padeiro, do médico, do construtor etc. têm ligações com o ambiente, influenciando-o e sendo influenciadas por ele, em maior ou menor escala e profundidade.

Essa atividade costuma produzir resultados e situações surpreendentes.

Certa vez, quando executávamos essa atividade em uma escola da rede oficial do Distrito Federal, convidamos um gari para um encontro com os alunos. "Sozinho, eu não vou!", disse o gari designado pelo Serviço de Limpeza Pública. Vieram três.

À medida que a conversa com os alunos ia se desenvolvendo, os garis iam ficando mais à vontade. Os alunos terminaram conhecendo as formas de facilitar os trabalhos de coleta do lixo, e os garis ficaram surpresos pela acolhida que tiveram e pelo reconhecimento da importância do seu trabalho. Um deles enfatizou: "Achava muito chato recolher o lixo desta escola. Ele era muito bagunçado...".

O supermercado e os materiais recicláveis

Se pudéssemos somar o tempo que passamos nos supermercados, em um ano, ficaríamos surpresos (adiante trataremos disso). No mundo atual, o supermercado é o local-símbolo do consumo. Naquele mosaico de cores, tentações, ofertas e truques de mercado, mesmo quando estamos atentos à autodisciplina, terminamos comprando coisas supérfluas, impulsionados poderosamente pela arte de criar necessidades desnecessárias, ou seja, pela publicidade.

É nesse local que vamos desenvolver a nossa atividade. Após formar grupos de alunos, pedimos que anotem quais os produtos que utilizam embalagem plástica, quando das visitas aos supermercados. Outro grupo se encarregará de verificar se os produtos em *spray* já apresentam o aviso "não contém CFC" em suas embalagens (uma vez que foram proibidos, pois prejudicam a camada de ozônio, o gás que, presente na atmosfera, nos protege do excesso de radiação ultravioleta do Sol. A radiação ultravioleta poderia aumentar a ocorrência de doenças da pele – câncer, por exemplo –, reduzir drasticamente a produção agrícola, e promover o aquecimento do planeta).

De posse do levantamento dos produtos que utilizam plásticos na embalagem, procede-se a uma comparação com tempos passados, ou seja, se em um produto X atual alguns anos atrás já se utilizavam plásticos.

A tendência é encontrar um número elevado de produtos nessa situação: usavam embalagens de vidro ou papelão, e passaram para o plástico.

Isso, em termos de manutenção de qualidade ambiental, é péssimo, pois, enquanto os vidros e papelões podem ser reaproveitados (reciclagem), os plásticos permanecem inalterados no ambiente durante muito tempo, poluindo e alterando a ciclagem de nutrientes. O saquinho de plástico da embalagem do leite, por exemplo, jogado no ambiente seguirá poluindo por mais de dez anos, sem sofrer degradação.

Ocorre que as embalagens de plástico são mais baratas e com isso aumenta-se a margem de lucro das empresas. É o exemplo típico de privatização dos benefícios e socialização dos custos.

O grupo dos *sprays*, por sua vez, apresentará ao grande grupo o resultado do seu trabalho (pode ser uma simples listagem).

O que se pretende, de fato, é fazer com que os alunos tomem consciência de coisas desse tipo e passem a cobrar mais das empresas que comercializam tais produtos. O envio de cartas normalmente traz alguns resultados. Algumas empresas, a despeito das acusações, são atenciosas para com os estudantes e a comunidade, e apresentam a sua justificativa. É conveniente salientar que essas cartas devem ser elaboradas dentro de um critério ético, sério, simples e objetivo. O radicalismo, como a história aponta, em mais ou menos tempo, leva a nada. A agressão gera mais agressão.

Atividades semelhantes podem ser desenvolvidas com outros produtos como detergentes (biodegradáveis ou não), inseticidas (se indicam cuidados com o ambiente) etc.

Em relação aos plásticos, é conveniente salientar que o seu uso como substituto de garrafas e embalagens de papelão está em plena decadência, em várias partes do mundo. Por ser um derivado de petróleo, um recurso não renovável e poluente, esse produto deve ser proibido, em breve, por acordos internacionais.

As cidades de Minneapolis e Saint-Paul, no Estado de Minnesota, nos EUA, por exemplo, já executam uma rígida legislação sobre os plásticos. As novas leis proíbem embalagens que não possam ser devolvidas ou recicladas.

As lanchonetes McDonald's substituíram, por pressão de organizações ambientalistas, as embalagens plásticas por papel, e estão reciclando todo o lixo que podem em suas lojas nos EUA.

Em Blumenau, Santa Catarina, copos plásticos são reciclados e transformados em matéria-prima (fios sintéticos que são adicionados ao algodão, produzindo viscoses e outros tecidos especiais).

O selo verde

Por volta de 1971, a Alemanha, dentro do seu plano para o ambiente, instituiu o *selo verde*, como um novo instrumento de política ambiental. Os produtos que, comprovadamente, nos seus processos de produção, nas suas especificações técnicas, tipos de embalagem etc., incluíam cuidados com a preservação da qualidade ambiental recebiam das autoridades governamentais o selo verde, que era colocado na embalagem.

Implantado em 1977 no Japão e 1988 na Alemanha, o selo verde ajudou muito na melhoria das especificações dos produtos. O consumidor conscientizado daria preferência aos produtos que apresentassem o referido selo.

Posteriormente, a ideia foi levada pelo Programa das Nações Unidas para todo o mundo. Na Alemanha, setecentas empresas já firmaram contrato com o governo para a concessão do selo, havendo 79 categorias de produtos e milhares de produtos já certificados (os aerossóis sem CFC foram os primeiros produtos selados). O sistema foi adotado na Austrália, Canadá, Chile, Dinamarca, Finlândia, Irlanda, Noruega, Suécia e Reino Unido.

O sistema – caracteristicamente não compulsório – termina, na verdade, causando um grau elevado de certificação de qualidade dos produtos. A sua concessão é válida por dois a três anos dependendo do país, e prevê a sua suspensão imediata em caso de inobservância das especificações contidas nos catálogos e nos termos contratuais.

No Brasil, os entendimentos para a implantação do sistema envolvem o Instituto Brasileiro do Meio Ambiente e dos Recursos Naturais Renováveis (Ibama), a Secretaria de Ciência e Tecnologia, a Secretaria Nacional de Direito Econômico, o Serviço Nacional de Vigilância Sanitária, o Departamento da Indústria, a Associação Brasileira de Normas Técnicas (ABNT), o Instituto de Metrologia (Inmetro), a Associação Brasileira de Entidades de Meio Ambiente (Abema), a Associação Brasileira das Instituições de Pesquisa Tecnológica Industrial (Abipti), a Comissão do Meio Ambiente da Câmara Federal e a Associação Brasileira de Engenharia Sanitária. O termo de cooperação Ibama/Abipti foi lançado em Manaus, em 1990.

O selo verde no Brasil deverá obedecer às seguintes premissas: ter credibilidade, ter grau elevado de certificação, ser voluntário, temporal e educativo, ser gradual e utilizar as estruturas já existentes.

Não se faz um empreendimento dessa natureza sem polêmicas. Uma questão crucial é frequentemente colocada: por que deixar a cargo do consumidor o que o Estado teria que legislar? Essa pergunta desperta as mais diversas respostas, nos diferentes países. Na nossa realidade socioeconômica, segundo alguns analistas, o selo verde terá muitos problemas para a sua consolidação, e o preço baixo dos produtos, em lugar da qualidade, poderá determinar a escolha.

De qualquer forma, mesmo com todas as dificuldades que se possam encontrar para a sua implantação no Brasil, o selo verde é uma ideia que vem dando certo, despertando uma concorrência saudável em busca do aperfeiçoamento dos processos de produção e das especificações técnicas dos produtos. Todos nós temos a ganhar, quando se diminui a pressão sobre os recursos ambientais e se promove a qualidade de vida.

A frota de veículos e os custos

A frota mundial atual (2021) é de 1,3 bilhão de veículos.

Não precisamos ser especialistas para afirmar que os veículos movidos a combustível fóssil (óleo diesel, gasolina) são os grandes vilões da poluição atmosférica nas cidades. Porém, antes de verificarmos os impactos ambientais negativos produzidos na biosfera por esses veículos, precisamos ter uma ideia da dinâmica e dos custos dessa frota em nossa cidade.

Com ênfase em coleta e organização de ideias, dividam a classe em pelo menos cinco grupos. Eles vão observar o fluxo de veículos nas ruas próximas à escola.

Deverão observar, por exemplo, o número de veículos que passou em um dado ponto, anotando o tipo de veículo (se ônibus, caminhão, automóvel, motocicleta etc.), o tipo de combustível (se óleo diesel ou gasolina/álcool – estes, de passagem, não há como diferenciar) e a ocupação do veículo (quantos passageiros no veículo. No caso dos ônibus, deve-se adotar um critério como C = cheio, M = médio, V = vazio etc.). Notem que as tarefas devem ser bem distribuídas, ou seja, um conta automóveis, outro ônibus, outro anota etc., do contrário teremos dificuldades de execução.

A operação deve ser repetida pelo menos cinco vezes, em dias distintos e em horários diversos. O tempo de observação não deve ultrapassar vinte minutos em cada dia (depois disso os alunos se tornam dispersivos).

Após a coleta dos dados, agrupem os resultados e procedam a discussão, focalizando o aspecto do consumo de combustíveis. Provavelmente as observações feitas levarão a identificar formas inadequadas, caras, egoístas muitas vezes, de locomoção das pessoas dentro do ambiente urbano.

O grande "gancho" é discutir e encontrar formas mais econômicas, e menos poluidoras, de transporte nas cidades. Surgirão as alternativas (trem, metrô, bicicleta, motocicleta, andar, desenvolver novos motores, novos combustíveis etc.). Algumas exequíveis, outras que demandariam muitos recursos e longos prazos para a sua execução e outras mais simples, de efeito imediato, como a aquisição de novos comportamentos.

Nesse ponto, seria interessante comentar a respeito do carro elétrico. O seu projeto já completou cem anos de desenvolvimento. Dificilmente alguém aceitaria que as dificuldades de ordem técnica sejam tão grandes a ponto de o homem ainda não ter chegado efetivamente a um carro de uso popular. Sabemos que as multinacionais, donas do petróleo do mundo, não têm interesse no desenvolvimento do carro elétrico, por motivos óbvios. Mas o aquecimento do planeta, provocado principalmente pelo excesso de gás carbônico (CO_2) jogado à atmosfera pelos veículos (em média, 150 g de CO_2 a cada quilômetro rodado), indústrias e queimadas, em todo o mundo e mais intensamente pelos países ricos industrializados, poderá estabelecer novas prioridades internacionais.

Certamente, os nossos descendentes olharão para nossos veículos e pensarão "como conseguiram utilizar, por tanto tempo, essa geringonça fumaçante e barulhenta?".

O preço da caloria

Para esta atividade vamos precisar de uma tabela de calorias. Aquela mesma que as pessoas utilizam em regimes alimentares.

A tarefa pode ser distribuída individualmente, isto é, cada aluno ficará encarregado de calcular o custo da caloria de um dado alimento. Consegue-se isso da seguinte maneira: digamos que 100 g de amendoim (duzentas calorias) custaram R$ 1,00. Para saber o preço da caloria, devemos dividir 1/200, que seria igual a 0,005 reais/caloria. Em seguida, calculados os valores de vários alimentos, preparar-se-ia uma tabela (cartaz ou lousa) com os resultados de cada um, para análise e discussão.

Essa atividade normalmente revela alguns disparates, mas o que interessa é que se consegue quantificar os jogos de energia para manter os seres vivos e os seus custos relativos. Extrapola-se para o consumo da cidade para se chegar ao objetivo, ou seja, a uma ideia aproximada dos requerimentos contínuos de energia na cidade e o custo dessa manutenção, principalmente à seguinte reflexão: a maioria da energia armazenada nos alimentos é utilizada pelos organismos que os consomem. Na cadeia alimentar, dentro dos ecossistemas naturais, aproximadamente dez calorias de um organismo são necessárias para produzir uma caloria de outro (exemplo: são necessárias dez calorias de forragem ou capim para produzir uma caloria animal – taxa 10:1); nos sistemas humanos, plantio, cultivo, colheita, abate, processamento, transporte, embalagem, distribuição, propaganda e preparação da comida em casa requerem aproximadamente dez calorias de energia dos combustíveis fósseis para uma caloria de alimento entregue à nossa mesa.

Em termos de energia, o homem acrescenta mais um elo a sua cadeia alimentar. Assim, cem calorias de combustível fóssil serão necessários para produzir dez calorias de alimentos, que por sua vez produz uma caloria para o ser humano (taxa 100:1)[7].

Como vimos, os sistemas de sobrevivência nas cidades, desenvolvidos pelo homem, são baseados em processos altamente dispendiosos em termos de energia, e em pouco tempo já vem demonstrando sinais de insustentabilidade. Precisamos mudar para utilizações mais racionais dos recursos que a natureza nos concede.

As diferenças entre a taxa natural (10:1) e a taxa das atividades humanas (100:1) são o indicador mais absoluto da necessidade de mudanças. A EA é um caminho para se atingir tal objetivo.

A maquete da escola ou do bairro

Quem viaja de avião pela primeira vez geralmente fica deslumbrado com as imagens das cidades, campos, rios, rodovias etc. vistas do alto. Naqueles instantes o nosso equipamento sensorial registra, em um só conjunto, imagens de locais que costumamos ver em particular. A visão do todo é fantástica e ela nos permite um outro nível de percepção. As imagens aéreas (satélite, avião, Google Maps etc.) têm,

---

[7]   Unesco/Unep/IEEP. *The balance of lifekind*, 1986.

ao longo dos anos, auxiliado de forma decisiva várias atividades humanas sem as quais a qualidade e a precisão das decisões seriam bem menores.

O sentido de pertinência das pessoas é acentuado quando elas conhecem mais a respeito do seu próprio ambiente. A fotografia aérea da nossa cidade facilmente nos conduz, em nossa imaginação, a agradáveis devaneios em caminhadas pelas suas vias, rios, construções, parques e pontos característicos. A satisfação de compreender melhor o traçado do nosso mundo, seus contornos e formas, é o que de mais enriquecedor pode nos legar essa nova possibilidade de percepção espacial.

A maquete de uma região, cidade, bairro ou conjunto de construções (esta é a mais comum), no fundo, transmite um pouco daquela sensação de nova percepção espacial do todo.

Nessa atividade, sugerimos a construção da maquete da escola. Posteriormente, dependendo dos resultados, pode-se ampliar para a quadra da escola, e, se a sua cidade for pequena, através de um trabalho integrado entre turmas e talvez entre escolas, pode-se chegar à maquete do bairro e até mesmo da cidade. Mas voltemos à escola.

Essa atividade envolve particularmente as áreas de matemática, geografia, artes e ciências em uma boa oportunidade para se exercitar a interdisciplinaridade.

Para construir a maquete da escola, temos de fazer desenhos, consultar alguns mapas, fotografias e outros materiais que possam ajudar na formação espacial da sua imagem (mas tivemos uma experiência na qual os alunos conseguiram fazer a maquete utilizando apenas o "olhômetro" e algumas medidas das dimensões de área dos prédios e do entorno da escola, tomadas com uma trena; o resto foi inspiração e transpiração).

O material utilizado varia da argila ao gesso e, em pouco tempo, podemos perceber como são criativos os nossos alunos em buscar alternativas de solução para as mais diversas situações que irão encontrar (que material utilizar para representar a área verde, por exemplo).

Uma vez pronta a maquete, outras atividades complementares poderão ser feitas a partir do modelo já estabelecido.

Notem que, no decorrer dos trabalhos de levantamento de dados para a preparação da maquete, à medida que os alunos vão observando os detalhes da escola, vão também efetuando um diagnóstico da sua qualidade ambiental, ou seja, o estado das instalações, a área destinada ao lazer, o estado das áreas verdes (como estão o gramado, o jardim, as árvores). Serve também para indicar o que falta, para compor o equipamento de uma escola (áreas de lazer, esportes, cultura, jardins, gramados, árvores, arbustos, biblioteca, auditório etc.).

A maioria das escolas no Brasil conta apenas com o equipamento básico, e muitas delas nem isso. Precisamos reverter o quadro e isso só se consegue quando sabemos

Educação ambiental • princípios e práticas

nitidamente o que temos que exigir. Uma escola não pode ser apenas formada por salas de aula, do diretor e dos professores, precisa ser um centro de vivência da comunidade.

Esse discurso já se ouvia na década de 1960, e agora, dado o atual quadro de miséria do continente, aquela premissa tem de, urgentemente, se transformar em ações.

Caso o projeto da maquete da escola tenha dado resultados positivos, pode-se pensar em algo maior, buscando o envolvimento de agências do governo e empresas privadas para auxiliar na execução das tarefas (maquete do bairro, da praça etc.).

A população urbana

A média de tamanho da família de uma dada população é um dado relevante muito utilizado pelos planejadores das mais diversas áreas das atividades humanas.

Podemos, através de uma série de tarefas distribuídas aos alunos, em algumas semanas, estimar o tamanho médio familiar de uma dada amostra da população da nossa cidade. O tempo dedicado à concretização dessa atividade vai depender, em grande parte, da participação dos familiares em prover as informações a respeito da família, que os alunos irão precisar.

A cada aluno deverá ser solicitado que reúna as seguintes informações a respeito das famílias de todos os seus parentes: número de pessoas, sexo e idade de cada membro da família. Com a ajuda dos pais, avós, tios e primos, não será tão complicado; entretanto, as instruções deverão ser bem claras. Se preferirem, podem executar uma forma simplificada da atividade, registrando em sala de aula a composição (número de pessoas, sexo e idade) média familiar apenas dos próprios alunos, sem considerar os parentes, porém teremos uma amostragem muito reduzida.

Observem que para estimar a média de tamanho familiar só é necessário o número de pessoas por família. Os demais dados serão utilizados para outra atividade.

De posse dos dados, vamos agrupá-los em três gerações: a dos avós; a dos filhos dos avós (aqui entra a própria família dos alunos, e claro, a de todos os tios); a dos netos (os primos dos alunos), se já houver. Indiquem grupos específicos para organizar os dados e chegar às médias em cada geração. Os resultados deverão ser colocados em um grande cartaz (ou lousa) para as discussões seguintes.

É interessante observar, na sua amostra, se foi verificada alguma alteração significativa na média do tamanho da unidade familiar. Se as variações forem constatadas, deve-se estimular a discussão e as tentativas de identificação das possíveis causas do fenômeno. Essas variações normalmente ocorrem associadas a mudanças relacionadas a vários aspectos da temática ambiental, ou seja, aos fatores socioculturais, econômicos, científicos, tecnológicos, políticos, ecológicos e éticos.

Com esses dados, reconhecemos também uma análise prospectiva com o objetivo de estimar o comportamento esperado da variação populacional, ou seja, conhecendo a tendência, estimar se a população irá crescer, decrescer ou permanecer nos valores atuais.

Observem que a atividade gira em torno de uma amostra, e grandes afirmações não poderão ser feitas em relação à população da cidade, como um todo, a menos que o trabalho tenha abrangido um número significativo dela.

Nessa atividade, como vimos, estamos de fato exercitando conhecimentos para operarmos a compreensão da atuação dos fatores limitantes sobre a população humana ou de qualquer outro ser vivo. De um modo geral, a estratégia básica de regulação do crescimento populacional é a interação entre o potencial reprodutivo da espécie (potencial biótico) e a resistência ambiental produzida por fatores físicos, químicos, biológicos, sociais etc. (quando tratamos da espécie humana, precisamos incluir os fatores culturais, políticos, éticos etc. nos componentes da resistência ambiental), conforme o gráfico a seguir.

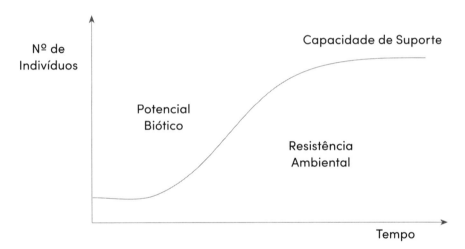

Gráfico 6.1 Crescimento populacional *versus* resistência ambiental (Sigmoide de uma espécie de biologia simples).

Em resumo, a continuidade de uma espécie é assegurada pela reprodução, e depende da proporção entre indivíduos que nascem, morrem e migram, e de fatores ambientais que atuam nos ecossistemas como mecanismos (resistência ambiental) que impedem o crescimento populacional máximo (potencial biótico), mantendo a população dessa espécie em níveis dentro dos quais o ambiente tem condições de mantê-la indefinidamente (capacidade de suporte).

A espécie humana, como membro da comunidade biótica, é fecunda em criar situações que complicam essa inter-relação natural entre os fatores abióticos e bióticos. De várias formas estamos ameaçando essa capacidade de suporte, quer pelos modelos

Educação ambiental • princípios e práticas

de uso dos recursos naturais, quer pelo crescimento da população sob condições de intensa desigualdade social e consequente criação de miséria, que por sua vez também produzirá depredação no ambiente, como já foi visto.

Os dados sobre idade e sexo servirão para construir a pirâmide de idade e sexo, que permitirá também diagnosticar a tendência de crescimento populacional da amostra. Quanto maior a base da pirâmide, maior será a tendência para o crescimento populacional, pois teremos mais indivíduos na faixa reprodutiva (ver Gráfico 6.2 e Figura 17).

Nos países ricos as pirâmides referidas apresentam formas diferentes. Normalmente a base é menor (populações estáveis). Quando a base é muito pequena, a tendência da população é diminuir.

Finalmente, qual seria o tipo de população da nossa amostra? De qualquer modo, seria interessante analisar as causas que a levaram a apresentar tal tendência e as consequências que daí advirão.

Populações em pleno crescimento, quando os recursos financeiros são escassos e a administração pública é incompetente e/ou corrupta, podem significar transtornos para o ecossistema urbano, normalmente traduzidos em estresse urbano com consequente queda da qualidade de vida.

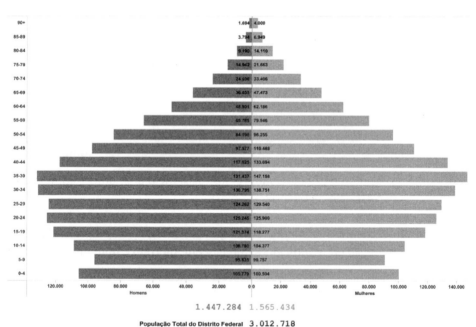

Gráfico 6.2 Um exemplo de pirâmide de idade e sexo.
Fonte: Pirâmide populacional para o DF, Codeplan, 1984.

284

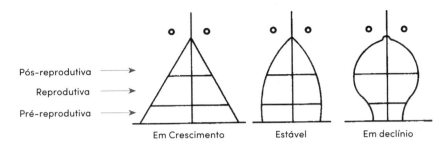

Figura 17 Tipos de população. (Adaptado de Unesco/Unep/IEEP, EE, 58, 1986.)

O lixo gerado na escola

A questão do lixo gerado nas cidades é, sem dúvida, um dos grandes problemas na maioria dos municípios brasileiros. Os altos custos de implantação e manutenção dos sistemas de coleta e tratamento de lixo têm levado ao fracasso muitas tentativas de equacionamento. Observe que o Brasil tem uma Política Nacional de Resíduos Sólidos desde 2 de agosto de 2010. Ver Lei 12.305/10.

Como sempre, é a comunidade que vai sofrer os maiores impactos ambientais, produzidos pela falta de saneamento dos resíduos domésticos, hospitalares e industriais, com o aumento de doenças.

Pereira-Neto (1989) afirma que o equacionamento do lixo urbano no nosso país, na maioria dos casos, restringe-se apenas à coleta, seguida da destinação final a céu aberto "gerando as lixeiras, lixões ou monturos de lixo, que constituem-se no hábitat propício de vetores biológicos (moscas, mosquitos, baratas, roedores etc.) responsáveis pela transmissão de doenças infecciosas, como febre tifoide, salmonelos, amebíase, malária, dengue, cólera, leptospirose etc., além de contribuir sobremaneira com a poluição do solo, do ar e das águas".[8]

A utilização dos aterros chamados sanitários também é feita de modo inadequado – não são seguidas as especificações técnicas e terminam sendo pontos privilegiados de ataque aos lençóis d'água subterrâneos, contaminando-os – e representa uma medida paliativa. Segundo Pereira-Neto, qualquer que seja a metodologia adotada, será necessário considerar três fatores: ser uma solução baseada nos princípios ecológicos (reaproveitamento dos materiais e proteção ambiental), atender aos objetivos sanitários e ser adequada à ordem socioeconômica local. Aponta, a seguir, as técnicas da compostagem e reciclagem como soluções adequadas aos nossos problemas com o lixo urbano.

---

[8] *Compostagem: a grande solução ao equacionamento do lixo doméstico*, p. 5.

Educação ambiental • princípios e práticas

A compostagem produz húmus importantes para a produção de vidro, metais, papelão etc. Na verdade, sabemos como resolver os nossos problemas ambientais; entretanto, falta vontade política, em muitos casos, para a tomada de decisões que beneficiem o povo. Afinal, inaugurar sistemas de esgotos e lixo parece não render votos, e alguns administradores, do alto da sua esperteza política, preferem inaugurar obras mais visíveis, mesmo que menos importantes, ou, muitas vezes, supérfluas.

Essa atividade visa fazer um estudo a respeito do lixo gerado na escola, descrever as suas categorias e identificar formas de redução da quantidade produzida.

Os alunos devem ser divididos em grupos. Cada grupo ficará encarregado de determinar o tipo e o montante, em número ou massa, do lixo produzido. Assim, dentro dos grupos, alguns alunos se encarregam do lixo orgânico (sobras de alimentos etc.) e os demais do lixo inorgânico (papel, vidro, metais etc.). Cada grupo deverá apresentar os seus resultados. Ao final, supondo-se que cada grupo tenha descrito o conteúdo de uma lata de lixo, ou várias, conforme o caso, pode-se estimar o montante de lixo produzido pela escola, por dia, mês ou ano, e daí ter-se uma ideia do desperdício e do montante de resíduos produzidos.

Pode-se, eventualmente, conhecendo o total de pessoas na escola e a população da cidade, fazer uma previsão de quanto a cidade produz de lixo e quanto desperdiça.

Enquanto vidros, papéis, metais e resíduos orgânicos forem vistos como lixo, estaremos perdendo dinheiro e, o que é pior, estaremos contribuindo para o aumento da pressão sobre os recursos ambientais.

Outro aspecto importante dessa atividade é estimular, na discussão, a busca de alternativas para a diminuição da produção do lixo, considerando-se os aspectos tecnológicos e comportamentais. Aqui também devem ser acentuados os problemas produzidos por resíduos sólidos permanentes, como os plásticos, e o isopor (*styrofoam*, capaz de permanecer por quatrocentos anos poluindo o ambiente, além de contribuir para a destruição da camada de ozônio), e ser incentivado o consumo de produtos com embalagens recicláveis. Para se ter uma ideia, uma garrafa reciclada equivale a uma economia de energia suficiente para acender uma lâmpada de 100 watts por quatro horas (*The Earthworks Group*, p. 23).

Outrossim, sugerimos a estratégia da visitação. Se em sua região há uma unidade de compostagem, ou de reciclagem, candidatem-se a uma visita. Certamente será muito proveitoso. Caso não haja, solicitem das autoridades do setor de coleta de lixo a visita de um técnico da área, para falar com os alunos sobre as suas atividades, dificuldades, planos etc.

Para complementar, gostaríamos de informar a respeito da estratégia de coleta de lixo que vem sendo desenvolvida pelo governo do Estado do Rio Grande do Sul, através da Fundação Estadual de Proteção Ambiental.

A população está sendo estimulada a utilizar recipientes separados para lixos diferentes. As sacolas azuis, contendo resíduos (lixo) inorgânicos seco, como plásticos (copos, sacos, embalagens), papel limpo (papelão, revistas, jornais), metais (latas, pilhas, tampas de garrafa, embalagens de alumínio) e vidros (garrafas, copos, cacos), são depositadas nos tonéis azuis. As sacolas amarelas, contendo resíduos orgânicos (restos de comidas, frutas, guardanapos, lenços de papel e fraldas descartáveis usadas), são depositadas nos tonéis amarelos. A coleta seletiva e a reciclagem já são realidades, em muitas cidades brasileiras. Para maiores detalhes, consultar *www.mma.gov.br.*

O consumo de energia elétrica

Tendo recebido todas as honras científicas possíveis, Benjamin Franklin jamais imaginaria que os seus estudos sobre a eletricidade, publicados no livro *Experiments and observation on electricity*, que alguns cientistas compararam ao *Principia* de Sir Isaac Newton, levariam ao ponto em que chegamos de desenvolvimento e uso em larga escala da energia elétrica.

A humanidade está, cada vez mais, dependendo da energia elétrica para processar as suas atividades. Essa dependência crescente poderá levá-la a crises e situações imprevisíveis, caso não utilize os recursos ambientais de que dispõe, de forma sustentada. Na verdade, quando, por qualquer razão, o fornecimento de energia elétrica de uma cidade é interrompido, temos uma ideia dessa dependência e da fragilidade dos ecossistemas urbanos, pelos transtornos que vivemos. O caos reinaria em uma grande cidade, se ela ficasse sem energia elétrica por apenas alguns dias.

Conhecendo tal realidade, essa atividade procura identificar formas de uso adequado da eletricidade, enquanto se compreende a dependência dos ecossistemas urbanos, dessa importante fonte de energia.

Peçam aos seus alunos para elaborar uma lista dos objetos de sua casa que consomem eletricidade, colocando-os em três categorias: os objetos que não funcionariam sem o uso da eletricidade, os que poderiam funcionar com um certa dificuldade e os que poderiam funcionar sem a eletricidade. Paralelamente, pedir-se-ia que listassem formas de consumo e de economia de eletricidade nas suas residências.

Selecionem líderes para promover uma discussão sobre o uso da eletricidade nas casas. Após isso, poderia ser feita uma campanha para redução do consumo em casa e na escola. Poderiam pegar a última conta de luz paga, anotar o consumo (é dado em kW/h e aparece nas contas de luz como KWH ou similar) e verificar, depois de um mês, se houve redução nos gastos de kW/h.

Outra tarefa importante seria solicitar que os alunos, com o auxílio dos professores de história e de pessoas mais idosas da comunidade, procurassem promover um estudo

Educação ambiental • princípios e práticas

que demonstrasse como as pessoas desenvolviam suas atividades de trabalho e lazer antes do uso doméstico da energia elétrica.

Os alunos irão se deparar com formas bastante criativas de lazer que ainda predominam em muitas áreas rurais, longe dos videogames e dos programas de televisão, e talvez resgatá-las.

Aproveitem para acentuar a necessidade de optar por brinquedos, jogos, utensílios que dispensem o uso da energia elétrica doméstica (corrente alternada), ou das pilhas e baterias (corrente contínua). Brinquedos com corda (mola com energia potencial) ou utensílios de acionamento manual (espremedor de frutas, por exemplo).

Ao darmos a nossa contribuição para a redução do consumo de energia elétrica, estaremos, de alguma forma, cooperando para a redução dos impactos ambientais negativos que são causados ao ambiente, pelas atividades de preparação e produção da energia elétrica.

As usinas hidrelétricas, quando malplanejadas, a exemplo de Samuel e Balbina, ou construídas e operadas sem obedecer às recomendações do projeto, a exemplo de Tucuruí – todas na região amazônica –, são capazes de produzir sérios danos ao ambiente.

As barragens impedem a migração de algumas espécies de peixes reofílicos, que não podem completar o seu ciclo reprodutivo, como os bagres grandes (filhote, piramutaba, dourada e surubim) e outros.

A modificação do teor de oxigênio dissolvido é o efeito mais conhecido dos barramentos. Em períodos de estiagem, em Tucuruí[9], por exemplo, o tempo de permanência da água no reservatório aumenta, causando anoxia nas camadas mais profundas. Essas camadas contribuem, quase integralmente, para a tomada de água para as turbinas (a água que passa por baixo da barragem), liberando no canal de fuga, à jusante, uma água praticamente sem oxigênio. Na estiagem, o volume de água turbinado, sem oxigênio, termina preponderando sobre o volume de água do vertedouro (a água que passa por cima da barragem), rica em oxigênio. Formam-se dois fluxos diferenciados de água: um, na margem esquerda, com quase ausência de O_2, dissolvido, e outro, na margem direita, com teores elevados de O_2 dissolvido. Já foi comprovado, certa vez, que os dois fluxos só se misturam completamente 40 km rio abaixo. Imaginem as alterações produzidas na biota aquática.

Outros efeitos conhecidos são a proliferação de macrófitas aquáticas, aumento do teor de nutrientes sólidos, materiais flutuantes e material húmico pelos vegetais submersos em decomposição, com exportação de compostos indesejáveis como H_2S (ácido sulfídrico, na forma gasosa) e NH_4 (amônia), diminuição do transporte de

---

[9] A barragem da Usina Hidrelétrica do Tucuruí, com 100 m de altura e 7,5 km de extensão, formou um lago de 2.430 km^2 com 170 km de extensão.

Sugestões de atividades de EA

sedimentos à jusante da barragem, alterações na cor da água e no regime fluvial, mortandade de organismos aquáticos, alteração da paisagem natural, instabilidade das margens por causa da oscilação sazonal, aumento dos assentamentos humanos (Tucuruí, em apenas seis anos, passou de 3 mil habitantes para 70 mil habitantes), desmatamento, surgimento de doenças e pragas, desaparecimento de peixes, camarões e outros componentes da dieta das populações ribeirinhas, destruição de hábitats etc.

A listagem seria exaustiva, porém gostaria de acentuar um impacto ambiental negativo produzido pelas barragens, de difícil quantificação: a lamentável desconsideração pelos impactos biopsíquicos e socioculturais impostos aos povos ribeirinhos e aos indígenas, desfigurando os seus modos de vida, as suas terras e tradições.

Convém salientar, entretanto, que as usinas hidrelétricas construídas dentro dos cuidados ambientais necessários, identificados e estabelecidos nos Estudos de Impacto Ambiental (EIA), requeridos para o seu licenciamento (v. Anexo 5, Resolução 001/86 do Conselho Nacional do Meio Ambiente (Conama) sobre o assunto EIA/Rima, e Resolução específica sobre o licenciamento de hidrelétricas) pelos órgãos de meio ambiente, reduzem de forma acentuada o surgimento de problemas ambientais decorrentes da sua construção. Podemos citar o exemplo da Usina Hidrelétrica do Xingó, no Nordeste.

Outras formas de produção de energia elétrica podem também ser consideradas nesse contexto, como as termelétricas (à base do carvão) e as nucleares (à base da fissão do núcleo de elementos químicos pesados). Aquelas, são poucas no Brasil, e estas, apenas duas. Entretanto, a energia nuclear, pelo perigo potencial que representa, e à luz dos acidentes de Three Mile Island (EUA) e Chernobyl (v. Cronografia), é a que desperta mais receios e polêmicas em todo o mundo.

Para os ambientalistas, a energia nuclear à base da fissão é altamente discutível quando se considera a relação custo/benefício. Todavia, para muitos países que não possuem os recursos de que nós brasileiros dispomos – uma fantástica rede hidrográfica, reforçada pelo alto potencial solar e eólico, por exemplo –, a energia nuclear é a única fonte de energia elétrica disponível. De fato, continuaremos precisando da energia nuclear, mas ficaremos mais tranquilos quando conseguirmos dominar a fusão nuclear, que não deixa cinzas radioativas e utiliza um combustível que dificilmente será esgotado, a água pesada (isótopo do hidrogênio ou deutério), ou ampliarmos a nossa rede de usinas eólico-elétricas (vento), tendência mundial.

Os palitos de fósforo

Até agora temos lidado com fatores que exercem megainfluências sobre os ecossistemas urbanos e são decisivos na dinâmica diária do seu intenso metabolismo. Mas queremos destacar que milhares de pequenos processos, que ocorrem no cotidiano

Educação ambiental • princípios e práticas

das cidades, aparentemente inofensivos à qualidade ambiental, demonstram, ao final, um surpreendente potencial de degradação. Um exemplo disso pode ser identificado na atividade que vamos sugerir.

Instruam seus alunos para que façam uma estimativa de consumo de fósforos em sua residência, ou seja, quantas caixas de fósforo são consumidas por mês. Feito isso, calculem, em sala de aula, o volume ocupado pelos palitos de fósforo de uma caixinha, em cm^3, ou o volume ocupado por um palito, multiplicado pelo número médio de palitos de uma caixinha. Em seguida, tirem a média de consumo mensal, utilizando os dados dos alunos, e multipliquem-na por um quinto da população da cidade (considerando que a média de pessoas por família é igual a 5). Aí teremos a estimativa de consumo mensal de fósforos da cidade. Multiplicando por 12, teremos o consumo anual.

A próxima etapa é comparar esses resultados com informações normalmente fornecidas pelas empresas que comercializam madeira, em relação aos preços e ao número estimado de árvores que seriam necessárias para fabricar o volume de madeira consumido em forma de palitos de fósforo. Os resultados são surpreendentes. Se resolverem extrapolar para a população do Brasil, e do mundo, serão mais ainda.

Essa atividade proporciona subsídios para reflexões acerca dos nossos hábitos de consumo e as implicações daí decorrentes sobre a exploração dos recursos naturais. No caso dos fósforos, quando se estima a área que deve ser desmatada anualmente para fabricação dos palitos, pode-se ter uma noção clara da influência dos nossos hábitos, na cidade sobre a pressão ambiental, nos campos. Isso quando estamos falando de palitos de fósforo, imaginem se considerássemos os móveis, as portas, pisos, forros, divisórias, telhados e toda sorte de produtos que consomem madeira. E estamos falando apenas em madeira.

É importante observar aos alunos que não podemos ser contra a utilização da madeira para os fins que conhecemos. Afinal, basta fazer um levantamento das empresas que comercializam madeiras na cidade, para se ter uma ideia da sua importância[10]; entretanto, não podemos concordar com a forma predatória e pouco inteligente que vem sendo adotada. Temos muitos recursos madeireiros no país e, se a sua exploração ocorrer através de sistemas sustentados – que preveem corte seletivo, replantio, pesquisa etc. –, teremos aqueles recursos durante muitas gerações. Na forma de exploração atual, o que ocorre de fato é o simples saque da natureza, constantes retiradas, sem nenhuma reposição.

---

[10] O Brasil é um dos sete maiores produtores de madeira do mundo, ao lado dos EUA, CEI, China, Índia, Canadá e Indonésia. Juntos, respondem por 60% da produção mundial de madeira em toras.

Não é preciso ser especialista para perceber que, assim, em pouco tempo o recurso acabará.

Outro aspecto dessa questão é a monocultura praticada nos reflorestamentos. As desvantagens da monocultura para a estabilidade e diversidade dos ecossistemas são conhecidas. Entretanto, em muitos casos, no Brasil, termina sendo um mal menor. Muitas áreas florestais nativas ainda intactas certamente já teriam sido devastadas se não houvesse tais reflorestamentos.

Precisamos, de fato, plantar árvores de rápido crescimento para suprir a demanda de madeira das indústrias florestais (movelaria, celulose, papel, construção, carvoarias etc.).

O cultivo de pinus tropicais aparentemente vem respondendo às necessidades de aumento dessa demanda. O pinus tem apresentado uma produtividade de 40m3/ha/ano aos 18 anos. Por essa e outras razões, o eucalipto vem sendo substituído pelo pinus, em vários projetos de cultivo florestal. Por possuir um sistema radicular poderoso, que por vezes penetra no solo profundamente, atravessando o lençol freático, produzindo o seu extravasamento e consequentemente o seu rebaixamento, indo até o lençol artesiano, o eucalipto recebeu a fama de "secador de água" em muitas comunidades rurais.

De fato, o cultivo do eucalipto, na forma como é praticado no país, muitas vezes sem a devida avaliação dos impactos ambientais decorrentes da sua atividade, tem causado prejuízos à biocenose, aos solos e aos recursos hídricos, com reflexos socioeconômicos e ecológicos indesejáveis. Precisamos, então, acelerar as nossas pesquisas, principalmente para encontrarmos espécies nativas de rápido crescimento, que sejam capazes de atender à demanda e produzir impactos ambientais mais reduzidos.

Temos, no Brasil, instituições capazes de gerar respostas para o setor, como o Centro Nacional de Pesquisas de Florestas da Embrapa, e a Universidade de Viçosa, em Minas Gerais. Torna-se imperativo que as autoridades governamentais viabilizem, através de recursos adequados, o importante trabalho daqueles profissionais, altamente qualificados.

A energia solar e a ilha de calor

É conhecido que as cidades são "ilhas de calor". Os materiais utilizados para a construção de edifícios e vias de acesso podem conduzir o calor três vezes mais rápido e, assim, absorver mais calor em menos tempo, ainda que custe um terço a mais de calor para aquecer uma dada quantidade de concreto nu asfalto do que uma igual quantidade de solo.

Ao fim do dia, a cidade armazena mais calor, e ao anoitecer a sua temperatura cai menos e mais gradualmente do que no campo.

Outrossim, a estrutura da cidade funciona como um labirinto de refletores, absorvendo uma parte da energia calorífica que recebe, direcionando a restante para outras superfícies absorventes (Lowry, 1967), conforme é ilustrado na Figura 18.

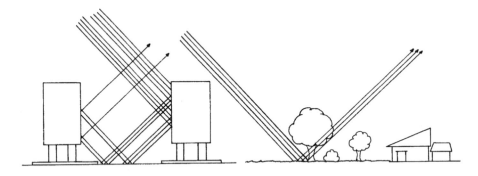

Figura 18 A radiação solar na cidade. (Adaptado de Lowry, 1974.)

Desse modo, quase toda a superfície da cidade é usada para armazenar calor, enquanto no campo o calor tende a ser armazenado nas partes mais altas das árvores ou a ser refletido de volta para a troposfera, dependendo do albedo do solo local.

Na cidade, as estruturas mais altas interceptam o vento, aumentando a turbulência e reduzindo a quantidade de calor que seria removida. Em áreas urbanizadas, há menos oportunidade para evaporação. As águas de chuva escorrem rapidamente e não são absorvidas pelo solo. No campo, dependendo do tipo de solo, boa parte da precipitação permanece e a água fica disponível para evaporação.

Nos ecossistemas urbanos, como nos demais, a percentagem de radiação solar que chega à superfície é aproximadamente a mesma, cerca de 47%, dependendo do tempo e da latitude do local. A máxima quantidade dessa radiação atinge o solo, quando não temos nebulosidade ou muita poeira em suspensão e o sol está diretamente sobre nossas cabeças, com os raios na vertical. A Figura 19 representa a contabilidade da energia do Sol, quando chega à Terra.

Aproveitamos ainda muito pouco dessa fantástica quantidade de energia que nos chega do espaço cósmico.

Esse experimento que vamos sugerir tenta registrar o fenômeno e propiciar situações que permitam aos alunos perceber as variações de chegada da radiação solar, correlacionadas com as diversas variáveis ambientais.

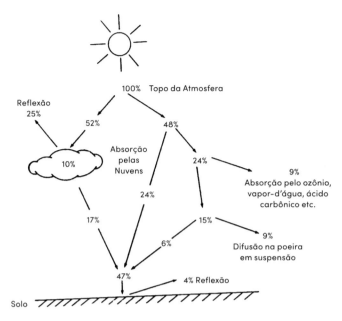

Figura 19 A distribuição da radiação solar na Terra. (Adaptado de Unesco/Unep/IEEP, EES 8, 1986.)

Em uma panela de metal, coloquem um litro de água da torneira e tomem a sua temperatura. Em seguida, exponham a panela com água diretamente ao sol, por uma hora, e tomem a temperatura novamente. Temos aí o que chamamos de variação de temperatura (dT). Digamos que a temperatura inicial da água tenha sido 18 °C, e a final, 23 °C. Logo, a ΔT seria 23 °C - 18 °C = 5 °C. De posse desse dado, vamos utilizar a seguinte fórmula para calcular a quantidade de calor (Q), dado em calorias:

$$Q = m \cdot c \cdot dT$$

Em que m é a massa da água utilizada, em gramas (no nosso exemplo, considerando a densidade da água igual a 1 g/cm³ – o que sabemos que só é verdade para a água pura, e não a água da torneira, rica em sais minerais –, a nossa massa seria igual a 1.000 g), e c, o calor específico da água (1 caloria/g °C). Logo, o nosso cálculo ficaria Q = 1.000 × 1 × 5 = 5.000 calorias. Assim, a água que ficou exposta ao sol absorveu 5.000 calorias para elevar a sua temperatura de 18 °C para 23 °C.

É claro que estamos lidando com muitas variáveis que poderiam produzir resultados diferentes, mas o experimento é válido. Recomendamos repeti-lo sob diferentes

Educação ambiental • princípios e práticas

condições de tempo e em horários diferentes, para evidenciarmos as constantes osci-
lações das variáveis ambientais que integram os ecossistemas urbanos.

6.3 Pesquisando a qualidade ambiental nos ecossistemas urbanos

A manutenção e a elevação da qualidade ambiental das cidades são uma responsabilidade de vários órgãos governamentais de ação federal, estadual e municipal;
das instituições privadas, ao cumprir a legislação ambiental; e da comunidade, ao
acionar os instrumentos legais de participação comunitária, para a observação dos
seus direitos constitucionais.

A população deve se manter atenta à qualidade do ar que respira, da água que
ingere, dos alimentos que come, das áreas de lazer que frequenta, enfim, à preservação
do seu patrimônio ambiental.

Por várias vezes esse patrimônio é ameaçado pela ação irresponsável e egoísta de
algumas pessoas que, nas suas funções profissionais, por desatenção, desonestidade
ou incompetência, terminam prejudicando a qualidade ambiental urbana, através de
derramamentos, descargas, explosões, vazamentos, incêndios. A comunidade deve
estar organizada para fazer valer seus direitos (dentro da legislação brasileira, a forma
mais eficiente de organização comunitária é a criação de associações. Veja nos Anexos
como criar uma associação).

As atividades sugeridas a seguir inserem-se nas estratégias de percepção da qualidade ambiental, podendo subsidiar ações em prol da preservação e elevação da
qualidade do ambiente urbano.

Visitando as farmácias

A qualidade ambiental de uma cidade influencia diretamente no estado biopsíquico dos indivíduos (saúde física e mental, em um dado tempo). Quando o ar
atmosférico da cidade está com excesso de partículas em suspensão, normalmente
as pessoas apresentam sintomas imediatos de desadaptação (resfriados, obstrução das
vias respiratórias, alergias etc.).

A depender de outros fatores climatológicos, como umidade relativa do ar, ampli-
tude de variação de temperatura diária, velocidade dos ventos e outros, em dados
momentos o ambiente urbano torna-se extremamente agressivo à saúde do homem.

Sugestões de atividades de EA

Nessa circunstância, muitas pessoas adoecem e buscam os médicos e as farmácias[11]. Dessa forma, os centros médicos e as farmácias terminam se constituindo numa fonte segura de dados não obstrusivos – dados imunes de efeito reativo, não intrusivos, livres de bias e de influências na frequência ou caráter indicador (Webb *et al.*,1972).

O plano dessa atividade é fazer com que grupos de alunos visitem as farmácias dos seus bairros (homeopáticas e alopáticas) e, de modo informal, procurem saber para que tipo de problema de saúde foi vendida a maioria dos medicamentos naquele mês.

São suficientes os três primeiros tipos de moléstia. Notem que não é necessário anotar o nome dos remédios, e sim para que servem. Ao final de uma semana, os grupos podem apresentar seus resultados aos demais colegas da turma, registrando os resultados na lousa. Após a apresentação de todos os grupos, deve-se anotar as duas principais moléstias acusadas no estudo, ou seja, as que apareceram mais vezes. Os resultados devem ser guardados cuidadosamente. Daí a dois ou três meses, deve-se repetir o trabalho. De posse dos dois resultados, identifiquem as variações ocorridas e estimulem a discussão em busca das possíveis causas do fenômeno, procurando associá-las às variações ambientais ocorridas.

Às vezes, apenas uma medida é suficiente para o desenvolvimento da atividade. Entretanto, geralmente de forma espontânea, os alunos terminam prolongando as medidas, o que é ótimo. Em outras ocasiões, quando se busca entender as causas da incidência de vendas de certos produtos, podemos nos deparar com situações mais complexas, como o caso do consumo de anticoncepcionais ou de preservativos. De qualquer forma, não deixa de ser interessante estimulá-los a identificar fatores ambientais que estejam, de algum modo, favorecendo a prática sexual, ou o aumento do uso de anticoncepcionais e preservativos.

Quando identificamos, nessa atividade, fatores ambientais nitidamente responsáveis pela incidência de um dado problema de saúde, ou vários deles – como o caso das queimadas no cerrado, em Brasília, no período da seca, que produzem um terrível efeito sinérgico com a baixa umidade relativa do ar e alta concentração de poeira em suspensão, lotando os hospitais com crianças e idosos acometidos de complicações respiratórias –, devemos imediatamente acionar os meios disponíveis para a sua solução, relatando o fato às autoridades competentes e aos meios de comunicação social, divulgando os resultados do trabalho de pesquisa executado.

---

[11] Na verdade, essas pessoas não estão doentes, o ambiente é que está inadequado. As suas defesas orgânicas, por meio dos sintomas, estão informando que algo não está bem. Claro que não são todas as pessoas que adoecem por essas causas, existem as demais moléstias de ordem genética etc. Mas, de uma forma ou de outra, o estado biopsíquico dos indivíduos termina sendo afetado por componentes do ambiente total, ou seja, pelas condições sociais e pelo ambiente natural (Boyden *et al.*, 1981).

Pode-se também aproveitar o contexto para iniciar trabalhos relativos à flora medicinal e às formas ditas alternativas de tratamento de saúde, estabelecidas ao longo dos milênios pela evolução cultural humana, como as rezadeiras, as benzedeiras, entre outras.

A poeira em suspensão na cidade

Quando uma réstia entra em nossa casa, por algum orifício, podemos ver como o ar é carregado de poeira. Milhares de partículas flutuam à nossa frente, em movimentos lentos e silenciosos. São grãos de poeira, restos orgânicos das queimadas e de incinerações, fuligem de combustíveis fósseis, esporos de fungos, grãos de pólen e outros.

A composição desse material particulado em suspensão (MPS) ou aerossol varia no decorrer dos dias, dependendo de vários fatores, como ventos, chuvas, regime de operação das fábricas, fluxo de veículos etc.

Ao longo das nossas vidas, nos ambientes urbanos, junto com os gases que necessitamos para a nossa sobrevivência, inspiramos parcelas dessa mistura – muitas partículas, felizmente, ficam retidas no nosso filtro de ar natural, os pelos nasais – e nos expomos aos riscos de doenças respiratórias.

A qualidade do ar é um importante fator de conforto ambiental e o objetivo dessa atividade é conduzir nossos alunos, por meio de um experimento simples, à avaliação da qualidade do ar na sala de aula, no pátio da escola e em uma rua próxima à escola.

Vamos precisar de seis lâminas de microscópio, ou qualquer outro material transparente, como pedaços de vidro incolor, vaselina e uma pequena lupa – pode-se fazer uma, dobrando-se na forma de um minúsculo círculo a ponta de um fino fio de cobre de 10 cm de extensão e mergulhando-o na água. Pela tensão superficial da água, forma-se uma espécie de lente convergente que, usada bem próxima dos objetos, produzirá um aumento considerável da imagem. Caso tenham microscópio, podem utilizá-lo.

Após deixar bem limpas as superfícies das lâminas, passem uma fina camada de vaselina (filme) sobre as partes centrais das lâminas e as exponham nos locais escolhidos, durante uma hora. Recolham-nas e guardem-nas na horizontal, dentro de uma caixa com compartimentos separados para cada local de amostra. Cuidado para não misturá-las.

É importante observar que as lâminas, ao serem expostas, estejam afastadas de árvores, telhados ou coberturas de qualquer natureza, e colocadas à mesma altura do solo, cerca de 1,5 m, em todos os locais determinados para coleta.

Esse material deve ser levado para a escola, onde se vai efetuar a contagem do número de partículas depositadas em uma certa área da lâmina por hora. A área ou campo a ser estabelecido para a contagem dependerá do tipo de equipamento

Sugestões de atividades de EA

utilizado (lupa ou microscópio). Uma vez feitas as contagens, os resultados deverão ser cuidadosamente guardados. Daí a alguns meses, a operação é repetida para que se possa proceder a comparação.

Estimulem a identificação das possíveis causas das diferentes concentrações encontradas nas lâminas.

Outrossim, seria muito adequado se os alunos fizessem uma amostragem, após um período chuvoso, quando o ar estaria límpido e essas lâminas serviriam como uma referência de padrão de qualidade.

É óbvio que as lâminas apresentarão mais partículas depositadas quanto mais próximas estiverem de fontes poluidoras, como indústrias, vias de tráfego intenso etc. A esse respeito, pode-se planejar e executar com os alunos uma excursão a pé pelos arredores da escola, com o objetivo de identificar fontes poluidoras do ar. Esse passeio serviria para treinar os alunos para a próxima atividade: a identificação dessas fontes em uma área maior.

Antes do passeio a pé, deve-se elaborar uma lista de controle, para facilitar o trabalho de observação dos alunos. Essa lista deve conter, no mínimo, os dados da ficha a seguir:

---

1. Sinais de poluição:
Fumaça: _____
Odor: _____
Outros: _____

2. Fontes de poluição:
Indústria: _____
Incineração: _____
Automóveis: _____
Outros: _____

3. Efeitos visíveis da poluição:
Descoloração:
     Vegetação: _____
     Pintura: _____
     Outros: _____
Enegrecimento:
     Vegetação: _____
     Prédios: _____
     Monumentos: _____
     Outros: _____
Corrosão:
     Postes: _____
     Pontes: _____
     Monumentos: _____
     Outros: _____
Vegetação morta: _____

Os alunos fazem suas anotações, e, de volta à sala de aula, busca-se consolidar os dados. Caso tenham identificado fontes pontuais de poluição, como uma indústria, por exemplo, a escola poderia fazer um convite aos técnicos dessa empresa para explicar aos alunos o que ocorre e o que estão fazendo para controlar a poluição, ou, então, levá-los a uma visita à referida empresa. Deixem claro que os resultados dos trabalhos serão repartidos com a comunidade.

Uma vez que os alunos já treinaram a forma de identificação e registro de fontes causadoras de poluição, sugerimos a seguinte atividade: os alunos, individualmente, vão listar, ao longo de uma semana, locais da sua cidade que estão sofrendo poluição do ar e suas respectivas fontes. Uma vez concluído esse cadastramento, com alfinetes contendo bandeirinhas coloridas, deverão assinalar esses pontos sobre o mapa da cidade[12].

É importante conhecer os efeitos de cada agente de poluição do ar e identificar a estrutura de poder da cidade, determinando as pessoas e/ou órgãos responsáveis pelo controle da qualidade do ar.

Para não sermos acometidos da *síndrome da angústia ambiental* – aquela terrível sensação de impotência e indignação que nos invade quando a mídia nos bombardeia com notícias seguidas de problemas e agressões ao ambiente –, devemos aprender a acionar os mecanismos legais colocados à disposição da comunidade, para fazer valer os nossos direitos (v. Anexos).

Se na sua cidade houver órgão de controle ambiental, a escola deverá convidar seus técnicos para explicar o que está sendo feito em termos de controle de poluição, principalmente nos locais identificados pelos alunos, nas suas atividades. Esses encontros são excelentes oportunidades para se conhecerem os mecanismos locais de proteção ambiental. Na ocasião, devem-se convidar representantes da comunidade para participar das discussões.

Os resultados desses encontros devem ser levados à comunidade, pelos meios de comunicação social.

O cigarro como fator de degradação ambiental

O estado biopsíquico dos indivíduos (aspecto da experiência humana que abrange os estados físico e mental de uma pessoa em um dado tempo) é afetado pelos seus padrões de comportamento e ambiente pessoais, além do seu genótipo que possui características filogenéticas e genéticas pessoais (Boyden *et al.*, 1981).

Segundo Boyden, as respostas de um indivíduo às suas condições de vida são condicionadas à percepção dos componentes do seu ambiente pessoal, resultante

---

[12] Caso a sua cidade seja pequena, nada mais adequado para executar a percepção espacial dos alunos do que fazer o mapa da sua localidade.

das interações prévias entre o ambiente pessoal e o genótipo. Portanto, a sua resposta biopsíquica a um fator ambiental degradado – o ar poluído, por exemplo – pode ser muito influenciada se o indivíduo percebe ou não o ar poluído como algo incômodo.

Outro princípio biossocial importante, francamente adequado ao contexto que vamos considerar nas atividades desse item, é o *Princípio da rã na água fervente (boling frog principle)*, apresentado por Boyden *et al.* (1981) nos estudos de Ecologia Humana para a cidade de Hong Kong.

Segundo esse princípio, se colocarmos uma rã dentro de uma panela com água quente, a rã fará um esforço frenético para pular fora. Se, no entanto, ela for colocada em água fria e submetida a um aquecimento gradual, poderá, eventualmente, ser levada até à fervura sem fazer nenhum esforço para escapar. A rã, assim, poderá suportar uma adaptação crescente ao aumento de calor, sem que isso desperte qualquer resposta adaptativa comportamental.

Esse princípio biossocial é importante, uma vez que permite a compreensão das inter-relações entre a qualidade ambiental, a saúde humana e o bem-estar do indivíduo.

O indivíduo humano afetado por condições ambientais adversas pode estar inconsciente de que está com menos saúde do que poderia e deveria estar. Portanto, o primeiro requisito para adaptações culturais de sucesso, contra ameaças do ambiente – a percepção e conscientização sobre a realidade e sobre as possibilidades de transformá-la –, pode não ocorrer. Se essa conscientização não for de algum modo adquirida, o indivíduo tende a ficar imerso no seu mundo cada vez mais hostil e adverso, sem esboçar qualquer reação para superar esse mundo.

Esse fenômeno já é observado nas nossas cidades, onde muitas pessoas são submetidas a condições ambientais absolutamente inadequadas ao ser humano.

Muitas vezes, por exemplo, populações inteiras de uma cidade respiram um ar pútrido, fétido, saturado de poeira e gases tóxicos, e não reagem – apesar de lotarem os postos de atendimento de saúde com suas crianças doentes.

Problemas dessa envergadura são muito complexos e normalmente demandam soluções dispendiosas e que requerem longos prazos para sua execução. Algumas providências imediatas, dentro do componente comportamental, podem, efetivamente, induzir reduções temporárias dos impactos – como um convite para que os proprietários de veículos não levem seus carros para o centro da cidade, em São Paulo, no período crítico de poluição atmosférica.

No próprio ambiente de trabalho, onde passamos a maior parte do nosso tempo, podemos eventualmente estar submetidos a situações estressantes sem que as

Educação ambiental • princípios e práticas

percebamos, como ruído de fundo elevado, ar poluído por fumaça de cigarros, iluminação e ventilação inadequadas etc.

A proposta dessa atividade prende-se à análise do impacto ambiental negativo produzido pela fumaça do cigarro em vários locais do nosso ambiente urbano.

Ao lado dos veículos como os maiores agentes da poluição atmosférica das cidades, a fumaça do cigarro vem sendo a maior responsável pela degradação da qualidade do ar no ambiente de trabalho em todo o mundo.

Esse hábito neolítico e decadente do homem, que as gerações futuras terão dificuldades em compreender, produz transtornos das mais variadas formas. Colocados no meio de um dilema – entre o livre-arbítrio, a liberdade individual e a manutenção e respeito ao bem coletivo (qualidade do ar); entre os direitos e deveres –, os fumantes experimentam a guerra internacional contra o tabagismo. Embargados pelo brilhantismo das publicidades e alimentados pelo prazer da teimosia, os tabagistas continuam fazendo os outros fumarem também quando o ambiente tem ventilação restrita.

Nessa atividade, vamos construir um instrumento que nos permitirá ter uma ideia do que um cigarro é capaz de fazer. Vamos precisar de um recipiente de boca larga – pode ser o frasco de um sal de frutas, por exemplo –, transparente e incolor.

Na tampa desse frasco devem ser feitos dois orifícios por onde devem passar duas mangueiras finas (o duro é fazer os buraquinhos).

O recipiente deve conter aproximadamente 3 cm de água. Em seguida, em uma das mangueiras (ou canudo), introduz-se um cigarro, até o seu filtro. A extremidade dessa mangueira ou canudo deve ficar submersa. A outra mangueira introduzida no frasco não deve tocar a superfície da água. E a outra extremidade deve ser conectada a uma bomba de ar daquelas de encher pneu de bicicleta. Em seguida, acenda o cigarro e comece a puxar o ar com a bomba (note bem, apenas puxar o ar. Significa que a bomba deve ser desconectada para expulsar o ar dentro dela, conectar novamente e repetir a operação). Com o passar do tempo, a água deverá sofrer alterações, bem como as paredes internas do frasco, acima do nível da água. Cuidem para que as conexões com a mangueira fiquem bem vedadas. Não se esqueçam também de deixar separado, em outro frasco, um pouco da água utilizada para o experimento, como elemento de comparação (controle).

Pode-se eventualmente substituir a bomba de ar por qualquer outro aparato que faça o mesmo trabalho. No livro *Educação ambiental,* a professora Kazue Matsushima apresenta, na página 205, uma eficiente forma de substituição, a chamada "máquina de fumar". Uma outra forma é pedir o auxílio de um fumante. Aqui, há o inconveniente do estímulo, mas há também o susto que o fumante vai levar ao ver o resultado.

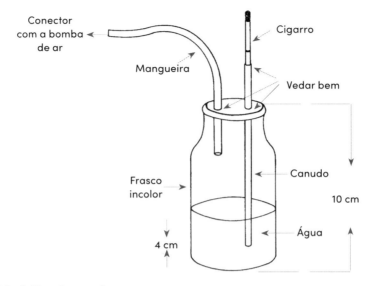

Figura 20 O "fumômetro".

Figura 21 Distribuição e ação fisiológica de alguns componentes da fumaça do cigarro no homem. (Adaptado de Fellenberg, 1980.)

Outro experimento similar consiste em fazer passar a fumaça do cigarro dentro de um pequeno tubo transparente, no qual se coloca um chumaço de algodão. Este ficará enegrecido e as paredes do tubo ficarão com algumas incrustações. Tudo isso iria para as vias respiratórias e para o pulmão do fumante.

É conveniente chamar a atenção dos alunos para o fato de existir uma ação coordenada entre os fabricantes de cigarros e os fabricantes de carros, aviões, barcos etc. Notem que os carros possuem todo um instrumental de apoio ao fumante, como isqueiro e cinzeiro, mas não dispõem de uma pequena lixeira para recolhermos aquele lixo que produzimos no carro, como papel de balinhas, de pipocas, de embalagens descartáveis e outros.

A Organização Mundial de Saúde tem estudos interessantes sobre o tabagismo que estão disponíveis na internet e em suas várias agências espalhadas pelo Brasil, bem como o Ministério da Saúde.

Finalmente, os alunos poderiam ser encarregados de buscar informações sobre as leis municipais, estaduais e/ou federais (Lei Antifumo 12.546/2011 e Decreto nº 8.262/2014) que regem o ato de fumar em público, em lugares como elevadores, restaurantes, hospitais, transportes coletivos, escolas etc. e convidar especialistas para uma palestra sobre o tema.

Outrossim, a despeito de conhecermos os danos causados pelo tabagismo, aos fumantes e aos não fumantes, não devemos, em nenhuma hipótese, estimular os nossos alunos ao preconceito ou radicalismo, porquanto estaríamos negando os princípios de respeito aos direitos dos outros. A sensibilização tem sido o melhor caminho.

Os carros e a poluição do ar

Já fizemos anteriormente considerações a respeito da poluição atmosférica nas cidades. Agora vamos nos ater aos problemas gerados pelos veículos.

Para desenvolver esse experimento, serão necessários guardanapos brancos, limpos, porosos, ou então papel-filtro – pode ser aquele de coar café –, também limpo. Formem grupos de três a quatro alunos. Esses alunos deverão se deslocar para pontos diferentes na circunvizinhança da escola – os caros colegas saberão como organizar uma saída dessas, sem esquecer os detalhes com a segurança dos alunos e a pontualidade para o retorno à sala de aula – para efetuar medidas não obstrusivas[13].

---

[13] Metodologia sugerida por Webb *et al.* (1972), que compreende três abordagens nas quais a participação do pesquisador é sempre indireta: a) estudos de traços físicos remanescentes de um comportamento passado, no qual o pesquisador toma o dado como ele se apresenta, sem influenciar na frequência ou caráter indicado; b) consulta a arquivos e/ou dados oficiais, imunes de efeito reativo e substituto potencial para a observação de comportamentos; c) observações simples, por meio de um papel passivo, não intrusivo, na situação de pesquisa.

Os locais escolhidos devem diferir bastante uns dos outros em relação ao tráfego de veículos. Alguns lugares devem ter tráfego intenso, outros, pouco tráfego e outros, eventualmente, nenhum tráfego. Ao chegar aos locais previamente escolhidos, os alunos deverão selecionar, ao acaso, um arbusto qualquer e limpar a superfície de uma de suas folhas, com o guardanapo. Essas folhas deverão estar a uma altura média de 50 cm (devemos providenciar uma trena, ou algo equivalente, como um gabarito).

Os grupos, com suas amostras devidamente identificadas, retornam à sala e as depositam cuidadosamente sobre uma mesa Em seguida, devemos proceder a comparação visual do "grau de sujeira" entre os diversos guardanapos e tentar associá-los com a maior ou menor intensidade de tráfego no local da amostra.

Normalmente, os alunos procuram saber o que está depositado no guardanapo ou nas folhas. Conforme já vimos, o metabolismo do ecossistema urbano produz muito material particulado que fica em suspensão (poeira). Uma grande parte desse material é constituída de fuligem proveniente da queima de combustíveis fósseis pela frota de veículos. Quanto mais veículos, mais fuligem e mais gases tóxicos para o ambiente, além de mais calor e ruído (veja a Figura 22). Esse material, com o tempo, e em condições específicas, precipita-se sobre a cidade e deposita-se sobre as superfícies.

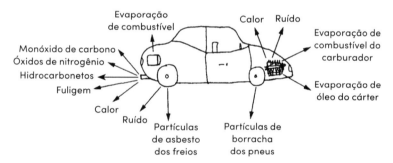

Figura 22 O carro e a poluição, desenho de Yukamã S. Dias, 10 anos. (Adaptado de Unesco/Unep/IEEP/EES, 4, 1983.)

Ocorre que os nossos veículos produzem poluição atmosférica mais do que deveriam. Em primeiro lugar, porque consomem um combustível de má qualidade, com excesso de enxofre, entre outros fatores que impedem uma combustão mais eficiente, produzindo mais fuligem. Em segundo lugar, porque muitos motores que equipam nossos veículos são de concepção mecânica antiquada, superada e com poucos ou nenhum mecanismo de proteção ambiental, como catalisadores etc.

Apenas os modelos mais recentes começam a apresentar recursos para a redução da emissão de poluentes, seguindo as normas do Programa de Controle de Poluição do Ar por Veículos Automotores (Proconve) do Ibama (v. Anexos).

Educação ambiental • princípios e práticas

Esse programa objetiva reduzir os níveis de emissão dos poluentes por veículos automotores, visando atender aos padrões de qualidade, promover o desenvolvimento tecnológico nacional, promover a melhoria das características técnicas dos combustíveis, criar programas de inspeção e promover a conscientização da população sobre o tema.

Segundo o Proconve, a cada ano as montadoras brasileiras deveriam apresentar ao mercado modelos com índices decrescentes de emissão de poluentes, até atingirmos os padrões europeus, ou seja, 2 g/km de monóxido de carbono, 0,6 g/km de óxidos de nitrogênio, 0,3 g/km de hidrocarbonetos etc. Os valores atuais da nossa frota estão doze vezes maiores para o monóxido de carbono, três vezes maiores para os óxidos de nitrogênio e sete vezes maiores para os hidrocarbonetos.

De certa forma, atualmente a indústria automobilística no Brasil vem atendendo às especificações do Ibama/Proconve (veja tabela abaixo).

Entretanto, não estamos conseguindo melhorar a qualidade do ar nos centros urbanos, porque o Departamento Nacional de Combustíveis altera as especificações dos combustíveis, principalmente as da gasolina, comprometendo os avanços conseguidos pela indústria automobilística e pelo Proconve.

Tabela 6.1 – Limites da emissão de gases por veículos automotores

		CO g/km	HC g/km	NO_x g/km	Aldeídos g/km	Evaporativa g/km
Antes de 1986	Proconve	–	–	–	–	–
	Álcool	16,9	1,6	1,2	0,160	10
	Gasolina	28,0	2,4	1,6	0,040	23
1990	Proconve	**24**	**2,1**	**2,0**	–	**6,0**
	Álcool	10,8	1,3	1,2	0,110	1,8
	Gasolina	13,3	1,4	1,4	0,040	2,7
1992 (*)	Proconve	12,0	1,2	1,4	0,150	6,0
	Álcool	3,6	0,6	0,6	0,027	1,7
	Gasolina	5,1	0,6	0,9	0,008	2,0
1997	Proconve	2,0	0,3	0,6	0,030	6,0

(*) Média dos modelos já homologados até julho/1991.

CO: monóxido de carbono, HC: hidrocarbonetos, NO_x: óxido de nitrogênio.

Fonte: Ibama/Proconve, 1991.

De qualquer forma, a pressão da indústria automobilística sobre a política ambiental brasileira revela algumas incongruências. Citemos o exemplo da exportação de um carro brasileiro: para ser aceito, ele recebe mais de mil itens de modificações para se adaptar às normas de segurança e proteção ambiental. Por que, em nosso país, o mesmo modelo tem de ser menos seguro, mais barulhento e expelir mais gases venenosos?

A indústria automobilística culpa a má qualidade dos combustíveis, o governo culpa a má vontade da indústria em investir. A indústria diz que tem impostos demais, o governo acha que a margem de lucro é muito alta.

Eis aqui uma questão que pode demonstrar claramente aos nossos alunos a complexidade das questões ambientais com os seus vários aspectos. Os problemas de combustíveis e da emissão de poluição aqui tratados possuem componentes políticos (pelas decisões que têm de ser tomadas), tecnológicos (pela solução técnica encontrada para os problemas), socioeconômicos (pelos reflexos que as decisões podem produzir), éticos (pelo tratamento diferenciado dado aos países pela mesma indústria), ecológicos (pelas consequências advindas ao ambiente) e culturais (em aceitar ou não o tratamento diferenciado, em perceber ou não o problema como componente de degradação de qualidade de vida, principalmente nos centros urbanos).

Como podemos ver, um simples experimento pode nos conduzir a importantes reflexões a respeito do nosso contexto sociocultural e econômico e promover discussões estimulantes com os nossos alunos a respeito da nossa realidade.

Uma outra atividade, esta mais trabalhosa, poderá conduzir a conclusões interessantes.

Envolve-se com gaze a extremidade de saída do cano de descarga (exaustão de gases) de três veículos. Precisar-se-á de um carro movido a álcool, um movido a gasolina, e outro, a óleo diesel. Os veículos a álcool e a gasolina são mais frequentes, e talvez sejam mais fáceis de arrumar. O veículo a diesel pode ser uma caminhonete ou perua.

Apesar de se saber que os veículos à disposição para o experimento apresentam diferentes especificações de comando de válvulas, taxas de compressão, alimentação, cilindradas e exaustão – o que pode significar diferentes volumes gasosos exaustados –, podem-se aceitar os resultados da tarefa como válidos, principalmente levando-se em conta o objetivo do experimento.

Após a colocação da gaze, devem-se ligar os motores e imprimir um pouco de aceleração, com o veículo em ponto morto, durante um minuto ou dois. O tempo deverá ser o mesmo para os três carros, bem como a aceleração (pelo menos, próxima). Quanto maior o tempo de aceleração, mais evidentes serão os efeitos.

Feito isso, aguardam-se alguns momentos para permitir o esfriamento dos canos de descarga, e retiram-se as gazes. Em seguida, com as gazes sobre uma superfície plana, procedem-se, junto com os alunos, as devidas comparações, e estabelece-se uma ordem de emissão, ou seja, quem polui mais. É claro que esses resultados podem depender muito das condições de regulagem, do estado geral de manutenção dos motores, mas, normalmente, encontraremos o álcool como o menos poluente e o diesel como o mais poluente.

Esses resultados podem produzir discussões a respeito do uso de combustíveis e acirrar opiniões contrárias ao uso do óleo diesel. Na verdade, essa é uma tendência mundial. A fumaça preta do diesel, por ser visível e enegrecer as paredes dos prédios, está transformando-o no grande vilão dos centros urbanos. Porém, os riscos maiores vêm dos carros a gasolina, pelo tipo e pela quantidade dos gases eliminados, uma vez que a frota movida por esse combustível é muito maior.

Uma outra questão a tratar refere-se ao Programa do Álcool. Durante um bom tempo, houve uma orquestração junto à opinião pública para desfigurar a imagem dessa iniciativa brasileira. Estávamos incomodando interesses internacionais; logo, o Proálcool teria de acabar.

O Proálcool deveria se constituir em motivo de orgulho nacional. O Brasil é o único país do mundo que tem, já implantado, em larga escala e com tecnologia e matérias-primas próprias, um sistema alternativo de produção de combustível, baseado em biomassa, ou seja, em recursos naturais renováveis. É claro que o sistema teve e tem problemas, como a utilização de terras que antes produziam alimentos, o vinhoto, as queimadas dos canaviais, a produtividade, as condições do trabalhador rural etc. Todavia, conhecemos as formas para solucioná-los, alguns via ciência e tecnologia, outros via socialização dos benefícios.

O álcool polui menos, apesar de ter mais aldeídos, e a sua eliminação como combustível aumentaria, só em São Paulo, em 60% a emissão de gás carbônico; permite um melhor desempenho dos motores; utiliza recursos naturais renováveis e mão de obra local. É uma alternativa válida que deve ser mantida e aperfeiçoada.

Também se pode convidar um representante/técnico de uma concessionária – Ford, Chevrolet, Fiat, Saab-Scania, Volvo, Toyota, Volkswagen, Mercedes-Benz, Honda, Renault e outras – para falar sobre as características técnicas dos seus veículos, enfatizando as medidas que foram adotadas para conter a emissão de gases e partículas poluentes para a atmosfera e quais seus planos para a consolidação dos carros híbridos ou movidos por fontes não poluentes. Se em sua cidade não houver concessionárias, escrevam diretamente para as fábricas (nos manuais de manutenção dos veículos há o endereço do fabricante).

Solicitem o envio das especificações técnicas de emissões gasosas (exaustão). Depois de recebidas, elejam o carro mais poluidor e o menos poluidor.

Outra atividade estimulante é pedir que os alunos listem os principais poluentes emanados dos veículos e descrevam as suas características, associando os males que os mesmos produzem sobre a saúde humana, sobre a fauna e a flora urbana e sobre a cidade. Esse estudo deve considerar, no mínimo, os seguintes poluentes:

a. Monóxido de carbono (CO).

b. Óxidos de nitrogênio (NOx).

c. Óxidos de enxofre (SOx).

d. Hidrocarbonetos.

É importante acentuar que o Brasil contribui pouco para a poluição atmosférica mundial. Os poluentes acima listados, produzidos pela frota de veículos e pelas atividades industriais, são jogados na atmosfera em sua absoluta maioria pelos países mais ricos. Só os Estados Unidos produzem 28% de toda a poluição de gases de nitrogênio e 22% dos óxidos de enxofre, em todo o mundo.

Convém considerar que boa parte do monóxido de carbono despejado na atmosfera pelos veículos ocorre dada a ineficiência de combustão. Em um automóvel a gasolina, bem regulado, a reação química seria:

$$2 C_8H_{18} + 25 O_2 \rightarrow 16 CO_2 + 18 H_2O$$
$$(l) \qquad (g) \qquad (g) \qquad (g)$$

Porém, como os motores se comportam melhor quando há um excesso de gasolina e uma deficiência de oxigênio no carburador, temos combustões incompletas, com formação de monóxido de carbono (CO) em lugar do gás carbônico (CO_2), bem menos perigoso:

$$2 C_8H_{18} + 17 O_2 \rightarrow 16 CO_2 + 18 H_2O$$
$$(l) \qquad (g) \qquad (g) \qquad (g)$$

Finalmente, devemos discutir com os nossos alunos a questão da necessidade de atendimento das demandas de sobrevivência do homem e a sua compatibilização com a manutenção dos sistemas que asseguram a vida na Terra.

Isso passa diretamente pelos modelos de desenvolvimento adotados e pelos comportamentos de consumo que os mesmos induzem.

Imaginem se todas as nações do mundo tivessem alcançado o mesmo padrão/nível de consumo dos países mais ricos. Teríamos uma frota de veículos que aniquilaria a nossa atmosfera.

Os tipos e os impactos dos transportes

Se concebermos as cidades como um grande animal imóvel (Boyden *et al.*, 1981), as vias de trânsito podem ser consideradas suas artérias, veias e vasos sanguíneos, que conduzem os nutrientes para todas as partes do corpo e recolhem as suas impurezas.

Educação ambiental • princípios e práticas

Uma cidade com um tráfego fluente proporciona a seus habitantes uma melhor qualidade de vida. Mais economia, menos poluição, mais conforto. O tipo e a qualidade do transporte urbano utilizado por essa população também são determinantes de qualidade de vida e de um maior ou menor potencial de degradação da qualidade do ambiente urbano.

Passamos uma boa parcela do nosso tempo diário na cidade, dentro de veículos. Assim, é importante que eles sejam adequados, isto é, que nos proporcionem conforto, economia, eficiência, segurança e não poluam o ambiente. Embora a avançada tecnologia permita respostas e soluções para os problemas de transportes na cidade, a questão é essencialmente social.

Nessa atividade, promover-se-á, junto com os alunos, estudos-diagnósticos da adequação dos nossos transportes urbanos.

Em primeiro lugar, deve-se solicitar aos alunos que elaborem uma lista com todos os tipos de transporte que temos na cidade e que identifiquem ao lado o tipo de impacto que cada um produz sobre o ecossistema urbano, acentuando as suas vantagens e desvantagens. Essa tarefa demanda pelo menos uma semana e os alunos devem ser auxiliados pelos professores.

Concluída essa etapa, devemos promover uma discussão em sala a respeito dos vários aspectos focalizados na atividade. Cuidem para notar se o meio de transporte mais adequado, ao final, é aquele utilizado pela maioria da população.

Em seguida, os alunos devem ser instruídos para a execução da seguinte tarefa: durante uma viagem em um transporte coletivo – trem, ônibus, lotação etc. –, os alunos deverão observar e anotar cuidadosamente a qualidade dos serviços oferecidos ao passageiro, ou seja, se o veículo está limpo, arejado, confortável, eficiente, em bom estado de conservação mecânica e geral. De volta à escola, seus relatos devem ser ouvidos e as maiores irregularidades anotadas no quadro.

Após essa tarefa, devem ser estimulados a apresentar sugestões para solucionar os problemas identificados e auxiliados a elaborar documentos contendo essas sugestões para serem encaminhados aos setores competentes e aos meios de comunicação social. Desses documentos, além de um breve histórico sobre a atividade-projeto desenvolvida pelos alunos, devem constar as reivindicações, até mesmo de novas formas de transporte se os grupos assim identificarem, e as sugestões para a melhoria das condições atuais.

No fundo, estarão, com essa tarefa, exercitando a identificação, avaliação e busca de soluções dos problemas que contribuem para diminuir a qualidade de vida da comunidade da qual o aluno faz parte e, em última análise, propiciando o mais puro exercício de cidadania consciente e responsável que todo programa de EA deve almejar (quando se estimulam ações que visam fazer valer os seus direitos legais).

A construção de uma estrada

Muitas construções que vemos nas cidades, ao lado dos benefícios que trazem à comunidade, produzem transtornos e prejuízos ao ambiente urbano, que poderiam ter sido evitados se o componente ambiental fosse devidamente considerado, durante as fases de planejamento.

Desde 1986, o nosso país possui uma Política Nacional do Meio Ambiente, e nos anos seguintes criamos muitos mecanismos de gestão ambiental, como já vimos (Anexo 5).

Segundo essa política, a comunidade dispõe de meios legais para participar dos processos de tomada de decisão e, com isso, evitar o surgimento de empreendimentos que, além de não constarem das prioridades dessa comunidade, representam riscos potenciais à degradação da qualidade ambiental. Todavia, a comunidade tem acionado pouco esses meios legais.

A ideia dessa atividade é simular uma situação nesse contexto. Em primeiro lugar, elegemos um grupo que ficará encarregado de apresentar um projeto de construção – algo como uma estrada, um túnel, alguns prédios, praças, terminais, conjuntos residenciais etc. –, que deverá ser executado em uma área verde da cidade.

Notem que o projeto deve ser concebido apenas em linhas gerais, isto é, conter os objetivos, a justificativa (o porquê da atividade) e algumas características da sua execução.

Esses alunos deverão expor aos demais como será o empreendimento, tentando convencê-los da sua importância socioeconômica e da sua viabilidade ambiental. Em seguida, com os alunos restantes, formem seis grupos de dois alunos, e a cada grupo deem uma das seguintes funções para representar: o cidadão residente na área de influência do projeto, o comerciante, o trabalhador da construção civil, os estudantes na escola, o grupo de ambientalistas, os políticos.

Cada grupo deverá apresentar o seu ponto de vista, defendendo os interesses da sua categoria. Os alunos que ficaram de fora dos grupos de verão constituir um júri para posterior julgamento e decisão a respeito da execução das obras propostas.

Essas atividades produzem discussões muito acirradas, o que é ótimo. Nunca nossa sociedade precisou tanto de cidadãos com refinado senso crítico, analítico e reflexivo e com objetividade e responsabilidade para a tomada de decisões. Mas deve-se ter o cuidado de manter um clima de diálogo civilizado, polido e ético, durante as possíveis flamejantes discussões. É um ótimo exercício de cidadania.

Outra situação testada em nosso projeto e que apresentou resultados interessantes é a seguinte: formem dois grupos, cada um com quatro alunos. Um dos grupos representará os interesses dos proprietários de uma grande fazenda com criação de gado leiteiro e de corte, agricultura e outras atividades comuns desses lugares. A fazenda,

Educação ambiental • princípios e práticas

um patrimônio que vem passando de geração a geração, abriga ainda, em sua área, uma extensa floresta nativa, remanescente da Mata Atlântica, que os seus proprietários zelam em preservar, com a sua fauna e suas nascentes. Muitos trabalhadores rurais residem na fazenda. Um rio atravessa a propriedade. Os seus donos não têm interesse em vendê-la.

O outro grupo representará os interesses dos proprietários de uma indústria de celulose. O objetivo é comprar a fazenda para ali instalar uma fábrica de celulose, uma vez que dispõe dos recursos necessários para a sua operação, ou seja, madeira e água em abundância.

Cada grupo deverá elaborar uma lista de providências – ações que irão desenvolver para atingir os seus objetivos. Nas estratégias adotadas para se conseguir o desejado, nem sempre os caminhos serão os mais corretos. Então, assim, poderão surgir episódios de corrupção, engodo, tramas políticas, envolvimento da mídia, personalidades influentes, representantes dos movimentos populares, enfim, aquelas coisas que lemos todos os dias nos jornais e frequentam assiduamente os noticiários de rádio e televisão.

Em sequência, devem formar um corpo de jurados (sete alunos) para assistir ao seguinte debate ou contenda: cada grupo poderá expor os seus planos, bem-intencionados, maquiavélicos/mórbidos, ou não, para todos. Ou seja, os integrantes dos grupos tentarão convencer os jurados de que eles vão conseguir atingir os seus propósitos. Cada grupo terá cinco minutos para apresentar seus planos e, durante a exposição, não poderá haver qualquer tipo de interrupção. Ao final dessa primeira apresentação, cada grupo falará por mais dois minutos, sem réplicas.

Atenção: a função dos jurados não é julgar de acordo com os princípios legais, morais ou éticos da sociedade, mas de acordo com os subsídios apresentados pelos grupos, à luz das possibilidades reais de sucesso. Isso pode ser inusitado e até frívolo, mas nos conduzirá a situações, infelizmente, muito próximas das fronteiras do nosso cotidiano concreto.

Após o resultado dos jurados, caso o lado negativista ganhe, busquem, junto aos alunos, listar uma série de medidas que poderiam amenizar ou iniciar um processo de reversão.

Outrossim, é conveniente ressaltar aos alunos que nem todas as indústrias abrigam, na sua concepção e gerenciamento, planos malévolos de exploração predatória. Aqui mesmo, em nosso país, temos tido muitos exemplos disso. Por outro lado, não podemos nos esquecer de considerar a relação custo/benefício.

Os ruídos na cidade

Em 1987, conduzimos uma pesquisa sobre a qualidade ambiental nos locais de trabalho. Entre outros parâmetros estudados, como MPS e luminosidade, consideramos a intensidade de ruídos.

Sugestões de atividades de EA

Utilizando um decibelímetro, chegamos à conclusão de que dificilmente, em algum lugar do centro de Brasília – onde o estudo foi realizado –, a legislação ambiental referente aos níveis máximos de ruído permitidos seria observada. O problema foi configurado a partir da constatação de que tínhamos vários fatores negativos atuando conjuntamente, produzindo uma sinergia indesejável.

Isso veio à tona durante os trabalhos de medição no interior de um banco. Pelo dia, nos momentos de grande movimento, chegamos a acusar 82 decibéis (v. tabelas das resoluções sobre poluição sonora no Anexo 5). Pela noite, com o banco quase vazio, a redução dos níveis de intensidade sonora era mínima, em torno de 5 dB apenas, mesmo com a diminuição do tráfego de veículos em frente ao banco. Não estávamos entendendo nada. De repente, alguém desligou o sistema central de ar condicionado e os valores caíram imediatamente para 52 dB. As pessoas que ali estavam, e estiveram por todo o dia, foram submetidas a um ruído de fundo elevadíssimo e nem perceberam. Quer dizer, os seus tímpanos sofreram uma grande pressão que, por ser contínua, tornou-se praticamente imperceptível. Imaginem o estado das pessoas que trabalham várias horas sob tais condições. Deveriam achar que estavam doentes pelas constantes dores de cabeça, irritações nervosas, náuseas etc.

Situações semelhantes constatamos nos hospitais, escritórios, escolas e até mesmo igrejas.

O que ocorre é que somos bombardeados pela falta de cumprimento de especificações técnicas, um misto de desleixo e desonestidade por parte dos fabricantes, temperados pela incapacidade gerencial dos setores governamentais. Assim, os aparelhos de ar-condicionado fazem mais ruídos do que deviam, os prédios são construídos com materiais de baixos coeficientes de absorção que não propiciam isolamento acústico (pode-se ouvir a briga do vizinho), e os eletrodomésticos se transformam em fontes de poluição sonora: a máquina de lavar, o liquidificador, o aspirador de pó, a geladeira são excessivamente barulhentos. Os veículos são barulhentos, os pneus que usamos nos nossos carros, de concepção ultrapassada, são barulhentos. Enfim, temos reunida, em nosso ecossistema urbano, uma série de fatores que produzem poluição sonora.

Muitos desses fatores seriam facilmente eliminados pelo aumento da pressão do consumidor, do governo e da responsabilidade socioambiental dos fabricantes.

Na verdade, as pessoas que vivem nos ambientes urbanos estão, de uma forma ou de outra, perdendo um pouco da audição, a cada dia. Porém, o problema não é novo. Desde que o homem criou os aglomerados urbanos, duzentas gerações atrás, os ruídos infernizavam a vida das pessoas. Os imperadores de Roma proibiam o tráfego de veículos em áreas próximas das suas residências, em certas horas do dia e da noite. Marcel Proust revestiu seu estúdio com cortiça para se livrar dos ruídos de Paris.

Com o crescimento industrial e populacional acelerado, os centros urbanos se tornaram cada vez mais barulhentos, e o nosso equipamento auditivo, sem grandes modificações nos últimos 50 mil anos, apresenta, como resposta, uma série de distúrbios não adaptativos.

Vários estudos em todo o mundo têm demonstrado que, de forma geral, os ruídos interferem nas atividades normais do homem, como dormir, descansar, ler, concentrar-se, comunicar-se etc. Ruídos elevados produzem constrição dos vasos sanguíneos, dilatação das pupilas, contração dos músculos, aumento dos batimentos cardíacos, estremecimento, espasmos estomacais, vertigens, redução da capacidade de visão, tensão emocional, alergias, úlceras, dificuldades respiratórias, estresse e surdez progressiva (Unesco/Unep/IEEP/EES 4, 1983).

Os impactos mais sérios ocorrem quando as pessoas, em suas ocupações, estão submetidas a níveis acima de 80 dB. Nessas condições, o trabalhador reduz a sua produtividade, as taxas de acidente aumentam e ele adoece. Segundo Fellenberg (1980), os ruídos provocam mais neuroses quando a fonte sonora não pode ser eliminada e o indivíduo se sente indefeso diante da ação do ruído.

Os efeitos dos ruídos dependem também das características de sensibilidade pessoal, e da frequência dos ruídos (a frequência de 2 mil ciclos por segundo é a que tem apresentado a maior redução da audibilidade a longo prazo – Turk *et al.*, 1972).

Assim, decididamente, os níveis de intensidade sonora no ambiente urbano são determinantes acentuados de qualidade ambiental, intrinsecamente associados ao conforto e à saúde dos citadinos.

A atividade que vamos sugerir é muito simples. Solicitem aos alunos que façam o máximo de silêncio e prestem bem atenção aos ruídos que ouvem. Permaneçam em silêncio por um minuto. Em seguida, perguntem a alguns alunos quantos ruídos diferentes eles conseguiram identificar. De fato, se prestarmos atenção, dezenas de ruídos chegam aos nossos ouvidos quando estamos em uma sala de aula. O intenso metabolismo urbano nos envia estímulos sonoros oriundos de sirenes, buzinas, aviões, rádios, cadeiras sendo arrastadas, pigarros, conversas... E muitas vezes queremos que os nossos alunos só nos ouçam, como se pudessem filtrar tanta interferência e prestar atenção só na nossa voz.

Essa atividade pode servir para o estabelecimento de um indicador de qualidade ambiental, ao ser repetida em outras ocasiões, para que se possam estabelecer comparações.

Outra atividade consiste em listar as fontes de poluição sonora que afetam a escola e identificar formas de amenizá-las ou solucioná-las. Os alunos deverão ser estimulados a conhecer a legislação ambiental sobre o assunto (Lei do Silêncio).

Sugestões de atividades de EA

A água que bebemos

O estado do abastecimento de água e saneamento nos países em desenvolvimento é caótico. Cerca de 2,1 bilhões de pessoas não têm acesso a água potável, e 4,3 bilhões não têm acesso a serviços adequados de saneamento.

Segundo o Pnuma, o crescimento da população, a situação econômica mundial e a pesada carga da dívida externa dos países em desenvolvimento dificultam muitíssimo os investimentos em projetos de infraestrutura[14].

A água, esse mineral que existe na Terra há mais de três bilhões de anos, contextualizando o surgimento da vida, continua sendo um fator limitante decisivo para a biota. Dependemos da sua qualidade para manter a nossa saúde.

Pode-se avaliar o grau de desenvolvimento de um povo pela qualidade da água e dos serviços de saneamento que lhe são oferecidos.

Considerando a nossa realidade sob esse aspecto, as atividades a serem desenvolvidas aqui objetivam estimular discussões em torno do assunto, que possam, com o respaldo das observações das práticas, estabelecer condições de avaliação dos serviços que estão sendo prestados à população e emitir sugestões para os problemas identificados.

Em primeiro lugar, devemos envolver todos os alunos na preparação de uma lista que contenha as consequências da falta de água tratada para a saúde e o conforto da população. Em seguida, sugerimos que os alunos identifiquem, no mapa da cidade, de onde vem a água que abastece a cidade. Procurem saber se a região de captação da água está devidamente preservada, protegida de atividades humanas que possam comprometer a qualidade da água, como assentamentos humanos, fábricas, granjas, matadouros, hortas, currais etc.

Em seguida, vamos pedir que os alunos, em casa, amarrem um pano claro sobre a saída de água em uma torneira, como se fosse um tipo de filtro ou coador. Esse pano deve permanecer "filtrando" a água por cinco dias, pelo menos. Vamos convidar um técnico da companhia de água para uma palestra com os alunos, na escola. No dia da palestra, os alunos deverão trazer os panos com o cuidado de manter o material que ficou depositado. Faremos uma seleção desses panos, e os submeteremos à apreciação do palestrante para que ele nos explique o que é aquilo e por que veio parar em nossas torneiras.

Ao técnico visitante deveremos solicitar detalhes a respeito da água que é servida à população, focalizando a captação, o tratamento, a distribuição, as dificuldades encontradas, os planos e metas para o futuro etc. (seria muito proveitoso se os alunos pudessem visitar a estação de tratamento de água).

---

[14] *El estado del medio ambiente en el mundo*, p. 18.

Ao técnico deveria ser solicitado, também, que enumerasse as fontes potenciais de contaminação da água, as providências tomadas, e apresentasse um histórico sobre os eventuais acidentes que tenham ocorrido.

Outras informações importantes seriam a média de consumo por habitante; a estimativa de consumo e de capacidade de suporte; a existência de outras áreas que, em um futuro próximo, pudessem ser utilizadas para captação de água e que, no presente, teriam de ser preservadas.

Algumas perguntas específicas precisariam ser formuladas, tais como: quais os contaminantes que podemos encontrar na água que chega em nossas casas? De onde vêm e como evitá-los?

Para finalizar, poderiam se solicitar algumas recomendações que pudessem auxiliar na redução do consumo da água.

Pode-se, também, solicitar aos alunos que, em casa, deixem uma torneira pingando e determinem o tempo gasto para encher um litro de água (ou qual o volume ocupado, depois de uma hora de "pingos"). Em sala, escolham uns cinco voluntários para escrever na lousa os seus resultados. Em seguida, façam a extrapolação para um dia e um mês de goteira. Os resultados são surpreendentes. Peçam para que os demais alunos façam os seus cálculos e somem os resultados da turma. Caso poucos alunos tenham cumprido a tarefa em casa, usem os dados disponíveis para extrapolar.

Queremos, com isso, deixar claro que pequenas atitudes fazem a diferença. O hábito que temos de deixar a torneira aberta, enquanto não estamos utilizando a água de alguma forma – como quando estamos escovando os dentes, por exemplo – causa um aumento razoável do consumo. Banhos demorados podem custar de 95 a 180 litros de água potável. Precisamos consolidar hábitos que beneficiem a todos e, certamente, o uso adequado dos recursos naturais é um dos mais importantes.

Se em sua cidade não há serviços de água tratada, então vocês deverão colocar isso como meta prioritária a ser considerada. O mais importante seria informar os alunos sobre as vantagens da água tratada e estimulá-los a iniciar, na escola, uma campanha de reivindicação desses serviços às autoridades competentes. A participação da comunidade em todos os passos do processo seria absolutamente necessária.

Examinando águas poluídas

Recomendamos, antes da leitura desse item, uma consulta à Resolução Conama 020/86 sobre Classificação das Águas (potabilidade, balneabilidade e poluição das águas), disponível nos Anexos.

Legislação para gerenciar os nossos recursos hídricos é o que não falta. Entretanto, já sabemos que não é por falta de leis que as coisas certas não estão sendo feitas, e sim por falta absoluta de competência gerencial matizada com mau uso dos recursos públicos.

Os parâmetros mais utilizados para a determinação da qualidade das águas são os seguintes:

a. físicos e organolépticos – cor, turbidez, sabor, odor ou cheiro, pH.

b. bacteriológicos – coliformes.

c. químicos – metais, oxigênio dissolvido, sólidos dissolvidos e totais, cianetos, cloretos, sulfatos etc. (OPS e Fundacentro, 1988).

Logo, para empreendermos atividades de pesquisa da qualidade da água, teremos que dispor de equipamentos, reagentes etc., aos quais nem sempre temos acesso. Mas podemos considerar alguns parâmetros fáceis de determinar e, com esses, estabelecer um diagnóstico em bases comparativas.

Vamos construir um disco de Secchi para medir a transparência da água, ou a visibilidade. Tomemos um pedaço de metal achatado, em forma de disco – o ferro-velho tem muitos, principalmente peças inutilizadas de freios, embreagens e outros –, ou então uma lata de goiabada, aberta e cheia com cimento. A superfície deve ser pintada de preto e branco, e do seu centro deve sair uma corda fina de náilon, apoiada com arruelas e marcada de 10 em 10 cm. O disco de Secchi deve ser colocado dentro da água conforme ilustra a Figura 23.

Para efetuar a medida da transparência de um dado corpo d'água, desçam o disco de Secchi lentamente até o ponto em que desapareça. Desçam-no um pouco mais e em seguida comecem a erguê-lo lentamente até o ponto em que reapareça (tomem como base o surgimento da parte branca do disco). Nesse ponto, parem e marquem na corda o ponto que ficou na superfície. Retirem o disco e meçam a quantos centímetros de profundidade pôde-se enxergá-lo. Aí teremos a medida da transparência dessa água. É conveniente repetir a operação e considerar a média.

Quanto mais matéria em suspensão, como substâncias orgânicas finamente fragmentadas, organismos microscópicos, argila, silte e outras partículas, mais interferência haverá na passagem de raios luminosos através da amostra. Logo, quanto mais centímetros forem necessários para enxergarmos o disco, mais limpa estará a água dessas matérias (nada poderemos afirmar em relação aos aspectos bacteriológicos e químicos, por exemplo), e, quanto menos, mais cheia de impurezas. Para se ter uma ideia, é comum um corpo-d'água saudável apresentar transparências de 3-4 metros. Quando mergulhamos nas águas da paradisíaca ilha de Fernando de Noronha, encontramos até quinze metros de transparência, enquanto no poluído Lago Paranoá de Brasília não chegamos a 50 centímetros.

Com os discos construídos, podemos organizar uma saída com os alunos para tomarmos algumas medidas de corpos-d'água por perto da escola. Seria até interessante determinar a transparência da água que é servida à população.

Além da transparência, poderíamos considerar também o sabor e o odor como parâmetros. A água, para ser considerada potável, não deverá ter odor ou sabor algum. Mas, cuidado, se a água for suspeita, esqueçam o parâmetro sabor.

Embora as características físicas da água pouco possam indicar a respeito dos danos que possam causar à saúde, variações acentuadas dessas características devem ser encaradas com suspeita.

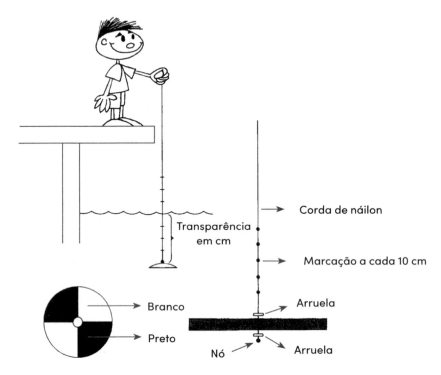

Figura 23 O disco de Secchi improvisado.

Outros parâmetros, como a temperatura e a acidez, poderiam ser considerados simultaneamente. Os termômetros não são difíceis de encontrar, bem como as fitas medidoras de acidez (pH). Esses dois parâmetros têm influência decisiva nos ciclos reprodutivos de muitos componentes da biota aquática.

É importante que os alunos sejam estimulados a identificar as causas de poluição dos corpos-d'água estudados e listem sugestões de alternativas de soluções.

Uma outra atividade interessante seria captar a água da chuva – os primeiros minutos de chuva apenas – depois de um longo período de estiagem. Quando o período de chuvas estiver se aproximando, os alunos devem providenciar pequenas bacias de plástico para recolher as amostras. (Acompanhem os boletins meteorológicos pela imprensa. Atualmente, com as imagens de satélites chegando de hora em hora, é muito improvável que se procedam previsões contraditórias, embora, por outras razões, elas eventualmente possam ocorrer.)

Quando ocorrer a chuva, as bacias devem ser colocadas a 1 m do solo, afastadas de calhas, bicas etc., ao ar livre. Recolham cerca de 200 ml (um copo comum) e guardem em um frasco transparente, com tampa. Ponham uma etiqueta com a data da chuva.

Após o início do período normal das chuvas, depois de várias chuvas, repitam o procedimento (não há necessidade de captar a água dos primeiros minutos de chuva). Agora, de posse das duas amostras, agitem-nas e façam a comparação da transparência de ambas.

A chuva remove as partículas que ficam em suspensão sobre as cidades – denominadas aerossol ou MPS (material particulado em suspensão). Esse material é originado, em parte, pela frota de veículos, pelas queimadas (mesmo de locais afastados), fábricas e demais atividades urbanas que consomem combustíveis fósseis; por fenômenos naturais como redemoinhos (que, por sua vez, removem para a atmosfera toneladas de grãos do solo, incluindo grãos de pólen, esporos de fungos etc.) e rajadas de vento, como já vimos.

Quanto mais acentuada a diferença de transparência, mais carregado estava o ar atmosférico. Esses materiais devem ficar guardados na escola. No ano seguinte, o procedimento deverá ser repetido, pela mesma turma ou outras, de modo que, em alguns anos, tenhamos dados para acompanhar o comportamento da qualidade do ar que se respira naquela área.

Investigando a poluição industrial

Nessa atividade, vamos centralizar nossas atenções, pontualmente. Dentro da estratégia de pequenos projetos, vamos formar grupos que terão a incumbência de investigar um dado problema, separadamente.

Cada grupo identificará uma fonte emissora de poluição do ar fixa – uma fábrica, uma torrefadora, uma padaria, ou qualquer empresa que utilize caldeiras: renovadora de pneus, fábricas de refrigerantes, hospitais, hotéis, beneficiadoras de arroz, café, algodão e outras – e executará o seguinte experimento.

Cada grupo deverá providenciar quatro pratos brancos e um pouco de vaselina (um frasquinho de vaselina líquida é suficiente para a turma toda). Deverão passar uma fina camada de vaselina sobre os pratos, e expô-los à poluição da fonte identificada e escolhida para o estudo. Um prato deverá ser colocado bem próximo à fonte, o outro um pouco mais afastado, e assim por diante. Depois de um certo período, dependendo

Educação ambiental • princípios e práticas

da intensidade da poluição, observem as partículas que se depositaram nos pratos. Notem se houve realmente uma associação entre a fonte poluidora e os resultados.

Os grupos devem informar qual a função da empresa e o que ela produz, bem como quais os efeitos que aquelas partículas podem produzir nos organismos vivos. Podem procurar a empresa para que esta informe sobre a natureza das partículas e até eventualmente envie seus técnicos à escola para explicar aos demais grupos o que ocorre.

Muitas vezes, isso causa embaraços. Todavia, deve ser tentado.

Uma vez, com isso, ajudamos uma torrefadora de café a conseguir incentivo governamental para a aquisição de equipamentos antipoluição e tivemos a satisfação de ver atendidos os anseios da comunidade, da indústria e do órgão ambiental. No fundo, o empresário sabe que toda poluição é desperdício, é mau aproveitamento de matéria e energia.

As empresas privadas, de modo geral, têm sido mais acessíveis no trato das questões ambientais e apresentam respostas mais rápidas. O quadro sofre uma forte reversão quando lidamos com empresas públicas, com poucas exceções. Quem mais polui no Brasil é o próprio governo. Basta tomar, por exemplo, a responsabilidade do saneamento básico, do despejo de esgoto doméstico nos corpos d'água, sem nenhum tratamento.

Na atividade desenvolvida, devemos identificar se existem soluções tecnológicas para os problemas encontrados e qual agência do governo deveria ser informada e responsabilizada pelo controle do problema.

Usos inadequados do ambiente urbano

Frequentemente, deparamos com algumas situações, em nosso ambiente urbano, que nos causam um certo mal-estar ou chateação. São muros pichados, árvores com galhos arrebentados, lixo jogado nas ruas, transportes coletivos depredados, áreas verdes, monumentos históricos e placas de sinalização e de endereços estragados, enfim, todos aqueles componentes de poluição visual e estética que costumam ser produzidos por comportamentos inadequados de alguns seres humanos portadores de desajustes dos mais diversos tipos e origens.

De qualquer forma, atitudes infames, repugnantes, torpes, inusitadas, bizarras, inesperadas, incompreensíveis, convivem com as outras mais convenientes e convencionais em um amálgama variável e inevitável da convivência em sociedades humanas. Essas manifestações, em sua maior parte, são os próprios produtos emergidos das entranhas dos sistemas, processos e modelos adotados pelo ser humano, muitos dos quais permitem o acesso de poucos aos seus benefícios e submetem muitos aos seus custos.

Nesta atividade, vamos orientar os nossos alunos para que, no caminho para casa, identifiquem os usos inadequados do ambiente urbano. Após uma semana

Sugestões de atividades de EA

de observações, peçam que os alunos, individualmente, citem os usos inadequados observados. À medida que eles forem apresentados, os professores podem escrever os tópicos no quadro e acrescentar, ao lado, quantas vezes aquele mesmo problema foi citado/identificado pelos alunos seguintes. Ao final, geralmente temos uma maior frequência para certos itens, e aí deveremos concentrar a nossa discussão, buscando compreender as suas causas e identificar alternativas de soluções.

Indicadores naturais de qualidade ambiental

Conforme já discutimos anteriormente, o ambiente nos informa o tempo todo como estão as coisas. Recebemos estímulos que dizem da temperatura, dos ruídos, da umidade do ar, da intensidade de luz, dos ventos, da chuva, da pressão, dos odores, das cores, dos movimentos etc.

Entretanto, em regra, o nosso equipamento sensorial não nos alerta suficientemente sobre o quanto estamos submetidos a certas condições ambientais desfavoráveis, ou simplesmente não damos a devida atenção aos sinais que nosso organismo nos envia e passam despercebidos.

No caso da poluição do ar, existem certos indivíduos, na natureza, de notável sensibilidade à degradação da qualidade do ar atmosférico urbano. São os chamados bioindicadores de qualidade ambiental.

Os liquens são um exemplo de bioindicador, formados por associações simbióticas entre algas e fungos. As células dos fungos (hifas) crescem e protegem as células das algas (gonídias), formando um conjunto homogêneo, dando a impressão de ser um único organismo.

Nessa associação, as algas, clorofiladas e autótrofas, normalmente algas verdes (clorofíceas) ou azuis (cianofíceas), realizam a fotossíntese e produzem carboidratos que alimentam os fungos. Estes, em contrapartida, hidratam as células das algas, pois absorvem água do substrato com mais facilidade. Os liquens crescem em média 1 cm por ano, e costumamos encontrá-los sobre rochas e troncos de árvores – aquelas pequenas manchas arredondadas de cor verde-clara ou avermelhada –, e são muito sensíveis à poluição atmosférica. Em lugar poluído, os liquens não sobrevivem, apesar de serem encontrados em lugares inóspitos como desertos, regiões geladas e até em áreas de águas termais. Logo, são indicadores naturais de qualidade do ar.

Segundo Mendonça e Silva (1991), as plantas hortícolas também possuem qualidades bioindicadoras. Alfaces, nabos e cenouras reagiram à poluição atmosférica, reduzindo em até 90% o seu peso seco, e os dois primeiros apresentaram necroses e cloroses em suas folhas.

Ficamos imaginando quantas coisas desse tipo existem na natureza e o citadino desconhece. Os caboclos da Amazônia e os índios, por exemplo, costumam se orientar

Educação ambiental • princípios e práticas

dentro da floresta densa pelos musgos, aproveitando a instigante e obstinada preferência desses seres em se fixarem sobre os troncos nas partes voltadas para o norte. O estimulante é saber que nas cidades podemos encontrar uma parte desses seres.

Nessa atividade, vamos dar uma caminhada com os nossos alunos pela circunvizinhança da escola e tentar localizar esses liquens, nas árvores. Eventualmente, podemos até mesmo fazer uma espécie de mapeamento da sua presença no bairro e tentar associar a sua distribuição com a presença ou ausência de fontes poluidoras do ar.

Instruam as crianças para que, quando viajarem, observem se nas outras cidades os liquens são abundantes ou ausentes[15].

Existem outros bioindicadores de qualidade ambiental como algas e algumas plantas. A ampliação dessas informações poderá permitir a concepção de novas atividades a respeito do tema.

Como você gasta o seu tempo?

A nossa vida é fugaz. Muitas vezes passamos o tempo todo ocupados com coisas urgentes, em detrimento das coisas fundamentais. Precisamos, de vez em quando, dar uma parada para reflexões. Isso deveria ser institucionalizado. Acredito que assim os erros seriam menos frequentes e talvez menos graves também.

Avaliar para replanejar, reordenar prioridades, proceder ajustamentos e redirecionar ações são procedimentos absolutamente fundamentais para se atingir eficiência.

Para o desenvolvimento dessa tarefa, peçam aos alunos para, individualmente, estimar quanto tempo gastam nas suas atividades diárias, isto é, quanto do seu tempo diário é gasto para dormir, descansar, comer, tomar banho, frequentar a escola, brincar, ver televisão, conversar com os amigos etc. Deverão incluir o tempo gasto dentro dos transportes, nas filas, no comércio e outros.

Em seguida, peçam que construam a "torta do tempo", ou seja, que representem em um círculo esses tempos, ocupando áreas proporcionais. Procedam a análise, buscando verificar se estamos aplicando o nosso tempo de forma eficiente e balanceada ou se estamos dedicando demasiado tempo em coisas que normalmente não deveríamos – nos transportes, por exemplo, o que poderia denotar um aspecto desfavorável, ou de planejamento da cidade, ou da forma de locomoção etc.

Derivada dessa tarefa, poderíamos sugerir que, de posse do orçamento da cidade – ele pode ser conseguido na Prefeitura, com muito esforço, jeito, paciência, teimosia e determinação –, fizessem a "torta do dinheiro", especificando quanto se gastará para a educação, a saúde, os transportes, a gestão ambiental, a segurança, a cultura, as novas construções etc. A análise dessa "torta" poderia nos conduzir a uma avaliação

---

[15] Para um aprofundamento de conhecimentos sobre os liquens, ver o *Manual de liquenologia*, do professor Lauro Xavier, um dos maiores especialistas brasileiros sobre o assunto.

da condição do nosso município, isto é, se estaríamos progredindo, aperfeiçoando os nossos serviços ou apenas estacionados na folha de encargos.

Conforme puderam notar, a maior parte das atividades apresentadas neste item – "Pesquisando a qualidade ambiental da cidade" – foi dedicada à identificação de problemas ambientais que de alguma forma comprometem a qualidade de vida nos ambientes urbanos, e à busca de alternativas, de soluções, sob uma ótica interdisciplinar, tratadas através da estratégia de pequenos projetos, com componentes integradores (alunos, professores, escolas, órgãos públicos e privados, comunidade, imprensa etc.).

Essa tem sido a forma mais recomendada de ações em EA, por apresentar os resultados mais expressivos.

6.4 Buscando a melhoria da qualidade ambiental das cidades

Já dispomos da maioria dos dispositivos legais necessários para a consolidação da nossa Política Nacional de Meio Ambiente (PNMA). Entretanto, a participação popular, a despeito de todo o respaldo legal que a abriga e contempla, tem sido restrita, desarticulada e insuficiente.

Achamos ser imperioso que os nossos alunos e, indiretamente, a comunidade, tomem conhecimento desses mecanismos da política ambiental brasileira[16].

Dos instrumentos da PNMA devemos dar destaque ao estabelecimento de padrões de qualidade ambiental, ao zoneamento ambiental, à avaliação de impactos ambientais (AIA), ao Sistema Nacional de Informações sobre o Meio Ambiente (Sisnima), à criação de unidades de conservação (reservas ecológicas, parques nacionais, áreas de proteção ambiental – APA – e outros.

Nesse último, é importante saber que a construção, instalação, ampliação e funcionamento de estabelecimentos e atividades utilizadoras de recursos ambientais, consideradas efetiva ou potencialmente poluidoras, ou capazes de causar degradação ambiental, dependerão do prévio licenciamento pelo órgão estadual de meio ambiente (veja no Anexo 5 qual o órgão responsável, no seu Estado), integrante do Sisnima, sem prejuízo de outras licenças exigíveis (Artigo 10 da Lei 6.938 – PNMA).

---

[16] Recomendamos, assim, a leitura e a discussão desses mecanismos apresentados no Anexo 5, destacando-se os objetivos e instrumentos da PNMA, a sua regulamentação, o funcionamento do Sisnima, a estrutura, funcionamento e resoluções do Conama, dispositivos constitucionais, leis, decretos e portarias, regulamentos, códigos etc.

Conhecendo um EIA/Rima

A atividade que vamos sugerir pretende familiarizar os alunos com esses dispositivos legais, por meio do acesso e da manipulação de um Relatório de Impacto Ambiental (Rima).

Conforme a Resolução 001/86 do Conama (v. Anexo 5), para o licenciamento de uma atividade modificadora do ambiente, o interessado deverá, após a apreciação preliminar do projeto e da sua localização – fase da Licença Prévia (LP) –, apresentar, ao órgão de meio ambiente respectivo, os Estudos de Impactos Ambientais (EIA) e o seu respectivo Relatório de Impactos Ambientais (Rima).

Os EIAs, além de atender à legislação e aos objetivos da PNMA, deverão conter as alternativas tecnológicas e de localização do projeto, identificar e avaliar sistematicamente os impactos ambientais gerados nas fases de implantação e operação da atividade, e definir os limites da área geográfica a ser direta ou indiretamente afetada pelos impactos, entre outros.

Devem, também, apresentar um diagnóstico ambiental da área de influência do projeto, com a descrição e análise dos recursos ambientais e suas interações, tal como existem, de modo a caracterizar a situação ambiental local, antes da implantação do projeto, considerando o meio físico, o meio biológico e o meio socioeconômico (Artigos 5º e 6º).

Dadas estas características, não é difícil concluir que os EIAs são documentos volumosos, detalhados, exaustivos e possivelmente complexos demais para a compreensão dos leigos, dos representantes comunitários. Pensando nisso, a mesma Resolução estabeleceu o Rima, que é, no fundo, um resumo dos EIAs, apresentado de forma objetiva, em linguagem acessível, ilustrado por várias técnicas de comunicação visual, de modo que se possa entender as vantagens e desvantagens do projeto e todas as possíveis consequências ambientais de sua implementação.

O Rima fica no órgão de meio ambiente à disposição do público (os EIAs também) para conhecimento e como fonte de informações que podem permitir a participação da comunidade quando da realização das audiências públicas (quando for o caso), no "julgamento" do projeto. Ou seja, a lei ambiental brasileira tem esse importante mecanismo de participação comunitária na gestão ambiental.

Ocorre que, dada a restrita divulgação da mesma, a população não tem acorrido às audiências públicas para usufruir dos seus direitos, e, com isso, alguns projetos polêmicos têm sido homologados sem grandes restrições.

Para realizar essa atividade, convidem um técnico do órgão de meio ambiente local, para que compareça à escola e traga consigo alguns Rimas para conhecimento, apresentação e discussão com os alunos.

Essa é uma oportunidade de lidar com problemas concretos da comunidade e de ter conhecimento de um dos mais expressivos instrumentos de política ambiental. Aproveitem a ocasião para solicitar, do técnico, uma breve exposição a respeito dos principais problemas ambientais da cidade e das dificuldades encontradas para o cumprimento da legislação ambiental. Seria importante também conhecer os planos do órgão e os meios disponíveis de engajamento dos alunos na luta pela preservação e manutenção da qualidade de vida.

A contribuição individual

Miller (1975), no seu decálogo da ação individual, acentuava que "não fazer nada, porque não se pode mudar tudo o que está mal, é uma atitude irresponsável". Quando *uma* coisa muda, o *todo* também começa a mudar.

De fato, as mudanças devem começar dentro de cada um de nós. Após uma revisão de nossos hábitos, tendências e necessidades, podemos, de certa forma, através da adoção de novos comportamentos, dar a nossa contribuição para a diminuição da degradação ambiental e para a defesa e promoção da qualidade de vida.

Queremos, com essa atividade, incitar os alunos a identificar formas individuais de contribuição, capazes de reduzir a pressão sobre os recursos ambientais. Seria adequado adotar a estratégia de listagem única como uma forma de integração entre os alunos.

Em um grande cartaz, ou mural, ou mesmo na lousa, cada aluno iria escrever uma frase na qual expressasse a sua contribuição pessoal para a redução do consumo dos recursos naturais.

Demonstrem que pequenas atitudes, como economizar energia elétrica ao apagar uma lâmpada, evitar que a porta da geladeira fique aberta por muito tempo, tomar banhos menos demorados, dar preferência a produtos biodegradáveis, recicláveis e que não utilizem embalagem plástica, jogar lixo nos locais adequados, zelar pelo patrimônio cultural, evitar o desperdício de água, manter o patrimônio público, plantar árvores e zelar pela vegetação urbana, informar-se a respeito das questões ambientais da sua cidade, participar de eventos comunitários etc., podem, ao final, representar muito.[17]

6.5 Sugestões adicionais de atividades de EA

A *memória viva*: Convidem os moradores que vivem há mais tempo na sua cidade para conversar com os alunos a respeito de como era a cidade anteriormente, em relação à fauna e flora locais, os rios, as florestas, as festas, os transportes, a energia

---

[17] Sugerimos o livro *40 contribuições pessoais para a sustentabilidade* (Editora Gaia, 2020).

Educação ambiental • princípios e práticas

elétrica, a saúde, o clima etc. Deve-se, daí, retirar uma conclusão do que melhorou e do que piorou, para se conhecer as prioridades de ações.

Local preferido: Cada pessoa se identifica positivamente com certos locais do seu ambiente. Procurem estimular os alunos para que identifiquem os seus.

Hemeroteca: Selecionem algumas notícias sobre a temática ambiental e promova uma discussão sobre o assunto escolhido.

Olfato: Concentrem-se durante dois minutos, tentando identificar quantos cheiros diferentes podem encontrar no local. Notem a dificuldade do citadino em distinguir cheiros, dado a sua pituitária estar sofrendo influências do ar poluído da cidade.

Cultura importada: Levem um receptor de rádio FM para a sala de aula e, em um dado momento, percorram toda a frequência de modo a ouvir todas as emissoras, e anotem quantas executam músicas estrangeiras e quantas executam músicas brasileiras. Comentem sobre os perigos da importação de cultura, como perda de identidade, fragilidade cívica etc.

Radiação: Identifiquem fontes de radiação como os fornos de micro-ondas, as redes de energia elétrica, os aparelhos de raios X dos consultórios médicos celulares e outros. Pesquisar sobre seus efeitos e cuidados que devem ser tomados.

Vida no muro: Observem, na escola, as partes mais úmidas dos muros. Há uma grande quantidade de seres vivendo ali: insetos, musgos, liquens, moluscos, plantas etc., que podem ser motivo para estudos (Leal Filho, 1989, p. 21).

Flores no pátio: Observem os tipos de flores, abundância, cores predominantes, presença de insetos e pássaros, e se estes apresentam preferências. Conforme referência já recomendada sobre as relações insetos-plantas (coevolução), estabelecer estudos.

Tangerina: Peçam que os alunos tragam de casa uma tangerina. O professor deve descrever a casca do fruto, as defesas naturais contra os insetos, contra a perda de água e a entrada de micro-organismos. Devem descascá-la lentamente enquanto se descrevem os odores, os compostos químicos liberados, as películas de proteção, as adaptações. Ir sucessiva e progressivamente comentando, até chegar no conteúdo do suco da fruta e aí, então, liberá-la para ser degustada, finalmente, pelos alunos. Esse experimento é um dos mais completos em termos de apelo sensorial (tato, paladar, olfato, audição, visão) e de descoberta de detalhes adaptativos desenvolvidos pelas plantas para garantir o seu sucesso reprodutivo e evolutivo.

Informações via música: Muitos compositores brasileiros se engajaram no movimento ambientalista e produziram músicas com letras que tratam do tema. Identifiquem-nas e comentem o conteúdo de suas letras. Recomendo especialmente a música *Planeta Água*, de Guilherme Arantes.

Quantas horas ao ar livre?: Estimar quanto tempo, durante um dia normal de trabalho, ficamos com os pés no chão; ficamos em ambientes fechados, com ar saturado. Avaliar a salubridade do cotidiano, para proceder a eventuais correções.

Nossa impermanência: Relatar experiências com nascimentos e mortes; discutir sobre as formas de sepultamento, se enterrar ou cremar cadáveres. Comentar sobre o retorno ao ambiente, das substâncias que compõem o corpo humano; e o contexto filosófico-existencial que isso desperta.

Ética ambiental: Incentivar os alunos para a preparação de um código de ética ambiental, descrevendo os nossos deveres para com as espécies em extinção e com os ecossistemas (Rolston, 1988).

Crescimento da área foliar: Plantem sementes de feijão sob diferentes condições e estabeleçam as influências na taxa de crescimento, pela comparação das diferenças de área foliar. Identifiquem quais variáveis ambientais poderiam estar associadas às variações (Unesco, 1986, p. 130).

Água no solo: Determinem a porcentagem de água contida em uma amostra de solo (20 x 20 x 20 centímetros). Pesem a amostra logo que for retirada. Em seguida, deixem a amostra secar e pesem-na novamente. Comentar a respeito da importância da vegetação na manutenção da água nos solos.

As sugestões de atividades, a seguir, integram a documento *Projeto de divulgação de informações sobre EA* do Ibama/MEC (1991), no qual fomos os responsáveis pela elaboração das atividades. Selecionamos as seguintes:

Ambiente familiar: Observem o ambiente familiar, de trabalho, de lazer e de estudo, procurando identificar os fatores que possam estar contribuindo para a degradação ambiental, como: hábitos, atividades, tradições, tecnologias, entre outras. Listar sugestões que possam neutralizar ou minimizar os fatores identificados; criar e pôr em prática estratégias para modificar comportamentos inadequados.

Evolução da comunidade: Preparem tabelas sobre a evolução de sua comunidade nos últimos dez anos, mostrando: a tendência populacional (aumento ou redução e as migrações para as áreas urbanas, bem como os motivos); disponibilidade de água, energia elétrica, transportes (incluindo o ferroviário), atendimento médico e hospitalar, esgoto, escolas, meios de comunicação, áreas de lazer. Associem esses dados e verifiquem se os recursos disponíveis para o bem-estar de sua localidade condizem com a necessidade da região. Após análise desses dados, elaborem documento contendo as suas reivindicações e as propostas de soluções e encaminhá-las às autoridades competentes.

Saúde na comunidade: Levantem, com os setores de atendimento de saúde (hospitais, postos de saúde, farmácias, "rezadeiras" etc.), informações sobre as doenças que são mais frequentes na comunidade. Tentem identificar as causas de sua incidência e

Educação ambiental • princípios e práticas

sugerir estratégias para minimizá-las ou extingui-las; elaborem um documento que deverá ser submetido à comunidade e enviado às autoridades competentes.

Fauna e flora em perigo: Identifiquem, com base nos relatos feitos e nas experiências do grupo, as espécies de plantas e animais existentes na região que estão cada vez mais raros, ou não são mais encontrados. Procurem identificar e analisar as causas de tal situação. Encaminhem as conclusões às autoridades competentes. É importante, também, envolver a comunidade na preservação das espécies identificadas.

Plantando árvores: Promover o plantio de árvores nativas de sua região (frutíferas, medicinais, ornamentais etc.); organizar equipes que possam trabalhar na sua manutenção; informar à comunidade a importância social, econômica, cultural, ética e ecológica daquelas árvores e das demais.

Alimentos típicos: Preparar uma listagem dos alimentos típicos da sua região como frutas, cereais, verduras, carnes etc.; identificar e analisar as causas de diminuição ou aumento do seu consumo; apresentar sugestões que possam contribuir para melhorar os aspectos positivos e reduzir os negativos. Esse documento deverá ser apresentado aos pais de alunos e demais pessoas da comunidade e enviado para os órgãos competentes.

Recursos naturais e culinária: Organizar concurso de culinária para novas receitas de doces e salgados que utilizem produtos regionais. Essa atividade procura demonstrar a importância dos recursos naturais que integram o patrimônio natural e a necessidade de sua preservação.

Flora medicinal: Convidar pessoas de sua comunidade que detenham conhecimentos sobre a flora medicinal da região para fazer, na escola ou no centro comunitário, palestras sobre a medicina popular. Registrar e divulgar essas informações como forma de preservar esse patrimônio cultural. Promover a plantação de hortas comunitárias medicinais.

Comunidade e patrimônio: Identificar, em sua comunidade, locais como floresta, riacho, praça, parque, árvore histórica, conjunto de casas etc., que, pela sua importância, deveriam ser preservados. Mobilizar a comunidade para essa preservação, identificando os mecanismos legais para a sua realização, como a Lei Orgânica Municipal e a Lei dos Interesses Difusos. É interessante lembrar que isso pode ser feito em conjunto com entidades como associações de bairro, sindicatos, cooperativas etc.

Convite aos poluidores: Identificar em sua localidade as fontes poluidoras – atividades de qualquer natureza que poluem os rios, o ar e o solo, como indústrias, matadouros, extração de minerais com uso de mercúrio, agricultura com uso abusivo de agrotóxicos. Promover a discussão dos problemas encontrados; convidar representantes do governo, proprietários ou responsáveis pelos setores de produção que, com suas atividades, agridem o meio ambiente, para participar das discussões e conhecer as sugestões da comunidade.

Visita a indústrias limpas: Identificar as indústrias e empresas que, em sua linha de produção, apresentem cuidados com o meio ambiente em atendimento à legislação ambiental; acertar, com seus proprietários, visitas de grupos comunitários às suas instalações, divulgar para a comunidade a fim de estimular outras empresas a seguir o exemplo. Importante: devemos ressaltar que todas as informações colhidas no trabalho de identificação de problemas, bem como as soluções propostas, devem ser amplamente divulgadas pelos meios de comunicação, para conhecimento de toda a comunidade.

Conversa com os especialistas: Solicitar das autoridades regionais a designação de especialistas em saneamento, nutrição, agricultura, conservação de solos, legislação ambiental, meio ambiente, para falar e debater sobre esses assuntos junto ao seu grupo comunitário.

Biblioteca comunitária: Organizar uma biblioteca comunitária, dando ênfase à coleta de livros sobre saúde, educação, meio ambiente, técnicas agrícolas, literatura e demais livros que possam contribuir efetivamente para a conscientização de seus usuários. Quanto mais informadas as pessoas, mais condições terão de entender, julgar e participar dos movimentos pela preservação do meio ambiente e da qualidade de vida da comunidade.

Horta comunitária: Desenvolver hortas comunitárias, utilizando adubação orgânica. Lembrar que o uso inadequado de fertilizantes químicos e biocidas (inseticidas) envenenam o meio ambiente.

Sugerimos, ainda, as seguintes atividades:

Pixotes, mendigos e favelas como indicadores: Instruam os alunos para que observem se em sua cidade existem crianças abandonadas nas ruas, mendigos e favelas. Em seguida, após os relatos em sala, analisem as causas das deformações sociais detectadas, promovendo uma discussão sobre as alternativas de soluções.

Fábulas e histórias brasilianas: Identificar, apresentar e discutir as diversas fábulas do folclore brasiliano, com componentes ligados à temática ambiental (Caipora, Saci-Pererê, Iara) e personagens de revistas em quadrinhos nacionais, como a *Turma do Saci* (Ziraldo), do *Chico Bento* (Mauricio), do *Sítio do Picapau Amarelo* (Monteiro Lobato), e outros.

Tem cloro na água?: Para saber se a água que nos chega pela torneira está recebendo a cloração devida, proceder da seguinte maneira: encher um copo com água da torneira e acrescentar 5 cristais de iodeto de potássio, 20 gotas de vinagre branco e 5 flocos de farinha de milho, e mexer bem. Após cinco minutos em repouso, se não houver coloração alguma, a água não tem cloro; se adquirir uma cor azulada, o

Educação ambiental • princípios e práticas

cloro estará em concentrações adequadas, e se apresentar uma coloração azul-escura, teremos cloro em excesso (adaptado de Batalha,1988, *A água que você bebe*, 1988, p. 8).

Para clorar a água, basta uma gota de cloro para cada litro de água. Agita-se bem, e deixa-se em repouso por vinte minutos. Filtra-se em seguida. O cloro pode ser obtido nos postos de saúde, de graça.

Fossas e poços: Observar se as fossas sépticas estão à distância recomendada dos poços de abastecimento, ou seja, vinte metros. A distâncias inferiores, os poços são contaminados e as suas águas, quando consumidas, podem causar diarreia, disenteria, febre e outros transtornos à saúde. Acentuar que as fossas sépticas são aquelas cujas paredes internas são revestidas de tijolo ou concreto e possuem sumidouros. As que não possuem esse revestimento são "fossas negras", e devem ficar a distâncias bem maiores dos poços (mínimo de 45 metros). O certo é construir fossas sépticas, quando não temos rede coletora de esgotos; entretanto, sabemos que na maior parte das cidades brasileiras usa-se a "fossa negra".

Colonização via TV: Solicitar aos alunos a elaboração de uma listagem dos filmes e desenhos animados da programação semanal da TV e, a seguir, auxiliá-los a identificar a nacionalidade desses programas. Discutir a questão da colonização cultural insidiosa que se pratica através dos meios de comunicação de massa.

A fatia de água doce: Aproximadamente três quartos da superfície da Terra é coberta com água. Entretanto, sabemos que apenas uma pequena percentagem dessa água está na forma potável e disponível para o consumo.

Auxiliem seus alunos para que representem, graficamente, a distribuição da água na Terra, sabendo que:

a. 97% são de água salgada dos oceanos.

b. 3% são de água doce, assim distribuída:

> ► 0,6% em águas subterrâneas;
>
> ► 2,3% congeladas, nos polos;
>
> ► 0,9% em lagos, rios etc.

Observem que a porcentagem de água doce disponível para consumo, como água potável, não chega a 0,7 do total, justificando toda a preocupação e cuidados que devemos ter com os recursos hídricos.

Rótulo da água: Ainda relacionado com a água, solicitar aos alunos que tragam, de casa, um rótulo de água mineral, sem gás. Observem a composição química provável (em miligramas por litro: bicarbonato de cálcio e magnésio; cloreto de sódio, potássio e magnésio; anidrido etc.) e as características físico-químicas (pH, radioatividade na fonte etc.). Pela forma como o assunto "água" é apresentado na maioria dos livros de ciências, os alunos terminam fixando que a água que bebemos contém apenas hidrogênio e oxigênio (H_2O), sem a presença dos sais minerais, essenciais à nossa nutrição. Acentuar a importância da preservação desses mananciais, comentando que, em tempos passados, podíamos beber a água dos rios, riachos, lagos e poços, sem riscos de contaminação, e que, agora, pela ação depredadora do homem, se quisermos água de qualidade superior temos que comprá-la, industrializada. Identificar, no rótulo, a fonte da água mineral.

Aditivos nos alimentos: Juntem vários rótulos de margarinas, maioneses, doces, geleias, pudins, bebidas e vários outros laticínios. Analisem os seus rótulos e identifiquem os códigos dos aditivos utilizados (conservantes, espessantes, corantes, estabilizantes, acidulantes, corantes, flavorizantes), os aditivos incidentais (pesticidas ou praguicidas) e os tóxicos inorgânicos (antimônio, arsênico, chumbo, cobre, cromo, mercúrio, níquel, zinco etc.). Esses códigos aparecem como CII, PIV, HVII, AIV, FII etc.

Em seguida, identifiquem o que significa cada código. Comentar com os alunos a necessidade de reduzirmos, ao mínimo possível, o consumo de produtos que contenham aditivos patentemente prejudiciais à saúde. Sabe-se que muitas substâncias utilizadas como aditivos, quando em níveis elevados, causam câncer no estômago e no fígado.

Bússola solar: Construir um relógio solar no pátio da escola. Aproveitando o mesmo princípio, transformar um relógio de pulso comum em uma bússola, conforme a Figura 24.

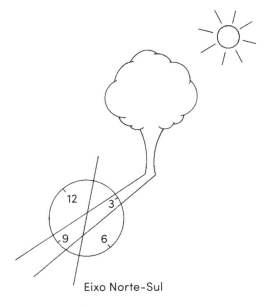

Figura 24 O relógio-bússola solar.

Façam coincidir a reta que une os números 3 e 9 com o eixo da sombra. A reta que passa por 1 1/2 e 7 1/2 será o eixo Norte-Sul.

Mundo sob o tronco: Localizar, na escola ou em sua circunvizinhança, um tronco de árvore caído, ou mesmo um pedaço de tronco. Cuidadosa e lentamente, rolar o tronco um pouco, o suficiente para ver o chão que estava embaixo dele e observar o que encontram. Fazer anotações por alguns minutos e, em seguida, retornar o tronco para a posição original.

Origem e dinâmica do rio: De posse do mapa da sua cidade, localizar um rio e determinar a sua origem, o seu destino e o sentido do fluxo das suas águas. Se houver um rio perto, determinar a velocidade das águas do rio (observa-se algo flutuante no rio e marca-se o tempo gasto para percorrer 100 metros, por exemplo. Divide-se a distância percorrida, em metros, pelo tempo gasto, em segundos. Em seguida, multiplica-se por 3,6 para se obter a velocidade em km/h) e calcula-se o tempo gasto para as águas atingirem certos pontos, como outras cidades, outros rios, o oceano etc. Acentuar a questão da exportação de poluição de uma cidade para outra.

Fungos no ar: Deixar um pedaço de pão em algum lugar da sala de aula, e acompanhar, com os alunos, o estabelecimento das colônias de fungos (bolor) que irão se formar com o tempo. Acentuar a presença de esporos desses seres, no ar que respiramos.

Mosaico da fauna: Preparar cartões contendo os olhos, ouvidos, bocas, narizes e pés (patas) de diversos animais, inclusive o homem, e afixá-los em um grande mural, que pode ser exposto para os demais colegas da escola, para o jogo das identificações. Organizar uma exposição de pequenos cartazes feitos com recortes de revistas, de animais da fauna brasileira, contendo os seus nomes e algumas informações adicionais, como idade média, hábitos alimentares e distribuição geográfica.

Precisamos tornar as nossas cotias, tamanduás e onças mais conhecidos do que os elefantes, as girafas e os tigres.

Ilusões de ótica: Organizem um conjunto de atividades que envolvam ilusões de ótica. Elas permitem que nos sensibilizemos a respeito das limitações do nosso aparato perceptivo[18].

Mapa dos biomas: Façam o mapa do Brasil, contendo apenas as suas divisões políticas. Em seguida, com legendas simples, e com o auxílio de técnicos da área ambiental, professores etc., plotem os biomas brasilianos (cerrados, Pantanal, pampas, florestas tropicais, Mata Atlântica, caatingas etc.). Observem que esses biomas vêm sendo erroneamente denominados "ecossistemas".

Quantas árvores custa um livro?: Apesar de sabermos que essas estimativas possuem muitas variáveis – como altura, diâmetro, idade e características filogenéticas

---

[18] Ver o livro *Ilusões de ótica* das Edições de Ouro, 62 p., e os capítulos referentes à Ótica, nos livros de Física do 2º grau.

da árvore –, podemos considerar que, em média, temos que abater uma árvore para produzir 50 kg de papel. Estimar quantas árvores tiveram que ser cortadas para fabricar os livros que os alunos trouxeram para a aula.

Como vimos, neste capítulo, a prática da EA estimula uma grande exercitação da nossa cidadania. É fácil entender por que não permitiram que a EA se desenvolvesse no Brasil. Como afirmou McPhee, no seus *Encontros com o arquidruída*, "quanto mais aprendo, mais difícil é me conservar neutro"[19].

Para mais sugestões de atividades sugerimos os livros *Dinâmicas e instrumentação para EA* e *Atividades interdisciplinares de EA* (ambos da Editora Gaia).

---

[19] *Encounters with the Archdruid*, p. 146.

7 EA não formal
Estudos de caso

Os textos a seguir têm o objetivo de demonstrar como as questões ambientais são complexas e desafiadoras, requerendo novos referenciais teóricos e experimentais, para que se possam compreender as suas reais dimensões e inter-relações. Há ainda muitas incertezas, contradições e especulações. Na verdade, estamos apenas começando a exploração cognitiva e emocional dessa área.

7.1 EA nas empresas: exemplo de projeto/programa

Em poucas horas, aquelas imagens do rompimento da barragem da Vale em Brumadinho, Minas Gerais, em janeiro de 2019, invadiram mentes e corações ao redor do mundo.

Com sentimentos de dor e indignação, o mundo, estupefato, indagava ao Brasil: *Então vocês não aprenderam a lição? Como isso pôde acontecer de novo? E agora em escala ainda mais grave e cruel? Como permitiram isso novamente? O que vocês estão fazendo? Que loucura é essa? Que desrespeito é esse pela vida?*

Essas foram as expressões mais citadas na mídia internacional. Referiam-se à repetição da tragédia de Mariana-Samarco, ocorrida no país em 2015.

As redes sociais amplificaram e difundiram tal espanto com o ocorrido, acentuando a irresponsabilidade, a incompetência, a omissão, o mau caráter, a ganância, o lucro a qualquer custo, a mente criminosa e a desumanização dos envolvidos, e por aí a divulgação seguiu. Editoriais inflamados, relatos cheios de emoção, dor e revolta, dentre imagens apavorantes e indignantes. Rios e pessoas mortas. Centenas pela lama, outras pela dor, desesperança e angústia de sonhos destruídos, ainda que continuassem respirando.

Mas, lamentavelmente, foram cenas repetidas. Tem sido assim há décadas, séculos. "Só é novo o esquecido" diziam Louis Pauwels e Jacques Bergier no seu livro *O despertar dos mágicos* (1967).

Após as tragédias, sempre há um bem elaborado pedido de desculpas. Uma justificativa esfarrapada. Promessas de "rigorosos inquéritos" e medidas compensatórias. Tais juras duram tanto quanto o frescor das flores colocadas sobre as sepulturas.

Educação ambiental • princípios e práticas

Tem sido assim: da arrogância e vaidade do Titanic (1912) às mortes e deformações de crianças por mercúrio despejado pela Eletroquímica *Chisso* na Baía de Minamata durante 40 anos (Japão, 1930-1970); das descargas químicas tóxicas despejadas nos rios aos domingos para fugir da fiscalização; da nuvem de dioxina em Seveso (Itália, 1976) aos medonhos incêndios florestais criminosos e o pesadelo nuclear de *Three Mile Island* (EUA, 1979); dos deslizamentos de terra previsíveis e dos vazamentos de produtos químicos que causaram centenas de mortes na Vila Socó (Cubatão, São Paulo, 1984) ao desmoronamento anunciado de prédios e viadutos; das milhares de pessoas que morreram dormindo, asfixiadas por um vazamento de gás da Union Carbide (Bhopal, Índia, 1984), à explosão do reator nuclear de Chernobyl (Ucrânia, 1986) espalhando radiação pelo mundo, aniquilando milhares de pessoas e desertificando cidades inteiras; das nefastas e criminosas falsificações de medicamentos e alimentos, do indecente derramamento de petróleo do Exxon Valdez (Alaska, 1989) aos 11 milhões de carros da Volkswagen que tiveram seus *softwares* fraudados para burlar a fiscalização e emitir gases poluentes para a atmosfera; do inacreditável vazamento radioativo de Goiânia (césio-137, 1987) aos laudos falsos que atestam a inofensividade de produtos cancerígenos; do vazamento da barragem de Cataguases (MG, 2003) ao rompimento da barragem de Miraí (MG, 2007); da explosão de plataforma no Golfo do México (2010) ao vazamento de óleo na Bacia de Campos (RJ, 2011); do revoltante incêndio da Boate Kiss (Santa Maria, RS, 2013), uma arapuca permitida pelas autoridades que matou centenas de jovens universitários, à sua repetição no Ninho do Urubu do Flamengo (RJ, 2019) que ceifou a vida de jovens jogadores de futebol, acomodados de forma irresponsável em contêineres também permitido pelas autoridades; e para fechar essa linha de irresponsabilidades, citemos o "vazamento" de vírus dos laboratórios de pesquisa que terminaram causando pandemias cujos efeitos globais medonhos todos nós sentimos na pele e na alma. Enfim, aos inúmeros casos semelhantes de desrespeito à vida que certamente ainda se somarão a esta listagem.

Ao final, sempre um histórico repetido de omissões e irresponsabilidade, em que a arrogância, a ignorância, o egoísmo e o lucro acima de tudo estiveram presentes, assim como o manjado discurso de "acidente" e de "fatalidade".

Nessas situações surgem as promessas de indenizações que nunca chegarão, as reparações que não ocorrerão, as multas gigantescas aplicadas que jamais serão pagas (pelo conveniente aparato jurídico dos intermináveis recursos), e as indefectíveis promessas de cuidados que logo serão esquecidas.

Tais tragédias não são muito diferentes dos acontecimentos do cotidiano de bilhões de pessoas, em todo o mundo, submetidas a condições degradantes e humilhantes de trabalho, moradia, saúde, nutrição e transporte, dentre outras.

Tudo isso acoplado a contextos de cruéis desigualdades e injustiças sociais, concentração brutal de renda, desemprego, violência, corrupção e ruptura de valores, configurando uma crise civil capaz de nos remeter a colapsos morais e a descontinuidades

EA não formal – Estudos de caso

evolutivas dado a comportamentos autodestrutivos assentados em falhas de percepção, a despeito dos anúncios sombrios vindos de vários setores das atividades humanas, a exemplo da fala de Christine Lagarde, Diretora do FMI, em uma conferência em Riad, Arábia Saudita (numa terça-feira de Carnaval no Brasil, 2019), referindo-se às mudanças climáticas: "Há um futuro sombrio. Seremos todos torrados, assados e grelhados se cruzarmos os braços. Precisamos tomar decisões críticas...". Isso, quatro meses após Donald Trump anunciar sua decisão de retirar os EUA do acordo climático firmado por 195 nações.

Buda dizia que a principal causa dos sofrimentos humanos era a ignorância. E esta é a que mais cresce no mundo.

A ignorância leva à arrogância, que alimenta a imprecaução, o egoísmo e a falta de cuidado com o outro. Leva o ser humano ao materialismo e ao afastamento de sua condição transcendental.

Em toda a história da escalada humana, jamais o ser humano dependeu tanto dos processos de educação para sair das armadilhas urdidas pelo crescimento da ignorância. Justo o processo que nos últimos tempos sofreu mutilações deformadoras causadas por mesquinharias ideológicas, interesses econômicos e vaidades acadêmicas.

No livro *Percepção Ambiental* (Dias, 2021, p. 85), encontramos:

> *[...] A educação não entregou os resultados esperados. O mundo continuou conflituoso e a educação pouco contribuiu para afastá-lo dessa estupidez coletiva. As escolas se transformaram em centros de insatisfação, repressão, tensão e violência. Seus frutos já saem com os fungos da insustentabilidade [...].*

Mas é o que temos. Há de se investir em melhorar o processo, pois a Educação ainda é o remédio mais eficiente contra a pandemia do obscurantismo, e a EA, um poderoso instrumento contra a tremenda falha de percepção que atinge a espécie humana.

Se for eficientemente conduzida, por meio da EA se pode chegar ao conhecimento contextualizado, à ampliação da percepção, ao despertar da sensibilidade, à tomada de consciência, ao resgate e criação de valores, ao sentimento de gratidão e à atuação responsável. Ela pode ser a prevenção contra erros de empresas, omissão de autoridades e ingenuidade útil de populações vulneráveis. Pode ampliar o lado bom das ações humanas, aquelas que nos deixam felizes quando fazemos o bem, nos tornam dignos quando ajudamos, dividimos, incentivamos, inovamos e criamos. Quando somos honestos, compreensivos, tolerantes e pacientes. Quando somos determinados na reconstrução de um mundo melhor.

Essas atitudes já nos legaram conquistas que enobrecem a espécie humana, quer nas conquistas científicas e tecnológicas, quer na ampliação da nossa percepção a respeito de nossa natureza cósmica, levando-nos à formatação de um belo arcabouço filosófico, ético e transcendental.

Assim, desenvolvemos conhecimentos sobre a nossa condição planetária, sobre os intricados mecanismos de sustentação da vida no planeta, seus limites e inter-relações. Despertamos para o mistério da vida e passamos a reverenciá-lo.

É esse lado bom que a EA busca ampliar. Ela deseja trazer mais e mais pessoas capazes de reconhecer a grandiosidade e beleza dessa aventura humana e poder expressar os seus sentimentos de gratidão, quer com os seus semelhantes e consigo mesmo, quer com o planeta e todos os seus componentes.

Um Programa de EA (PEA) deve ser tudo isso. Do contrário, estaríamos repetindo erros, fórmulas fracassadas e presas a um modelo que não tem conseguido resolver seus problemas por utilizar as mesmas ferramentas que os criaram, incapaz de nos libertar dessa cegueira coletiva culturalmente induzida e nos conduzir à reconstrução da nossa racionalidade ecológica, da nossa sabedoria quanto aos nossos limites.

Bem, vamos ao PEA.

Optamos por dar um exemplo de um PEA setorial, descrevendo e comentando as suas etapas, de modo a oferecer subsídios aplicáveis e adaptáveis a vários outros setores e situações das atividades humanas.

Vamos dar como exemplo um PEA para o setor de transportes: terminais.

Deve-se salientar que não há uma fórmula definida para um PEA em empresas, pois as propostas devem se ajustar às características de cada cenário e desafio.

O que vamos apresentar a seguir é apenas uma contribuição aos esforços de se elaborar uma proposta que se aproxime ao máximo das premissas da EA em nosso país, enquanto atende às tendências internacionais e à natureza iminente das mudanças de paradigmas que se tornam imperativas para a sustentação da vida em nosso hábitat cósmico temporário.

Assim, uma proposta de PEA para terminais aeroviários, ferroviários, marítimos, metroviários, rodoviários e afins deve conter, no mínimo:

1. Nome do programa

Definir um nome para o programa. Exemplo:

▶ Programa de EA do Terminal X – PEATX

2. Descrição do empreendimento

De forma resumida, apresentar o que é e o que faz o Terminal X. Esses dados são fornecidos pelo empreendimento.

3. Localização do empreendimento

Onde fica (país, estado, cidade). Anexa-se um mapa de localização. Também fornecido pelo empreendedor.

4. Identificação do empreendedor e dos responsáveis pela implantação do PEA

Nome da instituição e das pessoas (cargos, funções) que responderão pelo PEA na instituição. Exemplo:

- ▶ Terminal X
- ▶ Antonio Bispo dos Santos (gerente A)
- ▶ Berunfeldo Calofalixto de Goligodério (gerente B)

5. Identificação do responsável técnico pela elaboração do PEA

Você! Ou vocês.

6. Descrição do contexto

Diagnostica e descreve elementos do empreendimento, acentuando as suas influências sistêmicas. Veja o texto a seguir como exemplo.

Dentre todos os seres vivos da Terra, a espécie humana certamente é a que mais interfere nas dinâmicas e estruturas naturais para atender às suas crescentes demandas de mobilidade.

Tais características contribuem para o forçamento[1] de pressão ambiental sobre os recursos naturais, uma vez que o transporte requer um alto consumo de energia – em escala sempre crescente –, e opera profundas modificações no ambiente ao estabelecer e operar suas complexas estruturas funcionais.

A fim de atender a essa necessidade de mobilidade, muitas vezes os serviços ecossistêmicos são pressionados, e como resposta adaptativa promovem ajustamentos constantes em seus metabolismos, alguns dos quais são traduzidos em transtornos e prejuízos sociais, econômicos, ecológicos, estéticos e outros.

Nas diferentes formas de transporte adotadas pelo ser humano, os terminais rapidamente se transformaram em lócus de intensa movimentação, tensionando suas infraestruturas e metabolismos (energético-materiais), requerendo mudanças adaptativas rápidas em seus serviços, não apenas em quantidade, mas na qualidade e no caráter evolucionário exigido pelos cenários e desafios socioambientais apresentados à sociedade.

Os terminais brasileiros – como a maioria dos terminais no mundo – estão em constante e profunda transformação (obras, ampliações, modernização, acoplamento de novas tecnologias e equipamentos, e mais), e confluem usuários em contingentes cada vez mais crescentes, com demandas cada vez mais sofisticadas.

---

[1] Influência de um fator na alteração do equilíbrio da energia que entra e sai de um sistema.

Tal situação conforma um ambiente de múltiplas e intensas intervenções e a geração de impactos socioambientais negativos, traduzidos principalmente pelo crescimento do consumo de vários insumos naturais, geração de resíduos e efluentes, ruídos, emissões de gases de efeito estufa, emissões eletromagnéticas, perturbações nas ordens de flora e fauna locais, de drenagens naturais e de patrimônio estético, dentre outras.

Esse espectro de pressão sobre os recursos ambientais – sabe-se – está acoplado de modo inefável ao modelo de desenvolvimento adotado pelas nações que compartilham orientações econômico-neoliberais como o Brasil, assestadas à ótica do crescimento contínuo e crescente.

Os empreendimentos nessa área, portanto, são parte nevrálgica das necessidades de atendimento da mobilidade que o modelo requer, e que precisa se definir em uma linha tênue que une essa atividade socioeconômica às premissas de conservação e preservação ambiental inscritas na proposta de desenvolvimento sustentável exibida pelo aparato jurídico-teórico das leis ambientais brasileiras.

Esse contexto reflete um dilema da sociedade de consumo atual: gozar as benesses do modelo e assumir tacitamente as consequências decorrentes daqueles atos, muitas das quais traduzidas em mazelas que perturbam a própria qualidade de vida, além dos danos ambientais.

Tamanho arranjo não se estabelece sem conflitos. A sociedade deseja os produtos e serviços, mas não quer seus impactos. Não abre mão dos benefícios, mas não quer conviver com os seus custos.

A compatibilização entre esses dois componentes não permite soluções estoicas porquanto lidam com o mundo real. Por isso, a escamoteação dos danos ambientais tentada por meios cosméticos via elementos de gestão ambiental, engenhosas peças publicitárias e seus derivados, rende resultados pífios e desacredita a eficiência do processo de EA, e em consequência, a imagem da instituição.

Por esta razão, diante da realidade na qual o empreendimento se insere, a proposta que se apresenta está inscrita em um modelo baseado na factibilidade, despojando-se de recursos pedagógicos inócuos e contemplativos que servem apenas para completar listagens de portfólios de atividades prometidas. Em vez disso, ela busca focar em ações de ampliação da percepção das pessoas que podem ser alcançadas de forma sistêmica pelo processo.

Isto se torna necessário em virtude das características da dinâmica e diversidade do público que aflui ao empreendimento e às próprias características de um terminal – número elevado de pessoas em trânsito; grande diversidade de serviços e caráter iminente e angustioso dos seus processos centrais: embarque, desembarque, chegada, saída, cargas perigosas, responsabilidades em bagagens, horários estreitos, segurança, estados de emergência constantes, tudo isso acoplado à exigência de infalibilidade.

Junte-se a esse contexto um conjunto de obras de ampliação e ajustes que com frequência se procedem em toda a área do empreendimento, com todos os vetores que essa condição impõe, adicionando potenciais de erros, acidentes e pressões ambientais.

Nesse ponto deve-se acrescentar dados oferecidos pelo empreendedor sobre o fluxo de passageiros, número de pessoas que trabalham no empreendimento, fluxo de chegada e saída e demais informações sobre o seu metabolismo de atividades, dentre outros.

7. Proposta do PEATX

De forma resumida, apresentar os projetos do PEATX, nomeando etapas, ações e período de execução. Tais elementos devem ser baseados nos principais impactos impostos pelas atividades do empreendimento, expressos no seu diagnóstico. Tal diagnóstico pode ser um somatório das informações fornecidas pelo empreendedor, informações disponíveis nas redes e informações geradas durante visitas ao local do empreendimento (com entrevistas, consultas a documentos do empreendimento, inclusive material de comunicação, dentre outros).

Exemplo de uma proposta:

O PEA-TX abriga duas etapas distintas de desenvolvimento.

Na primeira etapa se concentram esforços na formação de massa crítica entre trabalhadores do Terminal, para a percepção das conectividades no empreendimento para o qual trabalha – as pressões ambientais exercidas, os elementos de gestão ambiental aplicados para a sua redução e a contribuição pessoal diante desse processo de responsabilização e busca de melhoria de qualidade ambiental.

Para o cumprimento desse objetivo se reúnem as seguintes iniciativas:

▶ Projeto de Oficinas de Sintonia (formação de massa crítica em percepção socioambiental).

▶ Produção de Recursos Formacionais (materiais educacionais a serem aplicados nas Oficinas de Sintonia).

▶ Ações de Comunicação (difusão de informações por meio do desenvolvimento de *site* do Programa).

Na segunda etapa serão envolvidas as pessoas das empresas terceirizadas no Projeto de Oficinas de Sintonia e desenvolvidos processos de comunicação para o envolvimento do público em trânsito.

Os objetivos, ações previstas, público-alvo, períodos de execução e elementos avaliativos desses projetos serão especificados na metodologia.

Recomenda-se que um PEA deva ser constituído por uma agenda resiliente, flexível e conectada às inovações, que permita a execução de ações permanentes, contínuas,

Educação ambiental • princípios e práticas

dinâmicas, variadas e adequadas a cada público. Por sua natureza dinâmica, a sua configuração nunca fica pronta. Está sempre passando por acomodações evolutivas.

8. Justificativas

Aqui você vai defender a sua proposta de programa. Deve esclarecer as razões para a aceitação da mesma, acentuando a sua adequação aos cenários e desafios postos ao empreendimento.

Exemplo de texto:

A forma como a sociedade humana se organizou – suas estruturas, funções e dinâmicas – tem se mostrado inadequada em relação à preservação da qualidade de vida dado às perdas de qualidade ambiental.

Tais perdas se revelam não apenas nos seus componentes biológicos ou físico--químicos – desaparecimento de espécies, destruição de hábitats, poluições, anarquia dos sistemas climáticos e outros –, mas também do comprometimento psíquico--emocional e deterioração estética.

Para a recuperação desses elementos perdidos e adoção de formas sustentáveis de viver, a espécie humana vai precisar modificar muitos processos estabelecidos há décadas, e que se tornaram indispensáveis à sustentação do estilo de desenvolvimento, mas que têm se mostrado insustentáveis em todas as suas formas: econômica, política, social, ecológica, ética e mais.

Criou-se uma sociedade que ninguém gostaria de ter criado: injusta, insensível, depredadora e autodestrutiva.

Após descrever os cenários e os desafios, sinaliza-se para a busca de ajustes evolucionários que possam enfrentar tais realidades. Assim:

Para se atingir tal mudança se torna necessário um conjunto de ocorrências que se iniciam com a ampliação da percepção sobre esses cenários e desafios socioambientais. A implantação de um PEA em uma instituição pode se tornar um dos elementos que oportunizam esse processo, se conduzido de forma fiel às premissas da EA.

Um PEA, em uma empresa – ou em qualquer outra atividade humana –, deve, portanto, se constituir em uma oportunidade de mudanças evolucionárias. Tais mudanças só podem ocorrer se as pessoas envolvidas no processo puderem ampliar a sua percepção de modo a perceber tais cenários e desafios socioambientais postos à sociedade, ao mesmo tempo em que promovem a identificação das formas indivi-duais e coletivas de contribuição às múltiplas tarefas de construção de uma sociedade sustentável.

EA não formal – Estudos de caso

Emite-se uma crítica ao que vem sendo feito de forma descontextualizada, desconectada e superficial, enquanto aponta para a essência do processo.

Tal condição não poderá ser atingida apenas com reciclagem de latinhas, economia de água e energia elétrica, peças de teatro, exposições de cartazes, palestras, filmes e demais aparatos do repertório de comunicação e de gestão ambiental normalmente confundidos com "EA" ou rotulados assim.

O processo de EA primeiro ocorre no interior da pessoa, utilizando elementos de informação/sensibilização que promovam a ampliação da sua percepção, ajudando-a a tomar novas atitudes e decisões e mudar hábitos, enquanto se engaja em iniciativas efetivas de mudanças – como as de gestão ambiental – por compreender/perceber a sua relevância.

A pessoa passa a se sentir parte das transformações que são necessárias para melhorar a condição da qualidade ambiental para todos: ela mesma, a própria família, sua empresa, sua comunidade e o futuro de tudo isso para um mundo melhor, ou seja, uma sociedade desejável sustentável.

As propostas apresentadas neste PEA estão centradas nessa concepção.

Em seguida, apresenta-se o seu diferencial, a sua proposta de intervenção e mudança, de integração dos processos e de sintonia entre eles, entre as pessoas e entre a empresa e o todo.

Optou-se por elaborar uma proposta que seja factível e verificável, sem centralizar o foco no aparato pirotécnico de instrumentos de gestão ambiental muitas vezes emolduradores de aparências e com fins puramente "marqueteiros".

Assim, centra-se na pessoa e em sua exploração interior, promovendo análises concêntricas e crescentes do mundo à sua volta, suas belezas e ameaças, problemas, suas causas, consequências, alternativas de soluções e descobertas de formas diretas de intervenção que signifiquem contribuições efetivas às mudanças que se fazem necessárias para corrigir a nossa trajetória de destruição da vida.

Dessa forma, os processos de gestão ambiental a serem implantados ou já em desenvolvimento – como os de Gestão da Qualidade do Ar, Gestão dos Sistemas de Abastecimento de Água, Gestão de Águas Residuais e Dejetos, Gerenciamento de Resíduos Sólidos, Gestão da Limpeza, Desinfecção e Desinfestação, dentre outros – serão apresentados como contribuições efetivas da instituição na qual trabalha como elementos apoiadores às iniciativas de redução dos impactos ambientais, e, principalmente, como sinalizadores de responsabilidade socioambiental da qual é parte fundamental e não apenas como itens de cumprimento de normas ambientais.

Fecha-se o item deixando claro que o processo, por ser evolutivo, estará sempre demandando ajustes.

Esses componentes serão sempre apresentados como insuficientes, deixando clara a necessidade de ajustes contínuos de caráter evolutivo.

Tais propostas se mostram adequadas à realidade que se pretende ajustar para situações melhores, e estão intrinsecamente ligadas aos objetivos propostos.

9. Objetivo geral e objetivos específicos

Apresentar, de forma direta e resumida, o objetivo geral e os objetivos específicos. Devem ser redigidos de tal forma que qualquer pessoa possa explicá-los fielmente após a sua leitura. Ter a precaução de enumerar objetivos atingíveis, plausíveis e de sucesso mensurável. Saliente-se que a concepção desses objetivos deve orientar, de forma rigorosa, as metodologias adotadas adiante. Exemplo de texto:

9.1 Objetivo geral:

Promover ações de informação e sensibilização socioambiental direcionadas às pessoas que trabalham na instituição, visando a ampliação da sua percepção sobre as conectividades estabelecidas entre as atividades do Terminal X, as ações de mitigação implantadas, os cenários e desafios evolucionários vigentes e as contribuições pessoais e da instituição para a melhoria das relações com o ambiente, em sua totalidade.

Logo a seguir, expressar os objetivos específicos. Lembre-se que não se deve trabalhar com uma longa listagem desses. É melhor reduzí-los ao campo das possibilidades reais de efetivação. Observe que todos os objetivos específicos citados devem ser respaldados por elementos também específicos que serão citados adiante na metodologia. Ou seja, a metodologia deve esclarecer como aquele objetivo vai ser alcançado, de que forma será atingido.

9.2 Objetivos específicos:

▶ Planejar, executar e avaliar o Projeto de Oficinas de Sintonia destinado à formação de massa crítica em percepção socioambiental dirigido ao pessoal que atua no Terminal X.

▶ Planejar e produzir recursos formacionais a serem aplicados nas Oficinas de Sintonia.

▶ Promover ações de comunicação visual nas áreas de grande circulação do Terminal X.

▶ Desenvolver, aplicar e analisar um conjunto de indicadores de avaliação para o PEATX.

10. Descrição do público-alvo

Descrever sucintamente o público-alvo e a justificativa para a sua escolha. Nomear os grupos funcionais. Exemplo:

A escolha de estratégias pedagógicas a serem adotadas no processo de EA que se projeta implantar depende muito do público-alvo ao qual vai ser dirigido. Tal decisão requer a consideração do contexto no qual as atividades de EA serão desenvolvidas e avaliadas

10.1 Justificando o público-alvo escolhido:

Um Terminal resume e expressa o estilo de vida no qual grande parte da população está imersa: pressa, automação, movimentação intensa em pequenos espaços, complexa diversidade de serviços, forte pressão sobre os recursos ambientais devido ao alto consumo de matéria e energia, grande geração de resíduos, além de tensão psicológica e tempo exíguo para que tudo aconteça sem descontinuidades.

Nesse universo referencial, passageiros e operadores (em grande parte apressados) representam uma parcela do contingente local de natureza transitória, assim como alguns prestadores de serviços, visitantes e outros. Há ainda o público formado por terceirizados (segurança, transporte, limpeza, manutenção técnica), lojistas e outros.

Nesse ponto se apresentam tabelas (a serem fornecidas pelo Terminal X) especificando a distribuição do público-alvo em suas respectivas atividades. Exemplo:

N.	Tipo de atividade	Quantidade de estabelecimentos	Quantidade de pessoas
	Tabela 7.1 – Tipos de empresas/atividades e quantidade de pessoas no Terminal X		
01	Agências de carga e de passageiros	x	x
02	Concessionários com acesso à área restrita	x	x
03	Concessionários sem acesso à área restrita	x	x
04	Despachantes e ajudantes aduaneiros	x	x
05	Abastecedoras e manutenção	x	
06	Empresas de transporte	x	x
07	Empresas de limpeza e conservação	x	x
08	Empresas de manutenção e engenharia	x	x

Educação ambiental • princípios e práticas

Tabela 7.1 – Tipos de empresas/atividades e quantidade de pessoas no Terminal X			
N.	Tipo de atividade	Quantidade de estabelecimentos	Quantidade de pessoas
09	Empresas de segurança, operações e informática	x	x
10	Empresas de serviços auxiliares de proteção	x	x
11	Empresas de serviços auxiliares operacionais	x	x
12	Empresas da comunicação social	x	x
13	Empresas de vigilância armada	x	x
14	Órgãos públicos no Terminal X	x	x
	TOTAL	nx	nx

Reconhece as dificuldades encontradas no contexto e apresenta os recursos educacionais (conceitos e recomendações, marco referencial e legal) disponíveis para o enfrentamento do desafio.

Dessa forma, diante de tamanha diversidade e do expressivo contingente envolvido, a definição do público-alvo poderia se tornar um exercício de difícil consecução.

Entretanto, se considerados os objetivos, princípios e recomendações para a prática do processo de EA descritos no Marco Referencial brasileiro (Lei 9.795/99, que institui a Política Nacional de EA), a tarefa se torna menos tortuosa.

Segundo a definição de EA citada no Artigo 1º

> *Entendem-se por EA os processos por meio dos quais o indivíduo e a coletividade constroem valores sociais, conhecimentos, habilidades, atitudes e competências voltadas para a conservação do meio ambiente, bem de uso comum do povo, essencial à sadia qualidade de vida e sua sustentabilidade.*

E ainda considerando seus objetivos (Artigo 5º.), principalmente:

> *I – o desenvolvimento de uma compreensão integrada do meio ambiente em suas múltiplas e complexas relações, envolvendo aspectos ecológicos, psicológicos, legais, políticos, sociais, econômicos, científicos, culturais e éticos; [...]*
> *II – o estímulo e o fortalecimento de uma consciência crítica sobre a problemática ambiental e social;*

III – o incentivo à participação individual e coletiva, permanente e responsável, na preservação do equilíbrio do meio ambiente, entendendo-se a defesa da qualidade ambiental como um valor inseparável do exercício da cidadania; [...]

Diante disso, sinaliza-se para as prioridades.

Torna-se, então, imperativo que se promova em uma primeira etapa um processo de EA capaz de ampliar a percepção de pessoas-chaves do empreendimento a respeito dos cenários e desafios socioambientais nos quais estão imersos, e que essas pessoas sejam elementos de difusão desse processo quando do exercício de suas funções, tanto no aeroporto quanto em suas outras múltiplas interações sociais.

E justifica, em seguida.

Tal estratégia visa a formação de uma massa crítica, que atuará como agente facilitador para tomadas de decisões direcionadas à quebra inercial das resistências corporativas, que ocorrem naturalmente em empreendimentos dessa envergadura.

A partir desse grupo, o processo de formação se amplia e se dirige de forma radial a grupos oriundos dos vários setores do Terminal.

10.2 *Definindo o público-alvo e as etapas:*

Define-se então o público-alvo do PEA do Terminal em etapas de prioridades, direcionando o processo para a base de sustentação do empreendimento, ou seja, o pessoal da base primal-operacional do empreendimento como elemento estratégico para a configuração de quadros profissionais dotados de percepção dos cenários e desafios socioambientais locais e não locais, com potencial de ação influenciadora sobre os segmentos de pessoal conectados às suas atividades.

O processo de EA deve ser capaz de incentivá-los à adoção de novos hábitos, atitudes e tomada de decisões que contribuam efetivamente para a melhoria do seu ambiente interior e do seu ambiente de trabalho (saúde, higiene, segurança, qualidade sonora e estética), e não apenas da qualidade ambiental caracterizada pela correta compreensão dos múltiplos processos do empreendimento no qual atua – necessidade de redução de impactos negativos, parcimônia no consumo de insumos naturais (água, energia, matéria-prima) não geração e redução de resíduos e apoio aos diversos elementos de gestão ambiental implantados.

Obviamente, a incorporação de tais elementos no grupo eleito poderá contribuir efetivamente para a sustentabilidade do empreendimento do qual fazem parte.

Nesse ponto, apresenta-se a organização dos grupos funcionais. Exemplo:

Para a operacionalização do processo serão formados os seguintes grupos funcionais:

1. Funcionários do Terminal X;
2. Terceirizados (contingente de pessoas que regularmente circulam nas dependências do Terminal X exercendo alguma atividade ligada a ele – lojas, quiosques e concessionárias);
3. População flutuante (contingente de pessoas que transita no embarque ou desembarque).

Na primeira etapa do PEATX será contemplado o grupo 1. Os grupos 2 e 3 ficarão, então, na segunda etapa.

Há ainda o grupo representado pelo público externo, cuja proposta de atuação deverá ser formulada após o cumprimento das duas primeiras etapas, em função do atendimento às prioridades estabelecidas na justificativa do PEATX.

11. Metodologia de execução

É um ponto nevrálgico do PEA. Aqui se descreve o programa e as estratégias adotadas para o alcance dos objetivos prescritos. Especificam-se procedimentos e instrumentos e se inicia com a apresentação do seu marco referencial, ou seja, sob quais bases conceituais o programa foi concebido. A falta ou inconsistência desse último elemento tem sido responsável pelas rejeições de muitos programas, quando submetidos à análise em agências de financiamento (públicas ou privadas) porquanto denuncia a sua fragilidade conceitual.

Deve trazer, de forma clara, os aspectos legais que tornam a EA obrigatória nas empresas, a justificativa para as escolhas pedagógicas e as atividades que serão desenvolvidas. Exemplo:

11.1 Marco referencial e aspectos legais da EA em empresas

As inquietações referentes à degradação ambiental global generalizada, que levaram os representantes de 153 países à primeira conferência mundial sobre a temática ambiental (ONU, Pnuma, Unesco, Estocolmo, 1972) terminaram por reconhecer a necessidade de se promover processos de EA (recomendação n. 96), estabelecendo então as bases para a criação de um programa internacional de EA (PIEA).

Seguiram-se encontros regionais em vários países onde se consolidaram algumas recomendações para a formação das bases conceituais da EA, resultando nas recomendações do Encontro de Belgrado (1975), que seriam seguidas para a elaboração do "livro azul" – resultado da Conferência Intergovernamental sobre EA em Tbilisi, Georgia, 1977, promovida pela Unesco-Pnuma-PIEA da qual o Brasil é signatário.

A definição, os objetivos, princípios e premissas de Tbilisi acabaram orientando a elaboração de Políticas Públicas voltadas à EA em muitos países do mundo, principalmente aqueles sob regimes democráticos.

Em 1988, a Constituição brasileira incorporava a dimensão ambiental em seu escopo (Artigos 205 e 225), e em 1992, durante o Fórum Global da Rio-92, a sociedade civil elaborava o *Tratado de EA para Sociedades Sustentáveis e Responsabilidade Global*, que reconhece a EA como processo dinâmico em permanente construção, orientado por valores baseados na transformação social. Esse tratado inspiraria a formulação do Pronea (dezembro de 1994), cujas diretrizes incluíam a sustentabilidade socioambiental (Pronea, 2005).

Como decorrência histórico-evolucionária, em 27 de abril de 1999, o Governo Federal sanciona a Lei 9.795/99, que dispõe sobre a EA, e institui a Política Nacional de EA (regulamentada pelo Decreto 4.281, de 25 de junho de 2002). O processo é, então, assim definido:

Art. 1º *Entendem-se por EA os processos por meio dos quais o indivíduo e a coletividade constroem valores sociais, conhecimentos, habilidades, atitudes e competências voltadas para a conservação do meio ambiente, bem de uso comum do povo, essencial à sadia qualidade de vida e sua sustentabilidade.*

Acentua a abrangência do processo:

Art. 2º *A EA é um componente essencial e permanente da educação nacional, devendo estar presente, de forma articulada, em todos os níveis e modalidades do processo educativo, em caráter formal e não formal.*

Especifica a quem cabe a sua promoção:

Art. 3º *Como parte do processo educativo mais amplo, todos têm direito à EA, incumbindo: [...]*
V – às empresas, entidades de classe, instituições públicas e privadas, promover programas destinados à capacitação dos trabalhadores, visando à melhoria e ao controle efetivo sobre o ambiente de trabalho, bem como sobre as repercussões do processo produtivo no meio ambiente;

Anuncia os princípios básicos (Artigo 4º) dos quais destacam-se:

I – o enfoque humanista, holístico, democrático e participativo;
II – a concepção do meio ambiente em sua totalidade, considerando a interdependência entre o meio natural, o socioeconômico e o cultural, sob o enfoque da sustentabilidade;
III – a vinculação entre a ética, a educação, o trabalho e as práticas sociais;

Educação ambiental • princípios e práticas

IV – *a garantia de continuidade e permanência do processo educativo;*
V – *a permanente avaliação crítica do processo educativo;*
VI – *a abordagem articulada das questões ambientais locais, regionais, nacionais e globais;*

Define seus objetivos fundamentais (Artigo 5º) dentre os quais:

I – *o desenvolvimento de uma compreensão integrada do meio ambiente em suas múltiplas e complexas relações, envolvendo aspectos ecológicos, psicológicos, legais, políticos, sociais, econômicos, científicos, culturais e éticos;*
II – *a garantia de democratização das informações ambientais;*
III – *o estímulo e o fortalecimento de uma consciência crítica sobre a problemática ambiental e social;*
IV – *o incentivo à participação individual e coletiva, permanente e responsável, na preservação do equilíbrio do meio ambiente, entendendo-se a defesa da qualidade ambiental como um valor inseparável do exercício da cidadania;*

Explicita o processo fora do sistema escolar (EA não formal):

Art. 13º *Entendem-se por EA não formal as ações e práticas educativas voltadas à sensibilização da coletividade sobre as questões ambientais e à sua organização e participação na defesa da qualidade do meio ambiente.*

Em 25 de junho de 2002, o Executivo Federal, ouvindo o Conselho Federal de Educação e o Conselho Nacional do Meio Ambiente – Conama, regulamentou a Lei 9.795/99, por meio do Decreto 4.281, no qual estabelece em seu artigo 6º:

Para cumprimento do estabelecido neste Decreto, deverão ser criados, mantidos e implementados, sem prejuízos de outras ações, programas de EA integrados: [...]

Dentre os quais se destaca:

II – *as atividades de conservação da biodiversidade, de zoneamento ambiental, de licenciamento e revisão de atividades efetivas ou potencialmente poluidoras, de gerenciamento de resíduos, de gerenciamento costeiro, de gestão de recursos hídricos, de ordenamento de recursos pesqueiros, de manejo sustentável de recursos ambientais, de ecoturismo e melhoria da qualidade ambiental.*

Atenção!

Nesse ponto da proposta de PEA, recomenda-se que sejam acrescentados elementos locais referentes ao processo de EA (leis municipais e/ou estaduais). Há vários municípios e estados brasileiros que têm sua política específica para a EA, contendo a nomeação de comissões, conselhos e deliberações diversas. **Como exemplo, citamos abaixo um texto, caso o empreendimento fosse no Distrito Federal:**

Em 27 de março de 2006, a Câmara Legislativa do Distrito Federal aprova a Lei 3.833 (regulamentada pelo Decreto 31.129, de 04 de dezembro de 2009, publicado no DODF de 07 de dezembro de 2009) que institui a Política de EA do Distrito Federal e cria o Programa de EA, complementando a Lei Federal 9.795/99, da qual é seguidora.

Seguindo o PEATX:

Ao passo dessas documentações, à medida que o processo de EA se institucionalizava, ampliava-se a especificidade para atender diferentes facetas do seu espectro de atuação. Então, surgem as recomendações/orientações para a EA no processo de licenciamento ambiental (Quintas *et al.*, 1998 e 2005) e nas empresas (Pedrini, 2008).

Finalmente o processo de EA institucionalizou-se no Brasil e se difundiu em todos os setores da sociedade brasileira, presente no modelo colegiado das suas estruturas ambientais. Na atualidade, há tantos conceitos, definições, metodologias e aportes epistemológicos quanto publicações acadêmicas do país.

Finalmente, decide-se e apresenta-se a conceituação adotada.

Nesta proposta de PEA, para evitar as intermináveis contendas conceituais, adota-se então o marco referencial oficial, ou seja, o preconizado na Lei 9.795/99 que institui a Política Nacional de EA, cujos pressupostos conceituais referentes ao empreendimento foram destacados neste subitem.

11.2 Justificando a escolha de abordagem pedagógica adotada

É imperativo fazer as seguintes observações:

A falta de referencial teórico nas propostas de programas de EA, apresentadas às agências governamentais brasileiras em função de compromissos condicionantes em processos de licenciamento, vem sendo estudada por diversos grupos acadêmicos.[2]

Tem sido atribuído a tal omissão o desvirtuamento dos processos de EA nas empresas e a sua baixa eficácia.

Adams e Gehlen (2008, p. 24) afirmam que:

---

[2] Como consultor *Ad Hoc* do Ministério do Meio Ambiente, analisamos centenas de propostas de projetos de EA para fins de financiamento. Constatamos, em um estudo, que em torno de 90% dos projetos não traziam marcos referenciais.

É pela falta de referencial teórico que muitas empresas focam suas atividades de EA em aspectos estanques, pontuais, voltados, principalmente, para a "ecoeficiência".

Ao centralizar o enfoque em elementos de gestão ambiental, confunde-se esta com o processo de EA. E acrescenta:

É preciso promover a sensibilização no ambiente empresarial para provocar ação integrada da sociedade como um todo e não somente disponibilizar mais e mais informações.

Pelliccione, Nina Beatriz Bastos *et al.* (2008, p. 53) no trabalho "EA Empresarial: uma avaliação de práticas no Sudeste brasileiro" avaliaram 29 empresas que desenvolviam programas de EA e concluíram que não havia um referencial teórico-conceitual que norteasse o mesmo.

As empresas tendem a realizar suas atividades em ações pontuais, esvaziadas de sentido mais profundo, que encontram fim na superficialidade... em que não existem questionamentos e discussões mais profundas... quase sempre em uma forma de instrução de caráter essencialmente técnico, sem que se mostre a verdadeira configuração da EA.

Ao que Pedrini (2008, p. 4 e 10) acrescenta:

- "... para que se evitem investimentos em atividades de fachada ou de qualidade questionável";

- "... atividades soltas, sem organicidade entre elas e usadas como fim e não como meio para atingir a EA, como: gincanas, hortas, distribuição de mudas de plantas, reciclagem de papel, desfiles, cartilhas, distribuição de camisetas e brindes.... sem que haja prévia identificação de conceitos e a tentativa de uniformizá-los para criar uma unidade de trocas pedagógicas, torna-se impossível um trabalho sério em termos educativos".

Evidencia-se aí a distância entre as atividades que vem sendo propostas e a essência do processo de EA preconizada no Pronea (p. 37), segundo o qual a EA deve ser:

▶ *Emancipatória (possibilita a aquisição de conhecimento, valores, habilidades, experiências e a determinação para enfrentar e participar da solução de problemas ambientais).*

▶ *Transformadora (promove a mudança de atitudes para o desenvolvimento de sociedades sustentáveis).*

▶ *Participativa (capaz de estimular a participação em mobilizações).*

► *Abrangente (capaz de envolver a totalidade dos grupos sociais – públicos interno e externo; permanente (processo continuado).*

► *Contextualizadora (atuar na realidade local e promover a percepção das conectividades com as dimensões crescentes até a planetária).*

► *Interdisciplinar (integrar diferentes saberes e conhecimentos de diferentes áreas).*

► *Ética (considerar valores, moral e ética em todos os momentos do processo).*

Por essa razão, se propõe neste PEA a promoção de atividades focalizadas inicialmente na ampliação da percepção das pessoas para que elas passem a ser agentes de transformação socioambiental.

O processo assim iniciado se situa na essência dos propósitos e razão de ser da EA: conhecer, refletir, sensibilizar, perceber e atuar.

A EA como estratégia educacional, pautada em tendências pedagógicas críticas, é também corroborada por Maturana (1988): ao enfatizar a necessidade de uma educação que promova atuação na conservação da natureza, compreensão a ponto de excluir a ideia de domínio; convívio com responsabilidade e distanciamento de abusos.

Segundo Leff (2001), o processo deve ser tal que seja capaz de induzir transformação do conhecimento a partir de uma nova percepção das relações entre processos ecológicos, econômicos, sociais; e que possa conduzir à internalização dos princípios e valores ambientais nos conteúdos, enfoques e práticas dos processos educativos.

Assim, somente depois desse processo se estabelece um ambiente propício para a instalação de procedimentos outros de gestão ambiental, como instrumentos de redução dos impactos gerados pelo empreendimento – e naturalmente pelas pessoas aderidas a ele, quer constantemente, quer esporadicamente.

11.3 Atividades propostas

Descrevem-se as estratégias adotadas para alcançar os objetivos dos projetos. Pormenorizam-se os procedimentos e instrumentos didático-pedagógicos auxiliares a serem utilizados. **Exemplo:**

Primeira etapa

Para a consecução dos objetivos propostos, deverão ser executados os seguintes componentes:

► Projeto Oficinas de Sintonia.

► Projeto Produção de Recursos Formacionais.

► Projeto Ações de Comunicação Interna.

Projeto de Oficinas de Sintonia

A formação de massa crítica corporativa para a apreensão dos significados de um processo de EA em um empreendimento é decisivo para o sucesso ou fracasso de um PEA. A partir desse grupo é que a implantação das atividades seguintes ocorre ou não.

Formula a crítica e aponta a estratégia adotada.

Palestras, conferências, seminários, panfletos, reuniões e outros têm se mostrado ineficazes para a consecução desse objetivo. As pessoas já vivem saturadas da temática ambiental colocada como ecocatastrofista, radical e indutora de mais estresse psicológico no cotidiano das pessoas (além de ser vista como causadora da redução de fluidez nos processos de licenciamento).

Para completar, a forma inquisidora como a mídia despeja a dimensão ambiental nos lares – sempre emoldurada por desgraças apocalípticas – torna as pessoas indiferentes às questões, uma vez que adotam a conhecida estratégia psicológica de autodefesa: ignorar os fatos.

A esse respeito, Macy e Molly (2004, p. 42) acentuam:

> (...). Até os sinais de perigo, que deveriam chamar nossa atenção, (...), tendem a causar efeito oposto. (...) fechar a persiana e ocupar-nos com outras coisas... (...). Teremos nos tornados calejados, niilistas?[3] (...). Seus alarmes e sermões tendem a fazer com que puxemos ainda mais a persiana, aumentando nossa resistência contra aquilo que parece poderoso demais, complicado demais, demasiadamente fora de nosso controle.

Assim, opta-se pela concepção da "Oficina de Sintonia", um evento que se oferece a pequenos grupos, caracterizado pela informalidade, caráter dialogal, lúdico e sintonizado com as realidades locais, como forma de compreensão radial crescente das demais realidades.

E cita o que será comunicado, integrando os elementos e seus referenciais.

Nesse momento, oferece-se uma leitura do contexto do empreendimento e suas conectividades com o ambiente global por meio de uma análise sistêmica participativa. Constrói-se coletivamente um modelo de interpretação, onde se permite reconhecer-se no contexto global. A partir daí, apresentam-se os elementos que o PEA traz como estratégias de contribuições efetivas à melhoria do ambiente total,[4] no qual todos estão inseridos.

---

[3] Niilismo: anulação, redução à nada.

[4] Formado pelo ambiente natural + cultura humana + estado biopsíquico.

Essa estratégia é corroborada por Fritzen e Molon (2008, p. 27 e 28) quando aborda o processo de capacitação sob a perspectiva do público interno, e acentua:

A *qualidade dessa participação está vinculada à percepção e à impor- tância atribuída pelo funcionário ao processo em curso;*

E identifica o sentimento de não pertencimento como barreira a ser eliminada:

... estes não se sentem como parte integrante da mudança, mas apenas coadjuvantes, sem direito de opinião, obrigados a desempenhar um papel previamente estabelecido;

A condução da Oficina de Sintonia busca eliminar essa possibilidade pela própria natureza de sua concepção. Será oferecida em duas fases: a primeira envolverá os grupos de pessoas-chaves; a segunda, os demais.

Inicia-se a descrição pormenorizada do processo. Assim:

I. Objetivo: Formar massa crítica em percepção socioambiental;

II. Metodologia:

Enriquecido com apresentações em PowerPoint, filmetes, técnicas de simulação e dinâmicas, as sessões serão conduzidas em exposições de forma participativa, interativa e lúdica. O encerramento da oficina sempre se dará com a simula- ção do "Relatório *homo sapiens*", técnica de sensibilização que promove uma varredura de frequência na escalada evolucionária humana, incita a reflexão, a autoestima e a decisão de participar ativamente das múltiplas ações em prol da melhoria das condições socioambientais.

a. Grupos para as Oficinas:

As oficinas atenderão pessoas oriundas de n grupos configurados em função das atividades que executam.

Grupo n1: *n* pessoas (superintendente, conselheiros, diretores, gerentes e coordenadores);

Grupo n2: *n* pessoas (advogados, analistas, assistentes, consultores, engenheiros, secretárias, médicos, arquitetos, assistentes, encarregados, fiscais, operadores, técnicos);

As *n* pessoas formarão *n* turmas com *n* participantes que experimentarão o processo da Oficina de Sintonia com conteúdo do núcleo comum e conteúdo específicos do seu grupo, conduzidos com metodologia resiliente às suas características.

As mesmas turmas retornarão para reencontros de avaliação e re-sintonia a serem promovidos *n* meses após a realização das Oficinas de Sintonia.

b. Carga horária:

Oficinas: Três (3) horas com intervalo de 15 minutos;

Reencontros: Duas (2) horas com intervalo de 15 minutos.

c. Local e horários:

Auditório x e área y.

Os horários serão dispostos dentro do turno de trabalho (inclusive nos turnos noturnos).

d. Conteúdo das oficinas:

No núcleo comum se buscou sistematizar o processo de informação--sensibilização partindo do universal para o pessoal. Assim, inicia-se por identificar a "localização" do planeta onde habita, perscruta-se seus mistérios e fascínios, chegando aos elementos que ameaçam essas benesses, as pressões do empreendimento no qual desenvolve as suas atividades, as ações para a redução dessas pressões e as iniciativas pessoais que podem contribuir para a melhoria dos cenários descritos.

Integram os conteúdos do Núcleo comum:

▶ Perceber o mundo onde vivemos;

▶ Principais cenários e desafios da sustentabilidade humana (elementos de segurança alimentar, hídrica, climática e energética; vulnerabilidade social e risco global; padrões de produção, consumo e descarte; pegada de carbono; elementos de governança);

▶ Pressão ambiental exercida pelo metabolismo energético-material do empreendimento; elementos de gestão ambiental aplicados como forma de redução dos impactos e responsabilidade socioambiental;

▶ Contribuições pessoais para a sustentabilidade.

Os núcleos específicos tratam de temas relacionados aos programas dos protocolos do Terminal X que são assestados a princípios de segurança, higiene, saúde e preservação da qualidade ambiental.[5]

---

[5] Programa de Gestão da Qualidade do Ar; Gestão dos Sistemas de Abastecimento de Água para Consumo Humano; Gestão de Águas Residuais e Dejetos Líquidos; Programa de Gerenciamento de Resíduos Sólidos; Programa de Gestão da Limpeza, Desinfecção e Desinfestação.

e. Dos reencontros:

Apresentação resumida dos principais resultados obtidos pelo PEATX no período; evoluções, constrangimentos e prospectivas; audiência em grupos (reflexões, comentários, sugestões); apresentação dos recursos formacionais em imagens.

Em seguida, é preciso especificar as metas e o monitoramento dos resultados (avaliação) e o período de execução. Na avaliação, ponto crítico de qualquer programa, é recomendável uma atenção especial na nomeação de indicadores.

f. Metas:

Realizar n oficinas em n semanas, envolvendo n pessoas reunidas em n turmas, compostas entre n e nx participantes.

g. Monitoramento dos resultados:

▶ Indicadores

Número de oficinas realizadas;

Número total de participantes nas oficinas (representação porcentual da amostra);

Porcentagens de significações (avaliação da oficina);

Porcentagens de significações (avaliação da eficiência do processo).

▶ Instrumento de avaliação

Da oficina (via instrumento de registro escrito);

Da eficiência do processo – consecução de objetivos/percepção: (a) via instrumento de registro; avaliação escrita antes e depois do evento; (b) leituras inobtrusivas (Webb *et al.*, 1992).

h. Período de execução:

De quando a quando.

Se na proposta houver a previsão de produção de recursos formacionais, a mesma deverá ser especificada.

Produção de Recursos Formacionais:

I. Objetivo:

Planejar e produzir materiais formacionais a serem aplicados nas Oficinas de Sintonia.

II. Metodologia:

Planejamento e produção dos seguintes recursos formacionais:

Educação ambiental • princípios e práticas

▶ Livreto (*n* páginas, formato *n* x *n*, gramatura x, cores x);

▶ Vídeo (*n* minutos, sistema x);

▶ Filipeta (formato *n* x *n* cm, 240 g/m^2, 4/4 cores).

a. Metas:

Produzir e disponibilizar os itens gráficos no início das oficinas;

b. Período:

Data.

c. Indicadores:

▶ Quantitativos de materiais produzidos em cada item especificado;

▶ Quantitativo de materiais distribuídos nas diversas ações propostas no PEATX;

Se houver previsão de ações de comunicação, as mesmas também devem ser especificadas.

Ações de comunicação:

I. Objetivo:

Difusão de informações socioambientais na área de grande circulação do Terminal.

II. Metodologia:

a. Utilização de painéis e placas informativas nas áreas de embarque e desembarque do TX para a veiculação de conteúdos relacionados ao PEA.

As exibições seguirão padrões subliminares de informação/sensibilização considerando a natureza do usuário-transeunte.

b. Aposição de etiquetas de informação/sensibilização nos pontos de atendimento de serviços de higiene (torneiras, vasos sanitários e outros) e consumo de energia elétrica (interruptores, equipamentos elétricos e outros).

c. Criação de um lócus de informações sobre o PEA no site do TX.

d. Criação da "Folha Eletrônica do PEATX" mensal para veiculação entre os participantes do processo (Facebook, Instagram, WhatsApp e outras mídias).

e. Criação da "Caixinha do PEA" (para deposição de sugestões, reclamações, reflexões e outros).

f. Metas:

▶ Operação de n painéis e n placas de comunicação/informação em (data);

EA não formal – Estudos de caso

► Colocação de n etiquetas em pontos de serviços;

► Disponibilização de link no site do TX para acessar informações sobre o PEATX em (data);

► Disponibilização da "Folha do PEA" após a realização da terceira oficina;

► Disponibilização da "Caixinha do PEA" após a realização da primeira oficina.

g. Indicadores:

► Número de painéis e placas em operação com veiculação de conteúdos do PEATX;

► Número de etiquetas produzidas e de etiquetas apostas em pontos de serviços;

► Número de etiquetas repostas;

► Disponibilização de *link* para informações sobre o PEATX no site do TX (sim/não; 0-100%);

► Disponibilização da "Caixinha do PEA" (sim/não; 0-100%).

Se a proposta sugere uma segunda etapa, pelo menos alguns elementos precisam ser adiantados.

Segunda etapa

Constará das seguintes atividades:

► Oficinas de Sintonia para o público-alvo 2 (terceirizadas).

► Distribuição de materiais formacionais às terceirizadas.

► Disponibilização de painel interativo (*touch screen*) sobre o PEATX.

Como o público-alvo é composto por pessoas de instituições independentes do TX, a composição das turmas se fará por meio de convite.

As turmas então formadas seguirão os mesmos trâmites descritos na primeira etapa.

Os objetivos, ações previstas, público-alvo, períodos de execução e elementos avaliativos dessas atividades seguem a metodologia da primeira etapa.

Nesse ponto da proposta deverão ser apresentados os elementos listados a seguir. Os itens 12, 13 e 15, em geral, são estabelecidos em comum acordo com o cliente empreendedor. O item 14 é um ponto crítico do programa. Da sua concepção e exequibilidade dependem a percepção de sucesso ou fracasso do mesmo. Muitas propostas de programas e/ou projetos de EA são recusados por não apresentarem um processo de avaliação claro, coerente e de fácil apreciação/análise. Dentro da avaliação, a nomeação de indicadores é absolutamente crucial. Quer qualitativos, quer quantitativos.

12. Cronograma físico de execução

Deverão ser apresentados os prazos para a execução das etapas, especificando os meses.

13. Metas previstas

De forma objetiva e precisa, especificar o que se pretende alcançar ao longo do tempo.

14. Indicadores físicos e meios de verificação

Os indicadores são instrumentos de verificação objetiva de resultados. Em sua maioria são expressos por números (exemplo: número de pessoas que passaram a utilizar o copo de vidro em uma seção, após o PEA sugerir isso, e representá-lo em porcentagem).

Há ainda os indicadores inobtrusivos, aqueles obtidos por medidas indiretas via observação de vestígios de atitudes passadas (exemplo simbólico: o tapete mais desgastado em uma área indica preferência de lugar).

15. Recursos financeiros e humanos

Especificar o quadro de pessoal necessário para o cumprimento das tarefas descritas no PEA.

16. Referências bibliográficas

As referências bibliográficas constituem o elemento principal e indispensável para a credibilidade das premissas citadas na proposta. É o alicerce do arcabouço teórico--filosófico-metodológico do programa. Deve trazer apenas as obras que realmente foram consultadas para a configuração do documento.

Exemplo das obras consultadas para a elaboração dessa proposta-demonstração:

Referências bibliográficas:

ADAMS, B. G. e GEHLEN, L. "Contribuições pedagógicas para a Educação Ambiental empresarial". In: PEDRINI, A. de G. (Org.). *Educação Ambiental empresarial no Brasil*. São Carlos: RiMa Editora, 2008. p. 16-25.

DIAS, G. F. *Percepção ambiental*. Brasília: Ed. Autor, 2021. 376 p.

FRITZEN, F. M. e MOLON, S. I. Educação Ambiental e a Norma ISO 14.000: o processo de capacitação sob a perspectiva do público interno. In: PEDRINI,

A. de G. (Org). *Educação Ambiental empresarial no Brasil*. São Carlos: RiMa Editora, 2008. p. 27-38.

LEFF, H. *Saber ambiental*: sustentabilidade, racionalidade, complexidade, poder. Petrópolis: Vozes, 2001. 343 p.

MACY, J. e BROWN, M. Y. *Nossa vida como Gaia*. São Paulo: Editora Gaia, 2004. 254 p.

MATURANA, H. R. *Emoções e linguagem na educação e na política*. Belo Horizonte: Editora UFMG, 1998. 98 p.

ONU *Conferência da ONU sobre a situação da mulher*. Final Report. China, Beijing, 1999.

PEDRINI, A. de G. (Org). *Educação Ambiental empresarial no Brasil*. São Carlos: RiMa Editora, 2008. 246 p.

PELLICCIONE, N. B. B. *et al.* "Educação Ambiental empresarial: uma avaliação de práticas no sudeste brasileiro". In: PEDRINI, A. de G. (Org). *Educação Ambiental empresarial no Brasil*. São Carlos: RiMa Editora, 2008. p. 39-55.

PRONEA, MMA, MEC. *Programa Nacional de Educação Ambiental*. 3. ed. Brasília, 2005. 102 p.

QUINTAS, José da Silva et al. *O termo de referência para elaboração e implementação de programas de Educação Ambiental no licenciamento*. Brasília: Ibama, 1998. 6 p.

QUINTAS, José da Silva *et al. Pensando e praticando a educação no processo da gestão ambiental*: uma construção pedagógica e metodológica para a prática da Educação Ambiental no licenciamento. Brasília: MMA/Ibama, 2005. 46 p.

SANTOS, L. M. dos. "Estudos ambientais como fonte de conhecimento para a prática da Educação Ambiental empresarial". In: PEDRINI, A. de G. (Org). *Educação Ambiental empresarial no Brasil*. São Carlos: RiMa Editora, 2008. p. 147-162.

WEBB, E. J. *et al. Inobstrusive measures*. 8. ed. Chicago: Rand NcNally & Company, 1992. 225 p.

E, finalmente, os Anexos. Aqui ficam as tabelas, gráficos, textos e outros dados que subsidiam e auxiliam a formação da proposta, e que, se colocadas no texto principal, de alguma forma quebrariam a unidade e fluidez da leitura.

17. Anexos

Anexo I – Diagnóstico Socioambiental do TX

Anexo II – Processos de Gestão Ambiental em Execução no TX

Anexo III – Grupos para Oficinas de Sintonia

Educação ambiental • princípios e práticas

Anexo IV – Elementos do metabolismo energético-material do TX

Anexo V – Elementos históricos do TX

Bem, essa é apenas uma amostra desse processo de concepção e apresentação de propostas para programas de EA. Não tem a pretensão de ser um roteiro, um padrão. Isso não existe. Cada caso é um caso. Mas, de qualquer forma, fica registrado algum subsídio para quem está imerso nesse mundo de ativismo ambiental tão pedregoso, mas, ao final, tão necessário e ao mesmo tempo tão espiritualizante.

7.2 EA, cogestão e sustentabilidade no Parque Nacional de Brasília

O Parque Nacional de Brasília (PNB) foi criado em 29 de novembro de 1961, pelo Decreto 241, assinado pelo ministro Tancredo Neves. Localiza-se a nordeste do Distrito Federal, a 10 quilômetros do centro do plano piloto de Brasília.

A sua área é de aproximadamente 30 mil hectares e a história da sua criação funde-se com a história da construção da nova capital.

O parque protege amostras típicas do bioma de cerrado do Planalto Central[6], abriga populações da flora e fauna regionais, protege mananciais hídricos que abastecem a cidade e oferece condições para pesquisa científica, lazer e EA.

De acordo com os propósitos da sua criação e a análise dos seus recursos ambientais, as atividades de manejo do PNB buscam, ainda, consolidar objetivos específicos de conservação do patrimônio cênico, estético e cultural da região.

Apesar de ser um parque urbano, é admirável o seu grau de preservação, nas áreas designadas como intangíveis e, até mesmo, em zonas de uso extensivo. Bebe-se água limpa em suas inúmeras fontes e encontram-se espécimes da fauna em seu estado nativo, como tamanduás, capivaras, antas, lobos-guará, onças, veados, tatus, e uma grande variedade de aves (tucanos, gaviões, papagaios, emas, marrecos, garças etc.).

Há uma grande chance de que o PNB seja um dos raros parques nacionais urbanos do mundo que guarda essas qualidades e características ambientais.

Em 27 de novembro de 1992, o PNB foi declarado área nuclear da Reserva de Biosfera do Cerrado, integrando as 301 existentes no planeta, do programa da ONU, desenvolvido pela Unesco desde 1971 (O Homem e a Biosfera), que busca compatibilizar

---

[6] O bioma de cerrado, com as suas 166 mil espécies, considerado o segundo mais rico em biodiversidade e ocupando 200 milhões de hectares do Brasil central, é o mais ameaçado do planeta. Antes mesmo de ser estudado, está sendo sistematicamente destruído por atividades agrícolas e por urbanização, a uma velocidade sem precedentes no país (Ibama, 1992).

as necessidades de produção/consumo e as necessidades de conservação, através do desenvolvimento sustentável.

No Brasil, são poucos os parques nacionais realmente implantados, ou seja, que dispõem de infraestrutura (edificações/equipamentos), pessoal e um Plano de Manejo. A maior parte dos parques existe apenas no decreto e nem mesmo a sua situação fundiária foi resolvida.

Sob esse aspecto o PNB termina, comparativamente, sendo uma unidade de conservação privilegiada. Mesmo assim, ainda conta com algumas pendências que se tornaram alvo da ganância imobiliária (em dezembro de 1999, deputados distritais apresentaram um projeto para a criação de um condomínio com seiscentos lotes, dentro da área do PNB. Os lotes, naturalmente, destinados aos próprios deputados!).

Conta com cerca de sessenta funcionários nos cargos de agentes de vigilância e de defesa florestal, agentes administrativos, auxiliares de serviços diversos, motoristas, técnicos de nível superior, mecânicos etc.

Atualmente, o PNB está subordinado administrativa e tecnicamente à Diretoria de Ecossistemas do Ibama (sede do Ibama em Brasília).

Nos últimos dez anos, uma cruel conjugação de fatores adversos – instabilidade socioeconômica, descontinuidade gerencial e indefinição política, acoplados à crônica e crescente escassez de recursos financeiros –, adicionada a um rápido e desordenado crescimento populacional da região, produziu uma brutal redução quantitativa e qualitativa das suas atividades de manejo (ver o trabalho de Horowitz, 1999, sobre políticas públicas voltadas às Unidades de Conservação).

As atividades de fiscalização, vigilância, pesquisa e EA passaram a ser mantidas em níveis críticos e como consequência o PNB testemunha um decréscimo de estabilidade ecossistêmica, levando-o ao risco de descaracterização da área como unidade de conservação e perda de todo o esforço dispendido desde a sua criação.

Essa pressão ambiental de natureza antrópica é traduzida pelas variadas formas de agressão, causadas pela ocupação do seu entorno – incêndios criminosos, caça e pesca clandestina e predatória, deposição de lixo, retirada de madeira, práticas agrícolas inadequadas (uso de biocidas proibidos e formas primitivas de manejo do solo), assentamentos humanos (loteamentos), cascalheiras etc. –, e pelas diversas formas de agressão, causadas pelos visitantes, como molestação de animais, coleta de espécimes da flora, destruição de patrimônio – placas de sinalização e educativas, instalações sanitárias, elétricas e hidráulicas, equipamentos de lazer etc. – e até mesmo roubo desses bens patrimoniais.

Este último componente de agressão, os visitantes, tem suas raízes comportamentais alimentadas por erros históricos de estratégia de informação, quando da criação do

Educação ambiental • princípios e práticas

parque, e que hoje configura a maior parte dos problemas enfrentados, diariamente, pela sua administração.

Durante a construção de Brasília, a atual área do parque era explorada para a retirada de cascalho. Nas escavações houve e formaçào de grandes buracos. Um desses fez aflorar muitas minas, formando-se uma grande "piscina" de águas subterrâneas. Mais tarde, esse local foi transformado em área de lazer, com piscina, churrasqueiras, quiosques, trilhas e todos os equipamentos de uma área dessa natureza, aberta ao público. O local ficou conhecido como "água mineral".

Aqui começaram a se agravar os problemas de gestão do PNB. Por ser uma cidade absolutamente carente de áreas de lazer, dadas as suas condições climáticas desfavoráveis, de longa estiagem e baixa umidade relativa do ar, os habitantes buscam o "lazer aquático". Assim, as áreas das piscinas (seria construída mais uma) passariam a ser muito procuradas e assumiriam a condição de um "clube" da "água mineral". Dessa forma, consolidava-se um problema para o manejo do parque, uma vez que tais manifestações não foram devidamente acompanhadas de um programa de informação sistemática, que buscasse sensibilizar as pessoas para a importância do PNB como componente de manutenção e elevação da qualidade de vida no Distrito Federal. Como reflexo, o Centro de Visitantes, com suas exposições e recursos audiovisuais, era utilizado eventualmente, e as escolas procuravam o parque apenas para utilizar as suas piscinas de "água mineral"[7], localizadas no "clube da água mineral".

A população de Brasília quadruplicou em duas décadas e os governos do Distrito Federal não investiram o suficiente em áreas de lazer para seus habitantes, principalmente "lazer aquático"[8]. Ao contrário, áreas dantes saudáveis tornaram-se pútridas, a exemplo do Lago Paranoá e cachoeira do Parque do Gama. Com isso, o PNB passou a receber um público cada vez crescente para uma área com recursos limitados. A explosão não demoraria: atos de vandalismo, violência e destruição seriam a tônica cotidiana, principalmente nos finais de semana. Placas de informações destruídas, pias, torneiras e caixas de descargas arrancadas e roubadas, animais silvestres esmagados pelos carros que invadiam áreas verdes para estacionar (tatus, principalmente), animais mortos a pauladas e pedradas (macacos e aves), lâmpadas, quebradas ou roubadas, defecção dentro das piscinas (!), lixo espalhado pelas trilhas e até nas piscinas, uso de álcool e outras drogas com exibição de comportamentos socialmente indesejáveis, atos libidinosos nas trilhas etc. Tal situação configurava perdas multilaterais: o visitante

---

[7] Muitas pessoas trazem vasilhames para levar essa água para beber. Acreditam ter propriedades curativas diversas; porém, a água não é mineral, nem mesmo oligomineral. Trata-se de um manancial de águas subterrâneas ricas em sais de cálcio, classificada como "ótima", de acordo com a resolução Conama 020. Logo, é apropriada para consumo humano, sem tratamento prévio, mas longe de ser mineral. Em janeiro de 2000 estabeleceu-se uma polêmica local sobre a potabilidade dessa água.

[8] O Distrito Federal possui quatorze parques, dos quais oito teriam condições de oferecer lazer aquático.

EA não formal – Estudos de caso

perdia segurança, higiene, conforto e qualidade ambiental; o PNB perdia sustentabilidade como unidade de conservação, e perdiam todos em patrimônio ambiental.

As equipes do PNB passavam a dispender a maior parte do seu tempo e recursos à administração dos problemas decorrentes dessa distorção, em detrimento das demais atividades nas outras áreas do parque (pesquisa, fiscalização, manutenção, EA e outras). Utilizavam-se 90% dos recursos para atender (e mal) uma área que não representava 1% da área total do parque!

Como agravante, a despeito dos seus 40 anos de criação, o PNB não tinha um Plano de Ação estabelecido, e o seu Plano de Manejo já caducara (o novo Plano de Manejo ficaria pronto em 1999). Enquanto isso, o governo do Distrito Federal:

a. Autorizava que se depositasse o lixo de Brasília – inclusive lixo hospitalar! – ao lado do PNB, justamente na região de drenagem para as nascentes dos córregos que formam a bacia hidrográfica do barragem Santa Maria, que abastece Brasília e que é localizada no interior do parque[9].

b. Permitia o assentamento de invasões do "lixão", na periferia do parque, criando um dos maiores problemas para a fauna (os invasônidas criam cachorros e estes invadem o parque, para caçar. Esses cães procriaram na área do parque e hoje existem aos milhares, em estado selvagem, e atacam e matam espécimes da fauna nativa, notadamente antas, capivaras e tamanduás).

c. Permitia a instalação de condomínios e áreas industriais na circunjacência do parque, sem que as medidas mitigadoras de impacto ambiental fossem efetivadas.

d. Permitia a instalação de invasões em corredores ecológicos importantes para o fluxo gênico do Parque.

A inexistência de um Plano de Manejo de Fogo e a não adoção de tecnologia, para monitoramento do parque, completavam o quadro de descaso com a unidade. Em setembro de 1994, a despeito do esforço heroico dos funcionários do PNB e do Corpo de Bombeiros do Distrito Federal, 85% da área do parque foi queimada. A maior parte dos focos de incêndio teve origem criminosa.

Desse contexto, ficava uma indagação: que sociedade é essa que trata desta forma as suas áreas naturais que asseguram a qualidade da sua água, do seu lazer, da sua vida?

As dificuldades de gestão do PNB, atualmente, não se restringem às pressões do entorno, aos minguados recursos finaceiros disponíveis, às carências de equipamento e de pessoal. Há o empecilho de ordem ideológica dentro da própria instituição – Diretoria de Ecossistemas do Ibama (sede, Brasília) –, praticado por alguns segmentos

---

[9] A construção de uma barragem dentro de um Parque Nacional não é admissível, conceitualmente. Aqui, porém, o contexto foi excepcional: criou-se a unidade de conservação para *também* proteger a bacia hidrográfica que formara a barragem.

detentores de uma visão preservacionista antiquada. De formação acadêmica eco-cêntrica, realizada em países anglo-saxônicos, revestem-se de um conservadorismo incomunicável, intransigente e reducionista e praticam conceitos de primeiro mundo, emitindo pareceres e impondo regulamentos autoritários e assintônicos para uma realidade nacional absolutamente diferenciada.

As unidades de conservação têm tido sua gestão orientada, há décadas, sob essa abordagem imutável, destituída de plasticidade, diante de um mundo em convulsão, no qual, além das ameaças à biodiversidade, testemunhamos a brutal erosão e perda da diversidade cultural, com o extermínio ou marginalização das populações tradi-cionais (Diegues, 1993; Erhlich *et al.*, 1994).

Documentos internacionalmente importantes, como "O nosso futuro comum" (Comissão Brundtland), "From strategy to action" (IUCN) e "Agenda 21" (Rio-92) são ignorados.

Diegues (1993) enfatiza que o Sistema Nacional de Unidades de Conservação (SNUC) é um "sistema fechado", isolado da realidade do espaço brasileiro, que vem sendo degradado há anos. Essa observação é corroborada pelo estádio atual do PNB.

Até o Banco Mundial atualizou a sua abordagem reducionista (o verde pelo verde) e considera, agora, os demais elementos socioeconômico-culturais de formação do Ambiente Total.

Felizmente, outros setores da Diretoria de Ecossistemas do Ibama estabelecem tentativas de equilíbrio nessa contenda epistemológica, aparentemente interminável.

A lógica de se preservarem áreas selvagens, como ilhas circundadas pela "civi-lização", tem levado muitas unidades de conservação à instabilidade e à destruição (Eversley, 92), e no PNB tais manifestações já vêm ocorrendo, causando insularização e artificialização da área (Horowitz, 1994).

No IV Congresso Internacional de Parques Nacionais e Áreas Protegidas (1992) foi acentuado que a relação custo/benefício de conservação de uma área deve ser positiva para a população local, e essas devem ser envolvidas no planejamento e manejo das áreas protegidas e participar dos seus benefícios.

Este trabalho reúne elementos demonstrativos dos esforços que foram empreen-didos para, diante do contexto descrito, iniciar um processo de reversão, em busca da sustentabilidade do Parque Nacional de Brasília, através da cogestão e do planejamento, desenvolvimento e avaliação de um Programa de Educação Ambiental e apresentar os seus primeiros resultados.[10]

---

[10] Concepção, elaboração dos recursos formacionais e coordenação do PEA: Genebaldo Freire Dias, período 1999-2006.

Metodologia

Sob essa ótica e diante do contexto do PNB já descrito, foram eleitas as seguintes estratégias:

a. Elaboração de um Plano de Ação.
b. Adoção da Cogestão nesse plano.
c. Promoção prioritária da EA.

O Plano de Ação identificou deficiências, elegeu prioridades e alternativas de soluções e sistematizou as diversas atividades de manejo do parque, estabelecendo as suas interações. Adiante, daria origem, ao *Plano de Ação Emergencial do PNB*, após realização de um Seminário de Planejamento (ZOPP), reunindo representantes de instituições públicas federais e distritais e entidades da sociedade civil (19 a 25 de novembro de 1994).

O marco conceitual

A abordagem de EA, adotada para o Programa de EA do Parque Nacional de Brasília – PEA – PNB, foi a recomendada pela Divisão de EA do Ibama, expressa nas suas diretrizes, em 1993, em consonância com as orientações das Grandes Conferências Intergovernamentais sobre Educação Ambiental, promovidas pela Unesco, através do seu Programa Internacional de EA (Tbilisi, 1977; Moscou, 1987), corroboradas na "Conferência da ONU sobre o Meio Ambiente e Desenvolvimento" (Rio-92) e Tessalônica, Grécia (1997).

Segundo essa abordagem, a EA é um processo permanente no qual os indivíduos e a comunidade tomam consciência do seu meio ambiente e adquirem conhecimentos, valores, habilidades, experiências e determinação que os tornem aptos a agir – individual e coletivamente – e a resolver problemas ambientais, presentes e futuros.

Pelos seus objetivos e funções, a EA é necessariamente uma forma de prática educacional sintonizada com a vida da sociedade. Ela só pode ser efetiva, se todos os membros da sociedade participarem das múltiplas tarefas de melhoria das relações das pessoas com o seu ambiente, e se conscientizarem do seu envolvimento e das suas responsabilidades (Dias, 1994, 1995).

São características da EA o seu caráter interdisciplinar e permanente, a sua orientação para a identificação e resolução de problemas ambientais, a integração com a comunidade e o reconhecimento da pluralidade cultural. Pressupõe a adoção de uma visão crítica das questões que afetam a qualidade de vida das comunidades e a ação participativa, na busca das soluções.

A EA considera o ambiente em sua totalidade, ou seja, em seus aspectos econômicos, sociais, ecológicos, políticos, científicos, tecnológicos, éticos e políticos (e não

Educação ambiental • princípios e práticas

apenas nos aspectos ecológicos, como querem os agentes do 1º mundo, como forma de reduzir a análise e não se discutirem as mazelas provocadas pela imposição de modelos de "desenvolvimento" econômico predadores, geradores de miséria, desigualdades sociais e degradação ambiental).

O plano operacional

O PEA-PNB foi planejado para desenvolver atividades em duas frentes: para o público interno e para o público externo, de modo a atender os diversos elementos que compunham o complexo cenário de atuação. No fluxograma a seguir, tem-se sistematizado o referido programa, integrado às demais atividades de manejo do Parque.

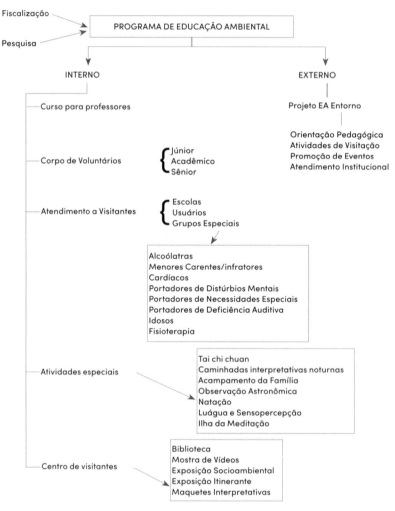

Figura 25

Resultados

Capacitação de professores e monitores

O Grupo de EA do PNB recuperou e ampliou as exposições e recursos audiovisuais do Centro de Visitantes. Preparou-se uma mostra sobre impactos ambientais negativos com materiais apreendidos pela fiscalização (armadilhas diversas, redes, gaiolas, armas caseiras, couros e esqueletos de animais silvestres e outros); materiais das queimadas (fotografias, mapas, espécimes e equipamentos carbonizados), integrando-a aos painéis e maquetes interpretativas.

Fez-se um painel de fauna onde o visitante encontrava, além da fotografia do animal, um molde em gesso da sua pegada e uma amostra de suas fezes (materiais coletados em campo pelos agentes da patrulha do PNB).

Dentre os diversos painéis, destacam-se os que se destinam ao socioambiental (gráficos comparativos de PIBs de diversos países e seus respectivos IDHs – Índices de Desenvolvimento Humano – por exemplo).

O passo seguinte foi planejar e oferecer um minicurso de "Educação Ambiental no PNB" aos professores da rede pública e privada do DF e a monitores dos grupos especiais[11]. No curso, de apenas 4 horas-aula, os participantes, conheciam o Sistema de Unidade de Conservação do Brasil, a importância dos Parques Nacionais e, em especial, o PNB. Aqui, além das tradicionais informações sobre flora e fauna, os participantes aprendiam como utilizar, adquadamente, o parque como um valioso recurso instrucional e quais os problemas enfrentados pela unidade, no seu cotidiano. Buscava-se sensibilizá-los a participarem – individual e/ou coletivamente – das ações em prol da resolução desses problemas, através dos diversos mecanismos legais de participação comunitária (associativismo, legislação ambiental).

Integrando as informações, apresentavam-se os princípios básicos da EA e suas recomendações[12].

As atividades eram encerradas com uma caminhada interpretativa, na Trilha da Capivara, culminando com o ritual de "beber água da mina, com as mãos", uma experiência cada vez mais rara, principalmente por citadinos. Em seguida, recebiam os seus certificados e estavam aptos a inscrever as suas turmas para visitação ao PNB.

A partir da instituição do minicurso, o PNB só aceitaria visitas de grupos de estudantes se os mesmos fossem acompanhados de uma pessoa capacitada nesse minicurso, para cada grupo de quarenta estudantes.

---

[11] O PNB recebe grupos de pessoas para diversos tipos de tratamento de saúde em suas piscinas. São alcoólatras anônimos, diabéticos, paraplégicos, cardíacos, obesos, deficientes mentais, asmáticos, idosos, traumatizados (fisioterapia) que buscam alívio no contato com a natureza. Os resultados e a frequência (a partir das 6 da manhã) são surpreendentes.

[12] Em enquete, uma média de 90% dos inscritos nunca tinham recebido treinamento sobre EA.

Educação ambiental • princípios e práticas

Esses grupos, ao chegarem ao PNB, eram encaminhados diretamente ao Centro de Visitantes, onde a equipe de EA os integrava ao processo educativo, mostrando vídeos, interpretando maquetes, discutindo problemas, analisando mostras e buscando sensibilizá-los, estimulando-os à percepção do fascinante mundo natural e das ameaças à sua integridade, e de como se engajar nas ações de proteção. Somente após a caminhada interpretativa (com a sede provocada), os visitantes chegavam às minas de água e, finalmente, às piscinas. A situação se revertera!

O minicurso de "Educação Ambiental no PNB" passou a ser muito procurado, quer pela obrigatoriedade da sua frequência para professores e monitores interessados em trazer grupos ao parque, quer pela absoluta carência de oportunidades de treinamento em EA em Brasília – e no país, acreditamos. Como prova, em apenas oito meses foram treinados novecentos professores e monitores, e as vagas eram ocupadas com meses de antecedência.

Os frutos desse investimento em multiplicadores puderam ser avaliados pelo aumento de visitação espontânea e programada ao Centro de Visitantes.

Tabela 7.2 – Efeitos do processo de EA		
Ano	Visitação programada	Visitação espontânea*
1993	540 v.	0 v.
1994	4.355 v.	2.700 v.

(*) Nos finais de semana.
v. = visitantes.

Uma enquete com 300 visitantes espontâneos ao Centro de Visitantes revelou que 96% deles (288 visitantes) foram levados até ali por pessoas que fizeram o minicurso (12%) ou que participaram de visitações programadas (84%).

Os resultados são tímidos, se comparados com o número médio de visitantes nos finais de semana (em torno de 1.500); porém, vale salientar que esse público buscava no parque, historicamente, apenas as piscinas e, após o desenvolvimento das diversas atividades do PEA-PNB, o quadro começaria a mudar.

Criação do corpo de voluntários do PNB

A divulgação pela mídia das atividades de EA, que estavam sendo desenvolvidas no parque, despertaram o interesse das pessoas, e estas passaram a buscar um forma de cooperar, ajudando nas tarefas de manejo da unidade.

Isso levou à criação do "Corpo de Voluntários do PNB", que, em apenas uma semana, reuniria cem inscrições. Aposentados, jovens universitários e frequentadores, compuseram a primeira turma que, após um curso, iria auxiliar nas atividades de EA na área de uso público e nas atividades de pesquisa de opinião pública. Vale salientar a atuação, em diversas campanhas, dos escoteiros e pioneiros, auxiliando o Corpo de Voluntários.

Neste ponto, um parecer jurídico do Ibama alertava para a ilegalidade da prestação de serviços, mesmo que gratuitos, por voluntários, na área do parque. Somando isso aos entraves burocráticos que vinham podando as iniciativas, reuniam-se todos os ingredientes para a formação de uma representação autônoma, legal, que congregasse as pessoas em torno do objetivo de auxiliar o PNB: seria criado, em 29-11-95, data de aniversário de fundação do parque, a "Associação dos Funcionários e Voluntários do PNB" – APNB –, sem fins lucrativos e com objetivos claros de convergir esforços para a sustentabilidade do parque, como elemento importante de cogestão. A partir daí, o Corpo de Voluntários passaria a prestar um serviço à APNB.

Comemorações como o "Dia Mundial da Água", "Maratona Aquática" e "Luágua"[13] seriam promovidas pela APNB. A associação também passaria a reunir doações em forma de serviços gratuitos, prestados ao parque, por empresas do setor privado.

Em seguida, promoveria, com os funcionários do Ibama, um curso de formação de voluntários para a "Brigada de Fogo do PNB", aberto à comunidade.

Os eventos especiais

A criação do boletim informativo mensal, distribuido à mídia e à rede de informações do Ibama, promoveu o interesse pelas atividades de EA, desenvolvidas na unidade. Os problemas do parque passaram a ser de domínio público e as responsabilidades foram sendo descentralizadas. Muitas setores públicos, antes omissos – e com isso permitindo a degradação do parque por pressões do entorno, como o estabelecimento de cascalheiras e assentamentos clandestinos –, passaram a atuar, coibindo as ações criminosas.

Por outro lado, as iniciativas do PNB terminaram catalisando um encontro entre todos os dirigentes de unidade de conservação do DF afeitos aos mesmos problemas crônicos de falta de recursos, excesso de burocracia e inépcia da classe política em oferecer gestões sustentáveis. Do encontro, saiu a "Carta dos Parques", contendo as reivindicações, inquietações e propostas dos quatorze dirigentes de parques e reservas, dirigidas às autoridades competentes.

---

[13] É uma atividade de EA dirigida a grupos de famílias que se desenvolve uma vez por mês, em noite de lua cheia. O horário do evento é em função da hora em que a lua estará refletida na água. Percorrem-se trilhas, em grupos, utilizando-se apenas a iluminação lunar. À beira da água, com a lua refletida, executam-se cantos, danças, meditações e outras manifestações de sensibilização. O objetivo da atividade é proporcionar às pessoas, notadamente àquelas de vida circunscrita às lides urbanas, uma oportunidade de experimentar as sensações de um contato com a natureza à noite, sentindo na face as mudanças de umidade e temperatura, os sons da floresta, suas luzes, aromas e movimentos, mesclando sentimentos de receio e de prazer na descoberta de se sentir parte do todo. O clima de harmonia e fascínio que se estabelece tem trazido momentos de enlevo às famílias que participam do evento.

Educação ambiental • princípios e práticas

O encontro "Viva o Parque" serviu para demonstrar que a sobrevivência dessas unidades está na cogestão. A "Carta dos Parques", esquecida nas gavetas dos governantes – politicos-profissionais, expôs, de forma irrefutável, a incapacidade de percepção da maioria dessa classe, para a importância do tema tratado. Mentalidades tacanhas, primitivas e oportunistas transformaram-nos em agentes do continuísmo da omissão e da inépcia, dos quais se deve esperar muito pouco.

Outros eventos de resultados mais agradáveis foram promovidos pela equipe de EA do PNB: a) em cooperação com o "Grupo de Trabalho para a EA" do MEC, reunirem-se, no parque, especialistas da área para a discussão de temas relacionados à interdisciplinaridade e à importância das atividades de interpretação de trilhas[14] em unidades de conservação; b) em cooperação com o Sesc-DF, realizou-se a "Ciranda de Amor à Água", uma atividade voltada à sensibilização dos visitantes para a percepção da importância da água para a vida. O evento reuniu exposições de artes, oficina de pintura, biodança, teatro de fantoches e música. Culminou com um abraço simbólico à água (ao som de Villa-Lobos, os frequentadores, de mãos dadas, fizeram um gigantesco círculo em volta das nascentes).

Avaliações inobtrusivas

Alunos da Universidade Católica de Brasília, por meio do "Corpo de Voluntários do PNB", promoveram, durante dois anos, em meses alternados, campanhas educativas junto aos frequentadores do parque, relativas a hábitos/comportamentos desejáveis na área de uso público. Das diversas mensurações feitas, em seguida, destacamos:

a. Sobre a identificação da unidade pelos visitantes, constatamos um significativo aumento na denominação correta do local.

Tabela 7.3 – Onde estou				
	Ano	Água mineral	PNB	Não sei
Qual o nome deste lugar?	1993	92%	7%	1%
	1995	34%	65%	–

b. Outras avaliações permitiram detectar algumas mudanças de hábitos entre os frequentadores, por meio da análise de dados inobtrusivos. Foi observada a destinação final dos copos descartáveis de refrigerantes e caldo de cana, vendidos na área de uso público, próximo às piscinas. Considerando que as cestas de lixo foram as mesmas, cinco leituras de cem copos vendidos ofereceram os seguintes resultados (em média).

---

[14] Na época, a cogestão do PNB ofereceu ao público em geral um passeio pela "Trilha do Fogo". Tratava-se de uma caminhada em área de cerrado, recentemente queimado, para observação dos efeitos do fogo sobre o solo, a flora, a fauna e os recursos hídricos. Esses mesmos grupos voltariam à trilha para verificar a evolução sucessional e os efeitos remanescentes do fogo.

EA não formal – Estudos de caso

Tabela 7.4 – Como faço

Local	1993	1995
Na lixeira	55	87
Fora da lixeira	45	13

c. Em relação ao estacionamento de veículos sobre áreas verdes ou em locais proibidos, nos finais de semana, na área de uso público:

Tabela 7.5 – Como decido

Ano	Áreas verdes	Locais proibidos
1993	26	35
1995	05	16

d. Em relação à tentativa de diminuir o hábito de fumar, na área de uso público, perto das piscinas, onde estavam afixadas placas com a inscrição "Evite fumar" e após várias semanas de "abordagens de esclarecimento" aos fumantes. Alertava-se para os problemas que as pontas de cigarro poderiam trazer para a dinâmica natural do parque (fungos, fogo etc.).

Era contada, no final do dia, a quantidade de pontas de cigarros deixadas no chão, por uma dada área.

Tabela 7.6 – Como mudo

Março	1994	45
Setembro	1994	95
Março	1995	91

Em pontas de cigarro por 2.000 m². Usou-se um fator de correção em função da validação de público.

É conhecido o caráter remitente dos fumantes. Os resultados indicaram a necessidade de mudanças de estratégia.

EA *para o entorno: interações*

O Grupo de EA do PNB elaborou um "Programa de EA para o entorno do PNB" e assegurou recursos do Programa Nacional do Meio Ambiente (Ministério do Meio Ambiente) para a sua execução.

Na sua primeira fase, traçou-se o perfil ambiental do entorno, buscando, por meio de uma abordagem de Ecologia Humana e de Análise Ecossistêmica, reunir elementos do seu metabolismo para o estabelecimento da sua estrutura e a compreensão da sua dinâmica populacional. Aqui, buscou-se identificar seus valores, prioridades e tendências prospectivas. Tais elementos indicaram a escolha de estratégias, métodos e técnicas que seriam utilizados em projetos específicos em áreas eleitas na circunjacência do parque – escolas, igrejas e associações comunitárias de núcleos rurais, associação dos catadores de lixo (lixão), clube de militares (o Exército tem dois regimentos ao lado do parque) e associação de moradores da Granja do Torto (assentamento). O passo seguinte seria a elaboração de recursos instrucionais e de um cronograma de atividades específicas, em função das peculiaridades de cada "grupo de vizinhos". Foram produzidos três vídeos, cartazes, *leaflets*, painéis, *slides* e diversos materiais mineografados, personalizados.

A ideia do PEA-PNB era angariar cumplicidades no entorno. Aquelas populações sempre viram o parque como uma área "onde não se deve entrar", porque "ali há uma cerca e uma placa dizendo que é proibido...".

A presença do pessoal do parque, pela inexistência de um programa de EA, era coercitiva, na maioria das vezes. Eventualmente, em período de seca, entregavam-se folhetos sobre queimadas.

O PEA-PNB deveria, então, de forma paulatina e gradual, levar informações sobre a unidade, enfatizando a sua importância para todos e levando-os a conhecer o seu interior, suas belezas cênicas, seu valor cultural e ecológico, sensibilizando-os, de modo a despertar-lhes o sentimento de pertinência e envolvimento. Só assim, reconhecendo a unidade como um patrimônio seu, valorizando-o, poderiam envolver-se nas ações de defesa e proteção contra as ameaças à sua integridade ambiental.

A relação mutualista que se processa entre o PNB e algumas comunidades do entorno, em função do PEA-PNB, está sendo bastante estimulante e produtiva.

A Associação dos Produtores Rurais do Lago Oeste, por exemplo, treinou associados para compor a Brigada de Fogo do PNB; adotou práticas agrícolas e de manejo do solo mais compatíveis com a destinação da área que ocupam (zona tampão do parque), com orientação de especialistas da Universidade de Brasília, a pedido do parque[15]; estimulou o desenvolvimento de atividades de baixo impacto ambiental, como artesanato e apicultura; desenvolveu o "Projeto Primavera" (adaptação do homem ao ambiente, por meio de variadas estratégias de EA, com a participação da Associação Rural dos Criadores e Produtores da Comunidade de Boa Esperança II); promoveu a divulgação de informações sobre o PNB, no jornal da associação, de edição mensal.

Nas escolas, ofereceu-se orientação pedagógica para a elaboração dos seus projetos de EA, enquanto se promovia a inclusão do PNB como tema analítico e vivencial. A

---

[15] Além de resolver o problema da erosão do solo dos produtores rurais, que já estava causando assoreamentos na área do parque, a adoção do terraceamento aumentou a captação de água subterrânea nos mananciais do PNB.

EA não formal – Estudos de caso

partir daí, foram promovidos cursos de capacitação para os professores, desenvolvido material instrucional e programadas visitas de interpretação socioambiental ao PNB, iniciando-se com professores e funcionários da escola e seguindo-se com as(os) alunas(os).

Em outra situação, quando da realização dos trabalhos de campo para formar o perfil ambiental do entorno, foram identificadas comunidades absolutamente desarticuladas, sem qualquer forma organizada de representação legal. Assim, eram os moradores das "chácaras da estrutural". A área estava sendo invadida por catadores do "lixão", estimulados por políticos em período pré-eleitoral, com a promessa de regularização posterior das invasões.

Para o parque, em termos de produção de impacto ambiental e comprometimento da zona tampão, a presença e estabilidade dos chacareiros tornava-se estrategicamente muito importante, para evitar a presença de milhares de famílias que ali seriam assentadas – oito mil, no total! Esses assentamentos, sem qualquer infraestrutura de saneamento, poderiam significar uma séria ruptura na sustentabilidade ambiental do PNB.

A equipe de EA do PNB estimulou a criação da "Associação dos Moradores das Chácaras da Estrutural" que, na Justiça, teve ganho de causa. Atualmente, membros dessa associação integram a Brigada de Fogo do PNB e desenvolvem um projeto de recuperação/revegetação de matas ciliares, com mudas oferecidas pelo viveiro do parque e orientação de estudantes de agronomia da Universidade de Brasília, membros do Corpo de Voluntários.

Duas outras relações mutualistas do parque com o seu entorno, dignas de registro, foram:

1. A integração do Regimento de Cavalaria de Guarda do Exército – uma vizinhança dantes tensa e com histórico de rupturas e mal-entendidos – às atividades de controle e fiscalizaçào do entorno e à cooperação nas operações de combate ao fogo. Vale salientar que os coletes do Corpo de Voluntários foram doações do Exército (materiais em desuso), devidamente recuperados e adaptados pelos voluntários. Os equipamentos de equitação foram modernizados com madeira da reserva de manejo do PNB (eucaliptos). A equipe de EA do PNB também colaborou na sistematização para a inclusão curricular dos temas ambientais.

2. O trabalho de campo conjunto, reunindo pessoas da equipe de EA, a Patrulha Montada do PNB e cavaleiros da "Associação dos Criadores de Cavalos do Planalto", para atividades concomitantes de fiscalização e EA, em várias áreas do entorno.

O PEA-PNB em 2000

Em 1999, a equipe do PEA do PNB capacitou 560 professores nos seus cursos de formação de monitores e recebeu em torno de 7 mil alunos da rede pública e privada, no seu Centro de Visitantes. Ali, agora, funciona uma exposição socioambiental que abriga um acervo, além dos tradicionais aspectos ligados ao Plano de Manejo (flora, fauna, solos etc.), um conjunto de informações sob a forma de maquetes, painéis, vídeos, sons e diagramas de *links* (análises sistêmicas). A temática ambiental é abordada de forma analítica, crítica e autocrítica, reunindo elementos do ambiente local, regional, nacional e internacional, considerando-se os aspectos econômicos, políticos, sociais, culturais e éticos, além da faceta ecológica.

Essa exposição socioambiental recebeu em torno de 14 mil visitantes em 1999 e é motivo constante de visitação para estudantes, em busca de dados e análises de situações sobre as questões ambientais, de uma forma geral.

Futuro?

O PNB não sobreviverá por muito tempo, se a comunidade não se envolver, de forma espontânea, consciente e responsável, nas suas atividades de gestão. Para que esse envolvimento ocorra, a população deverá ser informada e sensibilizada sobre a importância do parque para a manutenção da qualidade de vida da cidade e, em decorrência, para a qualidade da sua experiência humana.

Da continuidade e aperfeiçoamento do Programa de Educação Ambiental do Parque Nacional de Brasília dependerá, em grande parte, a sua sustentabilidade como unidade de conservação e a sua capacidade de reunir cumplicidades. Sob pressões ambientais do entorno, em estado crescente, o parque só estará a salvo dos delírios e imprudências administrativas dos governos e dos setores mais gananciosos da iniciativa privada (setor imobiliário, principalmente), se os mecanismos de cogestão forem eficientemente lubrificados pela competência, dedicação, honestidade e clareza de propósitos, acrescentados a uma decisiva, responsável e eficaz intervenção da sociedade, por meio dos diversos mecanismos de participação comunitária. A julgar pela interação de penúria do PEA, em 2021, o desafio é grande.

7.3 O Programa de EA da Universidade Católica de Brasília (PEA–UCB)

O PEA-UCB é executado por meio da Pró-Reitoria de Extensão, Diretoria de Programas Comunitários. Foi iniciado em junho de 1999 e tem um prazo de três anos para a sua implantação.

O que é o PEA-UCB?

Um conjunto de atividades que buscam informar e sensibilizar as pessoas para a compreensão da complexa temática ambiental e para o seu envolvimento em ações que promovam hábitos sustentáveis de uso dos recursos naturais, além de propiciar reflexões sobre as relações ser humano-ambiente.

Objetivos do PEA-UCB

Incorporar a dimensão ambiental em todas as atividades da UCB.

Difundir, na instituição, práticas compatíveis com as premissas do Desenvolvimento de Sociedades Sustentáveis.

Preparar a instituição para a construção da sua Agenda 21.

Preparar a instituição para a implantação de um Sistema de Gestão Ambiental.

Justificativa para a execução

A Universidade Católica de Brasília precisa estar preparada para responder à seguinte questão:

Qual a política ambiental da instituição?

De forma crescente, as instituições estão se estruturando para esse desafio. Às instituições de pesquisa, ensino e extensão, a pergunta ganha mais peso pela própria característica de suas atividades.

A instituição pública ou privada que ainda não apresenta, de forma definida, sua posição em relação à questão ambiental termina expondo a sua falta de sintonia com uma das dimensões de maior poder de clivagem no processo polifacetado da globalização. A temática ambiental há muito extrapolou o ambiente acadêmico ou poético, catastrófico ou apocalíptico, para assumir lugares estratégicos nas mesas de negociação social, política e econômica.

A justificativa para o desenvolvimento dessa iniciativa na UCB configura-se em dois pontos:

1. Representantes de 183 países estiveram reunidos na Conferência da ONU sobre o Meio Ambiente e o Desenvolvimento (Rio-92). Naquela ocasião, foi reconhecida a crise ambiental global em que a sociedade humana estava imersa, traduzida por índices alarmantes de desflorestamentos, desertificação, perda da biodiversidade, poluição em todas as suas manifestações e alterações climáticas que superavam as prospectivas mais pessimistas. Esse quadro era acompanhado por desigualdades socioeconômicas cruéis, configuradas por um espectro de desemprego, pobreza, miséria, violência e perda da qualidade da experiência humana.

   Aceitou-se que os modelos de "desenvolvimento" vigentes eram os formadores majoritários desse quadro preocupante de degradação ambiental/humana, que afligia a população atual ameaçando a integridade dos sistemas que asseguram

Educação ambiental • princípios e práticas

a vida na Terra e comprometia a qualidade ambiental das gerações futuras, mergulhando-as num contexto de grande incerteza.

O *Desenvolvimento Sustentável* foi então apresentado como um novo modelo de desenvolvimento, capaz de compatibilizar as atividades socioeconômicas com a necessidade de preservação ambiental, assegurando a sustentabilidade das gerações futuras.

Como estratégia de promoção desse novo paradigma, a *Cúpula da Terra* firmou compromisso para garantir o desenvolvimento sustentável do planeta no próximo século e lançou, durante a Rio-92, a Agenda 21, um plano de ação para a família humana, por meio do qual se poderiam planejar as suas diversas atividades sob a égide da *ética ambiental global*.

A Agenda 21 Global deveria inspirar as Agendas 21 nacionais, estaduais e locais. Os instrumentos para a sua promoção seriam os diversos recursos de Gestão de Política Ambiental e, dentre esses, o elemento crítico seria a EA.

Em nível empresarial, notadamente no setor industrial, os avanços foram significativos nesta área. Evoluíram-se os processos de produção, de modo a torná-los adequados à legislação ambiental e desenvolveram-se variados instrumentos de aperfeiçoamento desses processos, como os sistemas integrados de gestão ambiental e as certificações ambientais (Série ISO e EMAS, principalmente).

Entretanto, no setor educacional, principalmente nas universidades, a dimensão ambiental ainda não foi incorporada de modo sistêmico, e, nas universidades privadas, a distância é ainda maior. Além de não exibirem claramente uma política ambiental, a prática preponderante, quer nas suas atividades acadêmicas ou administrativas, assenta-se sob uma visão fragmentada e utilitarista dos recursos ambientais, perdendo-se perigosamente a visão global. Com isso, o setor ambiental frequentemente *acusa* o setor educacional de não estar cumprindo a sua parte.

2. Com a implantação do Curso de EA como obrigatório no currículo novo das licenciaturas da UCB (física, química, matemática, biologia e ciências), desenvolveu-se rapidamente, no meio dos estudantes, a percepção sobre as questões ambientais.

A EA, como elemento facilitador/catalisador de atividades que levam à reflexão, crítica e autocrítica, análise e *ação*, logo produziu grupos de jovens interessados em envolver-se em temas ambientais.

Como viram no curso estudos de casos onde se mostravam empresas que operavam dentro de uma gestão ambiental, passaram a questionar o modo de operação da própria Universidade Católica (*Campus I*). Perceberam que se prega uma conduta e executa-se outra. A UCB funciona com um grande número de não conformidades ambientais, em suas diversas atividades cotidianas, que vão desde o desperdício até a inadequação, denotando o seu descompromisso com a qualidade ambiental. Este quadro precisa ser mudado.

A implantação de um Projeto de EA no *campus* da UCB passa a ser uma premência, uma demonstração de coerência da instituição, de atualização e preocupação real, do seu grau de compromisso e envolvimento com o paradigma do Desenvolvimento Sustentável e, consequentemente, com a manutenção e melhoria da qualidade de vida.

Os retornos que uma instituição aufere por adotar uma política ambiental centrada nos pressupostos do Desenvolvimento Sustentável são imprevisíveis, mas são reconhecidamente compensadores. As empresas que apresentam preocupações e ações efetivas, em prol da manutenção e promoção da qualidade ambiental, manifestadas na sua estrutura e dinâmica cotidiana, infalivelmente colhem o reconhecimento de diversos setores da sociedade.

Como foi PEA-UCB

O estabelecimento de um processo dessa natureza requer a participação de *todos* os setores da instituição (direção, funcionários de todos os setores, professores e alunos) e se constitui por etapas.

Etapa 1 – Conhecimento da estrutura e do metabolismo (funções e dinâmicas) da instituição. Apreciação do seu organograma (identificação de elementos-chaves de multiplicação). Levantamento dos seus recursos estruturais. Levantamento-diagnóstico das suas não conformidades ambientais. Identificação de prioridades. (EXECUTADA)

Etapa 2 – Formação dos grupos de capacitação. Elaboração de conjunto de orientações por setor. Implementação de medidas pró-conformidades ambientais (como exemplos de não conformidades, na UCB, podem-se citar: luzes acesas desnecessariamente; ausência de cultura de economia/racionalização entre funcionários e estudantes – desperdício de água, energia elétrica, papel e outros; utilização de produtos degradadores da qualidade ambiental, como copos descartáveis de plástico; grande número de fontes de ruído); é *importante* observar que a maior não conformidade da UCB é a não existência de uma política ambiental; (EXECUTADA)

Etapa 3 – 1. Seminários de Sensibilização;

2. Operacionalização dos subprojetos do PEA (atividades na estrutura operacional) (EM EXECUÇÃO).

1. Promoção de 24 seminários (doze em cada semestre), envolvendo 720 funcionários da UCB. Em 1999, foram realizados dez seminários. Os seminários são realizados em Unidades de Conservação próximas ao Distrito Federal, principalmente no Parque Nacional de Brasília.

O conteúdo programático inclui elementos de contextualização da problemática ambiental global, nacional, local e da UCB. Mostra a necessidade de mudanças, as estratégias eleitas e a parcela de responsabilidade socioambiental de cada um. Palavras-chave: ecoeficiência, ética, sustentabilidade.

2. Cada subprojeto é concebido e desenvolvido pelo próprio setor da instituição e monitorado pelo PEA-UCB, quanto à sua eficiência e sintonia com as premissas do Desenvolvimento Sustentável; observar que os custos para a implantação de um PEA são praticamente absorvidos pela dinâmica institucional e, em curto prazo, terminam produzindo reduções de gastos.

Na Pró-Reitoria de Administração:

▶ Subprojeto de Conservação de Energia
▶ Subprojeto de Racionalização do Uso da Água
▶ Subprojeto de Redução de Consumo de Combustíveis Fósseis
▶ Subprojeto de Racionalização de Material de Consumo
▶ Subprojeto de Coleta Seletiva, Reciclagem
▶ Subprojeto de Preciclagem

Na Pró-Reitoria de Graduação:

▶ Subprojeto de Redução de Poluição Sonora – (Curso de Física)
▶ Subprojeto de Compostagem – (Cursos de Engenharia Ambiental e Biologia)
▶ Subprojeto de Reflorestamento – (Cursos de Engenharia Ambiental e Biologia)

Subprojetos X   *Setor X*

Exemplos de Projeto X em andamento:

1. Centro de Reutilização – com alunos da UCB ligados à área de artes. Discute-se, também, sobre a necessidade de criação de um Centro de Aglutinação desses movimentos, a ser construído com material reaproveitado (plásticos, principalmente).
2. Resíduo zero nos laboratórios dos cursos de química; redução da escala dos experimentos. preparação de materiais de limpeza biodegradáveis, pelos alunos, para utilização na UCB.
3. Polo de vídeos ambientais – no curso de comunicação social.
4. Compostagem – por alunos do curso de engenharia ambiental e biologia.
5. Incorporação da dimensão ambiental em todos os cursos da UCB – pela diretoria pedagógica.

6. Viveiro para recomposição florestal nativa, medicinal, ornamental e óleos essenciais – alunos da engenharia ambiental e biologia (aberto a alunos de qualquer curso).

Observação importante:

Tais vetores que compõem o PEA-UCB terminam produzindo redução de gastos (a médio e longo prazo) e posturas mais responsáveis/compromissadas nas inter--relações ser humano-ambiente, além de configurar uma *imagem de responsabilidade ambiental da instituição,* denotando a sua sintonia com os desafios enfrentados pela sociedade humana.

Vale salientar que o planejamento, a implantação e a avaliação de um Programa de EA em uma instituição pressupõem um processo contínuo de autoajustamentos. Uma vez iniciado e incorporado por diversos setores à sua cultura administrativa, torna-se autônomo.

Depreende-se disso que a prática comum de iniciar-se um PEA, por meio da "coleta seletiva", é uma grande gafe. De nada adianta encher o *campus* com recipientes coloridos, e o processo não acontecer. A coleta seletiva vem como decorrência, como exigência/carência da instituição, não como imposição ou fachada.

Objetivos do PEA-UCB: Incorporar a dimensão ambiental em todas as atividades da UCB; difundir práticas que expressem a responsabilidade socioambiental e o compromisso ético com as premissas do Desenvolvimento Sustentável; oferecer subsídios para a elaboração da Agenda 21 da UCB.[16]

Organograma

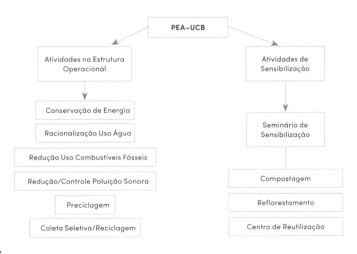

Figura 26

---

[16] A descrição completa desse PEA está no livro *Educação e gestão ambiental* (Editora Gaia, 2021, 118 p.)

Educação ambiental • princípios e práticas

7.4 Programa de EA do Prevfogo (Ibama)

O Prevfogo (Centro Nacional de Prevenção e Combate aos Incêndios Florestais) – por meio do seu Programa de EA[17] do NCEA (Núcleo de Comunicação e EA), identificou uma carência premente de informações e formação sistematizadas sobre a temática Queimadas/Incêndios Florestais no processo educacional brasileiro, em seus modos formal e não formal.

Como consequência, práticas obsoletas, inadequadas, insustentáveis e degradadoras da qualidade ambiental continuam sendo executadas e alimentadas por falta de informações atualizadas, via processos culturais, e estimulada por fatores econômicos e interesses políticos.

Com isso, a despeito dos cenários de degradação ambiental vigente, as queimadas e os incêndios florestais crescem a cada ano, e se configuram como elemento de aumento da vulnerabilidade social, enquanto também se constitui uma grande falha da política brasileira diante dos desafios de adaptação e mitigação aos efeitos das mudanças climáticas globais para redução daquela vulnerabilidade social.

Torna-se imperativo e estratégico a difusão do conhecimento e a promoção da sensibilização sobre as causas e consequências das queimadas e incêndios florestais, ao tempo em que se nomeiam as alternativas de soluções e se percebem as contribuições efetivas ao agravamento dos cenários das mudanças climáticas globais.

Diante desse contexto, o NCEA planeja, executa e avalia por meio de um conjunto de indicadores inobtrusivos, um portfólio de atividades que amplia a percepção das pessoas, sensibilizá-las e estimulá-las a participar das múltiplas tarefas de enfrentamento de tais desafios evolucionários.

Para tanto, desenvolve, aplica e avalia diversos recursos didático-pedagógicos destinados à formação de brigadistas, professores, coordenadores de projetos, representantes de ONGs, comunidades rurais, formadores de opiniões e outras representações comunitárias, por meio do seu Programa de EA, cuja base referencial é a Lei 9.795/99 (Política Nacional de EA).

Dentre tais recursos incluem-se: plataforma de análise sistêmica, prancheta pedagógica, folders, caderno infantil (*Fogo, desafios e sonhos*), livreto juvenil (*Fogo na vida*), livreto para professores (*Queimadas e incêndios florestais, cenários e desafios – subsídios para a EA*); livreto conceitual (*Fogo na vida*), spots para rádio, vídeo, filipetas e outros, utilizados em minicursos de formação oferecidos em todo o país através de parcerias. Incluem-se promoção de palestras, seminários e atendimento a eventos (feiras, exposições), à mídia e a demandas espontâneas geradas por instituições governamentais e não governamentais.

---

[17] Concepção do PEA, elaboração dos recursos formacionais e coordenação: Genebaldo Freire Dias, período 2006-2010. As publicações citadas podem ser obtidas diretamente na sede central do Ibama – Prevfogo, em Brasília.

Integram a estratégia de difusão, a disponibilização da arte-final de todos os recursos formacionais do NCEA às instituições interessadas em sua publicação por meio de parcerias, como acontece com o Ministério Público de diversos estados, com Secretarias de Educação e de Meio Ambiente, e com o setor privado. Com tais parcerias, os recursos formacionais do Prevfogo foram reproduzidos aos milhares, em todo o Brasil, e distribuídos gratuitamente, compondo o material de diversos cursos de formação e projetos de EA formal e não formal no país e no exterior, notadamente em países da América do Sul e nos países de língua portuguesa, na África.

Espera-se que esse PEA não sofra nenhuma descontinuidade, dada a relevância da temática e do sucesso do seu empreendimento.[18]

---

[18] Para mais exemplos, sugerimos ver o Programa de EA da Itaipu Binacional (*Projeto Água Boa*), no Paraná, assim como o *Projeto Germinar*, do PEA da Gerdau Açominas, em Ouro Branco, Minas Gerais.

8 Recomendações aos palestrantes e conferencistas

"Se tudo for prioridade, nada será prioritário."
Alan Weiss (Palestrante, Summit Consulting Group)

No Brasil, o processo de EA é obrigatório (Lei 9.795/99). Deve ocorrer tanto nas escolas (em qualquer etapa de ensino), quanto fora dela. Indústria, agroindústria, comércio, serviços, corporações, empresas, instituições, fundações, autarquias, organizações, conselhos ou qualquer outro nome que se conceda, devem oferecer aos seus funcionários, colaboradores ou qualquer outro nome que se atribua a quem trabalha, oportunidades de informação e sensibilização sobre a temática socioambiental, abordando seus cenários e desafios, enquanto sinaliza para as contribuições coletivas e pessoais para o seu enfrentamento.

Diante disso, multiplicam-se as demandas para o planejamento, execução e avaliação de programas e projetos de EA nas áreas de atividades humanas, até mesmo como cumprimento de exigências legais.

Nessas demandas, as palestras e conferências constituem um elemento sempre presente em qualquer proposta de ação em EA. Assim, torna-se absolutamente decisivo que tal tarefa *seja cumprida em nível de excelência.*

Para tanto, sua preparação exige um autêntico ritual que precisa ser incorporado à conduta de quem vai se dedicar a essa missão. Uma palestra ou conferência mal planejada e mal conduzida pode causar estragos irremediáveis a todos: ao regente, ao público e à causa ambiental.

Relato aqui como temos procedido ao longo dessa nossa jornada de atuação na área educacional-ambiental, em referência às atividades como conferencista e/ou palestrante.

São apenas sugestões e comentários, sem a pretensão de apresentar um roteiro rígido para essa atividade. Afinal, existe uma farta literatura sobre isso, disponível no mercado.

8.1 Recebendo o convite

Certamente por ser identificado como um profissional talhado para aquele evento, você recebeu aquele convite.

Ao recebê-lo, antes de confirmar a sua participação, sugerimos que faça uma pesquisa sobre a história daquela instituição e/ou da pessoa que fez o convite.

Convém observar se o evento é o primeiro ou se integra uma sequência de eventos dessa natureza.

O que você busca, mais precisamente, é a idoneidade de quem formula o convite e evitar associar o seu nome ao de uma instituição que comprovadamente apresente comportamentos e atitudes degradadoras da qualidade de vida, tais como históricos de crimes ambientais (poluição, desmatamento, vazamentos e outros), de corrupção, de falsa propaganda e/ou qualquer outro envolvimento em situações de ilegalidade.

Sempre peça que o convite seja feito por meio de ofício, em papel timbrado, assinado por pessoas qualificadas, com nome completo, função e contatos (endereço, e-mail, telefone etc). Nesse ofício *devem constar o nome do evento, o objetivo do mesmo e o público-alvo.*

Pode ser cartorial, porém é uma forma de se ter documentada a formalização do convite. Se quem convida for uma instituição séria, jamais se negará a isso. Se não for atendido nesse quesito é melhor agradecer e recusar.

Em seguida, fazer um contato direto com a pessoa responsável indicada no ofício, a fim de ajustar vários detalhes como datas, locais, passagens e traslados, hospedagem, alimentação e pró-labore (se for o caso), dentre outros.

Armadilhas comuns

Cuidado com as armadilhas! Há várias! Vamos examinar duas delas:

1. Informe-se se o evento abriga qualquer cunho político-partidário. Em caso afirmativo, decline. Simples assim. A dimensão ambiental é humanista e não se atrela a qualquer coisa dessa natureza. Há quem não concorde com isso, mas a história traz muitos exemplos que corroboram essa assertiva.

2. Cuidado com o formato de mesas-redondas. Essa maneira de exposição-discussão de um tema foi completamente mutilada em nosso meio. Tem sido improdutiva e frustrante. Razão: indisciplina, egoísmo e exibicionismo.

Junte um palestrante renomado que fala durante uma hora quando lhe foram dados apenas 20 minutos, e um coordenador de mesa sem pulso, está criado o embaraço. Os demais mesaredondistas, prejudicados por terem suas falas comprimidas em um tempo ínfimo, sofrerão com o comprometimento de sua apresentação e a efetividade do evento.

Não sobra tempo para debates de ideias. As perguntas são mini palestras e as respostas, uma conferência. Saem prejudicados alguns apresentadores, o público, o evento e o desenvolvimento e discussão da temática eleita.

Espera-se que as pessoas evoluam para comportamentos mais construtivos e colaborativos, que contribuam efetivamente para a melhoria da qualidade da experiência humana. Enquanto isso, é bom se precaver das possíveis contrariedades que podem estar esperando por você naquela mesa-redonda.

8.2 Planejando a apresentação

Um dos pontos fracos e vulneráveis do nosso país, sempre apontados por estrangeiros, é o nosso desleixo quanto ao planejamento estratégico, e uma confusa e ineficiente execução de projetos. Avaliação, então, nem pensar.

Portanto, não se alie a essa nossa "característica". *Planeje.* Evite a falácia da "grande capacidade de improvisação" que atribuímos a nós mesmos. Isto pode funcionar esporadicamente, mas sistematicamente resulta em mal-estar, e soa como irresponsabilidade, arrogância, prepotência e falta de visão prospectiva. Afora os imprevistos, nada de última hora, portanto.

Cuidado com o excesso de confiança por sucessos passados! Encare cada novo compromisso como sendo o primeiro. Mantenha acesa a chama da criatividade, da inovação e do senso de responsabilidade e humildade.

Temos visto muitos palestrantes famosos escorregarem no limo da vaidade e se tornarem previsíveis, repetitivos e patéticos.

Antes da palestra: converse com o cliente para determinar os resultados desejados e a contribuição que você dará. Conhecendo tais detalhes, será mais prático e eficiente você construir o seu planejamento de apresentação.

Afaste-se do mito da palestra pronta, do pacote fechado que se pode apresentar sempre da mesma forma em qualquer lugar. Isso não funciona. Não há um contexto igual ao outro. São como impressões digitais. Cada evento, cada palestra tem a sua e, assim, requer adaptações, ajustes e sintonias próprias. Projete uma obra de criação única, criativa, interessante, inovadora e que utilize as técnicas mais adequadas.

Obviamente há elementos de uma palestra que podem ser repetidos, dada a sua importância estrutural, porém, não devem ultrapassar 1/3 do seu todo.

Alan Weiss, em seu livro *Palestrante de ouro* (página 151, Bookman, 2002), propõe alguns passos para se construir uma palestra. Destacamos:

- ► Resultados (objetivos a serem alcançados).
- ► Tempo disponível e sequência.
- ► Principais conteúdos a serem apreendidos.
- ► Montagem de uma primeira versão.
- ► Recursos visuais e materiais a serem distribuídos.
- ► Abertura e fechamento.
- ► Ensaiar a palestra e ajustar a cadência e o tempo.

É conveniente que se ensaie a apresentação. Dá para ajustar o ritmo em função do tempo disponível, rever a adequação das imagens, das sequências de conteúdo, da coerência da mensagem que se busca apresentar.

Para evitar o uso constante de "Né?", "Certo"?, "Compreendeu"?, "Entendeu"?, "Táááá´?" e outros vícios que incomodam o ouvinte, é conveniente fazer um teste de gravação para avaliar o seu desempenho. Assim, pode se verificar como está a sua narração, a sua voz, a velocidade de apresentação (se apressada ou monótona) e outros elementos técnicos importantes para manter o público atento.

Obviamente, com o passar do tempo, a sua experiência vai burilando essas etapas de planejamento e as tornando menos frequentes e demoradas.

Outro aspecto crucial do planejamento é escolher quais recursos técnicos de apoio à exposição você vai utilizar. Imagens (PowerPoint, vídeos, cartazes, lousa, painéis etc.), música, instrumentos de demonstração e outros.

O importante é que tais recursos sejam os mais eficazes para o público e para as condições do local, e que sejam adequados às suas habilidades e estilo pessoais.

Cuide para que os seus tons emocionais sejam equilibrados.

Note que as pessoas comparecem ao evento munidas de suas experiências e perspectivas, suas parcialidades, crenças, conceitos, valores e convicções, por meio dos quais você será constantemente avaliado. É absolutamente importante estar em sintonia com seus contextos e vislumbrar análises e reflexões que sinalizem para o reconhecimento dos aspectos positivos e negativos da situação, e suas alternativas de soluções, bem como a importância da participação ativa das pessoas na construção de soluções.

Suas palavras devem ser capazes de mobilizá-las. Fazer com que se sintam capazes de resolver problemas e percebam os benefícios para elas e para todos.

Planeje de acordo com o seu tipo de plateia: política, científica, comunitária, corporativa, acadêmica, escolar ou outra, ajustando a linguagem, o conteúdo e o estilo de apresentação. Jamais faça uma palestra sem um mínimo de planejamento. Evite correr o risco de arranhar a sua credibilidade.

Fundamental: Faça um roteiro simplificado da sua apresentação. Sempre.

Obviamente, com o passar do tempo, o palestrante vai se tornando mais confiante, espontâneo e menos acoplado a roteiros. Contudo, planejar com cuidado será para sempre necessário.

A seguir, apresentamos como sugestão uma sequência de itens a serem considerados, e que podem contribuir para o êxito da sua missão.

Nomeando o tema

Foco no tema. Palestras que falam sobre tudo terminam deixando nada, e soam como embromação por falta de planejamento, de comprometimento ou mesmo como um misto de arrogância, desrespeito e desleixo.

Nomeie o tema que se acopla aos objetivos do evento e incorpore nessa narrativa as suas reflexões sobre o mesmo.

Pesquisando sobre o tema

Conheça o seu público!

Recomendamos que se pesquise em dois focos. O primeiro, o contexto do local onde o evento vai acontecer. Suas características, histórico, problemas, dentre outros. O segundo, a temática nomeada aplicável ao contexto identificado.

Peça informações aos organizadores do evento, converse com eles e, se possível, com pessoas do local. Reúna e estude materiais de divulgação da cidade sede. Consulte seus jornais locais e o *site* da prefeitura.

Busque imagens locais que possam auxiliar a apreensão da mensagem que você pretende passar. Se cabível, nomeie fundos musicais apropriados para dotar a sua apresentação de mais apelos emocionais-sensibilizantes.

Não se esqueça de apor os créditos de sons e imagens utilizados, e tenha o cuidado de verificar as suas exigências e limitações de direitos autorais associados.

Outro ponto determinante da sua apresentação é a nomeação dos conteúdos a serem utilizados e a sua abordagem.

Observe que se você decidir focar em *processos*, em vez de conteúdo (conhecimentos), a sua produção intelectual terá vida mais longa, uma vez que a obsolescência destes é lenta, enquanto que os conhecimentos sofrem desatualizações diariamente.

As informações trabalhadas precisam ser consistentes, originais, informativas, idôneas e relevantes.

Devem ser atualíssimas, pertinentes ao tema e ao contexto, e serem apresentadas como elementos em construção, enfatizando o seu caráter dinâmico e transitório. Ou seja, nada definitivo. Definitivo, só a incerteza!

Outro fator importante, o *tempo gasto para preparar a sua apresentação*.

De uma forma geral, os especialistas recomendam que o tempo de preparo de uma palestra/conferência deva ser de pelo menos três vezes o tempo previsto de apresentação. Não creio nisso. Depende muito do contexto do evento, dos seus objetivos, do seu público-alvo, do tema a ser abordado e da sua experiência acumulada. Assim, não há uma receita definida. Vale a responsabilidade, o bom senso e o desejo honesto de fazer o melhor, e dedicar o maior tempo possível para preparar a sua apresentação.

Atente-se: quanto menos tempo for dado para a sua apresentação, mais tempo de preparação você deverá dedicar.

Uma apresentação de 15 minutos requer mais tempo de preparação do que uma de 50 minutos. Não economize na preparação. Ela pode ser a diferença entre o

Educação ambiental • princípios e práticas

sucesso e o vexame. Dedique-se! Por meio dessa prática, você pode refinar suas ideias e estratégias, e reduzir as suas fatias de falhas.

Note bem que a plateia (presencial ou não) *percebe* quando você dedicou tempo à preparação ou não. Sente-se valorizada quando nota algo específico sobre ela, suas realidades e cenários. Isso facilita a aceitação e conexão com sua apresentação e suas ideias. O oposto também é verdadeiro: apresentações generalizadas, descontextualizadas, adaptadas às pressas, demonstram pouco caso e as pessoas podem se sentir desrespeitadas, em muitos casos se abstraindo da apresentação.

Ao iniciar o seu planejamento, tenha em mente as razões pelas quais as pessoas ou as instituições escolheram você para a tarefa.

Essencial: honestidade e precisão

O óbvio precisa ser dito.

Honestidade

Uma palestra é um pedaço de tempo da sua vida e das pessoas que estão na plateia. Seus procedimentos devem ser coerentes e acoplados ao seu modo de ver a vida, suas práticas. seus valores e propósitos. Então, não pregue mentiras nem imprecisões em sua fala. Com o mundo hiperconectado você corre o risco iminente de ser ridicularizado ainda durante a sua fala e jogar na lata dos resíduos a sua credibilidade. Sem reciclagem.

Precisão

Sempre que usar dados que não sejam próprios, é necessário oferecer as fontes referenciais. Aponha-as no canto esquerdo inferior dos *slides*, por exemplo.

Cuidado com informações disseminadas na internet. Se não há identificação formal da mesma, melhor não confiar. A *www* (abreviação para *world wide web*) está repleta de imprecisões, achismos e notícias falsas (*fake news*).

Muito cuidado ao apresentar dados. É recomendável evitar a citação de dados de memória, se alguma dúvida paira em seus valores. Há uma grande chance de erro. Faça-o se tiver a absoluta certeza de que estejam certos.

Proteção e respeito à propriedade intelectual

Uma apresentação elaborada por você – um texto ou uma apresentação em PowerPoint, por exemplo – passa a ser, imediatamente, uma propriedade intelectual sua. Trata-se de uma criação própria e assim recebe a proteção automática da lei.

Inteire-se dos seus deveres e direitos lendo a Lei dos Direitos Autorais (Lei 9.610/98, de 19 de fevereiro de 1998, publicada no Diário Oficial da União em 20 de fevereiro de

1998), cujos aspectos mais pertinentes citamos em seguida (os demais estão nos Anexos deste livro).

Destacamos:

Art. 18º *A proteção aos direitos de que trata esta Lei independe de registro.*
[...]
Art. 29º *Depende de autorização prévia e expressa do autor a utilização da obra, por quaisquer modalidades, tais como:*
I – a reprodução parcial ou integral;
II – a edição;
III – a adaptação, o arranjo musical e quaisquer outras transformações;
[...]
VIII – a utilização, direta ou indireta, da obra literária, artística ou científica, mediante:
   a) representação, recitação ou declamação; [...]
   c) emprego de alto-falante ou de sistemas análogos;
   d) radiodifusão sonora ou televisiva; [...]
   g) a exibição audiovisual, cinematográfica ou por processo assemelhado; [...]
   i) emprego de sistemas óticos, fios telefônicos ou não, cabos de qualquer tipo e meios de comunicação similares que venham a ser adotados;
IX – a inclusão em base de dados, o armazenamento em computador, a microfilmagem e as demais formas de arquivamento do gênero;
X – quaisquer outras modalidades de utilização existentes ou que venham a ser inventadas.

Das sanções às violações dos direitos autorais, destacamos:

Art. 101º *As sanções civis de que trata este capítulo aplicam-se sem prejuízo das penas cabíveis.*
Art. 102º *O titular cuja obra seja fraudulentamente reproduzida, divulgada ou de qualquer forma utilizada, poderá requerer a apreensão dos exemplares reproduzidos ou a suspensão da divulgação, sem prejuízo da indenização cabível.*

Assim, é bom acentuar que a reprodução, sob qualquer forma, de sua apresentação, sem o seu consentimento por escrito, constitui crime, passível de multas e outras sanções penais, conforme previstas na lei.

Recomenda-se que na sua apresentação audiovisual se coloque, nos *slides* iniciais, o seguinte aviso:

A produção intelectual dessa apresentação está protegida pela Lei 9.610/98 dos Direitos Autorais. Qualquer forma de cópia sem a autorização prévia do autor constitui crime.

Obviamente, disponibilizar ou não uma apresentação que você dedicou horas ou dias para a sua elaboração, é uma decisão pessoal.

Há aqueles apressadinhos que logo após o término da sua apresentação, dirigem-se ao pessoal da técnica, já munidos do seu indefectível *pen drive* para solicitar uma cópia, sem ao menos falar com o seu autor. Tal procedimento, além de constituir crime, é uma tremenda deselegância e uma lamentável falta de noção. Logo, para se prevenir desses vampiros, é necessário que você oriente ao pessoal da técnica sobre esse detalhe.

Outro componente crucial de sua apresentação é a sua proteção e segurança.

É recomendável ter a sua apresentação salva em diversos meios. Desde a disponibilização da mesma no seu *drive* do Google, nuvem ou equivalente, até gravá-la em dois ou três armazenadores de arquivos (*pen drive*, DVD, HD externo e outros). Não confie em apenas uma cópia nem se esqueça de testá-las antes.

Nomeando as técnicas de apresentação

Vamos tomar como exemplo o uso de *slides* via PowerPoint.

Poucos apresentadores dominam a arte de uso desses recursos. A sua efetividade será proporcional à atenção que você dispensar para a sua preparação.

Se bem utilizados, são excelentes auxiliares. Se mal, um amplificador de vexames.

Nada mais desagradável, constrangedor e aborrecido do que testemunhar um palestrante se enrolando todo com os *slides*: "lendo" para a plateia um *slide* cheio de textos; se desculpando por imagens erradas ou um gráfico malvado cheio de nós; obstruindo a visão das pessoas ao trafegar em frente à tela, carregando as imagens embaraçosamente projetadas em suas costas.

É bom considerar:

▶ Os *slides* devem estar intimamente acoplados à sua fala. A sincronização precisa ser exata.

▶ As imagens devem ser selecionadas em função do seu significado e da sua qualidade.

▶ Textos longos em *slides* são chatos. Use preferencialmente frases curtas, de impacto

▶ Precisam ser simples e compreensíveis em 3 a 4 segundos (como se fossem *outdoors*, como diz Duarte (2018)).

- ▶ Devem sempre ser numerados. Isso facilita qualquer operação.
- ▶ Tenha sempre o *slide* de entrada (com o nome do evento, data, título da palestra, seu nome, titulação e contatos), e de saída (com agradecimento, nome e contato);
- ▶ Aponha poucos elementos por *slide*.
- ▶ Fale pouco por *slide*. É desagradável e causa dispersão uma longa fala com a mesma imagem. Os chineses dizem que uma imagem vale cinco mil palavras, e não o contrário.
- ▶ Utilize sempre um passador de *slide*. Ele dá mais segurança, precisão e liberdade ao apresentador.
- ▶ Evite aqueles efeitos idiotas e irritantes de rotação, giro e seus asseclas, que em nada ajudam e ainda roubam tempo de todos.
- ▶ Lembre-se de que nem todo lugar serve para exibição de *slides*.
- ▶ A quantidade de *slides* deve ser absolutamente acoplada às reais necessidades de auxílio e facilitação da sua apresentação. Não são muletas.

Se for utilizar vídeos em sua apresentação, que sejam curtos (entre 30 segundos e um minuto) e poucos (no máximo três). Insira-os no mesmo arquivo da projeção de *slides* para evitar descontinuidades (aquelas interrupções que prejudicam a dinâmica do trabalho). Atente-se para o áudio.

Se planejou a apresentação de vídeos mais longos, há uma grande chance de você ter esquecido a razão pela qual foi convidado.

O uso do tempo

A pontualidade não é uma tônica na cultura brasileira, salvo exceções. Em contato com outras culturas onde esse componente absoluto da vida é levado a sério, os tupiniquins passam alguns embaraços e promovem alguns constrangimentos. É óbvio que tais comportamentos são variáveis e há uma margem razoável de tolerância. Mas é recomendável se manter numa faixa do que seja pontualidade.

O respeito ao tempo programado para o início e o término de um evento é um determinante absoluto das probabilidades de seu sucesso ou fracasso; de ser produtivo e estimulante ou enfadonho e antipático.

Assim, a gestão eficiente do tempo é primal para o evento e, obviamente, para o palestrante e para o público. Logo, antes de iniciar uma apresentação, é fundamental que se tenha determinado, de forma objetiva e precisa, quanto tempo disponível se tem para tanto.

Se disponibilizarem 50 minutos, use 40 minutos (a propósito, especialistas afirmam que após 40 minutos as pessoas devaneiam – é o tempo da TV). Finalize sua

Educação ambiental • princípios e práticas

apresentação sempre um pouco antes do tempo proposto. Jamais – e vamos aqui apor uma notação bem apelativa – JAMAIS ultrapasse o tempo combinado. **JAMAIS**.

É de consenso popular que nenhum público vai se incomodar com um palestrante que termine sua apresentação alguns minutos mais cedo.

É conhecido o diálogo:

– Qual é a melhor palestra?

– A mais curta!

Ir além do tempo combinado denota, dentre tantas coisas ruins: desorganização, desleixo, falta de planejamento, descuido, incompetência, desrespeito, arrogância e egoísmo.

É comum ver palestrantes atropelando a apresentação, pulando *slides* e apressando o ritmo quando alguém lhes informa que o tempo acabou. Além de constrangedor, é patético!

Além de desagradável, é decepcionante ouvir de um palestrante "Não vai dar tempo...". Depois dessa frase infeliz sempre se segue aquele atropelo ridículo, aquela sessão pastelão convulsa e disforme. Um desastre!

Para evitar isso, no decorrer da sua apresentação ajuste o seu ritmo para não amontoar as coisas no final. Tenha sempre à vista um marcador de tempo. Um cronômetro com números grandes é o ideal. Na inexistência de um, qualquer relógio serve. Até uma ampulheta! Ou alguém designado com aquelas plaquinhas excêntricas. Não se pode ir às cegas e correr o risco do demérito. Também não se recomenda ficar olhando o tempo todo para a marcação do tempo.

Há passadores de *slides* que têm o seu próprio marcador de tempo. Alguns são programáveis e alertam o tempo com pequenas vibrações. Coloque a tecnologia ao seu dispor. *O seu controle eficiente do tempo é tão importante quanto as coisas que você vai falar*, uma vez que, sem o tempo-ritmo adequado de sua narração, os conteúdos ficarão esmagados, comprimidos e deformados pela agonia da pressa.

Há situações nas quais o tempo combinado, de repente, diminui. Na maioria das vezes isso se deve a atrasos na abertura do evento, tais como autoridades que não chegaram, a queda de energia elétrica, ou outros tantos motivos.

Outro componente do estrangulamento do tempo durante a abertura, por vezes, são aqueles que, convidados para a formação da mesa, resolvem esticar os seus cinco minutos e resolvem fazer uma palestra. Outros aproveitam a ocasião para fazer média e autopromoção, normalmente algum político pregando seus "feitos maravilhosos". Há também os inoxidáveis puxa-saquistas endêmicos e sua verborragia, além de outros vampiros do tempo.

Em ocasiões assim, quando o seu tempo foi inapelavelmente erodido e a organização do evento foi omissa e inapta para evitar a situação, recomenda-se que, ao iniciar a sua fala, apresente o aviso: "Em vista do tempo que tenho disponível, e em respeito à programação e ao público, serei breve". E fale cinco minutos se te derem cinco. Fale dez minutos se te derem dez. Simples assim. E ponto.

Na verdade, em poucos lugares no Brasil os eventos começam e/ou terminam na hora programada. Tive experiências positivas ao palestrar nas três dezenas de cidades do interior do Rio Grande do Sul, entre 2014 e 2017.

E quando muda para *mais* tempo do que o programado? Isso normalmente acontece quando algum convidado não comparece (nem avisa). Fica aquele tempo sobrando.

O palestrante prevenido deve sempre ter um plano B. É só proceder um detalhamento maior na sua exposição. Adicionar, na fala, mais exemplos e reflexões. Falar pausadamente, porém sem exageros, mas continuar com o mesmo propósito de concluir a sua fala, sem prolixidade, em um tempo sempre inferior ao concedido. *Evitar ocupar o tempo com exemplos pessoais autopromocionais, piadinhas, ou qualquer outra citação fora da temática.*

Cuidando da sua imagem: traje e comportamento

Cuide bem da sua imagem. Ela é o seu patrimônio imaterial mais trabalhoso para ser erguido. Mas, sabe-se, bastam alguns segundos de bobeira, soberba, vaidade, ego inflamado ou descontrole emocional para se comprometer de forma irreparável toda uma trajetória de esforço, empenho, sacrifício, disciplina e dedicação à área.

Tenha em mente que aquelas pessoas não estarão vendo apenas a sua apresentação. Acompanham as imagens da sua trajetória nas redes socais, dos seus feitos, das suas atitudes e ações desenvolvidas. Você já tem uma história de esforços e realizações construída, razão pela qual foi convidado. Assim, não admita pôr em risco esse patrimônio devido a estrelismos, autossuficiência e autoconfiança exageradas, que normalmente levam a descuidos desastrosos de planejamento e condutas. Tenha sempre o cuidado de ser respeitoso com a diversidade e as crenças, e se abster de qualquer sectarismo (partidarismo, proselitismo, doutrinação).

O seu sucesso estará sempre acoplado à sua imagem, e dependerá da sua capacidade de trabalho, de absorver sacrifícios e de estar atento aos contextos e tendências, de modo a se reinventar todo o tempo, e assim se afastar dos perigos armados pela cegueira do sucesso e ilusões da fama.

Eficiência e reconhecimento exigem trabalho. Trabalho duro e sério. Com honestidade e sem subterfúgios.

Como dito popularmente, o único lugar onde o sucesso vem antes do trabalho é no dicionário.

E lembre-se: a estrela do evento é o público, não você! Você não é o foco. O tema é o foco.

Cuide para que a sua narração não seja infectada por paixões ideológicas político-partidárias, nem pelas vaidades cegantes insufladas pelas armadilhas do ego inflado.

O traje

O seu traje deve ser o mais discreto possível. Quanto mais fantasiado, chamativo, cores berrantes, modelitos esotéricos, penduricalhos e outros apetrechos autopromocionais, mais rejeição e empáfia a sua imagem atrairá.

A sobriedade e a elegância das cores neutras certamente ajudarão a compor uma imagem de simplicidade, que por sua vez a remete à seriedade, à confiança no palestrante. Pode parecer clichê, mas certamente você já experimentou alguma situação na qual um palestrante "estrelado" despertou sua antipatia e aversão ao iniciar a sua fala, justamente pela forma extravagante dos seus trajes.

Duarte (2018, p. 161) enfatiza:

> *Se estiver trajando menos formalmente do que a plateia estará dizendo "Não respeito vocês"; e se estiver com uma roupa mais sofisticada, estará dizendo "Sou melhor do que vocês".*

Como vê, o limiar é tênue, indefinido até. Então, que valha a intuição, o bom senso, a humildade e a simplicidade. Elegância não significa ostentação.

O comportamento

As redes sociais, de várias formas, acabam expondo o palestrante: seus valores, crenças, procedimentos, decisões e mais. Que o seu comportamento seja coerente com os seus propósitos, com a sua narrativa. Nada convence mais do que o exemplo.

Ao se decidir por essa atividade tome consciência das suas responsabilidades. Exige-se tempo integral para a ética e a moral. Não há intervalos para desleixos.

8.3 Conhecendo o local da sua apresentação

Você constrói a imagem mental da sua apresentação ao conhecer o local onde vai acontecer o evento. O tamanho do local, suas características arquitetônicas e decoração, a posição do palestrante em relação ao público, a geometria de distribuição das cadeiras, as possibilidades de mobilidade, as instalações de som, imagem e iluminação, a acústica do salão, a localização dos sanitários, as saídas de emergência, a recepção e outros. Enfim, uma olhadela geral para se ter uma ideia do "astral" da arena onde atuará, e assim formatar a sua preparação psicológica e emocional para que tudo ocorra bem.

Testando equipamentos

Equipamentos que falham no momento da apresentação são responsáveis por grande parte dos fracassos e vexames em eventos.

Deixe bem claro aos organizadores quais equipamentos você vai utilizar e que *você precisa testar todos eles, antes da sua apresentação.*

Evite testar os aparelhos faltando pouco tempo para o início do trabalho. Faça-o com a antecedência de algumas horas, de preferência. Recomenda-se fazer uma breve e resumida pré-apresentação.

Tudo precisa ser testado: microfones, amplificação do som, iluminação, projetores, computadores, passadores de *slides* e outros. Conheça o pessoal da técnica. Grave seus nomes.

Se vão designar um púlpito, ou lugar específico à mesa, experimente-os! Teste a sua localização, iluminação, visualização do público e da tela (ou telas). Verifique o acesso para não experimentar o constrangimento de tropeçar e cair diante do seu público. Nada pior para desconstruir um clima.

Amplificação de voz e uso do microfone

Um microfone ruim e falhando, uma amplificação de voz estridente ou abafada, acoplada a um palestrante que não sabe usar um microfone, formam a mistura perfeita para se detonar um evento. Infelizmente, essa situação é muito frequente.

O segredo da boa reprodução de som depende da empunhadura correta do microfone pelo palestrante (veja a figura a seguir), da equalização adequada da sua voz (ajustes de graves e agudos de acordo com o seu timbre), da adequação da intensidade de volume ajustada, da qualidade e estado dos alto-falantes das caixas de som e da sua distribuição, da qualidade acústica do ambiente e da competência e concentração do operador dos equipamentos. Ou seja, há sim vários pontos vulneráveis que justificam a sua insistente exigência de testar tudo antes.

Educação ambiental • princípios e práticas

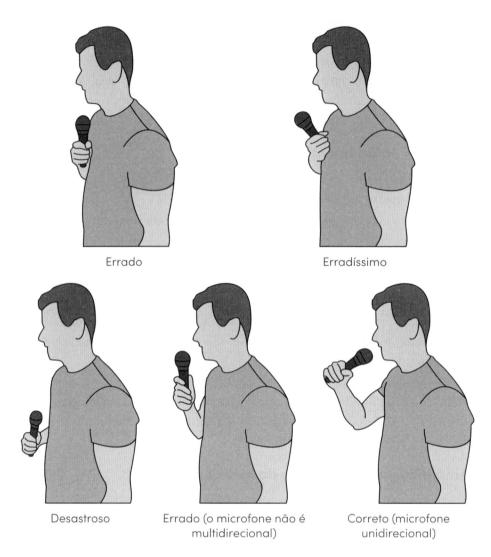

Figura 27

Teste a distância adequada do microfone à boca, em função do equipamento disponível. Contudo, jamais aproxime o microfone a uma distância inferior à demonstrada na última fotografia. Isso causa distorções.

Recomenda-se escolher o tipo de microfone que melhor se ajuste ao seu estilo de apresentação. Vai depender se você é daqueles que se move o tempo todo, gesticula muito ou não. Assim se adequam microfones fixos, com fios longos, sem fio ou de lapela. Tudo isso precisa ser ajustado antes.

A iluminação

Falhas na iluminação podem determinar o fiasco de uma apresentação. É um item relegado a segundo plano, em vários eventos.

Com frequência testemunhamos um coitado de um palestrante tentando tornar possível a compreensão de uma imagem projetada, descrevendo-a desesperadamente, em virtude do excesso de claridade do ambiente.

Nada mais chato do que, em um dado momento da sua apresentação, ser preciso acender ou apagar as luzes e não ter alguém encarregado para fazer isso. É um tal de procurar onde estão os interruptores respectivos, um apaga e acende frenético, até que alguém, no afã de encerrar o mal-estar, termina caotizando tudo ao desligar o interruptor que alimenta o projetor! Imagine ter que reiniciar o equipamento, interromper a apresentação, arruinando a sua estética e dinâmica. Um desastre. Evitável.

Logo, é prudente que se teste todos os componentes de iluminação: painéis de interruptores (qual desliga o que, quem desliga quando), holofotes, portas, janelas, persianas, cortinas e mais.

Se a sua apresentação for diurna e demandar a projeção de imagens, essa verificação se torna imperativa. *Pode ser o divisor entre o sucesso e o fiasco.*

Caso tenha que usar imagens projetadas e o ambiente não ofereça um escurecimento adequado à qualidade de projeção, é recomendável não as utilizar. Nomeie outros recursos.

Outro detalhe crucial da iluminação: se você vai seguir algum roteiro por escrito, verifique antes se há iluminação adequada para se fazer a leitura do mesmo. Não é incomum o palestrante passar por esse constrangimento.

8.4 Antes de iniciar a apresentação

Jamais se dirija para uma apresentação com fome. Faça um lanche leve antes.

A sua voz é um equipamento pessoal determinante em suas apresentações. Cuide bem desse patrimônio. Ouvir uma palestra de alguém rouco ou que interrompa constantemente a sua fala para pigarrear, convenhamos, não é nada estimulante.

Recomenda-se fazer repouso de voz. Antes de iniciar a palestra, permaneça pelo menos uma hora (ou mais, se possível) sem falar. O ideal seria iniciar esse período de repouso de voz já algumas horas antes do evento. Fale o mínimo possível.

Nada de café, chás, bebidas geladas (água e/ou refrigerantes, principalmente), frutas cítricas e longas conversações, por exemplo. Peça que a água que vão te servir esteja na temperatura ambiente. Fonoaudiólogos reconhecem a maçã (em temperatura ambiente) como uma fruta adequada para tais momentos.

Fumar, nem pensar. Um palestrante eficiente já se desfez desse hábito primitivo, nocivo, irracional e degradador da saúde e da qualidade do ar atmosférico local, há tempos.

Ao chegar no local do evento (peça que te levem com uma antecedência tal que possa checar os equipamentos), circule distraidamente entre o público. Escute suas conversas. Fale rapidamente (e pouco, lembre-se) e informalmente com algumas delas e depois se recolha. Sente-se na última fileira por uns instantes e fique quieto ali acompanhando a movimentação e acomodação das pessoas. Enquanto isso, aumente o grau de concentração sobre o que você vai fazer, e aproveite para fazer mais um saudável repouso de voz.

Se nesse período for necessário falar com alguém – normalmente com algumas autoridades -, seja breve e fale o mínimo possível. Isso inclui as entrevistas.

Pode parecer bobagem ou preciosismo, mas, vai aqui uma sugestão que pode livrar você de um aperto. Literalmente. Minutos antes de ser chamado para ocupar o seu lugar de palestrante, não deixe de ir ao sanitário. Aproveite também para uma revisada no visual – cabelo, traje, equipamentos pessoais como caneta e passador de *slides*, dar uma aliviada na tensão, e facilitar a sua concentração.

Respire fundo algumas vezes para controlar a ansiedade e despreze o mito do nervosismo. É a adrenalina que comanda agora!

8.5 Ao iniciar a apresentação

É absolutamente imperativo que o Mestre de Cerimônias solicite ao público que os celulares sejam postos no modo silencioso.

Antes de iniciar a fala, respire fundo, faça uma pequena pausa e olhe todo o seu público. Um contato visual com todas as pessoas, de forma silenciosa e serena, e sorria. Passe apenas alguns segundos nesse ritual. Além desse curto tempo, se torna constrangedor. O limite entre o eficiente e o desastroso é tênue.

Em seguida, inicie. Agradecer ao convite recebido, aos seus organizadores e ao público presente, é sempre uma forma elegante de iniciar um trabalho. Mas que isso seja feito de forma objetiva, direta e sem floreados.

Na sequência, referir-se ao título da sua fala, citar o objetivo da sua fala... e iniciar a sessão. Isso dá credibilidade e confiança.

Os especialistas em oratória afirmam que os instantes iniciais (a abertura) de sua fala irão decidir se as pessoas vão te acompanhar ou transferir suas atenções para outros focos.

É fundamental ser honesto e preciso nas suas afirmações. Autêntico e transparente. Humildade e precaução sempre são bons condutores. Na plateia podem estar pessoas de pouco conhecimento acadêmico, porém sábias no conhecimento existencial. Também podem estar pessoas cujo conhecimento acadêmico seja muito superior ao seu e que foram ali para te ouvir, avaliar, criticar ou simplesmente desfrutar de sua narrativa, se esta for bem estruturada e conduzida de forma sóbria, atualizada, eficiente e convincente.

Recomenda-se que se acentue a natureza da sua fala, enfatizando que a mesma é apenas uma contribuição ao contexto de reflexões sobre o tema, e que não se tem a pretensão de ser o revelador de verdades absolutas ou o tradutor de premissas definitivas.

A sua humildade e respeito às pessoas presentes podem ser a chave do seu sucesso.

O erro mais catastrófico de um palestrante é o de conduzir a sua fala como se fosse o senhor do assunto, o "Papa" do tema, o único dono daquele conhecimento, como se na plateia não houvesse pessoas que também poderiam falar tão bem ou melhor do que ele, naquele lugar e hora.

8.6 Durante a apresentação

Siga o roteiro da sua apresentação (salvo necessidades de adaptações por imprevistos). Cuidado com o ego! Narrativas ditadas pelo ego são antipáticas e dispersam o interesse da plateia. Nada de autoexposição, autopromoção.

Mantenha a sua concentração, o seu foco.

Isso é absolutamente decisivo.

Cuidado com a intensidade e velocidade da sua fala. Atente-se para a sua dicção, entonação, inflexão e pausas. Fale de forma serena, sem pressa. Imprima emoção às suas expressões e varie a sua entonação (apresentações monotônicas são entediantes). Seja moderado nos gestos e na movimentação de palco.

Recomenda-se manter o olhar nas pessoas, percorrendo o ambiente, para perceber como você está sendo recebido (pessoas fazendo anotações ou inclinando-se para a frente são sinais de interesse).

Cuide da linguagem adequada, simples, elegante e precisa. Jamais use palavrões ou gírias. Seja discreto, polido, objetivo, alegre e dinâmico.

Muitos palestrantes utilizam o humor para quebrar o gelo, diminuir a tensão e deixar as pessoas mais à vontade. Mas, cuidado. Evite misturar as coisas. Você não é um profissional de *stand up*, portanto, ser engraçado pode não acrescentar qualidade à sua apresentação. Sendo cabível, é produtivo e adequado narrar casos pessoais engraçados pois eles garantem a originalidade e o ineditismo. Mas cuide para que não sejam autopromocionais, e sim, autoirônicos. Dessa forma, o público tende à empatia, por já ter, certamente, experimentado situações semelhantes.

O palestrante elegante não se exibe, não se promove.

Como é cabotino aquele apresentador que narra as suas façanhas, conquistas, maravilhas e títulos, promovendo a sua imagem de super-herói infalível. Margeiam o ridículo e se inscrevem nesse rol os palestrantes que infalivelmente repetem "eu fui, eu sou, eu tenho, eu tive, eu faço, eu fiz, eu acho, eu penso, eu detesto, eu gosto, eu eu eu... O famoso e antipático "Tudo eu". Essa categoria consegue perder grande parte do público em pouco tempo.

Há tantas pessoas diferentes na plateia quanto estrelas no firmamento. Jamais proponha qualquer tipo de participação do público que possa incorrer em constrangimento ("Quem é fumante, levante a mão..."). Evite se referir às pessoas do "fundão". Tampouco solicite que as pessoas se toquem ou levantem o braço. É antipática e até patética essa forma-tentativa de envolver o público. Você não está em um show musical.

"Quem aqui já comeu pipoca no cinema?". "Quem já se lambuzou chupando manga?" "Levante a mão...". Isso pode ser desagradável.

Jamais faça gozações, críticas ásperas e deselegantes. Prime pela classe e pela humildade. Finesse. Seja educado, sempre. Tais elementos certamente serão decisivos para ampliar a receptividade de sua mensagem.

Muitos apresentadores ficam incomodados e até inseguros quando algumas pessoas começam a sair durante a sua fala. Não tome isso como pessoal. Podem estar precisando ir ao banheiro, atender a um chamado, telefonar para alguém, tomar um ar fresco, simplesmente espairecer. Entenda e siga.

Se muitos saem, então tem algo errado. Após o embaraço, examine as causas, identifique as falhas de planejamento e as corrija. Vida que segue.

8.7 Quando algo deu errado

As universidades mais conceituadas do mundo estão incluindo em seus currículos, elementos de inteligência emocional. Concluiu-se que de nada adianta um profissional trazer em sua bagagem as mais altas qualificações, se em um momento importante de tensão ele explode e põe tudo a perder. Pessoas irascíveis, nervosas, desequilibradas, intempestivas – as chamadas "pavio curto" – estão sendo sistematicamente preteridas por pessoas calmas, pacientes e emocionalmente equilibradas.

Dessa forma, a capacidade de controle emocional, a chamada gestão de emoções, se tornou um componente importantíssimo na escolha de perfis.

Na realização de eventos há inúmeras possibilidades de erro. Vão desde a falta de energia elétrica, à queima de um equipamento de som e imagem até erros cometidos pelo palestrante.

Se algo deu errado, procure manter a calma. Cultive a virtude da paciência.

Se o erro foi na sua narrativa, admita-o, corrija-o e siga. Obviamente após os devidos pedidos de desculpas.

Se foram falhas que independeram de você, paciência. Sempre. Nada de reclamações, berros e descontroles. Classe e elegância. Peça um intervalo. Dê tempo ao pessoal da técnica.

Se for algo inesperado – como um temporal, ou algo assim –, seja parceiro e se integre ao público.

Jamais ignore alarmes e se houver uma emergência comunique-a calmamente ao público.

Tenha sempre um plano B. Ou seja, imagine uma falta de energia elétrica ou mal funcionamento de equipamentos de som e imagem. O que fazer? Há de se planejar um mínimo de alternativas para tais situações.

Recordo que, com a cumplicidade e parceria do público, conseguimos fazer a conferência de abertura do I Congresso de EA no auditório da reitoria da UFPB, João Pessoa, em 2015, totalmente às escuras.

8.8 Encerramento

Os especialistas enfatizam que você nunca deve terminar uma apresentação com uma sessão de perguntas e respostas. Realmente, após um fechamento caprichosamente planejado, com imagens e frases de impacto, a sessão de perguntas e respostas quebra totalmente o encanto do trabalho realizado.

Particularmente, temos evitado tais sessões ao final das apresentações. Caso sejam necessárias, preferimos dedicar algum momento no meio da apresentação para tanto. Devidamente planejada, essa pausa não prejudica o clima do encerramento. No fundo, temos mesmo é evitado essas sessões porquanto sempre acentuamos não sermos os portadores da versão final dos conhecimentos. As respostas estão dentro das pessoas. Cada um sabe, enfim, as respostas para as suas perguntas. O autoconhecimento é essencial. O conhecimento técnico está disponível no mundo.

Caso tais sessões sejam inevitáveis, recomendamos que seja definida uma pessoa para a qual as pessoas possam encaminhar as suas perguntas. Ela deve compilar as mais significativas e entregá-las ao palestrante. Isso evita aquela situação famigerada, interminável, deselegante e irritante, na qual as pessoas em vez de formularem as suas questões objetivamente, resolvem fazer um discurso, uma nova palestra, um palavrório verborrágico pedante, carregado de sectarismos, ressentimentos e frustrações. Assim:

- ▶ Defina uma pessoa para compilar as questões e apresentá-las.
- ▶ Defina o número de questões a serem respondidas.
- ▶ Ao responder, repita a questão formulada.
- ▶ Responda às questões com brevidade e não se exiba.
- ▶ Diante daquela questão cabeluda diga simplesmente "não sei".
- ▶ Não se abale com as hostilidades. Trate-as como sinal de interesse.
- ▶ Discorde, sem receio, porém com firmeza, elegância e polidez.
- ▶ Encerre a sessão apresentando um resumo da sua fala.

8.9 Avaliando a sua apresentação

Lembre-se: corrigir os pontos fracos é importante. Mas potencializar os pontos fortes, e explorá-los, é fundamental. As opiniões e avaliações são essenciais para o aprimoramento do trabalho. Porém, é bom manter ligado o botão de controle do ego nas avaliações mais elevadas, e o botão da autoestima nas avaliações mais baixas.

Há várias formas de avaliar o seu desempenho. As avaliações escritas são mais precisas, porém, são mais invasivas. Assim, devem conter poucos itens e elementos bem objetivos de modo a não ocupar muito tempo do avaliador.

As avaliações inobtrusivas (não intrusivas, indiretas) costumam ser mais interessantes e revelam, de forma espontânea, a aceitação ou não do seu trabalho. Conversas informais, leitura de relatórios do evento, notícias da mídia e outros compõem o universo de possibilidades de coleta de opiniões.

8.10 Quanto custa?

Em algum momento das negociações e acertos para a sua conferência ou palestra, surgirá a pergunta: quanto custa? Esse é um ponto nevrálgico no mundo dos eventos. Sugiro que consulte o especialista Weiss (2012), especialmente no Capítulo 4 ("Definindo preços – Quanto você cobra? Quanto você tem?").

O autor sugere que você nunca use o tempo como base do seu valor. A discussão nunca deve ser sobre preços, apenas sobre valor do trabalho (importância, significância), sobre a confiança que as pessoas têm em você, sua reputação, credibilidade e reconhecida propriedade intelectual especial. Deve considerar suas experiências, histórias, narrativas, trajetórias, e os talentos que traz ao apresentar palestras, suas habilidades e abordagens singulares.

É claro que no início da carreira, em alguns casos, é melhor não cobrar a aceitar um valor muito baixo. Ir construindo lentamente e progressivamente o seu nome, a sua carreira, aprimorando seus conhecimentos, atualizando suas narrativas e escrevendo artigos e livros.

Essa atividade de palestrante/conferencista é uma das mais estimulantes, agradáveis e compensadoras.

A área ambiental difere das demais por uma razão objetiva: estamos lidando com a preservação da vida, com o cuidado com o todo, independentemente de país, etnia, língua, religião, gênero, ideologias e mais. É uma função sagrada, elevada, benfazeja, iluminadora e iluminante, pacificadora, unificadora, holística, sistêmica, harmonizadora e dignificante. Quem trabalha nessa área precisa buscar e adquirir essa revelação íntima de compromisso com o bem-estar de todos, com a gratidão pela vida. O que vier em seu benefício será apenas consequência das suas atitudes, decisões, generosidade e empenho honesto nas tarefas de construção de um mundo melhor.

Assim, com disciplina, determinação, honestidade e espírito de doação-colaboração, prepare-se para um mundo de compensações impensáveis e maravilhosas, dentre as quais, a mais importante será a sua evolução e elevação espiritual.

Referências Bibliográficas

DUARTE, Nancy. *Apresentações convincentes*. Rio de Janeiro: Sextante, Harvard Business Review Press, 2018. 205 p.

WEISS, Alan. *Palestrante de ouro*. São Paulo: Bookman, 2012. 274 p.

Anexos*
Subsídios às ações em EA

Anexo 1 – Declaração Universal dos Direitos Humanos (ONU, 1948)

A Declaração Universal dos Direitos Humanos foi aprovada a 10 de dezembro de 1948 pela Assembleia Geral das Nações Unidas (ONU), estando o Brasil entre os países signatários.

ARTIGO I

Todos os homens nascem livres e iguais em dignidade e direitos. São dotados de razão e consciência e devem agir em relação uns aos outros com espírito de fraternidade.

ARTIGO II

Todo homem tem capacidade para gozar os direitos e as liberdades estabelecidos nesta Declaração, sem distinção de qualquer espécie, seja de raça, cor, sexo, língua, religião, opinião política ou de outra natureza, origem nacional ou social, riqueza, nascimento ou qualquer outra condição.

Além disso não se fará distinção alguma baseada na condição política, jurídica ou internacional do país ou território de cuja jurisdição dependa uma pessoa, quer se trate de país independente, como de território sob administração fiduciária, não autônomo ou submetido a qualquer outra limitação de soberania.

ARTIGO III

Todo homem tem direito à vida, à liberdade e à segurança pessoal.

ARTIGO IV

Ninguém será mantido em escravidão ou servidão; a escravidão e o tráfico de escravos serão proibidos em todas as suas formas.

ARTIGO V

Ninguém será submetido a tortura nem a tratamento ou castigo desumano ou degradante.

---

* Com o advento e popularização da internet e dos *smartphones*, o acesso à informação se tornou mais fácil. Dessa forma, nesta edição, apresentamos apenas os anexos mais significativos.

ARTIGO VI

Todo homem tem direito de ser, em todos os lugares, reconhecido como pessoa humana, perante a lei.

ARTIGO VII

Todos são iguais perante a lei e têm direito, sem qualquer distinção, igual proteção da lei. Todos têm direito a igual proteção contra qualquer discriminação que viole a presente Declaração e contra qualquer incitamento a tal discriminação.

ARTIGO VIII

Todo homem tem direito a receber, dos tribunais nacionais competentes, remédio efetivo para os atos que violem os direitos fundamentais que sejam reconhecidos pela Constituição ou pela lei.

ARTIGO IX

Ninguém será arbitrariamente preso, detido ou exilado.

ARTIGO X

Todo homem tem direito em plena igualdade, a uma justa e pública audiência por parte de um tribunal independente e imparcial, para decidir de seus direitos e deveres ou do fundamento de qualquer acusação criminal contra ele.

ARTIGO XI

Todo homem acusado de um ato delituoso tem o direito de ser presumido inocente, até que sua culpabilidade tenha sido provada de acordo com a lei, em julgamento público, no qual lhe tenham sido asseguradas todas as garantias necessárias a sua defesa.

Ninguém será condenado por atos ou omissões que, no momento em que foram cometidos, não tenham sido delituosos segundo o direito nacional ou internacional. Tampouco será imposta penalidade mais grave do que a aplicável no momento em que foi cometido o delito.

ARTIGO XII

Ninguém será sujeito a interferências na sua vida privada, na família, no seu lar ou na sua correspondência nem a ataques a sua honra e reputação. Todo homem tem direito à proteção da lei contra tais interferências ou ataques.

ARTIGO XIII

Todo homem tem direito à liberdade de locomoção e residência, dentro das fronteiras de cada Estado. Toda pessoa tem direito a sair de qualquer país, inclusive do próprio, e a ele regressar.

ARTIGO XIV

Todo homem, vítima de perseguição, tem o direito de procurar e gozar asilo em outros países.

Este direito não poderá ser invocado contra uma ação judicial realmente originada em delitos comuns ou em atos opostos aos propósitos e princípios das Nações Unidas.

ARTIGO XV

Todo homem tem direito a uma nacionalidade.

Não se privará ninguém arbitrariamente da sua nacionalidade nem do direito de mudar de nacionalidade.

ARTIGO XVI

Os homens e as mulheres de maior idade, sem qualquer restrição de raça, nacionalidade ou religião, têm o direito de contrair matrimônio e fundar uma família. Gozam de iguais direitos em relação ao casamento, sua duração e dissolução. O casamento não será válido senão com o livre e pleno consentimento dos nubentes. A família é o núcleo natural e fundamental da sociedade e tem direito à proteção da sociedade e do Estado.

ARTIGO XVII

Todo homem tem direito à propriedade, só ou em sociedade com outros. Ninguém será arbitrariamente privado de sua propriedade.

ARTIGO XVIII

Todo homem tem direito à liberdade de pensamento, consciência e religião. Este direito inclui a liberdade de mudar de religião ou crença e a liberdade de manifestar essa religião ou crença pelo ensino, pela prática, pelo culto e pelas observâncias, isolada ou coletivamente, em público ou em particular.

ARTIGO XIX

Todo homem tem direito à liberdade de opinião e expressão. Esse direito inclui a liberdade de, sem interferências, ter opiniões e de procurar, receber e transmitir informações e ideias por quaisquer meios e independentemente de fronteiras.

ARTIGO XX

Todo homem tem direito à liberdade de reunião e associação pacíficas. Ninguém pode ser obrigado a fazer parte de uma associação.

Educação ambiental • princípios e práticas

ARTIGO XXI

Todo homem tem direito de tomar parte no governo do próprio país e de ter acesso ao serviço público.

Toda pessoa tem o direito de acesso, em condições de igualdade, às funções públicas de seu país.

A vontade do povo é a base da autoridade do poder público; esta vontade deverá ser expressa mediante eleições autênticas que deverão realizar-se periodicamente, por sufrágio universal e igual, e por voto secreto ou outro procedimento equivalente que garanta a liberdade do voto.

ARTIGO XXII

Todo homem, como membro da sociedade, tem direito à segurança social e à realização, pelo esforço nacional, pela cooperação internacional e de acordo com a organização e recursos de cada Estado, dos direitos econômicos, sociais e culturais indispensáveis a sua dignidade e ao livre desenvolvimento de sua personalidade.

ARTIGO XXIII

Todo homem tem direito ao trabalho, à livre escolha do emprego, a condições justas e favoráveis de trabalho e à proteção contra o desemprego. Todo homem, sem qualquer distinção, tem direito a igual remuneração por igual trabalho. Todo homem que trabalha tem direito a uma remuneração justa e satisfatória, que lhe assegure, assim como a sua família, uma existência compatível com a dignidade humana e a que se acrescentarão, se necessário, outros meios de proteção social. Todo homem tem direito a organizar sindicatos e a neles ingressar para a proteção de seus interesses.

ARTIGO XXIV

Todo homem tem direito a repouso e lazer, inclusive à limitação razoável das horas de trabalho e a férias remuneradas periódicas.

ARTIGO XXV

Todo homem tem direito a um padrão de vida capaz de assegurar a si e a sua família saúde e bem-estar, inclusive alimentação, vestuário, habitação, cuidados médicos e os serviços sociais indispensáveis e direito à segurança em caso de desemprego, doença, invalidez, viuvez, velhice ou outros casos de perda dos meios de subsistência em circunstâncias fora do seu controle.

A maternidade e a infância têm direito a cuidados e assistência especiais. Todas as crianças, nascidas de matrimônio ou fora dele, têm direito a igual proteção social.

ARTIGO XXVI

Todo homem tem direito à instrução. A instrução será gratuita, pelo menos nos graus elementares e fundamentais. A instrução elementar será obrigatória. A instrução técnico-profissional será acessível a todos, bem como a instrução superior, esta baseada no mérito. A instrução será orientada no sentido do pleno desenvolvimento da personalidade humana e do fortalecimento do respeito pelos direitos do homem e pelas liberdades fundamentais. A instrução promoverá a compreensão, a tolerância e a amizade entre todas as nações e grupos raciais ou religiosos e coadjuvará as atividades das Nações Unidas em prol da manutenção da paz. Os pais têm prioridades de direito na escolha do gênero de instrução que será ministrada a seus filhos.

ARTIGO XXVII

Todo homem tem o direito de participar livremente da vida cultural da comunidade, de fruir das artes e de participar do progresso científico e de seus benefícios. Todo homem tem direito à proteção dos interesses morais e materiais decorrentes de qualquer produção científica, literária ou artística da qual seja autor.

ARTIGO XXVIII

Todo homem tem direito a uma ordem social e internacional em que os direitos e liberdades estabelecidos na presente Declaração possam ser plenamente realizados.

ARTIGO XXIX

Todo homem tem deveres para com a comunidade, na qual é possível o livre e pleno desenvolvimento de sua personalidade. No exercício de seus direitos e liberdades, todo homem está sujeito a penas, às limitações determinadas pela lei, exclusivamente com o fim de assegurar o devido reconhecimento e respeito dos direitos e liberdades de outrem e de satisfazer às justas exigências da moral, da ordem pública e do bem-estar de uma sociedade democrática. Esses direitos e liberdades não podem, em hipótese alguma, ser exercidos contrariamente aos objetivos e princípios das Nações Unidas.

ARTIGO XXX

Nenhuma disposição da presente Declaração pode ser interpretada como o reconhecimento a qualquer Estado, grupo ou pessoa do direito de exercer qualquer atividade ou praticar qualquer ato destinado à destruição de quaisquer direitos e liberdades aqui estabelecidas.

Educação ambiental • princípios e práticas

Anexo 2 – Declaração da ONU sobre o Meio Ambiente Humano (Estocolmo, 1972)

A Assembleia Geral das Nações Unidas reunida em Estocolmo, de 5 a 16 de junho de 1972, atendendo à necessidade de estabelecer uma visão global e princípios comuns que sirvam de inspiração e orientação à humanidade, para a preservação e melhoria do ambiente humano através dos 23 princípios enunciados a seguir, expressa a convicção comum de que:

1

O homem tem o direito fundamental à liberdade, à igualdade e ao desfrute de condições de vida adequadas, em um meio ambiente de qualidade tal que lhe permita levar uma vida digna e gozar de bem-estar, e é portador solene da obrigação de proteger e melhorar o meio ambiente, para as gerações presentes e futuras. A esse respeito, as políticas que promovem ou perpetuam o *apartheid*, a segregação racial, a discriminação, a opressão colonial e outras formas de opressão e de dominação estrangeira permanecem condenadas e devem ser eliminadas.

2

Os recursos naturais da Terra, incluídos o ar, a água, o solo, a flora e a fauna e, especialmente, parcelas representativas dos ecossistemas naturais, devem ser preservados em benefício das gerações atuais e futuras, mediante um cuidadoso planejamento ou administração adequados.

3

Deve ser mantida e, sempre que possível, restaurada ou melhorada a capacidade da Terra de produzir recursos renováveis vitais.

4

O homem tem a responsabilidade especial de preservar e administrar judiciosamente o patrimônio representado pela flora e fauna silvestres, bem assim o seu hábitat, que se encontram atualmente em grave perigo, por uma combinação de fatores adversos. Em consequência, ao planificar o desenvolvimento econômico, deve ser atribuída importância à conservação da natureza, incluídas a flora e a fauna silvestres.

5

Os recursos não renováveis da Terra devem ser utilizados de forma a evitar o perigo do seu esgotamento futuro e a assegurar que toda a humanidade participe dos benefícios de tal uso.

6

Deve-se pôr fim à descarga de substâncias tóxicas ou de outras matérias e à liberação de calor, em quantidades ou concentrações tais que não possam ser neutralizadas pelo meio ambiente, de modo a evitarem-se danos graves e irreparáveis aos ecossistemas. Deve ser apoiada a justa luta de todos os povos contra a poluição.

7

Os países deverão adotar todas as medidas possíveis para impedir a poluição dos mares por substâncias que possam pôr em perigo a saúde do homem, prejudicar os recursos vivos e a vida marinha, causar danos às possibilidades recreativas ou interferir com outros usos legítimos do mar.

8

O desenvolvimento econômico e social é indispensável para assegurar ao homem um ambiente de vida e trabalho favorável e criar, na Terra, as condições necessárias à melhoria da qualidade de vida.

9

As deficiências do meio ambiente decorrentes das condições de subdesenvolvimento e de desastres naturais ocasionam graves problemas; a melhor maneira de atenuar suas consequências é promover o desenvolvimento acelerado, mediante a transferência maciça de recursos consideráveis de assistência financeira e tecnológica que complementem os esforços internos dos países em desenvolvimento e a ajuda oportuna, quando necessária.

10

Para os países em desenvolvimento, a estabilidade de preços e pagamento adequado para comodidades primárias e matérias-primas são essenciais à administração do meio ambiente, de vez que se deve levar em conta tanto os fatores econômicos como os processos ecológicos.

11

As políticas ambientais de todos os países deveriam melhorar e não afetar adversamente o potencial desenvolvimentista atual e futuro dos países em desenvolvimento, nem obstar o atendimento de melhores condições de vida para todos; os Estados e as organizações internacionais deveriam adotar providências apropriadas, visando chegar a um acordo, para fazer frente às possíveis consequências econômicas nacionais e internacionais resultantes da aplicação de medidas ambientais.

12

Deveriam ser destinados recursos à preservação e melhoramento do meio ambiente tendo em conta as circunstâncias e as necessidades especiais dos países em desenvolvimento e quaisquer custos que possam emanar, para esses países, a inclusão de medidas de conservação do meio ambiente, em seus planos de desenvolvimento, assim como a necessidade de lhes serem prestadas, quando solicitada, maior assistência técnica e financeira internacional para esse fim.

13

A fim de lograr um ordenamento mais racional dos recursos e, assim melhorar as condições ambientais, os Estados deveriam adotar um enfoque integrado e coordenado da planificação de seu desenvolvimento, de modo a que fique assegurada a compatibilidade do desenvolvimento, com a necessidade de proteger e melhorar o meio ambiente humano, em benefício de sua população.

14

A planificação racional constitui um instrumento indispensável para conciliar as diferenças que possam surgir entre as exigências do desenvolvimento e a necessidade de proteger e melhorar o meio ambiente.

15

Deve-se aplicar a planificação aos agrupamentos humanos e à urbanização, tendo em mira evitar repercussões prejudiciais ao meio ambiente e à obtenção do máximo de benefícios sociais, econômicos e ambientais para todos. A esse respeito, devem ser abandonados os projetos destinados à dominação colonialista e racista.

16

Nas regiões em que exista o risco de que a taxa de crescimento demográfico ou as concentrações excessivas de população prejudiquem o meio ambiente ou o desenvolvimento ou em que a baixa densidade de população possa impedir o melhoramento do meio ambiente humano e obstar o desenvolvimento, deveriam ser aplicadas políticas demográficas que representassem os direitos humanos fundamentais e contassem com a aprovação dos governos interessados.

17

Deve ser confiada, às instituições nacionais competentes, a tarefa de planificar, administrar e controlar a utilização dos recursos ambientais dos Estados, com o fim de melhorar a qualidade do meio ambiente.

18

Como parte de sua contribuição ao desenvolvimento econômico e social, devem ser utilizadas a ciência e a tecnologia para descobrir, evitar e combater os riscos que ameaçam o meio ambiente, para solucionar os problemas ambientais e para o bem comum da humanidade.

19

É indispensável um trabalho de educação em questões ambientais, visando tanto as gerações jovens como os adultos, dispensando a devida atenção ao setor das populações menos privilegiadas, para assentar as bases de uma opinião pública bem-informada e de uma conduta responsável dos indivíduos, das empresas e das comunidades, inspirada no sentido de sua responsabilidade, relativamente à proteção e melhoramento do meio ambiente, em toda a sua dimensão humana.

20

Deve ser fomentada, em todos os países, especialmente naqueles em desenvolvimento, a investigação científica e medidas desenvolvimentistas, no sentido dos problemas ambientais, tanto nacionais como multinacionais. A esse respeito, o livre intercâmbio de informação e de experiências científicas atualizadas deve constituir objeto de apoio e assistência, a fim de facilitar a solução dos problemas ambientais; as tecnologias ambientais devem ser postas à disposição dos países em desenvolvimento, em condições que favoreçam sua ampla difusão, sem que constituam carga econômica excessiva para esses países.

21

De acordo com a *Carta das Nações Unidas* e com os princípios do direito internacional, os Estados têm o direito soberano de explorar seus próprios recursos, de acordo com a sua política ambiental, desde que as atividades levadas a efeito, dentro da jurisdição ou sob seu controle, não prejudiquem o meio ambiente de outros Estados ou de zonas situadas fora de toda a jurisdição nacional.

22

Os Estados devem cooperar para continuar desenvolvendo o direito internacional, no que se refere à responsabilidade e à indenização das vítimas da poluição e outros danos ambientais, que as atividades realizadas dentro da jurisdição ou sob controle de tais Estados, causem às zonas situadas fora de sua jurisdição.

23

Sem prejuízo dos princípios gerais, que possam ser estabelecidos pela comunidade internacional e dos critérios e níveis mínimos que deverão ser definidos em nível nacional, em todos os casos será indispensável considerar os sistemas de valores predominantes em cada país, e o limite de aplicabilidade de padrões que são válidos para os países mais avançados, mas que possam ser inadequados e de alto custo social, para os países em desenvolvimento.

Educação ambiental • princípios e práticas

Anexo 3 – Carta do Rio sobre Desenvolvimento e Meio Ambiente

A Conferência das Nações Unidas sobre o Meio Ambiente e o Desenvolvimento realizou-se no Rio de Janeiro de 3 a 14 de junho de 1992, reafirmando a Declaração da Conferência das Nações Unidas sobre Meio Ambiente Humano, adotada em Estocolmo em 16 de junho de 1972. Com o objetivo de estabelecer uma nova parceria global e igualitária, por meio da criação de novos níveis de cooperação entre os Estados, setores fundamentais das sociedades e as populações, direcionou seu trabalho para acordos internacionais que dizem respeito aos interesses coletivos e que protegem a integridade do sistema global do meio ambiente e do desenvolvimento. Reconhecendo a natureza integral e interdependente da Terra, proclama que:

Princípio 1: Os seres humanos devem estar no centro das preocupações, no que diz respeito ao desenvolvimento sustentado. Todos têm direito a uma vida saudável e produtiva em harmonia com a natureza.

Princípio 2: Os Estados, de acordo com a Carta das Nações Unidas e os princípios do direito internacional, têm o direito soberano de explorarem suas riquezas e estabelecerem políticas próprias de meio ambiente e desenvolvimento; e a responsabilidade de garantir que as atividades realizadas dentro de sua jurisdição ou controle não causem danos ao meio ambiente de outros Estados ou de áreas fora dos limites da jurisdição nacional.

Princípio 3: O direito ao desenvolvimento deve ser alcançado de forma a garantir as necessidades das gerações presentes e futuras.

Princípio 4: A fim de alcançar o desenvolvimento sustentável, a proteção ambiental deve constituir parte integrante do processo de desenvolvimento, não podendo ser vista isoladamente.

Princípio 5: Todos os Estados e pessoas devem colaborar no objetivo principal para erradicação da miséria, como condição indispensável para o desenvolvimento sustentável; a fim de diminuir as disparidades nos níveis de vida e garantir o atendimento das necessidades da maioria da população do planeta.

Princípio 6: A situação específica dos países em desenvolvimento, particularmente os menos desenvolvidos e aqueles cujo meio ambiente esteja mais ameaçado, deve ser prioritária. As ações internacionais sobre meio ambiente e desenvolvimento devem atingir os interesses e necessidades de todos os países.

Princípio 7: Os Estados devem cooperar em regime de parceria global para conservar, proteger e restaurar a saúde e a integridade do ecossistema terrestre. Em vista da participação específica de cada Estado na degradação ambiental, as responsabilidades de cada um são comuns, mas diferenciadas. Os países desenvolvidos reconhecem sua responsabilidade no sentido de contribuir com a introdução do desenvolvimento sustentável, na medida das pressões e preocupações de sua população com o meio

Subsídios às ações em EA

ambiente mundial; e, também, de acordo com os recursos tecnológicos e financeiros que comandam.

Princípio 8: Os Estados devem reduzir e eliminar mecanismos de produção e consumo insustentáveis e promover políticas demográficas adequadas, a fim de alcançar o desenvolvimento sustentável e a melhoria da qualidade de vida das populações.

Princípio 9: Os Estados devem cooperar entre si para fortalecer as potencialidades de cada um em alcançar o desenvolvimento sustentável, através do conhecimento científico, inter-cambiando tecnologia e descobertas científicas e incentivando o desenvolvimento, a adaptação, a difusão e a transferência de tecnologias.

Princípio 10: As questões ambientais são tratadas de forma mais adequada quando envolvem a participação de todos os cidadãos interessados no nível adequado. No âmbito nacional, cada habitante deve ter acesso às informações que digam respeito ao meio ambiente e exigir que sejam de conhecimento das autoridades públicas, inclusive as que digam respeito a material tóxico e perigoso e atividades relacionadas a serem realizadas em suas comunidades; e à oportunidade de participar nos processos decisórios respectivos. Os Estados devem promover e encorajar o interesse e a participação da população através da mais ampla divulgação de informação.

Princípio 12: Os Estados devem cooperar para criar um sistema internacional aberto e inter--relacionado, que leve ao crescimento econômico e ao desenvolvimento sustentável em todos os países para responder corretamente aos problemas gerados pela degra-dação ambiental. As medidas de política de comércio não devem ser usadas como objetivos ambientais que se revistam de atitudes arbitrárias ou uma discriminação injustificável, ou uma camuflada restrição ao comércio internacional. Ações unilate-rais voltadas para os desafios ambientais fora da jurisdição do país importador devem ser evitadas. Medidas ambientais mundiais devem, dentro do possível, ser tratadas através da busca do consenso internacional.

Princípio 13: Os Estados devem legislar nacionalmente sobre a responsabilidade e a compensação para vítimas da poluição ou outros danos ambientais. Os Estados devem também cooperar de forma rápida e objetiva para estabelecer regulamentos internacionais sobre a responsabilidade e a compensação por efeitos adversos causados por danos ambientais provocados por atividades dentro de sua jurisdição ou áreas controladas fora de sua jurisdição.

Princípio 14: Os Estados devem cooperar efetivamente para desencorajar, ou evitar, a realocagem e transferência para outros Estados de qualquer atividade ou substância que causem degradação ambiental ou sejam consideradas nocivas a saúde dos seres humanos.

Princípio 15: A fim de proteger o meio ambiente, a abordagem preventiva deve ser amplamente aplicada pelos Estados, na medida de suas capacidades. Onde houver ameaças de

Educação ambiental • princípios e práticas

danos sérios e irreversíveis, a falta de conhecimento científico não serve de razão para retardar medidas adequadas para evitar a degradação ambiental.

Princípio 16: As autoridades nacionais devem se esforçar para garantir a internacionalização dos custos da proteção ambiental e o uso de instrumentos econômicos, levando em conta que o poluidor deve, em princípio, arcar com os custos da poluição provocada; e com observância dos interesses públicos, sem perturbar o comércio e o investimento internacionais.

Princípio 17: Os levantamentos de impacto ambiental, como instrumentos nacionais, devem ser exigidos para as atividades e possam causar impacto ambiental adverso e os que estejam sujeitos à comunidade internacional devem se voltar para os Estados em tais situações.

Princípio 19: Os Estados devem notificar previamente e em tempo hábil, bem como dar todas as informações aos outros países que possam ter o seu meio ambiente afetado pelas atividades por eles desenvolvidas. Os Estados interessados em desenvolver tais atividades devem consultar os que possam sentir-se ameaçados no estágio inicial das ações e de boa-fé.

Princípio 20: As mulheres têm papel vital na administração ambiental e no desenvolvimento. A sua efetiva participação é, portanto, essencial para se alcançar o desenvolvimento sustentável.

Princípio 21: A criatividade, coragem e ideais da juventude mundial devem ser mobilizados para garantir uma parcela global a fim de se alcançar o desenvolvimento sustentável e um futuro melhor para todos.

Princípio 22: As comunidades e os povos indígenas têm papel fundamental na gestão do meio ambiente e do desenvolvimento por seus conhecimentos e práticas tradicionais; os Estados devem reconhecer e garantir sua identidade, cultura e interesses, bem como possibilitar sua participação efetiva nos resultados do desenvolvimento sustentável.

Princípio 23: O meio ambiente e os recursos naturais dos povos submetidos à opressão, dominação e ocupação devem ser protegidos.

Princípio 24: A guerra é fator intrinsecamente desorganizador do desenvolvimento sustentável. Portanto, os Estados devem respeitar a legislação internacional, garantindo a proteção do meio ambiente durante períodos que envolvam conflitos armados.

Princípio 25: A paz, o desenvolvimento e a proteção ambiental são interdependentes e invisíveis.

Princípio 26: Os Estados devem resolver todas as disputas que envolvam o meio ambiente pacificamente e utilizando os meios mais adequados de acordo com a Carta da Organização das Nações Unidas.

Princípio 27: Os Estados e o povo devem cooperar de boa-fé e com espírito de parceiros para a consecução dos princípios contidos nesta Declaração e na elaboração de legislação internacional no campo do desenvolvimento sustentável.

Anexo 4 – Alerta dos Cientistas do Mundo à Sociedade (1992)

Publicado em Washington, DC, pela Union of Concerned Scientists em 18 de novembro de 1992, em nome de 1.600 cientistas, incluindo *a maioria dos ganhadores vivos do Prêmio Nobel, na área científica.*

Os seres humanos e o mundo natural estão em rota de colisão. As atividades humanas provocam danos sérios e frequentemente irreversíveis, no meio ambiente e em recursos cruciais. Se não forem detidas, muitas das nossas atividades colocarão em sério risco o futuro que desejamos para a sociedade humana e para os reinos vegetal e animal, e poderão alterar tanto o mundo dos seres vivos que ele se tornará incapaz de sustentar a vida da maneira que conhecemos. Mudanças fundamentais são urgentes, se queremos evitar a colisão que a nossa rota atual irá causar.

O meio ambiente está recebendo traumas cruciais:

Atmosfera – a diminuição da camada de ozônio na estratosfera nos ameaça com um aumento da radiação ultravioleta, na superfície da Terra, o que pode ser danoso ou mortal para muitas formas de vida. A poluição do ar próxima do nível do solo e a chuva ácida já estão provocando vários danos a homens, florestas e colheitas.

Reservas de água – a exploração desenfreada de suprimentos não renováveis de lençóis de água põe em risco a produção de alimentos e outros sistemas humanos essenciais. O uso descontrolado das águas superficiais da terra provocou seca em cerca de oitenta países, contendo 40% da população do mundo. Poluição dos rios, lagos e lençóis d'água limitam, mais ainda, o suprimento.

Oceanos – a destruição nos oceanos é grave, particularmente nas regiões costeiras, que produzem a maior parte dos peixes para alimentação do mundo. O total da pesca marinha está acima do nível máximo sustentável. Alguns pesqueiros já mostram sinal de colapso. Rios levando cargas pesadas de solo erodido para o mar também carregam lixo industrial, municipal, da agricultura e da pecuária. Parte desse lixo é tóxica.

Solo – perda de produtividade dos solos, que está causando abandono das terras extensivas, é um resultado comum dos métodos atuais de agricultura e pecuária. Desde 1945, 11% da superfície coberta por vegetação na Terra foram devastados – uma área maior do que a Índia e a China juntas – e a produção de comida *per capita*, em muitas partes do mundo, está caindo.

Florestas – florestas úmidas tropicais, assim como florestas temperadas, estão sendo destruídas rapidamente. Nas taxas atuais, alguns tipos de florestas cruciais terão desaparecido em alguns anos, e a maior parte da floresta tropical úmida terá acabado, antes do final do próximo século. Com elas, irão muitas espécies de animais e plantas.

Espécies – por volta de 2100, pode-se ter extinto um terço de todas as espécies vivas agora. Estamos perdendo o potencial que elas têm de fornecer remédios e outros benefícios, bem como a contribuição que a diversidade genética proporciona à robustez dos sistemas biológicos e ao embelezamento da Terra.

Muitos desses danos são irreversíveis por séculos ou permanentemente. Outros processos parecem provocar perigos adicionais. Níveis crescentes de gases na atmosfera, provenientes das

Educação ambiental • princípios e práticas

atividades humanas, incluindo CO_2 liberado na queima de combustíveis fósseis e durante desflorestamentos, podem alterar o clima em uma escala global. A previsão de aquecimento global ainda é incerta – com efeitos projetados, variando do tolerável ao muito severo –, mas os riscos potenciais são muito grandes.

Nossa irrresponsabilidade em relação às redes interdependentes da vida – mais os danos ambientais, causados por desflorestamentos, diminuição de espécies e mudanças climáticas – podem causar vários efeitos adversos, incluindo colapsos imprevisíveis de sistemas biológicos críticos, cujas interações e dinâmicas só entendemos imperfeitamente.

A incerteza quanto à extensão desses efeitos não deve servir de desculpa para a complacência ou retardamento em enfrentar essas ameaças.

População – a Terra é finita. Sua habilidade em absorver refugos e efluentes destrutivos é finita. Sua capacidade em prover energia e comida, para um número crescente de pessoas, é finita. Estamos nos aproximando rapidamente de muitos dos limites da Terra. As práticas econômicas atuais, que prejudicam o meio ambiente, tanto em nações ricas quanto em nações em desenvolvimento, não podem continuar sem o risco de que sistemas globais vitais venham a ser danificados, além da possibilidade de conserto.

Pressões resultantes do crescimento descontrolado da população fazem exigências ao mundo natural que podem sobrepujar quaisquer esforços para alcançar um futuro sustentável. Se quisermos parar a destruição do meio ambiente, devemos impor limites a esse crescimento. Uma estimativa do Banco Mundial indica que a população mundial não se estabilizará em menos de 12,4 bilhões, ao passo que a ONU conclui que esse número pode chegar a 14 bilhões, quase o triplo dos valores atuais. Neste mesmo momento, uma pessoa em cada cinco vive em pobreza absoluta, sem ter o suficiente para comer, e uma em dez sofre de desnutrição grave.

Não mais do que uma ou poucas décadas restam antes que a chance de impedir essas ameaças se perca, e que as perspectivas para a humanidade diminuam incomensuravelmente.

Alerta

Nós, os abaixo assinados, membros seniores da comunidade científica mundial, pela presente, alertamos toda a humanidade sobre o que nos espera. Faz-se necessária uma grande mudança na forma como nos servimos da Terra e dos seus seres vivos, se quisermos evitar grande sofrimento humano e a mutilação irreversível do nosso lar global.

O que devemos fazer

1. Devemos controlar as atividades prejudiciais ao ambiente, para restaurar e proteger a integridade dos sistemas terrestres dos quais dependemos. Devemos, por exemplo, abandonar os combustíveis fósseis e utilizar fontes de energia mais benignas e abundantes, para cortar a emissão de gases causadores do efeito estufa, a poluição do ar e da água. Deve ser dada prioridade ao desenvolvimento de fontes de energia adequadas às necessidades do Terceiro Mundo – de pequena escala e relativamente fáceis de implementar. Devemos pôr um fim ao desflorestamento, aos danos, à redução das terras cultiváveis e à perda de espécies vegetais e animais terrestres, e marinhos.

2. Devemos administrar os recursos cruciais ao bem-estar humano, mais eficientemente. Devemos dar alta prioridade ao uso eficiente de energia, água e outros recursos, incluindo a expansão da reciclagem e da conservação.

3. Devemos estabilizar a população. Isso só será possível se todas as nações reconhecerem que isto requer melhorias das condições sociais e econômicas e a adoção de um planejamento familiar eficiente e voluntário.

4. Devemos reduzir e, finalmente, eliminar a pobreza.

5. Devemos garantir a igualdade de gênero e o controle da mulher sobre suas próprias decisões reprodutivas.

As nações desenvolvidas são as maiores poluidoras do mundo atual. Elas devem reduzir o seu consumo excessivo, se quisermos diminuir a pressão sobre os recursos ambientais globais. As nações desenvolvidas têm a obrigação de fornecer ajuda e apoio às nações em desenvolvimento, porque só as nações desenvolvidas possuem os recursos financeiros e os meios técnicos para isso.

Agir desse modo não é altruísmo, é agir esclarecidamente para o interesse próprio: estamos todos no mesmo barco, industrializados ou não. Nenhuma nação pode escapar aos danos nos sistemas biológicos globais, nem dos conflitos em torno de recursos crescentemente escassos. Além disso, as instabilidades ambientais e econômicas irão provocar migrações em massa, com consequências incalculáveis, tanto para nações desenvolvidas, como para subdesenvolvidas.

Nações em desenvolvimento devem perceber que o dano ambiental é uma das maiores ameaças que enfrentam e que as tentativas de impedi-lo serão sobrepujadas, se as suas populações continuarem a crescer. O maior perigo é cair em um círculo vicioso de declínio ambiental, pobreza e intranquilidade, levando a um colapso social, econômico e ambiental.

O sucesso dessa empreitada global dependerá de uma grande redução na violência e na guerra. Atualmente, destina-se mais de um trilhão de dólares anuais à preparação e execução de guerras. Esses valores deverão ser aplicados em novas tarefas.

Uma nova ética se faz necessária – uma nova atitude em relação a nossa responsabilidade, por nós mesmos e pela Terra. Devemos reconhecer a capacidade limitada da Terra em sustentar a espécie humana. Devemos reconhecer a sua fragilidade (*sic*). Não devemos permitir mais que ela seja devastada. Essa ética deve motivar um grande movimento, convencendo líderes e governos relutantes a efetuarem as mudanças necessárias.

Os cientistas que fazem este alerta esperam que esta mensagem alcance e afete pessoas em todas as partes. Precisamos da ajuda de muitos.

Pedimos a ajuda da comunidade científica mundial – cientistas naturais, sociais, econômicos, políticos.

Pedimos a ajuda dos líderes religiosos do mundo.

Pedimos a ajuda dos povos do mundo.

Convidamos a todos para que se juntem a nós, nessa tarefa.

Obs.: Assinaram este *Alerta* centenas de cientistas proeminentes, dentre os quais 101 laureados com o Prêmio Nobel, a maioria da área científica.

Philip Anderson
Sheldon Glashow
John Polanyl
Christian Anfinsen
Roger Guillemin
George Porter
Werner Arber
Herbert Hauptman
Ilya Prigogine
Julius Ascohod
Dudley Herschbach
Edward Purcell
David Baltimore
Gerard Herzberg
Tadeus Reichstein
George Bednorz
Antony Hewish
Burton Richter
Baruj Benaceraf
George Hitchings
Frederic Robbins
Sune Bergstron
Dorothy Hodgkin
Carlo Rubia
Hans Bethe
Roald Hoffman
Abdus Salam
Michael Bishop
Robert Holley
Frederic Sanger
Konrad Bloch
Françóis Jacob
Melvin Schwartz
Nicholas Bloembergen
Jerome Carle

Julian Schwinger
Beruch Blumberg
Henry Kendall
Glen Seanborg
Norman Borlaug
John Kendrew
Kai Siegbhn
Adolph Butenandt
Klaus von Klitzing
Herbert Simon
Georges Charpak
Aaron Klug
George Snell
Stanley Cohen
Leon Ledeman
Roger Sperry
John Comforth
Yuan T. Lee
Jack Steinberg
E. J. Corey
Jean-Marie Lehn
Donnall Thomas
Jean Dausset
Wassily Leontief
Jan Timbergen
Gerad Debreu
Rita Levi-Montalcini
Samuel T. T. Ting
Johann Deisenhofer
William Lipscomb
James Tobin
Renato Dulbecco
James Meade
Alexander Todd
Manfred Eigen

Simon van der Meer
Susumu Tonegawa
Gertrude Elion
Hartmut Michel
John Vane
Richard Ernst
Cesar Milstein
Harold Varmus
Val Fitch
Franco Modigliani
George Wald
Willian Fowler
Nevil Mott
E. T. S. Walton
Jerome Friedman
Joseph Murray
James Watson
Kenichi Fukui
Louis Neel
Thomas Weller
Carlton Gajdusek
Erwin Neher
Torsten Wiesel
Murray Gell-Mann
Marshall Nirenberg
Maurice Wilkins
P. G. de Gennes
George Palade
Geoffrey Wilkinson
Donald Glaser
Linus Pauling

Anexo 5 – Legislação ambiental: instrumento de participação comunitária

Introdução

No Brasil, temos uma legislação ambiental considerada muito avançada. As comunidades encontram nela importantes mecanismos de participação, em busca da proteção e melhoria da sua qualidade ambiental.

A Constituição Brasileira de 1988 considera a temática ambiental em diversos pontos. Dentre os mais expressivos, destacam-se:

Cap. VI do Meio Ambiente. Art. 225. *Todos têm direito ao meio ambiente ecologicamente equilibrado, bem de uso comum do povo e essencial à sadia qualidade de vida, impondo-se ao poder público e à coletividade o dever de defendê-lo e preservá-lo para as presentes e futuras gerações.*

Neste artigo, destaca-se, ainda, o seu parágrafo 3º: *As condutas e atividades consideradas lesivas ao meio ambiente sujeitarão os infratores, pessoas físicas ou jurídicas, a sanções penais e administrativas, independentemente da obrigação de reparar os danos causados.*

Ainda na Constituição, um outro instrumento poderoso de ação comunitária (ou mesmo individual) é o Art. 5, inciso LXXIII, que diz: *Qualquer cidadão é parte legítima para propor ação popular que vise a anular ato lesivo ao patrimônio público ou de entidade de que o Estado participe, à moralidade administrativa, ao meio ambiente e ao patrimônio histórico e cultural, ficando o autor, salvo comprovada má-fé, isento de causas judiciais e do ônus de sucumbência.*

Existe, ainda, a Lei nº 7.347/85 do Código de Processo Civil que trata especificamente da Ação Civil Pública. Para impor uma Ação desta natureza, basta ser eleitor e estar em dia com as obrigações eleitorais, ou seja, ter votado regularmente. Trata-se do que se chama "Direitos Difusos", ou seja, a ação busca interesses que não são só seus.

Por outro lado, a Lei Ambiental Brasileira (Lei nº 9.605/98) criminaliza as pessoas físicas e jurídicas. Segundo esta Lei, agredir o meio ambiente não é contravenção, é crime.

Outrossim, a forma atual mais eficiente de organização comunitária é o associativismo (criação de Associações).

A Política Nacional do Meio Ambiente (Lei nº 6.938/81)

A Lei nº 6.938, de 31 de agosto de 1981, foi a precursora/geradora da maior parte do que atualmente compõe o sistema brasileiro de gestão ambiental.

Dispõe sobre a Política Nacional do Meio Ambiente, seus fins e mecanismos de formulação e aplicação, e dá outras providências.

Dos Objetivos da Política Nacional do Meio Ambiente

Art. 2º   A Política Nacional do Meio Ambiente tem por objetivo a preservação, melhoria e recuperação da qualidade ambiental propícia à vida, visando assegurar, no País, condições

Educação ambiental • princípios e práticas

ao desenvolvimento socioeconômico, aos interesses da segurança nacional e à proteção da dignidade da vida humana, atendidos os seguintes princípios:

I – ação governamental na manutenção do equilíbrio ecológico, considerando o meio ambiente como um patrimônio público a ser necessariamente assegurado e protegido, tendo em vista o uso coletivo;

II – racionalização do uso do solo, do subsolo, da água e do ar;

III – planejamento e fiscalização do uso dos recursos ambientais;

IV – proteção dos ecossistemas, com a preservação de áreas representativas;

V – controle e zoneamento das atividades potencial ou efetivamente poluidoras;

VI – incentivos ao estudo e à pesquisa de tecnologias orientadas para o uso racional e a proteção dos recursos ambientais;

VII – acompanhamento do estado da qualidade ambiental;

VIII – recuperação de áreas degradadas;

IX – proteção de áreas ameaçadas de degradação;

X – educação ambiental a todos os níveis do ensino, inclusive a educação da comunidade, objetivando capacitá-la para participação ativa na defesa do meio ambiente.

Art. 4º   A Política Nacional do Meio Ambiente visará:

I – à compatibilização do desenvolvimento econômico-social com a preservação da qualidade do meio ambiente e do equilíbrio ecológico;

II – à definição de áreas prioritárias de ação governamental relativa à qualidade e ao equilíbrio ecológico, atendendo aos interesses da União, dos Estados, do Distrito Federal, dos Territórios e dos Municípios;

III – ao estabelecimento de critérios e padrões da qualidade ambiental e de normas relativas ao uso e manejo de recursos ambientais;

IV – ao desenvolvimento de pesquisas e de tecnologias nacionais orientadas para o uso racional de recursos ambientais;

V – à difusão de tecnologias de manejo do meio ambiente, à divulgação de dados e informações ambientais e à formação de uma consciência pública sobre a necessidade de preservação da qualidade ambiental e do equilíbrio ecológico;

VI – à preservação e restauração dos recursos ambientais com vistas à sua utilização racional e disponibilidade permanente, concorrendo para a manutenção do equilíbrio ecológico propício à vida;

VII – à imposição, ao poluidor e ao predador, da obrigação de recuperar e/ou indenizar os danos causados e, ao usuário, de contribuição pela utilização de recursos ambientais com fins econômicos.

Do Sistema Nacional do Meio Ambiente

Art. 6º   Os órgãos e entidades da União, dos Estados, do Distrito Federal, dos Territórios e dos Municípios, bem como as fundações instituídas pelo Poder Público, responsáveis pela proteção e melhoria da qualidade ambiental, constituirão o Sistema Nacional do Meio Ambiente – Sisnama.

Dos Instrumentos da Política Nacional do Meio Ambiente

Art. 9º São instrumentos da Política Nacional do Meio Ambiente:

I – o estabelecimento de padrões de qualidade ambiental;

II – o zoneamento ambiental;

III – a avaliação de impactos ambientais;

IV – o licenciamento e a revisão de atividades efetiva ou potencialmente poluidoras;

V – os incentivos à produção e instalação de equipamentos e a criação ou absorção de tecnologia, voltados para a melhoria da qualidade ambiental;

VI – a criação de reservas e estações ecológicas, áreas de proteção ambiental e as de relevante interesse ecológico, pelo Poder Público Federal, Estadual e Municipal;

VII – o Sistema Nacional de Informações sobre o Meio Ambiente;

VIII – o Cadastro Técnico Federal de Atividades e Instrumentos de Defesa Ambiental;

IX – as penalidades disciplinares ou compensatórias ao não cumprimento das medidas necessárias à preservação ou correção da degradação ambiental.

A regulamentação da Lei nº 6.938/81, sobre a Política Nacional do Meio Ambiente

Decreto nº 99.274, de 6 de junho de 1990.

Regulamenta a Lei nº 6.902, de 27 de abril de 1981, e a Lei nº 6.938, de 31 de agosto de 1981, que dispõem, respectivamente, sobre a criação de Estações Ecológicas e áreas de Proteção Ambiental e sobre a Política Nacional do Meio Ambiente. Destacamos:

TÍTULO I

DA EXECUÇÃO DA POLÍTICA NACIONAL DO MEIO AMBIENTE

CAPÍTULO I

DAS ATRIBUIÇÕES

Art. 1º Na execução da Política Nacional do Meio Ambiente, cumpre ao Poder Público, nos seus diferentes níveis de governo:

I – manter a fiscalização permanente dos recursos ambientais, visando à compatibilização do desenvolvimento econômico com a proteção do meio ambiente e do equilíbrio ecológico;

Educação ambiental • princípios e práticas

II – proteger as áreas representativas de ecossistemas mediante a implantação de unidades de conservação e preservação ecológica;

III – manter, através de órgãos especializados da Administração Pública, o controle permanente das atividades potencial ou efetivamente poluidoras, de modo a compatibilizá-las com os critérios vigentes de proteção ambiental;

IV – incentivar o estudo e a pesquisa de tecnologias para o uso racional e a proteção dos recursos ambientais, utilizando nesse sentido os planos e programas regionais ou setoriais de desenvolvimento industrial e agrícola;

V – implantar, nas áreas críticas de poluição, um sistema permanente de acompanhamento dos índices locais de qualidade ambiental;

VI – identificar e informar, aos órgãos e entidades do Sistema Nacional do Meio Ambiente, a existência de áreas degradadas ou ameaçadas de degradação, propondo medidas para sua recuperação;

VII – orientar a educação, em todos os níveis, para a participação ativa do cidadão e da comunidade na defesa do meio ambiente, cuidando para que os currículos escolares das diversas matérias obrigatórias contemplem o estudo da ecologia (*sic*).

Art. 2º   A execução da Política Nacional do Meio Ambiente, no âmbito da Administração Pública Federal, terá a coordenação do Secretário do Meio Ambiente.

CAPÍTULO II

DA ESTRUTURA DO SISTEMA NACIONAL DO MEIO AMBIENTE

Art. 3º   O Sistema Nacional do Meio Ambiente – Sisnama, constituído pelos órgãos e entidades da União, dos Estados, do Distrito Federal, dos Municípios e pelas fundações instituídas pelo Poder Público, responsáveis pela proteção e melhoria da qualidade ambiental, tem a seguinte estrutura:

I – Órgão Superior: o Conselho de Governo;

II – Órgão Consultivo e Deliberativo: o Conselho Nacional do Meio Ambiente – Conama;

III – Órgão Central: a Secretaria do Meio Ambiente da Presidência da República – Seman/PR;

IV – Órgão Executor: o Instituto Brasileiro do Meio Ambiente e dos Recursos Naturais Renováveis – Ibama;

V – Órgãos Seccionais: os órgãos ou entidades da Administração Pública Federal direta e indireta, as fundações instituídas pelo Poder Público cujas atividades estejam associadas às de proteção da qualidade ambiental ou àquelas de disciplinamento do uso de recursos ambientais, bem assim os órgãos e entidades estaduais responsáveis pela execução de programas e projetos e pelo controle e fiscalização de atividades capazes de provocar a degradação ambiental; e,

VI – Órgãos Locais: os órgãos ou entidades municipais responsáveis pelo controle e fiscalização das atividades referidas no inciso anterior, nas suas respectivas jurisdições.

Subsídios às ações em EA

Da Constituição, Funcionamento e Competência do Conama – Conselho Nacional do Meio Ambiente

Seção I

Do Conselho Nacional do Meio Ambiente

Art. 4º   O Conama compõe-se de:

I – Plenário; e

II – Câmaras Técnicas (veja também Decreto 99.274).

Art. 5º   Integram o Plenário do Conama:

I – o Secretário do Meio Ambiente, que o presidirá;

II – o Secretário-Adjunto do Meio Ambiente, que será o Secretário-Executivo;

III – o Presidente do Ibama;

IV – um representante de cada um dos Ministros de Estado e dos Secretários da Presidência da República, por eles designados;

V – um representante de cada um dos governos estaduais e do Distrito Federal, designados pelos respectivos governadores;

VI – um representante de cada uma das seguintes entidades:

    a. das Confederações Nacionais da Indústria, do Comércio e da Agricultura;

    b. das Confederações Nacionais dos Trabalhadores na Indústria, no Comércio e na Agricultura;

    c. do Instituto Brasileiro de Siderurgia;

    d. da Associação Brasileira de Engenharia Sanitária – ABES; e,

    e. da Fundação Brasileira para a Conservação da Natureza – FBCN;

VII – dois representantes de associações legalmente constituídas para a defesa dos recursos naturais e do combate à poluição, de livre escolha do Presidente da República; e

VIII – um representante de sociedades civis, legalmente constituídas, de cada região geográfica do País, cuja atuação esteja diretamente ligada à preservação da qualidade ambiental e cadastradas no Cadastro Nacional das Entidades Ambientalistas Não Governamentais – CNEA.

§ 1º   Terão mandato de dois anos, renovável por iguais períodos, os representantes de que tratam os incisos VII e VIII.

§ 2º   Os representantes referidos no inciso VIII serão designados pelo Secretário do Meio Ambiente, mediante indicação das respectivas entidades.

§ 3º   Os representantes de que tratam os incisos IV a VIII serão designados juntamente com os respectivos suplentes.

Art. 6º   O Plenário do Conama reunir-se-á, em caráter ordinário, a cada três meses, no Distrito Federal, e extraordinariamente, sempre que convocado pelo seu Presidente, por iniciativa própria ou a requerimento de pelo menos dois terços de seus membros.

Educação ambiental • princípios e práticas

Seção II

Da Competência do Conselho Nacional do Meio Ambiente

Art. 7º   Compete ao Conama:

I – assessorar, estudar e propor ao Conselho de Governo, por intermédio do Secretário do Meio Ambiente, as diretrizes de políticas governamentais para o meio ambiente e recursos naturais;

II – baixar as normas de sua competência, necessárias à execução e implementação da Política Nacional do Meio Ambiente;

III – estabelecer, mediante proposta da Seman/PR, normas e critérios para o licenciamento de atividades efetiva ou potencialmente poluidoras, a ser concedido pelos Estados e pelo Distrito Federal;

IV – determinar, quando julgar necessário, a realização de estudos sobre as alternativas e possíveis consequências ambientais de projetos públicos ou privados, requisitando aos órgãos federais, estaduais ou municipais, bem assim a entidades privadas, as informações indispensáveis à apreciação dos estudos de impacto ambiental e respectivos relatórios, no caso de obras ou atividades de significativa degradação ambiental;

V – decidir, como última instância administrativa, em grau de recurso, mediante depósito prévio, sobre multas e outras penalidades impostas pelo Ibama;

VI – homologar acordos visando à transformação de penalidades pecuniárias na obrigação de executar medidas de interesse para a proteção ambiental;

VII – determinar, mediante representação da Seman/PR, quando se tratar especificamente de matéria relativa ao meio ambiente, a perda ou restrição de benefícios fiscais concedidos pelo Poder Público, em caráter geral ou condicional, e a perda ou suspensão de participação em linhas de financiamento em estabelecimentos oficiais de crédito;

VIII – estabelecer, privativamente, normas e padrões nacionais de controle da poluição causada por veículos automotores terrestres, aeronaves e embarcações, após audiência aos Ministérios competentes;

IX – estabelecer normas, critérios e padrões relativos ao controle e à manutenção da qualidade do meio ambiente com vistas ao uso racional dos recursos ambientais, principalmente os hídricos;

X – estabelecer normas gerais relativas às Unidades de Conservação e às atividades que podem ser desenvolvidas em suas áreas circundantes;

XI – estabelecer os critérios para a declaração de áreas críticas, saturadas ou em vias de saturação;

XII – submeter, por intermédio do Secretário do Meio Ambiente, à apreciação dos órgãos e entidades da Administração Pública Federal, dos Estados, do Distrito Federal e dos Municípios, as propostas referentes à concessão de incentivos e benefícios fiscais e financeiros, visando à melhoria da qualidade ambiental;

Subsídios às ações em EA

XIII – criar e extinguir Câmaras Técnicas; e

XIV – aprovar seu Regimento Interno.

§ 1º   as normas e critérios para o licenciamento de atividades potencial ou efetivamente poluidoras deverão estabelecer os requisitos indispensáveis à proteção ambiental.

§ 2º   As penalidades previstas no inciso deste artigo somente serão aplicadas nos casos previamente definidos em ato específico do Conama, assegurando-se ao interessado ampla defesa.

§ 3º   Na fixação de normas, critérios e padrões relativos ao controle e à manutenção da qualidade do meio ambiente, o Conama levará em consideração a capacidade de autorregeneração dos corpos receptores e a necessidade de estabelecer parâmetros genéricos mensuráveis.

Para atender a tais atribuições o Conama necessitaria de várias câmaras Técnicas. A composição dessas Câmaras pode ser obtida no *site* www.mma.gov.br, clicando em Conama.

Do Licenciamento das Atividades Potencialmente Causadoras de Impacto Ambiental Negativo

CAPÍTULO IV

DO LICENCIAMENTO DAS ATIVIDADES

Art. 17º   A construção, instalação, ampliação e funcionamento de estabelecimento de atividades utilizadoras de recursos ambientais, consideradas efetiva ou potencialmente poluidoras, bem assim os empreendimentos capazes, sob qualquer forma, de causar degradação ambiental, dependerão de prévio licenciamento do órgão estadual competente do Sisnama, sem prejuízo de outras licenças legalmente exigíveis.

§ 1º   Caberá ao Conama os critérios básicos segundo os quais serão exigidos estudos de impacto ambiental para fins de licenciamento, contendo, entre outros, os seguintes itens:

a. diagnóstico ambiental da área;

b. descrição da ação proposta e suas alternativas; e,

c. identificação, análise e previsão dos impactos significativos, positivos e negativos.

§ 2º   O estudo de impacto ambiental será realizado por técnicos habilitados e constituirá o Relatório de Impacto Ambiental – Rima, correndo as despesas à conta da proponente do projeto.

§ 3º   Respeitada a matéria de sigilo industrial, assim expressamente caracterizada a pedido do interessado, o Rima, devidamente fundamentado, será acessível ao público.

§ 4º   Resguardado o sigilo industrial, os pedidos de licenciamento, em qualquer de suas modalidades, sua renovação e a respectiva concessão da licença serão objeto de publicação resumida, paga pelo interessado, no jornal oficial do Estado e em

Educação ambiental • princípios e práticas

um periódico de grande circulação, regional ou local, conforme modelo aprovado pelo Conama.

Art. 18º   O órgão estadual do meio ambiente e o Ibama, este em caráter supletivo, sem prejuízo das penalidades pecuniárias cabíveis, determinarão, sempre que necessário, a redução das atividades geradoras de poluição, para manter as emissões gasosas ou efluentes líquidos e os resíduos sólidos nas condições e limites estipulados no licenciamento concedido.

Art. 19º   O Poder Público, no exercício de sua competência de controle, expedirá as seguintes licenças:

I – Licença Prévia (LP), na fase preliminar do planejamento da atividade contendo requisitos básicos a serem atendidos nas fases de localização, instalação e operação, observados os planos municipais, estaduais ou federais de uso do solo;

II – Licença de Instalação (LI) autorizando o início da implantação, de acordo com as especificações constantes no Projeto Executivo aprovado;

III – Licença de Operação (LO), autorizando, após as verificações necessárias, o início da atividade licenciada e o funcionamento de seus equipamentos de controle de poluição de acordo com o previsto nas licenças Prévia e de Instalação.

§ 1º   Os prazos para a concessão das licenças serão fixados pelo Conama, observada a natureza técnica da atividade.

§ 2º   Nos casos previstos em resolução do Conama, o licenciamento de que trata este artigo dependerá de homologação do Ibama.

§ 3º   Iniciadas as atividades de implantação e operação, antes da expedição das respectivas licenças, os dirigentes dos órgãos setoriais do Ibama, deverão sob pena de responsabilidade funcional, comunicar o fato às entidades financiadoras dessas atividades, sem prejuízo da imposição de penalidades, medidas administrativas de interdição, judiciais, de embargo, e outras providências cautelares.

§ 4º   O licenciamento dos estabelecimentos destinados a produzir materiais nucleares ou a utilizar a energia nuclear e suas aplicações, competirá à Comissão Nacional de Energia Nuclear – CNEM –, mediante parecer do Ibama, ouvidos os órgãos de controle ambiental estaduais e municipais.

§ 5º   Excluída a competência de que trata o parágrafo anterior, nos demais casos de competência federal, o Ibama expedirá as respectivas licenças, após considerar o exame técnico procedido pelos órgãos estaduais e municipais de controle da poluição.

A Constituição Brasileira de 1988

A Constituição da República Federativa do Brasil, promulgada em 05 de outubro de 1988 contém vários artigos que tratam da questão ambiental, dentre os quais destacamos:

CAPÍTULO VI

DO MEIO AMBIENTE

Art. 225º Todos têm direito ao meio ambiente ecologicamente equilibrado, bem de uso comum do povo e essencial à sadia qualidade de vida, impondo-se ao Poder Público e à coletividade o dever de defendê-lo para as presentes e futuras gerações.

§ 1º   Para assegurar a efetividade desse direito, incumbe ao Poder Público:

I – preservar e restaurar os processos ecológicos essenciais e prover o manejo ecológico das espécies e ecossistemas;

II – preservar a diversidade e a integridade do patrimônio genético do País e fiscalizar as entidades dedicadas à pesquisa e manipulação de material genético;

III – definir, em todas as unidades da Federação, espaços territoriais e seus componentes a serem especialmente protegidos, sendo a alteração e a supressão permitidas somente através de lei, vedada qualquer utilização que comprometa a integridade dos atributos que justifiquem sua proteção;

IV – exigir, na forma da lei, para instalação de obra ou atividade potencialmente causadora de significativa degradação do meio ambiente, estudo prévio de impacto ambiental, a que se dará publicidade;

V – controlar a produção, a comercialização e o emprego de técnicas, métodos e substâncias que comportem risco para a vida, a qualidade de vida e o meio ambiente;

VI – promover a EA em todos os níveis de ensino e a conscientização pública para a preservação do meio ambiente;

VII – proteger a fauna e a flora, vedadas, na forma da lei, as práticas que coloquem em risco sua função ecológica, provoquem a extinção de espécies ou submetam os animais a crueldade.

§ 2º   Aquele que explorar recursos minerais fica obrigado a recuperar o meio ambiente degradado, de acordo com solução técnica exigida pelo órgão público competente, na forma da lei.

§ 3º   As condutas e atividades consideradas lesivas ao meio ambiente sujeitarão os infratores, pessoas físicas ou jurídicas, a sanções penais e administrativas, independentemente da obrigação de reparar os danos causados.

§ 4º   A Floresta Amazônica brasileira, a Mata Atlântica, a Serra do Mar, o Pantanal Mato-Grossense e a Zona Costeira são patrimônio nacional e sua utilização far-se-á na forma da lei, dentro de condições que assegurem a preservação do meio ambiente, inclusive quanto ao uso dos recursos naturais.

§ 5º   São indisponíveis as terras devolutas ou arrecadadas pelos Estados, por ações discriminatórias, necessárias à proteção dos ecossistemas naturais.

§ 6º   As usinas que operem com reator nuclear deverão ter sua localização definida em lei federal, sem o que não poderão ser instaladas.

CAPÍTULO I

DOS DIREITOS E DEVERES INDIVIDUAIS E COLETIVOS

Art. 5º, LXXIII – qualquer cidadão é parte legítima para propor ação popular que vise a anular ato lesivo ao patrimônio público ou de entidade de que o Estado participe, à moralidade administrativa, ao meio ambiente e ao patrimônio histórico e cultural, ficando o autor, salvo comprovada má-fé, isento de custas judiciais e do ônus da sucumbência;

CAPÍTULO I

DA ORGANIZAÇÃO POLÍTICO-ADMINISTRATIVA

Art. 23º É competência comum da União, dos Estados, do Distrito Federal e dos Municípios:

VI – Proteger o meio ambiente e combater a poluição em qualquer de suas formas;

VII – Preservar as florestas, a fauna e a flora;

Art. 24º Compete à União, aos Estados e ao Distrito Federal legislar concorrentemente sobre:

VI – florestas, caça, pesca, fauna, conservação da natureza, defesa do solo e dos recursos naturais, proteção do meio ambiente e controle da poluição;

VII – proteção ao patrimônio histórico, cultural, artístico, turístico e paisagístico;

VIII – responsabilidade por dano ao meio ambiente, ao consumidor, a bens e direitos de valor artístico, estético, histórico, turístico e paisagístico;

CAPÍTULO I

DOS PRINCÍPIOS GERAIS DA ATIVIDADE ECONÔMICA

Art. 170º A ordem econômica, fundada na valorização do trabalho humano e na livre iniciativa, tem por fim assegurar a todos existência digna, conforme os ditames da justiça social, observados os seguintes princípios:

VIII – defesa do meio ambiente;

Art. 174º Como agente normativo e regulador da atividade econômica, o Estado exercerá, na forma da lei, as funções de fiscalização, incentivo e planejamento, sendo este determinante para o setor público e indicativo para o setor privado.

§ 3º O Estado favorecerá a organização da atividade garimpeira em cooperativas, levando em conta a proteção do meio ambiente e a promoção econômico-social dos garimpeiros.

CAPÍTULO IV

DAS FUNÇÕES ESSENCIAIS À JUSTIÇA

Art. 129º São funções institucionais do Ministério Público:

III – promover o inquérito civil e a ação civil pública, para a proteção do patrimônio público e social, do meio ambiente e de outros interesses difusos e coletivos;

CAPÍTULO II

DA SEGURIDADE SOCIAL

Art. 200º Ao sistema único de saúde compete, além de outras atribuições, nos termos da lei:

VIII – colaborar na proteção do meio ambiente, nele compreendido o do trabalho.

CAPÍTULO III

DA EDUCAÇÃO, DA CULTURA E DO DESPORTO

Art. 216º Constituem patrimônio cultural brasileiro os bens de natureza material e imaterial, tomados individualmente ou em conjunto, portadores de referência à identidade, à ação, à memória dos diferentes grupos formadores da sociedade brasileira, nos quais se incluem:

V – os conjuntos urbanos e sítios de valor histórico, paisagístico, artístico, arqueológico, paleontológico, ecológico e científico.

§ 1º   O Poder Público, com a colaboração da comunidade, promoverá e protegerá o patrimônio cultural brasileiro, por meios de inventários, registros, vigilância, tombamento e desapropriação, e de outras formas de acautelamento e preservação.

§ 2º   Cabem à administração pública, na forma da lei, a gestão da documentação governamental e as providências para franquear sua consulta a quantos dela necessitem.

§ 3º   A lei estabelecerá incentivos para a produção e o conhecimento de bens e valores culturais.

§ 4º   Os danos e ameaças ao patrimônio cultural serão punidos, na forma da lei.

§ 5º   Ficam tombados todos os documentos e os sítios detentores de reminiscências históricas dos antigos quilombos.

Lei nº 7.797/89 cria o Fundo Nacional de Meio Ambiente

Art. 1º   Fica instituído o Fundo de Meio Ambiente, com o objetivo de desenvolver os projetos que visem ao uso racional e sustentável de recursos naturais, incluindo a manutenção,

Educação ambiental • princípios e práticas

melhoria ou recuperação da qualidade ambiental no sentido de elevar a qualidade de vida da população brasileira.

Art. 2º Constituirão recursos do Fundo Nacional de que trata o art. 1. desta Lei:

I – dotações orçamentais da União;

II – recursos resultantes de doações, contribuições em dinheiro, valores, bens móveis, que venham a receber de pessoas físicas e jurídicas;

III – rendimentos de qualquer natureza, que venham a auferir como remuneração decorrente de aplicações do seu patrimônio;

Parágrafo único. As pessoas físicas e jurídicas que fizerem doações ao Fundo Nacional do Meio Ambiente gozarão dos benefícios da Lei nº 7.505, de 2 de julho de 1986, conforme se dispuser em regulamento.

Art. 3º Os recursos do Fundo Nacional de Meio Ambiente deverão ser aplicados através de órgãos públicos dos níveis federal, estadual e municipal ou de entidades privadas cujos os objetivos estejam em consonância com os objetivos do Fundo Nacional do Meio Ambiente, desde que não possuam, as referidas entidades fins lucrativos.

Art. 4º O Fundo Nacional do Meio Ambiente é administrado pela Secretaria do Meio Ambiente da Presidência da República, de acordo com as diretrizes fixadas pelo Conselho do Governo, sem prejuízo das competências do Conama.

Art. 5º Serão consideradas prioritárias as aplicações de recursos financeiros de que trata esta Lei, em projetos nas seguintes áreas:

I – Unidades de Conservação;

II – Pesquisa e Desenvolvimento Tecnológico;

III – Educação Ambiental;

IV – Manejo e Extensão Florestal;

V – Desenvolvimento Institucional;

VI – Controle Ambiental;

VII – Aproveitamento Econômico Racional e Sustentável da Flora e Fauna Nativas.

§ 1º Os programas serão periodicamente revistos, de acordo com os princípios e diretrizes da política nacional de meio ambiente, devendo ser anualmente submetidos ao Congresso Nacional.

§ 2º Sem prejuízo às ações em âmbito nacional, será dada prioridade aos projetos que tenham sua área de atuação na Amazônia Legal.

Outros instrumentos legais específicos de ação popular

Lei nº 4.717/65, que regula a Ação Popular

Art. 1º Qualquer cidadão será parte legítima para pleitear a anulação ou a declaração de nulidade de atos lesivos ao patrimônio da União, do Distrito Federal, dos Estados, dos

Municípios, de entidades autárquicas, de sociedades de economia mista (Constituição, art. 141, parágrafo 38), de sociedades mútuas de seguro nas quais a União represente os segurados ausentes, de empresas públicas, de serviços sociais autônomos, de instituições ou fundações para cuja criação ou custeio o tesouro público haja concorrido ou concorra com mais de cinquenta por cento do patrimônio ou da receita anual de empresas incorporadas ao patrimônio da União, do Distrito Federal, dos Estados e dos Municípios, e de quaisquer pessoas jurídicas ou entidades subvencionadas pelos cofres públicos.

Art. 2º São nulos os atos lesivos ao patrimônio das entidades mencionadas no artigo anterior, nos casos:

a) incompetência;
b) vício de forma;
c) ilegalidade do objeto;
d) inexistência dos motivos;
e) desvio de finalidade.

Parágrafo único. Para a conceituação dos casos de nulidade observar-se-ão as seguintes normas:

a) a *incompetência* fica caracterizada quando o ato não se incluir nas atribuições legais do agente que o praticou;

b) o *vício de forma* consiste na omissão ou na observância incompleta ou irregular de formalidades indispensáveis à existência ou seriedade do ato;

c) a *ilegalidade do objeto* ocorre quando o resultado do ato importa em violação de lei, regulamento ou outro ato normativo;

d) a *inexistência dos motivos* se verifica quando a matéria de fato ou de direito, em que se fundamenta o ato, é materialmente inexistente ou juridicamente inadequada ao resultado obtido;

e) o *desvio de finalidade* se verifica quando o agente pratica o ato visando a fim diverso daquele previsto, explícita ou implicitamente, na regra de competência.

Art. 6º A ação será proposta contra as pessoas públicas ou privadas e as entidades referidas no art. 1., contra as autoridades, funcionários ou administradores que houverem autorizado, aprovado, ratificado ou praticado o ato impugnado, ou que, por omissas, tiverem dado oportunidade à lesão e contra os beneficiários diretos dele.

Lei nº 7.347/85, que disciplina a Ação Civil Pública de Responsabilidade por Danos Causados ao Meio Ambiente, ao Consumidor, a Bens e Direitos de Valor Artístico, Estético, Histórico e Turístico

Art. 1º Regem-se pelas disposições desta Lei, sem prejuízo da ação popular, as ações de responsabilidade por danos causados:

I – Ao meio ambiente;

II – Ao consumidor;

Educação ambiental • princípios e práticas

III – A bens e direitos de valor artístico, estético, histórico, turístico e paisagístico;

Art. 3º A ação civil poderá ter por objeto a condenação em dinheiro ou o cumprimento de obrigação de fazer ou não fazer.

Art. 4º Poderá ser ajuizada ação cautelar para os fins desta Lei, objetivando, inclusive, evitar o dano ao meio ambiente, ao consumidor, aos bens e direitos de valor artístico, estético, histórico, turístico e paisagístico (VETADO).

Art. 5º A ação principal e a cautelar poderão ser propostas pelo Ministério Público, pela União, pelos Estados e Municípios. Poderão também ser propostas por autarquia, empresa pública, fundação, sociedade de economia mista ou por associação que:

I – Esteja constituída há pelo menos um ano, nos termos da lei civil;

II – Inclua, entre suas finalidades institucionais, a proteção ao meio ambiente, ao consumidor, ao patrimônio artístico, estético, histórico, turístico e paisagístico (VETADO).

§ 1º O Ministério Público, se não intervier no processo como parte, atuará obrigatoriamente como fiscal de lei.

§ 2º Fica facultado ao Poder Público e a outras associações legitimadas nos termos deste artigo habilitar-se como litisconsortes de qualquer das partes.

§ 3º Em caso de desistência ou abandono da ação por associação legitimada, o Ministério Público assumirá a titularidade ativa.

Art. 6º Qualquer pessoa poderá e o servidor público deverá provocar a iniciativa do Ministério Público, ministrando-lhe informações sobre fatos que constituam objeto da ação civil e indicando-lhe os elementos de convicção.

Art. 10º Constitui crime, punido com pena de reclusão de 1 (um) a 3 (três) anos, mais multa de 10 (dez) a 1.000 (mil) Obrigações Reajustáveis do Tesouro Nacional – ORTN, a recusa, o retardamento ou a omissão de dados técnicos indispensáveis à propositura de ação civil, quando requisitados pelo Ministério Público.

Art. 11º Na ação que tenha por objetivo o cumprimento de obrigação de fazer ou não fazer, o juiz determinará o cumprimento da prestação da atividade devidamente ou cessação da atividade nociva, sob pena de execução específica, ou de cominação de multa diária, se esta for suficiente ou compatível, independentemente de requerimento do autor.

Art. 17º O juiz condenará a associação autora a pagar ao réu os honorários advocatícios arbitrados na conformidade do § 4º do Art. 20 da Lei nº 5869, de 11 de janeiro de 1973 – Código de Processo Civil, quando reconhecer que a pretensão é manifestamente infundada.

Decreto nº 92.302/86, que regulamenta o Fundo Para Reconstituição de Bens Lesados de que trata a Lei nº 7.347, de 24 de julho de 1985, e dá outras providências

Art. 1º O Fundo para a Reconstituição de Bens Lesados, de que trata o artigo 13 da Lei nº 7.347, de 24 de julho de 1985, destina-se à reparação dos danos causados ao meio ambiente, ao consumidor, a bens e direitos de valor artístico, estético, histórico, turístico e paisagístico.

Art. 2º   O Fundo a que se refere este decreto será constituído pelas indenizações decorrentes de condenações por danos mencionados no artigo 1 e multas advindas de descumprimento de decisões judiciais.

Art. 3º   O Fundo será gerido por Conselho Federal, com sede em Brasília-DF, integrado por:

I – Um representante do Ministério da Justiça, que o presidirá;

II – Um representante do Ministério do Desenvolvimento Urbano e Meio Ambiente;

III – Um representante do Ministério da Cultura;

IV – Um representante do Ministério da Indústria e Comércio;

V – Um representante do Programa Nacional da Desburocratização;

VI – Um representante do Ministério Público Federal;

VII – Três representantes de Associações como referidas nos itens I e II do artigo 5º da Lei nº 7.347, de 24 de julho de 1985.

Parágrafo único. Os representantes a que se referem os itens I, II, III, IV e V serão designados pelos respectivos Ministros; o do Ministério Público Federal pelo Procurador-Geral da República; os das Associações pelo Ministro da Justiça mediante escolha dentre indicações feitas por entidades registradas perante o Conselho Federal.

Art. 4º   Ao Conselho Federal, no exercício da gestão do Fundo, compete:

I – Zelar pela utilização prioritária dos recursos na reconstituição dos bens lesados, no próprio local onde o dano ocorreu ou possa vir a ocorrer;

II – Firmar convênios e contratos com o objetivo de elaborar, acompanhar e executar projetos para a reconstituição dos bens lesados;

III – Examinar e aprovar projetos de reconstituição dos bens lesados.

Art. 5º   O Conselho Federal, além das reuniões ordinárias em sua sede, poderá reunir-se extraordinariamente em qualquer localidade do território nacional.

Art. 6º   É vedada a remuneração, a qualquer título, pela participação no Conselho Federal, a qual será considerada como serviço público relevante.

Art. 7º   Os recursos destinados ao Fundo serão depositados em estabelecimentos oficiais de crédito, em conta especial, à disposição do Conselho Federal.

Parágrafo único. Os estabelecimentos de crédito comunicarão, imediatamente, ao Conselho Federal os depósitos realizados a crédito do Fundo.

Lei dos Crimes Ambientais (Lei nº 9.605/98 e Decreto nº 3.179/99)

CAPÍTULO I

DISPOSIÇÕES GERAIS

Art. 1º   (VETADO)

Educação ambiental • princípios e práticas

Art. 2º Quem, de qualquer forma, concorre para a prática dos crimes previstos nesta Lei, incide nas penas a estes cominadas, na medida da sua culpabilidade, bem como o diretor, o administrador, o membro de conselho e de órgão técnico, o auditor, o gerente, o preposto ou mandatário de pessoas jurídicas, que, sabendo da conduta criminosa de outrem, deixar de impedir a sua prática quando podia agir para evitá-la.

Art. 3º As pessoas jurídicas serão responsabilizadas administrativa, civil e penalmente conforme o disposto nesta Lei, nos casos em que a infração seja cometida por decisão de seu representante legal ou contratual, ou de seu órgão colegiado, no interesse ou benefício da sua entidade.

Parágrafo único. A responsabilidade das pessoas jurídicas não exclui a das pessoas físicas, autoras, coautoras ou partícipes do mesmo fato.

Art. 4º Poderá ser desconsiderada a pessoa jurídica sempre que sua personalidade for obstáculo ao ressarcimento de prejuízos causados à qualidade do meio ambiente.

Art. 5º (VETADO)

CAPÍTULO II

DA APLICAÇÃO DA PENA

Art. 6º Para imposição e gradação da penalidade, a autoridade competente observará:

I – a gravidade do fato, tendo em vista os motivos da infração e suas consequências para a saúde pública e para o meio ambiente;

II – os antecedentes do infrator quanto ao cumprimento da legislação de interesse ambiental;

III – a situação econômica do infrator, no caso de multa.

Art. 7º As penas restritas de direitos são autônomas e substituem as privativas de liberdade quando:

I – tratar-se de crime culposo ou for aplicada a pena privativa de liberdade inferior a quatro anos;

II – a culpabilidade, os antecedentes, a conduta social e a personalidade do condenado, bem como os motivos e as circunstâncias do crime indicarem que a substituição seja suficiente para efeitos de reprovação e prevenção do crime.

Parágrafo único. As penas restritivas de direitos a que se refere este artigo terão a mesma duração da pena privativa de liberdade substituída.

Art. 8º As penas restritas de direitos são:

I – prestação de serviços à comunidade;

II – interdição temporária de direitos;

III – suspensão parcial ou total de atividades;

Subsídios às ações em EA

IV – prestação pecuniária;

V – recolhimento domiciliar.

Art. 9º A prestação de serviços à comunidade consiste na atribuição ao condenado de tarefas gratuitas junto a parques e jardins públicos e unidades de conservação, e, no caso de dano da coisa particular, pública ou tombada, na restauração desta, se possível.

Art. 10º As penas de interdição temporária de direitos são a proibição de o condenado contratar com Poder Público, de receber incentivos fiscais ou quaisquer outros benefícios, bem como de participar de licitações, pelo prazo de cinco anos, no caso de crimes dolosos, e de três anos, no de crimes culposos.

Art. 11º A suspensão de atividades será aplicada quando estas não estiverem obedecendo às prescrições legais.

Art. 12º A prestação pecuniária consiste no pagamento em dinheiro à vítima ou à entidade pública ou privada com fim social, de importância, fixada pelo juiz, não inferior a um salário mínimo nem superior a trezentos e sessenta salários mínimos. O valor pago será deduzido do montante de eventual reparação civil, a que for condenado o infrator.

Art. 13º O recolhimento domiciliar baseia-se na autodisciplina e senso de responsabilidade do condenado, que deverá, sem vigilância, trabalhar, frequentar curso ou exercer atividade autorizada, permanecendo recolhido nos dias e horários de folga em residência ou em qualquer local destinado a sua moradia habitual, conforme estabelecido na sentença condenatória.

Art. 14º São circunstâncias que atenuam a pena:

I – baixo grau de instrução ou escolaridade do agente;

II – arrependimento do infrator, manifestado pela espontânea reparação do dano, ou limitação significativa da degradação ambiental causada;

III – comunicação prévia pelo agente, do perigo iminente de degradação ambiental;

IV – colaboração com os agentes encarregados da vigilância e do controle ambiental;

Art. 15º São circunstâncias que agravam a pena, quando não constituem ou qualificam o crime:

I – reincidência nos crimes de natureza ambiental;

II – ter o agente cometido a infração:

    a. para obter vantagem pecuniária;

    b. coagindo outrem para a execução material da infração;

    c. afetando ou expondo a perigo, de maneira grave, a saúde pública ou o meio ambiente;

    d. concorrendo para danos à propriedade alheia;

    e. atingindo áreas de unidade de conservação ou áreas sujeitas, por ato do Poder Público, a regime especial de uso;

    f. atingindo áreas urbanas ou quaisquer assentamentos humanos;

    g. em período de defeso à fauna;

Educação ambiental • princípios e práticas

h. em domingos ou feriados;

i. à noite;

j. em épocas de seca ou inundações;

k. no interior do espaço territorial especialmente protegido;

l. com o emprego de métodos cruéis para abate ou captura de animais;

m. mediante fraude ou abuso de confiança;

n. mediante abuso do direito de licença, permissão ou autorização ambiental;

o. no interesse de pessoa jurídica mantida, total ou parcial, por verbas públicas ou beneficiada por incentivos fiscais;

p. atingindo espécies ameaçadas, listadas em relatórios oficiais das autoridades competentes;

q. facilitada por funcionário público no exercício de suas funções.

Art. 16º Nos crimes previstos nesta Lei, a suspensão condicional da pena pode ser aplicada nos casos de condenação a pena privativa de liberdade não superior a três anos.

Art. 17º A verificação da reparação a que se refere o § 2º do art. 78 do Código Penal será feita mediante laudo de reparação do dano ambiental, e as condições a serem impostas pelo juiz deverão relacionar-se com a proteção ao meio ambiente.

Art. 18º A multa será calculada segundo os critérios do Código Penal; se revelar-se ineficaz, ainda que aplicada no valor da vantagem econômica auferida.

Art. 19º A perícia de constatação do dano ambiental, sempre que possível, fixará o montante do prejuízo causado para efeitos de prestação de fiança e cálculo de multa.

Parágrafo único. A perícia produzida no inquérito civil ou no juízo civil poderá ser aproveitada no processo penal, instaurando-se o contraditório.

Art. 20º A sentença penal condenatória, sempre que possível fixará o valor mínimo para reparação dos danos causados pela infração, considerando os prejuízos sofridos pelo ofendido ou pelo meio ambiente.

Parágrafo único. Transitada em julgado a sentença condenatória, a execução poderá efetuar-se pelo valor fixado nos termos do *caput*, sem prejuízo da liquidação para apuração do dano efetivamente sofrido.

Art. 21º As penas aplicáveis isolada, cumulativa ou alternativamente às pessoas jurídicas, de acordo com o disposto no art. 3º, são:

I – multa;

II – restritivas de direitos;

III – prestação de serviço à comunidade.

Art. 22º As penas restritivas de direitos da pessoa jurídica são:

I – suspensão total ou parcial de atividades;

II – interdição temporária de estabelecimento, obra ou atividade;

III – proibição de contratar com o Poder Público, bem como dele obter subsídios, subvenções ou doações.

§ 1º a suspensão de atividades será aplicada quando estas não estiverem obedecendo às disposições legais ou regulamentares, relativas à proteção do meio ambiente.

§ 2º A interdição será aplicada quando o estabelecimento, obra ou atividade estiver funcionando sem a devida autorização, ou em desacordo com a concedida, ou com violação de disposição legal ou regulamentar.

§ 3º A proibição de contratar com o Poder Público e dele obter subsídios, subvenções ou doações não poderá exceder o prazo de dez anos.

Art. 23º A prestação de serviços à comunidade pela pessoa jurídica consistirá em:

I – custeio de programas e de projetos ambientais;

II – execução de obras de recuperação de áreas degradadas;

III – manutenção de espaços públicos;

IV – contribuição a entidades ambientais ou culturais públicas.

Art. 24º A pessoa jurídica constituída ou utilizada, preponderantemente, com o fim de permitir, facilitar ou ocultar a prática de crime definido nesta lei terá decretada sua liquidação forçada, seu patrimônio será considerado instrumento do crime e como tal perdido em favor do Fundo Penitenciário Nacional.

CAPÍTULO III

DA APREENSÃO DO PRODUTO E DO INSTRUMENTO DE INFRAÇÃO ADMINISTRATIVA OU DE CRIME

Art. 25º Verificada a infração, serão apreendidos seus produtos e instrumentos, lavrando-se os respectivos autos.

§ 1º Os animais serão libertados em seu *hábitat* ou entregues a jardins zoológicos, fundações ou entidades assemelhadas, desde que fiquem sob a responsabilidade de técnicos habilitados.

§ 2º Tratando-se de produtos perecíveis ou madeiras, serão estes avaliados e doados a instituições científicas, hospitalares, penais e outras com fins beneficentes.

§ 3º Os produtos e subprodutos da fauna não perecíveis serão destruídos ou doados a instituições científicas, culturais ou educacionais.

§ 4º Os instrumentos utilizados na prática da infração serão vendidos, garantida a sua descaracterização por meio da reciclagem.

Educação ambiental • princípios e práticas

CAPÍTULO VI

DA AÇÃO E DO PROCESSO PENAL

Art. 26º Nas infrações penais previstas nesta Lei, a ação penal é pública incondicionada.
Parágrafo único. (VETADO)

Art. 27º Nos crimes ambientais de menor potencial ofensivo, a proposta de aplicação imediata de pena restritiva de direitos ou multa, prevista no art. 76 da Lei nº 9.099, de 26 de setembro de 1995, somente poderá ser formulada desde que tenha havido a prévia composição do dano ambiental, de que trata o art. 74 da mesma Lei, salvo em caso de comprovada impossibilidade.

Art. 28º As disposições do art. 89 da Lei nº 9.099, de 26 de setembro de 1995, aplicam-se aos crimes de menor potencial ofensivo definidos nesta Lei, com as seguintes modificações:

I – a declaração de extinção de punibilidade, de que trata o § 5º do artigo referido no *caput*, dependerá de laudo de constatação de reparação do dano ambiental, ressalvada a impossibilidade prevista no inciso I do § 1º do mesmo artigo;

II – na hipótese de o laudo de constatação comprovar não ter sido completa a reparação, o prazo de suspensão do processo será prorrogado, até o período máximo previsto no artigo referido no *caput*, acrescido de mais um ano, com suspensão do prazo da prescrição;

III – no período de prorrogação, não se aplicarão as condições dos incisos II, Ill e IV do § 1º do artigo mencionado no *caput*;

IV – findo o prazo de prorrogação, proceder-se-á à lavratura de novo laudo de constatação de reparação do dano ambiental, podendo, conforme seu resultado, ser novamente prorrogado o período de suspensão, até o máximo previsto no inciso II deste artigo, observado o disposto no inciso III;

V – esgotado o prazo máximo de prorrogação, a declaração de extinção de punibilidade dependerá de laudo de constatação que comprove ter o acusado tomado as providencias necessárias à reparação integral do dano.

CAPÍTULO V

DOS CRIMES CONTRA O MEIO AMBIENTE

Seção I

Dos Crimes contra a Fauna

Art. 29º Matar, perseguir, caçar, apanhar, utilizar espécimes da fauna silvestre, nativos ou em rota migratória, sem a devida permissão, licença ou autorização da autoridade competente, ou em desacordo com a obtida:
Pena – detenção de seis meses a um ano, e multa.

Subsídios às ações em EA

§ 1º   Incorre nas mesmas penas:

I – quem impede a procriação da fauna, sem licença, autorização ou em desacordo com a obtida;

II – quem modifica, danifica ou destrói ninho, abrigo ou criadouro natural;

III – quem vende, expõe à venda, exporta ou adquire, guarda, tem em cativeiro ou deposito, utiliza ou transporta ovos, larvas ou espécimes da fauna silvestre, nativa ou em rota migratória, bem com produtos e objetos dela oriundos, provenientes de criadouro não autorizados ou sem a devida permissão, licença ou autorização da autoridade competente.

§ 2º   No caso de guarda doméstica de espécie silvestre não considerada ameaçada de extinção, pode o juiz, considerando as circunstâncias, deixar de aplicar a pena.

§ 3º   São espécimes da fauna silvestre todos aqueles pertencentes às espécies nativas, migratórias e quaisquer outras, aquáticas ou terrestres, que tenham todo ou parte de seu ciclo de vida ocorrendo dentro dos limites do território brasileiro, ou águas jurisdicionais brasileiras.

§ 4º   A pena é aumentada de metade, se o crime é praticado:

I – contra espécie rara ou considerada ameaçada de extinção, ainda que somente no local da infração;

II – em período proibido à caça;

III – durante a noite;

IV – com abuso de licença;

V – em unidade de conservação;

VI – com emprego de métodos ou instrumentos capazes de provocar destruição em massa.

§ 5º   A pena é aumentada até o triplo, se o crime decorre do exercício de cada profissional.

§ 6º   As disposições deste artigo não se aplicam aos atos de pesca.

Art. 30º   Exportar para o exterior peles e couros de anfíbios e répteis em bruto, sem a autorização da autoridade ambiental competente:

Pena – reclusão, de um a três anos, e multa.

Art. 31º   Introduzir espécime animal no País, sem parecer técnico oficial favorável e licença expedida por autoridade competente:

Pena – detenção, de três meses a um ano, e multa.

Art. 32º   Praticar ato de abuso, maus-tratos, ferir ou mutilar animais silvestres, domésticos ou domesticados, nativos ou exóticos:

Pena – detenção, de três meses a um ano, e multa.

§ 1º   Incorre nas mesmas penas quem realiza experiência dolorosa ou cruel em animal vivo, ainda que para fins didáticos ou científicos, quando existirem recursos alternativos.

§ 2º   A pena é aumentada de um sexto a um terço, se ocorre morte do animal.

Educação ambiental • princípios e práticas

Art. 33º Provocar, pela emissão de efluentes ou carreamento de materiais, o perecimento de espécimes da fauna aquática existentes em rios, lagos, açudes, lagoas, baías ou águas jurisdicionais brasileiras:

Pena – detenção, de um a três anos, ou multa, ou ambas cumulativamente.

Parágrafo único. Incorre nas mesmas penas:

I – quem causa degradação em viveiros, açudes ou estações de aquicultura de domínio público;

II – quem explora campos naturais de invertebrados aquáticos e algas, sem licença, permissão ou autorização da autoridade competente;

III – quem fundeia embarcações ou lança detritos de qualquer natureza sobre bancos de moluscos ou corais, devidamente demarcados em carta náutica.

Art. 34º Pescar em período no qual a pesca seja proibida ou em lugares interditados por órgão competente:

Pena – detenção, de um a três anos, ou multa, ou ambas as penas cumulativamente.

Parágrafo único. Incorre nas mesmas penas quem:

I – pesca espécies que devam ser preservadas ou espécimes com tamanhos inferiores aos permitidos;

II – pesca quantidades superiores às permitidas, ou mediante a utilização de aparelhos, petrechos, técnicas e métodos não permitidos;

III – transporta, comercializa, beneficia ou industrializa espécimes provenientes da coleta, apanha e pesca proibidas.

Art. 35º Pescar mediante a utilização de:

I – explosivos ou substâncias que, em contato com a água, produzam efeito semelhante;

II – substâncias tóxicas, ou outro meio proibido pela autoridade competente:

Pena – reclusão de um ano a cinco anos.

Art. 36º Para os efeitos desta Lei, considera-se pesca todo ato tendente a retirar, extrair, coletar, apanhar, apreender ou capturar espécimes dos grupos dos peixes, crustáceos, moluscos e vegetais hidróbios, suscetíveis ou não de aproveitamento econômico, ressalvadas as espécies ameaçadas de extinção, constantes nas listas oficiais da fauna e da flora.

Art. 37º Não é crime o abate de animal, quando realizado:

I – em estado de necessidade, para saciar a fome do agente ou de sua família;

II – para proteger lavouras, pomares e rebanhos da ação predatória ou destruidora de animais, desde que legal e expressamente autorizado pela autoridade competente;

III – (VETADO)

IV – por ser nocivo o animal, desde que assim caracterizado pelo órgão competente.

Subsídios às ações em EA

Seção II

Dos Crimes contra a Flora

Art. 38º Destruir ou danificar floresta considerada de preservação permanente, mesmo que em formação, ou utilizá-la com infringência das normas de proteção:

Pena – detenção, de um a três anos, ou multa, ou ambas as penas cumulativamente.

Parágrafo único. Se o crime for culposo, a pena será reduzida à metade.

Art. 39º Cortar árvores em floresta considerada de preservação permanente, sem permissão da autoridade competente:

Pena – detenção, de um a três anos, ou multa, ou ambas as penas cumulativamente.

Art. 40º Causar dano direto ou indireto às Unidades de Conservação e às áreas de que trata o art. 27 do Decreto nº 99.274, de 6 de junho de 1990, independentemente de sua localização:

Pena – reclusão, de um a cinco anos.

§ 1º Entende-se por Unidades de Conservação as Reservas Biológicas, Reservas Ecológicas, Estações Ecológicas, Parques Nacionais, Estaduais e Municipais, Florestas Nacionais, Estaduais e Municipais, Áreas de Proteção Ambiental, Áreas de Relevante Interesse Ecológico e Reservas Extrativistas ou outras a serem criadas pelo Poder Público.

§ 2º A ocorrência de dano afetando espécies ameaçadas de extinção no interior das Unidades de Conservação será considerada circunstância agravante para a fixação da pena.

§ 3º Se o crime for culposo, a pena será reduzida à metade.

Art. 41º Provocar incêndio em mata ou floresta:

Pena – reclusão, de dois a quatro anos, e multa.

Parágrafo único. Se o crime é culposo, a pena é de detenção, de seis meses a um ano, e multa.

Art. 42º Fabricar, vender, transportar ou soltar balões que possam provocar incêndios nas florestas e demais formas de vegetação, em áreas urbanas ou qualquer tipo de assentamento humano:

Pena – detenção, de um a três anos, ou multa, ou ambas as penas cumulativamente.

Art. 43º (VETADO)

Art. 44º Extrair de florestas de domínio público ou consideradas de preservação permanente, sem prévia autorização, pedra, areia, cal ou qualquer espécie de minerais:

Pena – detenção, de seis meses a um ano, e multa.

Art. 45º Cortar ou transformar em carvão madeira de Lei, assim classificada por ato do Poder Público, para fins industriais, energéticos ou para qualquer outra exploração, econômica ou não, em desacordo com as determinações legais:

Pena – reclusão, de um a dois anos, e multa.

Art. 46º Receber ou adquirir, para fins comerciais ou industriais, madeira, lenha, carvão e outros produtos de origem vegetal, sem exigir a exibição de licença do vendedor, outorgada pela autoridade competente, e sem munir-se da via que deverá acompanhar o produto até final beneficiamento:

Pena – detenção, de seis meses a um ano, e multa.

Parágrafo único. Incorre nas mesmas penas quem vende, expõe à venda, tem em depósito, transporta ou guarda madeira, lenha, carvão e outros produtos de origem vegetal, sem licença válida para todo o tempo da viagem ou do armazenamento, outorgada pela autoridade competente.

Art. 47º (VETADO)

Art. 48º Impedir ou dificultar a regeneração natural de florestas e demais formas de vegetação:

Pena – detenção, de seis meses a um ano, e multa.

Art. 49º Destruir, danificar, lesar ou maltratar, por qualquer modo ou meio, plantas de ornamentação de logradouros públicos ou em propriedade privada alheia:

Pena – detenção, de três meses a um ano, ou multa, ou ambas as penas cumulativamente.

Parágrafo único. No crime culposo, a pena é de um a seis meses, ou multa.

Art. 50º Destruir ou danificar florestas nativas ou plantadas ou vegetação fixadora de dunas, protetora de mangues, objeto de especial preservação:

Pena – detenção, de três meses a um ano, e multa.

Art. 51º Comercializar motosserra ou utilizá-la em florestas e nas demais formas de vegetação, sem licença ou registro da autoridade competente:

Pena – detenção, de três meses a um ano, e multa.

Art. 52º Penetrar em Unidades de Conservação conduzindo substâncias ou instrumentos próprios para caça ou para exploração de produtos ou subprodutos florestais, sem licença da autoridade competente:

Pena – detenção, de seis meses a um ano, e multa.

Art. 53º Nos crimes previstos nesta Seção, a pena é aumentada de um sexto a um terço se:

I – do fato resulta a diminuição de águas naturais, a erosão do solo ou a modificação do regime climático;

II – o crime é cometido:

    a.   no período de queda das sementes;

    b.   no período de formação de vegetações;

    c.   contra espécies raras ou ameaçadas de extinção, ainda que a ameaça ocorra somente no local da infração;

Subsídios às ações em EA

d. em época de seca ou inundação;

e. durante a noite, em domingo ou feriado.

Seção III

Da Poluição e outros Crimes Ambientais

Art. 54º Causar poluição de qualquer natureza em níveis tais que resultem ou possam resultar em danos à saúde humana, ou que provoquem a mortandade de animais ou a destruição significativa da flora:

Pena – reclusão, de um a quatro anos, e multa.

§ 1º Se o crime é culposo:

Pena – detenção, de seis meses a um ano, e multa.

§ 2º Se o crime:

I – tornar uma área, urbana ou rural, imprópria para a ocupação humana;

II – causar poluição atmosférica que provoque a retirada, ainda que momentânea, dos habitantes das áreas afetadas, ou que cause danos diretos á saúde da população;

III – causar poluição hídrica que torne necessária a interrupção do abastecimento público de água de uma comunidade;

IV – dificultar ou impedir o uso público das praias;

V – ocorrer por lançamento de resíduos sólidos, líquidos ou gasosos, ou detritos, óleos ou substâncias oleosas, em desacordo com as exigências estabelecidas em leis ou regulamentos:

Pena – reclusão, de um a cinco anos.

§ 3º Incorre nas mesmas penas previstas no parágrafo anterior quem deixar de adotar, quando assim o exigir a autoridade competente, medidas de precaução em caso de risco de dano ambiental grave ou irreversível.

Art. 55º Executar pesquisa, lavra ou extração de recursos minerais sem a competente autorização, permissão, concessão ou licença, ou em desacordo com a obtida:

Pena – detenção, de seis meses a um ano, e multa.

Parágrafo único. Nas mesmas penas incorre quem deixa de recuperar a área pesquisada ou explorada, nos termos da autorização, permissão, licença, concessão ou determinação do órgão competente.

Art. 56º Produzir, processar, embalar, importar, exportar, comercializar, fornecer, transportar, armazenar, guardar, ter em depósito ou usar produto ou substância tóxica, perigosa ou nociva à saúde humana ou ao meio ambiente, em desacordo com as exigências estabelecidas em leis ou nos seus regulamentos:

Pena – reclusão, de um a quatro anos, e multa.

Educação ambiental • princípios e práticas

§ 1º   Nas mesmas penas incorre quem abandona os produtos ou substâncias referidos no caput, ou os utiliza em desacordo com as normas de segurança.

§ 2º   Se o produto ou a substância for nuclear ou radioativa, a pena é aumentada de um sexto a um terço.

§ 3º   Se o crime é culposo:

Pena – detenção, de seis meses a um ano, e multa.

Art. 57º   (VETADO)

Art. 58º   Nos crimes dolosos previstos nesta Seção, as penas serão aumentadas:

I – de um sexto a um terço, se resultar dano irreversível à flora ou ao meio ambiente em geral;

II – de um terço até a metade, se resultar lesão corporal de natureza grave em outrem;

III – até o dobro, se resultar a morte de outrem.

Parágrafo único. As penalidades previstas neste artigo somente serão aplicadas se do fato não resultar crime mais grave.

Art. 59º   (VETADO)

Art. 60º   Construir, reformar, ampliar, instalar ou fazer funcionar, em qualquer parte do território nacional, estabelecimentos, obras ou serviços potencialmente poluidores, sem licença ou autorização dos órgãos ambientais competentes, ou contrariando as normas legais e regulamentares pertinentes:

Pena – detenção, de um a seis meses, ou multa, ou ambas as penas cumulativamente.

Art. 61º   Disseminar doença ou praga ou espécies que possam causar dano à agricultura, à pecuária, à fauna, à flora ou aos ecossistemas:

Pena – reclusão, de um a quatro anos, e multa.

Seção IV

Dos Crimes contra o Ordenamento Urbano e o Patrimônio Cultural

Art. 62º   Destruir, inutilizar ou deteriorar:

I – bem especialmente protegido por lei, ato administrativo ou decisão judicial;

II – arquivo, registro, museu, biblioteca, pinacoteca, instalação científica ou similar protegido por lei, ato administrativo ou decisão judicial:

Pena – reclusão, de um a três anos, e multa.

Parágrafo único. Se o crime for culposo, a pena é de seis meses a um ano de detenção, sem prejuízo da multa.

Subsídios às ações em EA

Art. 63º Alterar o aspecto ou estrutura de edificação ou local especialmente protegido por lei, ato administrativo ou decisão judicial, em razão de seu valor paisagístico, ecológico, turístico, artístico, histórico, cultural, religioso, arqueológico, etnográfico ou monumental, sem autorização da autoridade competente ou em desacordo com a concedida:

Pena – reclusão, de um a três anos, e multa.

Art. 64º Promover construção em solo não edificável, ou no seu entorno, assim considerado em razão de seu valor paisagístico, ecológico, artístico, turístico, histórico, cultural, religioso, arqueológico, etnográfico ou monumental, sem autorização da autoridade competente ou em desacordo com a concedida:

Pena – detenção, de seis meses a um ano, e multa.

Art. 65º Pichar, grafitar ou por outro meio conspurcar edificação ou monumento urbano:

Pena – detenção, de três meses a um ano, e multa.

Parágrafo único. Se o ato for realizado em monumento ou coisa tombada em virtude do seu valor artístico, arqueológico ou histórico, a pena é de seis meses a um ano de detenção, e multa.

Seção V

Dos Crimes contra a Administração Ambiental

Art. 66º Fazer o funcionário público afirmação falsa ou enganosa, omitir a verdade, sonegar informações ou dados técnico-científicos em procedimentos de autorização ou de licenciamento ambiental:

Pena – reclusão, de um a três anos, e multa.

Art. 67º Conceder o funcionário público licença, autorização ou permissão em desacordo com as normas ambientais, para as atividades, obras ou serviços cuja realização depende de ato autorizativo do Poder Público:

Pena – detenção, de um a três anos, e multa.

Parágrafo único. Se o crime é culposo, a pena é de três meses a um ano de detenção, sem prejuízo da multa.

Art. 68º Deixar, aquele que tiver o dever legal ou contratual de fazê-lo, de cumprir obrigação de relevante interesse ambiental:

Pena – detenção, de um a três anos, e multa.

Parágrafo único. Se o crime é culposo, a pena é de três meses a um ano, sem prejuízo da multa.

Art. 69º Obstar ou dificultar a ação fiscalizadora do Poder Público no trato de questões ambientais:

Pena – detenção, de um a três anos, e multa.

Educação ambiental • princípios e práticas

CAPÍTULO VI

DA INFRAÇÃO ADMINISTRATIVA

Art. 70º Considera-se infração administrativa ambiental toda ação ou omissão que viole as regras jurídicas de uso, gozo, promoção, proteção e recuperação do meio ambiente.

§ 1º São autoridades competentes para lavrar auto de infração ambiental e instaurar processo administrativo os funcionários de órgãos ambientais integrantes do Sistema Nacional de Meio Ambiente – Sisnama –, designados para as atividades de fiscalização, bem como os agentes das Capitanias dos Portos, do Ministério da Marinha.

§ 2º Qualquer pessoa, constatando infração ambiental, poderá dirigir representação às autoridades relacionadas no parágrafo anterior, para efeito do exercício do seu poder de polícia.

§ 3º A autoridade ambiental que tiver conhecimento de infração ambiental é obrigada a promover a sua apuração imediata, mediante processo administrativo próprio, sob pena de corresponsabilidade.

§ 4º As infrações ambientais são apuradas em processo administrativo próprio, asse-gurado o direito de ampla defesa e o contraditório, observadas as disposições desta Lei.

Art. 71º O processo administrativo para apuração de infração ambiental deve observar os seguintes prazos máximos:

I – vinte dias para o infrator oferecer defesa ou impugnação contra o auto de infração, contados da data da ciência da autuação;

II – trinta dias para a autoridade competente julgar o auto de infração, contados da data da sua lavratura, apresentada ou não a defesa ou impugnação;

III – vinte dias para o infrator recorrer da decisão condenatória à instância superior do Sistema Nacional do Meio Ambiente – Sisnama –, ou à Diretoria de Portos e Costas, do Ministério da Marinha, de acordo com o tipo de autuação;

IV – cinco dias para o pagamento de multa, contados da data do recebimento da notificação.

Art. 72º As infrações administrativas são punidas com as seguintes sanções, observado o disposto no art. 6º:

I – advertência;

II – multa simples;

III – multa diária;

IV – apreensão dos animais, produtos e subprodutos da fauna e flora, instrumentos, petrechos, equipamentos ou veículos de qualquer natureza utilizados na infração;

V – destruição ou inutilização do produto;

VI – suspensão de venda e fabricação do produto;

VII – embargo de obra ou atividade;

VIII – demolição de obra;

IX – suspensão parcial ou total de atividades;

X – (VETADO)

XI – restritiva de direitos.

§ 1º Se o infrator cometer, simultaneamente, duas ou mais infrações, ser-lhe-ão aplicadas, cumulativamente, as sanções a elas cominadas.

§ 2º A advertência será aplicada pela inobservância das disposições desta Lei e da legislação em vigor, ou de preceitos regulamentares, sem prejuízo das demais sanções previstas neste artigo.

§ 3º A multa simples será aplicada sempre que o agente, por negligência ou dolo:

I – advertido por irregularidades que tenham sido praticadas, deixar de saná-las, no prazo assinalado por órgão competente do Sisnama ou pela Capitania dos Portos, do Ministério da Marinha;

II – opuser embaraço à fiscalização dos órgãos do Sisnama ou da Capitania dos Portos, do Ministério da Marinha.

§ 4º A multa simples pode ser convertida em serviços de preservação, melhoria e recuperação da qualidade do meio ambiente.

§ 5º A multa diária será aplicada sempre que o cometimento da infração se prolongar no tempo.

§ 6º A apreensão e destruição referidas nos incisos IV e V do caput obedecerão ao disposto no art. 25 desta Lei.

§ 7º As sanções indicadas nos incisos VI a IX do caput serão aplicadas quando o produto, a obra, a atividade ou o estabelecimento não estiverem obedecendo às prescrições legais ou regulamentares.

§ 8º As sanções restritivas de direito são:

I – suspensão de registro, licença ou autorização;

II – cancelamento de registro, licença ou autorização;

III – perda ou restrição de incentivos e benefícios fiscais;

IV – perda ou suspensão da participação em linhas de financiamento em estabelecimentos oficiais de crédito;

V – proibição de contratar com a Administração Pública, pelo período de até três anos.

Art. 73º Os valores arrecadados em pagamento de multas por infração ambiental serão revertidos ao Fundo Nacional do Meio Ambiente, criado pela Lei nº 7.797, de 10 de julho de 1989,

Fundo Naval, criado pelo Decreto nº 20.923, de 8 de janeiro de 1932, fundos estaduais ou municipais de meio ambiente, ou correlatos, conforme dispuser o órgão arrecadador.

Art. 74º A multa terá por base a unidade, hectare, metro cúbico, quilograma ou outra medida pertinente, de acordo com o objeto jurídico lesado.

Art. 75º O valor da multa de que trata este capítulo será fixado no regulamento desta Lei e corrigido periodicamente, com base nos índices estabelecidos na legislação pertinente, sendo o mínimo de R$ 50,00 (cinquenta reais) e o máximo de R$ 50.000.000,00 (cinquenta milhões de reais).

Art. 76º O pagamento de multa imposta pelos Estados, Municípios, Distrito Federal ou Territórios substitui a multa federal na mesma hipótese de incidência.

CAPÍTULO VII

DA COOPERAÇÃO INTERNACIONAL PARA A PRESERVAÇÃO DO MEIO AMBIENTE

Art. 77º Resguardados a soberania nacional, a ordem pública e os bons costumes, o Governo brasileiro prestará, no que concerne ao meio ambiente, a necessária cooperação a outro país, sem qualquer ônus, quando solicitado para:

I – produção de prova;

II – exame de objetos e lugares;

III – informações sobre pessoas e coisas;

IV – presença temporária da pessoa presa, cujas declarações tenham relevância para a decisão de urna causa.

V – outras formas de assistência permitidas pela legislação em vigor ou pelos tratados de que o Brasil seja parte.

§ 1º A solicitação de que trata este artigo será dirigida ao Ministério da Justiça, que a remeterá, quando necessário, ao órgão judiciário competente para decidir a seu respeito, ou a encaminhará à autoridade capaz de atendê-la.

§ 2º A solicitação deverá conter:

I – o nome e a qualificação da autoridade solicitante;

II – o objeto e o motivo de sua formulação;

III – a descrição sumária do procedimento em curso no país solicitante;

IV – a especificação da assistência solicitada;

V – a documentação indispensável ao seu esclarecimento, quando for o caso.

Art. 78º Para a consecução dos fins visados nesta Lei e especialmente para a reciprocidade da cooperação internacional, deve ser mantido sistema de comunicações apto a facilitar o intercâmbio rápido e seguro de informações com órgãos de outros países.

CAPÍTULO VIII

DISPOSIÇÕES FINAIS

Art. 79º Aplicam-se subsidiariamente a esta Lei as disposições do Código Penal e do Código de Processo Penal.

Art. 80º O Poder Executivo regulamentará esta Lei no prazo de noventa dias a contar de sua publicação.

Art. 81º (VETADO)

Art. 82º Revogam-se as disposições em contrário.

FERNANDO HENRIQUE CARDOSO
Gustavo Krause

Lei nº 9.605, de 12 de fevereiro de 1998, publicada no Diário Oficial da União em 31/02/98, seção 1, pág. 1.

A *vez do Cidadão*

"Todos têm direito ao meio ambiente ecologicamente equilibrado, bem de uso comum do povo e essencial à sadia qualidade de vida, impondo-se ao Poder Público e à coletividade o dever de defendê-lo e preservá-lo para as presentes e futuras gerações". (*Constituição da República Federativa do Brasil – artigo 225.*)

A Lei de Crimes Ambientais é uma ferramenta de cidadania, um instrumento. Cabe a nós, cidadãos, exercitá-la, implementá-la, dar-lhe vida, através do seu amplo conhecimento e da vigilância constante.

Para maiores informações sobre a Lei e suas formas de aplicação, para pedir providências ou fazer denúncias, o cidadão brasileiro conta com o Instituto Brasileiro do Meio Ambiente e dos Recursos Naturais Renováveis – Ibama/MMA e com o Ministério Público Federal.

Ibama – Instituto Brasileiro do Meio Ambiente e dos Recursos Naturais Renováveis

Sede: Av. L4 – Norte, Ibama – Edifício-Sede

Brasília – DF CEP 70200-800

Telefone: (061) 316-1212

Internet: www.ibama.gov.br

Linha Verde – é um canal direto com o cidadão e funciona 24 horas, através do telefone gratuito 0800-618080 e pela Internet:

linhaverde@ibama.gov.br

Sugere-se buscar na internet Leis e Decretos atuais que tratem das sanções aplicáveis às condutas e atividades lesivas ao meio ambiente.

Como formar uma Associação

A criação de entidades de representação popular está prevista no Código Civil desde 1919. É a forma mais adequada para grupos comunitários lutarem pelos seus direitos. As associações podem ingressar em juízo, tomar medidas acauteladoras, sendo representantes legítimas dos interesses dos seus associados.

Para se formar uma Associação é necessário:

1. Reunir as pessoas interessadas em formar a Associação e colher as suas assinaturas e dados pessoais (número da carteira de identidade, CPF, endereço, profissão), num livro de ata, em cuja abertura se especifica o motivo da reunião;

2. Nesta mesma reunião, indicar o Presidente, os Diretores e os Conselhos;

3. Estabelecer os estatutos da Associação;

4. Efetuar o registro em cartório. Para tanto é necessário apresentar no Cartório de Registro Civil de Títulos e Documentos da sua cidade:

   a. Relação de sócios-fundadores, determinando a sua qualificação profissional, CPF e endereço;

   b. Ata da assembleia de constituição da associação;

   c. Estatutos da Associação;

   d. Requerimento do Presidente da Associação solicitando o registro em cartório da entidade que representa;

5. Publicar os estatutos da Associação no Diário Oficial do seu Estado;

6. Requerer o CGC (Cadastro Geral de Contribuinte) à Receita Federal, solicitando a isenção do pagamento de Imposto de Renda, uma vez que essas associações são constituídas sem fins lucrativos.

Observações importantes:

I – Para fazer os estatutos, pode-se consultar estatutos de outras associações, procedendo-se às alterações/adaptações necessárias;

II – Uma vez concluídos, os estatutos devem ser apresentados a um advogado para a sua apreciação e assinatura em todas as páginas;

III – Recomenda-se a criação de um regimento interno – no qual as atribuições serão especificadas –, logo após o registro da Associação.

Subsídios às ações em EA

Anexo 6 – Documentos brasileiros importantes sobre EA

O Parecer 226/87 do Conselho Federal de Educação (MEC) sobre EA

Relatório:

O Conselheiro Arnaldo Niskier, com a sensibilidade e o conhecimento que lhe são peculiares, propõe que este Conselho se manifeste sobre a necessidade da inclusão da EA dentre os conteúdos a serem explorados nas propostas curriculares das escolas de 1º e 2º graus.

Ao fundamentar sua iniciativa, o nobre Conselheiro destaca o fatalismo histórico do momento político vivido pela humanidade em geral – e, em particular, por nosso País – ... em que o sistema econômico implementa atividades que podem levar nossos recursos à exaustão".

Relembra "... a modificação constante da paisagem primitiva, dando lugar a um avanço tecnológico desequilibrado, que resulta em desastres ecológicos".

Alerta para os problemas do extrativismo sem controles, das ilusões de ganhos com a monocultura desenfreada, procedimentos que, residualmente, aceleram a extinção da fauna e o empobrecimento da flora brasileira.

Chama a atenção para as pouquíssimas "ilhas" de florestas atlânticas que nos restam; para as espécies raras e peculiares da flora e da fauna brasileiras em acelerado processo de extinção.

Em outro segmento de sua proposta de indicação, S. Exa. ressalta a necessidade da "... formação de uma consciência pública voltada ou dirigida para a preservação da qualidade ambiental".

Nesse sentido, citando Regina Elena Crespo Gualda, coordenadora de Comunicação Social e EA da Sema, recorda a lei que institui no Brasil a Política Nacional do Meio Ambiente e reconhece "... a não existência ou existência em grau incipiente de uma consciência ecológica no País, ou, em outras palavras, de uma ideologia ambiental".

O ilustre Conselheiro ressalta, em complementação, que, em seu entender, a consciência ecológica existe, embora de forma difusa e que as manifestações e atitudes dela resultantes ainda ocorrem de maneira precária, a partir da presunção errônea da inesgotabilidade de nossos recursos naturais.

Daí a motivação principal de sua proposta, pois considera que qualquer mobilização nesse sentido deverá ser feita com a intenção planejada, "... a partir da escola, levando a população a posicionamento em relação a fenômenos ou circunstâncias do ambiente".

Por essa razão, lembra que "... a realidade ambiental, sendo dinâmica, mutável e socialmente exercitável, requer para si um tipo especial de educação que necessita de vários instrumentos para produzi-la – o Estado é o principal deles".

E prossegue:

"... Através da educação formal, como está previsto na legislação que instituiu a Política Nacional do Meio Ambiente, faz-se necessária uma medida ampla e urgente de sensibilização, não só nos centros urbanos, como também nas áreas periféricas e rurais, colocando o homem no seu verdadeiro lugar, onde ele possa sentir-se força inseparável da natureza, porque é parte de sua estrutura".

Por fim, o Conselheiro Niskier salienta a competência que o Art. 5º da Lei nº 5.692/71, modificada pela Lei nº 7.044/82, delega aos Conselhos de Educação, para que componham a parte diversificada dos currículos das escolas a eles vinculadas, insistindo para que se procure atuar junto a esses Conselhos, no sentido de que, no cumprimento desse dispositivo, instituam, orientem e estimulem a presença da EA, de forma sistematizada, ao longo de todo o processo formador do futuro cidadão.

Para melhor materializar essa forma de atuar, apresenta uma série de sugestões de consultas e temas a serem desenvolvidos.

Parecer:

A relevância do tema e sua oportunidade, somadas à forma direta e objetiva dada pelo brilho da inteligência de seu proponente dispensam maiores comentários e são suficientes para que, no entendimento do Relator, este Conselho sobre ele se debruce e manifeste.

Concorda o Relator com o Conselheiro Niskier de que o caminho para a formação ou o reforço dessa consciência ecológica passa obrigatoriamente pela escola de 1º e 2º graus, no desenvolvimento da educação formal.

A dúvida – ou a dificuldade maior – estaria no *como* fazê-lo. Seria a inclusão de uma "EA", com destaque específico, singular e obrigatório nos currículos de 1º e 2º graus o melhor caminho?

"A resposta, por analogia, vamos encontrar nos anais desta própria Casa, na lição magnífica de educador dada pelo Conselheiro Dom Lourenço de Almeida Prado, ao tratar de proposta para inclusão nesses mesmos currículos de uma "educação antitóxicos":

"... Certa vez eu disse que creio na Educação, mas não creio em educações. Há uma tendência a multiplicar as educações em detrimento da Educação. Por isso, não sei se se deve instituir uma educação contra a droga, como não sei se há uma educação cívica, uma educação sexual ou uma educação para a saúde. Sei que há a Educação, educação do homem em sua integridade. O bom, diz o filósofo, tem que ser íntegro, pois qualquer defeito quebra a bondade..."

E, nesse sentido, em outro parágrafo prossegue com sabedoria:

"... É aprendendo português, matemática, história, ciências, que se vai aprendendo, sem se dar conta, a ser cidadão, a tirar do trabalho as suas alegrias e a amar ao próximo. A educação envolve e realiza as educações. A educação geral é a educação contra a droga."

Apropriando-nos da figura, diríamos da mesma forma: a educação geral já engloba em si a pretendida EA.

O problema está, desse modo, em fazer com que essa educação geral se desenvolva na abrangência maior do conceito. Reformular o dia a dia de nossas escolas, eis a questão. Desmassificar a educação, envolvendo no processo todos os que com ela têm que estar comprometidos: os professores, orientadores, auxiliares familiares e os próprios alunos. A escola como um todo, inclusive a comunidade a que serve.

O processo educacional a ser desenvolvido através de escolarização regular tem que emergir de dentro da própria escola. De nada adiantam as determinações das leis ou normas específicas, se o professor for apenas *titulado*, mas não esteja consciente ou suficientemente preparado para o papel de educador que primordialmente lhe caberá desempenhar.

Tudo, assim, terá que começar com o repensar do processo formador desse professor/educador para a escola de 1º e 2º graus. Para modificar a escola, será imprescindível modificar, antes de mais nada, a formação de seu professor.

Por isso, cada escola é uma escola, diferente de todas as outras. Cada uma refletindo, em sua ação educativa, a imagem e a personalidade de seu corpo docente.

E, mesmo a partir daí, não podemos continuar a exigir mais dessa escola do que, operacional e objetivamente, ela teria condições de oferecer. Em uma nação jovem, como a brasileira, onde as raízes de uma consciência cultural própria não tiveram ainda tempo suficiente para se aprofundar, pode-se dizer que quase tudo está para ser feito nesse sentido, ou está sendo feito em ritmo tão acelerado, que mal permite a absorção e compreensão do real significado desses valores.

Mas, paradoxalmente, alguma coisa precisa ser feita de imediato para minimizar essa ação devastadora do homem contra a natureza. Seriam medidas tomadas em paralelo, paliativas, já que as corretivas só dariam resultados a médio e longo prazos, pois implicam, acima de tudo, mudanças de atitude e mentalidade.

Daí a contribuição que nesse sentido este Conselho poderá prestar, ao acolher esta indicação e fazendo com que as sugestões nela contidas sejam levadas aos sistemas estaduais de ensino e às escolas de formação de professores.

Voto do Relator:

Diante do exposto, vota o Relator no sentido de que este Conselho acolha a presente indicação, providenciando para que a mesma seja encaminhada aos conselhos estaduais de educação e a todas as universidades e escolas isoladas vinculadas ao sistema federal que ofereçam cursos de licenciaturas, visando a preparação de professores para o 1º e 2º graus do ensino.

Sugere o Relator que, no encaminhamento aos conselhos estaduais, se faça um apelo a essas instituições para que, na esfera de suas atribuições, acolham e estimulem a operacionalização das sugestões que se seguem, bem como a exploração dos temas relacionados:

Sugestões gerais

▶ Formação de uma equipe interdisciplinar e de um Centro de Educação Ambiental em cada unidade da Federação.

▶ Integração escola-comunidade, como estratégia para uma aprendizagem voltada para a realidade próxima.

Educação ambiental • princípios e práticas

▶ Elaboração de diagnósticos locais para definição da abordagem relativa às práticas ambientalistas.

▶ Incorporação de temas compatíveis com o desenvolvimento social e cognitivo da clientela e com as necessidades do meio ambiente em que envolve, considerando-se o currículo como um processo que se expressa em atividades e experiências educativas dentro e fora da escola.

Alternativas de execução do planejamento em nível de EA

▶ Verificar nos programas os objetivos, conteúdos e atividades que possibilitam de imediato incorporar o enfoque ambiental.

▶ Verificar a possibilidade de introduzir atividades inovadoras relacionadas com a solução de problemas concretos da comunidade.

▶ Introduzir atividades e experiências para preservação e desenvolvimento do patrimônio cultural, bem como novas formas de comunicação e maneiras de ver e interpretar o mundo, utilizando-se, inclusive, a expressão artística.

Problemas ambientais para enfoque nos currículos de 1º e 2º graus

Recursos Naturais

▶ Destruição da cobertura vegetal, diminuição das reservas de madeira e água, destruição dos hábitats, alteração das cabeceiras dos rios, erosão, inundação.

▶ Alteração de ecossistemas frágeis, tais como restingas, manguezais, banhados, matas de galeria etc.

▶ Diminuição e extinção das espécies animais e vegetais, tais como tartarugas, felinos, aves grandes, cetáceos, madeiras nobres, orquídeas etc.

▶ Transformação de agroecossistemas, tais como cafezais, canaviais e outros.

▶ Expansão agropecuária.

▶ Problemas como: criação extensiva, agricultura de subsistência, excesso de pastoreio por cabras e ovelhas.

▶ Abuso de pesticidas na agricultura. O papel do agrotóxico.

▶ Condições naturais adversas, tais como: áreas áridas e semiáridas, inundáveis, excessivamente chuvosas.

Preservação das paisagens

▶ Alteração ou destruição do microclima e do valor paisagístico, por atividades como o turismo desordenado e recreação nas cidades.

Saúde, higiene e nutrição

▶ Delito nutricional, abuso de conservantes, corantes, resíduos químicos da elaboração, não correspondência a informações das etiquetas.

▶ Carências ou deficiências nutricionais, vitaminas, minerais etc.

▶ Falta de água potável no meio rural e urbano.

▶ O saneamento.

Subsídios às ações em EA

▶ Uso indiscriminado de medicamentos em animais de engorda como carrapaticidas, hormônios etc.

▶ Abuso de medicamentos em seres humanos: antibióticos, calmantes, digestivos.

▶ Enfermidades: epidemias, endemias – febre amarela, parasitas do aparelho digestivo, doença de Chagas etc.

Agrupamentos humanos e urbanismo

▶ Crescimento desordenado das cidades em áreas com proteção de mananciais, alta fertilidade dos solos, encostas etc.

▶ População muito dispersa no meio rural.

▶ Consequência de instalações inadequadas das indústrias e seu acelerado crescimento: competição por mão de obra, água, espaço para os sistemas produtivos (agricultura).

▶ Sistema viário dependente do petróleo, excesso de rodovias onde se poderia ter ferrovias ou veículos elétricos.

▶ Penetração de rodovias em áreas de ecossistemas frágeis sem avaliação do seu impacto etc.: rodovias Transpantaneira e Transamazônica.

▶ Impacto social econômico, cultural e ambiental de grandes projetos hidrelétricos, de mineração e industriais, sem os devidos cuidados ambientais.

▶ Não integração de setores da população à produção e aos benefícios do desenvolvimento social e de prestação de serviços.

▶ Desequilíbrios regionais.

▶ Transporte de petróleo e outros materiais de alto risco para o ambiente e a população.

▶ Impactos ou situações criadas pelo gigantismo urbano: congestionamento, tensão, alienação, áreas marginais com condições subumanas, deficiências no atendimento social etc.

Contaminação

▶ Das águas: metais pesados, resíduos orgânicos, detergentes e pesticidas.

▶ Poluição sonora na cidade: local de trabalho e recreação.

▶ Insolação excessiva nas cidades e fazendas.

▶ Petróleo e seus derivados em águas costeiras.

▶ Insuficiência de vigilância na proteção ambiental.

▶ Formação inadequada dos profissionais que trabalham em meio ambiente.

Organização e administração

▶ Lentidão do processo jurídico.

▶ Descoordenação nas ações sobre meio ambiente.

▶ Deficiência de pesquisas básicas.

▶ Política de recursos humanos, com a utilização de instituições já existentes em diversos Estados da Federação.

Catástrofes naturais

▶ Problemas como secas e inundações.

Educação ambiental • princípios e práticas

Recuperação do patrimônio cultural

▶ Falta de conhecimento sobre plantas de valor para a subsistência.

▶ Pouco conhecimento do desenvolvimento histórico.

▶ Perda de valores culturais com reflexo no ambiente.

Conclusão da Câmara:

A Câmara de Ensino de 1º e 2º graus acompanha o voto do Relator. Sala de Sessões, 10 de março de 1987.

Decisão do Plenário:

O Plenário do Conselho Federal de Educação aprovou, por unanimidade, a Conclusão da Câmara.

Sala Barretto Filho, 11 de março de 1987.

A Carta de Curitiba (1978)

Os modelos desenvolvimentistas da atual sociedade de consumo e, muito especialmente, o modelo brasileiro, são modelos absurdos, porque insustentáveis, isto é, suicidas. Estes modelos repousam no esbanjamento orgástico de recursos limitados e insubstituíveis. Eles significam a destruição sistemática de todos os sistemas de sustentação da vida na Terra.

Estamos hoje obliterando ou degradando os últimos ecossistemas intactos e exterminamos assim anualmente dezenas de milhares de espécies que nunca voltarão. Aceleramos a perda generalizada da produtividade presente e futura do solo pela erosão incontida e pelo envenenamento generalizado dos métodos brutais da agroquímica; desequilibramos todos os grandes e pequenos sistemas hídricos, acentuando as estiagens desoladoras e as cheias catastróficas; pela poluição desenfreada, perderemos em breve a potabilidade dos últimos mananciais e preparamos a eliminação de todas as formas de vida aquática, inclusive nos oceanos. O que ainda consegue, até aqui, sobreviver na terra e nos mares a estas formas indiretas de agressão sucumbirá em breve às agressões diretas das formas predominantes de predação.

Os desequilíbrios são tais que se desequilibrou a própria espécie humana. Sua explosão demográfica leva à aceleração da rapina, e os métodos cada vez mais indiscriminados desta rapina aceleram a explosão, como na corrida da bola de neve que termina inevitavelmente no estrondo da avalanche.

A vida em nossas cidades e megalópoles, inclusive para os benefícios destas loucuras, torna-se cada vez mais insalubre, menos agradável e mais irritante, mais desumana, mais brutal e alienante, mais insustentável.

Malgrado o imediatismo deste esquema de exploração sem limites, predador das gerações futuras, ele não favorece sequer as massas da geração que hoje vive porque, além da rapina da Natureza, ele significa a dominação do fraco pelo forte.

Subsídios às ações em EA

A sociedade de consumo favorece uma minoria em detrimento das maiorias. Isto é assim no contexto internacional, onde países desenvolvidos vivem dos recursos dos subdesenvolvidos, e é assim dentro dos países de cada grupo. As classes dominantes, tanto nos países desenvolvidos como, mais ainda, nos subdesenvolvidos, concentram para si os privilégios e vantagens, entregando aos que não têm posses os inconvenientes dos custos ambientais e sociais.

Nem a saúde pública consegue beneficiar-se da ilusória abundância. Enquanto as classes favorecidas sucumbem cada vez mais às enfermidades degenerativas – câncer, arteriosclerose, degenerescência cardíaca, defeitos congênitos, derrame, insuficiência hepática ou renal e desequilíbrio imunológico, neurose, frustração e submissão à droga –, as massas dos desvantajados sofrem de parasitoses, subnutrição ou má nutrição, doenças infecciosas, mortandade infantil, juventude abandonada, desgaste e morte precoce. Em todas as classes, aumenta vertiginosamente a criminalidade.

As causas desta constelação de calamidades são as estruturas predominantes de poder. Tanto nos países que se dizem capitalistas, quanto naqueles que se alardeiam socialistas ou comunistas, o poder se concentra e procura concentrar-se cada vez mais. Por isso, ele se serve sempre, em toda a parte e em todos os níveis, daqueles instrumentos, daquelas estruturas que geram dependência, que concentram capital, isto é, poder de decisão.

Estes procedimentos nos são apresentados como sinônimos de progresso, como a única alternativa viável para a produtividade e eficiência indispensáveis à sobrevivência da Humanidade. Mas eles não passam de disfarçados instrumentos de poder. As antigas formas de escravatura pelo menos eram honestas, o escravagista não negava sua condição de escravagista. Hoje se consegue que o dominado acabe aceitando a ideologia do dominador.

Os procedimentos que concentram poder são justamente as tecnologias duras, as que têm tremendo impacto ambiental e social. A grande monocultura e a megatecnologia concentrada, em todos os campos e níveis de complexidade, além de solapar as bases de vida, desestruturam a sociedade, massificam, marginalizam e alienam o homem, esvaziam o campo e hipertrofiam a cidade.

Se quisermos, em tempo, abandonar a corrida em direção ao precipício e devolver o futuro a nossos filhos, não mais basta o simples levantamento e análise dos estragos, com elaboração de paliativos, se não há intenção de frear a força que impele à corrida. Já proliferam os tecnocratas que alardeiam as vantagens da poluição, pois ela geraria novas indústrias, as indústrias de equipamento de despoluição, num ciclo sem fim. O desastre final seria apenas retardado, mas chegaria pior.

Precisamos repensar agora as bases mesmas de nossa ideologia desenvolvimentista. Precisamos redefinir "progresso", progresso não somente como aumento constante do fluxo de materiais e dinheiro, mas progresso como aumento da soma da felicidade humana e manutenção da integridade, harmonia e sustentabilidade do grande caudal da vida neste astro. Daí decorrerão novos e fundamentalmente diferentes modelos de desenvolvimento.

É indispensável que a população torne a participar das grandes e pequenas decisões que afetam seu próprio destino. Ela não poderá mais ser mantida à margem para, passivamente, submeter-se às decisões do totalitarismo tecnocrático, iniciando, inclusive sem consultá-la, passos tão graves quanto é o caminho nuclear, um caminho que afetará todos os que hoje vivem e todas as gerações futuras que neste assunto não têm poder de voto.

Precisamos de abertura democrática real, de participação cidadã, de descentralização administrativa, federalismo de verdade e divisão de poderes de fato, de um máximo de autossuficiência e autogestão. Este é o caminho contrário ao caminho tecnocrático, o caminho da descentralização do capital e do poder de decisão, o caminho das tecnologias brandas e adequadas, ajustadas à escala de uso final, inseridas no contexto local, físico, biológico e sociocultural. Estas são as tecnologias que se apoiam nas fontes inesgotáveis da energia solar em todas as suas formas. Este é o caminho que permite ao homem voltar a ser vivo, do qual é apenas parte.

1º Simpósio Nacional de Ecologia
Curitiba, setembro de 1978.

Carta Brasileira para a EA (MEC, Rio-92)

Como único evento oficial, paralelo à Conferência Mundial sobre o Meio Ambiente e Desenvolvimento, o Ministério da Educação (MEC) realizou de 1 a 12 de julho de 1992, em Jacarepaguá, Rio de Janeiro, o Workshop sobre Educação Ambiental. Os profissionais, reunidos nesse encontro, aprovaram o presente documento.

Segundo a Constituição Brasileira, a Educação Ambiental (EA), em todos os níveis de ensino, é incumbência do Estado, bem como a promoção da conscientização pública em defesa do meio ambiente. Porém a maior contribuição social tem vindo através dos movimentos da própria sociedade civil, das entidades não governamentais, dos veículos de comunicação, dos movimentos políticos e culturais. Necessário se faz, portanto, para a efetivação do processo que a incorporação da EA se concretize no ensino de todos os graus e modalidades.

No momento em que se discute o desenvolvimento sustentável como estratégia de sobrevivência do planeta e, consequentemente, da melhoria da qualidade de vida, fica definido ser a Educação um dos aspectos mais importantes para a mudança pretendida. A lentidão da produção de conhecimentos, a importação de tecnologias inadequadas, a formulação de políticas de desenvolvimento cada vez mais descomprometidas com a soberania nacional, consolidam um modelo educacional que não responde às necessidades do país.

Pelo exposto e considerando:

a. a importância da conferência Mundial para o Meio Ambiente e Desenvolvimento, em realização no Rio de Janeiro, em 1992;

b. a premência de serem criadas as condições que permitam o cumprimento real e pleno dos Estatutos que garantem o direito à vida;

c. a necessidade de mudanças de caráter ético no Estado e na sociedade civil;

d. que a EA é componente imprescindível do desenvolvimento sustentável;

e. a existência da base legal, pelo Inciso VI do Parágrafo 1º do Art. 225 da Constituição Brasileira para implantação imediata da EA, em todos os níveis;

f. a importância da EA para o desenvolvimento de uma ciência voltada para a realidade brasileira;

Subsídios às ações em EA

g. a importância de o Brasil se tornar um centro formador de recursos humanos em EA da América Latina;

h. a existência no país de reflexões críticas e produção de conhecimentos em EA e áreas afins;

i. a ocorrência de iniciativas bem-sucedidas em EA, realizadas no país, no campo da educação formal e não formal;

j. a importância da participação comunitária na construção da cidadania brasileira;

Recomenda-se que:

a. haja um compromisso real do poder público federal, estadual e municipal no cumprimento e complementação da legislação e das políticas para EA;

b. haja uma articulação dos vários programas e iniciativas governamentais em EA, pelo MEC;

c. o MEC estabeleça diretrizes complementares aos documentos existentes sobre a EA e que orientam suas delegacias estaduais (Demec);

d. as políticas específicas, formuladas para a EA, expressem a vontade governamental em defesa da escola pública, em todos os níveis de ensino;

e. o MEC estabeleça grupos e fórum permanentes de trabalho que definam procedimentos para diagnóstico das especificidades existentes no país e mecanismos de atuação face às questões ambientais;

f. o MEC, em conjunto com as instituições de ensino superior (IEs), defina metas para a inserção articulada da dimensão ambiental nos currículos, a fim de que seja estabelecido o marco fundamental da implantação da EA no 3º grau;

g. as discussões acerca da inserção da EA no ensino superior sejam aprofundadas devido à sua importância no processo de transformação social;

h. sejam cumpridos os marcos referenciais internacionais acordados em relação à EA como dimensão multi, inter e transdisciplinar em todos os níveis de ensino;

i. que o Conselho de Reitores das Universidades Brasileiras (Crub) assuma o compromisso com a implantação da dimensão ambiental nos currículos dos diferentes cursos das IEs;

j. as IEs e os órgãos governamentais apoiem os núcleos e centros interdisciplinares de EA existentes e estimulem a criação de novos;

k. haja estímulo concreto à pesquisa formação de recursos humanos, criação de bancos de dados e divulgação destes, bem como aos projetos de extensão integrados à comunidade;

l. sejam incentivados os convênios interinstitucionais nacionais e internacionais;

m. sejam viabilizados recursos para a EA, através de apoio efetivo à realização de programas presenciais e a distância, de capacitação e fixação de recursos humanos de reformulação e criação de novos currículos e programas de ensino, bem como elaboração de material instrucional;

n. em todas as instâncias, o processo decisório acerca das políticas para a EA conte com a participação da(s) comunidade(s) direta e/ou indiretamente envolvida(s) na problemática em questão.

Educação ambiental • princípios e práticas

Anexo 7 – Listagem comentada de publicações técnicas do Programa Internacional de EA da Unesco

Listamos a seguir as publicações da Série sobre EA da Unesco/Unep Internacional Environmental Education Programme (IEEP), que constituem os mais importantes documentos técnicos em EA, produzidos em âmbito internacional. Neles encontramos as diretrizes básicas necessárias para o planejamento, a execução e a avaliação de atividades em EA.

Em brochuras – normalmente em inglês, e eventualmente em francês, espanhol e árabe – as publicações são disponíveis para instituições e profissionais envolvidos em EA (escrever para Unesco/Unep/IEEP, 7 Place de Fontenoy, 75700, Paris, France).

Trends in Environmental Education Since the Tbilisi Conference (1983, 44 p.) contém uma análise de informações coletadas primeiramente de um questionário enviado aos Estados-membros da Unesco, em relação às suas necessidades e prioridades em EA, e de outros documentos e materiais similares.

Guide on Simulation and Gaming for Environmental Education (1983, 101 p.) jogos e simulações são vistos como atividades particularmente adequadas à EA, reproduzindo de uma maneira didática e simplificada a complexidade dos problemas ambientais concretos, e permitindo aos estudantes o conhecimento de situações em uma perspectiva multidisciplinar.

Educacional Module on Conservation and Management of Natural Resources (1983, 89 p.) inicialmente apresenta componentes básicos a serem utilizados pelo professor para organizar seu trabalho (objetivos, listas de atividades, conceitos e procedimentos de avaliação), e em seguida introduz os estudos de conservação e manejo de recursos naturais.

Educational Module on Environmental Problems in Cities (1983, 194 p.) é dirigido especificamente para cidades da Europa e América do Norte, mas pode ser adaptado para outras realidades urbanas. O módulo busca esclarecer certos conceitos científicos essenciais enquanto discute os maiores problemas ambientais urbanos.

Environmental Education Module for In Service Training of Teacher and Supervisors for Primary Schools (1983, 143 p.) objetiva a aquisição de conhecimento, habilidades e atitudes, pelo professor, úteis nas atividades de ensino sobre problemas ambientais; ajuda-os a incluir a dimensão ambiental no currículo da escola primária. O módulo apresenta os antecedentes históricos e filosóficos da EA, métodos de ensino, atividades e experimentos, técnicas de avaliação e estratégias para a integração da EA aos currículos.

Environmental Education Module for In Service Training of Teacher and Supervisors for Primary Schools (1985, 172 p.) trata do desenvolvimento histórico e filosófico da EA e traz conhecimentos essenciais sobre o meio ambiente e seus problemas. Apresenta metodologias de ensino, atividades e experimentos, bem como avaliação. Assim como o módulo anterior, sugere estratégias para a integração da dimensão ambiental no currículo da escola primária.

462

Environmental Education Module for Pre-Service Training of Science Teacher and Supervisors for Secondary Schools (1983, 224 p.). Os objetivos desse módulo são similares aos dos dois anteriores. É particularmente dirigido para a problemática ambiental e as respostas que a educação pode dar; o ensino de ciências como um contribuição essencial à EA; estratégias para EA e avaliação; implementação da EA no sistema escolar e na comunidade.

Environmental Education Module for In Service Training of Science Teacher and Supervisors for Secondary Schools (1983, 154 p.), dirigido a supervisores e professores de ciências que tenham pouca ou nenhuma orientação em EA, este módulo traz metodologias de ensino, atividades, experimentos e avaliação.

Environmental Education Module for Pre-Service Training of Science Teacher and Supervisors for Secondary Schools (1985, 123 p.) tem os objetivos similares aos módulos quinto e oitavo; entretanto, é especialmente dirigido aos professores que lidam com o ensino da história, geografia, estudos sociais, economia, artes e religião. Traz igualmente metodologias, atividades e avaliação.

Environmental Education Module for In Service Training of Social Science Teacher and Supervisors for Secondary Schools (1983, 224 p.), similar ao anterior, mas com ênfase para as pessoas em treinamento.

Energy: An Interdisciplinary Theme for Environmental Education (1985, 171 p.) descreve a energia na natureza e na sociedade humana, a evolução de sociedades e os seus padrões de utilização de energia, o uso e manejo de recursos energéticos. Inclui metodologias e atividades.

Evaluating Environmental Education in Schools – A Practical Guide for Teachers (1985, 106 p.), é um guia sobre "o que devo avaliar" passo a passo. Diferentes questões são consideradas, de um modo prático e acessível, permitindo a formação de processos científicos de avaliação. Nos apêndices, são apresentados mecanismos de avaliação e seus instrumentos estatísticos associados.

A Guide on Environmental Values Education (1985, 106 p.) desenvolve os fundamentos de valores em educação – a natureza dos valores, principais estratégias de educação em valores ambientais, bem como orientações para uma abordagem holística da ética ambiental; traz exemplos selecionados dos componentes de valores de várias questões ambientais que podem ser tratadas na escola primária e secundária.

Interdisciplinar Approaches in Environmental Education (1985, 52 p.) analisa a abordagem e o conceito de interdisciplinariedade – dificuldades encontradas, complexidade envolvida e esclarecimento dos conceitos; apresenta estratégias para a incorporação de uma dimensão ambiental na prática educacional e discute objetivos de pesquisa no campo da interdisciplinariedade da EA.

A Problem-Solving Approach to Environmental Education (1985, 83 p.) trata de uma variedade de abordagens pedagógicas para atividades práticas voltadas à solução de problemas ambientais; as abordagens envolvem discussões em grupo, interpretação ambiental, jogos e simulações, projetos de pesquisa, ação e demonstrações de oficinas experimentais.

Module éducatif sur la désertificacion (1985, 144 p.) lida particularmente com os problemas ambientais relacionados com a desertificação e apresenta a região árida e semiárida do Sahel como exemplo; trata da água como recurso essencial, o solo e suas culturas, criação de animais, lenha, desmatamento, problemas de manejo de terras e desenvolvimento.

Educação ambiental • princípios e práticas

A *Comparative Survey of the Incorporation of Environmental Education into School Curricula* (1985, 157 p.), estudo que cobre 13 países de cinco regiões do mundo: Colômbia, Alemanha, Índia, Jamaica, Japão, Quênia, Kwait, Malásia, Nepal, Sri Lanka, Tailândia, Venezuela e União Soviética; os aspectos de EA considerados são as políticas nacionais relativas ao meio ambiente e à EA; currículos de EA – objetivos, conteúdos programáticos, métodos de ensino, exemplos de sequências de aprendizagem; avaliação e treinamento. O módulo encerra com um resumo das tendências em EA naqueles países.

The Balance of "LifeKind": An Introduction to the Notion of Human Environment (1985, 26 p.) destina-se a professores e alunos dos anos iniciais da escola secundária, e tenta esclarecer e articular em uma perspectiva holística os principais conceitos e noções relacionados às dimensões natural, social e cultural do meio ambiente humano.

Analysis of Results of Environmental Education Pilot Projects, (não disponível);

L'Education relative à l'environnement: principes d'enseignement et d'apprentissage (1985, 228 p.), é um guia dos princípios de ensino-aprendizagem em EA, que contém as orientações e objetivos como um denominador comum na renovação global do processo educacional; descreve e analisa as abordagens pedagógicas e experiências a serem empregadas de acordo com a idade e o nível educacional do aprendizado.

Environmental Education Module on Health, Nutrition and the Environment, a ser anunciado; Procedures for Developing an Environment Education Curriculum (1986, 100 p.) objetiva estabelecer um conjunto de orientações para o desenvolvimento de currículo em qualquer escola, comunidade, região ou nação. Especificamente, analisa o atual *status* da EA e sintetiza os esforços para o desenvolvimento de currículos e materiais, e apresenta estratégias e orientações para o primeiro, segundo e terceiro graus.

Guidelines for the Development of Non Formal Environmental Education (1986, 94 p.) focaliza os conceitos de EA, trata dos problemas ambientais e suas soluções; métodos, materiais, treinamento de pessoal e avaliação em EA não formal; ética ambiental. São oferecidas experiências concretas como exemplos.

Environmental Education in Technical and Vocational Education (1986, 42 p.) descreve as principais razões para se dar mais atenção à questão ambiental na educação técnica e vocacional; busca identificar os riscos ambientais relacionados aos vários níveis e setores da educação técnica e vocacional.

Strategies for the Training of Teachers in Environmental Education (1987, 152 p.) apresenta os atuais esforços de professores e programas em EA; descreve estratégias para o treinamento de professores em EA: as necessidades e competências requeridas para um educador ambiental; processos de desenvolvimento de currículo em programas de treinamento de professores.

Environmental Education: A Process for Pre-Service Teacher Training Curriculum Development (1988, 175 p.), em dez capítulos, trata do desenvolvimento da EA, metas, objetivos e princípios orientadores; elementos essenciais de EA no treinamento de professores; processos de desenvolvimento de currículo em EA; métodos de ensino e estratégias e avaliação.

An Environmental Education Approach to the Training of Elementary Teachers: A Teacher Education Programme (1988, 156 p.) dá ênfase na infusão ou incorporação da temática ambiental em

Subsídios às ações em EA

cursos já existentes, ou em planejamento, de treinamento de professores; discute objetivos, responsabilidades da EA e analisa as variáveis críticas de função e métodos.

Environmental Education in Vocational Agriculture Curriculum and Agriculture Teacher Education in Michigan, USA – A Case Study (1988, 137 p.) relata um estudo de caso: incorporação da EA na educação em agricultura, seus processos estratégias e atividade desenvolvidas.

A *Prototype Environmental Education for the Middle School* (1989, 161 p.) apresenta um protótipo de currículo e materiais associados importantes; descreve exemplos de infusão e de abordagens de treinamento de equipes de professores.

Trends in Environmental Education (1977), baseado nos trabalhos que serviram como documentos de discussão no Belgrade International Workshop de 1975, descreve o estado da arte da EA em todas as regiões do mundo, cobrindo muitos dos seus aspectos em todos os níveis de idade (trinta países).

Environmental Education in the Light of the Tbilisi Conference (1980, 100 p.) contém tópicos sobre educação e problemas ambientais; recentes objetivos e características da EA, incorporação da EA no sistema educacional, estratégias e procedimentos, e cooperação internacional em EA.

Activities of the Unesco/Unep/IEEP (1975-1984) (1984) é uma pequena brochura que relata as principais atividades do Programa Internacional de EA: troca de informações e experiências, pesquisas e experimentação (estudos, projetos-piloto etc.); treinamento de pessoal (encontros, do nível nacional ao global).

Glossary of Environmental Education Terms (1983), em brochura, traz o jargão da EA (em inglês e russo).

Research Project: Interdisciplinary Forms and Methods of EE in General Education Polytechinical Schools and Higher Education Institutes of Bulgaria (1983, 190 p.) contém os resultados do projeto de pesquisa em EA conduzidos pelo consulado de educação ecológica do Ministério da Educação Pública da Bulgária.

The International Environmental Education Programme (IEEP) (1985), folder descritivo dos programas do IEEP, seus princípios, práticas e principais resultados (1975-1985).

Living in the Environment: A Sourcebook for Environmental Education (1985, 232 p.), ilustrado com tabelas e fotografias a cores, esse trabalho apresenta os componentes ecológicos básicos dos problemas ambientais e das interações do homem com o meio ambiente; dá uma nova abordagem para estudos e proteção ambiental. Contém um glossário de termos e uma bibliografia de referência.

The Environment Dimension in General University Education (1985, 71 p.) é um relatório de um projeto cujo objeto era determinar como e o que incorporar à dimensão ambiental na educação universitária. O projeto foi executado pela Faculdade de Ciências da Universidade de Jadaupur, Calcutá, Índia.

Documentation et information pédagogiques: tendances mondiales de l'education relative à l'environment (1978, 102 p.), em brochura, contém uma bibliografia de documentos e artigos em periódicos, de grande utilidade para educadores ambientais; são relacionados 425 trabalhos de 65 países.

Educação ambiental • princípios e práticas

International Strategy for Action in the Field of Environmental Education and Training for the 1990 (1988, 21 p.) é um documento que constitui um plano de ação para o desenvolvimento da EA na década de 1990, como foi discutido e aprovado pelo Congresso Internacional de Educação Ambiental e Treinamento, realizado em Moscou, de 17 a 21 agosto de 1987; focaliza as necessidades e prioridades no desenvolvimento da EA e traça uma estratégia internacional de ação.

Environmental Education = Training of Teacher Educators, Curriculum Developers and Educational Planners and Administrators (1988, 327 p.), documento que reúne estudos e resultados de um encontro de EA em Nova Delhi, Índia (1985).

Seven Environmental Texts for Teachers (1988, 25 p.) são sete brochuras de 25 páginas cada, focalizando temas como proteção da fauna e da flora, desmatamento, melhoria do ambiente urbano e da higiene urbana, e preservação da herança cultural.

Internacional Directory of Institutions Active in the Field of Environment Education – Revised and Enlarged Edition (1988, 526 p.), listagem de nomes e endereços de instituições ativas em EA, por países, e especifica seus campos de atuação, funções, serviços, publicações e materiais oferecidos. Trata-se de um documento de extrema importância pela sua riqueza de informações para intercâmbio. É disponível apenas para instituições, e é apresentado somente em inglês.

Subsídios às ações em EA

Anexo 8 – Listagem comentada dos principais artigos do periódico *Contacto*, o Jornal da Unesco/ Unep, especializado em EA

O jornal *Contacto* da Unesco/Unep é um dos veículos de divulgação da EA mais importantes do mundo. Seus artigos, publicados em oito idiomas com uma tiragem trimestral de 20 mil exemplares, têm sido de vital importância para o desenvolvimento da EA. O periódico, distribuído gratuitamente (veja instruções para o seu recebimento nos Anexos), traz informações técnicas dos avanços da EA (suporte técnico, por exemplo), e relata experiências ao redor do mundo, além de trazer notícias sobre encontros realizados e a realizar, publicações e endereços para contato ou aquisição de materiais, muitos deles gratuitamente. Dada a sua importância, apresento, a seguir, uma seleção de indicações de leitura do referido periódico (disponível em espanhol, *Contacto*; inglês, *Connect*; francês, *Connexion*; russo, *Kontakt*; árabe, *Arrabita* e chinês, *Lianjie*).

Connect, 1980: traz a síntese das conclusões do seminário regional da EA para a América Latina realizado em 1979 em São José, Costa Rica. Trata da EA no contexto nacional, da formação de educadores ambientais e do desenvolvimento de materiais.

Contacto, volume III (3), 1981: relata os resultados do seminário internacional sobre o caráter interdisciplinar da EA no ensino de 1º e 2º graus, realizado na Hungria em 1980. É interessante conhecer o modelo teórico gráfico apresentado para o ensino de alguns conceitos de proteção ambiental.

Connect, volume X (2), 1985: simulação e jogos para a EA. O PIEA tem dado ênfase especial a conteúdos e métodos que estimulem o desenvolvimento de abordagens interdisciplinares para a solução de problemas reais, e dentro dos vários métodos pedagógicos a simulação e os jogos são particularmente adequados. Há um artigo que trata dos quatro tipos de simulação (estudos de caso, desempenho de papel (*role playing*), jogos e simulação em computador), além de orientações técnicas para o uso do tema "Energia em EA".

Connect, volume X (3), 1985: a importância das artes para a EA. O artigo trata da relevância da educação artística na abordagem interdisciplinar e acentua que, por lidar com experiências sensoriais diretas, propicia a percepção/compreensão indispensável do ambiente, através de "lentes" não oferecidas por qualquer outra disciplina. Cita exemplos de colaboração entre as artes e a EA.

Connect, X (4), 1985: a importância das ciências sociais na EA. Enfatiza o papel da economia, sociologia, antropologia social, história e geografia. Na *economia*, aborda a questão considerando a necessidade de harmonização entre os objetivos de desenvolvimento com qualidade ambiental; na *sociologia*, considera o estudo dos valores que estão implícitos no comportamento individual e social em relação à sociedade e ao meio ambiente, indicando os estilos de vida e seus consequentes impactos positivos e/ou negativos sobre a qualidade ambiental; na *antropologia social*, considera a sua importância para elucidar as atitudes e as suas repercussões sobre o meio ambiente, de diferentes sociedades e civilizações (o conceito de desenvolvimento ecologicamente sustentado (ecodesenvolvimento) foi um dos resultados mais promissores de estudos antropológicos comparados); na *história* focaliza-se a sua contribuição na percepção de continuidade e relatividade das gerações humanas através dos tempos.

Fortalece a ideia de que a história ambiental da humanidade é essencial para um melhor entendimento das relações de sociedades passadas com o seu meio ambiente, as diferentes respostas a diferentes desafios ambientais. Desse modo, é possível antever o curso dos acontecimentos e antecipar as soluções. Estas soluções, então, ganham uma dimensão ambiental e podem viajar no tempo, para frente e para trás demonstrando que o manejo do meio ambiente, racional ou irracional, de hoje ou ontem, traz consequências sobre a qualidade de vida hoje, e na das futuras gerações; *na geografia*, é abordada a sua importância quando contribui com a noção de espaço tridimensional – físico, social, econômico – para o pensamento ambiental, e com a noção de mudanças no espaço. Em EA, essas contribuições são indispensáveis para circunscrever a complexidade do ambiente humano que aparece como um *overlapping* (sobreposição) de diferentes tipos de espaço (biofísico, social, econômico e tecnológico). A geografia explora as abordagens variadas das relações das pessoas com o seu meio ambiente em diferentes latitudes e aponta diferentes soluções para problemas ambientais similares. É essa noção de relatividade espacial que se acredita ser a chave da contribuição da geografia para a abordagem tomada pela EA.

Connect, XII (2), 1987: focaliza a proteção ambiental acentuando que o dilema entre proteção ambiental e desenvolvimento pode ser falso. Reconhece que muitos problemas encontrados no meio ambiente são causados por tomadas de decisão erradas. Esse artigo sobre as dimensões da EA relacionadas ao desenvolvimento argúi que a proteção ambiental previne contra catástrofes ecológicas com consequências econômicas incalculáveis nas pessoas, na produção agrícola e na propriedade natural e cultural. Acentua que atualmente a miséria vem junto com tentativas fracassadas de desenvolvimento econômico (caso da destruição das florestas tropicais), e é a pior das poluições. Ainda nesse número é apresentado o Serviço Computadorizado de Informações sobre Educação Ambiental – Icise (International Computerized Information Service for Environmental Education) do Programa Internacional de EA da Unesco-Unep (PIEA ou IEEP). Esse programa é de vital importância para o desenvolvimento da EA no mundo, pelos seus serviços de difusão de informações da área. Proporciona o acesso a artigos, livros, relatórios de ações nacionais, notícias de eventos, endereço de pessoas e instituições envolvidas em atividades de EA. O endereço do Icise é fornecido nos anexos.

Connect, XII (2) e XIII (3), 1987: edições inteiramente dedicadas à Conferência de Moscou, onde são apresentados os resultados daquele importante encontro internacional, quando foram discutidas, avaliadas e redirecionadas as ações em EA, e eleitas as prioridades para a década de 1990.

Connect, XIII (1), 1988: trata da EA na mídia, considerando os subprocessos existentes no processamento humano da informação, sob os aspectos da aquisição de informações (que envolve o sistema perceptivo), da organização da informação (sistema cognitivo) e da utilização da informação (sistema motor ou de ação). Como se vê, este número do *Connect* é especialmente importante para os especialistas em comunicação social.

Connect, XIII (2), 1988: número especial dedicado ao desenvolvimento sustentado (ecodesenvolvimento) via EA. Salienta a opinião consensual dos líderes mundiais de que as maiores pressões da atualidade são a paz mundial e a qualidade do meio ambiente. O desenvolvimento sustentado (procedimento que envolve uma avaliação objetiva da relação custo/benefício de todos os projetos para o desenvolvimento agrícola e industrial, em termos do seu impacto e demanda sobre os recursos, sobre o balanço ecológico e a qualidade geral do ambiente) tem sido o objetivo internacional mais perseguido e, como sabemos, pouco atingido, principalmente nos países mais pobres.

Connect, XIII (3), 1988: número dedicado aos problemas urbanos e às formas de tratamento da questão na EA. Trata dos objetivos específicos relacionados ao ecossistema urbano quanto ao seu metabolismo, ligados ao crescimento das cidades, ao transporte, ao clima, à qualidade da água, à disposição do lixo ao ruído e ao uso de energia. É um resumo da publicação *Educational Module on Environmental Problems in Cities*, vol. 4 da série de EA da Unesco/ Unep/IEEP. A abordagem apresentada é a adotada para a maioria das atividades de EA sugeridas neste livro.

Connect, XIII (4), 1988: dedicado ao tema dos desastres naturais (terremotos, tempestades, vendavais incêndios, inundações etc.) e à abordagem em EA. Considera que o entendimento científico e técnico das causas e impactos dos desastres naturais e maneiras de reduzir perdas humanas e materiais tem crescido tanto que é necessário um esforço concentrado para disseminar e aplicar estes conhecimentos através de programas nacionais e regionais. Os seus efeitos seriam particularmente positivos nos países em desenvolvimento. Neste número, a ONU elegeu a década de 1990 como a "Década Internacional para a Redução dos Desastres Naturais", enfatizando que os desastres naturais não devem ser desastres nacionais.

Connect, XIV (3), 1989: oferece subsídios para a compreensão do famoso lema da EA – "pense globalmente, aja localmente" – com a adoção da estratégia "Educação Ambiental significa soluções de problemas ambientais".

Connect, XIV (3), 1989: traz a questão do desenvolvimento de currículo para a EA, e discute as abordagens interdisciplinar e multidisciplinar, indicando o método da infusão como o que vem apresentando os melhores resultados. Aborda a transferência do conhecimento ambiental, das habilidades cognitivas e das atitudes adquiridas para o processo de tomada de decisão.

Connect, XV (2), 1990: lista os conceitos básicos a serem trabalhados em EA.

Connect, XVI (1), 1991: aborda um dos problemas mais urgentes da EA em nossos dias, ou seja, como traduzir e transmitir, em termos simples e compreensíveis, os conceitos vitais de interdependência, de limites de recursos naturais não renováveis de crescimento populacional e fluxo de energia. Isto se torna mais significativo quando se confronta com o fato de que a maioria da população mundial está fora do sistema escolar formal e do processo educacional. O artigo acentua a importância da EA não formal como forma de atingir vários objetivos, dentre os quais partir da conscientização para a ação.

Connect, XVI (2), 1991: focaliza o mais ambicionado objetivo da EA – a ética ambiental universal – como um comportamento humano ideal em relação ao meio ambiente. Acentua que as nossas leis devem ser complementadas por uma maior sensibilidade moral dos indivíduos, traduzida por comportamentos mais adequados, regidos por uma ética ambiental, e apresenta um estudo comparativo das culturas e éticas do mundo (hinduísmo, budismo, zen-budismo, confucionismo, cristianismo judeu e islamismo). O estudo discutido traz subsídios relevantes quando tratamos a questão dos valores. Recomendo, ainda, a leitura dos artigos "O caráter interdisciplinar da EA" (*Contacto*, VII (3), 1981) e "Projetos experimentais de EA concluídos" (*Contacto*, VI (2), 1981).

Connect, XXIV (1/2), 1999: houve um salto quantitativo da publicação. Passa a inserir novas seções como *Pontos de Vista, Fazendo e Dizendo, Atividades pelo Mundo*, além de ampliar as informações sobre publicações e eventos. Este número é especialmente destinado à Ciência e ao Uso do Conhecimento Científico.

Connect, XXIV (3), 1999: destinado especialmente ao tema *Alimentos e Educação para a Agricultura no Século 21.*

Connect, XXIV (4), 1999: número dedicado à *Tecnologia da Educação*. Traz estudos de caso e reúne um conjunto de informações sobre perspectivas correntes sobre o tema.

Connect, XXV (1), 2000: dedicado inteiramente ao *Turismo Sustentável e Meio Ambiente*. A Unesco elege o ano de 2002 como o Ano Internacional do Ecoturismo e do Turismo Mundial.

Anexo 9 – Informações e financiamentos

Fontes de informações sobre Meio Ambiente e EA

A temática ambiental agora está presente em todos os setores das atividades humanas, em todo o mundo. As informações a respeito estão disponíveis como nunca tiveram. Vivemos um momento muito especial em nossa escalada evolutiva com seus altos e baixos (mais altos do que baixos) e essa facilidade de acesso só vem nos ajudar nas nossas tarefas de participação e contribuição efetiva na melhoria das nossas relações com o ambiente e com nós mesmos.

A listagem que se segue são apenas alguns exemplos:

- ▶ Agência Nacional da Água (ANA)
- ▶ Conservação Internacional Brasil (CI-Brasil)
- ▶ Empresa Brasileira de Pesquisa Agropecuária (Embrapa)
- ▶ Fundação Brasileira para o Desenvolvimento Sustentável (FBDS)
- ▶ Greenpeace Brasil
- ▶ Instituto Brasileiro do Meio Ambiente e dos Recursos Naturais Renováveis (Ibama)
- ▶ Instituto Nacional de Pesquisas Espaciais (Inpe)
- ▶ Instituto Chico Mendes de Conservação da Biodiversidade – ICMBio
- ▶ Instituo de Pesquisas Ecológicas (IPÊ)
- ▶ Instituto Socioambiental (ISA)
- ▶ Ministério do Meio Ambiente
- ▶ Nasa
- ▶ Programa das Nações Unidas sobre o Meio Ambiente (Pnuma)
- ▶ Redes (Rede Brasileira de EA; Rede Nacional de Combate ao Tráfico de Animais Silvestres)
- ▶ Secretarias de Meio Ambiente (municipal, estadual)
- ▶ Universidades e Faculdades (Departamentos de Meio Ambiente, Ecologia)
- ▶ Fundação SOS Mata Atlântica
- ▶ Organização das Nações Unidas para a Educação, a Ciência e a Cultura (Unesco)
- ▶ Worldwatch Institute (WWI)
- ▶ World Wide Fund for Nature (WWF)

Prováveis fontes de patrocínio para projetos de EA

Muitas empresas têm a obrigação legal de investir em projetos ligados à área ambiental, como compromisso social. Muitas delas já trazem nos dizeres de sua visão, missão tais elementos. Assim, não se acanhe. Elabore seu projeto certinho, com objetivos, marco referencial, justificativas,

Educação ambiental • princípios e práticas

metodologia, avaliação, metas e custos e vá à luta[1]. Sempre tem alguém procurando bons projetos para investir.

A listagem que se segue reúne apenas alguns exemplos. A oferta é inimaginável. Mãos à obra!

- ▶ BNDES
- ▶ Banco da Amazônia
- ▶ Banco do Nordeste
- ▶ Embaixadas (Reino Unido, Canadá, Holanda e Japão, por exemplo)
- ▶ Empresas privadas
- ▶ Fundo Nacional para o Meio Ambiente (FNMA)
- ▶ Fundações (Fundação Grupo Boticário de Proteção à Natureza; Fundação Banco do Brasil; Operam Acesita, por exemplo)
- ▶ Global Environmental Facility (GEF)
- ▶ Programa Piloto para Proteção das Florestas Tropicais do Brasil (PPG7)
- ▶ Programa Nacional do Meio Ambiente (PNMA II)

---

[1] Há, na internet, uma infinidade de sugestão de roteiro para a elaboração de projetos. Ao se colocar o tema, na busca do Google, aparecem milhares de sugestões. Sugerimos: *Roteiro para a Elaboração de Projetos de EA da Coordenadoria de EA* (Secretaria do Meio Ambiente do Estado de São Paulo); roteiro do Fundo Nacional de Meio Ambiente ou do PNMA.

Anexo 10 – Direitos autorais

Lei nº 9.610, de 19 de fevereiro de 1998 (resumo dos principais itens)

Altera, atualiza e consolida a legislação sobre direitos autorais e dá outras providências.

TÍTULO I

DISPOSIÇÕES PRELIMINARES

Art. 1º Esta Lei regula os direitos autorais, entendendo-se sob esta denominação os direitos de autor e os que lhes são conexos.

Art. 3º Os direitos autorais reputam-se, para os efeitos legais, bens móveis.

Art. 5º Para os efeitos desta Lei, considera-se:

I – publicação – o oferecimento de obra literária, artística ou científica ao conhecimento do público, com o consentimento do autor, ou de qualquer outro titular de direito de autor, por qualquer forma ou processo;

II – transmissão ou emissão – a difusão de sons ou de sons e imagens, por meio de ondas radioelétricas; sinais de satélite; fio, cabo ou outro condutor; meios óticos ou qualquer outro processo eletromagnético;

III – retransmissão – a emissão simultânea da transmissão de uma empresa por outra;

IV – distribuição – a colocação à disposição do público do original ou cópia de obras literárias, artísticas ou científicas, interpretações ou execuções fixadas e fonogramas, mediante a venda, locação ou qualquer outra forma de transferência de propriedade ou posse;

V – comunicação ao público – ato mediante o qual a obra é colocada ao alcance do público, por qualquer meio ou procedimento e que não consista na distribuição de exemplares;

VI – reprodução – a cópia de um ou vários exemplares de uma obra literária, artística ou científica ou de um fonograma, de qualquer forma tangível, incluindo qualquer armazenamento permanente ou temporário por meios eletrônicos ou qualquer outro meio de fixação que venha a ser desenvolvido;

VII – contrafação – a reprodução não autorizada;

VIII – obra:

a. em coautoria – quando é criada em comum, por dois ou mais autores;

b. anônima – quando não se indica o nome do autor, por sua vontade ou por ser desconhecido;

c. pseudônima – quando o autor se oculta sob nome suposto;

d. inédita – a que não haja sido objeto de publicação;

e. póstuma – a que se publique após a morte do autor;

f. originária – a criação primígena;

g. derivada – a que, constituindo criação intelectual nova, resulta da transformação de obra originária;

h. coletiva – a criada por iniciativa, organização e responsabilidade de uma pessoa física ou jurídica, que a publica sob seu nome ou marca e que é constituída pela participação de diferentes autores, cujas contribuições se fundem numa criação autônoma;

i. audiovisual – a que resulta da fixação de imagens com ou sem som, que tenha a finalidade de criar, por meio de sua reprodução, a impressão de movimento, independentemente dos processos de sua captação, do suporte usado inicial ou posteriormente para fixá-lo, bem como dos meios utilizados para sua veiculação;

IX – fonograma – toda fixação de sons de uma execução ou interpretação ou de outros sons, ou de uma representação de sons que não seja uma fixação incluída em uma obra audiovisual;

X – editor – a pessoa física ou jurídica à qual se atribui o direito exclusivo de reprodução da obra e o dever de divulgá-la, nos limites previstos no contrato de edição;

XI – produtor – a pessoa física ou jurídica que toma a iniciativa e tem a responsabilidade econômica da primeira fixação do fonograma ou da obra audiovisual, qualquer que seja a natureza do suporte utilizado;

Art. 6º   Não serão de domínio da União, dos Estados, do Distrito Federal ou dos Municípios as obras por eles simplesmente subvencionadas.

TÍTULO II

DAS OBRAS INTELECTUAIS

CAPÍTULO II

DA AUTORIA DAS OBRAS INTELECTUAIS

Art. 11º   Autor é a pessoa física criadora de obra literária, artística ou científica.

Parágrafo único. A proteção concedida ao autor poderá aplicar-se às pessoas jurídicas nos casos previstos nesta Lei.

Art. 12º   Para se identificar como autor, poderá o criador da obra literária, artística ou científica usar de seu nome civil, completo ou abreviado até por suas iniciais, de pseudônimo ou qualquer outro sinal convencional.

Subsídios às ações em EA

Art. 13º Considera-se autor da obra intelectual, não havendo prova em contrário, aquele que, por uma das modalidades de identificação referidas no artigo anterior, tiver, em conformidade com o uso, indicada ou anunciada essa qualidade na sua utilização.

Art. 14º É titular de direitos de autor quem adapta, traduz, arranja ou orquestra obra caída no domínio público, não podendo opor-se a outra adaptação, arranjo, orquestração ou tradução, salvo se for cópia da sua.

Art. 15º A coautoria da obra é atribuída àqueles em cujo nome, pseudônimo ou sinal convencional for utilizada.

§ 1º Não se considera coautor quem simplesmente auxiliou o autor na produção da obra literária, artística ou científica, revendo-a, atualizando-a, bem como fiscalizando ou dirigindo sua edição ou apresentação por qualquer meio.

§ 2º Ao coautor, cuja contribuição possa ser utilizada separadamente, são asseguradas todas as faculdades inerentes à sua criação como obra individual, vedada, porém, a utilização que possa acarretar prejuízo à exploração da obra comum.

Art. 16º São coautores da obra audiovisual o autor do assunto ou argumento literário, musical ou literomusical e o diretor.

Parágrafo único. Consideram-se coautores de desenhos animados os que criam os desenhos utilizados na obra audiovisual.

Art. 17º É assegurada a proteção às participações individuais em obras coletivas.

§ 1º Qualquer dos participantes, no exercício de seus direitos morais, poderá proibir que se indique ou anuncie seu nome na obra coletiva, sem prejuízo do direito de haver a remuneração contratada.

§ 2º Cabe ao organizador a titularidade dos direitos patrimoniais sobre o conjunto da obra coletiva.

CAPÍTULO III

DO REGISTRO DAS OBRAS INTELECTUAIS

Art. 18º A proteção aos direitos de que trata esta Lei independe de registro.

TÍTULO III

DOS DIREITOS DO AUTOR

CAPÍTULO I

DISPOSIÇÕES PRELIMINARES

Art. 22º Pertencem ao autor os direitos morais e patrimoniais sobre a obra que criou.

Educação ambiental • princípios e práticas

Art. 23º Os coautores da obra intelectual exercerão, de comum acordo, os seus direitos, salvo convenção em contrário.

CAPÍTULO II

DOS DIREITOS MORAIS DO AUTOR

Art. 24º São direitos morais do autor:

I – o de reivindicar, a qualquer tempo, a autoria da obra;

II – o de ter seu nome, pseudônimo ou sinal convencional indicado ou anunciado, como sendo o do autor, na utilização de sua obra;

III – o de conservar a obra inédita;

IV – o de assegurar a integridade da obra, opondo-se a quaisquer modificações ou à prática de atos que, de qualquer forma, possam prejudicá-la ou atingi-lo, como autor, em sua reputação ou honra;

V – o de modificar a obra, antes ou depois de utilizada;

VI – o de retirar de circulação a obra ou de suspender qualquer forma de utilização já autorizada, quando a circulação ou utilização implicarem afronta à sua reputação e imagem;

VII – o de ter acesso a exemplar único e raro da obra, quando se encontre legitimamente em poder de outrem, para o fim de, por meio de processo fotográfico ou assemelhado, ou audiovisual, preservar sua memória, de forma que cause o menor inconveniente possível a seu detentor, que, em todo caso, será indenizado de qualquer dano ou prejuízo que lhe seja causado.

§ 1º Por morte do autor, transmitem-se a seus sucessores os direitos a que se referem os incisos I a IV.

§ 2º Compete ao Estado a defesa da integridade e autoria da obra caída em domínio público.

Art. 27º Os direitos morais do autor são inalienáveis e irrenunciáveis.

CAPÍTULO III

DOS DIREITOS PATRIMONIAIS DO AUTOR E DE SUA DURAÇÃO

Art. 28º Cabe ao autor o direito exclusivo de utilizar, fruir e dispor da obra literária, artística ou científica.

Art. 29º Depende de autorização prévia e expressa do autor a utilização da obra, por quaisquer modalidades, tais como:

I – a reprodução parcial ou integral;

II – a edição;

III – a adaptação, o arranjo musical e quaisquer outras transformações;

IV – a tradução para qualquer idioma;

V – a inclusão em fonograma ou produção audiovisual;

VI – a distribuição, quando não intrínseca ao contrato firmado pelo autor com terceiros para uso ou exploração da obra;

VII – a distribuição para oferta de obras ou produções mediante cabo, fibra ótica, satélite, ondas ou qualquer outro sistema que permita ao usuário realizar a seleção da obra ou produção para percebê-la em um tempo e lugar previamente determinados por quem formula a demanda, e nos casos em que o acesso às obras ou produções se faça por qualquer sistema que importe em pagamento pelo usuário;

VIII – a utilização, direta ou indireta, da obra literária, artística ou científica, mediante:

- a. representação, recitação ou declamação;
- b. execução musical;
- c. emprego de alto-falante ou de sistemas análogos;
- d. radiodifusão sonora ou televisiva;
- e. captação de transmissão de radiodifusão em locais de frequência coletiva;
- f. sonorização ambiental;
- g. a exibição audiovisual, cinematográfica ou por processo assemelhado;
- h. emprego de satélites artificiais;
- i. emprego de sistemas óticos, fios telefônicos ou não, cabos de qualquer tipo e meios de comunicação similares que venham a ser adotados;
- j. exposição de obras de artes plásticas e figurativas;

IX – a inclusão em base de dados, o armazenamento em computador, a microfilmagem e as demais formas de arquivamento do gênero;

X – Quaisquer outras modalidades de utilização existentes ou que venham a ser inventadas.

Art. 30º No exercício do direito de reprodução, o titular dos direitos autorais poderá colocar à disposição do público a obra, na forma, local e pelo tempo que desejar, a título oneroso ou gratuito.

§ 1º O direito de exclusividade de reprodução não será aplicável quando ela for temporária e apenas tiver o propósito de tornar a obra, fonograma ou interpretação perceptível em meio eletrônico ou quando for de natureza transitória e incidental, desde que ocorra no curso do uso devidamente autorizado da obra, pelo titular.

§ 2º Em qualquer modalidade de reprodução, a quantidade de exemplares será informada e controlada, cabendo a quem reproduzir a obra a responsabilidade de manter os registros que permitam, ao autor, a fiscalização do aproveitamento econômico da exploração.

Art. 33º Ninguém pode reproduzir obra que não pertença ao domínio público, a pretexto de anotá-la, comentá-la ou melhorá-la, sem permissão do autor.

Educação ambiental • princípios e práticas

Parágrafo único. Os comentários ou anotações poderão ser publicados separadamente.

Art. 35º Quando o autor, em virtude de revisão, tiver dado à obra versão definitiva, não poderão seus sucessores reproduzir versões anteriores.

Art. 41º Os direitos patrimoniais do autor perduram por setenta anos contados de 1º de janeiro do ano subsequente ao de seu falecimento, obedecida a ordem sucessória da lei civil.

Parágrafo único. Aplica-se às obras póstumas o prazo de proteção a que alude o caput deste artigo.

Art. 44º O prazo de proteção aos direitos patrimoniais sobre obras audiovisuais e fotográficas será de setenta anos, a contar de 1º de janeiro do ano subsequente ao de sua divulgação.

Art. 45º Além das obras em relação às quais decorreu o prazo de proteção aos direitos patrimoniais, pertencem ao domínio público:

I – as de autores falecidos que não tenham deixado sucessores;

II – as de autor desconhecido, ressalvada a proteção legal aos conhecimentos étnicos e tradicionais.

CAPÍTULO IV

DAS LIMITAÇÕES AOS DIREITOS AUTORAIS

Art. 46º Não constitui ofensa aos direitos autorais:

I – a reprodução:

a. na imprensa diária ou periódica, de notícia ou de artigo informativo, publicado em diários ou periódicos, com a menção do nome do autor, se assinados, e da publicação de onde foram transcritos;

b. em diários ou periódicos, de discursos pronunciados em reuniões públicas de qualquer natureza;

c. de retratos, ou de outra forma de representação da imagem, feitos sob encomenda, quando realizada pelo proprietário do objeto encomendado, não havendo a oposição da pessoa neles representada ou de seus herdeiros;

d. de obras literárias, artísticas ou científicas, para uso exclusivo de deficientes visuais, sempre que a reprodução, sem fins comerciais, seja feita mediante o sistema *Braille* ou outro procedimento em qualquer suporte para esses destinatários;

II – a reprodução, em um só exemplar de pequenos trechos, para uso privado do copista, desde que feita por este, sem intuito de lucro;

III – a citação em livros, jornais, revistas ou qualquer outro meio de comunicação, de passagens de qualquer obra, para fins de estudo, crítica ou polêmica, na medida justificada para o fim a atingir, indicando-se o nome do autor e a origem da obra;

IV – o apanhado de lições em estabelecimentos de ensino por aqueles a quem elas se dirigem, vedada sua publicação, integral ou parcial, sem autorização prévia e expressa de quem as ministrou;

V – a utilização de obras literárias, artísticas ou científicas, fonogramas e transmissão de rádio e televisão em estabelecimentos comerciais, exclusivamente para demonstração à clientela, desde que esses estabelecimentos comercializem os suportes ou equipamentos que permitam a sua utilização;

VI – a representação teatral e a execução musical, quando realizadas no recesso familiar ou, para fins exclusivamente didáticos, nos estabelecimentos de ensino, não havendo em qualquer caso intuito de lucro;

VII – a utilização de obras literárias, artísticas ou científicas para produzir prova judiciária ou administrativa;

VIII – a reprodução, em quaisquer obras, de pequenos trechos de obras preexistentes, de qualquer natureza, ou de obra integral, quando de artes plásticas, sempre que a reprodução em si não seja o objetivo principal da obra nova e que não prejudique a exploração normal da obra reproduzida nem cause um prejuízo injustificado aos legítimos interesses dos autores.

TÍTULO IV

DA UTILIZAÇÃO DE OBRAS INTELECTUAIS E DOS FONOGRAMAS

CAPÍTULO I

DA EDIÇÃO

Art. 53º Mediante contrato de edição, o editor, obrigando-se a reproduzir e a divulgar a obra literária, artística ou científica, fica autorizado, em caráter de exclusividade, a publicá-la e a explorá-la pelo prazo e nas condições pactuadas com o autor.

Parágrafo único. Em cada exemplar da obra o editor mencionará:

I – o título da obra e seu autor;

II – no caso de tradução, o título original e o nome do tradutor;

III – o ano de publicação;

IV – o seu nome ou marca que o identifique.

Art. 54º Pelo mesmo contrato pode o autor obrigar-se à feitura de obra literária, artística ou científica em cuja publicação e divulgação se empenha o editor.

Art. 55º Em caso de falecimento ou de impedimento do autor para concluir a obra, o editor poderá:

Educação ambiental • princípios e práticas

I – considerar resolvido o contrato, mesmo que tenha sido entregue parte considerável da obra;

II – editar a obra, sendo autônoma, mediante pagamento proporcional do preço;

III – mandar que outro a termine, desde que consintam os sucessores e seja o fato indicado na edição.

Parágrafo único. É vedada a publicação parcial, se o autor manifestou a vontade de só publicá-la por inteiro ou se assim o decidirem seus sucessores.

Art. 56º Entende-se que o contrato versa apenas sobre uma edição, se não houver cláusula expressa em contrário.

Parágrafo único. No silêncio do contrato, considera-se que cada edição se constitui de três mil exemplares.

Art. 57º O preço da retribuição será arbitrado, com base nos usos e costumes, sempre que no contrato não a tiver estipulado expressamente o autor.

Art. 58º Se os originais forem entregues em desacordo com o ajustado e o editor não os recusar nos trinta dias seguintes ao do recebimento, ter-se-ão por aceitas as alterações introduzidas pelo autor.

Art. 59º Quaisquer que sejam as condições do contrato, o editor é obrigado a facultar ao autor o exame da escrituração na parte que lhe corresponde, bem como a informá-lo sobre o estado da edição.

Art. 60º Ao editor compete fixar o preço da venda, sem, todavia, poder elevá-lo a ponto de embaraçar a circulação da obra.

Art. 61º O editor será obrigado a prestar contas mensais ao autor sempre que a retribuição deste estiver condicionada à venda da obra, salvo se prazo diferente houver sido convencionado.

Art. 62º A obra deverá ser editada em dois anos da celebração do contrato, salvo prazo diverso estipulado em convenção.

Parágrafo único. Não havendo edição da obra no prazo legal ou contratual, poderá ser rescindido o contrato, respondendo o editor por danos causados.

Art. 63º Enquanto não se esgotarem as edições a que tiver direito o editor, não poderá o autor dispor de sua obra, cabendo ao editor o ônus da prova.

§ 1º Na vigência do contrato de edição, assiste ao editor o direito de exigir que se retire de circulação edição da mesma obra feita por outrem.

§ 2º Considera-se esgotada a edição quando restarem em estoque, em poder do editor, exemplares em número inferior a dez por cento do total da edição.

Art. 64º Somente decorrido um ano de lançamento da edição, o editor poderá vender, como saldo, os exemplares restantes, desde que o autor seja notificado de que, no prazo de trinta dias, terá prioridade na aquisição dos referidos exemplares pelo preço de saldo.

Art. 65º Esgotada a edição, e o editor, com direito a outra, não a publicar, poderá o autor notificá-lo a que o faça em certo prazo, sob pena de perder aquele direito, além de responder por danos.

Art. 66º O autor tem o direito de fazer, nas edições sucessivas de suas obras, as emendas e alterações que bem lhe aprouver.

Parágrafo único. O editor poderá opor-se às alterações que lhe prejudiquem os interesses, ofendam sua reputação ou aumentem sua responsabilidade.

Art. 67º Se, em virtude de sua natureza, for imprescindível a atualização da obra em novas edições, o editor, negando-se o autor a fazê-la, dela poderá encarregar outrem, mencionando o fato na edição.

CAPÍTULO II

DA COMUNICAÇÃO AO PÚBLICO

Art. 68º Sem prévia e expressa autorização do autor ou titular, não poderão ser utilizadas obras teatrais, composições musicais ou lítero-musicais e fonogramas, em representações e execuções públicas.

§ 1º Considera-se representação pública a utilização de obras teatrais no gênero drama, tragédia, comédia, ópera, opereta, balé, pantomimas e assemelhadas, musicadas ou não, mediante a participação de artistas, remunerados ou não, em locais de frequência coletiva ou pela radiodifusão, transmissão e exibição cinematográfica.

§ 2º Considera-se execução pública a utilização de composições musicais ou literomusicais, mediante a participação de artistas, remunerados ou não, ou a utilização de fonogramas e obras audiovisuais, em locais de frequência coletiva, por quaisquer processos, inclusive a radiodifusão ou transmissão por qualquer modalidade, e a exibição cinematográfica.

§ 3º Consideram-se locais de frequência coletiva os teatros, cinemas, salões de baile ou concertos, boates, bares, clubes ou associações de qualquer natureza, lojas, estabelecimentos comerciais e industriais, estádios, circos, feiras, restaurantes, hotéis, motéis, clínicas, hospitais, órgãos públicos da administração direta ou indireta, fundacionais e estatais, meios de transporte de passageiros terrestre, marítimo, fluvial ou aéreo, ou onde quer que se representem, executem ou transmitam obras literárias, artísticas ou científicas.

CAPÍTULO IV

DA UTILIZAÇÃO DA OBRA FOTOGRÁFICA

Art. 79º O autor de obra fotográfica tem direito a reproduzi-la e colocá-la à venda, observadas as restrições à exposição, reprodução e venda de retratos, e sem prejuízo dos direitos de autor sobre a obra fotografada, se de artes plásticas protegidas.

Educação ambiental • princípios e práticas

§ 1º   A fotografia, quando utilizada por terceiros, indicará de forma legível o nome do seu autor.

§ 2º   É vedada a reprodução de obra fotográfica que não esteja em absoluta consonância com o original, salvo prévia autorização do autor.

CAPÍTULO VI

DA UTILIZAÇÃO DA OBRA AUDIOVISUAL

Art. 81º   A autorização do autor e do intérprete de obra literária, artística ou científica para produção audiovisual implica, salvo disposição em contrário, consentimento para sua utilização econômica.

§ 1º   A exclusividade da autorização depende de cláusula expressa e cessa dez anos após a celebração do contrato.

§ 2º   Em cada cópia da obra audiovisual, mencionará o produtor:

I – o título da obra audiovisual;

II – os nomes ou pseudônimos do diretor e dos demais coautores;

III – o título da obra adaptada e seu autor, se for o caso;

IV – os artistas intérpretes;

V – o ano de publicação;

VI – o seu nome ou marca que o identifique.

VII – o nome dos dubladores. (*Inciso acrescido pela Lei nº 12.091, de 11/11/2009*)

Art. 82º   O contrato de produção audiovisual deve estabelecer:

I – a remuneração devida pelo produtor aos coautores da obra e aos artistas intérpretes e executantes, bem como o tempo, lugar e forma de pagamento;

II – o prazo de conclusão da obra;

III – a responsabilidade do produtor para com os coautores, artistas intérpretes ou executantes, no caso de coprodução.

Art. 83º   O participante da produção da obra audiovisual que interromper, temporária ou definitivamente, sua atuação, não poderá opor-se a que esta seja utilizada na obra nem a que terceiro o substitua, resguardados os direitos que adquiriu quanto à parte já executada.

Art. 84º   Caso a remuneração dos coautores da obra audiovisual dependa dos rendimentos de sua utilização econômica, o produtor lhes prestará contas semestralmente, se outro prazo não houver sido pactuado.

Art. 85º   Não havendo disposição em contrário, poderão os coautores da obra audiovisual utilizar-se, em gênero diverso, da parte que constitua sua contribuição pessoal.

Parágrafo único. Se o produtor não concluir a obra audiovisual no prazo ajustado ou não iniciar sua exploração dentro de dois anos, a contar de sua conclusão, a utilização a que se refere este artigo será livre.

TÍTULO VII

DAS SANÇÕES ÀS VIOLAÇÕES DOS DIREITOS AUTORAIS

CAPÍTULO I

DISPOSIÇÃO PRELIMINAR

Art. 101º As sanções civis de que trata este capítulo aplicam-se sem prejuízo das penas cabíveis.

CAPÍTULO II

DAS SANÇÕES CIVIS

Art. 102º O titular cuja obra seja fraudulentamente reproduzida, divulgada ou de qualquer forma utilizada, poderá requerer a apreensão dos exemplares reproduzidos ou a suspensão da divulgação, sem prejuízo da indenização cabível.

Art. 103º Quem editar obra literária, artística ou científica, sem autorização do titular, perderá para este os exemplares que se apreenderem e pagar-lhe-á o preço dos que tiver vendido.
Parágrafo único. Não se conhecendo o número de exemplares que constituem a edição fraudulenta, pagará o transgressor o valor de três mil exemplares, além dos apreendidos.

Art. 104º Quem vender, expuser a venda, ocultar, adquirir, distribuir, tiver em depósito ou utilizar obra ou fonograma reproduzidos com fraude, com a finalidade de vender, obter ganho, vantagem, proveito, lucro direto ou indireto, para si ou para outrem, será solidariamente responsável com o contrafator, nos termos dos artigos precedentes, respondendo como contrafatores o importador e o distribuidor em caso de reprodução no exterior.

Art. 105º A transmissão e a retransmissão, por qualquer meio ou processo, e a comunicação ao público de obras artísticas, literárias e científicas, de interpretações e de fonogramas, realizadas mediante violação aos direitos de seus titulares, deverão ser imediatamente suspensas ou interrompidas pela autoridade judicial competente, sem prejuízo da multa diária pelo descumprimento e das demais indenizações cabíveis, independentemente das sanções penais aplicáveis; caso se comprove que o infrator é reincidente na violação aos direitos dos titulares de direitos de autor e conexos, o valor da multa poderá ser aumentado até o dobro.

Art. 106º A sentença condenatória poderá determinar a destruição de todos os exemplares ilícitos, bem como as matrizes, moldes, negativos e demais elementos utilizados para praticar o ilícito civil, assim como a perda de máquinas, equipamentos e insumos destinados a tal fim ou, servindo eles unicamente para o fim ilícito, sua destruição.

Art. 107º Independentemente da perda dos equipamentos utilizados, responderá por perdas e danos, nunca inferiores ao valor que resultaria da aplicação do disposto no art. 103 e seu parágrafo único, quem:

Educação ambiental • princípios e práticas

I – alterar, suprimir, modificar ou inutilizar, de qualquer maneira, dispositivos técnicos introduzidos nos exemplares das obras e produções protegidas para evitar ou restringir sua cópia;

II – alterar, suprimir ou inutilizar, de qualquer maneira, os sinais codificados destinados a restringir a comunicação ao público de obras, produções ou emissões protegidas ou a evitar a sua cópia;

III – suprimir ou alterar, sem autorização, qualquer informação sobre a gestão de direitos;

IV – distribuir, importar para distribuição, emitir, comunicar ou puser à disposição do público, sem autorização, obras, interpretações ou execuções, exemplares de interpretações fixadas em fonogramas e emissões, sabendo que a informação sobre a gestão de direitos, sinais codificados e dispositivos técnicos foram suprimidos ou alterados sem autorização.

Art. 108º Quem, na utilização, por qualquer modalidade, de obra intelectual, deixar de indicar ou de anunciar, como tal, o nome, pseudônimo ou sinal convencional do autor e do intérprete, além de responder por danos morais, está obrigado a divulgar-lhes a identidade da seguinte forma:

I – tratando-se de empresa de radiodifusão, no mesmo horário em que tiver ocorrido a infração, por três dias consecutivos;

II – tratando-se de publicação gráfica ou fonográfica, mediante inclusão de errata nos exemplares ainda não distribuídos, sem prejuízo de comunicação, com destaque, por três vezes consecutivas em jornal de grande circulação, dos domicílios do autor, do intérprete e do editor ou produtor;

Brasília, 19 de fevereiro de 1998; 177º da Independência e 110º da República.
Fernando Henrique Cardoso
Francisco Weffort

Anexo 11 – Elementos para discussões

O que foi a Rio-92?

Foi a Conferência da ONU sobre o Meio Ambiente e o Desenvolvimento Unced.

Promovida pela ONU – Unesco, reuniu, no Rio de Janeiro, de 3 a 14 de junho de 1992, representantes de 170 países.

Teve como objetivos:

▶ Examinar a situação ambiental do mundo e as mudanças ocorridas depois da Conferência de Estocolmo, em 1972.

▶ Identificar estratégias regionais e globais para ações apropriadas referentes às principais questões ambientais.

▶ Recomendar medidas a serem tomadas nacional e internacionalmente quanto à proteção ambiental, através de políticas de desenvolvimento sustentável.

▶ Promover o aperfeiçoamento da legislação ambiental internacional.

▶ Examinar estratégias de promoção do desenvolvimento sustentável e de eliminação da pobreza nos países em desenvolvimento, entre outros.

Resultados:

▶ Chamou a atenção do mundo para as questões ambientais.

▶ Elaborou a **Agenda 21**, um plano de ação para o século XXI.

▶ Articulou a elaboração de importantes acordos, tratados e convenções sobre o ambiente.

▶ Deixou clara para a sociedade humana a necessidade de adotar um novo estilo de vida.

O que é Agenda 21?

É UM PLANO DE AÇÃO PARA O SÉCULO XXI, VISANDO À SUSTENTABILIDADE DA VIDA NA TERRA

É uma *estratégia de sobrevivência*. Nos seus **quarenta** capítulos, trata de:

▶ Dimensões econômicas e sociais.

▶ Conservação e manejo de recursos naturais.

▶ Fortalecimento da comunidade.

▶ Meios de implementação.

A Agenda 21 estima que, para reparar os danos causados ao ambiente pelas diversas atividades humanas, serão necessários:

> 600 BILHÕES DE DÓLARES

Reunidos em julho-97, na Conferência de Avaliação **Rio+5**, os resultados não foram animadores: nem sequer um décimo dos recursos prometidos foi realmente destinado.

> Nenhum lucro obtido pela destruição do ambiente é suficiente para cobrir os custos da sua recuperação.

O que é EA? Como se pratica?

> EA é um processo permanente no qual os indivíduos e a comunidade tomam consciência do seu meio ambiente e adquirem conhecimentos, valores, habilidades, experiências e determinação que os tornem aptos a agir e resolver problemas ambientais, presentes e futuros.

Características da EA

- ▶ Enfoque orientado à solução de problemas concretos da comunidade.
- ▶ Enfoque interdisciplinar.
- ▶ Participação da comunidade.
- ▶ Caráter permanente, orientado para o futuro.

Estratégia pedagógica preliminar-emergencial

Figura 28

Sintomas do desequilíbrio ambiental

1. Eventos climáticos extremos
2. Desflorestamentos
3. Queimadas
4. Erosão do solo
5. Areificação/Desertificação

Subsídios às ações em EA

6. Destruição de hábitat
7. Perda da biodiversidade
8. Poluição
9. Escassez de água potável
10. Erosão e perda da diversidade cultural
11. Danos em curso, mas ainda não percebidos

a) do ar, atmosférica.
b) das águas subterrâneas.
c) das águas dos mares, rios e lagos.
d) dos solos.
e) estética/visual.
f) sonora.
g) eletromagnética.
h) outras.

Escalada humana e crise ambiental

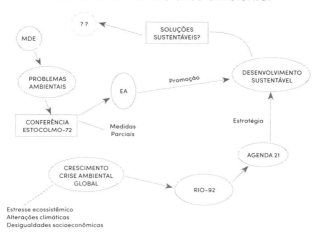

Figura 29

Consequências da redução da camada de ozônio

Figura 30

(*) São registrados 176 mil novos casos de câncer de pele POR ANO no Brasil (Inca, 2020).

---

[2] N.B.: lembrar que os CFCs foram introduzidos pela indústria de refrigeração americana, na década de 1960, como sendo a grande solução para a substituição de produtos tóxicos não estáveis, utilizados na época.

Consequências do desflorestamento

- Ao destruir uma árvore, na Amazônia, destrói-se a moradia de 2 mil espécies de animais.
- As consequências do desflorestamento são imprevisíveis, mas concorda-se que:

  - Altera profundamente a circulação da água na atmosfera.
  - Produz perdas de biodiversidade.
  - Causa destruição de diversidade cultural.
  - Provoca alterações climáticas.

Os 200.000 km^2 originais da Mata Atlântica Brasileira foram reduzidos a apenas 8.000 km^2. Os portugueses que invadiram o Brasil, em 1500, seguidos por outros exploradores europeus. Foram os iniciadores dessa destruição.

A exploração continua, só que, agora, com a presença dos asiáticos e voltada para as florestas tropicais que restam no planeta.

Atividades humanas que estão destruindo as florestas

- Agropecuária
- Incêndios/Queimadas
- Agricultura intensiva
- Retirada predatória de madeira (sem manejo) (corrupção e inércia do Estado)
- Construção de hidrelétricas/estradas/assentamentos

As florestas também são importantes porque

- abrigam biodiversidade;
- ajudam a regular o clima;
- armazenam gás carbônico;
- protegem o solo;
- .... e .... e ....n+1.

Consequências do aquecimento global e inversão de valores

- Aceleração da mudança climática
- Aumento de eventos climáticos extremos

  - Secas
  - Chuvas pesadas, inundações
  - Ondas de calor e de frio
  - Ciclones tropicais

- Aumento dos riscos e vulnerabilidade social
- Diminuição da segurança

- ▶ Alimentar
- ▶ Climática
- ▶ Energética
- ▶ Econômica
- ▶ Ecológica
- ▶ Outras

▶ Escassez de água potável
▶ Aumento de incêndios florestais
▶ Erosão/desertificação/perda da fertilidade dos solos
▶ Perda da biodiversidade (genética, de hábitats e de ecossistemas)
▶ Erosão e perda da diversidade cultural
▶ Exclusão social, desemprego, distúrbios emocionais, violência
▶ Perda da qualidade de vida e da qualidade da experiência humana
▶ Alterações imprevisíveis nos sistemas biológicos
▶ Eventos em curso, porém ainda não percebidos
▶ O aquecimento global é causado por excesso de gás carbônico na atmosfera. Este gás "aprisiona" o calor que deveria ser refletido de volta para o espaço, aquecendo a terra além do normal.
▶ O excesso de CO_2 é produzido principalmente:

- ▶ Pela combustão de combustíveis fósseis (gasolina, óleo diesel, gás de cozinha, querosene e outros).
- ▶ Pelas queimadas e incêndios florestais (ou qualquer tipo de incêndio).
- ▶ Por atividades pecuárias ultrapassadas e por desflorestamentos.
- ▶ Pela crescente urbanização e aumento de consumo.

▶ Outros gases também contribuem para o efeito estufa, por exemplo, o metano.
▶ Os socioecossistemas urbanos, com o seu intenso metabolismo, contribuem significativamente para o aumento do efeito estufa.
▶ Aproximadamente 80% dos gases de efeito estufa, despejados na atmosfera, são produzidos pelos países ricos
▶ Há um acordo internacional para a redução das emissões de CO_2 aos níveis de 1990. Justo os maiores emissores são contra: Japão, China, Rússia e EUA, por exemplo. Justo os maiores emissores!

Figura 31

Quanto temos de água no mundo?

- Há escassez de água potável na Terra.
- **2,2 bilhões** de pessoas não têm acesso à água potável.
- A ausência de água potável causa mais mortes na infância do que qualquer outra doença.
- 4,2 bilhões vivem sem acesso a saneamento.

Da água existente na Terra:

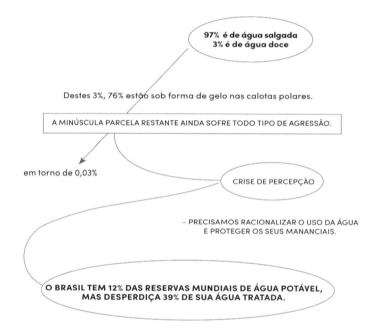

Figura 32

Cerca de 25 países estão em conflito por causa da água.

Proteja a pureza da água e use-a racionalmente

Conhece-se o quanto uma comunidade é educada pela forma como ela cuida da sua água. Combata qualquer tipo de agressão às fontes de água:

- Denuncie.
- Participe dos movimentos de defesa.
- Faça valer os seus direitos.
- Organize-se em associações.

Note este exemplo: *Um* litro de óleo despejado no solo infiltra-se e é capaz de poluir *um milhão* de litros de água potável subterrânea!

Lembre-se:

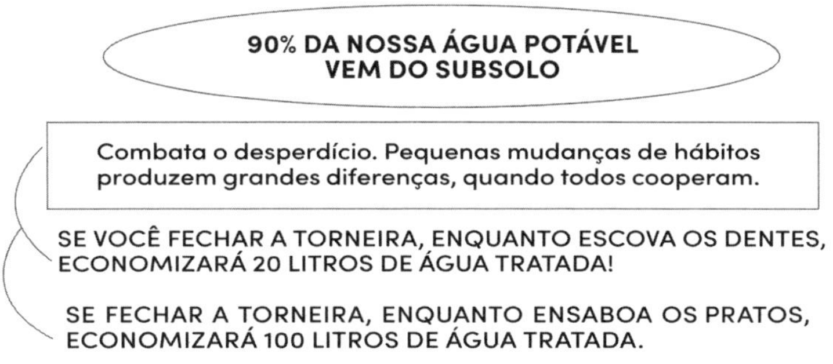

90% DA NOSSA ÁGUA POTÁVEL VEM DO SUBSOLO

Combata o desperdício. Pequenas mudanças de hábitos produzem grandes diferenças, quando todos cooperam.

SE VOCÊ FECHAR A TORNEIRA, ENQUANTO ESCOVA OS DENTES, ECONOMIZARÁ 20 LITROS DE ÁGUA TRATADA!

SE FECHAR A TORNEIRA, ENQUANTO ENSABOA OS PRATOS, ECONOMIZARÁ 100 LITROS DE ÁGUA TRATADA.

Figura 33

Por que precisamos economizar energia elétrica?

A construção de novas hidrelétricas produz graves danos ambientais.

No Brasil, o problema mais grave é o **desperdício**:

- ▶ desperdiçamos **17%** da energia elétrica produzida
- ▶ o setor industrial desperdiça **25%** da energia elétrica consumida
- ▶ perdemos **71 milhões de reais por dia** devido a:

equipamentos obsoletos;   banhos longos;

máquinas desreguladas;   luzes acesas, desnecessariamente.

Para cada novo chuveiro elétrico instalado, o Brasil tem que investir mais **8 mil dólares**. (Somos a única nação do mundo a ter chuveiro elétrico!)

Precisamos estimular programas de *Conservação de Energia (Procel)*.

- ▶ Precisamos desenvolver a nossa *Eficiência Energética*:
- ▶ utilizando equipamentos que consomem menos energia e fazem o mesmo trabalho;
- ▶ estimulando a mudança de cultura das pessoas, quanto aos hábitos e práticas que evitam o desperdício;
- ▶ utilizando energia de fontes renováveis (eólica, fotovoltaica e mais).

Fontes de energia elétrica no Brasil (2021):

- ▶ Hidrelétrica: 58%
- ▶ Eólica: 11%
- ▶ Fotovoltaica: 2%
- ▶ Nuclear: 1,1%

Crescimento populacional e padrões de consumo

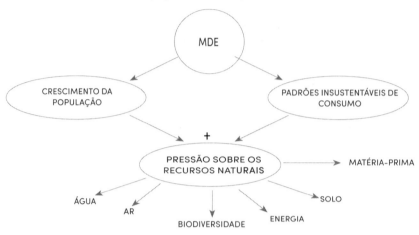

Figura 34

Nascem **83 milhões de novos seres humanos/ano**.

O atual **MDE** *não prevê* possibilidade de emprego, alimento, moradia e educação para esses novos seres...

Durante Cúpula da Terra (Rio-92, Agenda 21), os *lobistas* dos países ricos evitaram o tema, para não se falar no *consumismo* (questionaria o MDE).

Por que reciclar?

A CADA tonelada de PAPEL RECICLADO:

- ▶ 17 árvores são preservadas; 26 mil litros de água são economizados;
- ▶ são 27 kg de poluição do ar não são produzidos; há redução do lixo;

A RECICLAGEM POUPA ENERGIA ELÉTRICA.

A Reciclagem de uma garrafa de vidro economiza energia elétrica suficiente para manter acesa uma lâmpada de 100 watt por *quatro* horas; uma lata de alumínio, uma de 60 watt, por *três* horas.

Um terço do lixo urbano é formado por *embalagens*.

Uma lata de lixo permanece por **duzentos anos** sem se decompor e voltar a fazer parte da terra.

Figura 35

O isopor é lixo permanente. além de ser feito com produtos que destroem a camada de ozônio, permanece no ambiente por mais de **duzentos anos**!

O consumismo insustentável dos países ricos poderá aumentar de *quatro ou cinco vezes* o volume de lixo produzido até 2025.

Precisamos:

Podemos perceber a competência e seriedade de uma administração municipal, estadual ou federal pela forma como é tratada a questão dos resíduos sólidos (lixo).

▶ Uma árvore com *15 anos* de idade é abatida para produzir apenas *700* sacos de papel, que são consumidos rapidamente num supermercado.

▶ As nações mais ricas respondem pela quase totalidade do consumo de recursos naturais da terra (cerca de **80%**).

▶ Observe as proporções de consumo entre bebês de diferentes países:

Então, quando se fala na questão do *crescimento populacional* e se despeja a culpa sobre os países pobres, podemos notar que a questão não é bem assim...!

Precisamos buscar e almejar um novo estilo de vida.

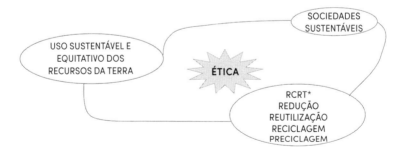

(*) Respeito à capacidade de regeneração da Terra.

Figura 36

A cidade precisa ser reinventada

As cidades agora abrigam a maior parte dos habitantes humanos da Terra.

Os socioecossistemas urbanos, a invenção mais complexa do ser humano, estão se tornando lugares cada vez mais **estressantes**.

As cidades são centros de consumo e pressão ambiental. Refletem fielmente as distorções socioeconômicas produzidas pelo MDE.

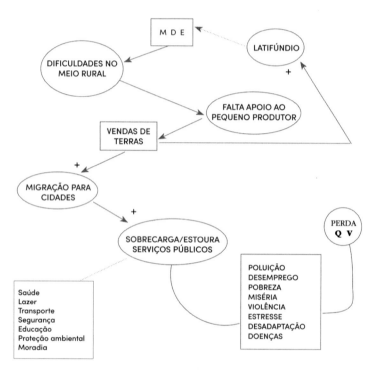

Figura 37

O que eu posso fazer?

- ▶ Cuidar do ambiente é tarefa diária de todos.
- ▶ Ao final do dia, devemos ter dado a nossa contribuição.
- ▶ Informe-se sobre as questões ambientais.
- ▶ Adote hábitos compatíveis com o respeito à vida.
- ▶ Coopere/participe/envolva-se nas ações de proteção e melhoria da qualidade ambiental.
- ▶ Exerça os seus deveres e direitos de cidadão.
- ▶ Não se omita diante de uma agressão ao ambiente.
- ▶ Reclame.

- Discuta.
- Aja.
- Faça valer seus direitos.
- Não seja radical.

Trabalhe para a paz e para a solidariedade

Recomendamos o livro *40 contribuições pessoais para a sustentabilidade* (Editora Gaia/SP). Contém sugestões de intervenções individuais que podem contribuir efetivamente para a formação de sociedades sustentáveis.

Posfácio

Uma passagem com Louis Armstrong

Conta-se que uma vez um jovem se dirigiu a Louis Armstrong, contestando-o. Reclamava "que mundo maravilhoso" é esse que você fala na sua música? E a fome, a poluição, as guerras?

Conta-se que ele respondeu algo assim:

> – *Me parece, não é o mundo que é tão ruim. Mas o que estamos fazendo para ele.*
>
> *O mundo seria maravilhoso se apenas lhe demos uma chance.*
>
> *Ame, querida, ame. Esse é o segredo. Sim.*

Na letra da sua famosa música, fala-se sobre a beleza do mundo, emoldurado por árvores, flores, arco-íris, nuvens brancas, céu azul, o brilho abençoado do dia e a escuridão sagrada da noite; que essa beleza também está no rosto das pessoas quando se cumprimentam (e querem dizer, no fundo "eu te amo").

Armstrong lançava uma oração de reconhecimento e gratidão, e um apelo para que sejamos melhores do que temos sido.

Então, que unamos a nossa inteligência à nossa consciência; que nos transformemos em conspiradores pela vida, transmissores de serenidade, gratidão e paz.

Referências

Almeida Jr, J. M. G. de. Desenvolvimento ecologicamente autossustentável: conceitos, princípios e implicações. *Humanidades*. Brasília, 10 (4), 1994. p. 284-299.

Alva, E. N. *El desarrollo sustentable y las metrópolis latinoamericanas – En busca de un nuevo paradigma urbano*. Foro Ajusco II. México: Pnuma, 1995. p. 80.

Asimov, I. *Escolha a catástrofe*. São Paulo: Círculo do Livro, 1983. p. 390.

Bilsborrow, R. E. e Okoth-Ogendo, H. W. O. Population-driven Changes in Land Use in Developing Countries. *Ambio* 21 (l), 1992. p. 37-45.

Blair, T. L. *The International Urban Crisis*. London Hast-Davis, 1974. p. 176.

Boyden, S. *et al. The Ecology of a City and its People*. Canberra: Australian National University, 1981. p. 437.

Braun, R. *Environmental Education and Training in Brazil*. Geneva: International Labour Organization, 1992. p. 111.

Bunyard, P. The Significance of the Amazon Basin for Global Climate Equilibrium. *The Ecologist*, v. 17, n. 4/5, 1987. p. 139-141.

Carson, R. *Primavera silenciosa*. São Paulo: Editora Gaia, 2010. p. 328.

Carson, R. The Sense of Wonder: *A Celebration of Nature for Parents and Children*. New York: HarperCollins, 1965. p. 108.

Carthy, J. D. *Comportamento animal*. São Paulo: EPU/Edusp, 1980. p. 80 [Coleção Temas de Biologia v. 14.]

Codeplan. *Caracterização da população do Distrito Federal*. Brasília, 1984. p. 57.

Comissão Interministerial para a Preparação da Conferência das Nações Unidas sobre o Meio Ambiente e Desenvolvimento. Educação Ambiental no Brasil. *Subsídios Técnicos para a Elaboração do Relatório Nacional do Brasil para a Cnumad*, 1991. p. 63.

Connect, v. 10. Environmental Education and the Arts, n. 2, 1985. p. 1-3.

Connect, v. 10. Environmental Education through the Teaching of Natural Science, n. 1, 1985. p. 1-3.

Connect, v. 10. Simulation and Gaming for Environmental Education, n. 2, 1985. p. 1-4.

Connect, v. 12. Elements for an Internacional Environmental Education and Training Action Plan for 1990, n. 2, 1987. p. 3-6.

Connect, v. 12. International Comprehension of, Environmental Problems, Education and Training, n. 2, 1987, p. 1-2.

Connect, v. 13. Moscow'87: Unesco/Unep International Congress on Environmental Education and Training, n. 3, 1987, p. 1-8.

Connect, v. 13. Natural Disaster and Environmental Education, n. 4, 1988, p. 1-3.

Connect, v. 13. Sustainable Development via Environmental Education, n. 2, 1988, p. 1-3.

Connect, v. 13. The Message for the Media: Environmental Education, n. 1, 1988, p. 1-3.

Connect, v. 13. Urban Problems and Environmental Education, n. 3, 1988, p. 1-3.

Connect, v. 14. Developing an Environmental Education Curriculum, n. 3, 1989, p. 1-2.

Connect, v. 14. Environmental Education Means Environmental Solutions, n. 1, 1989, p. 1-3.

Connect, v. 14. The International Environmental Education Programme 1990-91, n. 4, 1989, p. 1-3.

Connect, v. 15. Basic Concepts of Environmental Education, n. 2, 1990. p. 1-4.

Connect, v. 16. A Universal Environmental Ethic: the Ultimate Goal of Environmental Education, n. 2, 1991, p. 1-5.

Connect, v. 16. From Awarenses to Action via non Formal Environmental Education, n. 1, 1991, p. 1-3.

Connect, v. 17. Unced – The Earth Summit, n. 2, 1992. p. 1-6.

Connect. Latin American Regional Workshop in Environmental Education, n. 1, 1980. p. 1-3.

Correio Braziliense. Soviéticos lembram cinco anos do desastre de Chernobyl. Brasília, 27 abr. 1991. [Caderno Internacional, p. 13]

Daily, G. C. e Ehrlich, A. H./P. R. (1995). Socioeconomic Equity: A Critical Element in Sustainability. Ambio 24 (1), 1995, 58-59 p.

Daly, H. Coments on population growth and economic development. Population and development review 12, 1986, 583-585.

Darling, F. F.; Dasnann, R. F. The Ecosystem View of Human Society. In Smith, R. L. (coord.). The Ecology of Man. New York: Harper and Row, 2. ed., 1972 p. 41-45.

Dasmann, R F. Environmental Conservation. New York: John Wiley & Sons, 2. ed., 1971, 473 p.

Deag, J. M. O comportamento social dos animais. São Paulo: EPU/Edusp, 1981. 118 p. [Coleção Temas de Biologia, v. 25]

Dias, G. F. *40 contribuições pessoais para a sustentabilidade*. São Paulo: Editora Gaia, 2005. p. 42.

Dias, G. F. *Atividades interdisciplinares de Educação Ambiental*. 2. ed. São Paulo: Editora Gaia, 1994. p. 112.

Dias, G. F. *Dinâmicas e instrumentação para educação ambiental*. São Paulo: Editora Gaia, 2010. p. 215.

Dias, G. F. *Ecopercepção*. São Paulo: Editora Gaia, 2015. p. 70.

Dias, G. F. *Elementos de Ecologia Urbana e seu metabolismo ecossistêmico*. Ibama. Brasília. Coleção Meio Ambiente em Debate, 1997, v. 8.

Dias, G. F. *Estado do ambiente local e sua estrutura sistêmica*. Curitiba: Universidade Livre do Meio Ambiente, 1996. NT. p. 52.

Dias, G. F. *Estudo sobre o metabolismo socioecossistêmico urbano da região de Taguatinga-DF e as alterações ambientais globais*. Tese de Doutorado, Departamento de Ecologia, Universidade de Brasília, Brasília, 1999. p. 178.

Dias, G. F. *Material particulado em suspensão no Distrito Federal*: Lab. Ecologia, Universidade de Brasília, 1980, NT. 21 p.

Dias, G. F. *Mudança climática e você*. São Paulo: Editora Gaia, 2014. p. 268.

Dias, G. F. Os quinze anos da Educação Ambiental no Brasil. In: *Em Aberto*. 10, 1991. (49) 3-14.

Dias, G. F. *Percepção ambiental*. Brasília: EA, 2021. p. 376.

Dias, G. F. *Populações marginais em ecossistemas urbanos*. 2. ed. Brasília: Ibama, 1994. 156 p.

Dias, G. F. *Populações marginais em ecossistemas urbanos*. Brasília: Ibama, 1989. p. 109.

Dias, G. F *Educação Ambiental*. MEC-SEF-DPEF - Coordenação de Educação Ambiental, Brasília. p. 65-69, 2000. p. 80.

Dias. G. F. *Educação e gestão ambiental*, São Paulo: Editora Gaia, 2006. p. 118.

Diegues, A.C.S. Populações tradicionais em unidades de conservação: o mito moderno da natureza intocada. Série *Documentos e Relatórios de Pesquisa, n. 1, Núcleo de Pesquisas sobre Populações Humanas e Áreas Úmidas do Brasil*. São Paulo, 1993. p. 81.

Dubos, R. *Namorando a Terra*. São Paulo: Melhoramentos, 1981. p. 150.

Edward, P. J.; Wratten, S. D. *Ecologias das interações entre insetos e plantas*. São Paulo: Edusp, 1981, 71 p. [Coleção Temas de Biologia, v. 27]

Ehrlich, P. R. e Holdren, J. P. (Eds.). *The Cassandra Conference*. Texas: A & M University Press, 1994. p. 17-51. 330 p.

Ehrlich, P. R. e Holdren, J. P. (Eds.) *Resources and the Human Predicament.* Texas: A&M University Press, 1994. p. 350.

Eversley, R. *Environmentalism and Political Theory.* New York: State University of New York Press, 1992.

Fellenberg, G. *Introdução aos problemas da poluição ambiental.* São Paulo: EPU/ Edusp, 1980. p. 186.

Fensham, P. J. *De Estocolmo a Tbilisi: la Evolución de la Educación Ambiental en Perspectivas,* v. 4, 1980.

Fernandes, F. R. *Quem é quem no subsolo brasileiro.* Brasília: MCT/: CNPq, 1987. p. 125.

Ferraro, A. T. *Metodologia da pesquisa científica.* São Paulo: McGraw-Hill, 1982. p. 318.

Ferreira, C. A *violência que vem das cidades vizinhas.* Brasília: Correio Braziliense, 12 nov. 1995. Cidade. p. 36.

Filgueiras, T. S. e Wechsle, F. Aproveitamento e manejo de pastagens nativas. In: Ibama, *Alternativas de Desenvolvimento dos Cerrados.* Brasília, 47-49 p., 1992. p. 97.

Franklin, Benjamim. *Experiments and observations on electricity.* London: E.Cave, 1751. p. 88.

Fundacentro. *Saneamento do meio.* São Paulo, 1988. p. 235.

Galloway, J. N. *et al.* Year 2020: Consequences of Population Growth and Development on Deposition of Oxidizes Nitrogen. In: *Ambio* 23 (2), 1994. p. 120-123.

Hardin, G. Paramount Position in Ecological Economics. In: Constanza, R. (Ed.) *Ecological Economics: the Science and Management of Sustainability.* New York: Columbia University Press, 1991. p. 47-57.

Henderson-Sellers, A. Possible Climatic Impacts of Land Cover Transformation. In: *Climatic Change* (6), 1984. p. 231-257.

Henriques, V. M. Campo educacional: identidade científica e interdisciplinaridade. In: *Revista Brasileira de Estudos Pedagógicos.* 74, 1993. (178) p. 655-680.

Horowitz, C. *Documento de Informação Básica para o Plano de Ação Emergencial do Parque Nacional de Brasília,* Ibama, Brasília, 1994. p. 36.

Horowitz, C. *Políticas públicas voltadas às Unidades de Conservação Federais: um panorama histórico-efetivo do aparelho estatal.* Universidade de Brasília, Centro de Desenvolvimento Sustentável. Trabalho Final de Políticas Públicas. Brasília, 1999. p. 41.

Houghton, R. A. *et al.* The Flux of Carbon from Terrestrial Ecosystem to the atmosphere due to change in land use. In: *Tellus.* (3913), 1987. p. 122-139.

Ibama. *Agrotóxicos.* Brasília, 1989. p. 36.

Ibama. *Alternativa de desenvolvimento dos cerrados*. Brasília: Funatura, 1992. p. 97.

Ibama. *Diretrizes para a Educação Ambiental*. Brasília: Divisão de Educação, 1993.

Ibama. *Educação para um futuro sustentável*. Brasília: Edições Ibama, 1999. p. 118.

Ibama/MEC. *Educação Ambiental: Projeto de divulgação de informações sobre Educação Ambiental*, Brasília, 1991. p. 20.

IBDF/FBCN. *Plano de Manejo do Parque Nacional de Brasília*. Brasília, 1979. p. 72.

IUCN. *Managing Protected Areas in the Tropics*, Switzerland, 1994. 295 p.

Jansen, D. H. *Ecologia vegetal nos trópicos*. São Paulo: Edusp, 1977. p. 79. [Coleção Temas de Biologia, v. 7]

Kennedy, P. *Preparando para o século XXI*. Rio de Janeiro: Campus, 2. ed., 1993. p. 470.

Kirchner, J. *et al*. Carrying capacity, population growth, and sustainable development. In: Mahar, D. (Ed.) *Rapid population growth and human carrying capacity: two perspectives*. Staff working papers # 690, Population and development series. Washington, D.C.: The World Bank, 1985.

Leal Filho, W. D. S. *O uso de áreas escolares em estudos de campos*. Bradford: University of Bradford, 2ª parte, 1989. p. 35.

Liebmann, H. *Terra: um planeta inabitável?*, Rio de Janeiro: BEE 1979. p. 180.

Lu, R. Pesquisa mostra defeitos de cada cidade. *Correio Braziliense*, Brasília, 24 setembro. Imóveis, 1995. p. 3.

Machado, P. A. L. Direito Ambiental Brasileiro. *Revista dos Tribunais*, 3. ed., 1991. p. 595.

Mandelbrot, B. B. *Les Object Fractal: Forme, Hasard et Dimension*. Paris: Flammarion, 1975.

Marinho, C. *Pau-brasil: a árvore nacional*. 2. ed. Recife: UFRPE. p. 37.

Marsicano, K. Tráfego na EPTG deverá superar cem mil veículos por dia até o ano 2000. *Correio Braziliense*, Brasília, 31 out. 1993. Cidades, p. 4.

Matsushima, K. *et al*. *Educação Ambiental*. SMA/Cetesb, 1988. p. 288.

McPhee, J. *Encounters with the Archdruid*. New York: F.S. & Giroux, 1971. p. 190.

Meadows, D. H. *Harvesting one Hundredfold*. Unep/Unesco, 1989.

MEC – Minter. *Ecologia – uma proposta para o ensino de 2º grau*. Brasília, 1977, 66 p.

Mellowes, C. Environmental Education and the Search for Objectives. *Environmental Education: the Present and the Future Trends*. Portsmouth, n. 6, 1972.

Mesarovic, M.; Pestel, E. *Momento de decisão: o segundo informe ao Clube de Roma*. Rio de Janeiro: Agir, 1975. p. 246.

Meyer, M. A. A. (coord.). *Que bicho que deu*. Belo Horizonte: UFMG, 1988. p. 63.

Meyer, W. B. e Turner II, B. L. Human Population Growth and Global Land-Use/ Land-Cover Change. *Annual Review of Ecology Syst.* 23, 1992. p. 39-61.

MHU/Sema. *Resoluções Conama 1984/86.* Brasília, 1984. 98 p.

Miller, R. B. Interactions and Collaboration in Global Change across the Social and Natural Sciences. In: *Ambio.* 23 (1), 1994. p. 19-24.

Miller Jr., T. *Energy and Environment: Four Energy Crisis.* Califórnia: Wadsworth P. Company Inc., 1975. 270 p.

Minini, N. A formação dos professores em Educação Ambiental. In: *Textos sobre capacitação em Educação Ambiental.* Oficina Panorama da Educação Ambiental, MEC-SEF-DPEF – Coordenação de Educação Ambiental, Brasília, 2000. p. 15-22.

Ministério do Desenvolvimento Urbano e Meio Ambiente/Secretaria Especial do Meio Ambiente Sema, Coordenadoria de Comunicação Social e Educação Ambiental. *Educação Ambiental.* Brasília, 1985. p. 39.

Ministério do Interior. *Diretrizes para a Educação Ambiental.* Brasília, Coordenadoria de Comunicação Social e Educação Ambiental, 1983. p. 21.

Ministério do Interior/Secretaria Especial do Meio Ambiente – Sema Guimarães, M.E. (Coord.) *et al., Educação Ambiental.* Brasília, 1977. p. 38.

Minter/Ibama. *Cadastro Nacional das Instituições que Atuam na Área do Meio Ambiente.* Brasília, 4. ed., v. 2, 1990.

Minter/Ibama. *Programa Nossa Natureza.* Brasília, 1984. 40 p.

Minter/Ibama. *Unidades de Conservação do Brasil.* Brasília, v. 1, 1989. p. 192.

Minter/Sema. *Declaração sobre o Ambiente Humano.* Brasília, 1982. p. 10.

Minter/Sema. *Educação Ambiental.* Brasília, 1977. p. 38.

Minter/Sema. *Legislação Básica.* Brasília, 1983. p. 174.

Minter/Sema. *Manual de Normas e Procedimentos na Fiscalização das Reservas Ecológicas.* Brasília, 1988. p. 65.

Minter/Sema. *Política Nacional do Meio Ambiente.* Brasília, 1984. p. 40.

Minter/Sema. *Resoluções Conama 1987/88.* Brasília, 1988. p. 38.

Molion, L. C. B. A Amazônia e o Clima da Terra. *Ciência Hoje,* v. 8, n. 48, 1988. p. 42-47.

Mortimore, M. *Adapting to Drought: Farmers, Famines and Desertification in West Africa,* Cambridge University Press, 1989.

Myers, N. Population and Biodiversity. *Ambio,* 1995.

Nash, R. F. *The Rights of Nature: a History of Environmental Ethics.* University of Wiscousin, 1989. p. 290.

Newell, N. D. e Marcus, L. Carbon Dioxide and People. In: *Palaios.* (2), 1987. p. 101-103.

Nuestro Planeta, v. 3. El Estado del Medio Ambiente Mundial 1991, n. 2, 1991, p. 10-13.

Odum, E. P. *Ecologia*. Rio de Janeiro: Interamericana, 1985. p. 434.

Organización Panamericana de la Salud. *Guias para la Calidad del Agua Potable*. Washington, v. 3, 1988. p. 132.

Orpalc/Pnuma. *Declaración de Caracas sobre la Gestión Ambiental en América Latina:* Informe Final da Reunião, 1988. p. 4.

Pauwels, L. e Bergier, J. *O despertar dos mágicos*. São Paulo: Difel, 1967. p. 463.

Penner, J. *The role of Human Activity and Land Use Changes in Atmospheric Chemistry and Air Quality*. In: Meyer, W. B. e Turner II, B.L. (eds.) *Global Land-Use/Land-Cover-Change*. Boulder, OIES, 1992.

Pereira-Neto, J. T. Compostagem: a grande solução ao equacionamento do lixo doméstico. Brasil, n. 1, 1989. p. 5-6.

Petula, J. M. *American Environmental History*. 2. ed. USA: Merril, Columbus, 1988. 444 p.

Pilletti, C. *Didática geral*. 12. ed. São Paulo: Ática, 1991. p. 258.

Pnud. *Human development report 1995*. New York, 1995. p. 124.

Pontes, O. Drama cresce apesar dos assentamentos. *Correio Braziliense*, Brasília, 13 novembro. Cidade, 1994. p. 27.

Porter, G. e Brown, J. W. Global Environmental Politics. Série *Dilemmas in World Politics*. Westview Press Inc., Colorado, 1991.

Rainer, S. *et al*. A Land Use/Cover Change Wiring Diagram. In: Meyer, W. B e Turner II, B. L. (eds.). *Global Lan-Use/Land-Cover Change*. Boulder, OIES, 1992.

Raport, A. *Human Aspects of Urban Forms*. Londres: Pergamon Press Oxford, 1977. p. 438.

Raven, P. H. What the Fate of the Rain Forests Means to Us. In: *The Cassandra Conference*. Ehrlich, P. e Holdren, J. P. (eds.) Texas A & M University Press. p. 111-123, 1984. 330 p.

Rees, W. E. *Revisiting Carrying Capacity: Area-Based Indicators of Sustainability*, 1998.

Rees, W. The Ecology of Sustainable Development. *The Ecologist*. 20 (1), 1990. p. 18-23.

Ribeiro, B. G. *Amazônia urgente*. Belo Horizonte: Itatiaia, 1990. p. 272.

Ribeiro, S. Explosão demográfica ameaça o país. *Correio Braziliense*. Brasília, 28 jul. 1991. p. 8.

Rocha, A. J. A. *et al. Ecologia para o ensino de 1º grau. 1975/1985*. Brasília: Ministério do Interior/Secretaria Especial do Meio Ambiente – Sema, 1975.

Rockwell, R. Culture and Cultural Changes as Driving Forces in Global Land/ Use-Cover Changes. In: Meyer, W. B. e Turner II (eds). *Global Land-Use/ Land-Cover Change* Boulder, OIES, 1992.

Roger, P. Impacts of Land Use Change on Hidrology and Water Quality. In: Meyer, W. B. e Turner II, B. L. (eds.). *Global Land-Use/Land-Cover Change*. Boulder, OIES, 1992.

Rolston, H. *Environmental Ethics*. Philadelphia: Temple University Press, 1988. p. 391.

Rossi, A. DF tem 23 mil invasores. *Correio Braziliense*. Brasília, 25 jan. Cidade, 1996. p. 24.

Schneider, E. e Kay, J. *Life as a Manifestation of the Second Law of Thermodynamics*. Ontorio University of Waterloo, Faculty of Environmental Studies, Waterloo. Working Paper Series, 1992.

Schneider, S. H. Climate and Food: Signs of Hope, Despair, and Oportunity. In: Ehrlich, P. R. e Holdren, J. P. (eds.). *The Cassandra Conference*. Texas A & M University Press, 1994, p. 17-51. p. 330.

Secretaria de Estado do Desenvolvimento Urbano e do Meio Ambiente. *Coletânea de Legislação Ambiental*. Curitiba, 1990. p. 536.

Silk, J. *O Big-Bang: a origem do Universo*. Brasília: Universidade de Brasília, 2. ed., 1988. 379 p.

Silva, U. G. da. Uma política habitacional equivocada. *Correio Braziliense*. Brasília, 12 fev. Guia de Imóveis, 1995. p. 1.

Stap, W. B. *et al*. The Concept of Environmental Education. *The Journal of Environmental Education*, v. 1 n. 1, 1989.

Stern, P. C., Young, O. R. e Druckman, D. *Global Environmental Change: Understanding the Human Dimensions*. New York: National Academy Press, 1992. p. 315.

Stringueto, K. e Castellón, L. Você tem medo de quê? *Isto É*. fevereiro, 2000, p. 100-106.

Subrahmanyam, V. P. Relevance of Meteorology in Environmental Education. *International Conference on Environmental Education*, Nova Delhi, Índia, 2. ed, 1985. p. 133-134.

Tanner, R. T. *Ecology, Environment and Education*. USA, P.E. Publications, 1974. p. 158.

Tavarez, Z. Desertificação atinge 40 mil km^2 no Nordeste. *Correio Braziliense*. Brasília, ago. 1990. p. 9.

The 1989 World Bank Yearbook. Our Vanishing Rain Forest, n. 690, 1989. p. 88-105.

The Earth Works Group. *The 50 Singles Things Kids Can Do to Save the Earthy*. New York, Scholastic 1990. p. 156.

Thomas, K. *O homem e o mundo natural.* São Paulo: Cia. das Letras, 1988. p. 459.

Thomas, W. A. Suspended Particulate Matter. In: *Indicators of Environmental Quality.* London: Academic Press, 1972. p. 186-191, p. 350.

Troost, C. J.; Altman, H. *Environmental Education: a Source Book.* New York: John Wiley & Sons, 1972. p. 575.

Turiba, L. PM diz não poder dar segurança a Taguatinga. *Correio Braziliense*, Brasília, 18 março. 1995, Cidade, p. 16.

Turk, A. *et al. Ecology Pollution, Environment.* Philadelphia: W. B. Saunders Company, 1972. 217 p.

Turner II, B. L., Meyr, W. B. e Skole, D. L. *Global Land-Use/Land-Cover Change: Towards an Integrated Study.* In: *Ambio* 23 (1), 1994. p. 91-95

Uhl, C. e Kauffman, J. B. Deforestation, Fire Susceptibility and Potential Tree Response to Fire Response in the Eastern Amazon. In: *Ecology.* (71), 1990. p. 437-449.

Unep. *El Estado del Medio Ambiente en el Mundo.* Nairobi, Kenya, 1991. p. 52.

Unesco. *Declaration of Thessaloniki.* Draft Thessaloniki, Grécia, 1997.

Unesco. Field Activities – Internatonal Conference on Environment and Society: Education and Public Awareness for Sustainability. In: *Connect.* XXIII (1), 1998, 3.

Unesco. Humanize the Urban Environment. In: *Connect.* XXI, n. 3, set. 1996. p. 1-3.

Unesco. *La Educación Ambiental.* Las grandes orientaciones de la Conferencia de Tbilisi. Paris, 1980. p. 107.

Unesco. *La Educación Ambiental: las Grandes Orientaciones de la Conferencia de Tbilisi*, Paris, 1980. 107 p.

Unesco. *Sourcebook for Out-of-school Science and Technology Education.* Switzerland, 1986. p. 145.

Unesco. *The Mangrove Ecosystem: Research Methods*, 1984. p. 251.

Unesco. Workshop on Environmental Education for Latin America, San José, Costa Rica. *Final Report.* San José, Costa Rica, 1979.

Unesco. *World Population.* Environmental Education Dossiers, Spain, 1993. p. 8.

Unesco/Pnuma/Orealc. *Educación Ambiental: Modulo para Formación de Maestros y Supervisores de Escuelas Primarias.* Santiago, Chile, 1987. p. 190.

Unesco/Unep. *A Guide on Environmetal Values.* Education.1985. [IEEP Environmental Education Series, v. 13]

Unesco/Unep. *Donella Meadow's Harvesting one Hundredfold: Key* Concepts and Case Studies in Environmental Education. Nairobi, 1990.

Unesco/Unep. Intergovernamental Conference on Environmental Education, 1977, Tbilisi, URSS. *Final Report.* Tbilisi, CEI, 1977.

Unesco/Unep. *Intergovernamental Conference on Environmental Education.* Final Report, Tbilisi, 1997.

Unesco/Unep. The International Workshop on Environmental Education, Belgrado, Yugoslavia. *Final Report.* Belgrado, Yugoslavia, 1975.

Unesco/Unep/IEEP. *Environmental Education:* Module for Pre-service Training of Teachers and Supervisors for Primary Schools. Paris, 1986. p. 143.

Unesco/Unep/IEEP. *Environmental Education:* Module for Pre service Training of Science' Teachers and Supervisors for Secundary Schools. New York, 1983, 224 p. [Environmental Education Series, v. 7]

Unesco/Unep/IEEP. *The Balance of Lifekind:* an Introduction to the Notion of Human Environment. Paris, Environmental Educational Series, v. 18, 1986. p. 26.

Veiga-Neto, A. J. *et al.* O livro de ciências nem sempre científico. In: *Ciência Hoje.* 6 (32), 1987. p. 76.

Viola, E. *As Dimensões do processo de globalização e a política ambiental.* XIX Encontro Anpocs, GT Ecologia e Sociedade, Caxambu, 95GT0421, 1995. p. 2-22.

Vital, A. Crime aumenta mais que a população. *Correio Braziliense,* Brasília, 21 jul. 1996. Cidades, p. 2.

Vitousek, P. M. Beyond Global Warming: Ecology and Global Change. In: *Ecology* 75 (7), 1994. p. 1861-1876.

Wackernagel, M. e Rees, W. *Our ecological footprint.* The new catalyst bioregional series. Gabriola Island, B.C. Canada: New Society Publishers, 1996. p. 160.

Wackernagel *et al. Ecological footprint of nations.* Centro de Estudios para la Sustentabilidade, Universidad Anáhuac de Xalapa, México, 1998.

Webb, E. J. *et al. Inobtrusive measures.* 8. ed. Chicago: Rand McNally, 1972. p. 225.

Webb, E. J. *et al. Inobtrusive Measures.* Chicago, Rand McNally & Company, 8. ed., 1972. 225 p.

Williamson, M. H. e Lawton, J. H. Fractal geometry of ecological habitats. In: *Habitat structure.* London: Chapman & Hall. p. 69-86, 1994. p. 438.

Worldwatch Institute. *Vital signs.* New York, N.Y.: W. W. Norton, 1994.

Xavier, M. BR-070 cada vez mais perigosa. *Correio Braziliense.* Caderno Cidades, 17 fev. 2000. p. 1.

Young, S. *et al.* Global Land Use/Cover: Assessment of Data and some General Relationships. In: *Report to the Land-Use Working Group.* Committee Res. Global Environmental Change, Social Sci. Res. Council, 1991.

Sobre o autor

Genebaldo Freire Dias (Pedrinhas, SE, 03.03.1949) é bacharel (BSc), mestre (MSc) e doutor (Ph.D.) em Ecologia pela UnB; cinco décadas de prática acadêmica e ativismo ambientalista; um dos pioneiros da Sema (primeira Secretaria Federal de Meio Ambiente), onde foi secretário de Ecossistemas; também pioneiro-fundador do Ibama, foi diretor do Departamento de Educação Ambiental e diretor do Parque Nacional de Brasília; na Universidade Católica de Brasília foi professor/pesquisador dos cursos de Engenharia Ambiental e Biologia, e diretor do Programa de pós-graduação em Gestão Ambiental. Com duas dezenas de livros publicados sobre a temática ambiental é o autor brasileiro mais citado nos processos de Educação Ambiental.

Em 2015-2019 cerca de 25 mil pessoas assistiram às suas palestras, conferências e oficinestras em todo o Brasil e no exterior.

É Cidadão Honorário de Brasília. O título foi concedido pela Câmara Legislativa do Distrito Federal por meio do Decreto 2.099, de 23 de setembro de 2016.

Uma vida dedicada à causa ambiental.

www.genebaldo.com.br

genebaldo5@gmail.com

(61) 99984-6393

Outros títulos do autor publicados pela Editora Gaia

 **ANTROPOCENO**
Iniciação à temática ambiental

 **EDUCAÇÃO E GESTÃO AMBIENTAL**

 **ATIVIDADES INTERDISCIPLINARES DE EDUCAÇÃO AMBIENTAL**

 **MUDANÇA CLIMÁTICA E VOCÊ**
Cenários, desafios, governança, oportunidades, cinismos e maluquices

 **DINÂMICAS E INSTRUMENTAÇÃO PARA EDUCAÇÃO AMBIENTAL**

 **PEGADA ECOLÓGICA E SUSTENTABILIDADE HUMANA**

 **ECOPERCEPÇÃO**
Um resumo didático dos cenários e desafios socioambientais

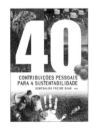 **40 CONTRIBUIÇÕES PESSOAIS PARA A SUSTENTABILIDADE**

Este livro foi impresso em 2022, pela PlenaPrint,
para a Global Editora.
O papel do miolo é offset AA LD 75 g/m².